唐凯麟 / 主编

中华民族道德生活史

明清卷

彭定光 / 著

中国出版集团 東方出版中心

目 录

第一章

明代道德生活的社会基础

经过近20年的南征北战,朱元璋于1368年建立了一个新的封建王朝,拉开了明代276年(1368—1644)历史的序幕。明代是介于少数民族所统治的两个封建王朝之间的朝代,这一时期既有着与以往封建朝代相同的历史条件,又具有其独特的社会条件,它们共同奠定了明代道德生活的社会基础。

第一节 明代道德生活的政治环境

明代的政治环境比以往任何封建朝代的政治环境更复杂,除了内有北方民族的作乱和农民起义、外有倭寇的骚扰之外,主要有如下因素的存在。

一、皇帝权力的绝对化

集权主义是封建社会政治的一个突出特征。与以往朝代相比,明代政治权力的集中化程度有了明显的提高,其突出的特点在于皇帝权力的绝对化。明代皇帝权力的绝对化主要表现在废除丞相制度的基础上,施行内阁制度、密疏制度、奏疏留中制度、厂卫制度等四个方面。其中,内阁制度和厂卫制度是常规的政治制度,密疏制度和奏疏留中制度则是非常规的政治制度,正是因为拥有这两套政治制度,明代皇帝才能现实地拥有和行使比以往任何朝代的皇帝都更高的权力。

1. 废除丞相制度

丞相制度是秦朝设计出来的、并在明代以前各封建朝代所实行的主要政治制度。明朝初年,朱元璋沿袭元朝的政治体制,在中央设立了国家的最高行政机构——中书省,在地方上设立了行中书省。左、右相国为中书省的最高首领,后来改称丞相,集中管理吏、户、礼、工、兵、刑六部事务,六部尚书都是丞相的僚属,所有百官的奏章、皇帝的命令和朝廷的政策都由中书省呈转颁发。在这种政治体制下,丞相位处皇帝一人之下、万人之上,位高权重,在一定程度上限制了皇帝的权力,不利于皇帝权力的绝对化。

针对丞相等权力对皇帝权力有所限制的情况，朱元璋逐渐而又坚定地采取了削弱丞相及各级（包括地方）官员的权力的措施。洪武九年（1376），他将行中书省改为承宣布政使司。承宣布政使司的首脑即是布政使，其职责在于执行朝廷（实即皇帝）的政策和命令，地方政府的权力因此而受到限制。洪武十年（1377），朱元璋设立通政使司，其首脑称为通政使，主管奏章的呈转及封驳，分割了中书省及丞相原来所拥有的部分权力。洪武十一年（1378），朱元璋又下令所有给皇帝的"奏事毋关白中书省"，进一步限制中书省及丞相的权力。不过，他并没有因此而感到满足，而是在寻找甚至制造集中各种权力于皇帝一身的机会。洪武十二年（1379），朱元璋以"朋欺"的罪名将右丞相汪广洋贬谪广南，且借口旧事将已到达广南的汪广洋处死。洪武十三年（1380），朱元璋以"擅权植党"、"谋不轨"的罪名诛杀左丞相胡惟庸，废除丞相制度，撤销中书省，对吏、户、礼、工、兵、刑六部进行直接控制，开启了皇帝独治天下的序幕。不只如此，朱元璋还将废除丞相制度作为一种永久制度即所谓的"祖法"确立下来，不允许在任何时候加以改变。他强调："朕罢丞相，设府、部、都察院分理庶政，事权归于朝廷。嗣君不许复立丞相。臣下敢以请者置重典……诸典章，永为遵守。"（《明史》卷3《本纪第三》）

朱元璋之所以要废除丞相制度，其原因在于：

其一，朱元璋本人具有多疑的性格。他亲自参加了元朝末年的农民起义，是由普通的贫苦百姓变为握有对臣民的生杀大权的皇帝的，深知无权者尚且能够聚集各自的微薄之力推翻似乎坚不可摧的一家一姓的政权，拥有相当大权力的宰相就会使王朝的更替变得更轻而易举了。他怀疑那些跟随自己打天下的功臣、淮人尤其是在朝廷中身居要职的丞相，可能会威胁到朱氏王朝的安全，甚至篡权夺位。

其二，皇帝的权力与丞相的权力之间事实上存在矛盾。在国家治理过程中，皇帝的权力与丞相的权力本来是相辅相成的，离开了其他官员尤其是"总理"天下百官的丞相，皇帝是难以独立地治理国家的。但在朱元璋看来，正是因为"人君不能独揽庶政"，不能将所有的事情都亲自处理，所以，"大臣得以专权自恣"，自作主张，有时可能与皇帝的决策不一致，同皇帝的愿望相违背。由于朱元璋看到了丞相的权力与皇帝的权力有着相抵牾的一面，因此，他明确地指出，如果同以往一样将主要权力赋予中书省，那就已是“未达时务”。出于这一认识，罢中书省、废宰相制便提上议事日程。

其三，他对历代王朝危亡的原因进行的分析。自即位以来，朱元璋就“劳神焦思”为什么以往朝代会灭亡，如何使朱氏王朝长治久安这样的问题。在他看来，“自古三公论道，六卿分职。自秦始置丞相，不旋踵而亡。汉、唐、宋因之，虽有贤相，然其间所用者多有小人，专权乱政。（今）我朝罢相，设五府、六部、都察院、通政司、大理寺等衙门，分理天下庶务，彼此颉颃，不敢相压，事皆朝廷总之，所以稳当。”（《明太祖实录》卷117）既然废除宰相制度有这样的好处，那么，他就理所当然地强调以后的明朝皇帝不得再“议置丞相”，大臣们也不得提议设置丞相，否则，就“置之重典”，“以奸臣论”，无人可以例外。

丞相制度的废除，最大的得益者无疑是朱元璋等明朝皇帝及其子孙们，这正是朱元璋废除丞相制度的真实动机所在。除此之外，丞相制度的废除还有其他的效应，主要在于：

其一，改变了皇帝与六部尚书的关系。在丞相制度未被废除之前，皇帝与六部尚书之间存在着一个丞相，在封建朝代政治权力的金字塔结构中多了一个权力等级，这一等级具有相当大的权力，丞相可以将六部尚书的建议和意志集中起来，甚至将自己的意愿和意志说成是六部尚书的共同意见，然后可以与皇帝讨价还价，皇帝有时也不得不委曲求全。丞相制度废除以后，六部尚书之上没有了这样的首脑，权力管理的责任制度发生了相应的变化，由原来的丞相向皇帝负责变成了六部尚书各自直接向皇帝负责。

其二，各部尚书的品秩得到相应提高。朱元璋在洪武十三年（1380）废除丞相制度时明确诏告天下“罢中书省，升六部”，废掉了居于皇帝与六部尚书之间的丞相的职位，提高了六部尚书的地位和权力，同时也增加了六部尚书的俸禄。

其三，皇帝不知道应该依靠谁。在丞相制度废除之前，皇帝总是倚赖于丞相，有事总是与丞相商量，之所以会如此，是因为丞相必须总揽全局，对国家生活的方方面面都有所了解，他不只是为皇帝提供全方位的消息，更为重要的是帮助皇帝进行决策。可是，在丞相制度废除以后，由于朱元璋所考虑的只是废除被自己视为眼中钉的丞相，虽然他强调了六部尚书直接向自己负责，但是，六部尚书互不相属，各自为政，其全部心思在于经营好自己的一亩三分地，因此，很少有人从全局的角度来思考问题，他们很难如以前的左右丞相那样成为皇帝治国的得力助手。

其四，国家治理能力明显减退。由于丞相制度在国家生活中所具有的惯性、明代初期全民思变求稳心理的作用和朱元璋对强硬政治手腕的使用，丞相制度的废除并未对朱元璋统治时期的国家治理造成明显的影响，但是，它对明成祖朱棣以后的不利影响却逐渐显露出来，以致正德、嘉靖、隆庆、万历时期的各位皇帝几乎没有一个是有所作为、将国家治理好了的。因此，黄宗羲明确指出："有明之无善治，自高皇帝罢丞相始也。"(《明夷待访录·置相》)国家治理能力之所以会减退，就是因为皇帝将其权力绝对化，将丞相的权力分权给六部尚书，六部尚书必须听命于皇帝，直接向皇帝负责，大多缺乏治理国家的相应能力和主动性，造成了明朝"有君无臣"的局面。

2. 施行内阁制度

废除丞相制度以后，朱元璋即使"劳神太过"，也未能找到替代丞相职责的办法。不过，在自己的统治过程中，他很快就意识到："人主以一身统御天下，不可无辅臣，而辅臣必择乎正士。"(《明太祖实录》卷 133)皇帝不可能独立将国家治理好，不得不倚赖辅臣。然而，这样的辅臣被朱元璋认定为不能是可能与皇帝权力相抵牾的丞相，而必须是对皇帝俯首听令的臣子。于是，朱元璋设计了可以帮助皇帝治国理政的内阁制度。明朝的官僚制度规定：内阁是皇帝身边的办事机构，由多名大学士所组成，"常侍天子殿阁之下，避宰相之名，又名内阁"。他们虽然享受"正五品"待遇，但是，"殿阁大学士只备顾问，帝方自操威柄，学士鲜所参决"，最初并无实权，"入内阁者皆编、检、讲读之官，不置官属，不得专制诸司。诸司奏事，亦不得相关白"。他们的职责在于"掌献替可否，奉陈规诲，点检题奏，票拟批答，以平允庶政。凡上之达下，曰诏，曰诰，曰制，曰册文，曰谕，曰书，曰符，曰令，曰檄，皆起草进画，以下之诸司。下之达上，曰题，曰奏，曰表，曰讲章，曰书状，曰文册，曰揭帖，曰制对，曰露布，曰译，皆审署申复而修画焉，平允乃行之"，还需要处理皇帝身边的其他杂务(《明史》卷 72《志第四十八》)。这实际上规定了内阁大学士的职责或者权限，其一，他们只是皇帝的秘书；其二，他们虽然官至正五品，但他们却是孤家寡人，不得有"官属"，只需各司其职即可；其三，他们虽然深居内廷，但是，不得参与朝廷大事的决策，不得与朝中大臣发生政治关系，也不得干预地方政治事务。这些就是朱元璋创设内阁的初衷。

然而，在明朝的政治实践过程中，这一初衷逐渐被后继的皇帝所模糊、淡化甚至遗忘，内阁大学士竟然敢于违背朱元璋所定下的祖宗之法，谨慎地而又乐意地扩大自己的职责范围。事实上，在朱元璋的孙子朱允炆接过皇帝的权杖之后，他就主动地让大学士“同参国政”，明成祖朱棣即位后虽然对大学士的权力还有一定的限制，但是，他让大学士“直文渊阁，参预机务。阁臣之预务自此始”（《明史》卷72《志第四十八》）。对内阁的限制一旦松动，就再也回不到最初所设计的状态，以致“阁职渐崇……自后，诰敕房、制敕房俱设中书舍人，六部承奉意旨，靡所不领，而阁权益重……嘉靖以后，朝位班次，俱列六部之上”（《明史》卷72《志第四十八》）。内阁制度自身的演变，表面上是对朱元璋所定祖宗之法这一政治伦理的背离，实际上却是政治权力关系演变的必然趋势，其深刻之处在于明朝政治由武攻向文治的转向，根底在于社会政治生活自身的变化。这种演变改变了权力关系，也影响着阁臣的人生。张璁在嘉靖八年(1529)给嘉靖帝的疏中指出了内阁制度演变所带来的负面影响：“内阁设官，只备顾问，后加以代言拟旨，遂招权纳贿。从来内阁之臣，鲜有能善终者。盖密勿之地易生嫌疑，代言之责易招议论，甚非君臣相保之道也。伏乞体念祖宗之制，宜有所处，或下廷臣集议，以建国家长策，全君臣始终。”（《明世宗实录》卷106）

3. 施行密疏制度

密疏是明朝以前就有的上呈皇帝的一种特殊奏章，相对于以往朝代而言，密疏更加受到明朝皇帝的重视，是体现皇帝绝对权力的一种重要方式。它是其内容只被上疏者和皇帝所知的文书。明朝的密疏制度经历了两个发展阶段，第一阶段是丞相了解密疏的某些信息的阶段。在这一阶段，丞相知道上呈密疏者，并可以根据一些情况猜测密疏的内容，甚至会根据自己的判断截留、销毁某些密疏。在此阶段，密疏的保密程度并不高，甚至无法送达皇帝手中。正是因为存在这样的缺陷，也因为要限制丞相的权力，洪武十年(1377)，朱元璋诏“令天下臣民，凡言事者，实封直达御前”（《明太祖实录》卷113），禁止密疏由丞相转呈。过了不久，又设立了转呈密疏的专门机构——通政司。此为密疏制度的第二阶段。在此阶段，密疏的保密程度很高。由于密疏的内容关涉到除了上呈密疏者和皇帝以外的某人的前途命运，因此，密疏一般是真实可靠的。明朝皇帝通过密疏制度可以准确地获得不利于国家治理的各种信息，并能够避开丞相、内阁或者六部尚书等独立地进行决策。因此，密疏制度是皇帝强化其绝对权力的重要手段。皇帝借助于密疏制度可以更加充分地对官员行使权力的活动进行有效监督，预防官员的不合法行为，使官员们变得谨小慎微，在此意义上，密疏制度对皇帝与官员、官员与官员之间的关系有着深刻的影响。同时，密疏制度在惩罚官员的不法中起着特殊的作用，如仁宗朱高炽在向大学士杨士奇和杨荣问及当朝大臣中谁最腐败时，杨荣不假思索即回答是刘观。于是，仁宗皇帝"乃出观①视河道，以佐②为右都御史。于是御史张循理等交章劾观，并其子辐诸赃污不法事。帝怒，逮观父子，以弹章示之。观疏辨。帝益怒，出廷臣先后密奏，中有枉法受赇至千金者。观引伏，遂下锦衣卫狱……七年③，士奇请命风宪官考察奏罢有司之贪污者，帝曰：'然。向使不罢刘观，风宪安得肃。'"（《明史》卷151《列传第三十九》）可见，密疏制度不只是强化了皇帝的绝对权力，还对国家治理起了重要作用。

4. 施行奏疏留中制度

奏疏留中是指皇帝将臣下上呈自己的奏疏不做批答也不对奏疏所涉及的事项予以相应处置而留于内廷。奏疏本来是大臣们对如何治理国家所提出的建议，皇帝理所当然要进行参考并予以批复。不过，臣子上疏是一回事，奏疏的处理又是另一回事；皇帝批复处理奏疏是历史常态，但将奏疏留置内廷置之不理也是一种方式。这种奏疏留中现象在以往朝代也有存在，但极为少见；在明朝则较盛行，尤其在宪宗、武宗、神宗时期更为突出。如"大礼议"中嘉靖皇帝对给事朱鸣阳、御史程昌、编修陈沂、南京寺丞黄巩等百余人"称兴献帝不当加皇字"的奏疏"俱不报"；"争国本"中万历皇帝对礼部尚书沈鲤请加封光宗母恭妃的奏疏、万历十五年十八年申时行等阁臣请求建储的奏疏皆"不报"等。

---

① 即刘观。
② 即顾佐。
③ 即仁宗七年(1431)。

奏疏留中之所以会成为一种制度，主要有大臣与皇帝两方面的原因。就大臣方面而言，通过奏疏向帝王进言乃是职责职权所在，亦是践行儒家政治伦理之必要手段，更是实现其“治国平天下”的自我价值的重要途径。无论是“大礼议”还是“争国本”，那些与帝王持异见、明知皇帝对其奏疏不会批答却仍然坚持上疏的臣子，无一不是如此。但他们群起而为之、坚持不懈地上疏以期望对皇帝的决策施加影响的方式，对君权形成了一种集体挑战，客观上也造成了奏疏留中不报的恶果。就皇帝来看，明朝皇帝之所以将奏疏留中不予批复，一方面是因为皇帝与大臣们之间确实存在着不可调和的矛盾，另一方面也是皇权与臣权相龃龉、皇权受到挑战时所采取的不得已手段。奏疏留中，既是表达对朝臣的不满，也是对集体臣权的软对抗，更是君权威严的一种无声标识，是皇帝要强化并维护自己的绝对权力的体现。因此，奏疏留中制度从根本上而言是明朝君臣之间争权较力时所产生的历史怪现象。

需要指出的是，是否奏疏留中，取决于奏疏的内容与帝王的态度。浏览奏疏之后，皇帝会对其内容进行评判，并作出是否留中的选择。明朝皇帝之所以会浏览奏疏，是因为他也想治理好国家。那么，为什么明朝皇帝会对臣下们的奏疏作出是否留中的不同选择？原因还在于皇帝对自己绝对权力的强化和维护，通常情况下是逆我者留中，顺我者批答。这种做法的后果，一是逐步建立了帝王的绝对权威，二是给明朝政治生活造成了极坏的影响。在明朝中后期，顺皇帝意的一般不是士大夫，主要是内臣或者佞臣。如万历年间，士大夫与内臣在矿税问题上立场对立，可是，神宗朱翊钧却只站在内臣的立场上。当税监内臣孙朝于万历二十八年(1600)参讦抚臣魏允贞时，朱翊钧却予以了批复。对此，士大夫极为不满，于是，吏部尚书李戴就此事上疏：“若抚臣之疏不报，内臣之疏单行，其于国体、政体两为有损。今以镇抚重臣因与中使相争而罢，则何以惮压冲边、激扬大吏？且内外俱是王臣，宫府当为一体，苟处分稍偏，天下闻风而起。内臣日以参讦抚按为事，内臣之私人日以挑激、置参讦为事，恐朝廷自此纷纷矣。”(《明神宗实录》卷347)然而，朱翊钧不但将此疏留中，反而全然不顾士大夫的谏诤，一意孤行。

5. 施行厂卫制度

这一制度也是明朝皇帝为了强化其绝对权力、维护朱氏王朝而设立的。厂卫，时指明朝时期设立的锦衣卫、东厂、西厂和内行厂等特殊机构的合称。其中，锦衣卫和东厂是明朝政治体制中的常设机构，锦衣卫为明太祖朱元璋所建立，东厂为明成祖朱棣所设立。厂卫制度受到皇帝的高度重视，厂卫首领由皇帝挑选最可信任的人担任，直接隶属于皇帝，自成一体。厂与卫虽然各有其机构，然而，它们却“均权势”，且相辅相成。东厂、西厂和内行厂的职权是“缉访谋逆妖言大奸恶等”，锦衣卫的职权是“掌侍卫、缉捕、刑狱之事……盗贼奸宄，街途沟洫，密缉而时省之。凡承制鞫狱录囚勘事，偕三法司”（《明史》卷76《志第五十二》）。然而，由于厂卫直接受皇帝的指挥，因此，在明朝政治生活中，它们的职责并非限于侦缉和监察，而是成了一个超越于三法司的机构，代行了三法司的职责。“太祖时，天下重罪逮至京者，收系狱中，数更大狱，多使断治，所诛杀为多。后悉焚卫刑具，以囚送刑部审理。二十六年，申明其禁，诏内外狱毋得上锦衣卫，大小咸经法司。成祖幸纪纲，令治锦衣亲兵，复典诏狱。”（《明史》卷95《志第七十一》）厂卫的权力远不止于可以独自审判案件，对违法者进行惩罚，而且还干预三法司审理案件，不准三法司插手自己所办理的案件。厂卫在办理案件时，不仅可以对在朝廷上因言触犯了皇帝的大臣进行“廷杖”，而且可以对犯人随心所欲地滥用酷刑，更为可怕的是随意捏造事实，诬陷好人，这种诬陷总是因一人而牵连多人，因一家而牵连多家，造成了人人自危、天下不安的局面。面对这种情况，明代人大都敢怒不敢言，当然，也有人敢于直陈厂卫制度运行中所出现的弊端。如“中官汪直之督西厂也，数兴大狱。辂①率同官条直十一罪，言：‘陛下委听断于直，直又寄耳目于群小如韦瑛辈。皆自言承密旨，得颛刑杀，擅作威福，贼虐善良。陛下若谓擿奸禁乱，法不得已，则前此数年，何以帖然无事？且曹钦之变，由逯杲刺事激成，可为惩鉴。自直用事，士大夫不安其职，商贾不安于途，庶民不安于业，若不亟去，天下安危未可知也。’帝②愠曰：‘用一内竖，何遽危天下，谁主此奏者？’”（《明史》卷176《列传第六十四》）虽然汪直在几位朝中大臣的弹劾下被免去了西厂的首领，不再打理西厂的事情，但是，景帝朱祁钰却对他“宠幸如故”。明朝皇帝是深知厂卫制度在运行中违背了监察百官、访缉

① 即商辂。
② 即代宗朱祁钰，代宗又称景帝。

天下的职责的，他们之所以要坚持这种制度，依靠厂卫首领，是因为他们想通过政治恐怖来维护皇帝的权威，确保皇帝权力的绝对化。

二、政治制度的强化

明朝的政治制度包括两套，一套是强化皇帝绝对权力的制度，另一套则是与政治体制顺利运转有关的制度，它主要有分封制度、言官制度、致仕制度、官员考评制度等。这些政治体制运转方面的制度是在损益以往朝代的制度的基础上形成的，与以往朝代的政治制度有所不同。

1. 建立分封制度

分封制度是西汉时实行的主要政治制度，明太祖朱元璋不顾有人反对，坚决地实行了早已过时的这种分封制度。朱元璋建立分封制度的意图主要在于，其一，“以藩屏帝室”。朱元璋将明朝定都南京后，南方成了明朝的经济中心和政治中心，而广袤的北方却远离中心，北方边塞离南京有六七千里。此时虽然元朝蒙古势力在军事上失败了，但却对中原地区虎视眈眈，其残余势力多次南下，侵扰中原，烧杀抢掠。这样，加强北方防御，抵御元朝蒙古势力的进扰，就成了明朝可否长治久安的重大问题。那么，谁可以承担保卫明朝的重大责任？朱元璋解释说他之所以选择他的儿子们，是因为他仿效了前人所建立的制度，他说：“天下之大，必建藩屏，上卫国家，下安生民。今诸子即长，宜各有封爵，分镇诸国。朕非私其亲，乃遵古先哲王之制，为久安长治之计。”(《明太祖实录》卷51)在被封的诸王中，“晋、燕二王，尤被重寄，数命将兵出塞及筑城屯田。”(《明史》卷116《列传第四》)其二，外人不可信。朱元璋本来就性格多疑，不会真正相信外人。而且，在明朝初年实行严刑峻法的统治的情况下，那些同朱元璋一起出生入死打江山的功臣与自己变得貌合神离起来，不顾朱元璋所定的铁榜九条，公然贪污受贿、侵夺他人田产、残害忠良甚至企图篡位夺权。既然不能依赖于外人，那就只能将镇守边疆和治理国家的重担交给自己的儿子们了。

按照朱元璋的设想，明朝的分封制度是不同于西汉的分封制度的，其指向在于强化明朝的军事力量，它规定：皇子封亲王，授金册金宝，岁禄万石，府置官属。护卫甲士少者三千人，多者至万九千人，隶籍兵部。冕服车旗邸第，下天子一等。公侯大臣伏而拜谒，无敢钧礼。亲王嫡长子，年及十岁，则授金册金宝，立为王世子，长孙立为世孙，冠服视一品。诸子年十岁，则授涂金银册银宝，封为郡王。嫡长子为郡王世子，嫡长孙则授长孙，冠服视二品。诸子授镇国将军，孙辅国将军，曾孙奉国将军，四世孙镇国中尉，五世孙辅国中尉，六世以下皆奉国中尉。其生也请名，其长也请婚，禄之终身，丧葬予费，亲亲之谊笃矣（见《明史》卷116《列传第四》）。

明朝的分封制度是依据“分封而不赐土，列爵而不临民，食禄而不治事”（《明史》卷120《列传第八》）的原则建立起来的。这一原则规定了明朝皇帝子孙们的权力，对藩王的权力进行了限制，不许藩王干预地方政府权力的行使，更加禁止藩王代行地方政府的权力，要求将其权力局限于军事权力的范围。然而，藩王的军事权力并不是藩王对当地驻军行使权力，而是对自己所管辖的军队进行管理的权力，藩王可以对“自用文武官吏并军士”生杀予夺，“朝廷勿得干预”。这种分封制度在明朝的政治生活中逐渐地发生了变化，其总的趋势是“防闲过峻，法制日增。出城省墓，请而后许，二王不得相见。藩禁严密，一至于此。当太祖时，宗藩备边，军戎受制，赞仪疏属，且令遍历各国，使通亲亲。然则法网之繁，起自中叶，岂太祖众建屏藩初计哉！”（《明史》卷120《列传第八》）

明朝分封制度建立的最初意图只在于满足巩固边防和镇压国内叛乱的需要，为了进行统治和维护朱氏王朝的长久存在，但是，它在实施过程中却背离了这一意图，造成了一些未曾预料到的后果。除了导致皇族内部出现离心离德的倾向甚至如明成祖朱棣发动的“靖难之役”以外，其主要后果有：其一，明朝制度明确规定，不准所有藩王的子孙出仕为官，也不许他们外出谋生，从事士、农、工、商等职业。在这样的限制下，所有藩王的子孙都变成了“徒拥虚名，坐縻厚禄，贤才不克自见，知勇无所设施”（《明史》卷120《列传第八》）的无所作为之人，无法承担起镇守边疆、保卫国家安全的责任。其二，增加了老百姓的负担。在诸王及其子孙总人口不多的洪武九年（1376），明朝政府定诸王公主岁供之数：亲王，米五万石，钞二万五千贯，锦四十匹，纻丝三百匹，纱、罗各百匹，绢五百匹，冬夏布各千匹，绵二千两，盐二百引，花千斤，皆岁支。马料草，月支五十匹。其缎匹，岁给匠料，付王府自造。靖江王，米二万石，钞万贯，其他物品则是亲王的一半，马料草二十匹。公主未受封者，纻丝、纱、罗各十匹，绢、冬夏布各三十匹，绵二百两；已受封，赐庄田一所，岁收粮千五百石，钞二千贯。亲王子未受封，如同公主的俸禄；女未受封者则是公主的一半。子已受封郡王，米六千石，钞二千八百贯，锦十匹，纻丝五十匹，纱、罗减纻丝之半，绢、冬夏布各百匹，绵五百两，盐五十引，茶三百斤，马料草十匹。女已受封及已嫁，米千石，钞千四百贯，其缎匹于所在亲王国造给。其他的皇亲国戚都有数额不等的岁供俸禄（见《明史》卷82《志第五十八》）。在皇亲国戚总人口有所增加的洪武二十八年（1395），“诏以官吏军士俸给弥广，量减诸王岁给，以资军国之用。乃更定亲王万石，郡王二千石，镇国将军千石，辅国将军、奉国将军、镇国中尉以二百石递减，辅国中尉、奉国中尉以百石递减，公主及驸马二千石，郡王及仪宾八百石，县主、郡君及仪宾以二百石递减，县君、乡君及仪宾以百石递减。自后为永制。”（《明史》卷82《志第五十八》）外戚的岁供俸禄也相应有所减少。在皇亲国戚总人口还不多的明代初期，这种岁供俸禄对老百姓造成的负担不太明显，然而，到了皇族人口超过十万人的明代后期，皇亲国戚的岁供俸禄对老百姓造成的负担则相当严重，以致成为了一个突出的政治问题。

2. 重视言官制度

明朝没有专门的言官，言官是由十三道监察御史和六科给事中兼任的。言官制度是指明朝所规定的御史和给事中负有对皇帝进行谏诤和对官员予以检察荐劾的责任及对履行这种责任的情况进行奖惩。这种制度规定，虽然御史和给事中同为言官，但是，他们的职责却不尽相同。御史的职责在于“纠劾百司，辩明冤枉，提督各道，为天子耳目风纪之司。凡大臣奸邪、小人构党、作威福乱政者，劾。凡百官猥茸贪冒坏官纪者，劾。凡学术不正、上书陈言变乱成宪、希进用者，劾。遇朝觐、考察，同吏部司贤否陟黜。大狱重囚会鞫于外朝，偕刑部、大理谳平之……察纠内外百司之官邪，或露章面劾，或封章奏劾……凡政事得失，军民利病，皆得直言无避。有大政，集阙廷预议焉”（《明史》卷73《志第四十九》）。吏、户、礼、兵、刑、工六科给事中的职责在于“掌侍从、规谏、补阙、拾遗、稽察六部百司之事。凡制敕宣行，大事覆奏，小事署而颁之；有失，封还执奏。凡内外所上章疏下，分类抄出，参署付部，驳正其违误……主德阙违，朝政失得，百官贤佞，各科或单疏专达，或公疏联署奏闻……遇决囚，有投牒讼冤者，则判停刑请旨。凡大事廷议，大臣廷推，大狱廷鞫，六掌科皆预焉”（《明史》卷74《志第五十》）。对言官职责的这种规定，表明了其监察或者规谏的对象主要有两类，一类是官员，另一类是皇帝。在对官员进行监察、纠劾方面，言官的对象有所不同，六科给事中只对吏、户、礼、兵、刑、工部官员进行监察、检举，而御史除了对六部官员进行监察、检举以外，还要对地方官员进行监察、检举。言官还负有对皇帝进行规谏的责任。在参加廷议时，言官虽然没有表决权，但是，他们有权对以皇帝为主作出的决策提出异议；还可以将自己认为有误的圣旨驳回，不予下达；更为重要的是有责任对皇帝进行规谏甚至批评，朱元璋强调言官应该规谏皇帝，如果“臣不谏君，是不能尽臣职；君不受谏，是不能尽君道。臣虽有不幸，言不见听而反受其责，是虽得罪于昏君，然有助于社稷人民也”（《明太祖实录》卷 25）。

明朝政治制度规定，如果言官履行好了自己的职责，就会得到奖赏，或者升官晋爵，或者获得物质赏赐；如果不能履行职责，就要受到惩罚。“诸御史纠劾，务明著实迹，开写年月，毋虚文泛诋，讦拾细琐……凡御史犯罪，加三等，有赃从重论。”（《明史》卷 73《志第四十九》）在明朝，因言获罪的言官不少。针对这种情况，言官屡有抗争，如吕坤对当时的皇帝进行了规谏：“自古圣明之君，岂乐诽谤之语。然而务求言赏谏者，知天下存亡，系言路通塞也。比来驱逐既多，选补皆罢。天阍邃密，法座崇严，若不广达四聪，何由明照万里？今陛下所闻，皆众人之所敢言也，其不敢言者，陛下不得闻矣。一人孤立万乘之上，举朝无犯颜逆耳之人，快在一时，忧贻他日。陛下诚释曹学程之系，还吴文梓等官，凡建言得罪者，悉分别召用，而士大夫之心收矣。”（《明史》卷 226《列传第一百十四》）这就是说，要让言官履行好自己的职责，就必须有一个人人都遵守政治制度的环境，否则，敢于坚持实事求是原则的言官就会遭到“驱逐”，出现“选补皆罢”的局面。

言官履行职责的目的在于“表扬善类，翦除豪蠹，以正风俗，振纲纪”（《明史》卷 73《志第四十九》），因此，言官在国家政治生活中具有相当重要的地位，朱元璋对刘基等人说：“国家立三大府，中书总政事，都督掌军旅，御史掌纠察。朝廷纪纲尽系于此，而台察之任尤清要。卿等当正己以率下，忠勤以事上，毋委靡因循以纵奸，毋假公济私以害物。”（《明史》卷 73《志第四十九》）这是对言官所提出的政治道德要求。

3. 强化致仕制度

“致仕”又可以称为“休致”、“致政”、“致事”、“乞休”、“乞骸骨”、“告归”等，它不同于“挂冠”(又可以称之为“径行”)。前者是一种既合制度又合礼的行为,后者则是一种既不合制度又不合礼的行为;前者需要经过皇帝或者其他行政机关的批准,后者则是官员直接弃官而去;前者需要经过或长或短的时间,后者则是官员一旦作出决定就可以立马离开官场。

致仕制度指的是官员退休制度,是以往朝代早就已经存在的一种政治制度。明朝政府沿用了这一制度。这一制度对退休者的年龄、致仕后的俸禄及是否朝见进行了规定,也对致仕官员的其他待遇作出了规定,如洪武“十二年①令,内外官致仕居乡,惟于宗族及外祖妻家序尊卑,如家人礼。若筵宴,则设别席,不许坐于无官者之下。与同致仕官会,则序爵;爵同,序齿。其与异姓无官者相见,不须答礼。庶民则以官礼谒见。凌侮者论如律。”(《明史》卷56《志第三十二》)“万历六年②更定,凡致仕养病终养听用等官,祭葬俱与现任官同。十二年③续定,被劾自陈致仕官,有日久论定原无可议者,仍给祭葬,父母妻视本身为差等。”(《明史》卷60《志第三十六》)以往朝代的制度规定,致仕者的年龄应该为70岁,只有有疾病者才可以提前退休,俸禄则根据致仕者官品、爵位和功绩等确定,至于是否可以朝觐皇帝则由皇帝所决定。

在明朝政治生活中,致仕制度涉及的是皇帝与大臣(尤其是朝中大臣)之间的关系。与以往朝代中皇帝是此制度运行的主动者有所不同,在明代的运行情况比较复杂。通常情况下,皇帝为此制度运行的主动者,但是,到了明代中后期,这种情况稍有改变,主动者并非只有皇帝,有的大臣也成了主动者。

作为致仕制度运行的主动者,皇帝的作为表现在多个方面。其一,出于自己的意志对官员的致仕年龄作出规定。洪武元年(1368)规定:除了“有特旨选用者”以外,所有年龄达到70的官员都“听令致仕”,洪武十三年(1380)又规定:“文武官年六十以上者听致仕,给以诰敕。”(《明史》卷2《本纪第二》)洪武十七年(1384)又将致仕年龄改回70岁。永乐二十二年(1424)“诏文臣年七十致仕”(《明史》卷8《本纪第八》)。从致仕年龄的变动和措辞由“听致仕”或者“听令致仕”到“令致仕”或者“诏致仕”的变化可见,皇帝在致仕制度

① 洪武十二年,即公元1379年。
② 万历六年,即公元1578年。
③ 万历十二年,即公元1584年。

的运行中掌握了主要的主动权。其二，规定致仕的官员是否享受俸禄。致仕的官员可否享受俸禄，这是由皇帝独自决定的。洪武十二年(1379)，“诏凡致仕官复其家，终身无所与”(《明史》卷2《本纪第二》)。可是，这种做法在后来有所改变，如杨翥曾经自愿做尚未即位的景帝朱祁钰王府的长史，“久之，引年归。王即大位，入朝，拜礼部右侍郎。景泰三年①进尚书，给禄致仕”(《明史》卷152《列传第四十》)。其三，赏罚。皇帝既根据官员的表现对官员进行奖赏，如成化四年(1479)，杨鼎被人弹劾后“再疏求去”，宪宗朱见深“赐敕驰驿归，命有司月给米二石，岁给役四人，终其身。大臣致仕有给赐，自鼎始也。”(《明史》卷157《列传第四十五》)，又据其对官员予以惩罚，而强制官员致仕也是一种重要的惩罚方式，如正德三年(1508)，“令京官告假违限及病满一年者皆致仕”(《明史》卷16《本纪第十六》)。

虽然皇帝在致仕制度的运行中一般掌握了主动权，但是，这并不意味着大臣就毫无主动权了。大臣在致仕方面的主动性表现在：一是被他人弹劾而觉得自己做得不妥或者能力不够，有责任心的官员就会主动“求去”，如万历五年王崇古“代谭纶为兵部”后，因蒙古俺答诸部通好事件受到同官彭应时以及南京御史陈堂等人“交章论崇古弛防狗敌”，王崇古即“疏辨乞休”，未获准，不久“给事中尹瑾、御史高维崧再劾之”，崇古“力求致仕，去”；二是皇帝对于自己所提出的政务处理方案总是不给予反馈，官员就会主动致仕，如万历四十年(1612)，吏部尚书孙丕扬就是如此主动致仕的，叶向高解释了孙丕扬此举出现的原因：“丕扬当出山时，年已七十有八。每对臣言感激圣恩，思欲图报，故黾勉前来，忘其老病。后见朝政壅塞，章疏不下，推迁之请，庶官十不得一，大僚百不得一。即其所平生心服之吕坤，连章累牍，亦终不报，而会推、考选二事尤极惓惓，无计动天。于是浩然之志，始不可挽。”(《明神宗实录》卷492)可见，大臣与皇帝、大臣与大臣之间的关系，才是大臣主动提出致仕的真正原因。

4. 健全官员考评制度

官员考评制度是对官员廉政勤政情况进行考核的主要方式。就明朝文官的考评而言，考评有考满和考察两种形式，都由吏部组织。“考满、考察，二者相

① 景泰三年，即公元1452年。

辅而行。考满,论一身所历之俸,其目有三:曰称职,曰平常,曰不称职,为上、中、下三等。考察,通天下内外官计之,其目有八:曰贪,曰酷,曰浮躁,曰不及,曰老,曰病,曰罢,曰不谨。"(《明史》卷71《志第四十七》)考满分三次进行,每三年考评一次。考察分为对京官的考察(即京察)和对地方官的考察(即外察)。吏部"掌官吏考课、黜陟之事,以赞尚书。凡内外官给由,三年初考,六年再考,并引请,九年通考,奏请综其称职、平常、不称职而陟黜之。陟无过二等,降无过三等,其甚者黜之、罪之。京官六年一察,察以巳、亥年。五品下考察其不职者,降罚有差;四品上自陈,去留取旨。外官三年一朝,朝以辰、戌、丑、未年。前期移抚、按官,各综其属三年内功过状注考,汇送复核以定黜陟。仓场库官一年考,巡检三年考,教官九年考。府州县官之考,以地之繁简为差。吏之考,三、六年满,移验封司拨用。九年满,又试授官。惟王官及钦天、御用等监官不考。凡内外官弹章,稽其功过,拟去留以请上裁。荐举、保留,则核其政绩旌异焉。"(《明史》卷72《志第四十八》)经考察的官员,如果被处分,将"不复叙用,定为永制"(《明史》卷71《志第四十七》)。

为了准确而又公平地对官员进行考评,一方面,明朝皇帝对考评提出了要求,如仁宗朱高炽"命御史考察在外官,以奉命者不能无私,谕吏部尚书蹇义严加戒饬,务矢至公。"(《明史》卷71《志第四十七》)另一方面,明朝皇帝对考评的结果进行复审,景泰二年(1451),经吏部、都察院考察后"当黜退者"730余人,代宗朱祁钰"虑其未当,仍集诸大臣更考,存留者三之一"(《明史》卷71《志第四十七》)。弘治六年考察后,"当罢者"共计1 400员,另外,还有杂职1 135员,孝宗朱祐樘认为对官员的处分过滥,于是,他谕吏部:"方面知府必指实迹,毋虚文泛言,以致枉人。府州以下任未三年者,亦通核具奏。"(《明史》卷71《志第四十七》)而吏部尚书等"具陈以请",坚持对于那些府、州、县官中的"贪鄙殃民者",即使他们"年浅",也"不可不黜"。孝宗朱祐樘则认为人才难得,多次降谕,要求对"当罢者"予以宽恕。针对在对官员的考评中,存在着打击报复、排斥异己、结党营私的现象,明朝皇帝多次进行了警告,如神宗朱翊钧"戒谕廷臣":"近岁以来,士习浇漓,官方刓缺,诋老成为无用,矜便佞为有才。遂使朝廷威福之柄,徒为人臣报复之资。用是薄示惩戒,余皆曲贷。诸臣宜祓除前愆,共维新政。若溺于故习,背公徇私,获罪祖宗,朕不敢赦。"(《明史》卷20《本纪第二十》)然而,皇帝的这些警告并没有起多大作用。

三、党派之间的纷争

在我国历史上，权力之争一直是存在的。由于它会对政治生活和政治秩序造成恶劣影响，因此，在各个朝代里，明智的皇帝和正直的人们都会极力地反对它。权力之争，既可以表现为个体官员之间的纷争，又可以表现为利益集团之间的纷争。相对而言，后者对政治生活和政治秩序所造成的影响比前者要严重得多。在明代社会里，利益集团之间的纷争比以往任何朝代都更突出、更激烈。

虽然党派之间的纷争主要出现在明代中后期，尤其是万历年间最为激烈，但是，其形成却由来已久。在一定意义上，明朝的天下主要是淮人集团所取得的，因此，明朝建立以后，淮人在政治地位上远远高于其他地方的人，虽然朱元璋以各种借口杀掉了一些淮人功臣，然而，淮人仍然把握了主要的政治权力。这是明朝党派形成的历史原因，淮人权力集团也因此而成了明朝党派的最初形式。

丞相制度的废除，虽然是对淮人权臣的一次沉重打击，但是，它又为宦官或者阉党的形成创造了条件。宦官们之所以能够形成一个利益集团，不断地获得更多的权力，由原来的对朝廷内外官僚的监视变为监控，干预政治生活的程度越来越深，其主要原因在于明朝皇帝力图在朝中大臣与宦官之间实现某种权力的平衡，以控制六部尚书或者内阁的权力，避免出现如丞相那样的可以同明朝皇帝分庭抗礼的权臣。于是，丞相制度被废除以后的“国家政务，我祖宗既设司礼监掌行，又命内阁学士共理，内外相维，可否相济”(《明孝宗实录》卷7)。形式上是太监与大学士“共理”国家事务，“然内阁之拟票，不得不决于内监之批红，而相权转归之寺人。于是朝廷之纪纲，贤士大夫之进退，悉颠倒于其手”(《明史》卷72《志第四十八》)。这种政治体制的运作带来的一个后果是宦官权力的膨胀，于是，内阁或者尚书不得不对内心极为厌恶的太监委曲求全，甚至对太监低三下四。在此意义上，“明代阉宦之祸酷矣，然非诸党人附丽之，羽翼之，张其势而助之攻，虐焰不若是其烈也。中叶以前，士大夫知重名节，虽以王振、汪直之横，党与未盛。至刘瑾窃权，焦芳以阁臣首与之比，于是列卿争先献媚，而司礼之权居内阁上。迨神宗末年，讹言朋兴，群相敌仇，门户之争固结而不可解。

凶竖乘其沸溃，盗弄太阿，黠桀渠憸，窜身妇寺。淫刑痡毒，快其恶正丑直之私。衣冠填于狴犴，善类殒于刀锯。迄乎恶贯满盈，亟伸宪典，刑书所丽，迹秽简编，而遗孽余烬，终以覆国。庄烈帝①之定逆案也，以其事付大学士韩爌等，因慨然太息曰：'忠贤②不过一人耳，外廷诸臣附之，遂至于此，其罪何可胜诛！'痛乎哉，患得患失之鄙夫，其流毒诚无所穷极也！”(《明史》卷306《列传第一百九十四》)

然而，内阁集团或者六部尚书集团对于宦官集团或者阉党是口合心不合的。“口合”之所以需要，是因为他们需要临时组成联合体对付共同的政敌；“心不合”之所以存在，是因为在内阁或者尚书看来，在封建社会的政治体制中，宦官不应该享有这么高的权力，而且也与儒家的政治伦理观念相违背。正是出于后一种原因，内阁集团或者六部尚书集团是会将宦官集团或者阉党视为自己的政敌的，是会与之争权夺利的。在与宦官集团或者阉党争夺权力的过程中，内阁或者尚书各自组成了集团，有时共同组成一个对付宦官集团或者阉党的联合体。可是，内阁集团与六部尚书集团之间是存在权力矛盾的。在丞相制度被废除的初期，由于内阁只是皇帝的秘书机构，并且被禁止与朝中大臣及地方官进行交往，这种权力矛盾几乎是不存在的。随着皇帝对内阁的倚赖程度的提高，内阁的权力越来越大，尤其是首辅的权力越来越大，凌驾于尚书之上，既与尚书的权力发生冲突，又与宦官的权力发生矛盾。

除了上述党派或者利益集团之外，还有言官集团及同乡官僚集团。言官本来是隶属于六部的，受尚书领导，他们最初都是较正派的。然而，作为一个群体，他们却是松散的，彼此可能会意见不一，并发生矛盾。“明至中叶以后，建言者分曹为朋，率视阁臣为进退。依阿取宠则与之比，反是则争。比者不容于清议，而争则名高。故其时端揆之地，遂为抨击之丛，而国是淆矣。虽然，所言之是非，阁臣之贤否，黑白判然，固非私怨恶之所得而加，亦非可尽委之沽直好事，谓人言之不足恤也。”(《明史》卷230《列传第一百一十八》)同乡官僚集团是一个同乡之间互帮互济、一致对外的群体。从道德的角度来看，如果说言官集团是

① 即思宗朱由检。
② 即魏忠贤。此引文中“逆案”指的是魏忠贤案。

各有各的理，各自坚持自己的立场，那么，同乡官僚集团是不讲理而只讲情的。由于同乡官僚集团以乡谊为联系的纽带，因此，不同的地域就会组成内聚力较强的集团，他们奉行“一荣俱荣，一损俱损”原则，必要时会为了本同乡官僚集团的利益而挺身而出，不惜牺牲自己的政治前途和私人利益。

明朝党派的多样化和冲突的产生，是有深刻的原因的。其主要原因在于：

1. 明朝皇帝的骑墙态度

皇帝持这种态度，也许是因为无能，也许是出于无奈，也许是有意为之。一个党派要存在，要发展壮大，在封建社会里，离不开当权者尤其是皇帝或明或暗的支持。在明代社会里，事实上也是如此。任何党派都得到过皇帝的支持，无论是浙党、楚党、齐党、宣党、昆党，还是东林党，无论是内阁集团、言官集团，还是宦官集团，都是如此。即使是成了众矢之的、气息奄奄的党派，它只要得到了皇帝的支持，就有了生存的空间。如位高权重、傲慢强势的首辅张居正死亡之后，内阁的权势已今非昔比，而继任的首辅“像申时行、王锡爵之流，他们的威望远不如张居正，手段也不如张居正老练，他们只知道唯诺因循，来取媚于皇帝，想尽方法来巩固自己的地位，造成党羽来养成自己的势力，衣钵相传，支持了十几年。庸愚的万历皇帝，他只知道儿女之情，哪知道国家的大计，尽著内阁和言官在那里暗斗。”①

2. 重大历史问题没有得到解决

党派的多样化和冲突并不是凭空产生的，它最初总是与某些人对某些问题的不同看法有关。有相同看法的人们会自觉不自觉地组成一个党派，彼此认同，遥相呼应，同声相应，同气相求，排斥异己，以求造成不凡的影响。因此，党派之间总会将历史上的疑案反复提起，其目的不在于弄清历史的真相，而在于结交同党，壮大声势，形成一支不可小觑的力量。明代的历史事实就是如此。如“移宫案”、“红丸案”、“梃击案”多次被言官或者士大夫所提起，多方聚讼不已，虽然谁也没有说服谁，但是，大家都变成了争论的赢者，都出了名，都变得不再是一个人在战争。可以这样说，“朋党之成也，始于矜名，而成于恶异。名盛则附之者众。附者众，则不必皆贤而胥引之，乐其与己同也。名高则毁之者亦

① 谢国桢著：《明清之际党社运动考》，辽宁教育出版社 1998 年版，第 12 页。

众。毁者不必不贤而怒而斥之，恶其与己异也。同异之见歧于中，而附者毁者争胜而不已，则党日众，而为祸炽矣。”(《明史》卷232《列传第一百二十》)

明朝党派的纷争，在道德上并非都是卑劣的甚至邪恶的，其中也不乏正直的官员的参与，有的官员是抱着弄清真相的态度加入争论之中的。然而，在党同伐异的大环境中，这些官员的正直虽令人钦佩却终究无力，他们的动机甚至可能被人利用，当作了有的党派进行政治斗争的工具。其结果，第一，纷争的双方因偏执而都有过错，都可以找到被攻击或者弹劾的理由，都有政治前途丧失甚至招罪和被抄家的可能。第二，纷争对于未参与纷争的其他人来说也是有害的。正如神宗朱翊钧对吏部都察院所说：“年来议论混淆，朝廷优容不问，遂益妄言排陷，致大臣疑畏，皆欲求去，甚伤国体。自今仍有结党乱政者，罪不宥。”(《明史》卷21《神宗二》)第三，纷争对于国家的害处，在于它使“公家之事置若罔闻，而分树党援，飞诬排陷，迄无虚日，以致酿祸既久，上延国家”(《清实录·圣祖仁皇帝实录(二)》卷153)。孟森则分析得更加透彻：“门户之祸，起自万历。人主心厌言官，一切不理；言官知讥切政府必不掇祸，而可耸外间之听，以示威于政府，政府亦无制裁言官之术，则视其声势最盛者而依倚之。于是言官各立门户以相角，门户中取得胜势，而政权即随之，此朋党所由炽也。在万历间不过把持朝局，排除异己而汲引同党，至边事既起，各立门户之言官，以封疆为逞志之具，将帅之功罪贤不肖悉混淆于党论，而任事者无所措手足矣。建州坐大，清太祖遂成王业，其乘机于明廷门户之争者固不小也。”①

第二节　明代道德生活的经济基础

明代同宋代一样，其经济结构主要由自然经济和商品经济所构成，其中，自然经济是主体，商品经济相对于宋代有了一定发展。此外，权贵经济也是明代

---

① 孟森著：《明史讲义》，中华书局2006年版，第315页。

经济的一个重要的组成部分。这三种经济形式各有自己的特性和相应的经济关系，共同影响着明代的道德生活。

一、小农经济占主体地位

农业或者小农经济是支撑中国封建社会的经济基础，是明代百姓安居乐业和社会稳定的必要条件。对于农业的这种地位，明朝皇帝是有清醒的认识的。明太祖朱元璋早在1366年就对其大臣们说："为国之道，以足食为本"，认识到应该将农业视为"为治之先务，立国之根本"（《明太祖实录》卷19），强调农业不仅是解决民生问题之根本，即"君天下者，不可一日无民，养民者不可一日无食，食之所恃在农"（《明太祖实录》卷53），而且是夺取政权和维持封建统治的前提，他说："大乱未平，民多转徙，失其本业。而军国之费所资不少，皆出于民，若使之不得尽力南亩，则国家资用何所赖焉？"（《明太祖实录》卷16）

正是因为农业具有如此重要的地位，因此，明朝皇帝都将重视和发展农业作为根本的治国方略。出于这一政治立场，明朝皇帝和政府采取了一系列发展和保护农业的措施。尤其是在经历元代末年的动荡之后，明朝开国皇帝朱元璋推行了一系列的政策法令，运用了一些切实可行的办法来恢复农业生产，主要表现在如下几个方面：

1. 招民复业

元代末年农民战争所造成的结果之一是农民大量流离失所，地主和富农要么被消灭，要么逃走。这造成了有的地方出现了农业劳动力不足、土地抛荒严重的现象。这对于刚刚建立的明朝政权来说，一是粮食不够，二是税收减少。这两个方面对明朝政治统治而言是一种威胁。为了巩固新政权，明朝统治者必须着手恢复农业，于是，朱元璋采取了招民复业的措施。洪武元年（1368），朱元璋下令农民返归家乡耕种土地，承认已经被农民所耕种的土地归农民。洪武初年，因"北方近城地多不治，召民耕，人给十五亩，蔬地二亩，免租三年。"（《明史》卷77《志第五十三》）"凡逃户，明初督令还本籍复业，赐复一年。"（《明史》卷77《志第五十三》）洪武五年（1372）五月所下的诏书中规定：自元代末年战争发生以来，战争所及之地的人户"抛弃产业，逃避他方"。现在明朝政府取得了天下，躲避战争的人们应该返归原住地。这些人之中"若有丁力少而旧田多，不许依前占护，止许尽力耕种到顷亩以为已业”；对于那些逃离时人口少而返归时人口多且原地产少的家户，政府允许他们在附近已经抛荒田地内，“官为验丁拨付耕种为业”。如果有人敢以“旧业”较多为借口而“多余占护”，那么，就定会“论罪如律”。这些规定和做法对于发展农业是有利的。

2. 移民耕种

在明代社会里，由于自然环境、经济发展水平及战争的影响，各地的人口密度并不是一样的，有的地方人口密度高，土地资源有限，有的地方则地广人稀，这种情况不利于农业的发展。针对这种情况，户部郎中刘九皋建言：“古狭乡之民，听迁之宽乡，欲地无遗利，人无失业也。”（《明史》卷77《志第五十三》）明太祖朱元璋采纳了他的建议，决定迁移农民。在此之前，明朝政府已经向多地进行了移民，将苏、松、嘉、湖、杭地区老百姓中的无田者四千余户迁往临濠耕种，给他们提供牛、种、车、粮，还“以资遣之”，并且规定三年内不向他们征税。徐达在攻取北方沙漠地区时，将北平山后民35800余户迁移至此，“散处诸府卫，籍为军者给衣粮，民给田。”（《明史》卷77《志第五十三》）将江南老百姓14万人迁移至安徽凤阳。除了这种具有某种强制性的政府主导的人口迁移之外，还有老百姓为了生计而进行的自发迁移。这种人口迁移及其明朝政府所实行的优惠政策，一方面使农民纷纷迁往人烟稀少的地方，在某种程度上缓解了人口与耕地之间的矛盾，另一方面，改变了地方与农民之间的关系尤其是田主佃户之间的关系，这些迁移的农民再不是地方的长工或者短工，再不是佃农，而变成了自耕农，在一定范围改变了人与人之间的依附关系或者剥削与被剥削之间的关系。

3. 鼓励垦荒

招民复业，将地主家按规定多出的田地拨给少地或者无地的农民，将农民迁往人烟稀少的地方进行耕种，其结果在于，一是增加了自耕农的数量，在某种程度上缓解了农民的贫苦，二是增加了国家的财政收入。开垦荒地，扩大耕地面积，既是农民的期望，又是国家增加财政收入的源泉。于是，明朝政府就鼓励农民大力开垦荒地。洪武元年（1368），明太祖朱元璋在《大赦天下诏》中规定：各地民众因战争而抛弃的田土已经“被有力之家开荒成熟者”，“听为己业”；各个地方的荒闲田地，准许农民“开垦为己业”，并且免去三年的“杂泛差役”，之后再依据农民开垦田亩的数额“起科税粮”。洪武三年（1370）规定：

对于北方郡县的荒芜田地，准许无田地的农民开垦，“有余力者不限顷亩”。洪武二十八年(1395)则规定：对于洪武二十七年(1394)以后新开垦的田地，不论一家农户开垦了多少，“俱不起科”，如果地方官敢违反规定对新垦田亩“增科扰害”，就一律治罪。而且，明朝政府还为开垦荒地的农民给予优惠，如“官给牛及农具者，乃收其税，额外垦荒者永不起科。”(《明史》卷77《志第五十三》)这些规定和优惠政策调动了农民开垦的积极性，大量荒地因此而变成了耕地。

4. 规范税收

为了扶持小农经济，明朝皇帝和政府在税收政策方面想了一些办法。如为了全面地发展小农经济，“太祖初立国即下令，凡民田五亩至十亩者，栽桑、麻、木棉各半亩，十亩以上倍之。麻亩征八两，木棉亩四两。栽桑以四年起科。不种桑，出绢一疋。不种麻及木棉，出麻布、棉布各一疋。”(《明史》卷78《志第五十四》)为了给农业发展营造相对宽松的环境，防止贪官污吏利用税收牟取不正当利益，胡惟庸被诛之后，明太祖朱元璋谕户部曰：“曩者奸臣聚敛，税及纤悉，朕甚耻焉。自今军民嫁娶丧祭之物，舟车丝布之类，皆勿税。”(《明史》卷81《志第五十七》)为了确保税收合情合理，依照统一的尺度进行征收，明朝政府制定了“一条鞭法”。“一条鞭法者，总括一州县之赋役，量地计丁，丁粮毕输于官。一岁之役，官为佥募。力差，则计其工食之费，量为增减；银差，则计其交纳之费，加以增耗。凡额办、派办、京库岁需与存留、供亿诸费，以及土贡方物，悉并为一条，皆计亩征银，折办于官，故谓之一条鞭。”(《明史》卷78《志第五十四》)为了消除自然灾害对于农业生产的影响，减轻农民的负担，明朝政府有时还减免赋税。在明代社会里，赋税的“蠲免，有恩蠲，有灾蠲。太祖之训，凡四方水旱辄免税，丰岁无灾伤，亦择地瘠民贫者优免之。凡岁灾，尽蠲二税，且贷以米，甚者赐米布若钞”(《明史》卷78《志第五十四》)。据有人估计，在税收一直很重的苏松二府，“自永乐十三年至十九年，七年之间所免税粮不下数百万石。永乐二十年至宣德三年，又复七年，拖欠折收轻赍亦不下数百万石。折收之后，两奉诏书敕谕，自宣德七年以前，拖欠粮草盐粮、屯种子粒、税丝门摊课钞，悉皆停征。前后一十八年间，蠲免折收停征至不可算。由此观之，徒有重税之名，殊无征税之实。”(《日知录集释》卷10)

5. 限制兼并

土地集中于少数人手中，而大多数农民却少地甚至无地，这对于农业的发展是极为不利的，也会大大地增重农民的负担。明朝皇帝和政府由于清醒地意识到土地兼并的这种危害性，因此，采取了限制土地兼并的措施。其措施主要有三种，其一，限制富户的田亩数额。明朝政府按照每人十五亩的标准拨给农民土地，但是，对于原来产业相对较多的富户却有所放宽，前文的“若有丁力少而旧田多，不许依前占护，止许尽力耕种到顷亩以为已业”的规定，即使较模糊，然而，它对于富户的田亩数额却予以了限制，废止了富户对于部分原来自己所拥有的田地的所有权。其二，禁止富民返回故乡。有的迁移到外地的农民，在经营政府拨给的田地和自己开垦的荒地的过程中，由于享受了国家的优惠政策，变得相对较富裕。可是，随着国家的优惠政策的废止，这些人也必须承担明朝政府所规定的赋税徭役。由于自己所经营的田地相对较多，而且其中有些较贫瘠，他们就难以承受繁重的赋税徭役，因此，他们就不顾明朝法律的限制，假托各种理由返回原籍。然而，明朝法律对于这些从移居地私自逃走的富人的惩罚的规定是相当严厉的，官府对其追捕也是不遗余力的，不只私逃者要受到严惩，而且知情或者容留私逃者而不告发的亲邻也要一道问罪。其三，不准富户占有更多的田地。在这方面，明朝皇帝和政府采取了如下手段进行惩治，如洪武四年(1371)，朱元璋下令：“富者不得兼并，若兼并之徒多占田以为已业，而转令贫民佃种者，罪之”；增加富户的征税比重，朱元璋“定天下官、民田赋，凡官田亩税五升三合五勺，民田减二升”，而相对富裕的“浙西官、民田视他方倍蓰，亩税有二三石者。”(《明史》卷78《志第五十四》)这在一定程度上减缓了田地兼并的进程。需要指出的是，明朝政府对土地兼并的限制，就是为了保住小农经济在整个明代经济中的主体地位。

二、商品经济有所发展

把小农经济作为整个明代经济中占主导地位的经济因素，所导致的后果之一在于商品经济的发展会受到来自多方面的限制。其限制主要来自如下几个方面：

1. 儒家伦理

儒家主张重义轻利或者见义忘利的义利观，提倡人们应该“谋道不谋食”，指出"君子喻于义，小人喻于利"，将以追求利益为主要价值取向的商人斥责为"贱丈夫"。

2. "四民"观念

自《汉书·食货志》将整个社会的职业主要划分为"士"、"农"、"工"、"商""四民"以后，各朝各代的人们基本上认同这种职业等级观念，将"农"尤其是"士"视为最有尊严、最体面的职业，将"商"视为在社会地位上较低等的职业。这必然导致歧视商人的现象，也会对商业的发展造成不利的影响。

3. 明朝政府

如果说前两个方面是对商品经济的观念限制，人们可能会因生存压力而选择从商，并因此而在事实上推动商品经济的发展的话，那么，明朝政府对商品经济发展的限制，则是一种制度上的限制，它使用强制手段对商业活动和商品经济进行打击，使人们不敢从商。明朝政府对商品经济发展的限制主要有以下几种方式：

第一，观念上的限制。如在明朝尚未取得全国统一的1366年，朱元璋就主张："今日之计，当定赋以节用，则民力可以不困；崇本而祛末，则国计可以恒舒。"（《明太祖实录》卷20）所谓本即是指农业生产，所谓末是指商业活动。崇本去末，意即重视农业而限制商业。洪武十八年（1385），他又强调："人皆言农桑衣食之本，然弃本逐末，鲜有救其弊者。先王之世，野无不耕之民，室无不蚕之女，水旱无虞，饥寒不至。自什一之途开，奇巧之技作，而后农桑之业废。一农执耒而百家待食，一女事织而百夫待之，欲人无贫，得乎？朕思足食在于禁末作。"（《明太祖实录》卷175）所谓"禁末作"，就是禁止人们从事商业，给商品经济发展设置障碍。

第二，法规或者政策上的限制。如朱元璋下令，外出的农民，"若有不务耕种、专事末作者，是为游民，则逮捕之"（《明太祖实录》卷208），不准国民擅自"出海与外国互市"，如果"敢有私下诸番互市者，必置之重法"（《明太祖实录》卷231）。洪武十四年（1381）还对商人的冠服作出了严厉的规定："令农衣紬、纱、绢、布，商贾止衣绢、布。农家有一人为商贾者，亦不得衣紬、纱。"（《明史》卷67《志第四十》）正德元年（1506），明朝政府又"禁商贩、仆役、倡优、下贱不许服用貂裘。"（《明史》卷67《志第四十》）

第三，官员横征暴敛。如倪岳在《青溪漫稿》一篇奏议中指出："近年以来，改委户部官员出理课钞，其间贤否不齐，往往以增课为能事，以严刻为风烈。筹笄至骨，不遗锱铢。常法之外，又行巧立名色，肆意诛求。船只往返过期者，指为罪状，辄加科罚。客商资本稍多者，称为殷富，又行劝借。有本课该银十两，科罚劝借至二十两者。少有不从，轻则痛行笞责，重则坐以他事，连船拆毁。客商船只，号哭水次，见者兴怜。夫增课为国，虽称聚敛，犹是有名。其科罚劝借者，或倚称修理公廨，或倚称打造坐船，率皆借名入己，无可查盘……以致近年客商惧怕征求，多至卖船弃业。"（《明经世文编》卷 78）明朝官员对商人的肆意勒索，限制了明代商品经济的发展。

在明代社会里，虽然商品经济的发展受到了诸多的限制，但是，由于商业毕竟是社会生活中不可缺少的，是明代人获取生活资料的重要途径，因此，明代社会的商品经济相对于以往朝代还是有所发展的。其发展的总体情况是：

第一，商品越来越多。商品经济是否发达，其直观的表现在于一定社会历史时期所生产的商品种类的多样化和丰富程度。这一方面与该社会历史时期农业和手工业的发展情况有关，另一方面也与人们是否把农产品和手工产品当作商品、是否用来进行交换有关。相对于以往朝代来说，明代社会的农业和手工业都有所发展，更多的生产资料和生活资料都成了交换的对象，商品品种更加丰富。如农业生产所提供的粮食、蔬果、牲畜、棉花、烟草、竹木等，手工业生产所提供的酒醋、棉布、绸缎、蔗糖、铁器、铜器、瓷器、纸张、油料等，都不再只是用于满足生产者家庭的需要，而是用来进行交换。它导致了这样的结果：必须被征税的产品越来越多，即"关市之征……明初务简约，其后增置渐多，行赍居鬻，所过所止各有税。其名物件析榜于官署，按而征之"（《明史》卷 81《志第五十七》）。

第二，商人队伍规模不断扩大。它具体表现在两个方面，其一，商人的结构发生了变化。在明代社会里，越来越多的农民加入到商人队伍中，某些以前歧视商人的人开始经商，最为重要的是一些士人也投入到商业活动之中。其二，商人建立了自己的组织。在明代社会里，商会越来越多，这些商会大体上可以分为地域性商会和行业性商会，它们将商人联合起来，共同处理有关事务。

第三，社会的商业化程度有所提高。明代社会的商业化具体表现在，其一，产品的商品化。以往朝代里不被人们当作商品来交换的产品，明代人将其在市场上进行交换，而且，明朝政府还要对其征税。其二，商业网络较为发达。不仅城市的商业网络在原有基础上有所拓展，而且在农村也建立了商业网络，全国商道四通八达，水陆交通都得到开发。其三，城镇越来越多。随着明代商品经济的发展，座商的数量越来越多，商人聚集的地方人口越来越多，原来居住在农村的地主、乡绅纷纷移居城镇，大大地增加了城镇居民的数量，城镇经济因此而更加繁荣。

第四，对外贸易较发达。在明代社会里，不仅国内东南西北各地之间的商业贸易频繁，而且，相对于以往朝代，明朝与东南亚、东北亚等国家有了更多的贸易往来，并建立了相应的管理机构。“明初，东有马市，西有茶市，皆以驭边省戍守费。海外诸国入贡，许附载方物与中国贸易。因设市舶司……设于宁波、泉州、广州。宁波通日本，泉州通琉球，广州通占城、暹罗、西洋诸国”(《明史》卷81《志第五十七》)，以“通夷情，抑奸商，俾法禁有所施，因以消其衅隙也”(《明史》卷81《志第五十七》)，更好地进行对外贸易。

明代社会商品经济的发展得益于一定的外部条件和内部条件。

明代社会商品经济发展的外部条件主要有：

第一，政策法规的制定。虽然明朝政府制定政策法规以抑制商品经济的发展，但是，它也制定了某些有利于商品经济发展的政策法规。如“一条鞭法”的制定和推行，是不利于农业而有利于商业的，使商人所负担的赋税远比土地拥有者所负担的要轻得多，其结果，其一是商人们不再如以往的商人那样将大部分的业商所得用于购置土地，经营农业；其二是实际上造成了将农民从农业中诱惑出来，投入到商业之中，影响了农业，却有利于商业。此外，明朝法律还禁止官吏故意刁难商人，否则，官吏就要赔偿因自己的行为给商人所造成的损失。而且还实行对商业的资助政策，如穆宗朱载垕就对“工部复大学士高拱所陈恤商事，言贫商困累，惟多给预支银可以拯之”(《明世宗实录》卷46)的建议表示同意。更为重要的是，明朝政府还制定了调动包括商人在内的富有者捐纳积极性的奖励措施，“定纳谷千五百石者，敕奖为义民，免本户杂役”(《明史》卷79《志第五十五》)，甚至花钱纳谷可以买到官职。这为发展商品经济提供了动力。

第二，儒士态度的转变。就总体倾向而言，儒家伦理思想在道德上是歧视商人的，这是儒士对待商人的基本态度。然而，到了明代中后期，儒士的态度有了明显的改变。有的儒士认为农民与商人应该是平等的，他们都为国家的经济作出了贡献。有的儒士则为商人进行辩护，如李贽说："商贾亦何鄙之有?"有的儒士甚至认为，在人们的心目中，业商比业儒更被人们所重视，以往人们"右儒而左贾"，现在应该"右贾而左儒"。有的儒士则放弃儒业，加入商人行列，亲自进行商业活动。这些都对明代商品经济的发展起了积极作用。

第三，生存压力的推动。在明代前期，由于人口较少，明代人靠农业收入基本上可以满足其生活需要，用不着考虑通过其他方式来获取生活资源。然而，随着人口的增加，土地兼并的恶化，纳税方式由交纳粮谷向交纳金钱、钞票的调整，明代人感受到了前所未有的生存压力。这种压力在根本上说就是人口与土地之间的矛盾，准确地说，就是人多田少的矛盾。这种矛盾迫使明代人产生了从事商业的动机和动力，不得不离开田地，离开温情脉脉的家庭，不顾艰难险阻，外出经商谋生。万历时人谢肇淛认为，福建人和徽州人外出经商并非心甘情愿，而是因为"地狭而人众"，"地狭则无田以自食"。相对于明代政策法规的制定和儒士态度的转变而言，明代人的生存压力是推动商品经济发展的主要力量。

明代社会商品经济发展的内部条件主要有：

第一，商人的进取。明代商人在生存压力的推动下，不顾思乡的寂寞，不顾路途的遥远，不顾难以预料的风险，更不顾官吏的盘剥，坚忍不拔地从事商业活动，有的甚至在外经商几十年，最终达到了自己拥有较多资金的目的。

第二，经营方式的优化。商品经济的发展必须依靠经济活动的开展，而经济活动的进行又必须以经济关系的处理为前提。经济关系的处理意味着对于经营方式的选择。相对于以往朝代主要以个人为经商的主体不同，明代社会出现了新的经营方式。其一，劳动力与生产资料不一定是共属于同一家庭的，而可能是不同家庭之间的合作。如有的地方就出现了"机户出资，织工出力，相依为命久矣……得业则生，失业则死……染坊罢而染工散者数千人，机房罢而织工散者又数千人，此皆自食其力之良民也"(《明神宗实录》卷 361)。其二，建立了多种商人组织。一般来说，单个商人的力量是较弱小的，因此而难以保护自己，也容易与同类商品经营者发生矛盾。明代社会则出现商人自己的组织，就大的范围而言，有徽商、晋商、关陕商、粤商、闽商、吴越商等商帮；就小的范围而言，有众多的族商。这些商人相互帮助，共同解决内部所出现的矛盾，有利于商品经济的发展。

第三，商人承担社会责任。商品经济的发展离不开商人队伍的壮大。而商人队伍的壮大，其前提在于必须有一个良好的社会环境。这种社会环境的营造，除了必须整个社会思想观念的变化和明朝政策法规的调整之外，更为重要的是商人如何改变人们的既有偏见，树立良好的商人形象。商人们对此是有清醒意识的。在他们赚够了钱之后，有些商人主动地承担社会责任，出资修路、修桥、建学校，扶助孤寡废疾者，参与荒政事务等。

第三节　明代道德生活的思想文化背景

一定社会历史时期的道德生活，在根本上是由该时期的经济基础所决定的，也受到其政治环境的重要影响，此外，还与该时期的思想文化背景有关。在一定意义上，一定时期的思想文化是该时期道德生活的反映，是将其道德生活加以定型的方式，它引导着该时期的道德生活，并使这种道德生活保持某种特色。在中国历史上，明代是一个思想道德观念多样化较突出的朝代，除了既有的儒家思想、道家思想和佛教思想以外，启蒙思想开始产生，市民文化成为充满活力的文化因素，以天主教思想道德观念为主要内容的西方文化也传入中国。就其对明代道德生活的影响而言，最主要的思想道德观念是启蒙思想和市民文化。

一、儒家伦理思想与时俱进

儒家伦理思想自产生以后，一直都在发生着变化。在明代社会里，这种变化不只是学理上的，更为重要的是它在道德精神、道德理念和道德要求方面的变化。后者已经超出了纯粹逻辑的范围，而与现实的社会生活直接相关，是明代社会生活发生变化的理论表现。总体而言,明代儒家伦理思想的演变,是一个由明代前期程朱理学占统治地位向明代中后期陆王心学占主导地位演变的过程,是一个理学式微、心学兴起的过程。

在心学取代理学的地位的过程中,士人的学术旨趣、价值立场和政治态度都发生了明显的变化。"原夫明初诸儒,皆朱子门人之支流余裔,师承有自,矩矱秩然。曹端、胡居仁笃践履,谨绳墨,守儒先之正传,无敢改错。学术之分,则自陈献章、王守仁始。宗献章者曰江门之学,孤行独诣,其传不远。宗守仁者曰姚江之学,别立宗旨,显与朱子背驰,门徒遍天下,流传逾百年,其教大行,其弊滋甚。嘉、隆而后,笃信程、朱,不迁异说者,无复几人矣。"(《明史》卷282《列传第一百七十》)甚至在此之前,"天下言学者,不归王守仁,则归湛若水,独守程、朱不变者,惟柟[①]与罗钦顺云。"(《明史》卷282《列传第一百七十》)针对这种情况,明朝政府以皇帝名义下诏表明了其态度:"祖宗维世立教,尊尚孔子,明经取士,表章宋儒。近来学者不但非毁宋儒,渐至诋讥孔子,扫灭是非,荡弃行检,复安得忠孝节义之士为朝廷用?"(《明神宗实录》卷370)理学家对心学及其当时的主要代表人物更是深恶痛绝,认为"天下宗室,皆九庙子孙。王守仁、王锦袭盖世神奸,藉隔数千里,而冒认王弼子孙;事隔三百年,而妄称受寄财产。中间伪造丝纶,假传诏旨,明欺圣主,暗陷亲王,有如楚王衔恨自杀,陛下[②]何辞以谢高皇帝之灵乎?此两贼者,罪应诛殛,乃止令回籍,臣恐万姓惊疑。诚急斩二贼以谢楚王,而天下宗藩之心收矣。"(《明史》卷226《列传第一百十四》)

尽管明朝政府和理学家们都旗帜鲜明地批判和反对心学,然而,心学的影响却日甚一日。之所以会如此,其根源之一在于儒家伦理思想对现实社会生活的适应,在于理学与心学在思想观念方面的区别,在于理学道德理想主义的曲高和寡,心学从"天国"回到"人间"的道德主张充满活力。

1. 由以理抑欲的主张向理欲统一的主张演进

在朱熹看来,人应该是有"人心"和"道心"的。"人心"就是人的感觉与欲求,而"道心"就如"仁之于父子"、"义之于君臣"。就饮食而言,"饥食渴饮,人心

---

① 即吕柟。
② 即神宗朱翊钧。

也;如是而饮食,如是而不饮食,道心也。”(《朱子语类》卷 78)“道心”说到底就是天理的体现。由于“人心与道心为一,恰似无了那人心相似。只是要得道心纯一,道心都发见在那人心上。”(《朱子语类》卷 78)因此,不仅“道心,人心之理”(《朱子语类》卷 78),而且“道心”应当控制“人心”或者人欲,并具有控制它的内在根据。于是,“道心”或者“天理”与“人心”或者人欲之间就是相反相成的,并通过作用于后者来体现和实现。这就是说,“有个天理,便有个人欲。盖缘这个天理须有个安顿处,才安顿得不恰好,便有人欲出来。”(《朱子语类》卷 13)这意味着,在“人心”或者人欲之外存在着“天理”,正如朱熹所说:“未有君臣,已先有君臣之理;未有父子,已先有父子之理。”(《朱子语类》卷 95《程子之书一》)程颐说得更直接:“理便是天道也。”(《二程集·河南程氏遗书》卷 22)“天理”是用来抑制“人心”或者人欲的。如果“人心”或者人欲不被“天理”所抑制,“天理”就会不存,人欲就会膨胀。对于人来说,“人之所以为人者,以有天理也。天理之不存,则与禽兽何异矣?”(《二程集·河南程氏粹言》卷 2)由于“天理”与人欲之间根本对立,不能共存,因此,就应该存“天理”、灭人欲。

与理学家们的理欲对立论不同,心学家们主张理欲统一论。在心学家们看来,并不存在外在于且先于人的“天理”,其实,“理”就在人“心”之中。王阳明认为,“夫在物为理,处物为义,在性为善,因所指而异其名,实皆吾之心也。心外无物,心外无事,心外无理,心外无义,心外无善。”(《王阳明全集》卷 4《文录一》)“心”就是“良知”。“是非之心,不虑而知,不学而能,所谓良知也。良知之在人心,无间于圣愚,天下古今之所同也。”(《王阳明全集》卷 2《传习录中》)“心”中不仅有“良知”或者“天理”,而且有“人欲”,“天理”和“人欲”都统一于“心”。陈确在此基础上更进一步,陈确认为:“人心本无天理,天理正从人欲中见,人欲恰好处,即天理也。向无人欲,则亦并无天理之可言矣。”(《陈确集·别集》卷 5《无欲作圣辨》)心学的立意在于人间之善的实现,不是靠外在于人的“天理”,而是靠每个人自己,靠每个人自己的“心”或者“天理”对于“人欲”的引导。

2. 由义利对立的主张向义利并立的主张演进

理学家们认为,义与利是两个不同的东西,在本质上是“不并立”的,难以同时实现的。因此,就整个社会而言,应该“言义不言利”,只有这样,善的社会状态才会出现;就个人而言,应该在思想上“只知有义而已,不知利之为利”(《朱子语类》卷36《论语十八·子罕篇上》)，在行动上“正其义而不谋其利”，只有如此，他才会成为一个善人、圣人。心学家们对于理学家的义利观进行了批判，认为义与利是并立的，同“义”一样，利乃“人情所同欲”，是人生存发展的不可缺少的两个方面。如李贽认为：“夫欲正义，是利之也；若不谋利，不正可矣。吾道苟明，则吾之功毕矣；若不计功，道又何时而可明也。”(《藏书·德业儒臣后论》)明确地指出“穿衣吃饭，即是人伦物理”(《焚书·答邓石阳》)。

3. 由国家利益本位的主张向天下利益本位的主张演进

在儒家看来，人世间存在着君臣、父子、夫妇、兄弟、朋友等关系，其中，最重要的关系在于君臣关系和父子关系。如《孟子·滕文公》中就强调“无父无君，是禽兽也。”《礼记·儒行》则进一步强调“苟利国家，不求富贵”。在宋明理学家们看来，“义与利，只是个公与私也。”(《二程集·河南程氏遗书》卷17)他们主张任何人都应该追求“公”并去其“私”。“不独财利之利，凡有利心，便不可。”(《二程集·南程氏遗书》卷16)“私”之所以“不可”，是因为这两种关系是“理”的体现，是绝对不可改变的，是由“理”所规定和调节的。朱熹强调，父慈子孝、君仁臣敬就是“道”，是“人伦天理之至”，“无所逃于天地之间”。既然这种关系是绝对天理的体现，因此，“父有不慈，子不可以不孝；君有不明，臣不可以不忠。岂有君而可叛者乎？”(《朱子语类》卷79)依照理学家们的逻辑，国家利益主要就是君主所代表的利益或者就是君主的利益。理学家们还认为，只有以国家利益或者君主利益为本位，并遵循“理”来处理各种利益关系，国家才会有良好的秩序。否则，社会秩序就会混乱。如二程认为：“理者天下之至公，利者众人所同欲。苟公其心，不失其正理，则与众同利；无侵于人，人亦欲与之。若切于好利，蔽于自私，求自益以损于人，则人亦与之力争，故莫肯益之，而有击夺之者矣。”(《二程集·周易程氏传》卷3《益卦》)在某种意义上，理学家的民本思想、富国思想、礼治思想、德治思想等，都是围绕着国家利益或者君主利益这一中心而展开的。丘濬说得非常清楚：“为国以足民为本。而欲民之足，必先足国；国之所以足者，蓄积足恃也。国家粟多而财有余，则蓄积足以恃矣。”(《大学衍义补》卷24)理学的这一思想满足了明朝皇帝进行统治的需要，受到了明朝皇帝的尊崇。如朱棣明确地指出：“夫天地者，尊卑之位也；君臣者，贵贱之等也。尊卑之义明，贵贱之等辨，则天地定而阴阳和，人伦序而名分正……治天下者必明乎此，则君臣正，父子亲，夫妇别，长幼顺，上以统下，大以维小，卑以成尊，贱以事贵，则朝廷之义明而祸乱之源塞矣。”（《明太宗实录》卷92）

心学家们则认为，天下本来是天下人的天下，任何人都应该以天下利益为本位。而且，“天下之人心，其始亦非有异于圣人也，特其间于有我之私，陷于物欲之蔽，大者以小，通者以塞，人各有心，至有视其父子兄弟如仇雠者。圣人有忧之，是以推其天地万物一体之仁以教天下，使之皆有以克其私，去其蔽，以复其心体之同然。”（《王阳明全集》卷1《传习录上》）就君王而言，切不可有一己之私，不能被物欲所蔽，而应该一心一意地实现天下百姓的利益，实实在在地理天下百姓之财。“不言理财者，决不能平治天下。何也？民以食为天，从古圣帝明王，无不留心下此者。”（《四书评·大学》）不但如此，君王还应该充分肯定、满足和发展天下百姓的欲望，何心隐说：“昔公刘虽欲货，然欲与百姓同欲，以笃前烈，以育欲①也……惟欲相率、相辅、相维、相育欲于聚和，以老老②焉，又奚欲哉？”（《何心隐集·聚和老老文》）不应该只想着自己的安乐，而应该追求天下百姓的安乐，吕坤指出：“圣贤胼手胝足，劳心焦思，惟天下之安而后乐。”（《呻吟语·治道》）

二、市民文化高歌猛进

相对于以往朝代而言，明代的市民文化是一种较有特色、充满活力且对社会生活产生了重要影响的文化。在某种意义上，它是由明代商品经济所催生的反映普通人衣食住行的通俗文化或者大众文化。由于它与宋明理学和明朝统治者所提倡的那种文化有所不同，因此，它是作为精英文化的反叛者角色出现的。

明代市民文化的出现是经济、政治、文化等多种因素相互作用的结果，具有多种前提性条件：

1. 经济前提

它指的是商品经济在明代的进一步发展。它是明代市民文化得以发展的

---

① 育欲，意指满足和发展人的欲望。
② 老老，《孟子·梁惠王上》中“老吾老，以及人之老”的简化。

根本条件，内在地产生了突破已有文化模式的需要。明朝建国初期，整个社会的经济处于恢复时期，由于明朝政府实行“崇本抑末”的政策，商品经济发展缓慢，明代中叶以后，商品经济发展较迅速。这种较以往朝代发达得多的商品经济对明代社会生活的各个方面产生了深刻的影响：

第一，它使越来越多的明代人从对土地的依赖中解放出来，不仅商人从此解放出来，而且服务于商业的其他人也不需依赖土地就可以维持其生存。

第二，它改变了封建社会的根本经济关系，使原来所存在的以农民对地主的人身依附关系为主要的经济关系变成了商人可以独立地从事经济活动，商人不仅自身获得了相对的自由，商人的家庭也因为财富的增加而有能力购置田地，不再受地主的剥削或者役使。

第三，改变了明代的社会结构。一方面，它改变了农业人口与非农业人口的比例，据当时士人的估算，在明代社会商品经济发展到鼎盛时期，包括商人在内的非农业人口占全国人口比例将近70%，有的地区则更多，最高的“逐末于外者八九”。更为突出的是，原来歧视商人的官员、士大夫有越来越多的人加入商人队伍中，就全国范围来看，“民之贾十三，而官之贾十七”。另一方面，它使地区之间的不平衡更加明显，东南地区的经济较其他地区更为发达。

第四，它改变了明代人的生活方式。明代商品种类的增多，商品交易的发达，货币使用的广泛，使明代人的生活更加依赖于市场。同时，商品经济使一些人离开了家庭和熟悉的生活环境，进入了陌生人的世界，他们的人际关系不是既定的血缘关系和地缘关系，而是在不断地变化着的不确定的关系，其情感生活和闲暇生活也因此而发生了明显的变化。而且，商人明显地感觉到，就获取财富而言，从事商业活动比从事农业更加轻松，更加容易快速发家致富，这为他们过上不同于农民的生活提供了条件。

2. 政治前提

在明代初期，由于朱元璋采取一系列严厉的政治措施，如废除丞相制度，将皇帝权力绝对化，制定了法律，实行严刑峻法，制定了完备的礼制，以确保人们循规蹈矩，加之社会上官本位意识的根深蒂固，市民文化不可能成为与封建统治者所倡导的文化分庭抗礼的力量。随着明代社会的发展，明朝政治变得相对宽松起来。明朝政治形势的这种变化，为市民文化的发展提供了条件。

3. 文化前提

在明代前期，程朱理学是明朝的统治思想，它左右着整个社会的思想观念。由于坚持道德理想主义的立场，因此，它就远离了现实社会生活，既不能解释现实社会生活，又不能指导现实社会生活，并没有使明代社会变为“循天理”的世界。在明代中后期，由于心学的影响不断扩大，文化专制主义的格局有所松动，价值观念趋向多样化。

4. 城市和市民的增加

这是明代市民文化发展所必备的前提条件。没有城市，就没有市民文化存在的环境；没有一定数量的城市，市民文化也就不能得到发展。没有市民，就没有市民文化的消费主体，就没有市民文化发展的动力。明代的城市和市民相对于以往朝代有明显的增加，这显然是商品经济发展的结果。明代商品经济的发展，既使已有城市的规模有所扩大，又使商人们在商贸发达之地和交通要道开辟了新的商品交易场所，这些场所不断扩大，变成了新兴的城镇。这些城镇不仅是商人们的聚居之地，而且吸纳了大量的王公贵族、缙绅、地主、士人、手工业者、吏仆和游民。

王公贵族、缙绅、地主、士人、商人、手工业者、吏仆、游民乃至兵卒和妓女构成了明代社会的市民阶层，形成了其生活方式在某些方面不同于农民生活的社会群体。不过，他们即使都是市民，然而，他们的生活方式并不是完全相同的。就其作为市民文化的主体而言，他们之间是存在区别的。士人及部分缙绅是市民文化的生产主体，而其他的市民则是市民文化的消费主体和实践主体。在某种意义上，士人是明代市民文化的推动者。在明代社会里，士人可以分为入仕的与未入仕的，有功名的与没有功名的。士人入仕意味着他的生活已有着落(即使明朝官员的俸禄并不高，其生活较艰难)，但毕竟与未入仕不可同日而语。这部分士人只是士人中的少数，大部分士人却是未入仕、没有功名的。由于要维持自己的生活，这些未入仕、没有功名的士人就必须千方百计地去获取自己的生活资料，而他们优先想到的是利用自己的本领去挣钱。他们之所以会成为明代市民文化的推动者，在某种意义上，是迫于生活的无奈选择。正是因为明代市民具有对市民文化的需要和士人具有生产市民文化的动力，因此，市民文化这种大众文化或者通俗文化在明代社会里具有了得以迅速发展的生存空间和契机。

明代市民文化虽然与陆王心学有着千丝万缕的联系，但是，它并不是一种精致的文化，并不具有很强的理论性，而是实实在在的市民世俗生活以及直接反映这种市民生活的文化表现形式。它充分肯定人的欲望，强调个性自由，追求人生享乐，是一种崇尚自我、反对蒙昧主义和禁欲主义的大众文化。它的呈现方式虽然多种多样，但是，其核心或者深刻之处在于它是一种具有巨大吸引力的价值观。这种价值观突出地表现在市民对待个人利益、金钱和消费的态度上。

第一，市民对待个人利益的态度。同以往朝代一样，虽然明代社会仍然强调家庭利益和国家利益等整体利益，但是，这种情况在明代社会里有了明显的变化。这种变化表现在市民可以毫不掩饰地谈论和追求个人利益，个人利益作为一种利益被重视，并以各种手段加以维护。对待个人利益的这种态度，不仅存在于普通人的世俗生活中，而且也反映在士大夫与人的交往中。王阳明就感叹过当时士大夫风气的这种变化，他指出："今世士夫计逐功名甚于市井刀锥之较，稍有患害可相连及，辄设机阱，立党援，以巧脱幸免。一不遂其私，瞋目攘臂以相抵捍钩摘，公然为之，曾不以为耻，而人亦莫有非之者。盖士风之衰薄，至于此而亦极矣！"（《王阳明全集》卷22《外集四》）不只是个人利益受到损害时会想方设法维护自己的利益，而且士大夫还会要求满足自己不应该得到的利益，如果满足不了，他们就会制造舆论，向政府施压，正如嘉靖朝吏部左侍郎张潮所指出的："迩士风卑陋，请求滋多，及有不遂，横议四出"（《明世宗实录》卷253）。市民这种态度的前提在于个人具有自我意识，而人的自我意识存在的前提则在于社会承认个人的相对独立，个人的相对独立要得到承认只有在商品经济相对较发达的条件下才是可能的。正是因为士人具有自我意识（准确地说，具有个人利益意识），他就必定会持有这样的态度。士人对待个人利益的这种态度是有其产生的根源的，他"自其束发读书之时，所以劝之者，不过所谓千钟粟、黄金屋，而一旦服官，即求其所大欲，君臣上下怀利以相接，遂成风流，不可复制"（《日知录》卷13《名教》）。

第二，市民对待金钱的态度。金钱是人的生活中的一个不可缺少的因素，也是组织社会生活、进行社会交往的一个重要媒介。然而，有些明代人并非只是在此意义上看待金钱，而是将其视为具有神奇魔力的东西。金钱既被人们作为进行人际交往的有效手段，尤其自“万历以后，士大夫交际多用白金，乃犹封诸书册之间，进自阍人之手。今则亲呈坐上，径出怀中，交收不假他人，茶话无非此物，衣冠而为囊橐之寄，朝列而有市井之容”(《日知录》卷3《承筐是将》)，又是改变自己的社会地位尤其是政治地位的力量，它可以购买到官职，可以使人获取社会权力。正是因为金钱具有这样的作用，所以，明代人就会在大庭广众之中谈论金钱，就会尽其所能地追求金钱。那些在以往社会里羞谈金钱、视金钱为粪土的士大夫，“一中进士之后”，就不愿与“平日同堂之友”交往，“而日逐奔走于门下者，皆言利之徒也。或某处有庄田一所，岁可取利若干。或某人借银几百两，岁可生息若干。或某人为某事求一覆庇，此无碍于法者，而可以坐收银若干，则欣欣喜见于面，而待之唯恐不谨……何异白日攫金于市中者耶”(《四友斋丛说·正俗》)。市民对待金钱的这种态度，实际上就是拜金主义。拜金主义在明代社会里并不是突然出现的，而是经历了一个较长的社会生活过程，顾炎武就指出：“自神宗以来，赎货之风日甚一日，国维不张，而人心大坏，数十年于此矣。”(《日知录》卷13《贵廉》)这种拜金主义对明代社会生活造成了严重的影响，当时有些学者对此是有清醒的认识的。因此，有些明代人主张正确地对待金钱，如“三言”、“二拍”的作者在刻画商人是如何经商致富、赚取钱财的同时，提倡人们通过正当途径去赚钱，要求商人遵守商业道德，强调经商应该仁爱诚实、义利兼顾，切勿贪婪吝啬、唯利是图，提倡商人积德，奉献社会，赈灾济贫。

第三，市民对待消费的态度。与明朝统治者所提倡的节俭朴素的消费观不同，市民在衣、食、住、行、用方面具有僭越礼教、求新求异和奢侈享乐的特征。表现在：其一，僭越礼教。在明代社会里，明朝统治者对各等级的衣、食、住、行、用等的质料、款式、图案作了极为严格的规定，违禁者将遭到严惩。然而，市民们逐渐地突破明代礼制的束缚，不顾法律的惩罚，在消费方面无所顾忌。有财者和有势者在消费方面为所欲为，长工、隶役、仆从、娼优等贫穷者也“耻穿布素”，不顾自己的条件，“强饰华丽”，将自己打扮成富贵者的样子。其二，求新求异。求新求异、讲时尚、赶时髦是市民们一种普遍的消费取向。市民们不仅在服饰上求新求异，而且在宴饮、娱乐方面花样翻新，酒楼、茶馆不只是饮食的地方，还是进行人际交往、洽谈业务的场所，戏园演出的不再是忠臣孝子等戏剧，而是适应市民需要的以侠义、男女私情等为主要内容的杂剧，有些士人则放浪形骸，公然与妓女交往，狎昵优伶娈童。其三，奢侈享乐。明代的消费风气经历了一个由俭变奢的过程，这一过程与明代商品经济的发展水平大致一致，至嘉靖朝，奢侈享乐之风盛行于全国。虽然奢侈享乐之风首先是在商人及其他富贵者中盛行的，但是，它却逐渐成了市民甚至部分农民的消费特征。由此可见，与以往朝代相比，奢侈享乐在明代社会里更为普遍。

明代市民在其生活中创造了市民文化或者通俗文化，也需要一种可以使其世俗生活更为典型化的文化。士人迎合了市民的这种需要，创作了大量的描述市民生活的文学作品，直接参与到市民文化的建设中来，推动了明代市民文化的发展。

第二章

明代政治道德生活

明代政治是在沿袭并损益以往朝代封建主义政治基础上的政治，由于受商品经济的发展、权贵经济的嚣张横行、皇帝权力的绝对化、严刑峻法、儒家伦理思想的内在分化等因素的影响，它是比任何以往封建朝代更复杂的政治，这决定了明代政治生活必定会有着既与以往朝代相同又与其不同的道德生活。这种道德生活可以通过明代人处理君臣之间、官员之间、官民之间的关系反映出来。

第一节　君臣关系的处理

君臣关系是中国封建社会里一种主要的社会关系，它的处理是政治道德生活的主要内容，其处理是否合理直接关系到天下的安危和民众的利益。相对于以往封建朝代而言，由于受多种因素的影响，明朝的君臣关系要复杂得多，其处理也充满着不确定性。总体而言，明朝君臣关系的处理经历了一个由相对简单到复杂、由比较正常到扭曲的过程。

一、君臣关系的良性互动

中国封建社会里的君臣关系是否是良性的，不能依据我们现在所提倡的道德标准来判断，否则，明朝的君臣关系在当时的良性互动就不可理解。我们说明朝君臣关系是良性的，是按照当时的价值标准来衡量的，准确地说，是按照明朝的政治意识形态（儒家的伦理思想）和明朝的法律来判断的。这就是说，明朝君臣关系处理的良性互动只能依照当时的价值标准来权衡。

应该说，明朝的皇帝和有些官员及民众在其内心是有关于评价当时君臣关系的道德标准的。明朝的某些君臣关系之所以会实现良性互动，是因为这些皇帝和大臣主要坚持了如下三个方面的道德标准：

1. 都以天下大治为最高目标

在某种程度上，实现天下大治，并非只是明朝统治者尤其是皇帝单方面所追求的价值目标，而是包括明朝统治者在内的明代人的共同目标。天下得到治理，表明明代社会没有尖锐的利益矛盾，社会秩序相对良好，在此环境下，人们的生命安全就不会受到威胁，人们的利益就能够得到实现。相反，整个社会就会矛盾冲突不断，人们就可能会居无定所，生命安全随时可能会受到威胁，更不用说其利益的顺利实现了。因此，在某些明朝皇帝和臣僚们看来，天下安危绝不是朱氏一家一姓的安危，绝不只是明朝的统治是否可以持续下去的问题，而是事关天下人的安全和福利。正是因为具有对此的共同意识和统治理念，明朝皇帝和臣僚就可以进行良性互动，否则，就必定会产生摩擦。明太祖朱元璋曾经御驾东阁与陶安及章溢等人讨论元代兴亡的原因，当陶安认为元代丧乱的根源主要在于骄侈时，他对之予以了肯定："居高位者易骄，处佚乐者易侈。骄则善言不入，而过不闻；侈则善道不立，而行不顾。如此者，未有不亡。卿言甚当。"(《明史》卷136《列传第二十四》)这意味着皇帝与大臣在如何治理天下的问题上具有共识，这是君臣关系处理好的基础。当然，明朝某些皇帝和大臣也意识到，天下的治理并非如此简单。当某年京城发生水灾时，刘定之应景帝朱祁钰之诏，从十个方面陈述他对天下治理的看法："号令宜出大公，裁以至正，不可苟且数易。公卿侍从，当数召见，察其才能心术而进退之。降人散处京畿者，宜渐移之南方。郡县职以京朝官补，使迭相出入，内外无畸重。荐举之法，不当拘五品以上。可仿唐制，朝臣迁秩，举一人自代，吏部籍其名而简用之。武臣子孙，教以韬略。守令牧养为先务，毋徒取干办。群臣遭丧，乞永罢起复以教孝。僧尼蠹国当严绝。富民输粟授官者，有犯宜追夺。"(《明史》卷176《列传第六十四》)不只如此，大臣们只有与皇帝同心同德地关注和思考天下治理问题，君臣关系才会有真正的良性互动。叶向高曾经向皇帝上疏天下危乱的某些征兆："今天下必乱必危之道，盖有数端，而灾伤寇盗物怪人妖不与焉。廊庙空虚，一也。上下否隔，二也。士大夫好胜喜争，三也。多藏厚积，必有悖出之衅，四也。风声气习日趋日下，莫可挽回，五也。非陛下奋然振作，简任老成，布列朝署，取积年废弛政事一举新之，恐宗社之忧，不在敌国外患，而即在庙堂之上也。"(《明史》卷240《列传第一百二十八》)他的这些看法只是提醒皇帝注意天下所出现的某些不利于治理的现象，皇帝当然也"知其忠爱"，知道他与皇帝一样在思考同样的问题。面对天下危乱的局面，有的大臣则痛心疾首，如万历二十五年(1597)，吕坤上书皇帝疏陈天下安危，其主要内容如下："窃见元旦以来，天气昏黄,日光黯淡,占者以为乱征。今天下之势,乱象已形,而乱势未动。天下之人,乱心已萌,而乱人未倡。今日之政,皆播乱机使之动,助乱人使之倡者也……自古幸乱之民有四。一曰无聊之民。饱温无由,身家俱困,因怀逞乱之心,冀缓须臾之死。二曰无行之民。气高性悍,玩法轻生,居常爱玉帛子女而不得,及有变则淫掠是图。三曰邪说之民。白莲结社,遍及四方,教主传头,所在成聚。倘有招呼之首,此其归附之人。四曰不轨之民。乘衅蹈机,妄思雄长。惟冀目前有变,不乐天下太平。陛下约己爱人,损上益上,则四民皆赤子,否则悉为寇仇。”(《明史》卷226《列传第一百十四》)然后,吕坤具体分析了会导致天下危乱的一些因素,如“天下之苍生贫困”、“国家之财用耗竭”、“国家之防御疏略”。在此基础上,他提出了防治这种危乱的根本思路,即“人心者,国家之命脉也。今日之人心,惟望陛下收之而已”。最后,他给皇帝治理天下提供了两个法宝,一是上朝理政,不可如目前一样不上朝处理政事。而“祖宗以来,有一日三朝者,有一日一朝者。陛下不视朝久,人心懈弛已极,奸邪窥伺已深,守卫官军只应故事”,皇帝对于臣僚所上章疏应该及时批答;二是不要与民争利,“惟孜孜以患贫为事。不知天下之财,止有此数,君欲富则天下贫,天下贫而君岂独富?今民生憔悴极矣,乃采办日增,诛求益广,敛万姓之怨于一言,结九重之仇于四海,臣窃痛之。使六合一家,千年如故,即宫中虚无所有,谁忍使陛下独贫?今禁城之内,不乐有君。天下之民,不乐有生”。他在密疏中还半恐吓半特意叮嘱皇帝:“惟陛下密行臣言,翻然若出圣心警悟者,则人心自悦,天意自回。苟不然者,陛下他日虽悔,将何及耶!”(《明史》卷226《列传第一百十四》)

2. 都以减轻民众负担为出发点

君臣关系的良性互动,还表现在皇帝和大臣均以民众利益为政治活动的出发点。皇帝和臣僚们都意识到,必须心系民众,为民众利益的实现创造条件,减轻民众的负担。在明代前期,民众的负担相对较轻,但是后来越来越重。嘉靖四十一年(1562),御史林润上疏分析了造成民众负担越来越重的原因,并提出了减轻民众负担的思路,他说:“天下之事,极弊而大可虑者,莫甚于宗藩禄廪。天下岁供京师粮四百万石,而诸府禄米凡八百五十三万石。以山西言,存留百五十二万石,而宗禄三百十二万;以河南言,存留八十四万三千石,而宗禄百九十二万。是二省之粮,借令全输,不足供禄米之半,况吏禄、军饷皆出其中乎?

故自郡王以上，犹得厚享，将军以下，多不能自存，饥寒困辱，势所必至，常号呼道路，聚诟有司。守土之臣，每惧生变。夫赋不可增，而宗室日益蕃衍，可不为寒心。宜令大臣科道集议于朝，且谕诸王以势穷弊极，不得不通变之意。令户部会计赋额，以十年为率，通计兵荒蠲免、存留及王府增封之数。共陈善后良策，断自宸衷，以垂万世不易之规。”（《明史》卷 82《志第五十八》）林润的建议“下部复议”以后，明世宗朱厚熜及大臣们都加以认可，并改定了宗藩条例，规定：郡王、将军七分折钞，中尉六分折钞，郡县主、郡县乡君及仪宾八分折钞，他冒滥者多所裁减。宗藩诸王对此没有异议，并心甘情愿地“奏辞岁禄，少者五百石，多者至二千石”。

3. 都认同儒家所提出的关于处理君臣关系的道德要求

由于自汉代“独尊儒术”以来，儒家伦理道德观念成了以后封建朝代的社会意识形态，在社会生活中不断被强调并加以实践，因此，古代中国人都认同儒家关于处理君臣关系的道德要求。这种道德要求是多层面的，虽然其核心内容是“君礼臣忠”，但是，其君臣关系上的政治伦理却可以分为积极意义上的与消极意义上的两种。如臣子对皇帝应该以道事君、以道辅主，且要做到“从道不从君”，但是，另一方面，臣子不应该背叛皇帝，这两者是相辅相成的。明太祖朱元璋经常与其侍臣讨论应该如何对待大臣的道德问题，刘基说：“古者公卿有罪，盘水加剑，诣请室自裁，未尝轻折辱之，所以存大臣之体。”詹同指出：“古者刑不上大夫。以励廉耻也。必如是，君臣恩礼始两尽。”朱元璋对此“深然之”（《明史》卷 95《志第七十一》）。这表明，明朝皇帝和臣子们对处理君臣关系的道德要求是有共识的。这种共识是君臣关系良性互动的基础，后来的“廷杖”之所以会使大臣们敢怒而不敢言甚至变态地承受，就是因为明朝皇帝违背了这种共识。

除了明朝皇帝和臣子们在共同目标、减轻民众负担和儒家关于君臣关系的道德要求方面达成一致之外，君臣关系要真正实现良性互动还有一个不可缺少的前提，这就是健全制度。制度面前人人平等，一切都按照制度行事，这有利于君臣关系的良性互动。如果明朝皇帝不按照制度给予某个臣子特殊照顾，法外开恩，其他的臣子就会感觉不公平。因此，健全制度就成了明朝皇帝和臣子们的共同愿望。众所周知，同任何以往封建朝代一样，明朝处理君臣关系的制度，并非是双向的，而只是单向的，只是对臣子们的行为进行规范，而且，它是否健全也是由明朝皇帝所决定的。如在明代经济处于恢复时期，明朝统治者就对地方官员制定了这样一条制度：凡“招诱户口有增，开田有成”的官员都予以不同程度的褒奖或者擢升，“若田不开辟，民不加多”，就必须对没能完成其职位所定指标“核其罪”，进行惩罚。的确，明朝的制度在其制定时就是存在缺陷的，这就需要加以弥补。如明朝政府曾经对治农官的政绩考核制度过于苛严，逼迫他们去做与其职位不相称的事情，结果他们的本职工作可能就没有做好，治农官觉得自己很委屈，意见特别大。针对这种情况，姚文灏于弘治九年（1496）上疏，提出了完善这种制度的要求，其理由是：“浙西水事与三时务农之功相表里，非其它土木之役必待农隙而为，故各府治农官虽终岁勤动，尚不能举其职。近年以来，例以闲官目之，或差遣勘事，或委令捕盗，职既不专，事难为效。乞今后府县治农官俱照推官例，不许别差，专一治水与农。庶责任有归，而偷惰无所容矣。”（《明孝宗实录》卷 115）这一建议被明朝统治者所接纳，并对治农官的政绩考核制度予以了完善。

君臣关系要实现真正的良性互动，在君与臣双方中，主导方和主动方都是皇帝。皇帝即使不是发自内心，也至少需要作出一种公正和友好的姿态，臣子们才会更容易进行相应的互动。在这一方面，明朝某些皇帝主要从以下几个方面来调整自己对臣子们的态度：

第一，甄别平反。这表面上看是皇帝对于过去所发生的事情重新进行审视，恢复历史的本来面目，在其道德意义上，它不只是对臣子作个交代，更为重要的是表明皇帝对臣子们所抱的态度。甄别平反既是对当前现实社会生活中所处理不当的事情或者错误予以反正，如针对因严刑峻法所造成的冤假错案等情况，宣宗朱瞻基“乃敕三法司：‘朕体上帝好生之心，惟刑是恤。令尔等详复天下重狱，而犯者远在千万里外，需次当决，岂能无冤?’因遣官审录之”（《明史》卷 94《志第七十》），又是对过去所出现的冤假错案进行平反，如宪宗朱见深“早正储位，中更多故，而践阼之后，上景帝尊号，恤于谦之冤，抑黎淳而召商辂，恢恢有人君之度矣”（《明史》卷 14《本纪第十四》）。

第二，反省。在以往朝代里，皇帝也是进行过反省的，相对而言，明朝皇帝的反省更为频繁。除了与普通人一样对自己的内心世界和所作所为进行反省之外，明朝皇帝还对自己所制定的政策及其实施的后果和进行的人事安排及其所造成的社会影响予以反思。这种反省既有可能在大臣们进行劝谏时发生，又有可能在皇帝重病或者即将驾崩时进行，还有可能在天灾人祸出现后启动，尤其是在后者的情况下，明朝皇帝都会发自内心地检讨自己的所作所为，评价自己做得对不对、应该不应该。明朝皇帝的反省是一种内心活动，它与常人的反省相同的是会通过某些形式表现出来，不过，它与后者的不同之处在于明朝皇帝会将自己反省的结果公之于众，甚至诉诸文字，让全体国民知晓。明朝皇帝无论是通过言语还是通过文字（如颁布罪己诏）来表达自己的反省，其意图无非在于告诉人们：自己应该承担的责任由自己承担，决不推诿于人，臣子们用不着自责、内疚。宪宗朱见深在任用汪直为西厂的首领之后，“西厂横恣，盗窃威柄，稔恶弄兵。夫明断如帝而为所蔽惑，久而后觉，妇寺之祸固可畏哉。”（《明史》卷14《本纪第十四》）这是皇帝在其人事安排导致严重的社会后果后所进行的反省。如武宗皇帝朱厚照在自己病入膏肓时也进行了反省，他命令其臣僚“以朕意达皇太后，天下事重，与阁臣审处之。前事皆由朕误，非汝曹所能预也”（《明史》卷16《本纪第十六》）。明朝皇帝这样的反省对于君臣关系的良性互动无疑是会产生意想不到的效果的。

第三，治吏。明朝皇帝对官吏的治理，既包括积极意义上的引导，又包括消极意义上的惩罚，其目的在于将官吏塑造成为能够实现自己的意志、遵循儒家伦理道德的人。积极意义上的治吏方式，明朝皇帝总会在适当的时机予以运用。而消极意义上的治吏方式，明朝皇帝却不经常使用。这种方式的具体手段也比较多，比较典型的有训诫、威吓和惩罚。如仁宗朱高炽对那些在救灾赈灾过程中消极作为的官员给予了这样的警告：“条政令之不便民者以闻，凡被灾不即请振者，罪之。”（《明史》卷8《本纪第八》）神宗朱翊钧在考核京官之后，“戒谕廷臣”：“近岁以来，士习浇漓，官方刓缺，诋老成为无用，矜便佞为有才。遂使朝廷威福之柄，徒为人臣报复之资。用是薄示惩戒，余皆曲贷。诸臣宜祓除前愆，共维新政。若溺于故习，背公徇私，获罪祖宗，朕不敢赦。”（《明史》卷20《本纪第二十》）宣宗朱瞻基在了解到内臣利用管理采矿而作恶多端、中饱私囊之后，就“锦衣指挥钟法保请采珠东莞，帝曰：‘是欲扰民以求利也’，下之狱。”（《明史》卷9《本纪第九》）明朝皇帝通过多种方式进行治吏，整肃了官风，有利于君臣关系的良性互动。

第四，重用人才。那些长期受儒家思想熏陶的士人，具有“内圣外王”观念，力图在现实社会生活中有所作为，总是在寻求实践儒家伦理思想的机会。如果他能够被皇帝所重用，他会为皇帝鞠躬尽瘁，死而后已。因此，明朝皇帝对人才的重用，是改善君臣关系，实现互相之间良性互动的一种行之有效的举措。明朝皇帝出于自己统治的需要，也需要有一批能够辅佐自己、帮助自己治理天下的人才。明太祖朱元璋深知人才的重要性，他强调“贤才不备，不足以为治”(《明太祖实录》卷 81)，他形象地将皇帝与人才比喻为大厦与木材之间的关系：“为天下者，譬如作大厦。大厦非一木所成，必聚材而后成。天下非一人独理，必选贤而后治。故为国得宝，不如荐贤”(《明太祖实录》卷 128)，将人才视为国宝，并多次下诏征求贤才，遣使分行天下，访求贤才。他还表达了与贤才共治天下的愿望：“天下之治，天下之贤共理之。今贤士多隐岩穴，岂有司失于敦劝欤，朝廷疏于礼待欤，抑朕寡昧不足致贤，将在位者壅蔽使不上达欤？不然，贤士大夫，幼学壮行，岂甘没世而已哉。天下甫定，朕愿与诸儒讲明治道。有能辅朕济民者，有司礼遣。”(《明史》卷 2《本纪第二》)明朝皇帝这种礼遇人才、重用人才的观念和做法，对于消解君臣之间的摩擦，建立良好的君臣关系是起了积极作用的。

第五，联络感情。皇帝虽然可以傲视天下，握有生杀予夺的权力，但是，皇帝绝不是孤家寡人，不可不求于人。明朝某些皇帝对此是有清醒的意识的。因此，他们在处理君臣关系时，既强硬地使用刚性的手段，又巧妙地使用柔性的手段。在柔性的手段中，明朝皇帝非常清楚，最为有效的手段就是运用感情。朱元璋曾经深情地对解缙说：“朕与尔义则君臣，恩犹父子，当知无不言。”(《明史》卷 147《列传第三十五》)他在与宋濂的关系上同样充溢着浓浓的感情：宋濂“尝与客饮，帝密使人侦视。翼日，问濂昨饮酒否，坐客为谁，馔何物。濂具以实对……每燕见，必设坐命茶，每旦必令侍膳，往复咨询，常夜分乃罢。濂不能饮，帝尝强之至三觞，行不成步。帝大欢乐。御制《楚辞》一章，命词臣赋《醉学士诗》。又尝调甘露于汤，手酌以饮濂曰：‘此能愈疾延年，愿与卿共之。’又诏太子赐濂良马，复为制《白马歌》一章，亦命侍臣和焉。其宠待如此。”(《明史》卷 128《列传第十六》)世宗朱厚熜对杨一清的用情可谓“法外开恩”。按照明朝有关制度的规定，凡臣子上奏皇帝的密疏必须亲自书写，不得请人代笔，朱厚熜也是这样要求其臣子的。当他了解到内阁首辅杨一清患有眼疾之后，因为杨一清不能亲自书写密疏，他就特谕杨一清的侄子代写，并嘱咐杨一清对于眼疾“当用心调摄”。明朝某些皇帝对臣子的感情还落实在对臣子的保护中，如仁宗朱高炽对杨士奇的态度就是如此。“时藩司守令来朝，尚书李庆建议发军伍余马给有司，岁课其驹。士奇曰：‘朝廷选贤授官，乃使牧马，是贵畜而贱士也，何以示天下后世。’帝许中旨罢之，已而寂然。士奇复力言。又不报。有顷，帝御思善门，召士奇谓曰：‘朕向者岂真忘之。闻吕震、李庆辈皆不喜卿，朕念卿孤立，恐为所伤，不欲因卿言罢耳，今有辞矣。’手出陕西按察使陈智言养马不便疏，使草敕行之。士奇顿首谢。”（《明史》卷148《列传第三十六》）可见，感情在君臣关系的处理中具有神奇的魔力。

君臣关系的良性互动是君臣双方之间的事情，皇帝固然是主导方和主动方，需要具备进行良性互动的相应素质。同样，臣子也应该具备良好的素质，君臣关系才会进行良好的互动。在明代社会里，臣子的这种素质是以儒家伦理道德为中心内容的，是儒家所提倡的政治伦理理念和政治道德要求。它是多方面的，表现在处理君臣关系上，主要有如下三个方面：

第一，为皇帝分忧。有一天，英宗朱祁镇避开他人，悄悄对大臣李贤说：曾经密谋过“夺门之变”、帮助过自己重获帝位的石亨、曹吉祥骄横“干政，四方奏事者先至其门，为之奈何？”李贤给皇帝提出了如下对策：“陛下惟独断，则趋附自息。”皇帝又说：“向尝不用其言，乃怫然见辞色。”李贤对曰：“愿制之以渐。”对自己从弟弟代宗朱祁钰手中重夺帝位，于情于理都有不妥之处，朱祁镇可能内心有所不安，在石亨被治罪之后，他向李贤重提了“夺门”一事。李贤说：“‘迎驾’则可，‘夺门’岂可示后？天位乃陛下固有，‘夺’即非顺。且尔时幸而成功，万一事机先露，亨等不足惜，不审置陛下何地！”接着又说：“若郕王果不起[①]，群臣表请陛下复位，安用扰攘为？此辈又安所得邀升赏，招权纳贿安自起？老成耆旧依然在职，何至有杀戮降黜之事致干天象？”朱祁镇觉得李贤分析得有道理，也为自己留了面子，并下诏命令自今以后所有章奏禁用“夺门”二字（参见《明史》卷176《列传第六十四》）。

---

① 指代宗朱祁钰患重病后驾崩。

第二，指出治国理政中所存在的缺陷。一些明朝臣子有着“一日立乎其位，则一日业乎其官；一日不得乎其官，则不敢一日立乎其位”（《明史》卷181《列传第六十九》）的观念，当他们发现现实生活中存在着不利于皇帝治理国家的问题之后，他们就会自觉地向皇帝面陈或者上疏奏明，并认为这是做臣子应尽的责任。如万历十一年（1583），左副都御史丘橓向神宗朱翊钧指出当时吏治中所存在的八种主要积弊，具体有考绩之积弊、请托之积弊、访察之积弊、举劾之积弊、提问之积弊、资格之积弊、处佐贰教职之积弊和馈遗之积弊①，并强调：“要此八者，败坏之源不在于外，从而转移亦不在于下也……陛下诚大奋乾刚，痛惩吏弊，则风行草偃，天下可立治矣。”朱翊钧对此予以认同，并“敕所司下抚按奉行，不如诏者罪”（《明史》卷226《列传第一百十四》）。崇祯二年（1629），刘宗周上疏思宗朱由检，直接地指出了朱由检治国理政中所出现的弊端：“陛下励精求治，宵旰靡宁。然程效太急，不免见小利而速近功，何以致唐、虞之治？夫今日所汲汲于近功者，非兵事乎？诚以屯守为上策，简卒节饷，修刑政而威信布之，需以岁月，未有不望风束甲者，而陛下方锐意中兴，刻期出塞……功利之见动，而庙堂之上日见其烦苛。事事纠之不胜纠，人人摘之不胜摘，于是名实紊而法令滋。顷者，特严赃吏之诛，自宰执以下，坐重典者十余人，而贪风未尽息，所以导之者

---

① 此八积弊如下：“臣去国十余年，士风渐靡，吏治转汙，远近萧条，日甚一日。此非世运适然，由风纪不振故也。如京官考满，河南道例书称职。外吏给由，抚按官概与保留。以朝廷甄别之典，为人臣交市之资。敢徇私而不敢尽法，恶无所惩，贤亦安劝？此考绩之积弊，一也。御史巡方，未离国门，而密属之姓名，已盈私牍。甫临所部，而请事之竿牍，又满行台。以豸冠持斧之威，束手俯眉，听人颐指。此请托之积弊，二也。抚按定监司考语，必托之有司。有司则不顾是非，侈加善考，监司德且畏之。彼此结纳，上下之分荡然。其考守令也亦如是。此访察之积弊，三也。贪墨成风，生民涂炭，而所劾罢者大都单寒软弱之流。苟百足之虫，傅翼之虎，即赃秽狼藉，还登荐剡。严小吏而宽大吏，详去任而略见任。此举劾之积弊，四也。惩贪之法在提问。乃豺狼见遗，狐狸是问，徒有其名。或阴纵之使去，或累逮而不行，或批驳以相延，或朦胧以幸免。即或终竟其事，亦必博长厚之名，而以尽法自嫌。苞苴或累万金，而赃止坐之铢黍。草菅或数十命，而罚不伤其毫厘。此提问之积弊，五也。荐举纠劾，所以劝儆有司也。今荐则先进士而举监，非有凭藉者不与焉。劾则先举监而进士，纵有訾议者罕及焉。晋接差委，专计出身之途。于是同一官也，不敢接席而坐，比肩而行。诸人自分低昂，吏民观瞻顿异。助成骄纵之风，大丧贤豪之气。此资格之积弊，六也。州县佐贰虽卑，亦临民官也，必待以礼，然后可责以法。今也役使谴诃，无殊舆隶。独任其污黩害民，不屑禁治。礼与法两失之矣。学校之职，贤才所关，今不问职业，而一听其所为。及至考课，则曰‘此寒官也’，概与上考。若辈知上官不我重也，则因而自弃；知上官必我怜也，又从而日偷。此处佐贰教职之积弊，七也。科场取士，故有门生、座主之称。若巡按，举劾其职也。乃劾者不任其怨，举者独冒为恩。尊之为举主，而以门生自居，筐篚问遗，终身不废。假明扬之典，开贿赂之门，无惑乎清白之吏不概见于天下也。方今国与民俱贫，而官独富。既以官而得富，还以富而市官。此馈遗之积弊，八也。”（《明史》卷226《列传第一百十四》）

未善也……且陛下所以劳心焦思于上者，以未得贤人君子用之也，而所嘉予而委任者，率奔走集事之人：以摘发为精明，以告讦为正直，以便给为才谞，又安所得贤者而用之？得其人矣，求之太备，或以短而废长；责之太苛，或因过而成误。且陛下所擘画，动出诸臣意表，不免有自用之心。臣下救过不给，谗谄者因而间之，猜忌之端遂从此起。夫恃一人之聪明，而使臣下不得尽其忠，则耳目有时壅；凭一人之英断，而使诸大夫国人不得衷其是，则意见有时移……陛下求治之心，操之太急。酝酿而为功利，功利不已，转为刑名；刑名不已，流为猜忌；猜忌不已，积为壅蔽。正人心之危，所潜滋暗长而不自知者。诚能建中立极，默正此心，使心之所发，悉皆仁义之良，仁以育天下，义以正万民，自朝廷达于四海，莫非仁义之化，陛下已一旦跻于尧、舜矣。"(《明史》卷255《列传第一百四十三》)

第三，明知自己的利益可能会受到损害，但仍然毅然决然地为皇帝尽职。在辽东军情紧急的情况下，刚刚担任兵部职方主事的袁崇焕，在没有告知兵部任何人、"家人亦莫知所往"的情况下，单骑出阅山海关内外，回朝后，他详细地分析了"关上形势"，主动提出承担镇守边关的责任，自信"予我军马钱谷，我一人足守此"。但是，他又说出了自己内心的隐忧："以臣之力，制全辽有余，调众口不足。一出国门，便成万里，忌能妒功，夫岂无人。即不以权力掣臣肘，亦能以意见乱臣谋。"后来，他又上疏思宗朱由检："盖驭边臣与廷臣异，军中可惊可疑者殊多，但当论成败之大局，不必摘一言一行之微瑕。事任既重，为怨实多，诸有利于封疆者，皆不利于此身者也。况图敌之急，敌亦从而间之，是以为边臣甚难。陛下爱臣知臣，臣何必过疑惧，但中有所危，不敢不告。"朱由检则保证："卿无疑虑，朕自有主持"，以使他无后顾之忧(参见《明史》卷259《列传第一百四十七》)。

第四，保护皇帝的安全。在明朝的官员们看来，皇帝的安危并非只与皇帝本人有关，而是与天下百姓的生命财产安全、社会秩序的稳定和国家的前途命运有关，因此，承担保护皇帝安全的责任，就是承担起老百姓生命财产安全和国家安全的责任。武宗朱厚照是一个不顾祖训法律、我行我素、为所欲为、荒淫怪诞、沉湎于玩乐的皇帝。他的一些近臣利用他的这一性格特征想方设法诱使他玩乐。有一次，经江彬的唆使，朱厚照准备去关外游玩。巡关御史张钦知道之后，为了保护朱厚照的人身安全，坚决进行劝阻。可是，朱厚照竟然不予理睬，相反，连侍卫都不带，就与太监们悄悄出京。在朱厚照一行抵达昌平时，张钦命令守关指挥紧闭关门，由自己掌管关门钥匙。朱厚照又先后派遣多人命令张钦开关，张钦毫不退让，并对来者说："敢言开关者，斩。"正统十四年(1449)，蒙古瓦剌部首领也先率兵犯边，英宗朱祁镇准备率军亲征，由于担忧皇帝的生命安全，全体大臣都表示反对，吏部尚书王直率领群臣上疏谏阻："臣闻边鄙之事，自古有之，惟在守备严固而已。圣朝备边最为严谨，谋臣猛将，坚甲利兵，随处充满，且耕且守，是以久安。今丑虏无知，忽肆猖獗，违天悖理，自取败亡，陛下慎固封守，益以良将，增以劲兵，加之以赏赐，申之以号令，俾审度事势，坚壁清野，按兵蓄锐以待之，彼前不得战，退无所掠，人困马乏，神怒众怨，陛下得天之助，将士用命，可图必胜，不必亲御六师以临塞下。况秋暑尚盛，旱气未回，青草不丰，水泉犹涩，人畜之用，实有未充，又车驾既出，四方若有急务奏报，岂能即达？其它利害，难保必无。且兵，凶器，战，危事，古之圣人敬慎，而不敢忽。今以天子至尊，而躬履险地，臣等至愚，以为不可。"(《明英宗实录》卷 180)然而，朱祁镇不听群臣劝谏，急躁冒进，尽管官兵们拼命保护，却在土木堡被也先俘获。

第五，忠于皇帝。在儒家看来，在政治生活中如果做到了"君使臣以礼，臣事君以忠"，那么，君臣关系就会实现良性互动。在明代社会里，皇帝是这样要求臣子的，有些臣子也是这样做的。如昆山人张振德任四川兴文知县且兼署长宁时，"永宁宣抚奢崇明有异志，潜结奸人，掠卖子女。振德捕奸人，论配之，招还被掠者三百余人。崇明贿以二千金，振德怒却之，裂其牍。"在奢崇明攻下重庆等地之后转攻兴文，张振德指挥乡兵与奢崇明叛军作战，由于兵力悬殊，不得不"退集居民城守。会大风雨，贼毁土城入。振德命妻钱及二女持一剑坐后堂，曰：'若辈死此，吾死前堂。'乃取二印系肘后，北向拜曰：'臣奉职无状，不能杀贼，惟一死明志。'妻女先伏剑死。乃命家人举火，火炽自刭。一门死者十二人。"(《明史》卷 290《列传第一百七十八》)不逃跑、不投降，拼命抵抗，直至死而后已，在明朝的臣子们看来，这就是一种忠。担心因自己的闪失而陷皇帝和国家于危难之中，因而兢兢业业，日理万机，凡事亲躬，这也被臣子们视为对皇帝的忠诚。杨嗣昌是崇祯朝主要官员，自受思宗朱由检之命统领明军之后，凡事亲力亲为，"躬亲簿书，过于繁碎"。有官员上书朝廷，指出："嗣昌用师一年，荡平未奏，此非谋虑之不长，正由操心之太苦也。天下事，总挈大纲则易，独周万

目则难。况贼情瞬息更变，今举数千里征伐机宜，尽出嗣昌一人。”(《明史》卷252《列传第一百四十》)

二、君臣关系的扭曲与冲突

尽管明朝的君臣关系存在着一定的良性互动，但从总体上来看，明朝的君臣关系比任何以往朝代及后来的清朝复杂得多，有些处理君臣关系的方式是滑稽可笑的，按照儒家的伦理道德要求和明朝的法律来衡量也是不正常的。

明朝君臣关系之所以会出现不正常、扭曲甚至冲突，其原因主要有如下几个方面：

1. 权力冲突

臣子的职位虽然是皇帝所任用的，但是，在其使用过程中，可能会与皇帝的权力发生冲突。明太祖朱元璋之所以不信任跟随自己出生入死打天下并帮助自己治理天下的丞相胡惟庸，就是因为所有官员的章奏和国家事务都要“关白”中书省，并主要由胡惟庸选择、决策，实际上拥有比朱元璋的权力更多的权力。于是，朱元璋感到自己的权力受到了威胁，就以“谋不轨”的罪名诛杀了胡惟庸，裁撤了中书省。于谦之所以被英宗朱祁镇处理，就是因为在朱祁镇被蒙古瓦剌部首领也先俘获之后，于谦在代宗朱祁钰上位治理国家中起了非常重要的作用，果断地拒绝也先以朱祁镇为筹码讨价还价，坚决地反对京都南迁的提议，即使在迎接朱祁镇回京城和应该以什么样的礼仪予以迎接的问题及抵御蒙古瓦剌部的进攻上同样起了不可替代的作用。世宗朱厚熜之所以会在嘉靖三年(1524)的“大礼”之争中那样对待杨廷和及其同党们，就是因为在无子的武宗朱厚照死后，杨廷和等人认为朱厚熜打算追封其父亲兴献王为皇帝的做法会搞乱明朝帝王的血统，于礼不合，多次上疏反对，没有拥戴朱厚熜的统治，与朱厚熜相对抗，无形中膨胀了内阁尤其是首辅杨廷和的权力。

2. 追求私利

人作为有血有肉的存在者，是不可缺少生活资料的，因而，他必定会需要可以满足其生存发展需要的利益。不过，在现实社会生活中，并不是任何人都只需专注于其私人利益的。普通百姓可以，而作为国家的治理者是万万不可如此的。可是，明朝的官吏却正好相反。明代初期，“士风淳朴，绝无巧伪，勉修职业，不务虚名，故事治民安，国家赖之。正德以来，士多虚誉而希美官，假恬退而图捷径。或因官非地，或因职业不举，或因事权掣肘，或因地方多故，辄假托养病致仕，甚有出位妄言、弃官而去者，其意皆借此避祸掩过，为异日拔擢之计，而往往率遂其所欲”（《明世宗实录》卷55），以至“燕居讲究，罕闻名节。对客聚谈，无非势利”（《明神宗实录》卷385）。令人啼笑皆非的是，明朝皇帝竟然也加入到孜孜追求私利的队伍中，不顾正直臣子的劝谏，“勇于敛财”，哪怕是以民众的生命为代价也在所不惜。这样，应该以实现国家利益和人民利益的君臣关系，就扭曲成了皇帝与臣子在私利方面讨价还价的关系，可以满足自己的私利的人，就与其合作；不可以满足自己的私利的人，就分道扬镳。

3. 意气之争

君臣关系是在国家治理过程中所构成的关系，它是围绕着“事”而展开和变化的。众所周知，“事”固有“事之理”，这是皇帝与臣子所应该一致认同的“理”。不过，由于皇帝与臣子各自持有的立场不同、认识能力和思想道德观念也存在差异，因而，他们在对同一“事”的认识上可能会出现“公说公有理，婆说婆有理”的现象。这意味着在人们尚未就此“事”进行讨论的情况下，各人认为自己的看法是对的就是无可厚非的。然而，可笑的是，在明朝政治生活中，不论皇帝还是臣子，从一开始就不打算进行讨论，明知自己的看法片面甚至错误，却要固执地坚持，越是有人持有异议，就越要坚持自己的看法。于是，明朝皇帝与臣子们关于事情的讨论，就再不是“理”之争，而是“意气”之争，就是一个“斗气”的过程。这样，明朝皇帝与臣子们之间关系的处理就有了同样的方式即我行我素。在皇帝这里，臣子们上的奏章，无论多么合理，只要不符合皇帝的意愿，皇帝就一律将其“留中”；在臣子们这里，明知自己的建议不符合皇帝的意愿，臣子们就越会提出，如果皇帝不予接纳，臣子们就有理由“乞休”甚至“挂冠径去”。其结果是明朝皇帝与臣子们互不买账，进而，国家也就得不到治理。

4. 沽名钓誉

这一使明朝君臣关系扭曲的因素，只是存在于臣子们身上，更为集中地存在于言官身上。言官虽然品秩较低，权力却很大，他们可以劝谏皇帝、直接纠正皇帝的错误，可以“纠劾百司，辩明冤枉，提督各道，为天子耳目风纪之司……凡政事得失，军民利病，皆得直言无避。有大政，集阙廷预议焉”（《明史》卷 73《志第四十九》）。开始时，言官们的确没有去考虑其所规定职责以外的因素，一心一意只在于指出或者批评“政事得失，军民利病”。随着明朝政治的发展，尤其是党派纷争的出现，言官们就有了所规定的职责以外的想法。他们非常卖力地在官场上表演，不再只是为了得到皇帝的肯定及因此而来的职位的升迁，同时还力图表明自己站在哪个党派的立场上，自己获得了多少支持者。为了后者，言官不惜顶撞皇帝，不顾皇帝的批评和惩罚，有时甚至还乐于受到批评和惩罚，有的言官还变态地期望受到惩罚，可能会因没有遭到惩罚而遗憾、郁闷，并想方设法激怒皇帝以求受到惩罚。因为，他们如果因敢于批评皇帝的错误而受到惩罚，就会有很多朝臣为之仗义执言，如果一旦受到惩罚，就会名声大振，成为敢于批评皇帝的典范。在被惩罚者看来，受到惩罚，表明了他真正地履行了言官的职责，他也就应该得到充分的肯定和名誉。《明史》分析了言官行为动机的变化，指出：“御史为朝廷耳目，而给事中典章奏，得争是非于廷陛间，皆号称‘言路’。天顺以后居其职者，振风裁而耻缄默。自天子、大臣、左右近习无不指斥极言。南北交章，连名列署。或遭谴谪，则大臣抗疏论救，以为美谈。顾其时门户未开，名节自励，未尝有承意指于政府，效搏噬于权珰，如末季所为者。故其言有当有不当，而其心则公。上者爱国，次亦爱名。然论国事而至于爱名，则将惟其名之可取，而事之得失有所不顾，于匡弼之道或者其未善乎。”（《明史》第 180 卷《列传第六十八》）

上述这些原因就是导致明朝君臣关系出现扭曲甚至冲突的动机，它们使明朝皇帝和臣子们采取了对待对方的不正常的行为。

明朝皇帝在君臣关系扭曲冲突中所采取的行为主要有以下几种：

1. 推卸责任

有的责任本来是由明朝皇帝的决策和行为所导致的，皇帝应该承担相应的责任，可是，他却将责任推诿于臣子，并迁怒于臣子。万历朝时，因“储位未定”，大臣们心急如焚，纷纷“交章请册立”，神宗朱翊钧“不悦，传谕数百言，切责廷臣沽名激扰，指为悖逆”。礼部尚书兼东阁大学士王家屏“复请速决大计”。朱翊钧为了防止廷臣反复上疏请立储君，违心答应了王家屏的请求，却迟迟不兑现承诺。王家屏等大臣不断上疏请求册立，却被“传谕诘责”。王家屏“遂引疾求罢”，并上疏说明自己不应该受到斥责，而应该由朱翊钧承担责任：“汉汲黯有言：‘天子置公卿辅弼之臣，宁令从臾承意陷主于不义乎！’每感斯言，惕然内愧。顷年以来，九阍重闭，宴安怀毒，郊庙不飨，堂陛不交。天灾物怪，罔彻宸聪；国计民生，莫关圣虑。臣备员辅弼，旷职鳏官，久当退避。今数月间，请朝讲，请庙飨，请元旦受贺，请大计[①]临朝，悉寝不报。臣犬马微诚，不克感回天意，已可见矣。至豫教皇储，自宜早计，奈何厌闻直言，概加贬谪。臣诚不忍明主蒙咈谏之名，熙朝有横施之罚，故冒死屡陈。若依违保禄，泄沓苟容，汲黯所谓‘陷主不义’者，臣死不敢出此，愿赐骸骨还田里。”（《明史》卷217《列传第一百五》）思宗朱由检派遣陈新甲秘密与清兵议和，事情泄露后，群臣哗然。朱由检推卸责任，陈新甲也不承担责任，被朱由检下狱并最终诛杀。康熙皇帝就此事指出：“陈新甲所议，本受指于崇祯，及科道交章弹劾，崇祯反畏人言，归咎于陈新甲，实非其罪也。”（《清实录·圣祖仁皇帝实录（三）》卷240）

2. 制造臣子之间的矛盾

明朝皇帝深知：自己只有依靠臣子才能治理天下，不过，却不能只依靠一个臣子，否则，这个臣子就可能会变得尾大不掉，难以被自己驾驭，自己的权力可能会因此而受到威胁。于是，明朝皇帝就采取“分而治之”的措施，在主要廷臣或者党派之间搞平衡术，其结果可能会导致臣子之间产生矛盾。世宗朱厚熜对待严嵩和徐阶就是这种态度。严嵩“无他才略，惟一意媚上，窃权罔利……帝自十八年葬章圣太后后，即不视朝，自二十年宫婢之变，即移居西苑万寿宫，不入大内，大臣希得谒见，惟嵩独承顾问，御札一日或数下，虽同列不获闻，以故嵩得逞志。然帝虽甚亲礼嵩，亦不尽信其言，间一取独断，或故示异同，欲以杀离其势……嵩握权久，遍引私人居要地。帝亦浸厌之，而渐亲徐阶。”（《明史》卷308《列传第一百九十六》）“帝虽重阶，稍示形迹。尝以五色芝授嵩，使练药，谓阶政本所关，不以相及。阶皇恐请，乃得之。帝亦渐委任阶，亚于嵩……杨继盛之劾嵩也，嵩固疑阶。赵锦、王宗茂劾嵩，阶又议薄其罚……嵩遂疏辨，显谓阶主使，帝不听。有所密询，皆舍嵩而之阶。”（《明史》卷213《列传第一百一》）臣子之间存在矛盾，就可能会导致相互嫉妒、诽谤、打击，这种情况“历代皆有，而明末为

---

① 大计，指册立储君。

甚。公家之事置若罔闻，而分树党援，飞诬排陷，迄无虚日，以致酿祸既久，上延国家”(《清实录·圣祖仁皇帝实录(二)》卷153)。

3. 奏疏留中

奏疏留中是明朝政治生活中最突出的一种现象，是明朝皇帝处理君臣关系的一种无可奈何的方式，也是令大臣们头痛伤心的怪事。它是明朝皇帝将臣子的奏疏留于内廷，既不做批答，又不对奏疏所言及的事项予以办理，一句话，就是明朝皇帝对臣子的奏疏不予理睬。明朝皇帝之所以这样做，是因为皇帝与大臣们之间发生了矛盾，而且，皇帝并没有打算要解决这种矛盾，相反，他会因大臣们对自己的看法或者做法不理解、不支持而愤愤不平，故意以奏疏留中的方式惹恼臣子。

4. 勒令致仕

明朝政府实施了致仕这一官员退休制度。这一制度为皇帝和臣子们都留下了表达自己意愿或者意见的空间，都可以被皇帝和臣子们利用来表达自己的利益诉求。就明朝皇帝作为主动方而言，致仕与勒令致仕都是皇帝对待其臣子的手段，不过，它们在性质、待遇等方面存在着明显的差别。致仕意味着正常退休的官员有权享受有关制度所规定的权利，而勒令致仕则具有惩罚性，它意味着皇帝可能剥夺了官员应该享受的权利，是皇帝对违背自己意愿、不顺从自己的臣子所实施的报复。

5. 滥用刑罚

这是明朝皇帝处理君臣关系的最严酷的方式，其实质是实行恐怖政治，它以一种臣子们不可预见的方式来逼迫臣子们就范，使臣子们人心惟危，人心惶惶，彼此之间不敢正常来往。它主要包括侮辱性的“廷杖”和剥夺臣子生命的诛杀。“廷杖”是指明朝皇帝在朝廷上下令对那些不听话、不顺从的臣子打屁股。这种侮辱臣子的做法，开始时只是偶尔为之，后来成为了频繁使用的惩罚手段；开始时被杖的人还穿着衣服，因此而保留有一点颜面，后来连这点脸面也不给臣子保留，直接扒光了臣子的衣服就打；开始时只是个别臣子单独被杖，后来发展到对不顺眼的廷臣们一起施杖；开始时臣子们觉得被杖是一种耻辱，后来他们却将遭到廷杖视为一种荣耀。其实，臣子们对廷杖有很大的意见，如詹事霍韬就上疏建议皇帝改变廷杖中侮辱臣子的做法：“刑狱付三法司足矣，锦衣卫复横挠之。昔汉光武尚名节，宋太祖刑法不加衣冠，其后忠义之徒争死效节。夫士大夫有罪下刑曹，辱矣。有重罪，废之、诛之可也，乃使官校众执之，脱冠裳，就桎梏。朝列清班，暮幽犴狱，刚心壮气，销折殆尽。及覆案非罪，即冠带立朝班，武夫捍卒指目之曰：'某，吾辱之，某，吾系执之。'小人无所忌惮，君子遂致易行。此豪杰所以兴山林之思，而变故罕仗节之士也。愿自今东厂勿与朝仪，锦衣卫勿典刑狱。士大夫罪谪废诛，勿加笞杖锁梏，以养廉耻，振人心，励士节。”(《明史》卷95《志第七十一》)然而，这一提议却不被皇帝所接纳。剥夺臣子生命的诛杀在明代社会里始终存在，不过，对其予以滥用却在明代前期较为突出，如明太祖朱元璋查处胡惟庸、蓝玉案前后经历了14年之久，因被株连而杀害的多达45000人，连跟随自己出生入死打天下、帮助自己治理天下的李善长也不放过。在明代社会里，最可怕的不是臣子们被诛杀，而是被滥杀，仅仅被皇帝怀疑就会性命不保，被没籍抄家，甚至还株连其他无辜者。而且，明朝皇帝还专门设立了实行恐怖政治的机构——厂卫，它不仅监视臣子们，而且还捏造事实，诬陷好人，进而滥用刑罚。

在前述四种动机的左右下，臣子在君臣关系的扭曲冲突中主要采取了如下方式：

1. 投机取巧

明朝政府中自始至终不乏刚正不阿者，也有不少投机取巧者。在儒家看来，前者为君子，后者为小人。“小人世所恒有，不容概被以奸名。必其窃弄威柄、构结祸乱、动摇宗祏、屠害忠良、心迹俱恶、终身阴贼者，始加以恶名而不敢辞。有明一代，巨奸大恶，多出于寺人内竖，求之外廷诸臣，盖亦鲜矣。”(《明史》卷308《列传第一百九十六》)其实，在明朝官场中，小人不只有“寺人内竖”，更多的是其他臣子，只是他们更多的不是“巨奸大恶”而是投机取巧者罢了。在嘉靖朝的“大礼”之争中，投机取巧者的嘴脸可谓表露得淋漓尽致，张璁、桂萼等人因为投机取巧而成为了解除世宗朱厚熜心病的功臣，从职位低的官员一跃晋升为内阁大员。世宗朱厚熜对自己继承武宗朱厚照的皇位的正统性一直有些担心，他自己曾经透露过这一心迹：“遗诏以我嗣皇帝位，非皇子也。”(《明史》卷17《本纪第十七》)自己做了皇帝，应该如何对待生父就成了必须予以解决的问题。臣子们就此展开的争议，持续了近三年的时间。反对最有力的是内阁首辅大学士杨廷和，最能获得朱厚熜欢心的是进士张璁。张璁多次上疏①，朱厚熜在得到张璁的奏疏后“大喜”，说：“此论出，吾父子获全矣。”（《明史》卷196《列传第八十四》）张璁所有奏疏的主旨就是“继统不继嗣，请尊崇所生，立兴献王庙于京师”（《明史》卷17《本纪第十七》）。很多大臣都认为张璁等的献媚说辞不合理，甚至认为“璁、萼曲学阿世，圣世所必诛。以传奉为学士，累圣德不少”（《明史》卷196《列传第八十四》）。

2. 挂冠径去

它又称为“挂冠径行”，是指明朝臣子不经批准就擅自退休离去的行为，是臣子弃官不做的现象，是君臣关系冲突的结果。在采取这种方式以前，臣子如果对皇帝的做法有意见，就会采取如借口养病等较为温和的做法。而现在则不同了，自己一旦与皇帝之间发生了矛盾，对皇帝有意见，就不必大费周章、遮遮掩掩了，而是不顾儒家伦理道德和明朝礼教法律，直接离开，不给皇帝卖命了。万历四十年（1612），吏部尚书孙丕扬多次上疏请求神宗朱翊钧治国理政，然而，朱翊钧依然故我，不上朝处理政务，于是，孙丕扬一气之下挂冠离去。孙丕扬的这种做法于礼于法不妥，可是，臣子们认为错不在孙丕扬而在皇帝。叶向高为孙丕扬进行辩护：“丕扬当出山时，年已七十有八。每对臣言感激圣恩，思欲图报，故黾勉前来，忘其老病。后见朝政壅塞，章疏不下，推迁之请，庶官十不得

---

① 嘉靖元年（1522），张璁上疏曰：“孝子之至，莫大乎尊亲。尊亲之至，莫大乎以天下养。陛下嗣登大宝，即议追尊圣考以正其号，奉迎圣母以致其养，诚大孝也。廷议执汉定陶、宋濮王故事，谓为人后者为之子，不得顾私亲。夫天下岂有无父母之国哉？《记》曰：‘礼非天降，非地出，人情而已。’汉哀帝、宋英宗固定陶、濮王子，然成帝、仁宗皆预立为嗣，养之宫中，其为人后之义甚明。故师丹、司马光之论行于彼一时则可。今武宗无嗣，大臣遵祖训，以陛下伦序当立而迎立之。遗诏直曰‘兴献王长子’，未尝著为人后之义。则陛下之兴，实所以承祖宗之统，与预立为嗣养之宫中者较然不同。议者谓孝庙德泽在人，不可无后。假令圣考尚存，嗣位今日，恐弟亦无后兄之义。且迎养圣母，以母之亲也。称皇叔母，则当以君臣礼见，恐子无臣母之义。《礼》‘长子不得为人后’，圣考止生陛下一人，利天下而为人后，恐子无自绝其父母之义。故在陛下谓入继祖后，而得不废其尊亲则可；谓为人后，以自绝其亲则不可。夫统与嗣不同，非必父死子立也。汉文承惠帝后，则以弟继；宣帝承昭帝后，则以兄孙继。若必夺此父子之亲，建彼父子之号，然后谓之继统，则古有称高伯祖、皇伯考者，皆不得谓之统乎？臣窃谓今日之礼，宜别立圣考庙于京师，使得隆尊亲之孝，且使母以子贵，尊与父同，则圣考不失其为父，圣母不失其为母矣。”嘉靖三年（1524），又上疏曰：“陛下遵兄终弟及之训，伦序当立。礼官不思陛下实入继大统之君，而强比与为人后之例，绝献帝天性之恩，蔑武宗相传之统，致陛下父子、伯侄、兄弟名实俱紊。宁负天子，不敢忤权臣，此何心也？伏睹圣谕云：‘兴献王独生朕一人，既不得承绪，又不得徽称，罔极之恩何由得报？’执政窥测上心，有见于推尊之重，故今日争一帝字，明日争一皇字。而陛下之心，亦日以不帝不皇为歉。既而加称为帝，谓陛下心既慰矣，故留一皇字以觇陛下将来未尽之心，遂敢称孝宗为皇考，称兴献帝为本生父。父子之名既更，推崇之义安在？乃遽诏告天下，乘陛下不觉，陷以不孝。《礼》曰：‘君子不夺人之亲，亦不可夺亲也。’陛下尊为万乘，父子之亲，人可得而夺之，又可容人之夺之乎？故今日之礼不在皇与不皇，惟在考与不考。若徒争一皇字，则执政必姑以是塞今日之议，陛下亦姑以是满今日之心，臣恐天下知礼者，必将非笑无已也。”（《明史》卷196《列传第八十四》）

一，大僚百不得一。即其所平生心服之吕坤，连章累牍，亦终不报，而会推、考选二事尤极惓惓，无计动天。于是浩然之志，始不可挽。”(《明神宗实录》卷 492)臣子挂冠径行在万历朝之前很少发生，在万历朝却频繁出现。朱翊钧理解不了臣子们不恋官场的做法，却意识到了臣子挂冠径行对自己治国理政的严重影响，于是，他就谴责其臣子：“连日览文书，见各衙门尚书、侍郎等官不以国事紧要，相继求去，况今国家多事之时，正赖各官分理。为大臣的还当以君命为重，岂得图己私，不思急公任情，纷纷相率径行，是何纪法?”(《明神宗实录》卷 567)

3. 顶撞

同投机取巧和挂冠径去一样，顶撞是作为个体的臣子反抗皇帝的一种极端方式。虽然这三者都扭曲了君臣关系，但是，顶撞是比挂冠径去更为激烈的对抗皇帝的方式，它是臣子在忍无可忍的情况下，给皇帝下的一剂猛药，故意刺激皇帝，惹恼皇帝。顶撞最有力的奏疏莫过于万历十七年(1579)雒于仁所上的酒色财气四箴：“臣入京阅岁余，仅朝见于皇上者三，此外惟见经年动火，常日体软。即郊祀庙享遣官代之，圣政久废而不亲，圣学久辍而不讲，臣以是知皇上之恙，药饵难攻者也。惟臣四箴可以疗病，请敬陈之。皇上之病在酒色财气者也。夫纵酒则溃胃，好色则耗精，贪财则乱神，尚气则损肝。以皇上八珍在御，宜思德将无醉也，何醴味是耽? 日饮不足，继之长夜。此其病在嗜酒者也。皇上妃嫔在侧，宜思戒之在色也。何幸十佼以开骗门，溺爱郑妃，惟言是从。储位应建而久不建。此其病在恋色者也。皇上富有四海，宜思慎乃俭德也。夫何取银动支几十万，索潞绸至几千匹，甚至拷宦官，得银则喜，无银则不喜，沂之疮痍未平，而鲸凭钱神复入，此其病在贪财者也。皇上不怒而威，宜思有忿速惩也。夫何今日杖宫女，明日杖宦官，彼诚有罪，置以法律责之可也，竟使毙于杖下，甚则宿怨藏怒于直臣范俊、姜应麟、孙如法，俾幽滞拘禁，抱屈而不伸，此其病在尚气者也。”(《明神宗实录》卷 218)可以想见，雒于仁此疏所引发万历皇帝的雷霆震怒。据清夏燮《明通鉴》记载：“疏入，上震怒。会岁暮，留中十日。所云‘十俊’，盖十小阉也。十八年春正月甲辰朔，不御殿，召见阁臣申时行等于毓德宫，以雒于仁四箴疏示之。上自辨甚悉，将置之重典。”幸亏申时行等曲为维护，雒于仁才得以全身而退，于数日之后“引疾，遂斥为民”。不仅如此，此次事件还造成“章奏留中，遂成故事”的恶果(《明通鉴》)，之后的明朝君臣恶斗也成了家常便饭。

4. 请愿

请愿又称为“伏阙”，指的是臣民为了直接向皇帝表达自己的诉求而跪伏于宫门前的行为。“伏阙”者既可以是个人，又可以是群体。请愿是“伏阙”中的一种，它是官员群体在没有其他办法来解决君臣之间的尖锐矛盾的情况下跪伏于宫门前向皇帝表达共同诉求的行为，是群臣要求皇帝改变自己的意志、与皇帝公开对抗的方式。官员群体认为进行请愿不仅是必需的，而且是正当的，因为，在他们看来，请愿不是为了自己的私利，而是为了国家利益和百姓利益，为了天下的治理，错误在于皇帝的意志或者决策。在明朝政治生活中，这种与皇帝公开对抗的方式，可能会出现两种结果：一种是皇帝不得已作出某种让步，如神宗朱翊钧以修建宫殿缺少经费为由，派遣宦官直接到地方开矿和设关收税，不仅增加了老百姓的负担，而且还使有的矿工失去了生命。对此，群臣意见纷纷，“争请罢矿税，帝悉置不省。纯[①]等忧惧不知所出，乃倡诸大臣伏阙泣请。”（《明史》卷 220《列传第一百八》）群臣“伏阙”后，朱翊钧并未罢矿税，只是撤换了“税监之害民者”。另一种是皇帝寸步不让，还要严厉惩罚请愿者。如在嘉靖三年（1524）的“大礼”之争时，世宗朱厚熜根本不被群臣的“伏阙”所动而改变自己的意志，相反，将“一百三十四人悉下诏狱拷讯”，将 17 人廷杖致死，将更多的人“间关谪戍”。郭楠闻之后立即上疏批评皇帝：“人臣事君，阿意者未必忠，犯颜者未必悖。今群臣伏阙呼号，或榜掠殒身，或间关谪戍，不意圣明之朝，而忠良获罪若此。乞复生者之职，恤死者之家，庶以收纳人心，全君臣之义。”（《明史》卷 192《列传第八十》）结果，他也因言被廷杖并“削其籍”。

第二节　同僚关系的处理

在中国封建社会里，同僚关系比君臣关系更为复杂。相对于以往朝代而言，明朝的同僚关系则更加复杂。尽管如此，明朝的同僚关系主要存在如邹元

① 纯即温纯，时任副都御史。

标所说的“同心共济”与“党同伐异”两种情形，前者表明同僚之间友善互助，后者表明同僚之间争权夺利。

一、同僚之间友善共济

同样处在明朝的官场之中，有的同僚之间会友善互助，而有的同僚之间却争权夺利，这是有不同的原因的。

有的同僚之间之所以会友善相处，是因为他们具有良好的道德品质和道德行为，如：

1. 正直

正直是一个人的良好品质，是处理好同僚之间关系的前提。为人正直可能会显得难以接近，如“清操闻天下”的轩輗有时难以与同僚亲密无间，“僚友闻其来，亦辄避去，不乐与之处”(《明史》卷158《列传第四十六》)。不过，一个人为人正直最终总会被人理解，同僚也不会对其提出不合理的请求。郎中黄孔昭为人清廉正直，在考察选用官员时能够做到公正无私，“除官，以其才高下配地繁简。由是铨叙平允。其以私干者，悉拒之”。他“尝与尚书尹旻争，至推案盛怒。孔昭拱立，俟其怒止，复言之。旻亦信其谅直”。尹旻“欲推故人为巡抚，孔昭不应。其人入都谒孔昭，至屈膝，孔昭益鄙之。旻令推举，孔昭曰：‘彼所少者，大臣体耳。’旻谓其人曰：‘黄君不离铨曹，汝不能迁也。’”(《明史》卷158《列传第四十六》)

2. 宽容

宽容的人具有宽阔的胸襟，能够对他人的失礼或者失误予以谅解，也会使人心悦诚服。兵部右侍郎王伟被兵部左侍郎于谦所引荐，他担心被“嫉谦者目己为朋附，尝密奏谦误，冀自解。帝以其奏授谦，谦叩头谢。帝曰：‘吾自知卿，何谢为?’谦出，伟问：‘上与公何言?’谦笑曰：‘我有失，望君面规我，何至尔邪?’出奏示之，伟大惭沮”(《明史》卷170《列传第五十八》)。吏部尚书王翱的宽容也得到了很多人的称道，他在了解了吏部主事曹恂因为疾病从江西回京之后，“命以主事回籍。恂怒，伺翱入朝，捽翱胸，掴其面，大声诟詈。事闻，下诏狱。翱具言恂实病，得斥归，时服其量”(《明史》卷177《列传第六十五》)。杨士奇与杨荣都是成祖朱棣的重臣，有一天，朱棣问及杨士奇对杨荣的才华的看法。杨士奇“力言”：“荣晓畅边务，臣等不及，不宜以小眚介意。”朱棣笑着说：“荣尝短卿及原吉，卿乃为之地耶?”杨士奇便说：“愿陛下以曲容臣者容荣。”后来，杨荣对朱棣与杨士奇关于他的对话稍有耳闻，觉得愧对杨士奇，从此，两人“相得甚欢”(参见《明史》卷148《列传第三十六》)。

3. 为对方辩护

正直之人不仅自己能够公正地对待他人，而且在他人受到不公正对待时也会挺身而出，为他人辩护。洪武朝主事茹太素上书激怒了明太祖朱元璋，朱元璋“怒，问廷臣，或指其书曰：‘此不敬，此诽谤非法。’问濂[①]，对曰：‘彼尽忠于陛下耳。陛下方开言路，恶可深罪。’既而帝览其书，有足采者……于是帝廷誉之曰：‘朕闻太上为圣，其次为贤，其次为君子。宋景濂事朕十九年，未尝有一言之伪，诮一人之短，始终无二，非止君子，抑可谓贤矣。’”(《明史》卷128《列传第十六》)

4. 知恩图报

受人恩惠，不仅应该终生不忘，而且应该想着随时给施恩者以回报。以德报德，使人亲近；以怨报德，使人疏远。杨翥和杨士奇同朝为官。杨翥年少时孤苦无依，只好跟随其兄戍守武昌，“授徒自给”。“杨士奇微时，流寄窘乏，翥辄解馆舍让之，而己教授他所。士奇心贤之。及贵，荐翥经明行修。”两人相处甚洽(参见《明史》卷152《列传第四十》)。

如果说同僚之间的友善侧重的是对于作为主体的道德品质而言的话，那么，同僚之间的共济所侧重的则是官员所要做的事情；如果说前者侧重于作为主体的官员双方的相待之道的话，那么，同僚之间的共济所侧重的则是官员双方的相互支持和为了共同事业所付出的努力。

在明朝政治生活中，同僚之间的共济主要表现在以下几个方面：

1. 同心

这是同僚之间共济的精神基础和内在动力。只有同僚之间具有同心，同僚之间才会确立共同的价值标准，遵守共同的道德规范，具有相同的道德品质，在行动上才会协调一致，相互支持。在这些明朝官员看来，他们所应该共同具有的“心”，不是基于大家都有实现个人利益之心，而是公心，其内容包括儒家的政治伦理思想、道德理念和道德要求，明朝的法律和明代社会大众所共同具有的

---

① 即宋濂，字景濂。

正义感。这些官员不仅强调同僚之间要有同心，而且关注对同心的呵护，重视同心在社会中的传播和生存空间，注重同心在明代社会移风易俗中的作用。

2. 追求共同事业

在有些明朝官员的心目中，他们所应该追求的共同事业就是天下治理，在其价值指向上就是民众的利益和明朝皇帝所代表的国家利益。这种共同事业的追求和实现，需要具备诸多的条件：

首先，每个官员都应该具有大局观念。在明朝政治生活中，同僚之间是有可能产生矛盾的。当这种矛盾出现的时候，明朝官员对待它有两种态度，一种态度就是后面将会论述到的那种全然不顾共同事业、明争暗斗、相互怨恨报复的方式；另一种是从大局出发，慎重对待矛盾，并超越矛盾。刘基与李善长都是明太祖朱元璋的重臣。刘基认为宋、元两代之所以会灭亡，就是因为"宽纵失天下"，因此强调要治理好明朝的天下，就"宜肃纪纲"，并采取一系列措施严惩越轨违法者。于是，"人惮其严"。当中书省都事李彬因为贪纵将被判刑时，李善长因为平日就喜欢并保护他，就请求刘基暂缓将其下狱，而刘基却不管不顾，并很快就将其处死。李善长因此事就与刘基发生了矛盾。有一次，当朱元璋因为其他事情斥责李善长时，刘基强调："善长勋旧，能调和诸将。"朱元璋心有不平地说："是数欲害君，君乃为之地耶？吾行相君矣。"刘基却顿首回答："是如易柱，须得大木。若束小木为之，且立覆。"朱元璋觉得刘基说得有理，就决定不罢免李善长的丞相之职(参见《明史》卷128《列传第十六》)。

其次，每个官员都应该和衷共济。张居正辅助神宗朱翊钧治理国家时目中无人，专横跋扈，得罪了不少官吏，他却以"世有非常之人，然后办非常之事"为自己进行辩护。邹元标因为张居正夺情而上疏批评，却招致朱翊钧的呵责，于是，又"抗疏切谏"朱翊钧，进一步指责张居正治理中的失误①。不过，他并未否

① 此疏如下："陛下以居正有利社稷耶？居正才虽可为，学术则偏；志虽欲为，自用太甚。其设施乖张者，如州县入学，限以十五六人，有司希指，更损其数。是进贤未广也。诸道决囚，亦有定额，所司惧罚，数必取盈。是断刑太滥也。大臣持禄苟容，小臣畏罪缄默，有今日陈言而明日获谴者。是言路未通也。黄河泛滥为灾，民有驾蒿为巢、啜水为餐者，而有司不以闻。是民隐未周也。其他用刻深之吏，沮豪杰之材，又不可枚数矣。伏读敕谕'朕学尚未成，志尚未定，先生既去，前功尽隳'，陛下言及此，宗社无疆之福也。虽然，弼成圣学，辅翼圣志者，未可谓在廷无人也。且幸而居正丁艰，犹可挽留；脱不幸遂捐馆舍，陛下之学将终不成，志将终不定耶？臣观居正疏言'世有非常之人，然后办非常之事'，若以奔丧为常事而不屑为者，不知人惟尽此五常之道，然后谓之人。今有人于此，亲生而不顾，亲死而不奔，犹自号于世曰我非常人也，世不以为丧心，则以为禽彘，可谓之非常人哉？"(《明史》卷243《列传第一百三十一》)

定张居正的才能及其对治理国家的作用，只是指出张居正的失误对民众利益和国家利益的影响。面对张居正的失误所造成的影响，他于天启元年(1621)上疏熹宗朱由校，提出了自己的对策："今日国事，皆二十年诸臣酝酿所成。往者不以进贤让能为事，日锢贤逐能，而言事者又不降心平气，专务分门立户。臣谓今日急务，惟朝臣和衷而已。朝臣和，天地之和自应。向之论人论事者，各怀偏见，偏生迷，迷生执，执而为我，不复知有人，祸且移于国。今与诸臣约，论一人当惟公惟平，毋轻摇笔端，论一事当惩前虑后，毋轻试耳食，以天下万世之心，衡天下万世之人与事，则议论公，而国家自享安静和平之福。"他对朋党之争深恶痛绝，力图矫正这一弊病，他对同僚说："方今上在冲岁，敌在门庭，只有同心共济。倘复党同伐异，在国则不忠，在家则不孝。世自有无偏无党之路，奈何从室内起戈矛耶?"(《明史》卷243《列传第一百三十一》)在明朝政治生活中，有些官员的确是按照和衷共济的原则来处理同僚之间的关系的。

最后，每个官员都应该为了共同事业而相互支持。在嘉靖朝发生"大礼"之争时，以内阁首辅杨廷和为代表的绝大多数朝中官员坚决上疏反对世宗朱厚熜打算追封其父亲兴献王为皇帝的做法，要么单独上疏讲清道理，要么集体"伏阙"宫门号哭请愿，不惧廷杖、贬谪甚至被杀。同时，朝廷外部的官员也大多支持杨廷和等人的行为，不畏犯颜上疏。

3. 共同面对邪恶

明代社会存在着以宦官集团为代表的邪恶势力，它严重地影响到民众利益和国家利益的实现。为了抵制邪恶势力，正直的、出于公心的官员就会自觉不自觉地联合起来。刘健、谢迁和李东阳同为孝宗朝和武宗朝重臣，是同心同德的僚友。此时，刘瑾因有皇帝的撑腰而为所欲为，扰乱了国家的治理。刘健、谢迁和李东阳一起反对刘瑾，不过，他们的态度稍有差异，刘健和谢迁主张诛杀刘瑾，"惟东阳少缓"。由于武宗朱厚照保护刘瑾，他们决定同日辞去职位。其结果，朱厚照同意了刘健和谢迁的辞职，却未同意李东阳的请辞。李东阳认为自己"独留"是一种耻辱，再次上疏"恳请"，朱厚照仍然不批准。刘健和谢迁临行前，李东阳为之饯行时泪流不止，刘健严肃地说："何泣为？使当日力争，与我辈同去矣。"(《明史》卷181《列传第六十九》)代宗朝时，被皇帝朱祁钰宠幸的宦官汪直在任西厂的首领时，骄横残暴，为所欲为，"数兴大狱"。廷臣商辂率领同僚条列了汪直十一大罪，请求朱祁钰治罪："陛下委听断于直，直又寄耳目于群小如韦瑛辈。皆自言承密旨，得颛刑杀，擅作威福，贼虐善良。陛下若谓擿奸禁乱，法不得已，则前此数年，何以帖然无事？且曹钦之变，由逯杲刺事激成，可为惩鉴。自直用事，士大夫不安其职，商贾不安于途，庶民不安于业，若不亟去，天下安危未可知也。"朱祁钰愤怒不已，说："用一内竖，何遽危天下，谁主此奏者？"并命令太监怀恩传旨，"诘责厉甚"。商辂严肃地对怀恩说出了汪直为什么会危害天下的事实，万安、刘珝、刘吉"亦俱对，引义慷慨，恩等屈服"。商辂为此而感谢他们，说："诸公皆为国如此，辂复何忧。""会九卿项忠等亦劾直，是日遂罢西厂"（《明史》卷176《列传第六十四》）。

二、同僚之间争权夺利

同僚之间的争权夺利在历朝历代普遍存在，相对于以往朝代而言，明朝同僚之间的争权夺利更加频繁，更加公开，尤其是群体之间的争权夺利更加激烈残酷。它具有如下两个特征：第一，明代初期，个体官员之间的争权夺利现象较多，越往后，群体之间的争权夺利现象则较多；第二，明代初期，同僚之间的争权夺利较隐蔽，越往后，这种现象多公开，越残酷。

在明朝政治生活中，同僚之间的争权夺利，既表现为个体官员之间的争权夺利，又表现为群体之间的争权夺利。

就个体官员之间的争权夺利而言，其手段或者做法可谓绞尽脑汁，应有尽有。如：

1. 攀关系

徐阶与严嵩都是世宗朱厚熜的重臣，前者是江苏人，后者是江西人。严嵩此时为首辅，"怙宠弄权，猜害同列"，因为一些事情而对徐阶有意见，并对其"中伤之百方"。有一天，在朱厚熜与其的谈话中言及了徐阶，严嵩在皇帝面前这样评价徐阶："阶所乏非才，但多二心耳。"徐阶因此而"危甚，度未可与争，乃谨事嵩"，并特意在江西购置田地及房屋，"以示缔交"，因为严嵩非常重视乡谊，对其老乡多有关照。徐阶在江西购置田地及房屋，其目的在于让严嵩知道他现在变成了江西人，变成了老乡关系。同时，徐阶又通过缔结姻亲的方式来改变他们目前的关系状况。的确，在一段时间里，严嵩打消了顾虑，对徐阶的态度有所改变。可是，接下来发生了多件臣僚弹劾严嵩的事情，严嵩怀疑都是徐阶在背后操纵，并“疏辨，显谓阶主使，帝不听。有所密询，皆舍嵩而之阶”。于是，严嵩“忌阶益甚”。在严嵩之子严世蕃的“贪横淫纵状”被人所知之后，徐阶觉得给严嵩当头一棒的机会终于来了，于是，公开“令御史邹应龙劾之。帝勒嵩致仕……阶遂代嵩为首辅。”(《明史》卷213《列传第一百一》)

2. 揭短

杨一清和张璁是世宗朱厚熜的重臣。在杨一清再次为首辅的过程中，张璁可谓尽心尽力，不过，他“终以压于一清，不获尽如意，遂相龃龉”。后来，有人弹劾张璁，张璁痛恨至极，欲将其置之死地而后快。可是，杨一清在拟旨时并未完全按照张璁的意愿去做，而是作了相对较轻的处理。张璁因此而更加痛恨杨一清，并“斥一清为奸人鄙夫”。杨一清“再疏引退，且刺璁隐情。帝手敕慰留，因极言璁自伐其能，恃宠不让，良可叹息。璁见帝忽暴其短，颇愧沮”(《明史》卷196《列传第八十四》)。徐有贞与曹吉祥、石亨同为英宗朱祁镇重臣。为了得到更大的权力，徐有贞在捕捉着机会。他一旦“窥帝于二人不能无厌色，乃稍稍裁之，且微言其贪横状，帝亦为之动”。当御史杨瑄奏劾曹吉祥、石亨侵占民田，朱祁镇就此问及徐有贞和李贤时，“皆对如瑄奏”。曹吉祥、石亨因此而痛恨徐有贞，“日夜谋构有贞”。徐有贞刚被朱祁镇所赏识，就经常避开他人密谈。曹吉祥“令小竖窃听得之，故泄之帝”。朱祁镇因此又疏远了徐有贞(参见《明史》卷171《列传第五十九》)。

3. 两面派手段

张居正与高拱“相友善”，而张居正又与冯保友谊深厚，冯保却怨恨高拱。穆宗朱载垕驾崩前召来首辅高拱及张居正、高仪“受顾命”，朱载垕的本意是“专属阁臣，而中官矫遗诏命与冯保共事”。神宗即位后，高拱“以主上幼冲，惩中官专政，条奏请绌司礼权，还之内阁。又命给事中雒遵、程文合疏攻保，而己从中拟旨逐之。拱使人报居正，居正阳诺之，而私以语保。保诉于太后，谓拱擅权，不可容。太后颔之。明日，召群臣入，宣两宫及帝诏。拱意必逐保也，急趋入。比宣诏，则数拱罪而逐之。拱伏地不能起，居正掖之出，僦骡车出宣武门。居正乃与仪请留拱，弗许。”张居正通过耍这样的小手腕就达到了自己争权夺利的目的(参见《明史》卷213《列传第一百一》)。

4. 诬陷

沈一贯、沈鲤和朱赓同为神宗朱翊钧的重臣，沈一贯为首辅时，沈鲤和朱赓经廷推而成为阁臣。沈鲤因年事已高，不愿兼任东阁大学士，但“屡辞不允”。沈一贯因为士心早已归向沈鲤而“深忌之”，就写信向李三才倾诉自己的苦恼：“归德公[①]来，必夺吾位，将何以备之?”李三才回信说沈鲤“忠实无他肠，劝一贯同心”(《明史》卷217《列传第一百五》)。可是，沈一贯“虑沈鲤、朱赓逼己。既忌其有所执争，形己之短，又耻其事不由己，欲坏其成。”(《明史》卷232《列传第一百二十》)“及奸人所撰《续忧危竑议》发，一贯辈张皇其事，令其党钱梦皋诬奏正域、鲤门生，协造妖言，并罗织鲤奸赃数事。帝察其诬，不问。而一贯辈使逻卒日夜操兵围守其邸。”(《明史》卷217《列传第一百五》)

5. 借刀杀人

在明朝政治生活中，臣僚之间争权夺利，有时还要借助于除了皇帝之外的第三方的力量，以此来达到压制对方、实现自己意愿的目的。高谷、王文及陈循同在代宗朝为官。其中，“陈循最任，好刚自用”，他的这一性格导致了与高谷发生矛盾。高谷考虑到王文“强悍，思引与共政以敌之，乃疏请增阁员”。经代宗朱祁钰允许后，高谷推荐了王文，陈循荐举了其老乡萧维祯。“文虽为谷所引，而谷迟重，循性明决，文反与循合而不附谷……由是两人卒不相得”，高谷借刀杀人的目的没有达到(参见《明史》卷168《列传第五十六》)。

就官员群体之间的争权夺利而言，与个体官员之间的争权夺利相比，“暗斗”要少得多，“明争”则更加突出。不论是“暗斗”还是“明争”，都是以群体的方式进行的。争权夺利的官员群体是在明朝政治生活中逐渐形成的，最早是太祖朝的淮党，成祖朝时江西人群体又渐成规模，明代中后期则党派林立，楚党、东林党、浙党、齐党、淮党、阉党等纷纷在明朝政治舞台上你方唱罢我登台。对于这样的官员群体或者朋党是如何形成的，人们持有这样一种主要观点，认为“朋党之成也，始于矜名，而成于恶异。名盛则附之者众。附者众，则不必皆贤而胥引之，乐其与己同也。名高则毁之者亦众。毁者不必不贤而怒而斥之，恶其与己异也。同异之见歧于中，而附者毁者争胜而不已，则党日众，而为祸炽矣。”

① 归德公，指沈鲤。归德是沈鲤的家乡。

(《明史》卷232《列传第一百二十》)这无疑是争权夺利的官员群体形成的一个原因,但是,它只是一个个人方面的原因,只是一个官员群体之间争权夺利得以发生的行动原因。其实,在此背后有着更为深刻的、根本的原因。这些深刻的、根本的原因,简单地说,第一,经济方面,这指的是明代的商品经济相对于以往朝代而言更为发达,而且越往后期越发达。它引起了整个明代社会生活的广泛而又深刻的变化,最大的变化在于人的自我意识、权利意识、私利意识等的形成。第二,政治方面,具体说来,就是明代前期的明朝政府统治能力较强和严刑峻法使人畏惧的局面,随着明朝政治的发展而在悄悄地发生着变化,明朝皇帝的政治控制力逐渐地衰退。第三,文化方面,指的主要是理学逐渐地丧失了它在明代前期的那种地位,心学和市民文化的地位不断地上升,与理学分庭抗礼,逐渐地形成了思想、道德、价值观念多样化的格局。在某种意义上,不同时期的官员和士人们反复提起并围绕着争论的淮抚之争、梃击案、红丸案、移宫案、辛亥京察、科场案,表面上是对以往发生过的事件的真实性进行争论和甄别,其实,却是思想道德观念之争,是正义观之争。这种正义观之争导致了一个人们意想不到的结果,那就是持有相同或者相近思想道德观念的人走到一起来了,团结起来了。千言万语归结为一句话,这些深刻的、根本的原因,相对于以往朝代而言,就是明代社会发生了巨大的然而当时的人们却尚未予以重视的变化,即明代社会已经开始分化,官员群体之间的争权夺利只是明代社会分化的一种表现。

在整个明朝政治生活中,官员群体之间争权夺利最惨烈、最持久、最有影响的莫过于东林党与阉党之间的冲突。不过,这并不意味着其他官员群体之间的争权夺利就雷声大而雨点小了。如成化朝时,吏部尚书山东人尹旻"貌恭心异同,舞智术以御人,行浊言清,谋身家以为计,假铨衡之公器,植桃李之私门,厚乡里,不论贤否择地以居之,比亲识不分淑慝,简美职以授之。"(《明宪宗实录》卷278)这必定会影响到其他官员群体的权力和利益,于是,其他官员群体群起而攻之。左通政江西人李孜省就"构罪吏部尚书尹旻及其子侍讲龙。又假扶鸾术言江西人赤心报国",于是,已经致仕的江西籍官员都因为自己而重新起用,其他的江西籍官员也被自己"密封推荐"(参见《明史》卷307《列传第一百九十五》)。"尹旻既去,凡山东之人仕于朝者贤否虽殊一夫素所原者,皆为仇党所侧目，是举殆一网尽矣。”（《明宪宗实录》卷281）明朝官员群体之间的争权夺利，尤其是“明末朋党纷争，在廷诸臣置封疆社稷于度外，惟以门户胜负为念，不待智者，知其必亡”（《清实录·圣祖仁皇帝实录（二）》卷154）。

明朝官员群体之间争权夺利的手段也是五花八门：

1. 借助言官

明朝的言官制度设计具有三个特征，即言官秩甚卑、权甚重、赏甚厚。“秩甚卑”指的是言官的职位规定为正从七品；“权甚重”指的是言官有权劝谏或者批评皇帝，弹劾任何大臣；“赏甚厚”指的是皇帝可以将有功言官擢升为三品大官。既然“秩甚卑”，那么，言官就用不着担心失去权力，即使失去，于自己也无多大损失；既然“权甚重”，那么，言官就没有什么不敢说的；既然“赏甚厚”，那么，言官就具有了敢说、多说、有时甚至乱说的内在动力。这决定了言官一般都比较勇敢，因为依照明朝制度规定，即使自己乱说，也是不会丢命的，为了实现自己的利益，冒风险不失为一种策略，而且，明朝皇帝也赋予了言官“知无不言，言无不尽”，如果妄说就“有则改之”的权力。所以，官员群体争权夺利就一定会找言官做帮手。因为争权夺利的官员群体有的话不好说和不敢说，如果说了，就有可能受到皇帝的惩罚，有可能遭到对方的猛力反扑，说不定自己刚一出手就反遭其祸。而言官就不用担心这些了，如果言官因言而将遭到责罚甚至获罪，那么，躲在言官背后的官员群体就可以替他们说说话、求求情，说不定就会大事化小了。当然，言官毕竟是有主见的，不会被人随意役使、替人消灾的，他们会权衡利弊得失，决定自己应该做什么、应该怎样做。在明代前期，言官们基本上是能够恪守儒家的伦理理念和道德规范的，是公正无私的，是团结一致的。可是，“至中叶以后，建言者分曹为朋，率视阁臣为进退。依阿取宠则与之比，反是则争。比者不容于清议，而争则名高。故其时端揆之地，遂为抨击之丛，而国是淆矣。虽然，所言之是非，阁臣之贤否，黑白判然，固非私怨恶之所得而加，亦非可尽委之沽直好事，谓人言之不足恤也。”（《明史》卷232《列传第一百十八》）如隆庆朝时，穆宗朱载垕的重臣高拱与徐阶争权夺利，就利用过言官打击对方，“一敬①寻劾拱威制朝绅，专柄擅国……逾月，御史齐康劾阶。诸给事御史以康

① 一敬，即欧阳一敬。

受拱指，群集阙下，詈而唾之。一敬首劾康，康亦劾一敬。时康主拱，一敬主阶，互指为党。”(《明史》卷215《列传第一百三》)

2. 借助宦官

在明代前期，宦官由于受到了严格的限制，是会谨慎地处理与朝廷内外官员之间的关系的。随着明朝政治的发展，宦官的地位有所提高，逐渐形成为一个具有其特殊利益的党派——阉党或者宦官群体。为了维护自己的利益和扩张自己的权力，它与其他的朋党尤其是受明朝皇帝重用、得势的朋党进行过争夺权力的斗争。虽然大部分明朝官员在内心鄙视和厌恶宦官，但是，为了让自己在争权夺利过程中多几分胜算，他们不得不利用这些待在皇帝身边的人，而不顾他们的所作所为会给明朝政治生活造成多大的影响。正是在争权夺利的官员群体对阉党或者宦官群体的利用过程中，阉党或者宦官群体意识到了自己的特殊利益，也因为被利用而成长壮大起来，成为一支敢于与任何官员群体相对抗的不可小觑的政治力量，给明朝政治生活造成了始料未及的影响。可见，“明代阉宦之祸酷矣，然非诸党人附丽之，羽翼之，张其势而助之攻，虐焰不若是其烈也……迨神宗末年，讹言朋兴，群相敌仇，门户之争固结而不可解。凶竖乘其沸溃，盗弄太阿，黠桀渠憸，窜身妇寺。淫刑痡毒，快其恶正丑直之私。衣冠填于狴犴，善类殒于刀锯。迄乎恶贯满盈，亟伸宪典，刑书所丽，迹秽简编，而遗孽余烬，终以覆国。庄烈帝[①]之定逆案[②]也，以其事付大学士韩爌等，因慨然太息曰：‘忠贤不过一人耳，外廷诸臣附之，遂至于此，其罪何可胜诛！’”(《明史》卷306《列传第一百九十四》)

3. 借助考察

考察是对朝廷内外官员的职守、品行和政绩进行考核评定的方式，它为官员的选用、擢升及惩罚、贬谪进行依据。尽管明朝皇帝要求主考官在考察官员时“不能无私”、“背公徇私”、将考察作为“人臣报复之资”，然而，它往往会被官员群体用来进行争权夺利的手段。在万历朝以前，这样的情况很少存在，“至万历时，阁臣有所徇庇，间留一二以挠察典，而群臣水火之争，莫甚于辛亥、丁巳，

① 庄烈帝，即思宗朱由检。
② 逆案，即魏忠贤案。

事具各传中。党局既成，互相报复，至国亡乃已”(《明史》卷 71《志第四十七》)。

4. 借助舆论

舆论在任何封建朝代都是存在的，其无形的力量是非常巨大的。在明代社会里，官员们喜欢舆论，也善于利用舆论，将其作为实现自己利益的工具。针对这种情况，神宗朱翊钧警告说：“年来议论混淆，朝廷优容不问，遂益妄言排陷，致大臣疑畏，皆欲求去，甚伤国体。自今仍有结党乱政者，罪不宥。”(《明史》卷 21《本纪第二十一》)然而，这种警告并没有起多大作用，进行争权夺利的官员群体依然如故，甚至越来越严重。万历四十一年(1613)，许弘纲在被劾“方求去之时”向朱翊钧道出了自己的担忧：“今九列之间能自免于人言者又有几人？今日言一人而一人径去，明日言一人而一人又去。甲贤乙否终无完人，此救彼攻相随俱败。非但内之大僚将空，即外之督抚其存者亦有几？山林之木不足以供野火而烧，而况此寥寥数株乎？”(《明神宗实录》卷 508)认为借助舆论排除异己者已经败坏了明朝的官场风气，严重地影响到了国家的治理。

第三节　官民关系的处理

官民关系是一种主要的政治关系，每个封建朝代对其处理的方法是既有相同之处又各有特点的。相对于以往朝代而言，明朝政府和官员对老百姓索取、剥夺更多，控制更严，老百姓的反抗也更激烈，市民阶层作为一种独立的政治力量第一次登上了政治舞台，表达自己的利益诉求和政治主张，并独立地进行了反抗官吏肆意盘剥的斗争。

一、官仁民安

官民关系是一种双向互动的关系，其中，主动者是明朝政府和官员，被动者是老百姓。因此，老百姓要安居乐业，心甘情愿地履行对国家的义务，与明朝政府和官员建立相对良好的关系，关键在于明朝政府和官员应该采取哪些措施来保护老百姓的生命安全，实现老百姓的利益。

在某些明朝皇帝看来，要处理好与老百姓之间的关系，自己应该做到如下几点：

1. 具有民本理念

第一，皇帝应该坚持从民众的利益出发，一切应该为了民众的利益，明太祖朱元璋在其遗诏中曰："朕膺天命三十有一年，忧危积心，日勤不怠，务有益于民"(《明史》卷2《本纪第二》)；应该重视民众的利益，为了民众的利益而果断地作出决策，仁宗朱高炽强调："救民之穷当如救焚拯溺，不可迟疑。有司虑国用不足，必持不决之意。"(《明史》卷8《本纪第八》)

第二，皇帝应该爱民。一个皇帝是否真正具有治理天下之心，这种"为治之心"有没有松懈，都应该以是否爱民来衡量。他要治理好天下，"必本于爱民"。如果"爱民而无实心"，就不会想方设法地去为民谋利。这样，就会"众心离于下"，国家就会因此而有危险。

第三，皇帝应该恤民。一个皇帝应该对老百姓有恻隐之心，要怜悯民众的困苦，要忧民众之忧，要对其贫穷给予及时的救济。朱元璋强调："天以子民之任付于君，为君者欲求事天，必先恤民。恤民者，事天之实也。"(《明史》卷3《本纪第三》)

第四，皇帝应该养民。皇帝养民就是为老百姓实现其利益积极地创造条件，真正给老百姓以实惠。明成祖朱棣因此而强调："朝廷设官分职，本以治民，治民之道，在于安养之而已"(《明太宗实录》卷20)。

第五，皇帝应该不劳民。有一年郡县进贡香米、人参、葡萄酒给朱元璋，朱元璋认为这是劳民，坚决拒收。

2. 健全有关制度

在明朝皇帝看来，官民关系是否会处理好，与制度是否健全有着直接的关系。有了制度，老百姓就会懂得自己的所作所为有所限制。有了健全的制度，老百姓就会做得更好。因此，明朝皇帝们认为首先应该从礼法入手，朱元璋就明确地指出："礼法国之纪纲，礼法立则人志定，上下安，建国之初，此为先务"(《明太祖实录》卷14)。在礼法两者之中，他更加重视礼对于处理与老百姓之间关系的价值。这一看法和做法被其孙子惠帝朱允炆所继承。朱允炆强调："夫律设大法，礼顺人情，齐民以刑，不若以礼。其谕天下有司，务崇礼教，赦疑狱，称朕嘉与万方之意。”(《明史》卷93《志第六十九》)朱元璋毫不掩饰自己的治国策略:“吾治乱世,刑不得不重。汝治平世,刑自当轻,所谓刑罚世轻世重也。”(《明史》卷93《志第六十九》)对于这种做法的合理性,仁宗朱高炽说得非常透彻:“刑者所以禁暴止邪,导民于善,非务诛杀也。”(《明史》卷8《本纪第八》)此外,明朝皇帝也在不断地调整和完善有关政策,并重视这些政策的落实,如在蠲免政策方面,“有恩蠲,有灾蠲。太祖之训,凡四方水旱辄免税,丰岁无灾伤,亦择地瘠民贫者优免之。凡岁灾,尽蠲二税,且贷以米,甚者赐米布若钞。”(《明史》卷78《志第五十四》)

3. 严厉治理官吏

在明朝皇帝看来,官民关系会否处理好,其前提在于官吏是否是一个好官。如果官吏不是好官,那么,官民关系就不可能处理好。明太祖朱元璋回忆说:“尝思昔在民间,尝见州县官吏多不恤民,往往贪财好色,饮酒废事,凡民疾苦视之漠然,心实怒之。”(《明太祖实录》卷39)因此,真正有所作为的明朝皇帝都会严厉地对官吏进行治理,使之“洁己爱民”,使“不肖官吏”不敢“恣肆自若”,不敢为害老百姓。

4. 切实保护民众

鉴于老百姓的权利和利益容易遭到损害,明朝皇帝采取了某些措施来对老百姓进行保护。如明成祖朱棣要求文武群臣:“今天下虽安,民未苏息。而郡县豪猾,遇有征徭,并缘为奸,细民不胜,盗贼滋起。尔等悉心政务,去除民蠹,毋横敛一钱,毋妄兴一役,存恤军民,劝课农桑,慎固对守,辑宁邦国,臻于至理,以称朕闵念元元之意。”(《明太宗实录》卷30)朱元璋要求官员对诬告者予以治罪:“奸徒不抵,善人被诬者多矣。自今告谋反不实者,抵罪”(《明史》卷94《志第七十》);治罪时不要株连他人:“鞫狱当平恕,古者非大逆不道,罪止及身。民有犯者,毋得连坐”(《明史》卷93《志第六十九》);规定:如果官吏无恶不作,受害的民众可以赴京面奏,甚至有权将其绑缚赴京治罪。

就官员而言,为了建立相对良好的官民关系,他们主要采取了如下措施:

1. 提出优化政策的建议

在有些明朝官员看来,政策关系到每个老百姓的利益,政策好,老百姓就能更好地实现自己的利益,官民关系就会相对和谐;相反,老百姓的利益就会受到损害，官民关系就会紧张。因此，这些官员就将调整和优化政策作为处理好官民关系的主要手段。如明朝政府原来实行了南方粮食由纳粮者运往北方的政策，它造成了两个后果，一是增加了农民的负担，耽误了农业生产，二是因为路途遥远，农民的粮食就会有损失，农民可能会因粮食霉变而不得不再交粮。针对这种情况，陈瑄于宣德六年(1431)提出了这样的建议："江南民运粮诸仓，往返几一年，误农业。令民运至淮安、瓜洲，兑与卫所。官军运载至北，给与路费耗米，则军民两便。"(《明史》卷79《志第五十五》)这就是所谓"兑运"。为了将这一建议具体化，官员们制定了官军兑运民粮增加损耗的细则，并且规定："如有兑运不尽，仍令民自运赴诸仓，不愿兑者，亦听其自运。军既加耗，又给轻赍银为洪闸盘拨之费，且得附载他物，皆乐从事，而民亦多以远运为艰。于是兑运者多，而支运者少矣。"(《明史》卷79《志第五十五》)随着皇家人口的不断增加，光禄牲畜果品等物品不断增加，有的物品短短几年就翻了几倍，寺臣还请求增多。官员们对此有很大意见。给事中陈钺指出："光禄市物，概以势取。负贩遇之，如被劫掠。夫光禄所供，昔皆足用，今不然者，宣索过额，侵渔妄费也。"大学士彭时提出建议："光禄寺委用小人买办，假公营私，民利尽为所夺。请照宣德、正统间例，斟酌供用，禁止买办。"于是，"减鱼果岁额十之一"(《明史》卷82《志第五十八》)，减轻了老百姓的负担。

2. 救济民众

在有的官员看来，不仅要想着老百姓的困苦，而且要想方设法地解决他们的困苦，这是官员应该承担的责任。嘉靖朝知县徐九思就是这样做的。有一年，当地粮食歉收，价格很贵。"巡抚发仓谷数百石，使平价粜而偿直于官"。徐九思认为这种做法没有替贫民考虑："彼籴者，皆豪也。贫民虽平价不能籴。"在徐九思的要求下，对这种做法作了调整，"以时价粜其半，还直于官，而以余谷煮粥食饿者。"为了更好地救济贫穷者，徐九思还想到了就地解决的办法，对于那些进远在山谷深处的贫穷者，"则就旁富人谷，而官为偿之，全活甚众"(参见《明史》卷281《列传第一百六十九》)。正统十一年(1446)，周济出任安庆知府，恰逢粮食歉收，"民间鬻子女充衣食，方舟而去者相接"。周济借漕粮赈济贫穷者，但是，禁止将子女卖给他人，"且上疏请免租，诏许之，全活甚众"。一些饥民抢掠富家的粟米，富家就以盗劫的罪名将其告官。周济下令："民饥故如此，然得谷当报太守数，太守当代尔偿。”于是，抢掠者立马解散。后来，周济死于任上，“民皆罢市巷哭”(《明史》卷 281《列传第一百六十九》)。

3. 保护民众

老百姓是社会中的弱者，他们的生命和财产可能会遭到他人的侵犯，但是，他们却无力保护自己。而有些官员就主动地承担了保护老百姓生命财产的责任。如永乐末年，浙江、福建“山贼起，议发兵”。明成祖朱棣将官员们准备发兵镇压的奏疏给杨荣看。为了让老百姓的生命不受到威胁，杨荣向朱棣提出建议：“愚民苦有司，不得已相聚自保。兵出，将益聚不可解。遣使招抚，当不烦兵。”朱棣同意了他的主张，避免了一场给民众生命财产造成损害的灾难的发生(《明史》卷 148《列传第三十六》)。官员在保护民众时通常都会以直接的方式进行，但是，有时却不得不想出巧妙的办法。沈鲤刚刚出任神宗朱翊钧的内阁首辅，就立即上疏请除矿税，但一直被朱翊钧拒绝。“会长陵明楼灾”，沈鲤觉得机会来了，于是，就立即率领沈一贯等两人“冒雨素服诣文华奏之”，朱翊钧的态度因此而有所变化。后来，沈鲤又进言：“矿使出，破坏天下名山大川，灵气尽矣，恐于圣躬不利。”朱翊钧听说后极为恐惧，向沈鲤征询补救的办法，沈鲤说：“此无他，急停开凿，则灵气自复。”朱翊钧终于下了“停矿之命”(《明史》卷 217《列传第一百五》)。

二、官逼民反

在明代社会里，官民关系始终存在着官仁民安与官逼民反两种情形，合作与冲突并存，而且，越往中后期，官民之间的冲突越突出。在官民冲突之中，如同官民之间的合作一样，官方或者说官员仍然是处理官民关系的主动者。这就是说，只有“官逼”，才会“民反”，“官逼”是“民反”的原因。

“官逼”而致“民反”的因素多种多样，既有明朝官方的因素，又有与官方相联的因素(如生员的为非作歹和粮长的科敛)。主要因素有：

1. 政策限制

明朝政府所实行的很多政策严重地影响了官民关系的正常处理，如实行“重农抑商”、“重本抑末”政策，强制人们务农，“若有不务耕种，专事末作者，是为游民，则逮捕之”(《明太祖实录》卷 208)；严禁商人私自进行海外贸易，“敢有私下诸番互市者，必置之重法”(《明太祖实录》卷231)、“申禁人民无得擅出海与外国互市”(《明太祖实录》卷252)，其结果是商人“失其生理”,“转而为寇”，而且，海禁越严厉，“贼伙愈盛”；推行“一条鞭法”,“总括一州县之赋役，量地计丁，丁粮毕输于官……凡额办、派办、京库岁需与存留、供亿诸费，以及土贡方物，悉并为一条，皆计亩征银，折办于官……立法颇为简便”(《明史》卷78《志第五十四》)，征税很方便，不过，它却因大大地免除或者减少了商户和富户的纳税额而造成了更为严重的贫富分化。

2. 土地兼并

明代的土地兼并有两种，一种是与政治权力有关的，另一种则与政治权力无关。与政治权力有关的土地兼并，就是官方的土地兼并，它比民间所存在的土地兼并要严重得多，而且，越往明代中后期，官方所兼并的土地就越多，不仅将籍没的官吏的田土收归官庄，而且“诸王、外戚求请及夺民田者无算”。在兼并土地的过程中，有的官吏还无恶不作，如畿内皇庄“管庄官校招集群小，称庄头、伴当，占地土，敛财物，污妇女。稍与分辩，辄被诬奏。官校执缚，举家惊惶。民心伤痛入骨，灾异所由生”(《明史》卷77《志第五十三》)。

3. 与民争利

在明代社会里，与老百姓争利的不只是普通官吏，还有皇帝，形成了“上下相争，惟利是闻”的格局。如宪宗朱见深将所没收的宦官曹吉祥的田地建立为皇庄，给事中齐庄力图劝止他，说：“天子以四海为家，何必置立庄田，与贫民较利。”(《明史》卷77《志第五十三》)然而，朱见深却不予理睬，“其后庄田遍郡县”。神宗朱翊钧以“内府匮乏”为由开征矿税，朝廷内外官员纷纷反对。如李三才多次上疏陈述开征矿税、与民争利的危害，指出：“陛下所谓匮乏者，黄金未遍地，珠玉未际天耳。小民饔飧不饱，重以征求，箠楚无时，桁杨满路，官惟丐罢，民惟请死，陛下宁不惕然警悟邪!”(《明史》卷232《列传第一百二十》)

4. 横征暴敛

它既表现在征税越来越重上，又表现在索取光禄物品越来越多上，还表现在明朝官吏的无恶不作上。如神宗朝时，“奸人假开采之名，乘传横索民财，陵轹州县。有司恤民者，罪以阻挠，逮问罢黜。时中官多暴横，而陈奉尤甚。富家巨族则诬以盗矿，良田美宅则指以为下有矿脉，率役围捕，辱及妇女，甚至断人手足投之江,其酷虐如此。帝纵不问。”(《明史》卷81《志第五十七》)天启朝的宜兴之民变,同样是由官吏的横征暴敛所致的,“宜兴故多豪家,修撰陈于泰、编修陈于鼎兄弟尤横,遂激民变,群执兵鼓噪,势汹汹”(《明史》卷245《列传第一百三十三》)。

由于明朝政府惨无人道、官吏横行无忌,老百姓不得不起来反抗。起来反抗的人,不只有农民、市民、矿工、无业者等,还有官员、士人及士兵。普通民众的反抗形式多种多样,如:

1. 逃税

交税是农民等从业者履行的对国家的义务,通常情况下,老百姓是会自觉履行这种义务的。而逃税则是老百姓对政府和官员所表达的一种态度和与之对抗的方式。在明代社会里,老百姓逃税的方式,主要有隐瞒人口和少报田亩。就人口而言,经过元代末年的战争后,明代初期户口很多,“其后承平日久,反不及焉”,后来“乃递减,至天顺间为最衰。成、弘继盛,正德以后又减”。为什么人口或者户口会越来越少,大臣周忱认为有以下几种情况:“投倚于豪门,或冒匠窜两京,或冒引贾四方,举家舟居,莫可踪迹也。”(《明史》卷77《志第五十三》)而这几种情况在当时正是老百姓逃税的办法。就田亩而言,也与隐瞒人口的情况差不多,大臣霍韬于嘉靖八年(1529)说到了可以征税的田亩的大体情况:“自洪武迄弘治百四十年,天下额田已减强半,而湖广、河南、广东失额尤多。非拨给于王府,则欺隐于猾民。广东无藩府,非欺隐即委弃于寇贼矣。”“欺隐于猾民”和“委弃于寇贼”就是老百姓逃税的手段。

2. 逃亡

在明代社会里,老百姓逃亡主要有三种情况,第一种是因为战争而逃亡,第二种是因为税负重而逃亡,第三种是因为土地兼并而逃亡。第二、三种情况与官民关系有关,是老百姓所采取的对待官方的一种方式。惠帝朱允炆认为“江、浙赋独重”,于是,就“悉与减免,亩不得过一斗”。但成祖朱棣又使“浙西之赋复重”。宣宗朝布政使周干在巡视了苏、常、嘉、湖诸府之后指出:“诸府民多逃亡,询之耆老,皆云重赋所致。如吴江、昆山民田租,旧亩五升,小民佃种富民田,亩输私租一石。后因事故入官,辄如私租例尽取之。十分取八,民犹不堪,况尽取乎。尽取,则民必冻馁,欲不逃亡,不可得也。”(《明史》卷78《志第五十四》)老百姓因为土地兼并而逃亡的情况，不仅出现在皇庄、诸王、外戚、宦官等的土地扩张中，而且也出现在军屯中。军官强占屯田，有的多至几十顷，他们强迫所属士兵及其家属为其服役。由于难以忍受军官的压迫和剥削，有些士兵及其家属就不顾明朝政府禁止逃亡的命令而选择逃亡。

3. 无视禁令

明朝政府颁布了多方面的禁令，如规定不同等级的人在衣、食、住、行、用方面应该有所区别，不许农民进山采矿，不准商人进行海外贸易，禁止生员“把持官府”，等等。然而，老百姓有时全然不顾这些禁令，并将其作为反对官员、反抗官府的一种形式。

4. 诉诸暴力

诉诸暴力，在当时称之为“民变”。它或者因为官方的压迫和剥削而发生，或者因为官员的不尊重人、出尔反尔或者无恶不作而发生，或者因为主持正义而发生。如神宗朱翊钧税监高寀在进入福建以后，因为被一个生员的父亲所激怒，就将其廷上杖责，引发了生员们的不满。全体生员抓住他就打，并烧毁了他所建的望京亭。神宗朝官员周顺昌“为人刚方贞介，疾恶如仇”，“捕治税监”，反对阉党，被权宦魏忠贤所痛恨。于是，魏忠贤唆使人“劾顺昌与罪人婚，且诬以赃贿”，朱翊钧下令逮捕。因为周顺昌“好为德于乡，有冤抑及郡中大利害，辄为所司陈说，以故士民德顺昌甚”。当听说逮捕周顺昌的官吏来了之后，所有的人都非常愤怒，“号冤者塞道”。“至开读日，不期而集者数万人，咸执香为周吏部[①]乞命。”文震亨等诸生也请求巡抚毛一鹭等将“民情上闻”。而旗尉厉声骂曰：“东厂逮人，鼠辈敢尔!”所有的人更加愤怒，说：“始吾以为天子命，乃东厂耶!”于是“蜂拥大呼，势如山崩”。旗尉被击毙一人，其余的都身负重伤，跳墙而逃。周顺昌自愿跟随逮捕他的官吏走后三天，“吴人尽反，谋断水道，劫漕舟，忠贤大惧。”(《明史》卷245《列传第一百三十三》)

在这些反抗明朝政府和官吏的压迫和剥削的所谓“民变”中，人数众多的、对明朝统治打击最有力的是李自成和张献忠所领导的农民起义。他们经过长期的斗争，终于在崇祯十七年(1644)结束了明朝的统治。

---

① 周吏部，即周顺昌。

第三章

清代道德生活的社会基础

发迹于白山黑水之间、崛起于辽东的满族，经过半个多世纪的征战，终于建立了中国历史上最后一个封建王朝——清朝。清朝政府所统治的这个时期，一方面有着与以往封建朝代相同的历史条件，另一方面又具有其独特的社会条件。这两个方面共同构成了清代[①]道德生活的社会基础，并赋予清代道德生活某种个性和特色。

第一节　清代道德生活的政治环境

一、明清易代

满族是中华民族大家庭中的一员，其历史源远流长，可追溯到夏商周时的息慎、肃慎，两汉时的巴娄、匈奴，唐五代时的诸申，宋元明时的女真。女真人曾在中国历史上建立过乌桓、渤海、辽、金、元等国家。至明代，女真分为建州女真、海西女真和野人女真三大部落。这三大部落并不是一个统一的整体，经常因为利益而发生冲突。明朝政府对女真人实行了恩威并施的政策，以力图维持东北的稳定。“明朝对付女真的一般策略，是尽力维持各部落的均势，防止其中某个部落成为独霸东北的势力。维持均势的手段，通常是对所有部落都公正地给予贸易优惠，同时将一个明朝的官衔授给其中一个部落的首领，让他作为临时领袖去维持和平。”[②]然而，正是明朝政府的这一策略激化了东北女真部落之间的矛盾。明朝建州右卫都指挥使王杲因反抗明朝政府，被海西女真哈达部捉住，交给辽东总兵李成梁后被杀掉。其儿子阿台是努尔哈赤的姐夫，为报父仇，勾结海西女真叶赫部向哈达部进攻，被前来帮助哈达部的李成梁军队打败，之后他又到沈阳等地大肆抢掠。李成梁认为阿台是扰乱东北社会稳定的罪魁祸首，于是调动军队围攻阿台的根据地古埒城。努尔哈赤的祖父觉场安、父亲塔

---

① 清代与清朝是两个不同的概念，清代是一个时间概念，而清朝则是一个政治概念。一般认为清代是指从 1644 年到 1911 年这段时间，本文中所使用的清代是指从 1636 年皇太极称帝并改国号为“大清”到 1840 年鸦片战争发生之前这段历史。

② ［美］魏斐德著：《洪业——清朝开国史》，陈苏镇、薄小莹等译，江苏人民出版社 2003 年版，第 12 页。

克世入城劝说阿台不要与明朝政府为敌。尼堪外兰骗开了城门，李成梁军队大肆杀戮，觉场安、塔克世被错杀，努尔哈赤则保住了性命，并被封为建州左卫都指挥使。自此(即 1583)以后，努尔哈赤就将复仇的矛头指向了尼堪外兰和明朝政府。

努尔哈赤凭借其父、祖留下的 13 副铠甲起兵，逐渐地扩大了自己的队伍，消灭了敌对者，经过 30 多年的征战，最终统一了女真各部。1618 年，他觉得反抗明朝政府的条件已经成熟，于是以"七大恨"告天，公开对明朝政府宣战。这"七大恨"是："我之祖父，未尝损明边一草寸土也，明无端起衅边陲，害我祖父，恨一也；明虽起衅，我尚欲修好，设碑勒誓：'凡满、汉人等，毋越疆圉，敢有越者，见即诛之，见而故纵，殃及纵者。'讵明复渝誓言，逞兵越界，卫助叶赫，恨二也；明人于清河以南、江岸以北，每岁窃逾疆场，肆其攘夺，我遵誓行诛，明负前盟，责我擅杀，拘我广宁使臣纲古里、方吉纳，挟取十人，杀之边境，恨三也；明越境以兵助叶赫，俾我已聘之女，改适蒙古，恨四也；柴河、三岔、抚安三路，我累世分守疆土之众，耕田艺谷，明不容刈获，遣兵驱逐，恨五也；边外叶赫，获罪于天，明乃偏信其言，特遣使臣，遗书诟詈，肆行凌侮，恨六也；昔哈达助叶赫二次来侵，我自报之，天既授我哈达之人矣，明又党之，挟我以还其国，已而哈达之人数被叶赫侵掠，夫列国之相征伐也，顺天心者胜而存，逆天意者败而亡，何能使死于兵者更生，得其人者更还乎？天建大国之君，即为天下共主，何独构怨于我国也？初扈伦诸国，合兵侵我，故天厌扈伦启衅，惟我是眷，今明助天谴之叶赫，抗天意，倒置是非，妄为剖断，恨七也。"(《清实录・太祖高皇帝实录》卷 5)这"七大恨"反映了明朝民族压迫和民族歧视政策的不合理性，也表明了努尔哈赤后金政权对发动对明战争的正义性的寻求。也许努尔哈赤后金政权明白"得道多助，失道寡助"的道理，也许他们懂得战争的胜负取决于民心向背的规律，因此，他们用尽心思罗织了这些具有狭隘的复仇性质的开战理由。尽管这七条理由有的牵强附会或者强词夺理，但是，它们却在对明战争中发挥了始料未及的作用，不仅激起了满族人对汉族人的仇恨，鼓舞了八旗官兵的士气，使他们在战场上英勇顽强，而且瓦解了部分明朝将士的斗志，得到了他们的同情，有的明朝将士因此不战而降。也许是出于对自身力量的估计和对强大的明朝的恐惧，努尔哈赤至死只求反抗和摆脱明朝政府的统治，却并没有奢望消灭明朝政府并取而代之。他的最高愿望是统一女真各部，将明朝势力赶出东北，让明朝政府只统治山海关以西地区，自己则统治山海关以东地区，“满汉各自为国”。

皇太极与其父努尔哈赤不同，是决意取代明朝政府而统治天下的。不过，他在刚继位时却采取了如同努尔哈赤一样的对待朱明王朝的策略。1627年正月，皇太极写信给明将袁崇焕，要求与明朝议和修好，并提及每年互赠物品的种类和数额。同年农历四月，皇太极在给袁崇焕的信中说：“释恨修好，固所原也……而尔诡言修好，仍遣哨卒侦视，修葺城堡。我国将帅，实以此致疑。夫讲信修睦，必藉物以成礼，我岂贪而利此，使尔国力不支？可减其半。岁时馈答，当如前议，则两国之福也。”并针对袁崇焕修筑塔山、大凌河、锦州等城而谴责他，并强调：“两国修好，当分定疆域。”（《清史稿》卷2《太宗本纪一》）皇太极这一分疆而治的主张却是一个缓兵之计，其目的，一是应对努尔哈赤死后所出现的内部矛盾，有较充裕的时间来作好对明战争的准备；二是打着和平的幌子来责难明朝政府的军事行为，将破坏和平、不讲诚信的责任推给明朝政府，他对明朝统治下的通州士民说：“今我兴师而来，顺者抚，逆者诛。是尔君好逞干戈，犹尔之君杀尔也。”（《清史稿》卷2《太宗本纪一》）当清朝内部矛盾基本上解决之后，他就开始为其称帝、取代明朝政府大造舆论。他说：“若谓我国偏小，不宜称帝，古之辽、金、元，俱自小国而成帝业……岂有一姓受命，永久不移之理乎？天运循环，无往不复。有天子而废为匹夫者，亦有匹夫而起为天子者，此皆天意，非人之所能为也。”（《清实录・太宗文皇帝实录》卷5）他在给崇祯皇帝的信中毫不隐讳自己欲做帝王的想法：“自古天下非一姓所常有……岂有帝之裔常为帝，王之裔常为王者哉？”（《清实录・太宗文皇帝实录》卷47）后来，他又作了如下论证：“有德者受命，无德者废弃，从来帝王有一姓相传永不易位之理乎？自古及今，其间代兴之国，崛起之君，不可胜数。”（《清实录・太宗文皇帝实录》卷59）他的这些舆论和论证，归结为一句话，就是：皇太极和清朝政府发动对明战争完全是被迫的，而且是正义的。

怎样使对明战争具有正义性，不致激起朱明王朝统治下的民众的抵制，并能够顺利地取代朱明王朝而统治天下呢？在对明战争具有其发动的理由（即“七大恨”）的前提下，皇太极和清朝政府主要考虑了以下两个方面：其一是他们认为战争并不是简单的军事行动，而应该使战争策略符合战争伦理的要求。宁完我、范文程、马国柱向皇太极建议:“伐明之策,宜先以书议和,俟彼不从,执以为辞,乘衅深入,可以得志。”(《清史稿》卷2《太宗本纪一》)这一建议被皇太极所采纳。这意味着,战争是一个政治问题,首先应该以政治的方式来解决,一旦这种解决方式不被对方所接受,那么,清朝政府一方似乎就有了采取军事行动的充分的道义理由。其二是他们改变了原来那种对待明朝政府统治下的民众的野蛮残忍态度,禁止八旗官兵烧杀掳掠。尽管清朝政府颁发了这样的禁令,但八旗官兵却改变不了其习惯,继续屠杀明朝政府统治下的官民,杀死汉族男人,掳走其妻子女儿,并将她们作为战利品分给八旗官兵为奴。八旗官兵的这种做法激起了汉族民众的仇恨,清朝政府也因此遭到了汉族人民的坚决抵抗,激化了满汉之间的民族矛盾。

尽管清朝军队取得了松山、锦州、塔山、杏山等战役的胜利,占领了整个东北,施反间计让崇祯皇帝杀了坚决抗清的袁崇焕,并先后三次越过长城烧杀掳掠,但是,清朝军队最终未能攻破山海关防线。然而,清朝政府捕捉到了一次极好的机会,正是这次机会使清朝军队不但不费一兵一卒就进入了山海关内,反而以“正义之师”的名义驰骋在朱明王朝曾经统治过的土地上。

顺治元年(1644),农民领袖李自成率领大顺起义军进军北京,沿途各地明朝守官纷纷投降。大顺起义军兵临北京城下。崇祯皇帝见大势已去,吊死煤山。朱明朝廷大部分官员认为李自成将是新朝廷的主人,于是俯首称臣,投降于李自成,只有极少数官员殉国自杀。但李自成缺乏统治天下的应有的政治伦理理念和良好的政治道德品质,入京后,他为了庆贺自己的胜利,论功行赏,犒劳将士,对明朝官员大肆追赃,掳掠民间财物美女,滥杀官员,使人们处于极度恐慌之中。当时在盖州汤泉养病的范文程听说了李自成入京及其所作所为之后,立即上书清朝政府,指出:“‘闯寇涂炭中原,戕厥君后,此必讨之贼也。虽拥众百万,横行无惮,其败道有三:逼殒其主,天怒矣;刑辱搢绅,拷劫财货,士忿矣;掠人赀,淫人妇,火人庐舍,民恨矣。备此三败,行之以骄,可一战破也。我国上下同心,兵甲选练,声罪以临之,恤其士夫,拯其黎庶。兵以义动,何功不成?’又曰:‘好生者天之德也,古未有嗜杀而得天下者。国家止欲帝关东则已,若将统一区夏,非乂安百姓不可。’”(《清史稿》卷232《范文程》)

那么,怎么样才能安抚中原百姓呢?清朝政府官员认为应该从镇守山海关的明将吴三桂入手。这些官员不会忘记，皇太极早就试图拉拢吴三桂叛明降清，但由于当时吴三桂忠于朱明王朝而未达到目的。李自成此时也在争取吴三桂，他一方面派人去劝降吴三桂，监押吴三桂全家30余口作为人质，另一方面又以吴三桂父亲吴骧的名义给吴三桂写了封家书，其大意是：崇祯皇帝已经死去，明朝已经灭亡，李自成主宰天下乃天命所归，我们应该识时务，以免家庭受害，你如果归顺李自成，就会封官晋爵，我的性命取决于你的进退，你不要忘记你应尽的孝道，"以全孝子之名"。吴三桂答复："父既不能为忠臣，桂亦安能为孝子"，发誓宁死不投降李自成。此时，吴三桂在忠与孝的道德选择中倾向于前者。但过了不久，他又准备归顺李自成。当他听到其父被拷、爱妾陈圆圆被李自成手下刘宗敏所掳，就决定与李自成决一死战。于是，他"立刻派人去见鞑靼国王，请求派兵帮助他讨伐篡位者。他知道鞑靼的男人很多，缺少女人，就答应送给他们一批，并奉送了各种名贵的丝绸和大量的金银。鞑靼国王不肯错过这个好时机……吴三桂报仇心切而不顾其他，接受了所有的条件，没有想到这正是中国所说的引狼入室"。[①] 吴三桂借助清朝军队击败了农民起义军，报了家仇，似乎也耻了国恨。但是，清朝军队并没有按照原来与吴三桂的约定撤出中原，而是任命吴三桂为"平西王"去陕西剿灭李自成余部，自己则向山东、江南等地进攻，先后消灭了农民起义军和明福王、鲁王、唐王等的势力，至1662年吴三桂绞杀桂王永历皇帝朱由榔时，清朝军队统一了除台湾之外的原明朝政府统治的疆域。由于清朝军队在统一全国的过程中到处烧杀抢掠，因而深化了满族与汉族等民族之间的矛盾。

二、清朝的根本政治制度

赵开心在顺治二年(1645)上疏顺治皇帝，指出："立政之始，一事之得失，关天下万世之利害。"(《清史稿》卷244《赵开心》)建立什么样的政治制度，是人口占全国极少数的满族所主宰的清朝政府所面临的一个突出问题，它的确关系到清朝"万世之利害"。

清朝政治制度是在其政治实践过程中通过损益以往朝代的政治制度而建

---

① 杜文凯编：《清代西人见闻录》，中国人民大学出版社1985年版，第27页。

立起来的。“它开始于在明朝北边的准备阶段，经过入关后对明朝旧制加以沿用和调整的试验阶段，最后造成了一种汉、满两种统治方式的精妙融合物。”①清朝政府在入关之前虽然尝试着建立某种政治制度，但是，它却坚持实行只适用于满族的八旗制度。在通过欺骗手段入主中原之后，清朝政府就明显感到了八旗制度的局限性，于是，在继续保留对汉族等民族起威胁作用的八旗制度的同时，着手建立能够适应新的政治形势的政治制度。尽管在政治制度方面“清承明制”，然而，清朝政府在明朝政治制度的基础上却稍有损益，大大地强化了封建专制制度，准确地说，是强化君主专制或者皇权专制的政治制度。君主专制或者皇权专制就是清朝的根本政治制度。

为了确立和维护这一根本政治制度，清朝皇帝和政府主要采取了如下措施：

1. 强化皇帝的权力。在整个中国封建社会里，皇帝都拥有超越于其他人之上的权力，即使事实上这种权力有时候被其他人所行使，但至少在政治制度的设计上是如此。如果皇帝的权力旁落，官员腐败就必定会相当严重，宫廷矛盾就几乎难以避免，你死我活的斗争就会出现，社会秩序就不可能维持。为了避免如此严重的社会后果，清朝皇帝采取了一些相应的措施，其目的在于强化皇帝的权力。

(1) 清朝皇帝不仅独占国家的最高权力，而且对国家大小事务直接进行决策。独占最高权力，意味着清朝皇帝的权力神圣不可侵犯，至高无上，皇帝的意志高于一切，意味着可以君临天下，任何官吏的决定和行为都要受到自己的控制。对国家大小事务直接进行决策，意味着“天下事无大小，皆决于上”，事“无论巨细，朕心躬自断制”，意味着清朝皇帝必须勤于治国，担负起比任何官员都要繁杂得多的管理责任，必定会因此而对其臣僚提出更多、更苛刻的要求。如果我们翻看清朝各位皇帝的“起居注”，就可以发现，没有哪个朝代的帝王比他们更勤勉。当然，这也恰恰是清朝皇帝权力绝对化的必然结果，因为，皇帝拥有多少权力，就必定会要求他去承担相应的责任，否则，他的权力就会因为自己尽不到相应的责任而旁落。

---

① [美]魏斐德著：《洪业——清朝开国史》，陈苏镇、薄小莹等译，江苏人民出版社 2003 年版，第 5 页。

(2) 清朝皇帝独立拥有建储权力。清代以前各朝代都有立嫡长子为储君的制度,这种制度使皇帝没有绝对的甚至优先的决定权,往往受制于朝中大员。清朝皇帝改良了这种皇位继承制度,建立了秘密建储制度,以便让那位被自己认为有能力治理好国家的皇子来独掌大权。清朝皇帝在这种秘密建储过程中拥有绝对的权力,不容许任何人进行干扰。康熙时,皇太子允礽几度被废,新的储君一直未定。康熙五十六年(1717),70 多岁的王掞密奏康熙皇帝请求建立储君,未有回音。这年冬天,御史陈嘉猷等八人又请求建储,康熙皇帝很不高兴,于是将王掞和陈嘉猷等的奏疏一齐公开,并责令内阁议处。康熙六十年(1721)春,王掞又向康熙皇帝上疏再提前事,并请求释放二阿哥。御史陶彝等 12 人也联名上奏请求建储,康熙皇帝怀疑此事是王掞所主使,非常愤怒,降旨指责王掞"植党希荣",并说:"朕初无诛大臣之意,大臣自取其死,朕亦无如何。"(《清史稿》卷 286《王掞》)康熙皇帝之所以会有如此态度,不是因为王掞等人对建储的关注,而是因为他们侵犯了自己的绝对权力。为了根除朝中大臣对建储的干扰,为了避免建储过程中出现纷争和流血,雍正皇帝建立了秘密建储制度,并于雍正元年(1723)8 月"召王大臣九卿面谕之曰:'建储一事,理宜夙定。去年十一月之事,仓卒之间,一言而定。圣祖神圣,非朕所及。今朕亲写密封,缄置锦匣,藏于正大光明匾额之后,诸卿其识之。'"(《清史稿》卷 9《世宗本纪》)这一秘密建储制度,既减少了朝中大臣争权夺利的机会,又防止了他们之间因立储君而出现的分歧。

(3) 实行密奏制度。密奏就是属臣给皇帝的机密奏折,它在汉代就已经出现,以后各朝代均偶尔有这样的奏折,直到清朝才成为一种制度。密奏是清朝官员直接写给皇帝并经由专门渠道上呈皇帝亲自启阅、批复的绝密奏折。密奏与以往朝代的奏折不同,它不需要宰相这一中间环节,清朝皇帝在处理密折时也不会受其他官员的意见左右。这一密奏制度对清朝政治产生了巨大的影响,其主要影响表现在三个方面:其一,它使清朝皇帝能够直接控制各级官员,得以及时而又全面地了解社会生活中所发生的各种事件,迅速而又直接地处理国家事务;其二,它使朝廷内外的各级官员既要兢兢业业、尽职尽责地工作,又要时时处处都谨小慎微,忠于清朝皇帝和国家,否则,就会遭到皇帝的指责、被降职甚至被杀;其三,它造成了不少冤假错案。清朝官员上呈皇帝的密奏,有的是证据确凿的，有的却是道听途说的。对于后者，清朝皇帝也是容许的。顺治皇帝对其官员明确提出了“知无不言，言无不实”的原则，若官员“所奏涉虚，亦不坐罪，倘知情蒙蔽，以误国论”。但康熙皇帝却强调：“朕于科道官员，许其风闻入告者，专为广开言路。”（《清实录·圣祖仁皇帝实录（三）》卷 206）“风闻入告”又称“风闻言事”，即根据道听途说来批评或者弹劾官员。乾隆皇帝也指出，“御史有风闻言事之责”，“即或所奏失实，亦不加之谴责，盖以职业所在，若因事得罪，非所以风励台臣。”[（光绪）《大清会典事例》卷 998]皇帝们对基于道听途说而写就的密奏的提倡，其目的无非是维护清朝政府的统治，但其结果却不只是给被检举者的利益带来不必要的损害，有时还使密奏者（如乾隆朝的尹壮图）身受其害乃至身败名裂，甚至使政治生活秩序受到严重破坏，官员之间因此而冤冤相报。为了避免这些严重后果，清朝皇帝对密奏的合理性和责任性提出了要求，康熙皇帝强调：“嗣后指陈利弊必切实可行，纠弹官吏必确有证据。如参款虚诬，并不宽贷。”（《清实录·圣祖仁皇帝实录（一）》卷 1）雍正皇帝也指出，御史“借风闻言事之名，以酬报私恩小惠，则颠倒是非，扰乱国政，其有害于人心风俗者不浅”。[（光绪）《大清会典事例》卷 998]即使清朝皇帝要追究密奏者的责任，但是，在整个清代，那种证据不充分的密奏仍有存在。之所以如此，是因为官员可以借助密奏制度巧妙地将其“知无不言”的责任与其打击报复的欲望结合起来。

2. 废除宰相制，设立内阁和军机处。宰相制度是一种官僚制度，它虽然萌芽于春秋时期，但它却是我国封建社会的一种典型的政治制度。由于宰相的权力非常大，直接威胁到皇帝的权力，因此，自朱元璋起就废除了这一制度，并以内阁大学士代替宰相辅助皇帝治理国家事务。清朝也是如此。不过，在清代初期，存在着进行集体决策的议政王大臣会议。议政王大臣会议是努尔哈赤所创设的皇子八人（和硕贝勒）共议国政的体制，是一个非常设的商议军国大事和对外政策的最高权力机关。为了加强皇帝的权力，自皇太极继位起，议政王大臣会议的地位、所起的作用及人员构成都发生了变化，到乾隆五十六年（1791）被取消。随着议政王大臣会议集体权力的衰退，清朝皇帝最终建立了内阁和军机处这两个常设的中枢机构。内阁即内院（1658 年后称为内院），分为内国史院、内秘书院和内弘文院，因此又称内三院，它只是皇帝私人的咨询和秘书团体，是非正式的政府机构，它必须听命于皇帝，并只对皇帝个人负责。不仅如此，清朝皇帝还对大学士的待遇、活动等作出了明确规定。顺治十年(1653)，在增置了内三院汉大学士之后，顺治皇帝就强调："唐、虞、夏、商未用寺人，至周仅具其职，司阍闼洒扫、给令而已。秦、汉以来，始假事权，加之爵禄，典兵干政，贻祸后代。小忠小信，固结主心；大憝大奸，潜持国柄。宫庭邃密，深居燕闲，淆是非以溷贤奸，刺喜怒而张威福，变多中发，权乃下移。历览覆车，可为鉴戒。朕酌古准今，量为设置，级不过四品。非奉差遣，不许擅出皇城。外官有与交结者，发觉一并论死。"(《清史稿》卷5《世祖本纪二》)军机处为雍正皇帝所首创，它从内阁发展而来，并代替了原内阁的部分功能，同内阁一样，它也是清朝皇帝的秘书机构。它只具有处理机要政务的职权，却无指挥朝廷内外官员的独立权力，其指挥权力被皇帝所严密控制。内阁和军机处的设立，意味着清朝皇帝逐渐地摆脱了议政王大臣会议的控制，垄断了国家的所有最高权力，意味着皇帝号令全国、行使权力的效率的提高。

3. 严禁宦官"犯法干政"。清兵入关之前，清朝政府并没有建立宦官制度，入关之后才得以建立。顺治十年(1653)，顺治皇帝在太监吴良辅的煽动下设立了宦官十三衙门，归属内务府管辖，并对宦官的职责作了明确的规定，规定太监主要承担洒扫、传膳等杂役。鉴于历代宦官干政的教训，尤其是魏忠贤对明代后期政治秩序和社会生活的严重破坏的史实，顺治皇帝于顺治十二年(1655)制定了限制太监行为的法规，并命令内十三衙门将其镌于交泰殿前的铁牌上。镌在这块铁牌上的顺治皇帝敕谕如下："中官之设，自古不废。任使失宜，即贻祸乱。如明之王振、汪直、曹吉祥、刘瑾、魏忠贤辈，专权擅政，陷害忠良，出镇典兵，流毒边境，煽党颂功，谋为不轨，覆败相寻，深可鉴戒。朕裁定内官职掌，法制甚明。如有窃权纳贿，交结官员，越分奏事者，凌迟处死。特立铁牌，俾世遵守。"(《清史稿》卷5《世祖本纪二》)顺治皇帝之后的各位皇帝，不仅经常强调这一法规，而且还不断出台严厉限制太监行为的措施，使清朝的宦官不敢为所欲为。严禁宦官"犯法干政"，一方面维护了清朝皇帝的绝对权力，另一方面消除了导致社会祸乱的一个根源。

4. 严防结党。结党是清朝皇帝极为关注也十分痛恨的，因为，它不仅会使朝廷内外的官员只关注小集团的利益，排挤异己，制造矛盾，正如大学士宁完我在给顺治皇帝有关弹劾大学士陈名夏的疏中指出的那样："从古奸臣贼子，党不成则计不行。何则？无真才，无实事，无显功，故必结党为之虚誉。欲党之成，附己者虽恶必护，异己者虽善必仇，行之久而入党者多。若非审察乡评舆论，按其行事，则党固莫可破矣。"（《清史稿》卷232《宁完我》）而且，最为严重的是，结党会直接威胁皇帝的权力，使皇帝的命令无法顺利地被执行下去。为了维护自己的绝对权力，清朝皇帝一方面批评和教育官员不要结党，另一方面又采取有力措施来预防和打击结党活动，既严厉打击那些对官场秩序和国家利益造成了损害的结党活动，如顺治皇帝对陈名夏集团的打击，不只是毁灭了陈名夏等人的躯体，更重要的是让江南士人变得谨小慎微；又严密地预防结党活动，如雍正皇帝对任用宋爱的态度就反映了他对结党的提防。陕西靖远人宋爱曾跟随名将年羹尧讨伐罗卜藏丹津，因"奋战有功"，被河南河北镇总兵纪成斌主动推荐为河南开封都司。但雍正皇帝怀疑纪成斌是受握有大权的年羹尧所指使，在答应授封宋爱担任开封都司的同时，诘难纪成斌。纪成斌只好上奏解释："开封都司，省会重地，去年剿桌子山，亲见爱奋不顾身，极有胆气。且代可进[①]料理营务，颇有才干。知其能胜任，故冒昧陈请。臣实未受何人嘱托，即可进亦不过同在军中相识，素无交情。"雍正皇帝也毫不掩饰自己的心迹："朕原不过揣度之辞。近年年羹尧握兵柄，若尔等蔑国恩，重私谊，甚非朕保全功臣之意。今既无别故，意在为地得人，朕甚嘉赏。"（《清史稿》卷299《宋爱》）清朝皇帝和政府对结党的严防，其结果是造成了官员之间不敢正常地交往，压缩了政治生活空间，也为官场的残酷竞争、打击对方提供了最有力的口实。

5. 大兴文字狱。强化皇帝权力、维持满族的统治的一个重要方面，就是在思想上加强控制。清兵入关之后，满族人进入了汉族人所居住的广大地区，一直怀有深沉的危机感和恐惧感。清朝皇帝和政府除了用武力对汉族人民进行威胁之外，还时时防范着汉族士人在其文章、诗词、笔记中所流露出的"反清"、"排满"思想，因此而实行文化专制主义，并对那些敢于越雷池一步者予以严厉制裁，或者被判处死刑，或者流放边远地区，成为"流人"。有清一代，文字狱不断，其中最典型的是"《明史》案"与"《南山集》案"，它们都发生在崇尚"宽仁"治

---

① 可进，即宋可进，宋爱的父亲。

国理念的康熙皇帝统治期间，庄廷鑨《明史》案发生在康熙二年(1663)，戴名世《南山集》案发生在康熙五十二年(1713)。而戴名世《南山集》案则是一件震动朝野的文字狱，戴名世被斩，为该书作序的方孝标被戮尸，被流徙的有300多人。最为牵强附会的文字狱则是查嗣庭案。查嗣庭是雍正朝礼部侍郎，他依照清朝科举考试命题的惯例，将《诗经》中的“维民所止”作为考题，其本意是歌颂清朝皇帝圣明。然而，雍正皇帝却认为它是“取雍正字，去首，诽谤大逆”，依清律将查嗣庭收监。查嗣庭死于狱中后，雍正皇帝仍不解恨，还将其戮尸。文字狱的威胁，使清代士人变得谨小慎微，丧失了批判精神，或者沉入几乎没有什么政治风险的考据研究之中，或者违背“从道不从君”的儒家政治伦理观念，而变成了现实政治生活中的委曲求全的“从君不从道”。

三、清朝的政治关系

清史专家萧一山早就指出，满族人“接承中国累代传统的皇位，享有二百六十八年的江山，这真是一种幸运。但他们对于统治中国，也曾经费了一番苦心，以异族宰制如此之久，在历史上还是仅有的。试看元朝的威力多么强盛，统治也不过几十年；清朝所以能成功，不是武力的关系而是政治的关系。政治成功的最大因素，就是它把握着中国社会的基层，认识了中国人民的特性，一松一紧，一张一弛，深得两重政策的运用，使汉族人‘啼笑皆非’，不知不觉的上了圈套，可是他们也敌不过四千年文化的潜力，糊里糊涂的被牵扯而同化了”。[①] 这就是说，清朝政府统治的成功，不是靠武力，而是靠政治。而政治本身在其实质内容上就是一个处理政治关系的过程。

清朝的政治关系主要包括民族关系、阶级关系和等级关系。虽然这三种政治关系在清代以前的各朝代都同样地存在着，但是，它们各自的地位和具体内容却与以往朝代具有明显的区别。

就民族关系而言，清朝是一个以满族为统治民族的统一的多民族国家。由于当时满族人数极少，没有足够的人力来统治整个中国，因而，清朝统治者不得不想方设法地处理好与其他民族之间的关系，以奠定清朝政府进行其统治的广

---

① 萧一山著：《清代史》，辽宁教育出版社1997年版，第19页。

泛社会基础。就此而言，清朝的民族关系并非只是一种普通的政治关系，而是一种至关重要的政治关系，它制约着整个清朝政府的政策和决策，是影响清朝存在和发展的关键性因素。正是因为如此，清朝统治者为了处理民族关系而采取了如下主要措施。

1. 保持满族“国语骑射”的民族特色和民族意识。面对如此多的民族尤其是人数众多的汉族，清朝统治者首先思考的一个问题是如何才能使自己长期统治下去。这一问题在主张明朝与后金分疆而治的努尔哈赤那里还是一个未加过多关注的问题，然而，到了决心取代明朝统治中国的皇太极那里却成为了一个突出的问题。皇太极在称帝、改国号为“大清”之后，就向其臣僚们提出了这个问题。崇德元年(1637)4 月，他将满语和骑射这两个体现满族民族特色的方面提到了重要的位置，他指出：“昔金熙宗循汉俗，服汉衣冠，尽忘本国言语，太祖、太宗之业遂衰。夫弓矢我之长技，今不亲骑射，惟耽宴乐，则武备浸弛。朕每出猎，冀不忘骑射，勤练士卒。诸王贝勒务转相告诫，使后世无变祖宗之制。”(《清史稿》卷 3《太宗本纪二》)满语和骑射由此而成为“祖宗之制”，成为了满族的民族特色。为了保持这一民族特色，顺治皇帝甚至不准满族人参加科举考试，他说：“我国家之兴，治兵有法。今八旗人民，怠于武事，遂至军旅隳敝，不及曩时。皆由限年定额，考取生童，乡会两试，即得录用，及各衙门考取他赤哈哈番、笔帖式，徒以文字得官，迁转甚速，以故人乐趋之。其一切停止。”(《清史稿》卷 5《世祖本纪二》)之所以各位清朝皇帝都非常重视它们，是因为满语的使用能够有效地抵制汉族文化的影响和同化，增强满族人的民族自豪感和民族团结；勤于骑射则可以用武力来威胁汉族民众，使他们不敢反抗清朝的统治。为了保持满族的“国语骑射”的民族特色，使满族人形成相应的民族意识，清朝皇帝和政府采取了如下措施：建立只允许满族人居住的满城，将城市中的满族人与汉族等民族的人隔离开来，科举考试中使用满语，指责那些不会说满语的满族人，奖励说满语的满族人，将儒家经典和著名的文学作品翻译成满文，不容许旗人荒于骑射，为旗人提供必要的生活条件甚至为旗人赎回田地，以便他们能够全身心地投入到骑射的练习之中，如康熙四十二年(1703)清朝政府就出资为那些因酗酒玩乐而卖掉了田地的旗人赎回田地，为此，康熙皇帝劝诫旗人：“朕不惜数百万帑金为旗丁偿逋赎地，筹画生计。尔等能人人以孝弟为心，勤俭为事，则

足仰慰朕心矣。倘不知爱惜，仍前游荡饮博，必以严法处之。”(《清史稿》卷 8《圣祖本纪三》)

2. 维持与巩固满蒙联盟。满族与蒙古族同出一源，在汉代被称为“东胡”，作为满族前身的女真族属于东支，而蒙古族则属于西支，它们之间的语言没有多大的差别。种族、文化和语言的共同之处，使满族统治者不仅容易亲近蒙古族，而且还要依赖该民族来进行统治。因此，清朝统治者从一开始就定下了联合蒙古族的国策。为了维持和巩固满蒙联盟，清朝统治者主要采取了如下措施：实行满蒙政治联姻，以建立满蒙政治联盟的姻亲血缘基础；宽厚对待蒙古族归顺者和投降者，根据其原有地位和功劳赐封相应的爵位；建立蒙古八旗，保留蒙古贵族的汗位，赋予蒙古贵族进行自我管理的实权；蒙古族官吏受到尊重和重用，其在清朝权力机构中的地位仅次于满族；对蒙古族实行优惠政策，基本上免除蒙古诸部的赋税，遇到灾荒还予以赈济；对蒙古诸部实行封禁政策，禁止汉族民众进入蒙古族管辖区，也禁止蒙古诸部之间的纷争；禁止蒙古族与汉族通婚，如康熙二十二年(1683)发布了“凡内地民人出口于蒙古地方贸易、耕种，不得娶蒙古妇女为妻”[(光绪)《大清会典事例》卷 978]的禁令。这些措施体现了清朝政府所推行的“恩威并施”的民族政策，也反映了清朝统治者对蒙古族既依赖又怀疑的矛盾心态。当然，清朝统治者之所以抱有这种心态和如此行为是有其根据的。蒙古贵族并非绝对忠于清朝皇帝和政府，他们时而对清朝政府的统治心悦诚服，时而背叛清朝政府，如“外蒙喀尔喀诸部……分左右翼，有三汗，曰土谢图汗，曰车臣汗，曰扎萨克图汗。崇德戊寅，三汗始入贡，然各王其国自若，不请吏，不置戍，且时叛服不常。顺治中，以苏尼特腾吉思之叛，曾与边吏交兵，至康熙，土谢图汗乃杀扎萨克图汗，值准部噶尔丹汗强盛，乘乱侵之，土谢图汗弗能御。戊辰，全部南奔，圣祖受其降，安置牧所于多伦诺尔近地”(《清稗类钞・外藩类》)。乾隆朝中期，当被准噶尔部侵略时，喀尔喀部又打算投降俄罗斯。蒙古贵族的这种动摇态度使清朝统治者不得不对其严加提防。

3. 谨慎对待满汉之间的民族关系。作为取代汉族而定鼎中原的少数民族，满族对汉族一直存有一种难以名状的恐惧。这种恐惧主要来自以下几个方面：其一是汉族人口占了全国人口的绝大多数，而且分布地区广阔；其二是儒家文化悠久而又深厚，对汉族人产生了深远的影响，尤其是其中的“华夷之辨”的观念不利于满族对整个中国的统治；其三是满族人打着为朱明王朝复仇的幌子，用欺骗的手段窃取了被汉族人视为正统的朱明王朝的天下，尽管清朝政府向明朝官民宣称清兵入关是“为尔复君父仇，非杀尔百姓，今所诛者惟闯贼。吏来归，复其位；民来归，复其业。师行以律，必不汝害”(《清史稿》卷232《范文程》)，但实际上既不放过明朝的皇亲国戚，又残杀手无寸铁的汉族民众；其四是清朝政府不尊重汉族人的风俗习惯，几番下发“薙发易服”令，以此来判定汉族官民的顺逆，以决定其生死，即所谓“留头不留发，留发不留头”。然而，汉族人“往往宁愿掉脑袋也不愿遵从鞑靼风俗”[①]；其五是八旗官兵对于被俘获的汉族民众，不是杀害就是将其变为奴仆，这也激起了汉族人民的仇恨；等等。正是这些方面导致了满汉之间的矛盾，这一矛盾有时还异常尖锐，以致顺治皇帝死后，那些十分不满顺治皇帝亲近汉族人的满族贵族竟然杜撰顺治皇帝的遗诏，以顺治皇帝的口气自责其对满汉关系处理的不当：“朕以凉德，承嗣丕基，十八年于兹矣。自亲政以来，纪纲法度，用人行政，不能仰法太祖、太宗谟烈，因循悠忽，苟且目前。且渐习汉俗，于淳朴旧制，日有更张。以致国治未臻，民生未遂，是朕之罪一也……满洲诸臣，或历世竭忠，或累年效力，宜加倚讬，尽厥猷为。朕不能信任，有才莫展。且明季失国，多由偏用文臣。朕不以为戒，委任汉官，即部院印信，间亦令汉官掌管。致满臣无心任事，精力懈弛，是朕之罪一也。”(《清史稿》卷5《世祖本纪二》)正是这一矛盾成为了整个清代民族矛盾中的主要矛盾。因此，满汉之间矛盾的解决就成为了清朝民族事务的首要任务，或者说，如何使满族与汉族之间达到某种平衡，就是清朝确保自己长治久安的关键。为了解决这一主要民族矛盾，清朝统治者采取了一系列的措施，其一是宣称清朝政府不是与朱明王朝争天下，而是“与流寇争天下”；其二是为崇祯皇帝举哀发丧，褒扬那些为朱明王朝殉国的明臣；其三是强调“满汉一体”，所谓“方今天下一家，满汉官民皆朕臣子，欲其各相亲睦，莫若使之缔结婚姻。自后满汉官民有欲联姻好者，听之”(《清实录·世祖章皇帝实录》卷40)。不但如此，还要求对汉族人与满族人公平对待，“凡审拟罪犯，差徭公务，毋致异同”(《清实录·太宗文皇帝实录》卷1)。其四是“崇儒重道”，把儒家学说作为清朝的统治思想和主导意识形

---

① 杜文凯编：《清代西人见闻录》，中国人民大学出版社1985年版，第31页。

态，袭封孔子后裔为“衍圣公”，并去孔庙祭拜；其五是录用原明朝官员，对那些“避贼回籍、隐居山林者亦具以闻，仍以原官录用”（《清实录·世祖章皇帝实录》卷5），对那些被李自成起义军所“逼勒投降”的明朝内外文武官员军民，只要他们忠心“归服我朝，仍准录用”，或者通过科举考试来选择汉族士人入仕；其六是实行招抚流亡、田产归原主等政策，停止在京畿及周边地区进行圈地。这些举措虽然一定程度地缓和了满汉之间的矛盾，但却无法消除这一民族矛盾，而且，从另一角度来看，它们正好曲折地反映了满族贵族对汉族的恐惧。

4. 对其他少数民族实行“恩威并施”的政策。清朝统治者对不同少数民族实行有所不同的民族政策，以解决所存在的具体民族矛盾。对此，清史专家王钟翰指出：“平心论之，清代的民族宗教政策不但超周、秦、汉三代，甚至连煊赫一时、地跨欧亚二洲的大元帝国亦瞠乎其后。”①这些民族政策的施行使清朝政府在处理与少数民族的关系方面取得了巨大成功。尽管清朝政府对不同少数民族有着不同的民族政策，但这些政策都是对“恩威并施”方针的落实。这一方针早在努尔哈赤当政时即已提出，他强调对各民族实行“顺者以德服，逆者以兵临”（《清实录·满洲实录》卷1）的政策。这一政策或者方针成为了清朝政府对待少数民族的基本方针。“顺者以德服”主要表现在“因俗而治”上。“因俗而治”就是儒家所主张的“修其教不易其俗，齐其政不易其宜”，就是承认不同民族之间的差异，并根据少数民族地区原有的宗教信仰、风俗习惯和行政制度等方面来进行治理，以便少数民族进行自治。同时，清朝政府还通过封爵、给俸、联姻等方式来拉拢少数民族贵族，通过蠲免赋税、发展少数民族地区的经济、进行民族文化教育等方式来笼络人心。而“逆者以兵临”就是用武力来征讨少数民族贵族的叛乱，用法律来制裁他们的违法乱纪，如雍正二年（1724），雍正皇帝“诏川、陕、湖广、云、贵督、抚、提、镇：‘朕闻各处土司，鲜知法纪，苛待属人，生杀任性。方今海宇乐利，而土民独切向隅，朕心不忍。宜严饬土司，勿得肆为残暴，以副朕子惠元元至意’”（《清史稿》卷9《世宗本纪》）。雍正皇帝认为，“恩”与“威”两种手段并不是对立的，而是统一的，他指出：“剿抚名虽二事，恩威用岂两端？当抚者不妨明示优容，当剿者亦宜显施斩馘，俾知顺则利，逆则害。今此攻

① 王钟翰著：《王钟翰学术论著自选集》，中央民族大学出版社1999年版，第225页。

心之师，即寓将来善后之举，是乃仁术也。”(《清史稿》卷 307《尹继善》)

就阶级关系而言，与清代民族矛盾越来越趋向缓和、民族大融合的程度愈益提高不同，清代社会的阶级矛盾却越来越尖锐。由于清朝是一个封建社会，因此，清朝的阶级关系和阶级矛盾主要是地主阶级与农民阶级之间的关系和矛盾。而地主阶级与农民阶级之间的矛盾，正是清代社会的基本矛盾。

清朝地主阶级是一个由特权地主与平民地主构成的整体，其中，特权地主包括皇帝、贵族、官僚、士绅，平民地主包括不享有特权的地主、商人地主和宗族地主。农民阶级则由自耕农、佃农和雇农所构成。在清代社会里，地主阶级与农民阶级之间的矛盾，虽然广泛地存在于平民地主与农民之间的关系中，但特权地主与农民之间的矛盾却更为突出。清代地主阶级与农民阶级之间的关系和矛盾主要表现在土地占有关系、生产活动中所发生的关系和分配关系等三个方面。

在土地占有关系方面，清代农民并非完全不占有田地，不仅自耕农拥有自己的土地，而且有的佃农(即那些以营利为目的和作为剩余劳动力的佃农)也占有土地。因此，清代社会的土地占有关系就不仅发生在特权地主与平民地主之间，而且也发生在特权地主、平民地主与农民之间。这种土地占有关系有时会转化为尖锐的矛盾，这种矛盾主要是由政治、经济和人口方面的原因所导致的。政治方面的原因有清兵入关后，清朝统治者下令进行圈地和设置官庄，这就把原来拥有土地的汉族地主和农民赶出了京畿及周边地区；或者是有的汉族人为了寻求满族贵族的保护，带着自己的土地去“投充”，等等。经济方面的原因有清代农业生产力水平较低、物价腾贵，等等。人口方面的原因主要有人口的迅速增加和人口的地区分布极不平衡。针对这些原因，清朝皇帝和政府所采取的停止圈地、迁移人口、鼓励开垦、归还农民土地、推广高产作物的种植等措施，一定程度地缓解了土地占有关系方面的尖锐矛盾。

在生产活动中所发生的关系方面，清代地主与农民之间的关系主要表现为租佃关系和主雇关系。租佃关系是农民与地主之间的契约关系，是土地的所有者与经营者之间的权利义务关系。一般说来，由于地主在租佃关系中拥有主动权，因此，这种关系往往是以保护地主的权利为核心的，地主可以根据自己的意愿对待农民，强迫佃农接受自己所提出的条件。诚然，也有地主会善意地对待佃农，他们会尊重佃农，并为佃农提供必要的条件。佃农也会因此而尊重地主，负责任地履行契约上规定的义务，主动地为地主做某些分外的事情。不可否认，也存在着佃农强迫地主的现象，他们“恐地亩开熟，日后无凭，一朝见夺，复立永远承耕，不许夺佃，团约为据”(《清实录・高宗纯皇帝实录(三)》卷175)。主雇关系不同于租佃关系，它在本质上不是一种经济关系，而是一种人身依附关系，是雇农对地主的人身依附关系。就特权地主家的雇农而言，他们在地主家中并非只限于从事农业生产，还需要兼做轿夫、车夫、水火夫甚至服役，他们一般都能维护雇主家的利益，听从雇主的安排，尽心尽力，任劳任怨。但也存在着雇农消极怠工的现象：“即或工作有人，无烦己力，然佣工之人，勤怠不齐，主人不到，则勤者亦欲偷安。”[①]而地主则对雇农一般都不尊重，将其当奴仆使唤，动辄打骂雇农，甚至因雇农偷懒、盗窃等而伤害他们。

在分配关系方面，作为一种地主与农民之间的关系，主雇关系可以说不存在真正意义上的分配关系，地主无须承担分配方面的责任，只须满足雇农起码的衣食住行需要就可以了。因此，清代地主与农民之间的分配关系就主要存在于租佃关系、自耕农与政府之间的关系之中。这两种分配关系的不同，就在于自耕农需要直接向政府纳税，而佃农则并不直接与政府发生经济关系，只与地主直接发生分配关系，向地主交地租。在通常情况下，即使农民生活非常艰难，他们也会自觉而及时地向清朝政府完纳赋税，向地主交清地租。但在灾荒之年，农民就可能缓纳赋税，拖欠地租，有时甚至想方设法地逃避纳税的义务，或者隐瞒人口田地，或者公开拒交钱粮，联合起来进行抗粮抗租斗争。

就等级关系而言，在清代社会里，不只是对人进行等级划分，民族也被定位在不同的等级上。人的等级大概可以分为特权等级、平民等级和贱民等级。清朝皇帝、贵族、官僚、缙绅属于特权等级。无特权的地主、农民、商人、手工业者、雇工属于平民等级。皂隶、娼优、奴婢、乞丐、疍户等属于贱民等级。除了清朝皇帝之外，一个人的等级是可以变动的，他可以由高贵等级变为低贱等级，也可以由低贱等级变为高贵等级。这种变动大体上有政治的和民间的两种途径。

---

① 郭成伟、田涛点校整理：《明清公牍秘本五种・纸上经纶》，中国政法大学出版社1999年版，第229页。

政治途径是主要的途径，主要有科举考试、取得突出的政治业绩、解放部分贱民、违法犯罪等。民间途径有“投充”、抚养等，儒商们通过倡导“农商皆本”来提高商人的地位也属于民间途径。无论是君臣、父子、夫妻等等级关系，还是其他的等级关系，基本上是通过礼俗来调节的。清代社会的礼俗要求处于低层次等级的人在任何场合都要尊重高层次等级的人，服从他们，否则就会招致人格侮辱、利益受损甚至被剥夺生命。虽然有官员上疏清朝皇帝请求制止八旗官兵随心所欲地对待其仆从和奴婢，但是，那些高层次等级的人却随心所欲地对待低层次等级的人，以致“八旗家丁，每岁以自尽报部者不下二千人”（《清史稿》卷263《朱之弼》）。他们之所以敢于如此作恶，一是因为有法律和礼教的保护，二是因为清朝皇帝的容忍，如康熙二十六年（1687），宗人府奏报平郡王纳尔都打死了无罪属人，折伤属人的手足，请求将其革爵圈禁，可是，康熙皇帝却只将其革爵。这表明，清朝政府是极力维护着等级关系的，是不会对那些等级关系的批评者或者反对者心慈手软的，如山东高密人李裀就因向顺治皇帝进言“皇上为中国主，其视天下皆为一家。必别为之名曰‘东人’，又曰‘旧人’，已歧而二之矣”（《清史稿》卷244《李裀》）而丢了性命。清朝等级关系的存在，不仅使人谨小慎微，敬畏官长，愚忠愚孝，而且使人在不涉及他人的私人生活中尽可能地压抑自己的正当欲望。

第二节　清代道德生活的经济基础

一、清代的经济形态

清代是中国由传统社会向近代社会转型的历史时期。这一特点决定了清代社会的经济形态绝非是单纯的自然经济，也不是纯粹的商品经济，而是一个以自然经济为主体同时又有商品经济存在的经济形态。这两种经济形式各自维持着自己的特性，同时又相互影响，从而确定了清代经济关系的状况和发展趋势。

就清代的自然经济而言，它与以往朝代的自然经济几乎没有什么差别，对整个社会生活的影响基本上没有发生什么变化。

1. 土地是一种主要的资源，被清朝政府所控制。对于人的生存发展来说，自然经济是一种可支配资源具有有限性的经济，是以土地为主要生产资料的经济。土地资源的有限性既迫使清代的人们为争取生存资源的支配权而进行斗争，又为清朝统治者的剥削和奴役提供了可能性。谁拥有生存资源的支配权，谁就会成为社会的统治者。由于清朝统治者将占有和支配生存资源作为一种有效的统治手段，这就必定会使对生存资源的占有和支配的性质发生改变，即由经济生活中是否占有和支配生存资源的关系衍生出政治上的人身依附关系。这种"起初完全是自然发生的"①人身依附关系就是自然经济社会的等级关系。

2. 它的生产目的是为了消费。自然经济是人类社会最初的经济形态，它是直接依赖于自然界所提供的条件并且主要取决于自然界规律的经济。由于人的体力是支撑自然经济的主要主体力量，这就使一家一户成为独立的生产实体有了可能，而清代社会中所存在的人们对于血缘家庭的天然联系和亲密关系，则使一家一户成为独立的生产实体变成了现实。于是，自然经济就具有了分散性的特点。根据经济学的有关原理，这种分散性应该是产品交换的前提，可是，自然经济的现实却恰恰相反。之所以会如此，是因为所有家庭所生产出来的东西彼此并没有什么区别。这种产品的无区别性使具有持续性、广泛性和多样性的交换变得毫无必要，也严重地阻碍了人与人之间的交往。于是，一家一户进行生产的目的就是为了自给，为了满足自己家庭的需要。这一事实使人们形成了这样的观念：我只关心自己家庭的生产和生活，外人家庭的生产和生活是用不着我去关心的；我只关心自己家庭的整体利益，而不关心其他社会群体甚至家庭成员的利益。林语堂从另一角度深刻地揭露了自然经济对中国人道德素质的消极影响，指出：中国人"只关心自己的家庭而不关心社会，而这种家庭意识又不过是较大范围内的自私自利"。②

3. 它的劳动组织方式是家庭内的合作。清代的自然经济一方面规定了经济活动的范围，它以自然物为主要的生产对象，将生产者牢牢地束缚在土地上，

---

① 《马克思恩格斯全集》第 46 卷(上)，人民出版社 1980 年版，第 104 页。
② 林语堂著：《中国人》，郝志东、沈益洪译，浙江人民出版社 1988 年版，第 147 页。

使生产活动只能在固定的地点上进行，另一方面，自然经济条件下的生产所需要的只是人的那种原始的生产能力即体力，只是最简单的生产工具。这种生产工具的制造用不着高新的技术，只需人的加工经验和手工操作就够了，它几乎在家庭内就可以完成，没有必要去市场上购置。这两个方面决定了生产是以一家一户的方式进行的。这种劳动组织方式必定会自觉不自觉地树立家长的权威，形成家长支配财产、一起生产、共同消费的制度。在这种"同居共财"的家庭制度下，一方面，每个家庭成员都对家庭负有一份责任，不仅男人会辛勤耕耘，而且妇女也会主动配合，承担起对家庭的责任，其成员都把家庭事务当做自己的事务来看待，因此而将家人的事情当做自己的事情来对待，不分彼此。连江农民黄成富一家"六世同居，男女六十余，雍睦无间言，子弟各执其业。每出作田间，众妇俱往，留一妇视家，卧儿于筐，饥则乳之，不问为谁儿也。悬衣于桁，出则脱之，入则衣之，垢则浣之，不问为谁衣也。遇客至，供具饮食，家长主之，家中不闻有争言"(《清稗类钞·门阀类》)。另一方面，它限制了家庭成员的活动空间，使绝大多数人一辈子无须离开"生于斯，长于斯"的家园，就可以获得物质需要和精神需要的满足。由此可见，"在以父母为中心的独裁家庭中，这种制度使年轻人失去了事业心、胆量与独创精神……这是家庭制度在中国人性格形成上最具灾难性的影响"。①

就清代社会的商品经济而言，它虽然受到了清朝政府的"重农抑商"政策的控制和传统的"贱商"观念的影响，但是，由于清朝皇帝和政府对商品经济实际上采取了一定程度的放任态度，人们更加大胆和强烈地追求财富，因此，清代社会的商品经济较明代又有所发展。不可否认，作为经济主体的自然经济所起的强大作用，使得清代商品经济发展的条件严重缺乏，商业活动的范围非常有限，商品的种类不多，市场发育的程度很低，不过，清代社会的商品经济却遵循着自身固有的客观规律，顽强而艰难地运行着，并得到了缓慢的发展。其发展经过了三个阶段，即"我国闭关时代之商业，其内部大势可析为三。一、商业养育期，为康熙时代。盖圣祖承世祖之后，务在与民休息，而革除一切病商之弊，如罢抽税溢额议叙例，严禁各关违例抽税，严禁商贾过关故意迟延措勒是也。二、商业

① 林语堂著：《中国人》，郝志东、沈益洪译，浙江人民出版社1988年版，第152页。

繁盛期,为乾隆时代。盖版图生齿倍于雍正,且承平日久,内部少兵革而营业兴,是以民力饶裕,工值廉,物价平,富商大贾满于海内。三、商业衰退期,为嘉庆、道光时代。盖内乱渐作,湖北、四川教匪起,蔓延湖北、陕、甘,且十九世纪外人之膨胀力,方疾趋而东也"(《清稗类钞·农商类》)。这种发展具体表现在:

1. 商品的种类越来越丰富,粮食、棉花、棉布、丝织品、茶叶、酒、木材等日用品在增多,珠宝玉器、香料等奢侈品也不断涌入市场;

2. 专门经商的人数越来越多,其经商的方式更加多样化,尽管以往的个体经商仍然大量地存在着,但合资或者合伙经营的方式也开始出现,这种合资或者合伙经营并非只限于家庭或者家族,还被扩展到更大的亲戚、同乡范围,并在此基础上形成了依托于血缘关系和地缘关系的商人群体或者商帮。清代主要有徽帮、晋帮等十大著名商帮。清代商人群体或者商帮的出现,不只是凝聚了商人的势力,强化了商人进行商业活动的独立性,有利于商人摆脱封建政治体制的束缚和官僚的盘剥,更为重要的是使商人逐渐形成了个体意识、独立意识、合作意识、竞争意识、利益意识等观念,使商人从家庭或者家族的小圈子走出来,进行广泛的社会交往,处理同他人的利益关系;

3. 市场进一步扩大,商人不再局限于定期交易的附近市场,而是努力向外拓展商业活动的空间,远离家乡经营,建立商品流通网络和国内市场,所谓"商则本乡者少,而走外乡者多"①,指的就是这一现象。

清代商品经济的缓慢发展,其原因是多方面的。其根本原因是客观的经济规律所起的作用,除此之外,其他的原因主要有:一是农业资本的长期积累,为清代商品经济的发展提供了有利条件;二是清代农业技术的改进,如"区田"耕作方法的采用,提高了农业生产效率,生产出了更多的农产品;三是高产农作物的推广种植;四是经济结构布局的不合理,使东西南北各地的产品必须外运;五是城市的增加,改变了消费的结构和层次;六是人口的迅速增多,扩大了对商品的需要量;七是士人和商人对"贱商"观念的批评和对"农商皆本"、"工商皆本"观念的提倡;等等。

作为一种与自然经济并存的经济形式,清代商品经济必定会或多或少地对

---

① 张海鹏、王廷元主编:《明清徽商资料选编》,黄山书社 1985 年版,第 45 页。

自然经济乃至整个清代社会生活发生影响。这种影响并非只具有单一性、对立性和消极性，而是具有双重性，既使自然经济发生符合商品经济的本性的变化，又使商品经济发生符合自然经济的本性的变化。其影响具体表现在：

1. 向农业注入资本。相对于农民来说，商人能够更容易也更迅速地富裕起来，因此，清代社会中出现了“末富居多，本富益少”的现象。有的商人在其富裕起来后，由于担心商业风险大，且视土地为主要的、稳定的生活资源，因此，他们就会倾向于把金钱投入到农业中去，购田置地。这一方面提高了农业生产的能力，另一方面又限制了商品经济的发展。

2. 转变农业中的部分经济关系。在纯粹的自然经济中，农业生产是以一家一户的方式进行的，是自给自足的，既存在着农民在其田地被地主吞噬后不得不沦为佃农甚至雇农的现象，也存在着租佃关系或者主雇关系，然而，这些关系都只是一种剥削与被剥削的关系。在清代社会里，商品经济却一定程度地影响了农村经济关系，它使本质上仍然是剥削与被剥削关系的租佃关系带有某种商品经济的色彩，变成了地主与农民之间的契约关系，变成了土地的所有权与使用权之间的关系，变成了权利与义务之间的关系，变成了利益如何分配的关系。这种关系肯定了双方都具有某种自主权，而且，有的佃农之所以要建立这种关系，凭借契约来保护自己长期租种地主的土地，其目的不只是满足家庭的消费，同时是为了发家致富。

3. 荒废土地。由于经商更容易使自己富裕起来，因此，有的农民就会离开那块再熟悉不过且得心应手的田地，去从事吸引自己的陌生的经商活动，以致清代社会中出现了“商贾既多，土田不重”的弃农现象。针对这一现象，清朝政府和官员采取了以诗歌、文字为主的劝农措施，其中的乡约告示因其能够摆事实、讲道理而成为了官员们普遍采取的举措。劝农不只是清朝政府的制度化行为，清代的家庭教育中对此也非常重视。张履祥在其《训子语》中强调：“子孙只守农士家风，求为可继，惟此而已，切不可流入倡优下贱及市井罡棍、衙役里胥一路。”[①]尽管国家和家庭都采取了措施来劝农，但是，清代社会中荒弃土地的现象却一直存在。

4. 转移农业生产的人力资源。人力资源是商业运营的不可缺少的前提条

---

① 从余选注：《中国历代名门家训》，东方出版中心 1997 年版，第 56 页。

件，他们大部分都来自农民，而且是那些敢于创新、勇于冒险、年富力强的农民，在有的地方甚至出现了“子弟俊秀者，多入贸易一途。至中材以下，方使之读书应试”的现象。

5. 妇女成为局部地区农业生产的主要角色。自然经济被有些人描绘成一幅“男耕女织”的诗意画面，但是，清代商品经济却影响了这种所谓的浪漫意境，将男人从农业生产中分离出来，投入到经商者行列，有的甚至新婚后几十年不归，不但不履行作为丈夫的责任，反而将家庭的重担交给妻子，妻子们不得不承担赡养长辈、教子务农的责任。

二、清代的经济政策

经济生活在本质上是一种客观的生活，但是，由于它是一种人的生活，是按照人的要求而存在的生活，因而，它又是一种可以制度化的生活。作为对经济生活的制度设计，清朝政府的经济政策对其经济关系和经济活动进行规范和引导，是进行利益分配和调解经济矛盾的一种必要的手段。

为了规范和引导清代社会的经济关系和经济活动，清朝政府推行了如下主要经济政策：

1. 重农抑商政策。这一政策早在清朝以前就已经推行，其目的是为了封建统治者顺利地进行统治。对此，清朝统治者是非常清楚的。崇德八年(1643)，皇太极在与诸王贝勒谈话时指出：“治生者务在节用，治国者重在土地人民。尔等勿专事俘获以私其亲。其各勤农桑以敦本计。”(《清史稿》卷3《太宗本纪二》)之所以治国要重土地、以农业为本，其一是因为农民是清朝政府进行统治的主要群众基础，如果稳定了农民，整个社会也就会安定；其二是因为清朝统治者懂得“无地则无民，无民则无赋”的道理，如果农民不进行生产，田地没有好的收成，国家税收就没有来源；其三是粮食是维持人的生命的必需品，如果不重视农民和农业，人们的生命就会受到威胁。在此意义上，郑燮(郑板桥)强调：“我想天地间第一等人，只有农夫……农夫上者种地百亩，其次七八十亩，其次五六十亩，皆苦其身，勤其力，耕种收获，以养天下人。使天下无农夫，举世皆饿死矣。”[①]清朝政府对

① 赵忠心编著：《古今名人教子家书》，湖北教育出版社1997年版，第137页。

于商人和商业则是另一种态度。尽管康熙皇帝曾经决心纠正“抑商”政策的种种弊病，强调保护商民，甚至因担心如果对那些隐匿其资本的商人“据告追究，恐无赖之徒借此诈害富民，有累百姓”，损害商人的利益，而下令“以后有首告，应不准行”（参见《清实录·圣祖仁皇帝实录（一）》卷97）。然而，在清朝经济政策的实际执行过程中，却并没有从根本上改变这一政策。清朝皇帝和官员们不但认为商业达不到农业那样好的社会效果，反而认为它会使人奢侈，养成“颓风”，动摇社会生活的基础。清朝政府继续推行重农抑商政策的结果，不只是维持和强化了重视农民、歧视商人的社会风气，而且还造成了国家对农业和商业的投入、农民和商人在利益获取方面的极大差别。

2. 富民政策。清朝皇帝和政府认识到，只有民众富裕，人民才会安居乐业，国家才会强大。为此，清朝皇帝都强调富民。康熙十八年（1679），康熙皇帝就明确地指出：“重农贵粟，所以藏富于民，经久不匮，洵国家之要务也。”（《清实录·圣祖仁皇帝实录（一）》卷81）康熙皇帝在此提出了“藏富于民”乃是“治国之要务”的主张，这就意味着国家在任何时候都应该坚持富民。雍正皇帝则与其父有不同看法，认为只有在保证国家财政的前提下才能谈富民的问题，他说：“国家经费既敷，则藏富于民，俾各家给而人足，乃朕之至愿也。”（《清实录·世宗宪皇帝实录（二）》卷98）乾隆皇帝则认为，富民问题是一个分配问题，是一个官与民分别应该得到多少的问题，他说得十分清楚：“朕以泉货本流通之物，财散民聚，圣训甚明。与其聚之于上，毋宁散之于下，且在官多一分，则民少一分，显而易见。”（《清实录·高宗纯皇帝实录（一五）》卷1141）那么，富民政策究竟是一项什么样的政策？是一项治贫而不损人的政策，还是一项治贫即损人的政策？是一项让一部分人先富裕起来的政策，还是一项共同富起来的政策？针对巡抚张伯行损富济贫的做法，康熙皇帝强调富人与穷人都应该富，反对因为为了让穷人富而剥夺富人，他指出：“张伯行为巡抚时，每苛刻富民，如富民家堆积米粟，张伯行必勒行贱卖，否则治罪。此事虽穷民一时感激，要非正道，亦只为米价翔贵，欲自掩饰耳。地方多殷实之家，是最好事。彼家赀皆从贸易积聚，并非为官贪婪所致，何必刻剥之，以取悦穷民乎？”（《清实录·圣祖仁皇帝实录（三）》卷266）同时，他强调，富民政策并非只是让农民富裕起来的政策，而是让所有民众共同富裕的政策。在他看来，国家不仅要增进农民的利益，而且也要维护商人的利益。他说:"国家设关榷税,原以阜财利用,恤商裕民。必征输无弊,出入有经。庶百物流通,民生饶裕。"(《清实录・圣祖仁皇帝实录(二)》卷124)这就是说,维护商人的正当利益,也是共同富裕的内容和方式。

3. 垦荒政策。清兵入关之后,清朝政府面临着诸多问题,其中有以下几个问题是最为迫切的:"今欲联满汉为一体,使之同心合力,欢然无间,何道而可?民为邦本,食为民天,自兵兴以来,地荒民逃,赋税不充,今欲休养生息,使之复业力农,民足国裕,何道而可?迩来顽民梗化,不轨时逞,若徒加以兵,恐波累无辜,大伤好生之意,若不加以兵,则荼毒良民,孰是底定之期?今欲使之革心向化,盗息民安,一定永定,又何道而可?"(《清实录・世祖章皇帝实录》卷43)经过反复的探讨和论证,清朝政府决定以垦荒作为解决这些问题的突破口,并制定了鼓励垦荒的政策。清朝政府推出这一政策主要是基于两个事实,其一是税收难以满足军费、官俸等开支的需要,其二是人口的迅速膨胀,其目的在于克服国家的财政困难,保证国家生活的正常运转,安置流民,预防偷盗,维持一定的社会秩序。为了顺利地执行垦荒政策,清朝政府采取了如下措施:招徕因躲避战乱而迁居他处的流民,将其已经抛荒的田地归还原主;将无主荒地"分给流民及官兵屯种";将有突出贡献的垦荒者予以录用,顺治皇帝时就出台了这样的政策:"各省屯田荒地,已行归并有司,即照三年起科事例,广行招垦,如有殷实人户能开至二千亩以上者,照辽阳招民事例量为录用"(《清实录・世祖章皇帝实录》卷102);将垦荒的情况作为考察官员政绩的重要指标;鼓励内地的民众去边远地区或者人烟稀少的地方开垦,等等。这些措施的采取取得了显著的成效,云南、贵州、广西、四川等省的荒地"开垦无遗",尽管"沙石堆积难于耕种者有之",然而"山谷崎岖之地已无弃土,尽皆耕种矣",所生产的粮食不但满足了当地人的需要,还能够为京城等城市提供物美价廉的食物。

4. 赋税政策。这是一项直接关涉清朝政府的财政收入和民生的经济政策,不仅关系到国家利益与个人利益之间关系的处理,而且还影响到社会秩序。对于清朝皇帝和政府而言,这一政策首先是一项笼络人心、争取民众支持的政策。因此,清朝政府最早发布的有关赋税的政令,就是在赋税征收中废除明末课税过重的"三饷",以突显其相对于明朝政府的制度优越性。这一政令如下:"前朝弊政,厉民最甚者,莫如加派辽饷,以致民穷盗起,而复加剿饷,再为各边抽练,而复加练饷，惟此三饷，数倍正供，苦累小民，剔脂刮髓。远者二十余年，近者十余年，天下嗷嗷，朝不及夕。更有召买粮料，名为当官平市，实则计亩加征……自顺治元年为始，凡正额之外一切加派，如辽饷、剿饷、练饷及召买米豆，尽行蠲免。各该抚、按即行所属各道府州县、军卫衙门，大张榜示，晓谕通知。如有官吏朦胧混征暗派者，察实纠参，必杀无赦。”(《清实录·世祖章皇帝实录》卷6)这一“与民休息”的轻税政策，在某种程度上缓和了当时的满汉民族矛盾。为了纠正赋税征收中的不规范征收和巧取豪夺的现象，顺治二年(1645)，清朝政府命令户部郎中王弘祚编修《赋役全书》。尽管《赋役全书》的颁发的确在一定程度上起到了防止官吏巧取豪夺的作用，但在实际操作过程中，往往对贵族、官员和士人少征税或者免税，“耗羡”、“养廉银”、“浮收”等附加税越来越增多，地方政府和官员的名目繁多的“私派”有增无减，族长、甲头、保长等将自己应该缴纳的税额转嫁到他人身上。为了杜绝诸如此类的巧取豪夺现象，清朝政府又将丁赋改为了田赋。这一赋税政策是由康熙皇帝所提出的，他指出：“今海宇承平已久，户口日繁，若按见在人丁加征钱粮，实有不可。人丁虽增，地亩并未加广，应令直省督抚，将见今钱粮册内有名丁数，勿增勿减，永为定额。其自后所生人丁，不必征收钱粮，编审时，止将增出实数察明另造清册题报。”(《清实录·圣祖仁皇帝实录(三)》卷249)这就是人们常说的“滋生人丁，永不加赋”的赋税政策，它的推行减轻了少田和无田者的负担，也使那些占有了较多田地的人承担了相应的责任。自此之后，它就成为了清朝政府的基本经济制度。除此之外，清朝政府还实行了因灾荒、“各项旧欠钱粮”等而减免赋税和推迟征税的蠲免政策和缓征政策，其目的在于厚生利民。

5. 消费政策。在生产力水平较低、物质财富相当匮乏的清代社会里，如何消费才是合理的问题是清朝皇帝和政府所面临的一个突出问题。解决这一问题，对于维护封建等级制度、淳化社会风气、维持社会治安和社会再生产，无疑具有重要的意义。因此，清朝政府和官员制定了有关消费的政策。这一政策是对从皇帝到最底层的百姓的消费行为的规定和引导，其主旨是提倡勤俭节约，反对奢侈浪费，其内容涉及衣食住行、娱乐等诸多方面，其具体表现形式有禁游令、禁酒令、禁用服饰令、禁赌令、禁淫戏令等。有的消费政策是对消费对象所作出的规定，如乾隆朝有一则地方政府下发的禁酒令，对酒这一消费品的生产在何种程度上具有正当性及相应制裁措施作出了规定;有的消费政策则是对消费行为的直接规定,如禁止平民着官服、禁止妇女出游等。无论何种消费政策,都是按照等级制度的要求而制定的,它们规定了不同等级的消费权利,对其消费加以严厉限制,不准僭越。然而,实际生活中,人们对于清朝的消费政策却有不同的态度。乾隆皇帝自认为模范地遵守了有关消费的规定,他说:“朕临御天下,十年于兹。抚育蒸黎,躬行俭约,薄赋轻徭,孜孜保治,不敢稍有暇逸。”(《清史稿》卷10《高宗本纪一》)而康熙皇帝则被其大臣们赞誉为节俭的典范:“皇上仁慈节俭,远超前代,虽茅茨土阶亦所安然。”[①]民间违规消费的现象却时有发生,康熙朝嘉兴府桐乡县志载:“本邑服饰差朴于省郡,然家无斗筲,身衣纨绔,贵贱几至无章。康熙十一年奉旨更定品服,庶民奴隶不许穿绫锦,妇女不许戴金珠。煌煌甲令,庶几或有变易者。”[(康熙)《桐乡县志》卷2《人民部・习尚》]这反映了清代人们对消费政策的等级性的反抗和对平等消费的追求。

第三节 清代道德生活的思想文化背景

一个民族的思想文化是在其长期的生活实践过程中逐渐形成的,它内化为人们的心理结构、思维方式和价值观念,影响着人们的行为模式和生活方式。在清代,整个社会存在着多种思想观念。这些思想观念之间存在着矛盾,彼此之间相互斗争。它们之间的斗争,表面上是话语权力之争,是有关思想观念的合理性或者真理性之争,实际上却是有关社会生活理想之争,是有关社会生活的合理性之争,当然也是有关道德生活方式之争。然而,无论是何种思想观念,只要它被人们所接受,它就会或多或少、或明或暗、或强或弱地影响着清代的道德生活。

一、清代的统治思想

如何顺利地进行统治,依靠什么来进行统治,这是任何统治者都必须思考

① 中国第一历史档案馆整理:《康熙起居注》第2册,中华书局1984年版,第1441页。

的问题。当皇太极决心取代朱明王朝而主宰整个中国的时候,他就开始思考这个问题,并形成了关于治国大略的基本框架。这一治国大略的基本框架就是他在天聪三年(1629)所提出的“文武并用,以文治世,以武克敌”(《清史稿》卷2《太宗本纪一》)。在此,他不仅提出了“文治”的主张,而且还提出了如何落实“文治”方略的具体措施。由于他受到了范文程等儒臣的巨大影响,也认真地学习了儒家经典,因此,他在治国实践中就自觉地运用儒家思想。到顺治时,儒家思想已经被顺治皇帝认定为清朝政府进行统治所倚赖的思想。到康熙时,儒家思想才被最终确立为清朝的统治思想并被广为宣传。

在“经过王阳明及其后学对固有意识形态的瓦解,明代后期思想渐趋多元走向”[①]的时候,为什么清朝统治者会选择儒家思想作为其统治思想呢?其原因是多方面的,主要有,第一,满族原来所实行的是部落制,除了有其宗教观念之外,缺乏具有其民族特色的系统性的思想;第二,满族作为被汉族人视为夷狄的民族,需要改变自己在汉族人心目中的野蛮、残酷的印象,树立文明、仁爱的良好形象;第三,作为统治民族,满族是一个人口很少的民族,它虽然用武力征服和统一了整个中国,但要统治中国,就必须得到占全国人口绝大多数的汉族人的认同,尤其是首先得到汉族士人的认同。这些方面都要求清朝统治者选择儒家思想作为其统治思想,以此来证明清朝政府的统治符合儒家“道统”的要求,其目的在于统一思想,笼络人心,顺利地进行统治。

虽然儒家思想被清朝统治者选择并确立为统治思想,但是,究竟选择何种儒家思想来作为统治思想,却又成为清朝统治者必须接着思考的问题。因为,儒家思想本身有一个发展过程,在不同时期不仅呈现出不同的思想形态,而且其内容、取向和要求也有所不同。究竟是选择原始的先秦儒家思想,还是选择宋代以来的“理学”?是选择“程朱理学”,还是选择“陆王心学”?这是清朝统治者不得不慎重对待的问题。然而,“理学”已经遭到明清之际学者的批判,无论是“程朱理学”还是“陆王心学”,其名声都不好,尤其是“陆王心学”非议更多,王夫之就指责那些崇尚“陆王心学”的人“废实学、崇空疏、蔑规矩、恣狂荡”。不

① 葛兆光著:《中国思想史》第二卷《七世纪至十九世纪中国的知识、思想与信仰》,复旦大学出版社2004年版,第382页。

过，清朝统治者不得不在它们之间作出选择，以便整合清初士人之间的思想分歧，尤其是平息清初士人对“程朱理学”与“陆王心学”的争论。总体而言，清朝统治者对儒家思想的选择有一个从尊孔到崇朱的过程。皇太极在其当政时，就推行了崇儒重道的政策，并在其称帝的那年(1636)派遣官员祭祀孔子。顺治二年(1645)正月，清朝政府“更国子监孔子神位为大成至圣文宣先师孔子”，顺治三年(1646)在盛京修建了孔子庙，顺治九年(1652)举行了尊孔的“临雍释奠”，顺治皇帝勉励太学师生共同笃守“圣人之道”，“讲究服膺，用资治理”，顺治十二年(1655)，他强调“崇儒术，以开太平”，不久，又设立了给皇帝讲解儒家经典的日讲官。虽然顺治皇帝继续奉行崇儒重道政策，但是，他与其父的明显不同在于，这一政策不仅仅是思想领域的政策，同时还将其作为治国的指导思想。然而，由于受到满族上层贵族保守势力的强烈抵制，这一政策并没有得到很好的落实。直到辅政大臣鳌拜被剪除、康熙皇帝亲政才重新推行崇儒重道政策。康熙八年(1669)，康熙皇帝率领诸王、大臣亲临太学祭奠孔子，康熙二十三年(1684)11月，他又专程去了孔子家乡曲阜，瞻仰祭拜孔子，并书有“万世师表”匾额，将其悬挂在大成殿中，他亲自撰写孔庙碑文，“以昭景行尊奉至意”。后来，他认为应该将儒家学说这一“道统”与封建统治这一“治统”结合起来，并指出“万世道统”即是“万世治统之所系也”。由此可见康熙皇帝对孔子的尊奉和儒家学说的推崇。不过，康熙皇帝在信奉理学的经筵讲官魏裔介、熊赐履、李光地等的影响下，最终由推崇孔子学说变成了推崇朱熹理学。他不但将朱熹理学视为儒家道统的正传，还下诏朱熹“配享孔庙，在十哲之次”。他之所以作出这样的选择，首先是因为：“先儒中，惟朱子之言最为确当。其他书册所载，有不可尽信者”(《清实录·圣祖仁皇帝实录(三)》卷291)，“宋儒朱子，注释群经，阐发道理。凡所著作及编纂之书，皆明白精确，归于大中至正，经今五百余年，学者无敢疵议。朕以为孔孟之后，有裨斯文者，朱子之功，最为弘巨”(《清实录·圣祖仁皇帝实录(三)》卷249)。更重要的原因是因为朱熹理学能够更好地适应清朝政府统治的需要，他在《朱子全书序》中毫不隐讳这一点，他说：“集大成而继千百年绝传之学，开愚蒙而立亿万世一定之规。穷理以致其知，反躬以践其实……至于忠君爱国之诚，动静语默之敬，文章言谈之中，全是天地之正气，宇宙之大道。朕读其书，察其理，非此不能知天人相与之奥，非此不能治万邦于衽席，非此不能仁心仁政施于天下，非此不能内外为一家。”

作为清朝统治思想的朱熹理学，它是以理为本的哲学学说。朱熹认为，“理”是天地万物的根源和本体，“有是理便有是气，但理是本”（《朱子语类》卷1《理气上》）。他由“理”本论推出了“理”先论和“理”一论。由于“理”是本体，因此，它就必定先于天地万物而存在，即“未有天地之先，毕竟也只是理。有此理，便有此天地；若无此理，便亦无天地，无人无物”（《朱子语类》卷1《理气上》）。同时，“理”又是存在于天地万物之中的，万物虽然不同，但都同样有着共同的“理”，这就是说，“合天地万物而言，只是一个理；及在人，则又各自有一个理”（《朱子语类》卷1《理气上》）。由“理”本论、“理”先论和“理”一论，朱熹又推出了“君臣、父子、兄弟、夫妇、朋友”皆是“天理”的结论，即“未有君臣，已先有君臣之理；未有父子，已先有父子之理”（《朱子语类》卷95《程子之书一》）。并论证了封建等级制度的道德合理性，他指出：“万物皆有此理，理皆同出一原。但所居之位不同，则其理之用不一。如为君须仁，为臣须敬，为子须孝，为父须慈。”（《朱子语类》卷18《大学五》）在朱熹看来，在人身上的“理”即是人性。按照“理”是否与“气”相结合，人性可以分为两种，其一是专有“理”的“天命之性”或者“天地之性”，其二是“理”与“气”糅合在一起的“气质之性”。前者是纯粹“善”的，后者则“有善有不善”，“人之所以有善有不善，只缘气质之禀各有清浊”（《朱子语类》卷4《性理一》）。由于“气”是“人欲”之根源，因此，人心中是既有“天理”又有“人欲”的。而“人欲”是与“天理”相对立的，它们之间存在着这样的规律：“人之一心，天理存，则人欲亡；人欲胜，则天理灭，未有天理人欲夹杂者。”（《朱子语类》卷13《学七・力行》）然而，人的生活又“须得全在天理上行”，否则，人就会“趋愚不肖之徒”，就会违背封建伦理纲常。为此，每个人都应该“明天理，灭人欲”。这也正是圣贤付出所有努力的最终目的，此即所谓“圣贤千言万语，只是教人明天理，灭人欲”（《朱子语类》卷12《学六・持守》）。一个人要“明天理，灭人欲”，就必须注重“居敬”和“穷理”的工夫，并同时重视道德践履。

朱熹理学对封建伦理纲常的这种论证，对义利、理欲关系的如此处理，对“居敬”和“穷理”的工夫和道德践履的这般态度，正好符合了康熙皇帝治国的需要，因此，清朝的统治思想最终也就定位在朱熹理学上了。不仅如此，康熙皇帝还将朱熹理学所论证的封建伦理纲常具体化为人们在日常生活中的行为准则即“圣谕十六条”。“圣谕十六条”不仅在当时就被颁行于天下，而且被后来的皇帝所高度强调，也得到了各级政府和乡村组织、宗族的重视。

朱熹理学被确立为清朝的统治思想，产生了这样的效果：“暂时消解或压抑了民族冲突与紧张的理由……似乎又重新弥合了认同的基础和真理同一性，把晚明以来分崩离析的思想世界重新整合……重新建构了中国思想世界的同一性”①，扼杀了士人的批判精神，终结了启蒙思潮，使知识分子无所作为，也使整个道德生活变得僵化、虚伪。

二、清代的启蒙思潮

中国历史上的启蒙思潮是部分开明的士人基于我国商品经济发展的需要和对民众合理生存需要的肯定，出于构建某种新的道德关系和社会生活的愿望，对维护封建专制制度的伦理学说及封建伦理道德所展开的思想批判和重构某种思想道德观念体系的运动。这场启蒙思潮自明代中期就已经出现，至清代初期则更加声势浩大。尽管它是一场具有连续性的思想运动，但是，由于明清易代这一震撼人心的历史事件的影响，明代中后期与清代的启蒙思想观念却存在着某种不同。面对国破家亡、“天崩地解”、“神州陆沉”、“神州荡覆，宗社丘墟”的历史事实，具有深厚的传统忠君思想和夷夏之分观念的汉族士人，不仅满怀悲愤苦痛，而且还有“遗羞万世”之感。正是在其民族主义等观念的支配下，清代的启蒙学者就不只是如明代中后期的启蒙学者那样批判封建专制制度、宋明理学与张扬“我”和“私”的价值了，还要思考明朝何以灭亡，宋明理学为什么应该对明朝灭亡承担责任、是如何导致明朝灭亡的，如何看待汉族正在遭受的残酷现实和拯救汉族的未来等问题。这些相同之处和不同之点都在清代启蒙学者的思想中反映出来。

尽管清代启蒙学者之间的具体观点和态度也存在着某种差别，不过，他们在思想观念的倾向性和基本观点方面却是一致的。其思想观念主要有以下几个方面：

① 葛兆光著：《中国思想史》第二卷《七世纪至十九世纪中国的知识、思想与信仰》，复旦大学出版社2004年版，第381页。

1. 人性观。在中国伦理思想史上，人性观是一个关乎什么样的道德生活才是合理的道德生活、人应该过什么样的道德生活的理论假设。对此，宋明理学也有自己的看法。如朱熹认为，人性有两种，一种是"天命之性"或者"天地之性"，另一种是"气质之性"，只有前者才是真正的人性，其实质就是"理"，它是无私的。清代启蒙学者否定朱熹的这种人性观，在肯定李贽的"人必有私"人性观的基础上，黄宗羲鲜明地提出了自己的看法："有生之初，人各自私也，人各自利也。"(《明夷待访录・原君》)顾炎武也说："自天下为家，各亲其亲，各子其子，而人之有私，固情之所不能免矣。"(《日知录集释》卷三《言私其豵》)这实际上是将"自私自利"视为人与生俱来的一种固有属性。清代启蒙学者由此而肯定了人自私自利的合理性。既然它是天赋的人性，在任何人身上都存在，是任何人都改变不了的，那么，即使是程朱理学所理想化的那种"至公无私"的君子也不例外。陈确指出："有私所以为君子。惟君子而后能有私，彼小人者恶能有私乎哉！……惟君子知爱其身也，惟君子知爱其身而爱之无不至也。"(《陈确集・文集》卷 11《私说》)

2. 理欲观。由其人性观所决定，清代启蒙学者认为"欲"是时人所缺少的方面，它虽然是"血气之自然"，但并非程朱所认为的那样是邪恶的，而是正当的，凡人和圣人都有其欲求，不应该也不能将其抑制、克服。如果否定和禁绝人所固有的欲望，那么，其结果是导致道德虚伪和"假道学"。陈确认为，"今世所谓假道学有三种：一则外窃仁义之声，内鲜忠信之实者，谓之外假；一则内有好善之心，外无力善之事者，谓之内假；又有一种似是而非之学，内外虽符，名义亦正，而于道日隔，虽真亦假。"(《陈确集・文集》卷 2《寄刘伯绳书》)为了避免这种现象，启蒙学者们认为应该充分地肯定人的欲望。之所以如此，是因为人欲不仅是人所固有的，是合理的，而且它与天理之间有着内在的联系。当然，天理与人欲的关系，并不是程朱理学所说的那种根本对立的关系，而是"理存于欲"。陈确认为："人心本无天理，天理正从人欲中见，人欲恰好处，即天理也。向无人欲，则亦并无天理之可言矣。"(《陈确集・别集》卷 5《无欲作圣辨》)王夫之也认为："是礼虽纯为天理之节文，而必寓于人欲以见……终不离欲而别有理也。"(《读四书大全说》卷 8《梁惠王下篇》)既然"欲"中有"理"，"理"与"欲"合一，那么，任何人都用不着"绝欲"和"无欲"，当然也不应该"纵欲"，而是使自己的欲望得到恰到好处的满足。这正是真正合理的道德生活的追求。所以，戴震强调："道德之盛，使人之欲无不遂，人之情无不达，斯已矣。"(《孟子字义疏证》卷下《才三条》)清代启蒙学者之所以要致力于论证和肯定"人欲"的合理性，其目的在于去生活的理想化，即去程朱理学的"灭人欲"主张，从而肯定生活的合理底线。

3. 义利观。清代启蒙学者批判、否定程朱理学的义利"不并立"、应该"言义不言利"、"为义之人，只知有义而已，不知利之为利"(《朱子语类》卷36《论语十八·子罕篇上》)的观点，认为义与利并不对立，它们之间不仅是统一的，而且是人所必需的两个方面。王夫之认为："立人之道曰义，生人之用曰利。出义入利，人道不立；出利入害，人用不生。"(《尚书引义》卷2《禹贡》)他们认为，关于义利关系的这种观点，并非是他们提出的，先秦儒家早就有这种观点。颜元指出："以义为利，圣贤平正道理也。尧、舜'利用'，《尚书》明与'正德'、'厚生'并为三事……《易》之言'利'更多。孟子极驳'利'字，恶夫掊克聚敛者耳。其实，义中之利，君子所贵也。后儒乃云'正其谊，不谋其利'，过矣！宋人喜道之，以文其空疏无用之学。予尝矫其偏，改云'正其谊以谋其利，明其道而计其功'。"(《颜元集·四书正误》卷1《大学》)他们所主张的这种"正其谊以谋其利"的功利主义，并非是那种只为自己打算甚至损人利己的利己主义，而是一种主张在公私关系上以兴天下之利为追求的功利主义。他们强调，任何人都应该"不以一己之利为利，而使天下受其利；不以一己之害为害，而使天下释其害"(《明夷待访录·原君》)。黄宗羲进一步认为，君主更应该将求天下之利作为自己的"职分"。可是，后世的君主却恰好相反，他们"以为天下利害之权皆出于我，我以天下之利尽归于己，以天下之害尽归于人，亦无不可；使天下之人不敢自私，不敢自利，以我之大私为天下之公……古者以天下为主，君为客，凡君之所毕世而经营者，为天下也。今也以君为主，天下为客，凡天下之无地而得安宁者，为君也……为天下之大害者，君而已矣。向使无君，人各得自私也，人各得自利也"(《明夷待访录·原君》)。这实际上是对君主存在和封建专制制度的道德合理性的否定。

4. 天下国家观。清代启蒙学者的天下国家观是其义利观和公私观的延伸，其意图就在于告诉人们在明清易代之后应该怎样生活才是道德的。他们认为，天下与国家是两个不同的概念，天下是"公"，是属于天下万民的，国家是"私"，是属于“一姓”的。王夫之强调：“一姓之兴亡，私也，而生民之生死，公也。”（《读通鉴论》卷17《敬帝》）根据清代启蒙学者的公私观，那么，君主就不应该“以一己之利为利”，“以天下之利尽归于己，以天下之害尽归于人”，“不以天下私一人”，相反，应该“以公天下为心”，“所毕世而经营者，为天下也”。可是，在封建专制制度下，君主却“视天下为莫大之产业，传之子孙，受享无穷”，于是，他们“荼毒天下之肝脑，离散天下之子女，以博我一人之产业，曾不惨然，曰：‘我固为子孙创业也。’其既得之也，敲剥天下之骨髓，离散天下之子女，以奉我一人之淫乐，视为当然，曰：‘此我产业之花息也’”（《明夷待访录·原君》）。既然国家是君主一人之私，那么，作为君主的臣僚，他们应该如何处理自己与君主之间的关系呢？黄宗羲强调：“我之出而仕也，为天下，非为君也；为万民，非为一姓也。吾以天下万民起见，非其道，即君以形声强我，未之敢从也，况于无形无声乎！……而以君之一身一姓起见，君有无形无声之嗜欲，吾从而视之听之，此宦官宫妾之心也；君为己死，而为己亡，吾从而死之亡之，此其私昵者之事也。”（《明夷待访录·原臣》）这就是说，臣子们不应该“以君之一身一姓起见”，不应该以维护君主的私利为其行为动机，不应该不分是非曲直地绝对顺从君主。这种臣道观，一方面是对先秦儒家“从道不从君”的政治伦理理念的继承和肯定，另一方面又否定了明代广泛流行的愚忠观念。既然天下与国家之间存在着这种区别，那么，人们应该如何看待和对待明清易代呢？顾炎武为此而指出：“有亡国，有亡天下，亡国与亡天下奚辨？曰：易姓改号谓之亡国。仁义充塞，而至于率兽食人，人将相食，谓之亡天下。”（《日知录集释》卷13《正始》）“亡国”是易姓换代，它只与不同朝代的统治者的利益有关，与天下百姓的利益没有什么关系；而“亡天下”则不同，它关系着整个中华民族尤其是汉族的前途命运，与所有的老百姓都有关。正是因为如此，保全国家就不是每个老百姓的责任，而只是君主及其臣僚的责任，“肉食者”理当“谋之”，而“保天下者，匹夫之贱与有责焉耳矣”（《日知录集释》卷13《正始》）。因为天下是属于每个人的，所以，所有的人都应该对天下的兴亡负有责任，当天下的生存发展面临威胁、所有人的利益遭到损害时，所有的人都应该起来抵抗。

5. 民主观。这是一个与清代启蒙学者的天下国家观和对封建专制制度的批判否定有着内在联系的价值观念。清代启蒙学者认为，皇帝的权力不是绝对的权力，如果将其视为神圣不可侵犯的权力，就必定会招致严重的后果。唐甄认为，拥有绝对权力的君主正是“破国亡家”的罪魁祸首，他明确地指出：“至于破家亡国，流毒无穷，孰为之而孰主之？非君其谁乎！世之腐儒，拘于君臣之分，溺于忠孝之论，厚责其臣而薄责其君。彼乌知天下之治，非臣能治之也；天下之乱，非臣能乱之也。”（《潜书·远谏》）于是，他们主张限制君主的权力，应该重新定位君臣之间的关系，认为这种关系不应该是主仆关系，不应该是臣僚对君主的愚忠，而应该是双方分工合作的平等关系，黄宗羲将其比喻为“共曳木之人”之间的关系，他说：“夫治天下犹曳大木然，前者唱邪，后者唱许，君与臣共曳木之人也。”（《明夷待访录·原臣》）君与臣之间分工合作的目的，不是为了“合谋”，不是为了实现君主一姓的利益，也不是为了谋取君与臣的共同利益，而是为了天下人的利益，所以，吕留良在其《四书讲义》中强调：“天生民而立之君，君臣皆为生民也。”这种民本观念本身就内含着某种民主观念，即它实际上承认了统治者与老百姓之间的关系，不是统治者与被统治者之间的关系，而应该是服务者与被服务者之间的关系。这就颠倒了封建专制制度下的君民关系，要求将现实中君民之间的主客关系，变为应有的客主关系，即君主是仆人，老百姓才是真正的主人。黄宗羲认为，君与民之间的应有关系曾经在舜、禹那样的时代存在过，他说：“古者以天下为主，君为客，凡君之所毕世而经营者，为天下也。”（《明夷待访录·原君》）既然天下非一人之天下，而是天下人之天下，天下人又是国家的主人，那么，主权就应该属于人民，人民就应该拥有国家的最高权力。与此相联系，每个人都应该承担参与管理天下的责任。这种责任主要表现在议政上。顾炎武认为，不仅士人应该议政，但这不是“清谈”而是“清议”，是出于责任和为了天下得到治理而提出合理化的建议和进行监督，而且，“庶人”也应该议政，如果“天下有道，则庶人不议”，如果“政教风俗苟非尽善”，那么，就应该允许庶人来议政，以使治理国家的行为都处于民众的舆论监督之下，以使“天下有道”，以便实现天下人的利益。

尽管清代启蒙学者提出了较明代中后期学者更合理、更有价值的思想观念，然而，启蒙思潮最终却走向了沉寂，即使在清代初期后较长时期内还偶尔有人发表类似的观点，但其声音已十分微弱。其原因是多方面的，然而，“真正造成清代学术思想失语状态的，除了政治对异端的箝制，还在于皇权对于真理的垄断，‘治统’对于‘道统’的彻底兼并，以及这种道德制高点和合理性基础被权力占据之后，所造成的士人对于真理诠释权力和对于社会指导权力的丧失……不过，他们对政治中心的永恒向往和拯济天下的一贯志向，却使他们始终把自己定位在通过道德和真理辅佐帝王治国平天下”。[①] 这使绝大多数清代士人在政治上与清朝政府保持高度一致，即使是那些不满意于程朱理学的清代士人，他们也担心因自己的“离经叛道”而遭到指责，转而潜心于故纸堆的考据。

三、西方文化的东渐

清代之前，西方文化就已经开始传入我国。西方文化主要包括两个方面，其一是医学、天文历算等科学技术，其二是思想道德观念。这两个方面都对清代社会生活发生过这样那样的影响，而且都引起了中国人思想道德观念的某种变化。

西方文化对清代中国人影响最大的无疑是基督教或者为其一支的天主教。基督教的主要内容：

1. 上帝观。基督教认为上帝或者神是全知、全能、至善的，是创造和主宰万物的超自然力量；上帝是惟一的神，“神只有一位，再没有别的神”（《圣经·新约全书·哥林多前书》）；上帝或者神的本质是爱，“神就是爱”，“神爱世人，甚至将他的独生子赐给他们，叫一切信他的，不至灭亡，反得永生”（《圣经·新约全书·约翰福音》），即让其独子耶稣“道成肉身”到人世间来拯救世人；爱源于上帝，人自身没有产生爱的能力，人只有靠上帝的恩典才有爱；上帝或者神因为爱世人而向人类颁布戒律，其主要戒律就是摩西“十诫”，即除上帝之外不可崇拜别的神、不可敬拜偶像、不可妄称上帝的名、应该守安息日、应该孝敬父母、不可杀人、不可偷盗、不可奸淫、不诈伪、不可贪恋别人的财物。

2. 人性观。基督教的人性观是与其原罪说联系在一起的。它认为，人类因为亚当和夏娃违背了上帝的禁令而犯有原罪，这种原罪是每个人生而就有的，“人从小时心里怀着恶念”，而且在人的一生中都存在着，“人在地上罪恶很大，

① 葛兆光著：《中国思想史》第二卷《七世纪至十九世纪中国的知识、思想与信仰》，复旦大学出版社2004年版，第400页。

终日所思想的尽都是恶”(《圣经·旧约全书·创世纪》);人因固有原罪而不能自己拯救自己,他是否最终得到拯救,取决于人是否爱上帝,并遵循其教导爱人如己。爱使人的心灵得到拯救。

3. 平等观。基督教认为,人人都是独立平等的。首先,人都是上帝所创造的,他的灵魂和生命是上帝所赋予的,即使他们在人世间有贵贱、贫富之分,但在上帝面前都是平等的;其次,人人都是上帝的创造物,上帝对所有人的爱是一视同仁、没有差等的;再次,上帝把他的爱浇灌在所有人的心里,人人都有同样的道德人格,人与人都在道德上平等;最后,人人都必须通过爱上帝及遵循上帝的旨意去爱他人甚至仇人,才能向上帝证明自己的选民身份,得到上帝的平等救赎。

4. 博爱观。如果说基督教的平等观指的是人人都能够同等地得到上帝的爱的话,那么,其博爱观指的则是一个人应该平等地爱所有的人;如果说前者规定人是被爱者的话,那么,后者要求人是施爱者。博爱是上帝之爱的一种表现,它是出于上帝的旨意而爱的,而上帝的爱是面向所有人的;博爱并非儒家所说的“唯仁者能好人,能恶人”(《论语·里仁》)的有差别的爱,而是无条件的爱,因此,“你要尽心、尽性、尽意,爱主你的神。这是诫命中的第一,且是最大的。其次也相仿,就是要爱人如己”(《圣经·新约全书·马太福音》)。博爱是一种不计利益得失、不计恩怨的爱,是一种对包括仇人在内的所有人的同样的爱。

基督教的上述主要内容表明了它与中国文化尤其是儒家伦理道德观念的区别。这种区别决定了清朝政府和中国人对待它的态度,决定了它所要采取的传教途径和传教技巧,当然也就决定了它在清代的历史命运。

由于上述的区别,基督教传教士不得不改变在中国的传教策略。明代末年来中国传教的意大利基督教耶稣会传教士利玛窦,允许信教的中国人敬天、祭孔和祀祖,认为这既不违背基督教教义,又有利于它在中国的传播。但利玛窦死后不久,罗马教廷否定了这种对待中国文化的做法,并于1643年禁止中国的信教者祭孔祀祖,但1656年又取消了这一禁令。但到1704年,罗马教廷正式通过了关于对待中国礼仪问题的所谓“七条禁约”,禁止中国信教者祭孔祀祖。这使原来对基督教在中国传播较为宽容的清初统治者改变了原来的态度,基督教在中国传播的良好势头戛然而止。康熙皇帝旗帜鲜明地告诫罗马教廷特使多罗：中国人不能改变传统的敬天、事君亲、敬师长的礼仪，不会停止对孔子之道的奉行，如果再有人反对这样的礼仪，传教士将很难留在中国。然而，罗马教皇非常顽固，并令特使多罗宣布其禁止中国信教者敬孔祭祖的命令，要求传教士无条件地遵守。康熙皇帝可能是感到其皇权受到了神权的冲击和限制，于是针锋相对，决定采取禁教政策。自康熙皇帝禁止基督教在中国传播之后，其后的清朝皇帝都采取了同样的政策，乾嘉两朝对传教士传教的禁止更为严厉。乾隆朝颁发了这样一道谕旨："西洋人传教惑众，最为风俗人心之害，现在各省有神父名目，尤当严禁。内地民人有称神父者，即与受其官职无异，本应重治其罪，姑念愚民被惑，利其协助，审明后，拟发伊犁，给额鲁特为奴。曾受番银者，家产查抄入官，接引传教之人，亦应发伊犁为奴。至父祖相传持戒，自当勒令悛改，将呈出经卷销毁，毋庸深究。"(《清稗类钞·宗教类》)清朝政府对基督教实行禁教政策，除了罗马教皇蛮横地对待中国的传统礼仪、将神权凌驾于清朝皇帝的权力之上这一原因之外，还因为基督教徒男女混杂，与儒家"男女授受不亲"相冲突；中国信教者对政府行为的干扰；基督教的平等观对封建等级制度的冲击；中国信教者只信基督教教义，完全抛弃中国的"圣人之道"和风俗习惯；更为重要的原因是，那些原来忠于清朝皇帝和政府的臣民，因为变成了基督教徒，只信仰天主，只听从上帝的命令，根本不将清朝皇帝放在眼里，尤其是贝勒苏努一家的态度对雍正皇帝所产生的冲击是前所未有的。因为："苏努怙恶不悛，竟令其子苏尔金、库尔陈、乌尔陈信从西洋之教。谕令悛改，伊竟抗称：'原甘正法，不能改教。'今又查出昔年圣祖朱批奏折，敢于狂书涂抹，见者发指。即应照大逆律概行正法。但伊子孙多至四十人，悉行正法，则有所不忍。倘分别去留，又何从分别。暂免其死，仍照前禁锢。"(《清史稿》卷9《世宗本纪》)

虽然清朝皇帝和政府的禁教政策使基督教在中国的传播受到了灾难性的打击，但这并不等于终止了基督教在中国传播的进程，只是迫使传教士改变了他们的传教方式，由原来的合法、公开的传教变成了不公开的民间传教。与以往传教不同的是，传教士或者采取贿赂地方官员的方式在各地建立地下教会，或者利用中国信教者进行传教。虽然民间传教的效果远不如前，但是，它毕竟在平民百姓之中产生了一定的影响。不可否认，基督教在中国的传播是有其土壤的，其一是因为基督教的平等观、博爱观符合普通百姓的朴素思想道德观念，其二是因为传教士的某些做法打动了黎民百姓的心，来华传教士"皆熟悉吾国之方言习俗，深入内地，不惮艰险，设学校，建医院，就教育慈善事业，尽其发展之策，以和易合群为宗旨，以勤俭进取为目的。有佛家之神道作用，而无空寂之弊，有回教之坚忍不屈，而与人群无忤，对于中下社会，最为适宜"(《清稗类钞·宗教类》)。

第四节　清代道德生活的人口条件

道德生活是人的生活。人口的数量、质量、结构是一个直接关系着人与人之间关系的形式和性质、生活方式和利益分配的重要因素，对社会道德生活必定会产生这样那样的影响。尽管这种影响在任何社会里都存在，然而，它对不同社会的意义和紧迫性是有所不同的。相对于以往朝代而言，清代的人口因素对其道德生活的影响是异常突出的，以致清朝政府不得不慎重地对待人口问题。

一、清代的人口增长

根据有的学者的研究，清代以前，中国人口大约在6000万上下，最多时约7000万左右。清代初期，由于战争和灾害的影响，全国人口总数稍有减少，至康熙四十九年(1710)，还只有2330余万丁口。即使存在着人们因逃避税役而有大量隐匿不报的情况，康熙五十年以前的实际人口总数也可能没有达到清代以前的最高人口数量。自康熙五十一年(1712)颁发"承平日久，生齿日繁。嗣后滋生户口，勿庸更出丁钱，即以本年丁数为定额，著为令"(《清史稿》卷8《圣祖本纪三》)的诏书后，清朝政府的人口统计逐渐符合实际情况。乾隆六年(1741)，清朝政府首次依据保甲门牌统计户口，当年统计的全国人口总数超过1.43亿人，乾隆二十七年(1762)超过2亿人，乾隆五十五年(1790)突破3亿人，至道光十四年(1834)又突破了4亿人。清代人口总数在不到一个世纪的时间里增加了两倍多，可见，其增长速度是非常惊人的。

清代前期尤其是康、雍、乾时期人口迅速增长的原因是多方面的。其主要原因，第一，尽管也有过小的战乱，然而，自康熙皇帝平定“三藩”叛乱之后至乾隆朝末约100年内，清代社会有一个相对和平的社会环境，政治清明，国泰民安，物质生活也较以前有所改善，这非常有利于人口的迅速增长。第二，“滋生人丁，永不加赋”和“摊丁入地”赋役政策的推行，一方面减少了清代人对人口数量的隐匿不报，另一方面解除了人们因增加人口而增多赋役的后顾之忧。第三，清朝政府招民垦荒政策的推行，不仅使因战乱和灾荒而离开了自己土地的人重新获得了对原有田地的所有权，使无地者也拥有自己的土地，而且大大地增加了可耕种的田地面积，为清代人口的生产提供了必需的生活资料。第四，清朝政府的消费政策一定程度地控制了人们的奢侈消费、浪费等行为，为清代人口生产节约了资源。第五，农业生产技术的改进，高产农作物的种植，大大地提高了农业生产效率。第六，“不孝有三，无后为大”、“多子多福”等孝亲观念和生育观念的存在，使清代人将多生产人口视为自己的责任。第七，婚龄的低龄化大大地缩短了人口生产的周期，生育行为的纯自然性又充分地发挥了人的生育能力。正是这些方面为清代人口生产提供了有利条件。

二、清代的人口结构

关于人口的结构，我们可以从各种角度来把握。就其对道德生活的影响而言，人口的性别结构和职业结构是其最主要的方面。

就清代的人口性别结构而言，其男女比例是较高的，男性人口比女性人口多得多。这种比例反映了清代道德生活的如下主要实际情况，其一，女性地位低，人们普遍有着“男尊女卑”和女儿是外人的观念和态度；其二，女性因受男人的虐待或者为了不失节而自杀，或者因为家长不愿意承担养育和婚嫁的责任而被杀（如溺女）；其三，男性因家庭贫穷而不能或者不愿结婚；其四，地方政府和官员为了维持地方秩序而不得不采取某些必要的措施，禁止外嫁和拐卖妇女。

就清代的人口职业结构而言，清代社会的职业种类并不多，但又不止于《汉书·食货志》所划分的“士”、“农”、“工”、“商”“四民”。就其对清代道德生活的影响而言，清代人所从事的农业、商业和服务业对其所起的作用最为明显。

可以肯定，从事农业的人口是清代社会中最多的，他们因其固守着土地，以一家一户的方式进行生产，其目的只是为了自己消费，因此，他们是践履儒家所提倡的道德观念和道德规范的中坚力量。

从事商业和服务业的人大多居住在市镇，虽然其人口相对于农业人口较少，但他们对儒家道德观念和清朝政府所提倡的道德规范的冲击却是最强和最深远的。在清代社会里，有的人为了发家致富，敢于违背清朝政府所奉行的“重农抑商”政策，蔑视作为统治思想的程朱理学的“正其义不谋其利”的理念，怀着求利的目的而弃农业商。由于清代富人中“末富居多，本富益少”，因而，商人的求富行为在以农为本的清代社会中起了示范作用，使越来越多的人加入到商人队伍中来，不只是那些有望于求得科举功名的俊秀之士“多入贸易一途”，就是那些在职的官吏也在想方设法地经商，个别地方的经商者甚至占了当地人口的大多数，如道光朝徽州“农十之三，贾七焉”（道光朝《徽州府志》卷25《风俗》）。这种情况表明，清代社会中已经一定程度地形成了不耻求富、不讳言利的风气。这种风气不只在商业化色彩较浓的东南地区存在，在其他地方也同样存在着，《西安县志》记载了当地存在的这种现象：“今之富人无不起家于商者，于是人争驰骛奔走，竞习为商。而商日益众，亦日益饶，近则党里之间，宾朋之际，街谈巷议，无非权子母。”［（康熙）《西安县志》卷6］由于对追逐金钱这一社会风气的担忧，清朝皇帝和政府采取了相应的措施。为了扭转社会上弃学业商的现象，康熙五十四年（1715），康熙皇帝下了这样的谕：“朕时巡畿甸，见民生差胜于前。但诵读者少，风俗攸关。宜令穷僻乡壤广设义学，劝令读书。尔有司其留意。”（《清史稿》卷8《圣祖本纪三》）乾隆五年（1740），清朝政府又专门制定了禁止官吏经商的法令：“胥役不许兼充牙行，地力官严查确实，勒令歇业。失察者，罚俸一年。徇纵者，降受财故纵，计赃以枉法从重论。”①

在清代社会里，服务业并不发达，虽然大多是正当经营者，但它们却被认为是藏污纳垢的地方，那些经营茶楼、酒肆、戏园的人被认为是败坏社会风气的罪魁祸首。“苏城戏园向所未有，间或有之，不过商家会馆藉以宴客耳。今不论城内城外，遍开戏园，集游惰之民，昼夜不绝，男女杂混。此奸盗之原，风俗之最敝也，宜亟禁止。”［（乾隆）《长洲县志》卷11《风俗》］“夫游民之为害甚矣。以赌饮

① 郭成伟、田涛点校整理：《明清公牍秘本五种·钱谷指南》，中国政法大学出版社1999年版，第433页。

为事,以打降为能。三五成群,出入酒家茶肆,呼庐酣歌,言谈无忌,少年子弟往往为其所惑,耗业败名,丧厥身家。”[(乾隆)《江阴县志》卷3《风俗》]正是因为如此,民间要求取缔这样的经营场所,地方政府也禁止其不正当运营,禁止人们进入和享受某些服务业的服务。虽然清代社会的服务业的确受过这种禁令的影响,但它们并没有因此而销声匿迹。

三、清代的人口问题

康、雍、乾三朝人口的迅速增长,造成了社会福利总体水平的降低、商品经济发展缓慢、人地矛盾突出、利益矛盾尖锐等严重的社会问题和道德生活问题。其主要人口问题有以下几个方面:

1. 人口膨胀导致人地矛盾。人口与土地之间的矛盾表现为两种情况,其一是人口相对不多与适宜耕种的土地尚未开发之间的矛盾,这意味着人力尚不足以开发出足够的土地以满足人自身的需要;其二是人口相对较多与可耕种的土地已全部开发利用之间的矛盾,这意味着已开发利用的所有地力无法满足人的需要。前者实即地广人稀,后者实即地少人多,这两种矛盾在清代都存在过,有一个从前一种矛盾向后一种矛盾转化的过程,乾隆朝以前存在着前一种矛盾,乾隆朝尤其是其中期以后是后一种矛盾。无论是何种矛盾,除了破坏生态平衡这一严重后果之外,最终都必定会转化为人与人之间的矛盾,转化为人与人之间对自然资源的竞争,转化为社会矛盾。对此,康熙皇帝已有清醒的认识,他说:“今人民蕃庶,食众田寡,山巅尽行耕种,朕常以为忧也。”①雍正皇帝也说:“国家承平日久,生齿殷繁,地土所出仅可赡给,偶遇荒歉,民食维艰,将来户口日滋,何以为业?”(《清实录·世宗宪皇帝实录(一)》卷6)到乾隆朝,这一矛盾已十分尖锐,以致转化成了人们对土地的争夺,引发了宗族之间、移民与土居民之间的械斗及家庭财产纷争、赶走寡妇、溺婴等现象。

2. 人口膨胀激化民族矛盾。人口的迅速增加使许多内地汉族人为了求生而涌入少数民族聚居区,因此而引起了汉族人与当地少数民族民众之间的矛盾。尽管清朝政府由此而改变了原来的政策,将鼓励内地汉族人去边疆垦荒的

---

① 中国第一历史档案馆整理:《康熙起居注》第3册,中华书局1984年版,第2094页。

政策改变为禁止开垦的政策，但是，这种矛盾依然存在，在蒙古地区尤为严重，出现了“内地民人，越界耕种，而蒙古等私索租价，每至生事互争”(《清实录·世宗宪皇帝实录(二)》卷110)的现象。虽然清朝政府为此而采取过某些措施，但汉蒙民族冲突不断。由于地方官没有较好地解决这种民族纷争，乾隆皇帝很不满意，他说：“沿边省份，与蒙古地界相连者，夷民杂处，互相贸易耕种，闻地方官凡遇夷民交斗事件，心存袒护，并不秉公剖断，兼以口外之事，无足轻重，不肯加意办理，实为向来积弊。”为此，他责令“各该督府将军，应严饬地方文武官弁，以后约束兵民，不许欺凌蒙古，办理夷民事件，务令彼此公平，以免生端构衅”(《清实录·高宗纯皇帝实录(二)》卷123)。在清朝政府所颁布的禁止内地汉族人开垦蒙古土地的禁令和官员解决汉蒙民族纠纷的行为都无效的情况下，清朝政府不得不从在蒙古耕种的汉族人手中收回土地，并对蒙古地区实行全面封禁。

3. 人口膨胀引起租佃关系的变化。田地的租佃关系受制于人口的变化，如果人口相对过少，那么，农民就不仅容易佃种到田主的田地，而且还可以向田主提出自己的合理要求，要求田主放弃某些利益，如果不予以满足，他就会转佃其他田主的田地；如果人口相对过多，那么，佃农是不可能提出这样的要求的。清代人口的膨胀使土地求大于供，田主由此获得了充分的主动权，他要求佃种者满足自己的利益要求，否则，就收回土地另租。为了改变这种被动的局面，佃农不得不强行佃种田地，或者为了防止田主将其田地转租他人而想方设法获得田地的永佃权。

4. 人口膨胀影响人口素质的提高。人口的各种素质发展得如何，既与整个社会发展的水平相一致，又与一定社会所能提供的生活条件有关，生活条件越有利，人口素质的提高越有可能。然而，由于清代社会的生产力水平很低，资源有限，因而，人们的生活条件相对于以往朝代几乎没有得到改善。在此情况下，人口越多，人们所能得到的生活资料就越少，以致乾隆朝出现了“昔使一人之食，而今供二十人”的现象。这一现象意味着清代家庭经济拮据，求生艰难，人们要为获得必要的生活资料而奔波，不会对身体健康状况予以高度重视，没有更多的资源用来抵御疾病，也没有足够的资源让更多的人接受教育，因此，必定会出现“诵读者少”的现象。

5. 人口膨胀诱发帮会的兴起。在清代社会里，各种帮会涌现出来，至少有200多个。它们是一些以流民为主体的民间组织，其成员主要有农民、雇工、小手工业者、小商小贩、矿工、纤夫水手、江湖郎中等。他们之所以沦为流民，是因为他们是剩余人口，没有正当或者稳定的职业，无事可做，其生活没有着落，非常贫困。为了获取必要的生活资料，他们不得不长期四处漂泊，处于无人管束的状态，由于饥饿所迫，容易滋生越轨行为和犯罪，劫夺商贩、强买强卖、勒索绑架、掠卖妇女、组织卖淫、聚众闹事、杀人越货。由于他们仅凭个人的力量难以抵御他人的防卫，他们就歃血结盟，组成相互帮助、共同行动的命运共同体，即帮会或者秘密社团。在这样的团体中，流民不仅获得了必需的生活资料，使自己的生命得以维持，而且得到了情感的满足。因此，帮会成为了破坏清朝社会秩序的顽强力量。

6. 人口膨胀造成物价上涨。物价的涨跌与人们对物品的供求情况有着密切的关系，在物品较少而人口又众多的情况下，物价必定会有所上涨。在清代生产出来的生活必需品极为匮乏的情况下，人口的膨胀势必刺激物价的上扬。康熙朝，由于人口还不太多，粮价基本上保持稳定，但遇到灾荒年却有所上涨，在这种情况下，贫困家庭不得不卖儿鬻女，如“康熙四十三年，饥，民鬻子女”(《清史稿》卷499《孝义三》)。然而，至乾隆朝末年，由于人口剧增，物价腾贵，粮价较康熙朝上涨了五六倍，致使农民和小手工业者难以维持其家庭日常生活，出卖儿女的现象更为普遍，抗租抢粮、对抗官府的现象时有出现。

四、清代的人口对策

面对人口膨胀及由此而产生的人口问题，清代的人们提出并采取了一些相应的对策。这些对策大体上可以分为两类，即制度性对策与非制度性对策。制度层面的对策指的是清朝政府所制定的政策和采取的行为，非制度层面的对策指的是私人行为，具体说来，主要有四项对策。

1. 垦荒政策。自清兵入关以后，清朝政府就开始推行垦荒政策。这一政策在清代不同时期的意义是有所不同的。在顺治、康熙朝，垦荒政策的制定主要有三个目的，其一是尽快恢复因被战乱破坏了的经济，其二是增加赋税收入，其三是让农民安心农业，这一点实际上是将那些为躲避战乱、徭役而离开的流民招回，以防他们因生活无着落而为盗为乱。雍正朝起尤其是乾隆朝，垦荒政策虽然还有增加国家财政收入的目的，但更重要的目的是为了解决人口膨胀与生活资料不够之间的矛盾。为了解决这一矛盾，雍正皇帝颁布了如下谕令：“朕临御以来，宵旰忧勤。凡有益于民生者，无不广为筹度”，“惟开垦一事，于百姓最有裨益……嗣后各省凡有可垦之处，听民相度地宜自垦自报，地方官不得勒索，胥吏亦不得阻挠”（《清实录·世宗宪皇帝实录（一）》卷6），并对那些到蒙古地区开垦的流民实行免田赋的政策。这一政策吸引了不少内地汉族人前来开垦土地。鉴于乾隆皇帝颁发过注重保护蒙古族人利益的谕令，清朝政府只好密谕各关口官弁：“如有贫民出口者，门上不必拦阻，即时放出。”（《清实录·高宗纯皇帝实录（三）》卷195）对于内地的垦荒，清朝政府不仅予以鼓励，而且还出台了优惠政策、奖励措施和惩罚规定。正是因为清朝政府推行了垦荒政策，因人口膨胀所造成的人口问题才得到了一定程度的缓解。

2. 重视发展农业。清代社会是一个农业社会，这决定了清朝政府必定会将大力发展农业作为维持其统治的主要手段。此外，人口膨胀也是清朝政府重视发展农业的一个重要原因。人口剧增使得粮食短缺，粮价持续上涨。为了生产更多的粮食，清朝政府对内地采取了改进农业生产技术、引进高产农作物、限制种植烟叶等经济作物、高价收购粮食、劝农勤耕等措施，对边疆则采取种植农作物、向少数民族传授农耕技术等措施。

3. 限制消费。开源与节流是解决因人口膨胀所造成的生活资源短缺的相辅相成的措施。为了限制消费，清朝政府采取了如下措施，其一是教育民众勤俭，乾隆五十八年（1793），乾隆皇帝颁发了一道谕令：“生之者寡，食之者众，势必益形拮据。各省督抚及有牧民之责者，务当劝谕化导，俾皆俭朴成风，服勤稼穑，惜物力而尽地利，共享升平之福。”（《清史稿》卷15《高宗本纪六》）其二是颁布禁止游湖赌博、妇女烧香、敛钱演戏、生产米酒、少年庆寿等命令，以节省开支。其三是责难和反对奢侈，不准经营茶楼、酒肆、戏园等。

4. 溺女。溺女是纯粹的私人行为，是贫困家庭出于无奈而不得不采取的行为，其原因之一就是人口膨胀所造成的生活资料的匮乏。在贫困家庭的日常生活难以维持下去的时候，其家长就会考虑抚养一个女孩所要付出的代价，这种代价主要有女孩长大成人所需要的抚养费，还有置办嫁妆等其他费用。花了那么多的费用也就罢了，反而还有可能招致怨恨，家长想来觉得不值，不如趁早将女婴解决为妙。正是出于这样的考虑，家长就会不顾清朝政府的禁止和民间的劝诫，残忍地将刚生下的女婴溺死。

第四章

清代道德生活的总体状况

清代道德生活是以往朝代尤其是明代道德生活的继续,其性质与以往封建朝代的道德生活没有区别。然而,由于其社会基础的历史性变化,特别是由于受"首崇满洲"观念、商品经济发展和人口剧增的影响,因而,它在接续原有道德生活传统的同时,又对其有所冲击,使其在某些方面发生了这样或者那样的改变。

第一节 清代道德生活的演变

随着清代社会历史条件的变化和所要解决的主要社会问题的不同,其道德生活在不同历史时期各有不同,呈现出某种阶段性。具体说来,它经历了从以民族关系处理为主的阶段到以经济关系处理为主的阶段再到以阶级关系处理为主的阶段,即它经历了从磨合时期到稳定时期再到裂变时期三个时期。

一、磨合时期

这一时期始于清朝政府与明朝政府相冲突的关东时期、终于统一台湾之际,历经努尔哈赤至玄烨四代皇帝,具体时间是从努尔哈赤以"七大恨"的名义公开对明朝政府宣战的万历四十六年(1618)至清康熙二十二年(1683)。这是清朝建立与巩固其统治的阶段。

清代道德生活的磨合是汉、满、蒙、藏、回、苗等所有中华民族道德生活的磨合,尤其是汉族与满族在道德生活方面的磨合。这种磨合不仅仅是本民族成员对其他民族的道德观念和风俗习惯的尊重,更重要的是在多样性的民族道德文化的基础上达成一定的道德共识,认同共同的价值目标,所谓"汉臣"与"满臣"、"旗人"与"民人"、"南人"与"北人"或者"新人"与"旧人"之间不仅能够包容共存,而且愿意实施共同行动甚至同心同德,其他民族愿意接受满族的统治。

然而,磨合总是基于冲突,不同民族道德生活的差异和冲突使其磨合具有必要性。清代道德生活的冲突主要是强势的满族与以汉族为代表的其他民族之间的道德生活冲突,准确地说,首先和主要的是汉族与满族之间的道德生活冲突。显然，“七大恨”表明了汉族与满族之间在道德生活方面发生了冲突，但这并不意味着明万历四十六年(1618)以前这种冲突尚未存在。恰恰相反，在此之前，同汉族人歧视满族人一样，满族人也歧视汉族人，奴役甚至奴化汉族人，不只是如此对待作为战俘的汉族人，即使对部分自愿投奔而来的汉族人也是这样，并且，他们总是为自己的行为进行道德上的辩护或者寻找其他的借口。清朝政府之所以在此之前不敢明目张胆、无所顾忌地歧视、奴役甚至奴化汉族人，主要因为：第一，它要借口报仇或者解决纷争以倾全力统一女真各部和争取朝鲜的支持，以便为对抗明朝或者汉族人营造一个稳定的后方；第二，它暂时还不具备对抗强大的明朝的实力，不得不忍气吞声地积蓄力量；第三，它要以人口极少的满族来统治中国，势必要依靠汉族人，因此，不得不有所容隐。当女真各部统一、“大金”政权建立之后，清朝政府就立即露出马脚，发动对汉族的战争。于是，汉族与满族之间的关系就进入了冲突状态。

清代初期道德生活的冲突有多方面的原因，它之所以主要以汉族与满族之间的冲突表现出来，其起因主要有以下三个方面：

1. “华夷之辨”。这是清代初期道德生活冲突的深刻原因。“华夷之辨”是古代儒家逐渐形成和所主张的政治伦理观念，其根本问题是所谓“治统”与“道统”之间的关系问题；其核心是强调“治统”与“道统”之间的统一，强调政治应该具有道德合理性和具备其道德基础；其目的是论证只有所谓的“华夏民族”即后来改称的汉族才有统治中国的资格，这种资格是由汉族所具有的文明所赋予的，而东夷、南蛮、西戎、北狄四夷因其野蛮则不应享有这种资格。这种观念对中国人尤其是汉族人产生了广泛而又深远的影响，往往在四夷进犯中原时被突出强调，在明清之际显然成为了汉族人抵制清朝政府统治的最有力的思想武器。王夫之强调：对于戎狄，人们不应该固守原有的道德标准，相反，“欺之而不为不信，杀之而不为不仁，夺之而不为不义者也”(《读通鉴论》卷28《五代上》)。吕留良等强调“华夷之分大于君臣之伦”，要求人们为了汉族及其文明而不惜一切。虽然清朝皇帝意识到了“华夷之辨”的观念不利于满族对整个中国的统治，并企图借用儒家伦理思想来改变人们的思想观念，如皇太极论证了明清鼎革即是“有德者受命，无德者废弃”(《清实录・太宗文皇帝实录》卷59)，具有道德上的合理性，但是，人们并不被其所影响。由于在明朝“遗民”的心目中，作为人禽之别、君子与小人相分的文明只有汉族才具有,是国家存在的合理性基础,因此,满族替代通过朱明王朝所代表的汉族的天下,就仿佛是文明的灭绝,满族就被认定是毁灭文明的野蛮之徒,汉族人就应该与之毫不妥协。

2. “薙发易服”。这是清代初期道德生活冲突的主要原因。发型和服饰并非纯粹的个人偏好,还是某一民族保持其特色和文化并使其所有成员产生民族认同的重要内容和标志性符号。对此,清朝统治者是有清醒的认识的。皇太极在称帝、改国号为“大清”之后,就深谋远虑地向其臣僚们提出了如何保持自身民族在发型和服饰方面的特色问题。崇德元年(1636)11月,他意味深长地对臣僚们说:“朕读史,知金世宗真贤君也。当熙宗及完颜亮时,尽废太祖、太宗旧制,盘乐无度。世宗即位,恐子孙效法汉人,谕以无忘祖法,练习骑射。后世一不遵守,以讫于亡。我国娴骑射,以战则克,以攻则取。往者巴克什达海等屡劝朕易满洲衣服以从汉制。朕惟宽衣博袖,必废骑射,当朕之身,岂有变更。恐后世子孙忘之,废骑射而效汉人,滋足虑焉。尔等谨识之。”(《清史稿》卷3《太宗本纪二》)发型、服饰、满语和骑射由此而成为了满族的不可变易的“祖宗之制”。如果说皇太极仅仅着眼于保持满族的民族特色的话,那么,从顺治皇帝开始,清朝政府就强制要求汉族等民族的成员改易其发型和服饰。清朝政府不顾汉族人的风俗习惯,几番下发“薙发易服”令,以此来判定汉族等民族官民的顺逆,以决定其生死,即所谓“留头不留发,留发不留头”。清朝军队入关后,多尔衮发布命令,规定凡真心归顺清朝的汉族人,必须以薙发表示忠诚,对“不从者治以军法”。除薙发之外,清朝统治者同时推行了力图改变汉族等各民族同胞生活习俗的措施——易服。易服的重点是改变汉族人的服饰,强制推行满族服饰,并对不同等级的人的服饰作出严格规定,有人如果胆敢违背,就会受到严厉制裁。这一违背汉族等民族的风俗习惯的禁令和做法,被汉族等民族的民众视为一种奇耻大辱,受到了他们的普遍抵制和强烈反抗。

3. 旗人的野蛮残暴。这种野蛮残暴主要表现在:

(1) 烧杀抢掠。八旗官兵在入关前,多次侵扰明朝边境。每当侵扰明朝边境之时,八旗官兵及其家属都无比兴奋,争先恐后地出征,高高兴兴地送自己的亲人外出作战。他们之所以如此,是因为八旗官兵可以通过战争而抢掠到自己所需要的财富,俘获人口。不仅如此,八旗官兵还烧毁明朝边境民房,强奸妇女，杀害汉族人。这种行为激起了汉族人民对满族的仇恨。虽然在八旗军准备入关伐明之时，皇太极下发了“朕承天命，兴师伐明，拒者戮，降者勿扰。俘获之人，父母妻子勿使离散。勿淫人妇女，勿褫人衣服，勿毁庐舍器皿，勿伐果木，勿酗酒。违者罪无赦。固山额真等不禁，罪如之”（《清史稿》卷2《太宗本纪一》）的禁令，但是，八旗官兵却改变不了其烧杀抢掠的习惯，以致在清朝政府入关统治三十多年后，仍然有恶意地对待汉族民众的现象，如康熙十七年（1678）“时郑成功迭犯泉、漳诸郡，民以通海获罪，株连数千人……军中多掠良民子女没为奴婢”（《清史稿》卷277《于成龙》）。

(2) 奴化。八旗官兵尤其是满洲贵族对汉族人的奴化，早在清朝政府入关之前就开始了，其对象主要是在战争中所俘获的汉族人，还有部分迫于威胁或者寻求保护的所谓“投充”者。入关之后，对汉族人的奴化仍然存在，满洲贵族可以随心所欲地伤害汉族人。如朱之弼在康熙八年（1669）给康熙皇帝的疏中指出：“八旗家丁，每岁以自尽报部者不下二千人。人虽有贵贱，均属赤子。请敕谕八旗，凡蓄仆婢，当时其教诲，足其衣食，恤其劳苦，减其鞭笞，使各得其所。”（《清史稿》卷263《朱之弼》）满洲贵族之所以可以为所欲为地伤害汉族人，是因为清朝政府制订了“逃人法”。这部“逃人法”于顺治六年（1649）针对遭受满洲贵族虐待、伤害的汉族人愤而逃走的现象予以制订，其规定相当严厉，对“匿逃人者给其主为奴，两邻流徙；捕得在途复逃，解子亦流徙。”（《清史稿》卷244《李裀》）其惩治的对象远非“逃人”本身，还株连到“逃人”家属、窝主、邻居甚至那些因造成被捕获的“逃人”再次逃走的押解者。“逃人法”不仅使满洲贵族对汉族人的奴化合法化，而且将满族对汉族的民族压迫引向了法制的轨道。这必定会激化汉族人与满族人之间的民族矛盾，使汉族与满族之间的民族隔阂日趋严重。

(3) 圈地。为了巩固以满族为统治民族的政权，消灭农民军势力、南明政权和其他的抗清力量，安置源源不断入关的满洲贵族和八旗官兵，清朝政府强制进行圈地运动。这场运动从顺治元年（1644）开始至康熙二十四年（1685）结束，圈地范围包括京畿周围500里内汉族人拥有的土地，以及山东、山西、宁夏、陕西等省州县八旗驻防的部分土地。虽然清朝政府明确地规定满洲贵族和八旗官兵只能圈占曾经被汉族人耕种过的无主荒地，但是，八旗官兵们实际上却不论有主无主，凡圈地所及范围内，田地、房屋和汉族人及其妻妾儿女都被强占，圈占区内民户粮籍立即撤销，并强迫汉族人“投充”旗下为奴。面对自身生存陷入绝境、颠沛流离、妻离子散的现实，有的汉族人不得不“投充”满洲贵族为奴，有的盗窃抢夺，有的全家同时自尽，有的则奋起反抗。这场圈地运动虽然安置了满洲贵族和八旗官兵及其家属仆从，但是，它却没有达到清朝政府所设想的便于满、汉分别治理的目的，反而激化了汉族与满族之间的民族矛盾。

清代初期道德生活的冲突，说到底，是人与人之间在相互对待方面出了问题，尤其是汉族人与满族人之间的矛盾处于激化状态。其表现虽然是多方面的，但是，其深刻和焦点之处却是汉族与满族之间在道德文化、道德观念方面的冲突，准确地说，是在如何对待中国传统道德文化的问题上有着不同的态度。这种冲突不能笼统地归结为汉族人与满族人之间的道德生活冲突，在汉族人内部及满族人内部同样存在着，所谓“汉臣”与“满臣”、“旗人”与“民人”、“南人”与“北人”或者“新人”与“旧人”之间的冲突更加复杂和尖锐，有时甚至表现为你死我活式的对抗。这种冲突在清朝统治者内部也有所反映。清朝统治者内部最典型的冲突，莫过于顺治皇帝与其生母孝庄皇太后之间、康熙皇帝与其辅政大臣鳌拜之间的冲突，是两位皇帝所代表的中国传统道德文化或者汉文化与孝庄、鳌拜所代表的满族道德文化之间的冲突。表面上看，康熙皇帝与鳌拜之间的冲突似乎是权力之争，实际上是中国传统道德文化与满族道德文化之间的交锋。索尼、苏克萨哈、遏必隆与鳌拜四位辅政大臣借口仰法祖宗之道，企图恢复被顺治皇帝所抛弃的那些满族风俗和制度，抵制儒家伦理道德和汉族人的道德生活，并对康熙皇帝不忠和不服从，引起了“汉臣”与“满臣”、汉族人与满族人之间关系的紧张。康熙皇帝则信奉儒家伦理道德，推行仁政，要求臣下“忠君”和服从。然而，在皇帝与议政王或者辅政大臣共治的满族政治伦理文化氛围中，康熙皇帝的这种要求是没有其合理性的，其落实必定是阻力重重的。如果说人们对康熙皇帝免死拘禁鳌拜的做法尚可理解的话，那么，对孝庄对顺治皇帝依据儒家政治伦理和仿照明朝政治制度改良祖制的坚决抵制，以致激起顺治皇帝践履儒家政治伦理、与孝庄毫不妥协的斗志，使年轻的顺治皇帝郁郁寡欢最终病亡的做法，人们却是难以理解的。既然清朝统治者内部在道德生活方面的冲突尚且如此，满族与其他民族尤其汉族之间的道德生活冲突的残酷性和持续性就不难想象了。

清代初期道德生活的冲突，由于关涉到清朝统治的巩固和社会的安定，关涉到国家的治理及民族关系和人际关系的处理，因而，必须予以化解。它的化解虽然涉及多方面的因素，但是，其主要方式却是政治的方式。这就是说，清代初期道德生活的磨合，在其根本上，并不是对私人生活领域道德生活的整合，并不是一个基于所有个人之间出于满足各种需要而进行的全方位互动的自然而然的过程，并不存在如同哈耶克所说的那种“自生自发的秩序”，而是一个出于理性设计的有着明确的政治价值方向的构建过程，是公共生活领域政治道德观念和政治道德行为的整合。它明显地反映了中国古代社会所具有的道德政治化与政治道德化的特征。

主要以政治方式来化解清代初期道德生活的冲突，意味着清朝政府及其统治者在道德生活的磨合中不仅扮演着主要角色，引导着道德生活的整合，而且必定会主动地采取各种各样的措施。这些措施无非是两类，即马基雅维里所说的可以导致“受人爱戴”与“被人畏惧”的措施。清朝统治者清醒地意识到，道德生活的磨合不能只采用其中一种类型的手段，“最好是两者兼备；但是，两者合在一起是难乎其难的。如果一个人对两者必须有所取舍，那么，被人畏惧比受人爱戴是安全得多的”。[①] 由于清朝是一个以占全国人口比例较小的满族为统治民族的政府，因此，其统治者优先考虑的是满族及其统治的安全，为此而必定采取使人畏惧的措施。使人畏惧的措施一般有两种方法，“一种方法是运用法律，另一种方法是运用武力。第一种方法是属于人类特有的，而第二种方法则是属于野兽的。但是，因为前者常常有所不足，所以必须诉诸后者”。[②] 的确，清朝统治者就是这样做的，除了制定较明朝法律更为严厉的法律之外，他们还设立了独有的八旗驻防制度，以便预防和威胁汉族等民族的民众对满族人和清朝的反抗。在清代社会里，清朝统治者所采用的法律和武力等“被人畏惧”的手段在其道德生活的磨合过程中发挥了重要的作用。

在道德生活的磨合过程中，清朝统治者还采用了“受人爱戴”的手段。其手

① ［意］尼科洛·马基雅维里著：《君主论》，潘汉典译，商务印书馆 1985 年版，第 80 页。
② 同上书，第 83 页。

段主要有如下几种：

1. 宣扬“满汉一体”观念。为了褪去旗人的野蛮残暴给汉族等民族民众所留下的阴影，为了突破“华夷之辨”对民众的观念约束，为了不影响自己所建立和维护的满臣与汉臣二元政治体制格局、满城与汉城二元生活格局及满俗与汉俗二元文化格局，更为重要的是为了让汉族等民族的民众不但不反抗、反而与满洲贵族及八旗人同心同德，清朝统治者力倡“满汉一体”的观念。“满汉一体”的政治伦理观念内含两个层次的要求：第一，不仅占统治地位的满族与占全国人口多数的汉族是一体的，而且汉族、满族和其他少数民族都是构成一个国家的组成部分，如努尔哈赤所强调的“满、蒙、汉人今如同室，然惟和洽，乃各得其所”，皇太极所强调的“朕于满、蒙、汉人视同一体，譬诸五味调和，贵得其宜”，就是这一层次的要求。第二，基于第一层次的要求，可以合乎逻辑地推出：对待汉族、满族和其他少数民族应该“一视同仁”，如皇太极所强调的“至于满汉之人，均属一体。凡审拟罪犯，差徭公务，毋致异同”（《清实录·太宗文皇帝实录》卷1），顺治皇帝针对李呈祥所提的“部院衙门应裁去满官，专任汉人”的建议而所强调的“朕不分满、汉，一体眷遇”就是如此。不只是清朝统治者，其他满洲人也认为应该平等对待不同民族的人们，如工科副理事官祁通格向顺治皇帝提出建议：“满汉世官及无世职流官同为办事之员，当立一体之法。今汉官有罪，或革或降或罚，其法甚备。满官与汉官其法不一……宜斟酌划一，以昭皇上赏罚大典。”（《清实录·世祖章皇帝实录》卷72）清朝统治者之所以要力倡“满汉一体”的政治伦理观念，其原因就在于这种观念可以起如下三方面的作用：第一，让汉族等民族民众不怀疑清朝所制定和执行的政策；第二，可以“以汉制汉”，即通过将大量汉族士绅吸收进清朝政府，来有效地发挥他们在统一全国、治理国家中的作用；第三，可以消弭汉人内部因对满族人的不同态度而出现的矛盾。

2. 推行文治。清朝统治者早就睿智地认识到马上得天下与马下治天下并非一回事，武力是不可能维持国家的长治久安的，皇太极强调：“自古及今，文武并用，以文治世，以武克敌。今欲振兴文教，试录生员。”（《清史稿》卷2《太宗本纪一》）由重武功转向尚文治也是清朝统治者化解民族矛盾的主要谋略。这种谋略之所以可行，是因为“中国古代人，一面并不存着极清楚极显明的民族界线，一面又信有一个昭赫在上的上帝，他关心于整个下界整个人类之大群全体，而不为一部一族所私有。从此两点上，我们可以推想出他们对于国家观念之平淡或薄弱。因此他们常有一个‘天下观念’超乎国家观念之上。他们常愿超越国家的疆界，来行道于天下，来求天下太平”。[①] 这种谋略之所以必要，是因为清朝统治者力图改变自己在汉族等民族民众心目中的残暴印象，树立良好的形象。这种谋略主要由以下几个方面构成：(1) 尊崇孔子、孟子尤其朱熹及其思想，并强调儒家思想并非只适用于汉族，而是具有普遍性的人类精神财富，正是“清奉行的普遍主义观念与天下文化主义提法，曾经暂时消解或压抑了民族冲突与紧张的理由”[②]。(2) 大力进行教化，既灌输儒家伦理思想，又注重移风易俗。(3) 注重法制。法律被清朝统治者视为解决社会矛盾(包括民族矛盾)、治理国家的重要手段，顺治皇帝早就指出：“帝王以德化民，以刑辅治。苟律例轻重失宜，则官吏舞文，任意出入，欲政平讼理，其道无由。”[③]清朝法律虽然本质上是文治的内容，但是，它的确如马基雅维里所说的那样是一种“被人畏惧”的手段，这从如下规定可见一斑：“嗣后内外大小官员，凡受赃至十两以上者，除依律定罪外，不分枉法不枉法俱籍其家产入官。”(《清实录·世祖章皇帝实录》卷 95) 其四，选拔和倚重汉族知识分子，让其心甘情愿而又全心全意地为清朝政府的统治出谋划策。此种奥妙可以从顺治皇帝与大学士陈名夏在顺治十年(1653) 正月的一次对话中一目了然。陈名夏指出：“‘治天下无他道，惟在用人。得人则治，不得人则乱。’上曰：‘然得人如何?’名夏奏曰：‘知人甚难，然所以知之亦易。今诚于群臣中择素有德望者常赐召见访问，则天下人心鼓舞，无不欲宣力效能者矣。’”(《清实录·世祖章皇帝实录》卷 71)

3. 笼络人心。在整个清代，清朝统治者一方面提防着汉族民众，另一方面又注重笼络汉族民众的人心。其笼络人心在不同时期有其不同的目的和方式，在清代初期其方式更加多样。清代初期所采取的笼络人心的措施主要有：(1) 清朝统治者宣称，八旗兵入关，“遣将西征，传檄江南，连兵河朔，陈师鞠旅，戮力同心，报乃君国之仇，彰我朝廷之德”[④]。将八旗军西征南战说成“报乃君国

① 钱穆著：《中国文化史导论》，商务印书馆 1994 年版，第 47—48 页。
② 葛兆光著：《中国思想史》第二卷《七世纪至十九世纪中国的知识、思想与信仰》，复旦大学出版社 2004 年版，第 381 页。
③ 章开沅编：《清通鉴》第 1 册，岳麓书社 2000 年版，第 335 页。
④ 同上书，第 31 页。

之仇”，目的无非是让汉族民众意识到清朝政府和八旗军不是野蛮残暴的，而是与人为善、可亲可敬的。(2) 为朱明崇祯皇帝及后妃发丧，派员驻守明陵。(3) 重用归降的前明官吏，将其都予升级，朱姓诸王仍然袭其爵位。(4) 给为朱明王朝殉难的官绅谥号并优恤其家属。(5) 征召录用被朱明王朝所贬或者所羁的非贪赃受贿的官吏和隐居山林的德高望重者。(6) 给予鳏寡孤独及乞丐粮食。(7) 最为重要的一项措施就是减免赋税，即朱鼎新所说的“收拾民心，莫过于‘轻徭薄赋’”。为了得到汉族等民族民众的支持，清朝统治者入关后马上发布了一道有关废除明末“三饷”的政令，减轻民众的赋税负担。清朝较明朝在赋税政策上的优越性远不止于“轻徭薄赋”，还有蠲免全部拖欠钱粮的举措。康熙三年(1664)，康熙皇帝为蠲免全部拖欠钱粮而讲了如下一番道理：“此累年积欠钱粮，岂尽属小民之故欤？前者假托催征，贪污官吏，科派小民，侵吞入己者甚多，此皆贪污官吏，侵克挪移撮借、运粮官侵渔、解粮官役自用、盗贼劫夺、火烧水溺等项，拖欠至此。而追征之时，有将人系狱者，亦有实欠在民，虽遇恩诏，未得尽蠲免者，今将此项严催，小民无故派征，见任官空受处分；且以此拖欠钱粮，拨给兵丁兵饷，缺额无益。况不肖官役，严加追比，反借端多派小民，朕甚悯之。”(《清实录·圣祖仁皇帝实录(一)》卷12)

诸如此类的措施的确起了缓解民族矛盾的作用，以致汉族民众在清朝平定三藩和统一台湾时不是支持吴三桂和郑经及其后人，而是转向支持清朝政府。需要指出的是，此时的民族矛盾只是被缓解，而不是被根除，而且，满臣和汉臣二元政治体制格局、满城与汉城二元生活格局、满俗与汉俗二元文化格局还为民族矛盾提供了生存的空间，汉族与满族之间的矛盾成为了游荡在整个清代的幽灵，随时都有激化的可能。

二、稳定时期

这一时期始于统一台湾之后，终于王伦领导的山东农民起义之前，历经玄烨、胤禛至弘历三代皇帝，具体时间是从康熙二十三年(1684)至乾隆三十九年(1774)。这是清朝走向盛世的时期。

清代稳定的道德生活，并非指整个清代社会生活中不存在任何利益矛盾和影响道德秩序的不确定性因素，而是指清代人虽然各有其风俗习惯和道德观念，但是，他们却达成了一定的道德共识，共同坚持社会道德标准和遵守道德规范，他们的道德行为具有稳定性和可预测性的特点，整个社会没有出现引起社会极度动荡不安的事件。

清代社会之所以会出现稳定的道德生活，主要是因为：

1. 民族矛盾有所缓解，全国实现了统一，建立了多民族融合于一体的国家，人心思稳。

2. 虽然外有清朝与俄国之战，内有准噶尔统治集团叛乱、西藏叛乱、朱一贵起义、西南苗民起义、曾静和吕留良案的发生等，但是，由于诸王势力的不断削弱，王大臣会议和内阁的影响日趋式微，秘密建储制度的建立，密折制度的实行，军机处的设立，对“朋党”的严防，清朝政治局面相对平稳，同时，明代初年开始的封建专制制度的强化得到进一步深化。

3. 由于清朝政府极力宣扬程朱理学，推行文化专制主义，大兴文字狱，因而，明代中后期因为王阳明及其后学对封建主义意识形态的瓦解所出现的思想多元化趋势被终结，思想观念被强势地保持一致，引发道德生活混乱的思想观念之争被暂时消解，各民族之间的道德观念和道德标准得到了统一。

4. 由于清朝政府继续实施团结和重用汉族知识分子的政策，清代初期汉族士人中间所出现的严重分化现象已经不复存在，汉族士人们的行为至少在表面上与清朝政府保持一致，“道统”与“治统”、话语权与统治权之间得到了和解甚至实现了合一。

5. 清朝政府积极采取措施恢复和发展经济，农业、商业和服务业都得到了进一步的发展，民众安居乐业，其生活水平得到了相应提高。

在这一时期，由于清朝政治局面稳定，思想文化被强势地赋予了同质性，更由于清朝从上到下都关注和集中力量发展经济，因此，它所要解决的主要社会问题就是经济问题，所要处理的主要社会关系就是经济关系，所要解决的主要社会矛盾就是日益突出的利益矛盾。可以这样说，这一时期道德生活的中心就是经济关系的处理。

这一时期的经济关系是多种多样的，人们对之处理的方式各有不同。

1. 在国家与国家之间经济关系的处理上，清朝政府在北方需要处理与俄国、朝鲜之间的经济关系，在南方需要处理与东南亚国家、英国、美国、荷兰、葡萄牙等国家之间的经济关系。为了便于管理，清朝政府将原来在北方设立的两个通商口岸减少为一个，并于雍正六年(1728)签订了《中俄恰克图条约》，在南方于康熙二十四年(1685)开设了粤海、闽海、浙海和江海四处通商口岸，至乾隆二十二年(1757)只准广州和恰克图对外通商。清朝政府采取如此措施的目的，一是为了控制白银大量外流，二是为了防止国外有害商品尤其是鸦片对国人健康的危害。清朝政府不仅拒绝英国使节马嘎尔尼提出的扩大对华贸易的要求，而且为了阻断鸦片贸易，于雍正七年(1729)首次颁布了禁烟令。

2. 在行业与行业之间经济关系的处理上，清代人不再如以往朝代的人们那样鄙视商业和商人，而是较为平等地看待农业和商业、农民和商人，认为"农商皆本"、"工商皆本"，都可以为人们提供生活资料，因而，有较多的人包括知识分子在内都乐于经商，甚至出现了"逐末者多，力田者寡"的现象。清朝政府虽然沿袭以往朝代的"重农抑商"政策，但是，也重视商业，为商业的发展营造宽松的社会氛围和提供有利的条件，实行有利于商业发展的政策，保护商人的利益。康熙皇帝早就强调："商人为四民之一，富民亦国家所庇，藏富于民，不在计此铢两。"(《清实录·圣祖仁皇帝实录(一)》卷97)

3. 在清代社会里，人与人之间的经济关系，既有个人与个人之间的经济关系，又有个人与群体(如宗族、地缘组织)之间的经济关系，还有群体与群体之间的经济关系；既有平等的关系，又有不平等的关系；既有合作关系，又有竞争关系。这些经济关系主要通过佣工、租种、借贷、售买和合作等方式来建立，这些方式的背后就是人与人之间的利益关系。为了处理好这些经济关系，除了佣工主要靠情感维系之外，清代人一般会订立合同，制订、认同和遵守章程，以便在有利益纷争时有章可循，在处理竞争关系时，清代人都会一致对外，否则，就会遭到组织内部的严厉惩罚。

4. 国家与个人之间的经济关系是清代最主要的经济关系，个人向清朝政府纳税是法定的义务，也被个人视为一种应尽的责任，因而，人们都会主动地按时足额地纳税。当然，清代人也有少交、迟交、不交甚至联合起来拒交钱粮的现象。对于这些现象，清朝政府都会采取强有力的措施，以确保国家利益，但有时也会作出让步，允许滞后交税或者减免赋税。

由于经济关系的处理事关每个人的切身利益和国家利益，关系到民生和社会秩序，因此，清朝政府高度重视经济关系尤其是国家与个人之间经济关系的处理，主要做了如下工作：

1. 推行仁政。清朝皇帝推崇并学习儒家伦理思想，有的甚至以儒学正统自居，因此，他们推行仁政是合乎情理的。康熙皇帝早就有“尚宽”的治理理念，强调“国家致治，首在崇尚宽大”（《清实录·圣祖仁皇帝实录（一）》卷43）。崇尚宽大的核心就是“爱养”百姓，他声称：“朕惟治天下之要务，首以乂安民生为先。故自御极以来，于闾阎疾苦，无不博咨广询，涣敷休泽。其有动民力之处，尤恻然轸念，刻不能忘。”（《清实录·圣祖仁皇帝实录（三）》卷286）“朕对臣无他欲，惟愿天下治安，生民乐业，共享太平之福而已……每思民为邦本，勤恤为先；政在养民，蠲租为急……朕因细加筹划，自明年始，于三年以内，通免一周，俾远近均沾德泽。”（《清实录·圣祖仁皇帝实录（三）》卷244）乾隆皇帝也强调“务民之本，莫要于轻徭薄赋、重农积谷”（《清实录·高宗纯皇帝实录（三）》卷164）。这就是说，在清朝皇帝们的心目中，仁政是必须给老百姓以实惠的，在此意义上，“君临天下之道，惟以实心为本，以实政为务”（《清实录·圣祖仁皇帝实录（三）》卷252）。因此，清朝政府不仅对受灾者而且对其他民众、不仅在灾荒年而且在平时蠲免钱粮，减轻老百姓的负担；积极创造条件，如鼓励垦荒、兴修水利、推广高产作物，以增加老百姓的收入，“藏富于民”；完善税收政策，清代初期的赋役政策，在康熙朝变成了具有合理性的“滋生人丁，永不加赋”政策，在雍正朝则变为了更为合理的“摊丁入地”的政策；对于因生活所迫而不得不去被封禁的地区进行垦荒耕种的人往往睁一只眼闭一只眼，只要不引发争端，就会予以姑息。

2. 加强吏治。这主要有两个方面：

（1）强调官员应该同时具备德与才。在顺治朝和康熙朝早期，清朝政府往往强调官员应该具有高尚的道德品质，即官员应该是“清官”。而经济关系的处理对官员提出了新的要求，要求官员将道德品质与行政能力、“清官”与“能官”结合起来，在某种意义上，官员的行政能力更为重要。康熙皇帝、雍正皇帝和乾隆皇帝都意识到了这一点，在强调官员应该具有高尚的道德品质的同时，更重视其行政能力，在康熙皇帝看来，“大臣则自有大臣之体，当行有益于地方民生之事，非徒尚操守而已。即使操守平常，民犹谅之。未若自恃廉洁，贻累地方之为甚。譬如木偶泥人，纵勺水不进入口，安所用之？”[①]换言之，“凡为臣子必须才德兼全，若有才无德，不如有德无才也”。[②] 退而求其次，即使“未闻清名，亦无贪迹，而地方安静，年岁丰稔。此等便是好官”。[③] 雍正皇帝更加强调官员的行政能力，他分析了只有道德品质而行政能力平庸且消极作为的清官广得人心的原因[④]，指出这样的清官并不是好官。

（2）防治腐败。虽然“康熙中叶后，天下乂安，封疆大吏多尚廉能，奉职循理”（《清史稿》卷276《卫既齐》），但是，康熙朝后期官员腐败现象却较为严重。由于康熙皇帝秉持“宽仁”的理念，奉行“多一事不如少一事”，因此，腐败问题没有受到应有的重视。雍正皇帝继位之后，将防治腐败提上了议事日程，一方面，他采取“耗羡归公”的措施，铲除腐败孳生的温床，惩治腐败分子，另一方面，“由于官吏薪俸不足，经常出现贪污现象，所以他采用养廉银的办法。他年迈的父亲在位后期，许多官吏堕落腐化，胤禛严肃法纪的结果，恢复了政府的活力，并为辉煌的下一朝代奠定了基础”。[⑤]

3. 进行教化。随着人口的剧增和自然灾害的濒发，个人利益与国家利益之间关系的处理就成为了一个突出的问题。即使清朝政府仍旧蠲免钱粮，然而，老百姓生活艰难，交不出钱粮，甚至不断地发生罢市抗租、抗官拒捕等事件。针对这些令自己难以接受的事件，乾隆皇帝指出：“夫以普免钱粮，而民不以为恩；加赈厚恤，而民不生其感。偶或地方有司办理少不加意，辄呼群咆哮，挟制官长。”（《清实录・高宗纯皇帝实录（四）》卷291）他因此而分析了“民气渐骄”的原因，提出了相应的对策：“朕虽失教于前，尚思勤恳诲迪于后，以为众黎庶劝。各

---

① 中国第一历史档案馆整理：《康熙起居注》第3册，中华书局1984年版，第2215—2216页。

② 同上书，第2册，第1607页。

③ 同上书，第3册，第2217页。

④ “居官立身之道，自以操守廉洁为本……傥但恃其操守，博取名誉，而悠悠忽忽，于地方事务不能整饬经理，苟且塞责，姑息养奸，贻害甚大。盖此等清官，无所取于民，而善良者感之，不能禁民之为非，而豪强者颂之，故百姓之贤不肖皆称之。无所取于属员，而亦不能禁属员之不法，故属员之贤不肖者皆安之。大臣之子弟、亲戚犯法，则姑容而不行参革，地方之强绅劣衿生事，则宽待而不加约束，故大臣绅衿皆言其和平而望其久留。甚至胥吏作奸而不能惩，盗贼肆行而不能察，故自胥吏至于盗贼皆乐，其安静而不欲其去任。及至事务废弛，朝廷访闻，加以谴责罢斥，而地方官民人等群然叹息，以为去一清廉上司，为之称屈，此则平日模棱悦众、违道干誉之所致也。”（《清实录・世宗宪皇帝实录（一）》卷46）

⑤ 杜文凯编：《清代西人见闻录》，中国人民大学出版社1985年版，第299页。

省督抚，其倡率州县，谆切化导，使愚民知敬畏官长，服从教令，勿复自蹈迷途，以益朕过，实厚望焉。各省督抚，其遍行晓谕，使远所穷乡之民，咸悉朕意。”（《清实录·高宗纯皇帝实录（四）》卷291）通过教化来使老百姓正确地处理个人利益与国家利益之间的关系，这也是其他皇帝的思路。如康熙二十三年（1684），康熙皇帝对赴任江宁巡抚的汤斌说：“居官以正风俗为先。江苏习尚华侈，其加意化导，非旦夕事，必从容渐摩，使之改心易虑。”在皇帝们看来，老百姓之所以没有处理好个人利益与国家利益之间的关系，就是因为他们生活奢侈。为了改变这种风气，除了进行道德教育、颁行雍正皇帝所写的《圣谕广训》之外，清朝政府还向地方派遣观风整俗使，以求移风易俗。

三、裂变时期

这一时期始于王伦领导的山东农民起义之后、终于鸦片战争爆发之前，历经弘历、颙琰和旻宁三代皇帝，具体时间是从乾隆三十九年（1774）至道光二十年（1840）。这是清朝由盛转衰的阶段。

清代道德生活的裂变，并非指不同民族甚至不同个人各有自己的道德观念，而是指清代人怀疑甚至违背清朝政府所提倡的那种道德标准和道德规范。这种裂变有两个方面，其一是观念上的，这就是道德认同乃至整个社会认同的危机；其二是行为上的，表现为伪善的流行甚至在行为上公开背离清朝政府所提倡的道德标准和道德规范。

清代道德生活的裂变虽然是在这一时期才出现的，然而，它却是稳定时期道德生活日积月累的结果。康熙皇帝早就痛心疾首地指出了现实生活中所潜在的这种裂变，如康熙四十八年（1709）就指出：“近来科道言事，必有所倚藉，方始上疏。至有关国计民生者，全不念及……闻江南有催征蠲免钱粮，以偿己之亏空者，科道何以不行指参？”（《清实录·圣祖仁皇帝实录（三）》卷239）康熙五十六年（1717）又指出：“今地方官总不实心办事，如每年修治道路，开销钱粮多至三万余两，小民不沾实惠。朕今现发官帑差工部堂官前往料理，所费不过二三千两，用夫不过数千人，此皆由上司不能留心查察，故被属下欺隐。”（《清实录·圣祖仁皇帝实录（三）》卷271）由此可见官员是如何巧妙地用私人利益取代国家利益、用贪污取代廉洁的。背离清朝政府所提倡的道德标准和道德规范的，不只有官员，还有老百姓，他们为了维护自己的利益，敢于起来反抗封建剥削和压迫，反对科派、反抗雇主克扣工钱、抗租夺粮，爆发小规模的农民起义，甚至在康熙六十年(1721)还爆发了朱一贵所领导的较大规模的台湾农民起义。然而，这些都未能从根本上动摇清朝政府经长期努力所维系的道德生活。

清代道德生活发生裂变的原因虽然很多，如八旗内部的分立(汉军八旗独立为绿营)、人口剧增、官民矛盾、满洲贵族的生活越来越奢侈、鸦片输入、天主教文化对中国人观念的影响、秘密社会组织的增多、地方自治、乾隆皇帝晚年的骄傲和荒于理政、嘉庆朝初年在统治集团内部展开而又草草结束的关于革除弊政和镇压农民起义的策略的讨论、军队镇压农民起义不力①，甚至嘉庆皇帝还认为与武侠小说有关②，然而，其主要原因有如下两个：其一是无可救药的腐败，其二是严重的贫富差距。这两个方面不仅使清朝政府的统治能力明显下降，而且使社会危机不断深化，使利益矛盾激化，最后转化为阶级矛盾，最终引发了不断发生的规模越来越大的农民起义，尤其是嘉庆元年(1796)爆发的、历时10年的白莲教大起义，不仅使清朝不可挽回地踏上了走向衰落的道路，而且也反映了这一时期道德生活裂变的程度。

第二节　清代的基本道德关系

道德生活是一个处理道德关系的过程，其丰富程度与一定社会历史时期的道德关系是否多样直接相关。清代社会的基本道德关系与明代大同小异，只是处理道德关系的理念和方式同后者有所区别。

学者们习惯于将古代中国社会的基本道德关系区分为“五伦”，即君臣、父子、夫妻、兄弟、朋友之间的道德关系。在我们看来，这种划分方法只注意到了

① 如嘉庆二年(1797)，嘉庆皇帝分析了清军镇压农民起义不力的原因，指出：“闻贼每逼平民入伙，迎拒官军。官军报捷，所称杀贼，多系平民，非真贼也。故日久无功。”(《清史稿》卷16《仁宗本纪》)

② 在嘉庆皇帝看来，“坊本小说，无非好勇斗狠秽亵不端之事，在稍知自爱者，尚不为其所惑；而无知之徒，一经入目，往往被其牵诱，于风俗人心殊有关系”(《清实录·仁宗睿皇帝实录(四)》卷230)。

作为道德生活主体的个人而忽视了群体，只注意到了个人之间的道德关系而忽视了群体之间的道德关系，只注意到了道德生活的纯粹私人性方面而忽视了道德生活的公共性方面。为了克服这种划分方法的缺陷，在此，我们将清代社会的基本道德关系分为群体之间的道德关系和个人之间的道德关系两类。

一、群体之间的道德关系

清代的社会群体种类较多，有学术群体、行业组织、宗教群体、秘密组织等，每种群体内部总会发生这样那样的关系，会根据一定的道德标准来对待彼此不同的观点、政治立场、利益、信仰等。由于学术群体、行业组织、宗教群体、秘密组织等只是部分清代人的群体，不能全面而真实地反映清代的道德生活，因此，在此只论及如下五种涉及所有清代人的群体之间的道德关系。

1. 国家之间的道德关系。清朝并不是从开始入主中原时就闭关锁国的，相反，它较明朝与更多的国家有更加密切的往来，与这些国家不再主要是礼节性的关系，而是有着更为复杂的道德关系。这种道德关系主要存在于三个领域：

(1) 在政治生活领域，中国与外国之间的道德关系具有两种形态，一是宗主国与属国之间的关系，在处理这种国家之间的关系时，清朝与明朝几乎没有任何区别，所遵循的基本道德原则是“天朝加惠远人，抚育四夷”。从这种儒家式的道德原则出发，清朝对待与亚洲邻国的关系，即与朝鲜、琉球、暹罗、安南、苏禄、南掌、浩罕、博罗尔、阿富汗、坎巨提等国之间的关系时，一般是不会诉诸武力的，“盖其时武义璜璜，陆慑水栗，殊国绝域，交臂诎膝，慕义归化，非以力征也”。(《清史稿》卷 526《朝鲜　琉球》)清朝对这些藩国总是有求必应，承担宗主国的责任，藩国则自愿地归附入贡。二是作为非宗主国的中国与非属国之间的关系，这种关系虽然在明代也存在，但是，清朝面对的国家更多，这些国家都较明代时主动，自己找上门来与清朝建立关系。在处理这种国家之间的关系时，清朝同明朝一样具有这样的心态：中国是“天朝上国”，“为天下共主”，应该“君临万国”。这种国家姿态决定了清朝必定会遵行如阮元所主张的“德威相济”的道德原则。清朝政府所遵行的这种道德，当然不是所谓的普世道德，也不是别的国家的道德，而是以“我”为中心的道德。于是，它在对待外国及其使节时就会抱有“君临万国”的态度,不但不平等地对待与之交往的国家及其使节,反而还强迫外国使节“于觐见时行叩头之礼”,以致外国及其使节极为不满,英国驻华商务监督义律则更加愤怒,英国国内舆论将清朝的这种态度视为对自己国家的污辱,并鼓吹要用武力来迫使中国改变自己的态度。当然,这种国家姿态也使清朝在对外国动武时也要远播自己的道德,如在雅克萨自卫反击战时,康熙皇帝派人对即将开往前线的朋春传达自己的旨意:“兵凶战危,朕以仁治天下,素不嗜杀。以我兵马精强,器械坚利,罗刹[①]势不能敌,必献地归诚。尔时勿杀一人,俾还故土,宣朕柔远至意。”(《清史稿》卷280《朋春》)这种道德态度得到了外国的积极互动。在第二次雅克萨自卫反击战之后,中俄“双方代表在尼布楚签订了和约,这是中国与西方强国订立的第一个条约。从此对俄贸易兴盛起来,外交往还频繁不断。在以后的年代里俄国使团数度到达北京,一个出使土尔扈特部的中国使团在里海受到俄国西伯利亚当局的友好接待”。[②]

(2) 在经济生活领域,清朝对待外国及其商人有两种不同的道德态度。在对待藩国及其商人时,与明朝一样,清朝对待藩国是有求必应、慷慨无私的,对其商人的态度也比对其他国家商人的态度更友好。在对待其他国家及其商人时,清朝政府的态度是经常改变的,在实行海禁期间,对其控制较严。然而,“自海道大通而后,局势乃一变。其始葡萄牙、和兰[③]诸国,假一席之地,迁居贸易,来往粤东;英、法、美、德诸大国连袂偕来,鳞萃羽集,其意亦仅求通市而已”(《清史稿》卷153《邦交一》)。清朝政府对于中国与外国之间的贸易,并没有别的企求,也不以“区区商税为重”,只是以国家利益和道德态度来予以对待,如因为帮助清朝助剿台湾郑氏有功,荷兰就成为了第一个允许来中国进行贸易的国家。不只如此,清朝皇帝还十分体恤外国商人来华贸易之艰辛。在处理中国与外国之间的经济关系时,清朝政府坚持两个原则,一是申明和维护国家主权,依据清朝法律对损害中国国家利益的国家及其商人进行制裁,然而,即使在这样的时候,也不会忘记中国是一个礼仪之邦。这种态度可以从阮元向嘉庆皇帝上的疏

① 罗刹即俄罗斯。
② 杜文凯编:《清代西人见闻录》,中国人民大学出版社1985年版,第290页。
③ 和兰即荷兰。

中看出:“英吉利恃强桀骜,性复贪利。宜镇以威,不可尽以德绥……定例外国货船不许擅入内洋,傥违例禁,即宜随机应变,量加惩创。各国知彼犯我禁,非我轻启衅也。”(《清史稿》卷364《阮元》)二是严禁外国向中国输入会危害中国人民健康的商品即鸦片,清朝皇帝为此下旨:凡外国商船到通商口岸,一律“按船查验,杜绝来源。官吏卖放及民人私贩者,分别治罪”(《清史稿》卷16《仁宗本纪》)。这种立场也一定程度地得到了外国舆论的肯定,如1839年伦敦出版的《鸦片罪过论》就建议英国政府“尽最大的努力去制止这种可恶的贸易”,以便使中国“能从鸦片的毒害中解救出来”。

(3) 在文化生活领域,清朝所要处理的中国与外国之间的关系,是儒家伦理与基督教伦理、中国传统礼仪的信奉者与基督教教徒之间的关系。这两种伦理就其根本理念而言是对立的,是对群体价值的崇尚与对个人价值的崇尚的冲突。这种冲突不仅发生在清代人的信仰世界,如传统的敬天祭祖与基督教的信仰上帝之间的冲突,而且也常常发生在人们的日常生活里,如某地一宗族为了举行迎神赛会活动,就需要全族人共同出资,信基督教的族人也不例外,但却遭到后者的拒绝,于是,族人提起诉讼要求政府取缔基督教。虽然清朝政府并不是在任何时候都严厉地禁止传教士传播基督教,如乾隆皇帝指示时任福建巡抚的陈宏谋“毋究捕天主教民”,但是,从康熙朝开始至道光朝一直严禁基督教,同时也禁止“西洋人潜居内地”。然而,西方基督教教会却对清朝政府的禁教令阳奉阴违,千方百计地传教和发展信众。

2. 民族之间的道德关系。中国是一个多民族融合的统一国家,相比明代,清代的民族更多。清代民族关系具有如下主要特点:第一,此时的统治民族不再是汉族而是满族;第二,满族与蒙古族之间结成了较为牢固的政治同盟,享有比其他民族更高的政治地位和特别的法定权利,这为它们处理民族关系提供了更多的便利;第三,由于清朝政府推行“因俗而治”的民族政策,各个民族都彼此尊重其他民族的宗教信仰、风俗习惯。虽然汉族主要聚居在黄河、长江流域,少数民族主要分布在北部和西部,但是,各个民族总体上却是交错杂居的。这种杂居的特点,一方面表明了各个民族在中国长期发展的历史中已经形成了处理民族关系的道德原则,另一方面意味着不可避免地会发生民族矛盾。总体而言,在清代社会里,民族矛盾的发生和解决主要受清朝政府的政策及其行为的影响①,换言之,清代民族关系的处理问题主要是一个政治伦理问题。如由于清朝政府对满族和蒙古族的聚居区——东北和华北实行封禁政策,在人口剧增、人们面临生存困境的情况下,汉族人进入东北和华北地区进行垦荒耕种,就会引发民族矛盾。清朝政府也禁止有的民族之间的自愿通婚,如有时禁止汉族同蒙古族、苗族通婚,在汉族与满族之间的通婚问题上,只允许满族男子娶汉族女人,却不准满族女人嫁汉族男子,即使自愿结婚了,也会被判离,并要受到法律的制裁。

3. 阶级之间的道德关系。同明代一样,清代社会的基本阶级也是农民阶级和地主阶级,它们之间存在着这样那样的关系,有着处理阶级之间矛盾的道德标准。同明代不同的是,在清代社会里,阶级关系的处理并不是在任何时候都成为突出的问题,随着人口的剧增,它才成为社会的主要问题和道德生活的主要方面。由于清代的农民并非都是无地的,因此,与地主阶级真正发生道德关系的只是构成农民阶级的一部分成员,即除自耕农之外的佃农和雇农。与此相联系,农民阶级与地主阶级之间就存在两种不同的道德关系,即佃农与地主之间的关系是一种经济上的权利与义务之间的关系,雇农与地主之间的关系基本上是一种人身依附关系(因为,作为临时雇工的农民是在农忙时被地主请去帮忙的,他们之间不存在人身依附关系)。如果说在前者中佃农会被要求有限度地履行契约上规定的地租以外的额外义务,那么,雇农(作为临时雇工的农民除外)就会被地主随意地剥夺除生命之外的任何权利。总体而言,在清代道德生活的磨合时期和稳定时期,农民阶级和地主阶级之间有着相对较和谐的道德关系,在裂变时期,这种较和谐的道德关系就不再存在了。

4. 等级之间的道德关系。同明朝一样,清朝是一个等级森严的社会,与之

---

① 杨名时对汉族与苗族之间的民族矛盾是如何发生的进行了分析,指出:"贵州境内多与苗疆相接,生苗在南,汉人在北,而熟苗居中,受雇直为汉人佣,相安已久。生苗所居深山密箐,有熟苗为之限,常声内地兵威以慑之,故亦罔敢窥伺。自议开拓苗疆,生苗界上常屯官兵,干戈相寻,而生苗始不安其所。至熟苗无事则供力役,用兵则为乡导,军民待之若奴隶,生苗疾之若寇仇。官兵胜,则生苗乘间抄杀以泄忿;官兵败,又或屠戮以冒功。由是熟苗怨恨,反结生苗为乱。如台拱本在化外,有司迎合要功,辄谓苗民献地。上官不察,竟议驻师。遂使生苗煽乱,屡陷官兵,蹂躏内地;间有就抚熟苗,又为武臣残杀,卖其妻女。是以贼志益坚,人怀必死。"(《清史稿》卷290《杨名时》)

不同的是，清朝的等级更多，除如明朝在偏远地区仍然存在农奴制残余之外，全国各地都有奴仆的存在，有较多的汉族人被满洲贵族和官兵强迫为奴，且由上一个等级变为下一个等级的方式较多。较明朝有所进步之处，在于从雍正元年(1723)开始逐渐豁除被视为“前朝弊政”的贱民等级，即使这种豁除并不彻底。清朝的所有等级可以分为三个序列：一是职位序列，即职官品位之间存在着多个等级，这是具有政治色彩的等级；二是社会身份序列，这是由社会观念(或者说，传统观念)所认可的等级，在清朝主要有所谓的士、农、工、商“四民”，还有庶族地主、部分雇工、城镇居民、僧尼、医生、隶卒、乞丐、倡优、惰民等；三是主仆序列，这种等级关系的建立方式较为多样，在清代道德生活的磨合时期主要是俘获、“投充”等，在此之后则主要是买卖、还债、因罪被罚等，因此，主仆关系的性质可以分为两种：自愿的①与被迫的。主人的范围较广，从贵族到商人都有自己的仆人，有的主人的仆人较多，达数千人，仆人主要有奴婢、佃仆、长随等。在这三种序列中，只有主仆关系才是人身依附关系，不过，这并不意味着所有主人都会随时随地地穷凶极恶地对待自己的仆人②，至少在官员与其长随之间的关系上就并非如此，相反，官员往往是尊重自己的长随的。处于职位序列的人对上下级关系的处理，往往会依据清朝政治道德要求和其所形成的私人道德观念来进行。处于社会身份序列的人对其等级关系的处理则复杂得多，如士人、庶族地主、农民和手工业者在清代前期几乎都不尊重商人，在此之后则一定程度地改变了这种态度，甚至有的官员还乐于与商人家庭结成姻缘关系；社会身份序列的其他等级都鄙视倡优、隶卒、惰民，都羞于与之交往，誓不与之为伍。

5. 宗族之间的道德关系。宗族是介于个体家庭与政府之间的血缘组织，它往往同姓聚居一处。在清代社会里，宗族较明代有了进一步的发展，不仅宗族

---

① 如《清稗类钞·义侠类》载：索额图是康熙朝著名将领，三藩叛乱时，“吴三桂密遣人刺之，索方秉烛治军书，瞥见一修髯伟貌者立其旁，问曰：‘汝得非吴王刺客乎?’客长跪俯首。索曰：‘然则取吾头?’客曰：‘若果害公，早取公首去，不待公命也。吾至良久，见公批示军机，咸如亲见，料理军书，竟夕不寐，诚良相也。某虽愚，岂敢刺良相?’因反接请死。索笑，挥之去。次日，投邸为奴，执役甚恭，驱使无不如意。后索下狱，某潜入狱馈饮食。及伏法，经纪其丧事毕，痛哭而去，不知所终”。(《清稗类钞·义侠类》)

② 如与索额图明争暗斗的康熙朝权臣明珠对待家奴“极严，广置田产，命诸仆主之，厚加赏赉，使人人充足，而严禁其干预外事。立主家长一人，综理家务，不法者，许主家长毙之杖下，即幸免而被逐，亦无他人敢容留之，曰：‘伊于明府尚不能存，况他处乎！’”(《清稗类钞·奴婢类》)

的规模和人口数量都有所扩大，而且宗族组织的权力也在不断强化。清代与明代有一个显著的不同之处，在于清朝政府虽然也重视宗族组织，但不再如明朝政府那样予以扶持，民间对宗族组织的重视却比明代要突出得多。清代的宗族之间总会发生这样那样的关系，按其性质划分，宗族之间的关系既有合作关系，又有竞争关系。宗族之间的合作关系主要围绕着共同利益和地方性公共秩序而展开，包括各个宗族共同出资出力兴修水利工程，兴建义学、义仓、地方书院、寺庙，共管集市，共同组织迎神赛会、演戏、慈善等活动，共同防止偷盗、欺诈、佃仆暴动，共同抵御外来侵害甚至抵制官吏的横征暴敛。宗族之间的竞争关系主要围绕着生存资源、公共权力、宗族声誉等展开，其结果可能是宗族之间的明争暗斗，如几个大宗族联合起来欺压其他小宗族，也可能是宗族之间的公开械斗。无论是处理合作关系还是竞争关系，各个宗族都会从光宗耀祖和重谊、尚和、共存、互让等道德理念出发，尽可能地防止彼此之间产生利益矛盾或者出现其他纠纷，力图避免大动干戈和诉诸官司，以使宗族之间不产生世仇，和平共处。

二、个人之间的道德关系

同明代一样，在清代社会里，个人的生活圈子基本上是熟人范围，主要生活在家庭、社区和官场之中，虽然偶尔同陌生人进行交往，但是，大多是不涉及彼此利益的纯粹礼节性的行为。就总体情况而言，清代人之间关系的处理虽然受多种因素的影响，但是，根本上是由中国传统礼教所规范的。

1. 父子之间的道德关系。同以往朝代一样，在清代社会里，父子关系被人们认为是最重要的人际关系，高于任何其他的人际关系。由于它是与生俱来、不可选择、由本能欲望参与调节的关系，因此，清代人都非常重视对这种关系的处理。在处理这种关系时，清代人基本上仍然遵循儒家所提倡的“父为子纲”的道德理念和“父慈子孝”的道德规范。“父为子纲”的理念，一方面强调父亲的权威和权力，强调父亲应该而且必须拥有对子女的教育权、主婚权、财产处置权、惩罚权等所有事关家庭和子女的生命、财产、自由、人格等权力；另一方面，它强调父亲作为家长的角色，应该承担相应的道德责任。这种道德责任主要有两个方面，一是对国家的道德责任，即父亲应该从国家所提出的要求出发，将其子女培养成为国家的合格人才，以便其子女不违背国家利益，二是对自己家庭的道德责任，教育其子女履行相应的道德义务，以便维护整个家庭的利益。可见，“父为子纲”并非如人们所理解的那样只是用于维护封建宗法等级关系的消极道德要求，其实，它还是对社会、家庭和子女的爱的表达，只不过这种“爱”的表达不是采取温情脉脉的方式。这种道德理念有时并没有在父子之间的关系上得到落实，如“父为子纲”表明父亲拥有整个家庭的财产权，即所谓父母在时子孙不能“私其财”，然而，现实生活中却存在着大量的父母在时儿子们要求经济独立、分家析居的现象。不只是在经济生活领域是这样，在其他方面也是如此，如吴三桂在叛乱后多次联络尚可喜等造反，而“尚可喜老病不能军，屡疏告急，援兵不时至。至是①，贼②逼广州，尚之信劫其父以降贼”(《清史稿》卷6《圣祖本纪一》)。“父慈子孝”是处理父子之间关系的基本道德规范。在清代社会里，人们并不将“慈”与“孝”同等看待，父亲为了满足自己的需要，却可以不顾儿女们的正当要求，卖儿鬻女，甚至溺女杀子，过分地要求儿女们尽“孝”。尽“孝”，并不只是赡养父母，还要不违父母，让父母心情愉快，从事正当职业，抛弃自己喜爱而父母讨厌的妻子，甚至为了医治父母的疾病，不惜自己及其子女的生命。就总体而言，随着商品经济的发展和人口的剧增，清代人“父为子纲”和“父慈子孝”的观念逐渐淡化，背离传统礼教的行为更为频繁地出现；等级层次越高、越富有的家庭，父不慈、子不孝的现象越多，较贫穷的家庭则较好地遵行传统礼教。

2. 君臣之间的道德关系。清朝的君臣关系比明朝更加复杂，其不同之处在于，一是清朝皇帝通过独立拥有建储权力、实行密奏制度、设立内阁和军机处、严禁宦官“犯法干政”等方式获得了明朝皇帝求之不得的至上权力；二是明朝皇帝无需维持不同民族之间官吏结构的某种平衡，清朝皇帝却必须保持满族和蒙古族官吏的一定比例，以维持满臣与汉臣共治的二元政治格局；三是清朝皇帝对于汉族官吏始终抱有矛盾的态度③，一方面要依靠他们来治理国家，另一方面又处处怀疑和提防他们；四是清朝皇帝反对明朝皇帝利用“朋党”来求得某种政

---

① 即康熙十五年(1676)农历四月。

② 指吴三桂叛军。

③ 《清稗类钞》载：“吏、户、礼、兵、刑、工各部各署皆有匾，上书某年谕满大臣等，宜时至大内某宫敬谨阅看某朝所立御碑……宫中所立碑，乃专谕满大臣，略谓本朝君临汉土，汉人虽悉为臣仆，而究非同族，今虽有汉人为大臣，然不过用以羁縻之而已。我子孙须时时省记此意，不可轻授汉人以大权，但可使供奔走之役而已。”(《清稗类钞·种族类》)

治平衡的做法，有力预防和坚决打击“朋党”势力；五是明朝官吏秉持儒家的“从道不从君”政治伦理观念，会理直气壮地顶撞、谩骂皇帝，并为此而自豪，清朝官吏则被皇帝视为奴才，往往是“从君不从道”。在君权神圣不可侵犯的政治环境中，有的贤臣为了得到皇帝的信任，有时不得不扭曲自己的道德人格，放弃自己的道德批判态度，甚至效法奸臣、佞臣的做法；六是清朝皇帝更注重以对官员的关心、情感投入、劝告等私人化的方式来处理君臣之间的关系，使君臣之间关系的处理变得相对简单、方便、灵活、温情和容易得多。虽然清朝处理君臣之间关系的道德原则仍然是儒家的“君义臣忠”，但是，并不是所有的官吏都对皇帝忠诚，相反，“实心为国者少，比党徇私者多”，即使那些皇帝十分信任的重臣也是如此。① 总的来看，清朝的君臣关系是随着商品经济的发展和其他条件的变化而变化的，越往后发展，清朝皇帝越不重视以私人化的方式来处理这种关系，官吏对皇帝越来越不忠诚。

3. 夫妇之间的道德关系。“中国的家族观念，更有一个特征，是‘父子观’之重要性更超过了‘夫妇观’……中国人看夫妇缔结之家庭，尚非终极目标。家庭缔结之终极目标应该是父母子女之永恒联属，使人生绵延不绝。”②其实，在家庭内部，夫妇（包括夫妻）关系并非只次于父子关系，还次于兄弟关系。同明代一样，在清代社会里，仍然实行一夫一妻制，夫妻之间仍然不平等，③且这种不平等同样受到法律的保护，都以“夫为妻纲”的道德理念和“夫义妻顺”的主要道德规范来处理夫妻关系。在清代社会的现实生活中，较多地存在着的是严格的一夫一妻关系，同时还存在着兄弟共妻、本夫和“招夫”共妻、纳妾等现象，其中，由收继婚④所产生的夫妻关系和纳妾现象比明代更为普遍。这表明清代夫妇关系的

---

① 如雍正皇帝就指出：“朕御极之初，隆科多、年羹尧皆寄以心腹，毫无猜防。孰知朕视为一德，彼竟有二心，招权纳贿，擅作威福，欺罔悖负，朕岂能姑息养奸耶？向日明珠、索额图结党行私，圣祖解其要职，置之闲散，何尝更加信用？隆科多、年羹尧若不知恐惧，痛改前非，欲如明珠等，万不能也！殊典不可再邀，覆辙不可屡蹈，各宜警惧，毋自干诛灭。”（《清史稿》卷295《隆科多》）

② 钱穆著：《中国文化史导论》，商务印书馆1994年版，第51页。

③ 不过，个别少数民族同汉族的夫妻关系相反，如：“西藏有一妻多夫之俗，不合文明公例。妇主家事，男子辄惟命是听，以是女权伸张。男子恒惰而懦，且不若女子之强健也。耕田采薪，负重致远，修建房屋诸役，概以女子任之，男子惟相助而已。贸易亦多属妇女，而家政之庖厨、纺绩、裁缝、梳装等，则更优为之。”（《清稗类钞・风俗类》）

④ 收继婚是指寡妇在其丈夫死后被丈夫家族中子侄或者兄弟收继为妻的婚姻，可以分为两类，一类是儿子收娶继母或者父妾，另一类是兄弟收娶已故兄弟的妻子。

处理较以往朝代更为复杂。清代的夫妇之间关系由于在其实质上不是情感关系或者爱的关系，而是超越生理基础的伦理关系，是以家庭整体利益为目的而展开的关系，因此，其处理除了受传统礼教的约束之外，还受到了家庭结构（家庭结构越小，夫妻之间越会较平等地处理彼此的关系）、父母（虽然儿子一般会按照父母的意愿来处理夫妻之间的关系①，但是，在家庭贫困、再娶妻的难度较大的情况下，父母是不会过多地干预其儿子与其妻子之间关系的处理的）、有无儿子（妻子因生不出儿子，可能会同意丈夫纳妾）、生存压力（因人口剧增而导致家庭生活拮据，清代社会中因此而出现了较多的被迫嫁卖妻妾的现象）、商品经济发展和人口剧增等的影响。就总体趋势而言，在清代夫妇关系的处理过程中，"夫为妻纲"和"夫义妻顺"的礼教越来越失去其绝对的权威性，夫妇之间的不平等得到了一定程度的修正，夫主外和妇主内式的责任分工和合作的关系逐渐建立起来。

4. 长幼之间的道德关系。长幼关系指家庭内部的同辈人之间的关系，它包括兄弟姐妹关系、叔嫂关系、姑嫂关系和妯娌关系。同明代一样，在清代社会里，兄弟关系是长幼关系中最主要的关系，它次于父子关系，重于夫妻关系和其他家庭内部人际关系，按照互让互助、共担家庭责任和儒家的"兄友弟恭"的道德要求处理各种关系，在权利方面，除嫡长子孙有权优先继承政治权利之外，兄弟拥有平分家产的权利，姐妹则一般不拥有继承父母遗产的权利。在清代长幼关系的处理过程中，最突出的问题是财产分配问题，而且随着清代社会的发展变得越来越严重，彼此可能会因财物而六亲不认、大动干戈、反目成仇。

5. 朋友之间的道德关系。清代的朋友关系与明代没有什么区别，注重情投志合、互相信任和帮助，有时为了朋友而不顾一切，如胡穆孟与沈廷栋是朋友，康熙十三年(1674)，"耿精忠反，征穆孟，避匿廷栋家。廷栋寓书于其友，诋精忠，穆孟窃见之，虑书发且得祸，易书为隐语，逻者得书，犹以诋精忠见收。穆孟以语其妻王，王谓当自承以脱廷栋。穆孟乃诣吏，吏使与廷栋各具书，辨其迹，释廷栋而杀穆孟。"(《清史稿》卷 499《孝义三》）与明代不同的是，因为清朝政府

① 林语堂指出了中国传统家庭中所存在的这一现象："儿子被夹在中间倍受折磨，既要孝顺父母，又要爱戴妻子，却又从来也不敢为自己的妻子辩护。"(林语堂著：《中国人》，郝志东、沈益洪译，浙江人民出版社 1988 年版，第 125 页)

严防官员和士人结党，所以，官员和士人一般不敢结交朋友。

第三节 清代的道德追求

在清代社会里，虽然不同民族、不同地区、不同群体、不同个人各有其不同的道德生活，但是，他们都是在不同的道德关系中生活。既然他们在现实生活中总会发生某种关系，就可能会有矛盾，因此，就需要有可以引导这些关系的处理、化解这些矛盾的道德追求。由于清代社会是一个封建社会，并且受着中国传统礼教的影响，因此，清代的道德追求与明代没有什么区别。

一、乐群

在清代人看来，个人总是生存于一定的社会群体之中的，离开了天下、国家、社区和家庭，就不可能独立存在。然而，“有生之初，人各自私也，人各自利也”(《明夷待访录·原君》)，“人之有私，固情之所不能免矣”(《日知录集释》卷三《言私其豵》)。“自私”或者“自利”是人与生俱来的一种价值取向，任何人都会如此。如果将其极端化，那么，在家庭中，就会“父子相伤，夫妻反目，兄弟阋墙，积渐而往，遂至子弑父，妻酖夫，兄弟相仇杀，庭闱衽席间皆敌国”①；在社区中，就会互不相让，发生械斗，冤冤相报，永无宁日；在国家中，官员之间就会结党营私，相互攻伐，置对方于死地而后快。为了防止这种恶果的出现，每个人就应该自觉自愿地满足群体生存发展的需要，重视群体的价值，在家庭生活中，就不应该“好货财，私妻子”，以实现家庭的整体利益；在社区生活中，就应该“尊敬长上，和睦乡里，教训子孙，各安生理，毋作非为”②；在国家生活中就应该有这样的动机：“我之出而仕也，为天下，非为君也；为万民，非为一姓也。”(《明夷待访录·原臣》)只有所有的人都“不以一己之利为利，而使天下受其利；不以一己之

① 从余选注：《中国历代名门家训》，东方出版中心1997年版，第68页。
② 同上书，第27页。

害为害，而使天下释其害”（《明夷待访录·原君》），都主动地承担起实现群体利益的道德责任，才会顺利地实现“自利”。清代人所重视的群体利益，既包括家庭利益、社区的公共利益乃至一定数量的人所结成的联合体的共同利益，又包括民族国家利益，而最根本的是“保天下”，是“生民之生死”。

不只是要重视群体利益，更为重要的是乐于为群体的生存发展作出贡献，追求群体价值，实现群体利益。在清代人看来，这不是某一特定个人的事情，而是所有人的共同道德责任。

1. 皇帝在作出决策时，要从群体价值出发，以群体利益为标准，要意识到“一事之得失，关天下万世之利害”（《清史稿》卷244《赵开心》）；在进行治理的过程中，应该“合天下之心以为心，公四海之利以为利，制治于未乱，保邦于未危，夙夜兢兢”（《清史稿》卷8《圣祖本纪三》），要勤政，要防患于未然，脚踏实地而又义不容辞地实现群体利益。

2. 官员应该尽职尽责。之所以如此，是因为如顺治皇帝所说的那样：“海内臣庶，望治甚殷。自惟凉德，夙夜祗惧。天下至大，政务至繁，非朕躬所能独理。”因此，所有官员都应该“殚忠尽职，洁己爱人，利弊悉以上闻，德意期于下究”（《清史稿》卷5《世祖本纪二》），应该“实心任事，利自知举，弊自知革”，不应该消极对待群体利益，不应该“尽若事外，遇事至，才者不肯决，无才者不能决，稍重大即请会议……上下相诿，彼此相安”（《清史稿》卷263《朱之弼》）。

3. 普通民众也负有不可推卸的责任。不仅他们的行为直接关涉群体利益的实现，而且他们的道德品质也对之予以影响，正如顾炎武所指出的：“国家之所以存亡者，在道德之浅深。”既然“治天下之道，莫要于厚风俗”（《清实录·世宗宪皇帝实录（一）》卷57），因此，每个人都要关注和修养自己的“人心”。这就是说，“天下大根本，人心而已矣；大肯綮，提醒天下之人心而已矣。是故天下治乱，视人心”①，人心之正邪，“道在守约，功在悔过自新”。如果每个人都能“悔过自新”，其“修身须在天下国家上修”，那么，天下就会长治久安，群体利益就会实现。

① 李元度著：《国朝先正事略：清代1108人传记》（下），岳麓书社1991年版，第808页。

二、贵和

“礼之用，和为贵”，消除纷争，实现和谐，是中国传统礼教孜孜以求的道德价值目标，也是历代中国人的道德观念和道德理想。

实现和谐也是清代人的道德追求。他们之所以要追求和谐，是因为清代社会同样存在着各种各样的矛盾，既有国家与国家之间的矛盾，又有民族矛盾；既有统治集团内部的矛盾，又有官民矛盾和阶级矛盾；既有家庭和宗族内部的矛盾，又有家庭之间、宗族之间、地缘群体之间的矛盾；既有群体之间的矛盾，又有个人与个人之间的矛盾。虽然这些矛盾在明代社会里也存在着，但是，有的矛盾远比明代更加复杂和尖锐。如中国与俄罗斯、英国等国家之间的矛盾不仅全面铺开，而且存在着尖锐的军事冲突、经济摩擦和文化礼俗方面的交锋。汉族与满族之间的矛盾虽然时而尖锐时而缓和，但是，它却因会转化为其他社会矛盾，也会演化为统治集团内部的矛盾，随时都有爆发的可能。家庭、宗族、地缘群体内部及其之间因清代人口的剧增、生活资源的严重匮乏等而矛盾不断。由于这些错综复杂的矛盾严重地影响了整个社会生活，因此，清代人期望国家统一、民族团结、家庭和睦、人人彼此友爱、邻里和平共处和社会安全稳定。

为了实现和谐，从清朝政府到个人采取了各种各样的措施：其一，推行崇儒重道的基本国策，坚持核心价值观导向，以求对社会生活进行道德整合。其二，力行仁政，以求化解官民矛盾和阶级矛盾。其三，印行各种劝善书，以求“使人为善去恶”。其四，运用各种赏罚手段，如旌表累世同居的大家庭、严厉惩罚不孝不义行为，对人们的行为进行引导。其中，最为重要且又普遍的手段，就是进行道德教化。清代人实施道德教化的方式多种多样，除了宣传儒家伦理道德之外，最主要的方式，一是清朝政府向地方派遣观风整俗使，以求使人们的生活合乎礼教，二是言传身教式的道德教育。这种温情脉脉的劝导式的教化方式，既发生在上级与下级尤其是君臣之间，如顺治皇帝告诫其臣僚应该“满、汉一体，勿互结党与”(《清史稿》卷245《陈名夏》)，雍正皇帝私下教育其宠臣李卫：“汝恃宠放纵，于督抚前粗率无礼，操守亦不能纯，间有巧取，如此行为，大负倚任。嗣后亟宜谦恭持己，和平接物。”(《清稗类钞·帝德类》)又发生在父子、师生、长幼之间，由于受“子不教，父之过”观念的影响，父亲对子女的道德教化是其中最普遍和经常的。

三、重忠孝

为国尽忠，为父尽孝，是儒家所提倡的最主要的道德要求。在清代社会里，这两项道德要求被同时予以强调，如雍正皇帝强调："致治之要，首在风化，移风易俗，莫先于鼓励良善，使人人知彝伦天则之为重，忠孝廉节之宜敦。"（《清实录·世宗宪皇帝实录（一）》卷4）所有的家庭和宗族也要求其子孙"居则为孝子贤孙，达则为忠臣烈士"。

然而，在清代人心目中，这两项主要道德要求的地位是稍有不同的，"孝"往往更被人们所重视，并认为这是出于本能、自然而然的，即"孩提之童，无不知爱其亲，及其长也，无不知敬其兄。可知孝亲悌长，是天性中事，不是有知有不知，有能有不能者也"①。由于这是难以改变的事实，因此，清朝统治者就顺应了人们的这种道德心理，确立了"帝王孝治天下，礼莫大乎事亲"（《清史稿》卷5《世祖本纪二》）的政治伦理理念，制定了让人们尽孝的专门法规，建立了旌表尽孝的制度，甚至还会因此而改变已经作出的司法判决②。由于清朝政府的鼓励和儒家思想的影响，清代人出现了不顾生命的愚孝行为。清朝政府对此几番劝止并不予以旌表，并指出愚孝并非真正的孝行，如雍正皇帝强调，孝"诚天地好生之盛心，圣人觉世之至道。视人命为至重，不可以愚昧而误戕……人子一身，承先启后，负荷甚巨。若舍生殒命于仓猝之间，而忘宗祀继续之重，非所以为孝也"（《清实录·世宗宪皇帝实录（一）》卷67）。可是，这些劝止和不予旌表并未能阻止清代人（尤其是其中的贫贱者）的愚孝行为。

"忠"也是清代人的道德价值追求。与明代相比，清代普通老百姓的尽忠程度几乎没有什么变化，而士人的尽忠程度却大有提高。清代人对"忠"的理解与前人稍有不同，认为尽忠的对象并非只有皇帝和统治阶级，还有民众，如有的官员提出"爱民即忠"的观点，顺治皇帝也强调："国家设官，必公忠自矢，方能裨益生民，共襄盛治。"（《清史稿》卷5《世祖本纪二》）在他们看来，尽忠并非只是"临

---

① 从余选注：《中国历代名门家训》，东方出版中心1997年版，第118页。

② 如康熙二十一年（1682），"流人王廷试子德麟叩阍乞代父戍，部议不准。上谕：'王德麟所言情甚可悯。遇朕来此，亦难得之遭。其父子俱读书人，可均释回。'"（《清史稿》卷7《圣祖本纪二》）

危一死报君王”，还有廉洁勤政、“殚忠尽职”、“匡君之咎”、“正民之志”，更有行实政，求实效。行实政、求实效的前提是有“实心”。“实心者何？忠是也。忠者一于为国，而不亟亟于求上之知……其于政也，筹之至审，而不为旦夕之谋；行之务当，而不揣诏旨之合；惟力是视，不必其事之谅于人；惟善之从，不必其谋之出于己。若是者谓之实政。”(《清史稿》卷353《觉罗桂芳》)尽忠的多层次性尤其是对廉洁和实效的强调，为官员的尽忠提供了广阔的空间，也使人们对“忠”的追求更加丰富和具体。

四、尚节义

清代人崇尚节义，不仅个人和家庭以自己有节义为荣，而且宗族和政府还建立了相应的激励机制和制裁机制，对有节义者予以奖赏或者旌表，如宗族对那些有突出的节义表现的族人赏给花红，对缺失节义的族人按照族规和一定的程序进行惩罚①，清朝政府对于那些急公好义、乐善好施者不仅予以旌表，而且允许老百姓通过捐纳获取官衔。

“节”即节操，具体来说，包括男人的节操与女人的贞节。男人的节操涉及人与人之间、人与家庭或者宗族之间、人与社区或者地缘群体之间、人与国家政府之间的品行。其中最受政府和民间所重视的是男人在国家生活中的节操即官员的节操，它缘自中国历史上所形成的“清官”观念，为清朝政府较为严苛的吏治②提供了前提。女人的贞节则受到了清代人的普遍的崇尚，不仅较以往朝代有更多的女人愿意做烈妇烈女、节妇节女、贞女，而且家庭和宗族为了其声望而千方百计地让女人守节，政府也大张旗鼓地旌表妇女的贞节。清朝政府之所以旌表持守贞节的妇女，其目的就在于通过“使凡为女若妇者，循循各尽其职”，成功地进行道德教化，来实现“国以治平”。

“义”是指个人为了他人和社会的利益而自愿地牺牲自己的利益或者抵御

---

① 宗族对其子孙予以惩罚的程序一般是：“有败类不率教者，父兄诫谕之；谕之而不从，则公集家庙责之；责之而犹不改，甘为不肖，则告庙摈之，终身不齿”(从余选注：《中国历代名门家训》，东方出版中心1997年版，第69页)，最后才送交官府治罪。由于受“家丑不可外扬”观念的影响，宗族一般都不会将缺失节义的族人送交官府，而是直接将其伤害致死，清朝政府对此予以姑息甚至怂恿。

② 从“嗣后内外大小官员，凡受赃至十两以上者，除依律定罪外，不分枉法不枉法俱籍其家产入官”(《清实录·世祖章皇帝实录》卷95)的规定可见清朝吏治之严苛。

邪恶势力的道德行为。它大体上可以分为三个层次：其一，无需牺牲自己的利益甚至生命的举手之劳。其二，牺牲自己的利益以帮助他人，在此，“他人”既可以是具有血缘关系的人，又可以是朋友、陌生人和社会群体。在清代人看来，“朋友有通财之义”，在人与人之间关系的处理上，应该做到“凡义所应用，不可有一毫吝心也”。[①] 这种意义上的义行既包括济贫救困，又包括办义学、置义田、设义仓、建桥梁、兴修水利工程、向国家捐纳，等等。其三，勇于抵御邪恶势力（包括抵抗贪官恶官）。由于统治者与被统治者对于“义”或者正义的理解有所不同，因此，在被统治者看来是义行的某一行为，就有可能被统治者视为恶行，如嘉庆皇帝对于民间演剧就耿耿于怀，认为民间所演出的“好勇斗狠各杂剧”会误导民众“以盗劫为英雄，以悖逆为义气”（《清实录·仁宗睿皇帝实录（四）》卷281）。

五、成圣成贤

超凡入圣，成圣成贤，是历代中国人所孜孜以求的目标。在清代人看来，“圣”是最完善的人，是最高的理想人格，非一般人所能成就，正是因为如此，不可能“满街皆圣人”；“贤”也是一种人格理想，人们经过修为就可以达到。因此，这两者之中，清代人更重视成贤。

清代人不只是尊重、敬仰圣贤，更为重要的是努力让自己及其子孙成圣成贤。成圣成贤之所以成为人们所追求的道德目标，是因为它不是个人的私事，“家之兴替，全不系乎富贵贫贱，存乎人之贤不肖耳”。[②] 这意味着：“人家得富贵子孙，未必非不幸，得贤子孙，乃为幸事。苟贤，富贵固可以振起家世，即使终身贫贱，亦能固守家风，延及苗裔。若不贤者，贫贱既已辱及祖先，一旦富贵，骄淫嫉狠，举族均受其败。”[③]同时，国家的治乱、天下的兴亡，也有赖于人们成圣成贤。

在清代人看来，圣贤是将“仁”、“智”和“勇”结合，或者说，将各种道德品质、道德行为、智慧和才干相结合的人格典范，人们经过努力是可以成圣成贤的。

---

① 赵忠心编著：《古今名人教子家书》，湖北教育出版社1997年版，第126页。

② 从余选注：《中国历代名门家训》，东方出版中心1997年版，第157页。

③ 同上书，第57页。

为了成圣成贤，一个人首先应该辨别圣贤与不肖①，只有了解了它们之间的区别，才不会走错方向。其次，贤与不贤不只在于一个人是否具有良好的道德素质，更为重要的是他是否有实实在在的道德行为，如康熙皇帝所说："凡居官贤否，惟舆论不爽，果其贤也，问之于民，民自极口颂之；如其不贤，问之于民，民必含糊应之。官之贤否，于此立辨矣。"(《清实录·圣祖仁皇帝实录(三)》卷201)再次，圣贤不是天生的，而是后天逐渐养成的，即"人之为圣贤者，非生而然也，盖有积累之功焉。由有恒而至于善人，由善人而至于君子，由君子而至于圣人，阶次之分，视乎学力之浅深"②。这个过程既是一个知人、择人相与的过程，"知人则能亲贤远不肖，而身安家可保；不知人则贤否倒置，亲疏乖反，而身危家败，不易之理也。然知人实难，亲之疏之亦殊不易"③，又是一个修身的过程，要修身，首要的是"志于道"。"志于道，则义理为之主而物欲不能移，由是而据于德，而依于仁，而游于艺，自不失其先后之序、轻重之伦，本末兼该，内外交养，涵泳从容，不自知其入于圣贤之域矣。"④

第四节　清代道德生活的特点

虽然清代的道德生活在其性质上与以往封建朝代无异，但是，封建专制制度的进一步强化、满族变成统治民族和商品经济的发展，使清代道德生活发生

---

① 如张履祥提出了区分贤与不肖的如下标准："贤者易疏而难亲，不肖者易亲而难疏；贤者宜亲，骤亲或反见疑，不肖者宜疏，因疏或至取怨。所以辨之宜早。略举其要，约有数端：贤者必刚直，不肖者必柔佞；贤者必平正，不肖者必偏僻，贤者必虚公，不肖者必私执；贤者必谦恭，不肖者必骄慢；贤者必敬慎，不肖者必恣肆；贤者必让，不肖者必争；贤者必坦诚，不肖者必险诈；贤者必特立，不肖者必附和；贤者必持重，不肖者必轻捷；贤者必乐成，不肖者必喜败；贤者必韬晦，不肖者必表暴；贤者必宽厚慈良，不肖者必苛刻残忍；贤者嗜欲必淡，不肖者势利必热；贤者持身必严，不肖者律人必甚；贤者必从容有常，不肖者必急猝更变；贤者必见其远大，不肖者必见其近小；贤者必厚其所亲，不肖者必薄其所亲；贤者必行浮于言，不肖者必言过其实；贤者必后己先人，不肖者必先己后人；贤者必见善如不及，乐道人善，不肖者必妒贤嫉能，好称人恶；贤者必不虐无告，不畏强御，不肖者必柔则茹之，刚则吐之。若此等类，正如白黑冰炭，昭然不同，举之不尽，总不外公私义利而已。"(从余选注：《中国历代名门家训》，东方出版中心1997年版，第275—276页)

② 从余选注：《中国历代名门家训》，东方出版中心1997年版，第41页。

③ 同上书，第275页。

④ 同上书，第12页。

了某些变化，具有不同于其他封建朝代道德生活的特点。

一、道德制度化程度的提高与道德虚伪的流行

中国的道德制度化过程早在汉武帝采纳董仲舒所提出的“罢黜百家，独尊儒术”的建议时就开始了，随着社会的发展，其程度越来越得到提高。然而，在清代以前，由于“道统”与“治统”、话语权与治理权的分离，换言之，由于儒士与皇帝之间存在着若即若离的关系，因此，道德的制度化总是受到这样或者那样的限制。到了清代，由于“道统”与“治统”、话语权与治理权相结合，并为清朝皇帝所驾驭，因此，道德的制度化达到了极致。

清代的道德制度化之所以远远超过以往封建朝代，除了“道统”与“治统”、话语权与治理权相结合之外，主要是因为：第一，清朝政府确立了孔孟伦理思想尤其是程朱理学在社会意识形态领域的统治地位，不允许道德思想的分歧，于是，就防止了如王阳明及其后学所造成的明代后期道德观念多元化那样的现象。第二，在继续将公共生活领域的道德制度化的同时，清朝政府还将私人生活领域的道德制度化，如不准士人结社交游，禁止异姓人结拜兄弟，赋予家长和宗族惩处其不忠不孝的子孙的权力，等等。第三，清朝政府提倡并着力推行一套主要道德规范，在顺治朝颁布了《钦定六谕卧碑文》①，康熙皇帝将其发展为《圣谕十六条》②，雍正皇帝则将《圣谕十六条》扩展为《圣谕广训》，以便老百姓更好地联系现实生活加以理解和遵行，嘉庆皇帝又根据《圣谕广训》的有关章节编撰了《四言韵文》，以便老百姓易于背诵。第四，清朝政府建立了相应的道德教化机制，如派遣观风整俗使去地方进行道德规导，推行了讲约制度③，等等。

清代道德制度化的实质，在于确保程朱理学在社会意识形态领域的统治地位。“在理学已经不再是处在政治边缘的士人批评政治权力的民间立场，而是

---

① 即“孝顺父母，尊敬长上，和睦乡里，教训子孙，各安生理，无作非为”。

② 即“敦孝弟以重人伦；笃宗族以昭雍睦；和乡党以息争讼；重农桑以足衣食；尚节俭以惜财用；隆学校以端士习；黜异端以崇正学；讲法律以儆愚顽；明礼让以厚风俗；务本业以定民志；训子弟以禁非为；息诬告以全良善；诫窝逃以免株连；完钱粮以省催科；联保甲以弭盗贼；解仇忿以重身命”（《清实录·圣祖仁皇帝实录（一）》卷34）。

③ 这一制度设计的基本内容是：地方官吏挑选正副乡约和几位值班人，让其每逢朔望即初一、十五在村镇的讲约处所，以通俗易懂的方式向民众宣讲《圣谕广训》，要求讲约者认真负责，对听众进行考勤登记，对其中的未听讲约者予以追究。

政治权力建构的道德话语，并且逐渐成为用于考试的空洞教条，这种在'天理'名义下控制社会的高调道德理想主义，就越发失去指导私人生活的能力，而私人生活也就在这种道德教条的压力下，流入无所底止的沉沦之中，构成了社会生活与私人生活的分裂"①，造成了道德虚伪的流行。这就是说，道德过于理想化及其在此基础上的制度化，无法抵御现实生活的诱惑，难以抗衡个人顽强的生命冲动。

清代社会中流行的道德虚伪是全方位的、多层面的。在国家层面上，清朝政府一方面表面上强调"满汉一体"的政治伦理理念，另一方面却巧妙地奉行"首崇满洲"的道德标准；一方面表面上重用汉族士人，另一方面却不"轻授汉人以大权"，其目的只在于"羁縻"、"役使"汉人，等等。

在社会层面上，一方面"士大夫以清望为重"，歧视商人，另一方面却"崇尚财货"，信奉拜金主义，不仅在经商者之中"民之贾十三，而官之贾十七"，而且官员和士人力图与富商建立朋友或者姻缘关系，以求得财物上的好处；一方面，"以理导欲"、"以理节欲"、"节俭"等观念受到社会的提倡，另一方面，社会上却盛行纵欲风气和奢侈风气，等等。

在个人层面上，这种道德虚伪现象五花八门，它虽然在普通民众中也有存在，但是，在官员和士人中却更为突出。它不仅在宣誓对国家和皇帝忠诚的武官中流行："营中虚悬兵数，冒食钱粮，各处皆然……武臣之中，勇敢果毅出力效用者多，而操守洁清者少"(《清实录·圣祖仁皇帝实录(二)》卷182)，而且在道学者和清官身上也存在。道学者一方面教导人"存天理，灭人欲"，"言行合一"且"行重于知"，要求人"忠诚"，另一方面，其行为却违背自己所宣讲的理学，纪昀在其《阅微草堂笔记》中描写了这种假道学："有两塾师邻村居，皆以道学自任。一日，相邀会讲，会徒侍坐者十余人。方辩论性天，剖析理欲，严词正色，如对圣贤。忽微风飒然，吹片纸落阶下，旋舞不止。生徒拾视之，则二人谋夺一寡妇田，往来密商之札也"，并指出："此或神恶其伪，故巧发其奸欤？然操此术者众矣，固未尝一一败也。"②康熙皇帝也有同样的看法，指出：在理学者身上，"言

① 葛兆光著：《中国思想史》第二卷《七世纪至十九世纪中国的知识、思想与信仰》，复旦大学出版社2004年版，第428页。

② 纪昀著：《纪晓岚文集》第2册，河北教育出版社1991年版，第81页。

行不相符者甚多,终日讲理学,而所行之事全与其言悖谬"①。被康熙皇帝评价为"一介不取,天下廉吏无出其右者"的张鹏翮,因为其所负责整治的黄河工程质量低劣以及治河中的贪污而受到康熙皇帝的训斥:"尔自谓居官清廉,一介不取,一介不与。若谓一介不与,尔则有之。一介不取,则未必然。取与不取,惟尔自知之。即司道官之耳目,谁能尽掩?尔乃讲道学之人。道学以无私为本,内有私则外行尽属虚掩。"(《清实录·圣祖仁皇帝实录(三)》卷219)

二、首崇满洲

在清朝政治制度的安排中,清朝统治者始终抱有两种相互矛盾的政治伦理理念,一种是明的,另一种是暗的,"明"的是其大张旗鼓地加以宣扬的,"暗"的却是其千方百计地予以掩饰的。"明"的即"满汉一体"的政治伦理理念,"暗"的就是"首崇满洲"的政治伦理理念。由于要化解汉族与满族之间的矛盾,"满汉一体"的政治伦理理念受到统治者的特别强调,如康熙皇帝强调:"抚育群生,满汉军民,原无异视,务俾各得其所,乃惬朕心。"(《清实录·圣祖仁皇帝实录(一)》卷30)乾隆皇帝强调:"夫人主君临天下,普天率土,均属一体,无论满洲、汉人,未尝分别……至于用人之际量能授职,惟酌其人地之相宜,更不宜存满汉之成见……嗣后若有似此分别满汉、歧视旗民者,朕必从重议处之。"(《清实录·高宗纯皇帝实录(一)》卷8)"首崇满洲"的政治伦理理念,虽然在清朝统治者心目中具有至高无上的地位,并在政治生活中被始终不懈地奉行,但却很少被言及,顺治十年(1653),在斥责詹事府少詹李呈祥所提出的"部院衙门应裁去满官,专任汉人"的建议时,顺治皇帝不小心表露了自己的心迹:"李呈祥此疏大不合理。夙昔满臣赞理庶政并畋猎行阵之劳,是用得邀天眷,大业克成。彼时可曾咨尔汉臣而为之乎?朕不分满、汉,一体眷遇,尔汉官奈何反生异意?若以理言,首崇满洲,固所宜也。"(《清实录·世祖章皇帝实录》卷72)

"首崇满洲"虽然是一种政治伦理理念,但是,它并非只在政治生活领域起作用,而是辐射到整个清代社会生活的各个领域,影响整个清代的道德生活。

1. 它确立了满洲在清代国家政治生活中的统治地位,认为"满洲乃国家根

① 中国第一历史档案馆整理:《康熙起居注》第2册,中华书局1984年版,第1089页。

本”,清朝政府不仅依靠满洲人,而且一切行为都从满洲人的利益出发,保持满洲人的政治优势。

2. 它规定了满洲官员的独特权力。在清朝所建立的满臣与汉臣二元政治体制格局中,虽然礼部、兵部等六部都设有满族和汉族尚书各一人,但是,“各部院衙门堂司,悉令满洲掌印”,各级政府中都是满洲人掌控实权,在作出决策时,都是满洲官员“一人主之”,汉族官员的建议往往不受重视,“相随画诺”即可。

3. 它使满洲人的利益得到了特殊的照顾。如康熙四十二年(1703),康熙皇帝为那些喜好“游荡饮博”的八旗官兵“不惜数百万帑金……偿逋赎地”,乾隆皇帝则“思婚姻以时,王化所重,怨女旷夫,宜加优恤。现在八旗内务府兵丁、闲散人等内,男女有年二十八岁以上或已经缔姻,力不能嫁娶,或因家计贫乏,并未及议婚者,著每名赏银十五两,以完其婚嫁之事。其内务府壮丁,有似此者,著赏银七两”(《清实录·高宗纯皇帝实录(一)》卷39)。

4. 它导致了旗人的为所欲为。由于清朝政府对于满洲人予以特别保护,因此,旗人在对待汉族等民族的老百姓时无所顾忌,动辄打骂,甚至伤害。对于此类事件,虽然清朝皇帝要求按照法律规定进行处理,但是,官员们往往是睁一只眼,闭一只眼,畏惧旗人,不敢维护汉族等民族的老百姓的权益,以致至雍正元年(1723)雍正皇帝不得不要求李维钧:“畿甸之内,旗民杂处,旗人暴横,颇苦小民。尔当整饬,不必避忌旗、汉形迹,畏惧王公勋戚,皆密奏以闻。”(《清史稿》卷9《世宗本纪》)

三、士人明哲保身

与明代士人人格独立、恃才傲物、爱憎分明甚至偏执剽悍的风气不同,清代士风渐趋保守,丧失个性,缺乏担当精神和道德批判精神,凡事都为“稻粱谋”,甚至“渐不顾廉耻”。如果说,清朝入主中原的最初几年,大部分士人尚能以儒家伦理道德为立身行事的标准,保持其气节,那么,在此之后,绝大多数士人就明哲保身,全无一点儒士骨气,甚至卑躬屈膝。如康熙朝名臣李光地为求得康熙皇帝的宠信,竟然恬不知耻地提出了如下观点:“道之与治,古者出于一,后世出于二。孟子叙尧舜以来至于文王,率五百年而统一续,此道与治之出于一者也。自孔子后……此道与治之出于二者也。自朱子以来,至我皇上,又五百岁,应王者之期，躬圣贤之学，天其殆将复启尧舜之运，而道与治之统复合乎！”①这就是说，他将康熙皇帝视为“道统”与“治统”合一的化身，厚颜无耻地将应该由士人拥有的话语权拱手让出。

清代士人之所以不再有“吾身保”“然后能保一家”、“能保一国”进而“能保天下”的境界，而持消极退让、苟且偷安的态度，主要是因为：

1. 作为一种公共权力，士人的话语权是由儒家文化所赋予的，士人自认是儒家伦理思想的当然传承者和弘扬者。可是，“他们对政治中心的永恒向往和拯济天下的一贯志向，却使他们始终把自己定位在通过道德和真理辅佐帝王治国平天下”。② 在他们看来，清朝皇帝深信并努力学习儒家思想，可以帮助自己达成这一理想。然而，他们未曾想到，清朝皇帝却入侵、占领和控制着这一话语世界，并以理学正统自居。

2. 在清朝皇帝入侵、占领和控制着士人所耕耘的思想领域，士人因此而被边缘化的同时，清朝政府还实行文化专制主义，大兴文字狱，将那些同程朱理学不同的观点视为“异端”，对那些有“异端”倾向的人进行严厉打击，使士人不敢越雷池一步，以求保全自己和家人及朋友的生命。

3. 士人的社会责任感和道德批判精神的培育，既离不开一定的社会土壤，又需要志同道合者的相互砥砺。在古代中国社会里，士人之间的共勉又往往采取结社或者交友的方式。然而，清朝政府对此特别警觉。顺治十七年(1660)，礼科给事中杨雍建在给顺治皇帝的疏中指出：“朋党之害，每始于草野，而渐终于朝廷。拔本塞源，尤在严禁结社订盟。今之妄立社名、纠集盟誓者所在多有”，建议“严饬学臣实心奉行，约束士子不得妄立社名、纠众盟会，其投刺往来亦不许用同社同盟字样，违者治罪”。顺治皇帝因此而强调：“士习不端，结社订盟，把持衙门，关说公事，相煽成风，深为可恶。著严行禁止，以后再有此等恶习，各该学臣即行革黜参奏。如学臣徇隐事发，一体治罪。”(参见《清实录·世祖章皇帝实录》卷131)由于清朝政府严禁士人讲学、结社、结交朋党，甚至还关闭了大量的书院，以防止汉族士人的反抗，因此，清代士人不敢交游结社，他们

---

① 李元度著：《国朝先正事略：清代1108人传记》(上)，岳麓书社1991年版，第195—196页。

② 葛兆光著：《中国思想史》第二卷《七世纪至十九世纪中国的知识、思想与信仰》，复旦大学出版社2004年版，第400页。

被个体化和分散化，不能同心协力地坚持正义，难以内生出超越“治道”的道德话语和“殉道”精神。

4. 清代士人都是学习和奉行儒家思想的人。而儒家思想实质上是伦理思想，它虽然提倡格物、致知、正心、诚意、修身、齐家、治国与平天下，要求儒士由“内圣”而“外王”，但是，它优先强调的是内在超越，是成就“内圣”。儒家的这种价值取向，表现在政治生活中，就是要求士人廉洁，做“清官”，被皇帝认可。正是因为如此，清代士人才致力于做清朝皇帝心目中的那种“清官”，力求个人品德的高尚，至于整个社会是否真正符合“道”，则完全是另一回事。

5. 清代士人之所以具有明哲保身的消极态度，是因为他们都面临着生存压力，不论是已仕者还是未仕者，都是如此。这种生存压力使士人不得不谨小慎微，担心因自己的行为而削职归田，或者被剥夺生存资源。

四、商人地位有所提高

与以往封建朝代歧视商人相比，在清代社会里，虽然受传统“四民”观念的影响，还存在着歧视商人的现象，甚至有的商人也自觉没有尊严，但是，随着社会的发展，商人的社会地位越来越得到提高。

清代商人的社会地位之所以有所提高，主要是因为：

1. 这是由现实社会生活所决定的。清代商人社会地位的变化是古代中国社会历史变迁的反映。虽然清代社会的商品经济仍然不够发达，但是，它比明代却有所发展。它的发展为国家贡献了越来越多的财税。由于财税是由商人所创造的，因此，这势必提高商人的社会地位。另外，清代商人从农民中分化出来，不与农民竞争生存资源，拓宽了清代人生存的空间；通过自己的活动，使货物得以流通，市场物价得以相对稳定，丰富了清代人的物质生活；他们所创造的物质财富，一定程度地缓解了因人口剧增所带来的生存压力。

2. 这是由商人自身的结构所决定的。清代人不再如以往朝代的人们那样将商业视为“贱业”，也不再以经商为耻，如唐甄就理直气壮地认为自己经商是正当的：“我之以贾为生者，人以为辱其身，而不知所以不辱其身也。”（《潜书·养重》）正是因为这种观念的改变，清代人开始乐于从事商业，不仅有更多的农民变成了商人，出现了“逐末者多，力田者寡”、“商贾既多，土田不重”的现象，而且也有不少官员和士人参与经商，甚至还有弃士经商、“子弟俊秀者多入贸易一途”而不愿“读书应试”的现象。商人自身结构的这种变化，大大地提高了商人的社会地位。

3. 这是由商人自身的行为所决定的。清代商人一方面过着一掷千金、灯红酒绿的生活，有时敢于背离礼教，另一方面，他们也会急公好义，除向清朝政府捐纳钱物之外，还出资修庙宇、建桥梁、购义田、建义塾、办义仓、设善堂、扶助老弱病残、救灾赈灾等。诸如此类的行为，树立了清代商人的良好形象。

五、妇女命运悲惨

清代妇女的命运比以往封建朝代的妇女更为悲惨，不仅清代的烈妇烈女、节妇节女比宋代和明代要多得多，而且妻女被嫁卖、女婴被溺死、妻子被丈夫暴打致死的不计其数，并且，妇女在战争期间往往会成为清朝军队、叛军甚至农民军实施性侵犯的对象，不少妇女遭到掳掠和奸杀。

造成清代妇女命运悲惨的主要原因：

1. 传统文化观念方面的原因。在清代之前，古代中国社会就形成了“男尊女卑”、“未嫁从父，出嫁从夫，夫死从子”、“从一而终”、“饿死事小，失节事大”等根深蒂固的观念。为了使这些观念深入人心，更好地约束妇女，清代人编撰并印行了较多的有关妇女礼教方面的读物，如陈宏谋的《教女遗规》、陈确的《新妇谱补》、蓝鼎元的《女学》、朱浩文的《女三字经》，甚至连顺治皇帝也亲自编写了《内则行义》。这些观念和读物对清代妇女产生了巨大的影响，如：“于某妻蔡，名贞仙，金坛人。年十九，将嫁而婿病，卜者言：‘迎妇吉。’贞仙母难之。贞仙请于母曰：‘彼欲已病而违之，非义。’乃行，而婿病不起。及敛，纳钗一、钏一于棺，自经棺旁，救不死；讽姑为翁置媵，姑从之，且使主家事。忌者谮之，因辞于姑，忌者遂言是且有他志，乃矢死。取所读书、所为诗词尽焚之。钗于髻，钏于腕，旦起袭故衣，问安于姑所，辞色如常时。午侍食，既撤，入室缢……贞仙有从父尝过视贞仙，问曰：‘闻舅姑以谮常挫汝，有之乎？’对曰：‘否，古贤妇未有讼其舅姑者，即死，毋有他言。’”（《清史稿》卷511《列女四》）

2. 政治原因。清朝政府既制订专门法律条文，允许妇女守节，又对烈妇烈女、节妇节女予以旌表，这导致了更多的妇女进行仿效。

3. 经济原因。这有两种情况，其一，为了获取家庭生活资料，丈夫外出经商，一去杳无音讯，或者客死他乡。在这种无依无靠的情况下，妻子就只能独自挑起家庭的重担，养老送终，教育子女，如“钟某聘妻吴，武冈人。待年于钟氏。钟氏子从父贾四川，久不归，或传已死。钟母卒，吴纺绩奉其祖母。祖母卒，为营丧葬。年四十余，钟氏子始归，欲与婚，吴曰‘君出游久，安用就木老处子为！’出赀为买妾，而自居别室。钟氏子以不妇讼于官，吴曰：‘若祖母，吾奉之；若妾，吾畜之。吾齿长，不能育子女，请以贞终。’官判从之”（《清史稿》卷509《列女二》）。其二，因家庭贫困，丈夫或者婆婆不是强迫妻女卖淫，就是以妻女抵债，嫁卖妻女，以换取家庭生活资料，如“张氏，丹阳人。夫陈彭年，嫁十年矣。彭年贫，欲嫁张，张涕泣不应；绐使出，而密使媒从，张觉之，号恸求死。逻卒以告官，官笞彭年，令张还母家。张曰：‘我适陈矣，死生以之。’彭年益迫张，张度终不免，从容言曰：‘我无如何，今当听尔！’起随彭年走出村。塘水方盛，张跃入水死”（《清史稿》卷511《列女四》）。

4. 女人为难女人。封建社会中的女人都受着夫权、族权和政治权力这三座大山的压迫，本来应该同病相怜，可是，她们有时却为难对方。这有两种情况，其一，婆婆为难儿媳，从逼迫儿子打骂儿媳到害死儿媳，无所不为。正如林语堂所指出的，在清代社会里，“所有对妇女的虐待都来自同一性别的压迫者。然而，这时的媳妇也在等待着自己当婆婆的那一天。如果她真能活到那朝思暮想的年龄，那么他的地位就真是既能给她带来荣誉，又能为她带来权力”①。其二，同辈妇女相互为难。如“杨氏婢，不知何许人，亦不详其氏与名，主江西清江杨氏。杨氏之妾寡，将嫁，前一夕，呼婢，不应。怒曰：‘汝，我婢也，何敢尔！’婢曰：‘我杨氏婢耳，汝今谁家妇者？曰我婢我婢！’妾方持剪，坠，起，环走至曙。呼其婢曰：‘我复为尔主，汝当何如？’婢叩头泣，妾亦泣，遂谢媒妁不行。后将嫁其婢，婢曰：‘人以我一言故，忍死至今，我亦终不去杨氏门’”（《清史稿》卷511《列女四》）。

---

① 林语堂著：《中国人》，郝志东、沈益洪译，浙江人民出版社1988年版，第125页。

第五章

清代的道德教化

道德教化并不限于道德教育，它是一定社会或者阶级为了使人们接受和内化其道德价值观念，遵循其道德原则规范，履行应有的道德义务，而自觉地对人们施加道德影响的活动。在清代社会里，道德教化受到高度重视，被视为王道的首要内容、治国的重要条件，是清朝政府落实其文治方略、维持社会秩序、提高人们的道德素质的重要举措，是继承和弘扬中华民族道德文化传统、增强中国人的民族意识和民族认同的基本途径，也是对整个社会生活进行道德价值导向、规范人们行为的主要方式。

第一节　推行崇儒重道的基本国策

古代中国社会是一个伦理型社会，这决定了清朝皇帝和政府必须选择和利用具有悠久历史且已深入人心的儒家伦理思想来进行统治，将其作为清朝社会的意识形态，以便实现政治统治与思想统治、“治统”与“道统”的结合。正是出于这种需要，清朝统治者才不遗余力地坚持和推行崇儒重道的基本国策。

一、推行崇儒重道国策的原因

清朝政府推行崇儒重道国策的原因较为复杂，主要原因是：

1. 它是清朝政府文治方略的主要内容。如何顺利地进行统治，依靠什么来进行统治，这是清朝统治者所思考的一个重要问题。“武功”与“文治”之中究竟哪个更为重要、能够得到广大民众的长久支持，这是摆在清朝统治者面前的关系着清朝政府生死存亡的问题。天聪三年(1629)，皇太极就明确主张“文武并用，以文治世，以武克敌”(《清史稿》卷2《太宗本纪一》)。这表明，皇太极在此时是“武功”与“文治”并重的，“武功”是主要的国策，“文治”才开始提上清朝政治生活的日程。至于“文治”的内容究竟是什么，皇太极并没有进行深入的思考，也可能没有时间和精力来予以思考，因为他当时所要解决的主要问题是如何取代朱明王朝而不是如何统治整个中国的问题。所以，他此时所能想到的“文治”的内容就是“文教”，其直接的目的就是发现和选拔人才。但清兵入关之后，清朝政府就不再认为“文治”的内容只限于培养人才的“文教”了。顺治十年(1653)，顺治皇帝强调:“帝王化民以德，齐民以礼，不得已而用刑。法者天下之平，非徇喜怒为轻重也。往者臣民获罪，必下部议，以士师之任，职在明允。乃或私心揣度，事经上发，则重拟以待亲裁；援引旧案，又文致以流刻厉。”(《清史稿》卷5《世祖本纪二》)这就是说，在清朝统治者看来，“文治”是包括“德治”和“法治”的。不过，顺治皇帝已经意识到，“法治”只是一种次要的有时可能会出现弊端的“文治”方式。沿着这样的思路，康熙朝著名理学学者陆陇其进一步认为:“法者，治之迹而非所恃以为治也。为治而专恃法，自古及今，未有能治者。臣非欲陛下废法而治也，窃以为法之及人也浅，德之及人也深，法之禁人也难，教之禁人也易。今日之治，苟非崇德教以正人心，虽日议法，无益矣。伏愿陛下日新其德，以尧、舜、禹、汤、文、武之心为心，以尧、舜、禹、汤、文、武之学为学。有弗言，言则必使天下共法也，有弗动，动则必使天下共则也。于是务敦教化，一如古者司徒党正三物六行之制，尽其实，不徒徇其名。天下之人既动于上之德，而又习于其教，则自然相渐以仁义，相尚以忠厚，相劝以正直，不待法之驱，而人皆有君子长者之风。由是立法以兴利，莫不安于上之所兴；立法以去弊，莫不安于上之所去。使不先正人心，而徒恃区区之法，议法者日益精，而刓法者日益巧，法之弊未有已也……德教行，人心正，而郅治可复也。”[①]这就是说，“德治”不仅是一种优于“法治”的文治方略，而且是一种根本的治国策略。陆陇其这样的主张被清朝统治者所接受，并成为了清朝政府推行崇儒重道国策的一个理论依据。

2. 它是树立清朝政府形象的需要。清兵入关之前，清朝政府在其对待朱明王朝及其统治下的民众的态度和做法方面，给明朝边民留下了野蛮残酷的印象。清兵经常在明朝边境干扰民众生活，抢夺财物，烧毁房屋，杀死男人，掳走一批又一批的妇女，尤其是清兵两次深入长城以内的烧杀掳抢，更使中原民众将其视为恶魔。针对清朝政府的这种做法，范文程指出:“曩者弃遵化屠永平，两经深入而返，彼地官民必以我为无大志。”(《清实录·世祖章皇帝实录》卷4)为了改变这种形象，清朝统治者不仅对入关的八旗兵颁发了禁止毁庙宇、杀行

---

① 李元度著:《国朝先正事略:清代1108人传记》(上)，岳麓书社1991年版，第242—243页。

人、夺人衣服、离人夫妇、淫人妇女等军令，申称其军队乃“灭贼安天下”的正义之师，而且根据儒家思想来处理事情，如清兵进入京城之后，清朝统治者就要求礼部：“京城内流贼蹂躏之后，必有鳏寡孤独谋无生计及乞丐街市者，著一一察出，给予钱粮恩养。”(《清实录・世祖章皇帝实录》卷5)以便让中原民众实实在在地感受到清朝政府是一个实践了儒家“爱民”、“惠民”、“养民”道德要求的政府。

3. 它是清朝政府顺利地进行统治的需要。清朝政府是以满族为统治民族的政府。满族人口极少，其群众基础薄弱，它虽然与蒙古族结成了比较牢固的联盟，但它却缺乏统治好用武力所得到的整个中国的自信，常常处在对汉族民众的怀疑和恐惧之中。为了顺利地进行统治，清朝政府就不得不想方设法地获得占全国人口绝大多数的汉族人的支持。要得到汉族人的支持，清朝政府需要创造一系列的条件，其中一个重要的条件就是要尊重和提倡汉族人长期以来所奉行的儒家思想。清朝统治者为了笼络人心，顺利地进行统治，就需要推行崇儒重道的国策。并且，清朝统治者也意识到儒家思想本身具有维持统治秩序的功能。如雍正皇帝从否定的角度反证了儒家思想对其统治的价值，他说：“若无孔子之教……势必以小加大，以少陵长，以贱妨贵，尊卑倒置，上下无等，干名犯分，越礼悖义，所谓君不君、臣不臣、父不父、子不子，虽有粟，吾得而食诸？其为世道人心之害，尚可胜言哉?”(《清实录・世宗宪皇帝实录(一)》卷59)

二、崇儒重道国策的推行

崇儒重道国策的推行实际上就是清朝政府对民众进行道德教育的过程，是使儒家思想深入人心的过程。其具体做法是：

1. 尊奉孔子、朱熹。崇儒重道表现在两个方面，其一是对儒家思想的推崇，其二是对儒家代表人物的尊奉。清朝皇帝和政府所尊奉的儒家代表主要是孔子和朱熹。皇太极在其称帝的那年(1636)就派遣官员去祭祀孔子。顺治二年(1645)正月，清朝政府“更国子监孔子神位为大成至圣文宣先师孔子”，顺治三年(1646)在盛京修建了孔庙，顺治九年(1652)举行了尊孔的“临雍释奠”。康熙八年(1669)，康熙皇帝率领诸王、大臣亲临太学祭奠孔子；康熙十三年(1674)，康熙皇帝亲自到山东曲阜祭祀孔子，在看到孔庙多年失修之后，他就决定动用内帑予以修缮；康熙二十三年（1684），他又专程去了孔子故里，瞻仰祭拜孔子，书有“万世师表”匾额，亲自撰写孔庙碑文，“以昭景行尊奉至意”，他还表示自己比历代任何帝王更尊崇孔子，他说：“历代帝王，致祀阙里，或留金银器皿。朕今亲诣行礼，务极尊崇至圣，异于前代，所有曲柄黄盖留供庙庭，四时飨祀陈之，以示朕尊圣之意”（《清实录·圣祖仁皇帝实录（二）》卷 117）；康熙三十年（1691），康熙皇帝派专人主持孔庙的修缮工作，并于康熙三十二年（1693）竣工，他又派皇子前往祭拜。雍正元年（1723），雍正皇帝加封孔子五世王爵，雍正二年（1724）在归化城修建孔庙，雍正八年（1730）又修复因火灾焚毁的大成殿工程。乾隆皇帝先后五次前往山东曲阜孔子故里，他表示：“国家崇儒重道，尊礼先师。朕躬诣阙里，释奠庙堂，式观车服礼器，用慰仰止之思。”（《清实录·高宗纯皇帝实录（五）》卷 309）清朝前期的皇帝还在全国许多地方修建了孔庙（文庙），以方便人们祭祀孔子。除了尊奉孔子之外，宋代理学家朱熹也受到了特别的尊崇。朱熹之所以享有这样的地位，是与康熙皇帝极有关系的。康熙皇帝指出：“朕自冲龄，笃好读书，诸书无不览诵。每见历代文士著述，即一句一字，于理义稍有未安者，辄为后人指摘。惟宋儒朱子，注释群经，阐发道理。凡所著作及编纂之书，皆明白精确，归于大中至正。”（《清实录·圣祖仁皇帝实录（三）》卷 249）不仅如此，“先儒中，惟朱子之言最为确当。其他书册所载，有不可尽信者”（《清实录·圣祖仁皇帝实录（三）》卷 291）。这就是说，在康熙皇帝看来，惟有朱熹理学才是儒家道统的正传，因此，他下诏朱熹“配享孔庙，在十哲之次”。清朝皇帝和政府之所以尊崇孔子、朱熹并设立文庙以方便民众祭祀孔子，其动机在于通过这种方式来树立儒家思想的统治地位，其目的在于统一人们的思想道德观念。

2. 宣传儒家思想。清朝政府所推行的崇儒重道国策的核心，就是确立儒家思想在清朝的统治地位，将其作为清朝的社会意识形态。然而，儒家思想在其发展过程中在不同的社会历史时期呈现出不同的思想形态，这些不同的思想形态实际上是不同思想家的具有个性的思想。其中有的思想能够适应封建统治的需要，有的思想则可能与封建统治背道而驰，如宋代以来的程朱理学与陆王心学就是如此。因此，对于清朝统治者来说，他们就会从维护统治阶级的利益出发来确定何者为儒学正统，何者为儒学之异端。与此相联系，他们就会决定自己应该宣传谁的思想，批判和反对谁的思想，以便为民众提供明确的思想观念导向。显然，自清朝建立以来，统治者一直在以各种形式宣传孔子和孟子的思想，到康熙朝后期则将重点转向朱熹理学。在清代社会里，宣传儒家思想主要有两种方式，其一是编纂和注释儒学经典。顺治朝有御注《孝经》，康熙朝钦定了《诗经传说汇纂》、《书经传说汇纂》和《春秋传说汇纂》，御纂了《周易折中》和《日讲四书解义》，雍正朝御纂了《孝经集注》，乾隆朝钦定了《周官义疏》、《礼记义疏》和《仪礼义疏》，御纂了《周易述主》、《诗义折中》和《春秋直解》等。这种方式有利于儒学经典的传播，有利于统一士人的思想观念。其二是儒家思想的普及化和通俗化。为了达到这一目的，清朝皇帝和政府主要采取了两方面的措施，首先是要求在士人中间普及儒家思想。顺治十二年(1655)，顺治皇帝强调："自明末扰乱，日寻干戈，学问之道，阙焉弗讲。今天下渐定，朕将兴文教，崇儒术，以开太平。直省学臣，其训督士子，博通古今，明体达用。诸臣政事之暇，亦宜留心学问，佐朕右文之治。"(《清史稿》卷5《世祖本纪二》)无论是在官学中还是在私学中，教师都有责任"训督"学生学习和贯彻儒家思想。其次是要求向普通百姓宣传普及儒家思想。由于普通百姓基本上没有什么知识，有的甚至连文字都不识，因此，高深的儒家思想要被原原本本地普及到民间是相当困难的。为了让普通百姓更好地接受和奉行儒家思想，清朝皇帝和政府不得不将儒家思想通俗化。这一办法最先是由顺治朝提出来的，顺治九年(1652)，为了广泛地进行道德教化，顺治皇帝钦定并颁布了六谕卧碑文，其具体内容是：孝顺父母、恭敬长上、和睦乡里、教训子孙、各安生理、无作非为。16岁的康熙皇帝在此基础上将儒家伦理思想具体化为普通百姓很容易理解的日常行为准则。这些准则就是"圣谕十六条"，即："敦孝弟以重人伦；笃宗族以昭雍睦；和乡党以息争讼；重农桑以足衣食；尚节俭以惜财用；隆学校以端士习；黜异端以崇正学；讲法律以儆愚顽；明礼让以厚风俗；务本业以定民志；训子弟以禁非为；息诬告以全良善；诫窝逃以免株连；完钱粮以省催科；联保甲以弭盗贼；解仇忿以重身命。"(《清实录·圣祖仁皇帝实录(一)》卷34)为了在民间更有力地普及"圣谕十六条"，康熙九年(1670)十一月，礼部专门发文："皇上弘敷教化，特颁圣谕十六条，以示尚德缓刑，化民成俗至意。应通行晓谕八旗，并直隶各省州县乡村人等，切实遵行。"(《清实录·圣祖仁皇帝实录(一)》卷34)自此时起"圣谕十六条"开始向民间广泛传播。"圣谕十六条"一直被后来的皇帝所高度强调，尤其是雍正皇帝更为重视，他对此逐条加以说明，写出了洋洋万言的《圣谕广训》，于雍正二年(1724)颁发全国，并成为了清朝政府进行道德教化的范本。为了更好地向普通百姓宣传《圣谕广训》，清朝政府还推行了讲约制度，要求地方官在各乡里民中挑选出“素行淳谨、通晓文义者，举为约正，不拘名数”，命令他们在每月的朔望即初一、十五在就近村镇，以通俗易懂的方式向民众宣讲，要求宣讲者认真负责，对听众还要考勤登记。这一举措对儒家伦理思想深入人心产生了良好作用。

3. 重用和推崇儒士。开科取士，重用儒士，这是早在皇太极时就有人提议过的，但是，这一提议并未被付诸实践。之所以如此，是因为当时皇太极所需要的主要是军事方面的人才。在此环境中，儒士的地位相对较低，他们的职责也主要限于秘书工作，即使如范文程、宁完我等人被重用，他们也只是做做参谋工作而已。而儒士受到重用则是从顺治朝开始的。清朝皇帝和政府对儒士态度的这种转变，是与清朝统治者对如何得到汉族民众的普遍支持的考虑密切相关的。早在清兵入关之际，范文程就向顺治皇帝献计献策：“治天下在得民心。士为秀民，士心得，则民心得矣。”(《清史稿》卷232《范文程》)有同样想法的远不止范文程一人。浙江总督张存仁于顺治二年(1645)上了这样一道疏：“近有借口薙发，反顺为逆者。若使反形既露，必处处劳大兵剿捕。窃思不劳兵法，莫如速遣提学，开科取士，则读书者有出仕之望，而从逆之念自息。”(《清实录·世祖章皇帝实录》卷19)也许是这样的建议打动了多尔衮的心，清朝政府终于在当年举行了第一次科举考试，选用了一批有才学的儒士入仕清朝政府。然而，科举考试并没有将那些在民间享有盛誉的儒士选拔出来。康熙皇帝为此而担忧，他于康熙十七年(1678)下了一道诏书：“一代之兴，必有博学鸿儒振起文运，阐发经史，以备顾问。朕万几余暇，思得博通之士，用资典学。其有学行兼优、文词卓越之士，勿论已仕未仕，中外臣工各举所知，朕将亲试焉。”(《清史稿》卷6《圣祖本纪一》)第二年，清朝政府正式要求举荐博学鸿儒，大学士李霨等荐举了曹溶等71人。清朝皇帝和政府不仅重用儒士，而且还推崇有较高的学术造诣和高尚的道德品质的儒士。清代理学名臣魏裔介在康熙二十五年(1686)病逝后，经康熙皇帝批准，以大学士兼尚书衔按例祭葬，雍正十一年(1733)入祀贤良祠，乾隆二年(1737)又被追加谥号“文毅”。熊赐履病死后被康熙皇帝赐谥号“文端”。

李光地死后被康熙皇帝赐谥号“文贞”，雍正朝被入祀贤良祠。陈宏谋死后被乾隆皇帝赐谥号“文恭”，被入祀贤良祠。汤斌、陆陇其、张伯行三人因其“廉能清正，民爱之如父母”而成为清朝从祀孔庙的名臣。除名臣之外，入祀孔庙的还有民间理学名臣张履祥。清朝皇帝和政府重用和推崇儒士，一方面使清代士人明确了自己努力的方向，潜心于研究和阐发孔子、孟子和朱熹为代表的儒家思想，另一方面使士人自觉地内化儒家思想，并用儒家伦理道德来范导、控制自己的行为。

第二节 尚礼重俗

礼是由一定社会或者阶级出于维护社会秩序的需要而制定的具有强制性的道德规范和道德行为模式，风俗则是人们在长期社会生活中约定俗成的道德准则和道德生活方式。尽管礼与风俗有所不同，前者是一定社会组织自觉制定的，后者是民间自发形成的，前者是制度层面的，后者是非制度层面的，但是，它们都是社会道德调控的基本手段，其目的都在于统一人们的道德价值观念，整合人们的道德行为，维持某种生活秩序。因此，清朝政府和民间都非常重视社会生活中的礼和风俗，力图通过对礼的崇尚和风俗的重视，让人们在社会生活过程中潜移默化清朝政府所提出的道德要求。

一、尚礼重俗的原因

清朝政府和民间之所以尚礼重俗，其主要原因在于：

1. 为了扭转社会风气。一般说来，社会的迅速变化必定会引起社会关系的巨大变化，会引起社会生活的深刻变化，也会引起社会风气的极大改变。可以说，清代社会是中国历史上变化较迅速的社会。这种变化主要表现在两个方面，其一是政治上的变化，其二是经济上的变化，这两种变化对清代社会风气产生了广泛而深刻的影响。在政治方面，人们目睹和感受了由明朝政府到大顺政权再到清朝政府的迅速变化，尤其是明清鼎革更使人们产生了国破家亡、“天崩地解”、“神州陆沉”的心灵震荡。这种变化使人们对“君权神授”的观念发生了怀疑，使人们原有的关于政治权威绝对性和不可侵犯性的观念有所松动，人们因此而敢于不顾清朝政府所提倡的礼制和礼仪，尤其是君臣、官民相互对待方面的礼制礼仪。清代人们都明显地感到了正统礼制礼仪所受到的冲击。康熙皇帝及其臣僚对此有清醒的认识，他与熊赐履就此有过一次对话：“‘朕观朱文公家礼、丧礼不作佛事。今民间一有丧事，便延集僧道，超度炼化，岂是正理？’对曰：‘总因习俗相沿，莫知其非。近见民间丧家，一面修斋诵经，一面演剧歌舞，甚至孝子痛饮，举家若狂，令人不忍见闻。诸如火葬焚化、跳神禳灾之类，伤财败俗，不可殚述。’”①面对这种情况，康熙皇帝深有感触：“朕巡行江表，缅怀禹德，躬率群臣展祭陵庙。顾瞻殿庑圮倾，礼器缺略，人役寥寥，荒凉增叹。愚民风俗崇祀淫祠，俎豆馨香，奔走恐后，宜祀之神反多轻忽，朕甚慨焉。”②清代人们丧葬观念的这种变化，其实并非只由人们的宗教信仰所致，还与明清之际及清代的战争有关。无论是清朝统一全国的战争，还是后来的平定“三藩”和其他各种叛乱或者农民的抗粮抗租的战争，都残杀了不少人的性命。人们在处理这些人的丧事时不但不遵循正统的礼制礼仪，反而以最简单的火葬或者直接掩埋的方式处置，其结果必定会影响人们对丧礼的遵循，正如当时有人所指出的那样：“兵乱之后，风俗大坏，民不知丧礼。”(《清史稿》卷476《循吏一》)

在经济方面，商品经济的存在对清代风俗产生了广泛而又深刻的影响，它所引起的经济关系和利益格局的变化为人们的越制僭礼提供了坚实的物质基础。它使清代社会逐渐地改变了“重农贱商”、“重士贱商”的观念，由对商人的歧视转变为尊重，农民因此而不乐意从事农业生产，有的士人主动地放弃了对功名的追求，从而在社会上形成了经商逐利的风气。正是在逐利动机的驱使下，清代商人淡化了清朝政府所提倡的政治伦理观念，有时对清朝政府的有关法律和禁令置之不顾；淡化了儒家所提倡的家庭伦理观念，放弃了对父母长辈的行孝和对子女的教育责任，一心一意孜孜求利，甘愿为此而冒任何风险，甚至不惜付出生命的代价，这就是顾炎武所说的商人“惟利是视，走死地如骛”。不

① 中国第一历史档案馆整理：《康熙起居注》第1册，中华书局1984年版，第127页。
② 同上书，第2册，第1837页。

只如此，这种逐利的社会风气冲击着儒家关于义与利、理与欲的道德观念，人们不但不讳言利、不耻言富，而且大胆地追求物质利益，公开采取一切在人们看来有利于获取利益的手段，甚至为了获得利益和确保人身安全而祈求神灵。人们不再注重节俭，反而羡慕奢侈浮华，社会上蔓延着以奢侈为荣的风气。这种奢侈之风既表现在衣食住行方面："迩年以来……饮食张具百倍于昔，储无儋瓦石，衣必绮纨；客无贵贱，肴必嘉整，非状者以为羞。下至牛医马佣、优仆隶卒，台笠靴袍多于上官，炫耀都市，莫辨贱贵。"（康熙《南安县志》卷19《风俗》）又表现在丧葬的操办方面，在丧葬活动的进行过程中，"戚友盛饰品物，罗列花卉，鼓乐导行，侈靡喧哗，大失哀死吊生之意……富者既以侈为尊亲尽孝之道，贫者又争相效尤，以至中人之产，一过丧葬，即无以自存几何"（道光《佛山忠义乡志》卷5《乡俗》）。而商人的逐利行为和社会上的求富心态对社会风气所造成的严重影响，莫过于对封建等级制度的冲击，不但商人自身敢于违背礼制，过着只有上等人才能享受的生活，而且他人也将富有的商人与官绅同等对待。

上述社会风气既与儒家伦理思想不相符合，又与清朝政府的统治需要不相适应，因此，清朝统治者必定会想方设法来扭转这种社会风气。在其所采取的措施中，尚礼重俗被视为一种极其重要的方式，正如魏象枢所说："戒淫侈宜正人心，励风俗宜修礼制。"（《清史稿》卷263《魏象枢》）

2. 为了养成个人的道德人格。一定社会总是需要具有相应道德人格的人。一个人是否会养成社会所需要的道德人格，除了个人自身具备向善的内在动力之外，关键在于社会是否有明确的道德原则规范，是否有始终不渝地奉行这些道德原则规范的社会生活环境。礼与俗正是这样的社会条件。礼不只是礼制，不只是一定社会或者阶级所提出的要求其成员一致遵守的道德规范，还是礼仪，是社会成员共同参与的不可随意更改的仪式，是礼义支配下的社会生活实践。风俗也不只是人们在日常生活中自然地形成的共同道德观念和实际奉行的道德规范，还是社会生活本身。在此意义上，清朝政府和民间的尚礼重俗，就不只是对某种道德观念和道德规范的提倡和强调，还是对社会道德实践的关注。这意味着，在清代人看来，道德人格的养成是这两个方面相辅相成的过程，同时也是礼与俗相统一的过程。然而，在礼与俗之中，清代人更强调礼对道德人格养成的作用，他们将礼视为立人之本。因为，清代人知道，一个人只有乐意去学习和了解礼，他的道德人格养成才会有明确的方向，他才有可能养成清代社会所需要的那种道德人格，相反，“不学礼，无以立”、“不知礼，无以立”；而且，礼告诉人们所扮演的不同社会角色，让他们知晓和遵守不同社会角色的道德规范和道德行为模式，要求他们内化社会对不同社会角色所提出的道德要求，控制自己的欲望和冲动，让自己的言行符合礼的要求，正如荀子所说：“礼者，所以正身也。”（《荀子集解·修身》）

3. 为了清朝政府更顺利地进行统治。在中国历史上，王朝的统治者们主要用两种手段来进行统治，其一是法刑，其二是礼俗。两者之中，统治者们更强调利用礼俗来进行统治。因为他们知道：“礼者，治辨之极也，强固之本也，威行之道也，功名之总也。王公由之，所以得天下也；不由，所以陨社稷也。故坚甲利兵不足以为胜，高城深池不足以为固，严令繁刑不足以为威，由其道则行，不由其道则废”，“隆礼贵义者其国治，简礼贱义者其国乱。”（《荀子集解·议兵》）这就是说，礼不仅是立人之本，而且还是立国之本。因此，清朝统治者非常重视礼俗在国家治理过程中的作用。康熙皇帝强调：“帝王致治，在维持风化，辨别等威。比来官员服用奢僭，竞相效尤。其议禁之。”（《清史稿》卷6《圣祖本纪一》）“治天下之道，莫要于厚风俗。”（《清实录·世宗宪皇帝实录（一）》卷57）清朝统治者之所以要禁止人们违背礼俗，其目的就在于将人们造就为忠臣、顺民，以便自己能够顺利地进行统治。清朝皇帝和政府出于统治的需要而尚礼重俗，在“因俗而治”的民族政策上表现得最为明显。孙嘉淦就如何治理好苗疆给乾隆皇帝上了一道疏，指出，苗疆之所以动乱不安，就是因为清朝政府在对待苗民的政策上没有考虑其风俗，因此强调：“‘善为政者，因其势而利导之。’苗人散居，各有头人。凡作奸窝匪之处，兵役侦之而不得者，头人能知之；斗争劫杀之事，官法绳之而不解者，头人能调之。故治苗在治头人，令各寨用头人为寨长。一峒之中，取头人所信服者为峒长，使各约束寨长而听于县令。众苗有事，寨长处之不能，以告峒长；又不能，以告县令。如是，则于苗疆有提纲挈领之方，于有司自收令行禁止之效。且峒长数见牧令，有争讼可告官区处，而无仇杀之举。牧令数见峒长，有条教可面饬遵行，而无吏役茨蔽之患。扰累既杜，则心志易孚。所谓立法简易，因其俗而利导者也。”（《清史稿》卷303《孙嘉淦》）由此可见，清朝统治者尚礼重俗的真正意图，并不是礼俗应该符合现实社会生活的需要，不是其内容的合理性，而是国家的治乱。

二、尚礼重俗的措施

清朝政府和民间尚礼重俗的一个任务，就是为道德教化、个人道德人格的养成提供有利的社会道德环境。这一社会道德环境是有赖于多方面的力量来共同营造的。

1. 统治者示范。某一社会的道德风气如何，与统治者的作为有着直接的关系。为了营造有利于自己进行统治的社会道德风气，清朝统治者非常重视自己的率先示范，以求收到上行下效的良好效果。为此，清朝皇帝们都重视自己在尚礼重俗方面的带头作用，如康熙五十二年(1713)是康熙皇帝60大寿之年。为表示对老人的尊重和惠顾，康熙皇帝特颁发谕旨："各省祝寿老人极多，倘有一二有恙者，可令太医看治。朕于十七日进宫经棚，老人已得从容瞻觐。十八日正阳门行礼，不必再至龙棚。各省汉官传谕知悉。"万寿节那天，康熙皇帝首先赴慈宁宫给皇太后请安，以示行孝，然后"御太和殿受贺，颁诏覃恩，锡高年，举隐逸，旌孝义，蠲逋负，鳏寡孤独无告者，官为养之，罪非殊死，咸赦除焉"。几天之后，康熙皇帝又召来直省65岁以上的官员、士人、庶民，赐宴于畅春园，并与33名90岁以上、538名80岁以上的老人共同举杯，各赐白金，对他们说："古来以养老尊贤为先，使人人知孝知弟，则风俗厚矣。"(《清史稿》卷8《圣祖本纪三》)雍正皇帝因为端阳节"外间所进香囊、宫扇中有装饰华丽雕刻"而"深恶"，认为这是"开风俗奢侈之端"，并强调"厚风俗之道，必当崇俭而去奢"，"奢俭一端，关系民生风俗者至大"。为此，他在要求臣僚去奢崇俭的同时，"朕自身体力行，为天下先。诸王内外大臣，文武官弁，与乡绅富户，当深体朕心，钦遵朕谕，期共勉之"(参见《清实录・世宗宪皇帝实录(一)》卷57)。不仅如此，有的清朝官员也模范地遵守礼俗。除汤斌、陆陇其、张伯行等清廉名臣之外，还有一大批官员都带头示范，李恭勤是乾隆朝四川总督，他想"以俭矫俗"，于是与属僚约定："不得蓄音乐，不得侈宴会，不得饰舆马衣服。在官数年，未宴一客，属吏亦无置酒饮之者。"(《清稗类钞・廉俭类》)

2. 大兴礼教。有利于清朝统治者进行统治的社会道德风气的营造，有赖于大兴礼教。大兴礼教的前提是人们有其生活的充裕的物质基础，没有这一前提条件，尚礼重俗是不可能的。然而，仅有充裕的物质条件是不可能维持清朝政府的统治的，还需要大兴礼教。康熙皇帝指出："盛治之世，余一余三。盖仓廪足而礼教兴，水旱乃可无虞。比闻小民不知积蓄，一逢歉岁，率致流移。夫兴俭化民，食时用礼，惟良有司是赖。督抚等其选吏教民，用副朕意。"(《清史稿》卷6《圣祖本纪一》)这就是说，相对于仓廪是否充足来说，礼教显得更为重要。正是在此意义上，嘉庆皇帝强调："国家临御年久，宜加意于人心风俗。而人心之正，风俗之醇，则系于政教之得失。其间消息甚微，系于国脉甚重，未可视为迂图也。天下事有万殊，理归一是。从严、从宽，必准诸理。施行所及，乃能大畏民志。民志定，民心正矣。凡我君臣，当以忧盛危明之心，不为苟且便安之计。其于风俗之淳薄，尤当时时体察，潜移默化，整纲饬纪，正人心以正风俗。亮工熙绩，莫重于斯。"(《清史稿》卷16《仁宗本纪》)要有针对性地进行礼俗教育，了解社会风气的真实情况是十分必要的。为此，清朝政府设立了以掌握舆风民情为专门职责的"观风整俗使"，如雍正七年(1729)，雍正皇帝准备设立福建"观风整俗使"，命令蔡世远与同籍京朝官共同讨论。经过讨论之后，大家达成了一致意见，认为"福建自海疆平定后，泉、漳将吏因功骤擢通显，子弟骄悍，无所懔畏。皇上饬官方，兴民俗，上年学政程元章奏以泉、漳风俗未醇，责成巡道整饬，自此益加儆戒。但人有贤愚，士或鄙劣薄行，民又多因忿互争，未必洗心涤虑。应请设观风整俗使，防范化导，于风俗人心有益"(《清史稿》卷290《蔡世远》)。"观风整俗使"的设立对于清代尚礼重俗、扭转社会风气起了重要作用。

3. 移风易俗。同以往社会一样，清代社会的风俗也具有两重性，既有良风美俗，又有消极陈腐风气。消极陈腐风气虽然对社会生活的败坏相当严重，但是，人们却宽容它，有人甚至以此为荣。如处于浙、赣、皖三省交界处的浙江衢州府开化县，其县城居民约有千数百户，这些家庭中的妇女，无论已嫁未嫁、有夫无夫，"罔不面首三十，惟卿所欲，女子自十四岁以上鲜有完人。浪男荡妇，既相欢好，则男子恒具面食分馈其邻，自此便可公然往来，略无顾忌，即为之夫若父母者，第有微利可沾，亦绝不加以干涉。男子对于所欢，每月约津贴以银币二圆，而在生活程度极低之处，即此区区，已足赡一身而有余。故开化奸案极少，是盖桑间、濮上，积久成风，多所见而少所怪矣"(《清稗类钞·风俗类》)。有的福建人则不但不以参与家族之间的械斗为耻，反以为荣。这意味着有的清代人的荣辱观已经被颠倒，正如沈近思在给康熙皇帝的疏中所说：人们“以诡诈为能，以忠厚为拙；以势利为重，以廉耻为轻；以逢迎奔竞为有才，以安分守己为无用；以请托徇私为多情，以孤介刚方为刻薄；以健讼打降为豪杰，以捏词造谤为智谋。风俗人心，颓坏已极”。[①] 其结果是“风俗极其僭滥，而礼制因之日坏也……夫风俗奢、礼制坏，为饥寒之本原，盗贼、讼狱、凶荒所由起也”（《清史稿》卷262《熊赐履》）。为了预防这些严重后果的出现，清朝皇帝要求官员承担移风易俗的主要责任，如康熙二十三年（1684）十一月初四，康熙皇帝自江宁返京前对文武官员说：“朕向闻江南财赋之地，今见通衢市镇似觉充盈。至于乡村之饶，人情之朴，不及北方，皆因粉饰奢华所致。尔等身为大小有司，当洁己爱民，奉公守法，激浊扬清，体恤民隐。务令敦本尚实，家给人足，以副朕老安少怀之至意。”[②]官员尤其是地方官员也千方百计地采取了各种措施，颁发了禁止奢侈、械斗、游惰、赌博、饮酒、健讼、投机钻营、编造谣言、武断乡曲、纠党勒索等方面的禁令。这些禁令大多是劝导性的，其要求合情合理。下面这则某县颁发的禁令，不仅开列了禁止抛荒地土、游湖赌博、妇女烧香、敛钱演戏、少年庆寿、无故昼饮、生子宴会、抢量租谷等八项应禁事宜，而且可谓语重心长：“为严禁游惰恶习，及无益之费，以阜民财事。照得天地生财以养人，恒视人之勤惰奢俭以为丰啬。故农之勤者，岁收必丰，若一懒惰，则所入必少。而家之俭者，共财必裕，若一奢靡，则所用必匮，理固然也……今尔褒民性多懒惰，而又不知节用，无怪乎家尤隔宿之储，而每见捉襟露肘也，终年衣食不继，总由平时不能勤俭之故……尔褒民既人同此人，自必人同此性，欲富恶贫之念，谅亦不与人殊。何以执迷不悟，止顾眼前醉饱，不图家道丰盈。以致贫者朝不能保暮，而富者亦不见其日盛而月新，此皆力作不勤而用度不节之所致也……本县之视尔民犹吾子也，婆心苦口，总欲尔民家给人足，以遂我爱民犹子之心。倘敢视同泛常，仍蹈故辙，则是愿为顽民，甘为逆子，定当尽法重处，惩一儆百。移风易俗，法在必行，勿谓本县之不顾人情也”，并强调禁令所及的所有方面“皆切中尔民病根，诚为对症之药。总欲去其奢惰以归勤俭，此则本县今日立言之大要也。欲挽颓风，不得不

---

① 李元度著：《国朝先正事略：清代1108人传记》（上），岳麓书社1991年版，第391页。
② 中国第一历史档案馆整理：《康熙起居注》第2册，中华书局1984年版，第1249页。

力行禁止，一有不遵，三尺具在。但能俗易风移，亦见无负地方之意，知我罪我，听之而已。至于绅士为一乡之望，尤宜身先勤俭，以为同里表率，倘有违犯，轻则差拘家属倍处，重则详宪究惩。盖欲挽回风化，则不能顾惜情面尔。绅士能各自爱鼎，毋梗吾令，是则本县之所厚望也”。① 由于清朝政府颁发了合情合理的禁令和采取了相应措施，清代人更明确了社会的道德要求，清代社会的消极陈腐风气才得到了一定程度的扼制。

第三节 道德教育

道德教育是道德教化的主要方式。在清代社会里，就道德教育的内容来看，它既有道德理论教育，又有道德原则规范方面的教育。这两个方面是需要通过一定教育方式才会传授给民众的，才会被民众所掌握和内化的。为了提高道德教育的有效性，清代社会主要采取了两种相辅相成的道德教育的组织和实施方式，其一是官方道德教育，其二是民间道德教育，它们虽然都是清代社会塑造道德人格的方式，但是，在其侧重点、出发点、道德教育原则、道德教育的具体操作方式上却是有所不同的。

一、官方道德教育

中国历代统治者都非常重视道德教育在整个社会生活中的作用，清朝统治者也不例外。之所以如此，首先是因为清朝统治者认为道德教育并非只是提高人们的道德素质的方式，更重要的在于它是一种“得民心”的工程，孟子早就说过：“善政，不如善教之得民也。善政民畏之，善教民爱之；善政得民财，善教得民心。”(《孟子·尽心上》)其次是因为道德教育被视为国家治理的基础工程，正如朱之瑜所说：“敬教劝学，建国之大本；兴贤育才，为政之先务。”(《朱舜水集》

---

① 郭成伟、田涛点校整理：《明清公牍秘本五种·纸上经纶》，中国政法大学出版社 1999 年版，第 227—228、232 页。

卷 17《杂著・劝兴》)康熙皇帝指出:“教隆于上,化成于下;教不明于上,而欲化成于下,犹却行而求前也。教化者为治之本,学校者教化之原。”①再次是因为道德教育是养成良风美俗的首要前提和主要途径,顾炎武强调:“变化人心,荡涤污俗者,莫急于劝学、奖廉二事。”(《日知录集释》卷 13《名教》)最后是因为道德教育是灌输清朝统治思想的需要。程朱理学是清朝的统治思想和社会意识形态,然而,人们对它的合理性则多有怀疑和批判,清初理学名家魏象枢也明确地意识到:“理学一途,世人惊诧者众,而边地尤甚,将谓存天理去人欲,为必不可到之一境。”(《寒松堂全集》卷 10《书简・答王近微同年书》)这种情况的存在不利于清朝统治思想的传播。为了改变这种状况,清朝统治者就着眼于道德教育,企图从道德的纯洁性、崇高性入手,来转变人们对程朱理学的态度,以便让人们更好地接受清朝的统治思想。

与清朝的统治思想和社会意识形态相适应,清朝政府道德教育的内容主要限于儒家伦理思想尤其是程朱理学,其具体内容在各个时期各有不同。清初学者颜元指出:“圣王之治世也,以三物教万民而宾兴之。学者学六德、六行、六艺。”(《颜元集・习斋记余》卷 4)其中的“三物”是指正德、利用和厚生;“六德”是指知、仁、圣、义、忠、和;“六行”是指孝、友、睦、姻、任、恤;“六艺”是指礼、乐、射、御、书、数。这些方面无疑构成了清朝政府道德教育的重要内容。不过,它们却被人们赋予了不同的意义。在清代前期,它们被当作个人内在道德精神的构成要素,因此,清朝政府就“六德”、“六行”、“六艺”等方面而进行的道德教育,其目的在于塑造个人的内在道德精神,在于强调个人的自律。在清代中期,它们被视为制度伦理的内容,如凌廷堪、焦循、阮元等认为儒家伦理学说的中心是“礼”而非“理”,并据此提出了以“礼”代“理”的教化思路,即以礼学代替理学,力图把清朝政府道德教育的关注点从提高人的道德素质转到外在制度建设上来,以便让所有个人共同遵守清代社会的道德规范。尽管在实际的官方道德教育中其内容各有不同,但雍正皇帝所写的《圣谕广训》无疑是其最主要的内容。

有人认为中国古代社会的道德教育都是一种精英教育,这种看法是不符合

---

① 《圣祖仁皇帝御制文》卷 17,见李国钧主编:《清代前期教育论著选》中册,人民教育出版社 1990 年版,第 242 页。

清朝道德教育的实际的。就教育的对象而言，清朝政府的道德教育可以分为精英教育与大众教育两种。精英教育是依托于官学机构的教育。清朝的官学机构沿用明朝的建制，分为中央与地方政府两级，“京师曰国学，并设八旗、宗室等官学。直省曰府、州、县学”(《清史稿》卷 106《志八十一》)。中央的官学被称为国子监、国学或者太学。虽然国子监和府州县学的教学涉及四书、五经、二十二史、资治通鉴纲目、清律、历代名臣奏议及诏、诰等文体的写作等方面，但是，其重点则是道德教育，准确地说，是有关政治伦理的教育。正是因为如此，官学中的官员和教师就被赋予了重大的责任，是实施道德教育的责任主体。道光三年(1823)，道光皇帝对国子监官员说：“化民成俗，基于学校，兴贤育德，责在师儒。士先器识，渐摩濡染，厥有由来。尔监臣式兹多士，尚其端教术，正典型，毋即于华，毋邻于固。入孝出弟，择友亲师。庶几成风，绍休圣绪。”(《清史稿》卷 89《志六十四》)甚至如陆世仪所说：教师是天地古今、社稷生民、治乱安危、善恶生死的关键。这种地位和责任对官学中的教师提出了相当高的要求，即只有在德行和学问方面都高于其他士人的人才有资格成为官学的教师，才能很好地履行教师应尽的职责，才能对学生思想道德观念的形成施加良好的影响。

大众教育也是清朝政府道德教育的一个重要方面。由于精英教育只是对极少数人的教育，因而，它难以满足清朝政府维持其统治的需要。为了弥补精英教育的这一缺陷，清朝政府非常重视对大众进行道德教育。与精英教育不同，对大众的道德教育主要是一种非学校教育，也是一种非道德理论教育，是一种有关道德原则规范的教育，主要是对“圣谕十六条”的宣传和普及。这种道德教育具有形式多样、浅显易懂、切近实际等特点。清朝皇帝和政府认识到，大众道德教育只有抓住了这些特点，才能取得良好的教育效果。嘉庆二十年(1815)，为了澄清秘密宗教教义对民众的消极影响，更有效地进行道德教育，嘉庆皇帝命令各地学政“各就按试之地，察其民人所易惑者，作为论说，剀切化导。其词无取深奥，但为辨其是非，喻以利害，明白浅近，使农夫贩竖，皆可闻而动心。发交各州县官刊刻印刷，于城市乡村，广为张贴，务俾家喻户晓，知所从违。至士为四民之首，该学政于接见士子时，尤当谆切训诲，使以孝弟忠信礼义廉耻，倡率乡闾，身以先之，言以喻之，由寡以及众，由亲以及疏。蚩蚩者氓，耳濡目染，有所观感而兴，将日用饮食，群黎遍德，久之迁善远恶，翕然成风，斯邪说不足以诱之矣”(《清实录・仁宗睿皇帝实录(五)》卷312)。大众道德教育主要有两种方式：一是地方官员是实施道德教育的责任主体，直接对民众进行道德教育，其形式具体、多样，如康熙朝直隶内黄知县张沐“为政务德化，令民各书‘为善最乐’四字于门以自警。著《六谕敷言》，俾人各诵习，反复譬喻，虽妇孺闻之，莫不欣欣向善”(《清史稿》卷476《循吏一》)。陆陇其在任康熙朝江南嘉定知县时“务以德化民。或父讼子，泣而谕之，子掖父归而善事焉；弟讼兄，察导讼者杖之，兄弟皆感悔。恶少以其徒为暴，校于衢，视其悔而释之。豪家仆夺负薪者妻，发吏捕治之，豪折节为善人。讼不以吏胥逮民，有宗族争者以族长，有乡里争者以里老；又或使两造相要俱至，谓之自追”(《清史稿》卷265《陆陇其》)。二是地方政府通过乡约来进行道德教育。乡约是由地方政府倡导建立起来并受官府控制的民间组织，这种地缘性组织是与清朝的里甲制联系在一起的。每里都设有乡约，正、副乡约由士人或者德高望重者兼任，由民间选举、官府备案，承担实施道德教育的责任，其主要职责在于劝善教化。地方官员对乡约的道德教育予以检查、督促甚至惩罚，以使乡约尽心尽力地对大众进行道德教育。下面这则某知县的警告反映了清朝地方官员对乡约的普遍态度：“严饬乡约以肃遵行事。照得乡约之设，所以勤宣圣谕，劝诲一方。使游手之徒，尽知耕作；浇顽之习，渐返淳良，即古遒人木铎之意，责任綦重。本县莅任之始，他务未遑，首先举行乡约，一以尊朝廷，一以醇民俗，甚盛典也。每逢朔望，在城则以某处为约所，本县召集僚佐绅衿，亲诣督率，依期宣讲。在乡则命尔等各于附近公所，实力奉行，立有循环簿二扇，定限每月初二日，将前月讲约处所乡约姓名并听讲人数，填簿倒换，以备稽查……尔等讲约之人，既始勤而终怠，安望一乡之俗，能革薄以从忠……事关化民成俗要务，如敢仍前置之高阁，失误宣讲填报者，定行差拘究责。言出法随，各宜慎之。”[①]正是地方官员对乡约行为的检查、督促，保证了大众道德教育的经常化和有效。

二、民间道德教育

在清代社会里，民间道德教育是被人们高度重视的、与官方道德教育并存

① 郭成伟、田涛点校整理：《明清公牍秘本五种・纸上经纶》，中国政法大学出版社1999年版，第218—219页。

的一种道德教育形式，它虽然并不是完全独立的，往往要受到官方的监控，但它毕竟与官方道德教育有所不同。其主要不同之处在于：第一，它是一种旨在塑造道德人格的教育，因此，它虽然同官方道德教育一样具有政治色彩，其内容涉及政治伦理方面，但是，政治伦理并非它的惟一内容，而只是它的内容之一。第二，它主要是一种有关道德原则规范的教育，不是一种道德理论教育，在此，道德理论教育是其次要的方面，甚至是可有可无的方面。这就是说，民间道德教育所关注的是“为人”而不是“为学”。这一特征是由清代的社会实际所决定的，因为，对于大多数人来说，他们无需高深的道德理论就可以适应于社会，也不可能人人都通过参加科举考试来求得功名。第三，它主要不是一种学校教育，而是一种非学校教育，是一种生活化的道德教育，是长者对亲人或者熟人的言传身教和对其生活的直接的道德指导。

学校教育虽然是民间道德教育的一种次要的形式，但它却是不可缺少的。承担民间道德教育的学校有家塾、义塾、义学、塾馆和书院等五类。家塾或者家馆是有钱有势人家或者大户人家所设立的学校，其培养对象是自家的子弟，如年羹尧的父亲年遐龄在年羹尧七岁时“延道人馆其家。既至，择高楼，与羹尧共居，索桌凳数十具置楼上，饮食便溺，以绳上下，约三年乃下楼。遐龄从之……逾年，则闻书声琅琅，彻夜不息，书语隐奥不可解”(《清稗类钞・教育类》)。义塾是各个宗族所开办的学校，其培养对象是本宗族的子弟，它不收取学费或者馆谷，并为就学者免费提供书籍、伙食、笔砚、外出参加考试等方面的费用等，其经费来源于族田、助学田或者族人的捐赠，贫穷家庭的孩子因此而得到了同样的就学机会和条件。义学是各地城乡人们捐建的学校，开始时只在京城设立了五所，后来在各省府、州、县都普遍设立，这种现象的出现是与清朝政府的提倡分不开的。其培养对象则是当地的孤儿和贫寒家庭的生童，它同样不收取学费。塾馆是塾师所开设的学校，其生源是那些无力建立祠堂且聘用教师的寒族小姓子弟或者慕名而来的求学者，它是要收费的，学生需要向塾师交纳馆谷和礼物。书院是规模最大的民间道德教育机构，它虽然曾经因清朝政府担心其有利于汉族士人反清复明而被禁，但自康熙朝起纷纷恢复，其数量是历代最多的。清朝政府之所以重视书院并为书院的创建提供一定条件，主要是因为书院可以弥补官学的不足和提高清代民众的道德素质，即：“各省书院之设，辅学校所不及,初于省会设之。世祖颁给帑金,风励天下。厥后府、州、县次第建立,延聘经明行修之士为之长,秀异多出其中。高宗明诏奖劝,比于古者侯国之学。儒学浸衰,教官不举其职,所赖以造士者,独在书院。其裨益育才,非浅鲜也。"(《清史稿》卷106《学校一》)书院的培养对象是除进士之外的举人、贡生、秀才、监生和童生。就教学层次而言,这五类学校大体上又可以分为两类,其一是偏重于"蒙学"的学校,其二是偏重于"经学"的学校。前四类学校偏重于"蒙学"的教学,书院则偏重于"经学"的教学。不可否认,它们都进行道德教育,都力图提高就学者的道德素质,以将其培养成为符合清朝政府的要求的人才。然而,其道德教育的效果往往会因人们对求取功名、光宗耀祖的追求而大打折扣。这意味着取向于科举考试的学校教育必定会对道德教育产生不利的影响。讲学于关中书院的李颙对此深有体会,他说:孔子、孟子之说,"总是令人收拾身心,不致放逸。此便是圣贤为己根本。古人学知求本,父兄相戒,子弟相规,只在此处,别无他道。今人教子弟,自六七岁读书时,惟是富贵利达,子弟自受学之初,便已种下务外的种子。故朝夕所从事者,名利而已,与人会聚,言及名利则欣悦,言及修己治人,不以为迂,则以为异"(《二曲集》卷3《常州武进县两庠汇语》)。郑燮(郑板桥)在其家书《范县署中寄舍弟墨第四书》中也表达了同样的观点:读书人应该"得志泽加于民,不得志修身见于世……今则不然,一捧书本,便想中举、中进士、作官,如何攫取金钱、造大房屋、置多田产。起手便走错了路头,后来越做越坏,总没有个好结果。其不能发达者,乡里作恶,小头锐面,更不可当"。[①] 鉴于这种情况,李颙强调真正有效的道德教育"不专在穷深极微、高谈性命,只要全其羞恶之良,不失此一点耻心耳。不失此耻心,斯心为真心,人为真人,学为真学,道德、经济咸本于心,一真自无所不真,犹水有源,木有根;耻心若失,则心非真心,心一不真,则人为假人,学为假学,道德、经济不本于心,一假自无所不假,犹水无源,木无根"(《二曲集》卷38《论语下·子路篇》)。在明智的清代人看来,要提高民间道德教育的有效性,人们就应该采取更为有效的其他道德教育方式。

生活化的道德教育是清代人普遍运用的道德教育方式,是内容最为全面且

① 赵忠心编著:《古今名人教子家书》,湖北教育出版社1997年版,第138页。

又贴近具体生活实际的道德教育。作为民间道德教育的一种形式，它是长者对亲人或者熟人的言传身教，是前者对后者的具体行为的道德指导。它是经验性最强的道德教育，它不是一次性地向受教育者传授所有的道德知识，而是结合实际生活不断地向他们提出道德要求，或者让他们在实际生活中体悟所应该奉行的道德；不是要求他们掌握道德知识，而是要求他们践履道德；不是要求他们去追求至善的生活，而是要求他们合理地处理所面对的各种关系。其典型形式是家庭道德教育。

在清代人看来，家庭道德教育十分重要，它不仅作用于社会的发展和社会秩序的维持，而且关系着自家的"门户盛衰，一家祸福"，正如曾国藩所说："家中要得兴旺，全靠出贤子弟。若子弟不贤不才，虽多积银积钱积谷积产积衣积书，总是枉然。子弟之贤否，六分本于天生，四分由于家教。"[①]张履祥因此而强调："人家不论大小，总看此身起。此身正，贫贱也成个人家，富贵也成个人家，即不能大好，也站立得住。若是此身不正，贫贱固不成人家，富贵越不成人家，无论悖常逆理，祸败立至，即幸而未败，种种丑恶，为人羞耻，不可言矣。所以修身为急，教子孙为最重"[②]；还影响着他人的利益，张履祥指出："有子不教，不独在己薄其后嗣，兼使他人之女配非其人，终身受苦。有女失教，不特自贻他日之忧，亦使他人之子娶非其偶，累及家门。"[③]

既然家庭道德教育于国于家、于己于人都不可或缺，那么，人们就应该主动地承担这一教育的责任。那么，究竟是谁应该负起这一责任呢？依据"子不教，父之过"的传统观念，我们似乎可以肯定，在古代中国社会里，父家长才是家庭道德教育的惟一责任人。毫无疑问，在中国的传统道德文化环境中，父家长是第一位的责任人，他对家庭道德教育负有不可推卸的责任。其实，在清代人看来，家庭道德教育的主体并非特定的父家长，其责任主体是根据两条原则来确定的。这两条原则是"贤者"原则和"长者"原则，前者强调家庭道德教育的责任主体的魅力、人品和能力，后者则强调其权威和经验。不过，对于大部分家庭来说，家庭道德教育的责任主体都是长者，而且是相对的长者。这些长者既有辈

① 曾国藩著：《曾国藩全集·家书二》，岳麓书社 1985 年版，第 1307 页。
② 从余选注：《中国历代名门家训》，东方出版中心 1997 年版，第 35 页。
③ 同上书，第 191 页。

份上的长辈，又有年龄上的长兄，他们共同负起家庭道德教育的责任。由于家庭道德教育是一种生活化的道德教育，因而，这种责任的分担并不是绝对的，而是可变的，一般是根据教育者与受教育者在生活上的密切程度来确定的，即长者对生活密切、接触更多的亲人负有更大的事实上的教育责任。正是基于这一点，纪昀(纪晓岚)才会在家信《寄内》中要求自己的妻子："父母同负教育子女之责任。今我旅居京华，义方之教，责在尔躬。而妇女心性，偏爱者多，殊不知爱之不以其道，反足以害之焉。其道维何？约言之有四戒四宜：一戒晏起；二戒懒惰；三戒奢华；四戒骄傲。既守四戒，又必规以四宜：一宜勤读；二宜敬师：三宜爱众；四宜慎食。以上八则，为教子之金科玉律，尔宜铭诸肺腑，时时以教诲三子。"[①]蔡世远才会在家书《寄示长儿》中要求其长子对待"从父弟，视之如胞，不时诲训。或饭后，或晚聚，皆当有严惮敦切之意。勿使堕于闲谈不义，浮薄成性，好美衣食为念。第一是使之知重伦轻利，使一生之根基牢固。又须刻刻告以读书当切己身体，以所言为法戒，不是只教汝为文章也"[②]。

家庭道德教育虽然是以忠与孝两者为中心的，但其内容却是相当全面的，涉及生活的方方面面，由其生活化的特征所决定，它的主要任务就在于教育家庭成员应该如何对己对人。就对己而言，清代人认为，任何人都应该勤谨节俭，守礼畏法，尚谦和，重廉耻，崇诚信。"凡生养子女，固不可不爱惜，亦不可过于爱惜。爱惜太过，则爱之适所以害之……子弟幼时，当教之以礼。礼不在精微，止在粗浅。如见尊长，必作揖；长者经过，坐必起立；长者呼召，即急趋之；门内门外，长者问何人，对必以名，不可曰我曰吾；长者之前，不可喧嚷致争；厅堂之中，不可放肆偃卧，凡事非僮婢所能为者，必须为父母代劳，不可推诿……童子幼年，不可衣之罗绮裘裳，恐启其奢侈之心，长大不能改也。"[③]蔡世远要求长子"在家事叔父当如父，事两叔母如母。凡事如己事，不可推诿"，对寡居的伯母和婶母三人及其子女应该勉力相助，等等。就对人而言，家庭道德教育的内容同样是相当丰富的，如张履祥在其家书《训子语》中就教育自己的儿子："人无论贵贱，总不可不知人。知人则能亲贤远不肖，而身安家可保；不知人则贤否倒置，

① 赵忠心编著：《古今家教文萃》，湖北教育出版社 1997 年版，第 52 页。
② 同上书，第 124 页。
③ 同上书，第 54—55 页。

亲疏乖反，而身危家败，不易之理也。然知人实难，亲之疏之亦殊不易。贤者易疏而难亲，不肖者易亲而难疏；贤者宜亲，骤亲或反见疑，不肖者宜疏，因疏或至取怨。所以辨之宜早……世谓知人之明不可学，予谓虽不能学，实则不可不学也。《中庸》言：'知人不可以不修身，而修身又不可不知人，二者相因，得则均得，失则均失。'"[①]知人固然重要，但关键是识别伪君子，以防止其对家庭成员成长的不利影响，为此，纪昀告诫其长子："尔初入世途，择友宜慎，友直友谅友多闻益矣。误交真小人，其害犹浅；误交伪君子，其祸为烈矣。盖伪君子之心，百无一同：有拗捩者，有偏倚者，有黑如漆者，有曲如钩者，有如荆棘者，有如刀剑者，有如蜂虿者，有如狼虎者，有现冠盖形者，有现金银气者。业镜高悬，亦难照彻。缘其包藏不测，起灭无端，而回顾其形，则皆岸然道貌，非若真小人之一望可知也。并且此等外貌麟鸾中藏鬼蜮之人，最喜与人结交，儿其慎之。"[②]应该如何知人、交友并以何种态度来对待他人，虽然是人生中的一个重要课题，但它却几乎未涉及应该如何对待利益的问题。如何对待自己与外人之间的利益关系，这是一个根本的道德问题，也是家庭道德教育的一个主要内容。虽然林语堂认为传统家庭制度必定会导致如下道德现象："家庭与朋友一起组成了一座有围墙的城堡。城内是最大限度的共产主义大协作，相互帮助；对城外的世界则采取一种冷漠无情，一致对抗的态度。结果正如人们所见到的那样，家庭成了有围墙的城堡，城墙之外的任何东西都可以是合法的掠夺物"[③]，但清代的实际社会生活却并非如此，相反，家庭道德教育中往往要求家庭成员合理地对待他人的家庭利益。如郑燮（郑板桥）在给其胞弟的家书中就这样教育他："愚兄平生最重农夫，新招佃地人，必须待之以礼。彼称我为主人，我称彼为客户，主客原是对待之义，我何贵而彼何贱乎？要体貌他，要怜悯他。有所借贷，要周全他；不能偿还，要宽让他"，并告诫其弟不应该购买太多的田地，"各得百亩足矣，亦古者一夫受田百亩之义也。若求再多，便是占人产业，莫大罪过。天下无田无业者多矣，我独何人，贪求无厌，穷民将何所措足乎！"[④]正是在如此生活化的道德

① 从余选注：《中国历代名门家训》，东方出版中心 1997 年版，第 275—276 页。
② 赵忠心编著：《古今家教文萃》，湖北教育出版社 1997 年版，第 148 页。
③ 林语堂著：《中国人》，郝志东、沈益洪译，浙江人民出版社 1988 年版，第 155 页。
④ 赵忠心编著：《古今家教文萃》，湖北教育出版社 1997 年版，第 137—138 页。

教育过程中,清代人明确和内化了各种道德要求,并在行为上自觉地约束自己。

第四节　宗教的道德劝诫

一、宗教的道德教化功能

清代是多种宗教并存的时期。多种宗教的并存是与当时多民族的共存有一定关联的。这就是说,不同民族的人信仰不同的宗教,汉族人普遍信仰道教、佛教、基督教及多种民间宗教,藏族人和蒙古族人普遍信仰藏传佛教(喇嘛教),满族、赫哲族、鄂伦春族、达斡尔族等普遍信仰萨满教,回族、维吾尔族、哈萨克族、乌孜别克族等普遍信仰伊斯兰教,其他少数民族也信仰着某种宗教。在清代社会里所存在的100多种宗教中,有的是原始宗教,有的是派生的宗教,如从原始的白莲教派生出了无为教、弘阳教(红阳教)、黄天教等,从无为教又派生出了在理教等;有的是历史悠久的宗教,有的是新生的宗教,如道教、佛教、白莲教等是历史悠久的宗教,或者是明代以前就存在的宗教,而八卦教、清茶门教、混元教、清水教、明天教、青莲教等则是清代才创立的宗教。

尽管清代社会中存在着如此多的宗教,尽管也有清朝皇帝迷恋道教尤其是佛教,然而,清朝统治者和政府对其中的任何一种宗教都不满意,如推行宽仁政策的康熙皇帝在与讲官熊赐履对话时就明言:“朕生来不好仙佛,所以向来尔讲辟异端,崇正学,朕一闻便信,更无摇惑。”[①]“朕十岁时,一喇嘛来朝,提起西方佛法,朕即面辟其谬,彼竟语塞。盖朕生来便厌闻此种也。”[②]于是,他们对宗教实行既利用又限制甚至禁止、取缔的政策。如康熙皇帝一方面重视佛教,利用它来维持其统治,另一方面又限制它的发展。之所以要限制佛教的发展,其一是因为他认为它与民争地,有碍于民生,隐匿违法犯罪者,他指出:“近见直隶各省创建寺庙者甚多。建造寺庙则占据百姓田庐。既成之后,愚民又为僧道日用凑

① 中国第一历史档案馆整理:《康熙起居注》第1册,中华书局1984年版,第125页。
② 同上书,第127页。

集银钱,购买贫人田地给予,以致民田渐少。且游民充为僧道,窝藏逃亡罪犯,行事不法者甚多,实扰乱地方,大无益于民生者也。着各省督抚及地方官,除原有寺庙外,其创建增修,永行禁止。"(《清实录·圣祖仁皇帝实录(三)》卷248)其二是因为清朝统治者认为佛教伤风败俗,有害于良风美俗的形成。清朝统治者和政府对佛教等合法宗教的态度尚且如此,对被禁止传教士来华传教的基督教和被视为"邪教"的民间秘密宗教的态度就可想而知了。不过,人们并不因为清朝统治者和政府对宗教实行限制、禁止、取缔、迫害的政策就不信仰宗教了,相反,在清代社会里,信仰宗教的人越来越多,宗教越来越世俗化和平民化,宗教活动越来越隐秘化,宗教内容越来越政治化,它反映着广大下层群众摆脱统治者的压迫和剥削、争取自身的解放和平等的愿望和要求,成为号召人们起来反抗清朝封建统治的武器。当然,清代的宗教并非都是政治化的宗教,并非都是如清朝统治者所认为的那样会伤风败俗的宗教,相反,大部分的宗教是教人辨别善恶的,是劝导人向善和行善的。

宗教之所以具有道德教化功能,是因为:

1. 宗教内含着某种道德观。这是宗教具有道德教化功能的根本前提,如果宗教教义不承载着一定的道德观,不提倡某些道德准则,那么,它是不可能具有道德教化功能的。众所周知,宗教是人们关于神灵世界及人与神之间关系的思想观念。就那些理论上较为完备的宗教而言,它既是一种本体论、宇宙论,又是一种价值论和道德观,还是一种方法论。如道教是在老子和庄子的哲学思想、中国古代的巫术、神仙方术和阴阳五行学说等的基础上形成的,它以"道"为宇宙的本体,认为宇宙万物都是从"道"派生出来的,因此它们都受"道"的支配,作为万物的一种,人同样受"道"的支配,追求长生不老、羽化成仙,并通过吐纳导引、内外丹兼炼来达到生命的永恒。宗教不仅内含着道德观,而且"某些道德观念逐渐与某些宗教观念相统一,甚至达到了这样的程度,即两者之间已经变得毫无差别"。[①] 值得注意的是,宗教的道德观及所提倡的道德准则是随着社会历史条件的变化而变化的,如早期道教(如《太平经》)所主张的平等观,在两晋南北朝道教理论家的改造过程中,逐渐变成了适应于封建统治需要的等级观;佛

① [法]爱弥尔·涂尔干著:《道德教育》,陈光金等译,上海人民出版社2001年版,第12页。

教的道德准则也由原来的被儒家指责为"无君无父"、"不忠不孝"的道德变成了"奉亲而敬君"的道德。不过,无论宗教的道德观及所提倡的道德准则如何变化,它总是会通过各种方式来影响人们,发挥其道德教化的作用的。

2. 宗教赋予道德以神圣性。这是宗教从积极方面来确保其道德教育功能的发挥的。道德观念和道德原则规范本来是客观的社会生活和社会关系的反映。然而,宗教却否定道德观念和道德原则规范的经验性、世俗性和相对性,认为它们是超验的、绝对的和神圣的。在宗教看来,它们之所以是绝对的命令和诫律,是因为它们是神启示给人类的,是神给人世间所立的道德律法。正是因为如此,"道德领域……是一个神圣的领域。构成这个领域的一切事物都似乎有一种特别的庄重性,从而使这些事物凌驾于我们经验的个性之上,并为它们赋予了一种超验的实在性……只要宗教与道德被密切地统一起来,就可以毫无困难地解释这种神圣特性,因为在这种情况下,宗教和道德都被想象成神的属性,想象成神性的流溢,所有这一切的根源都是神圣的。从此根源产生出来的一切,都分有它的超验性"①。其实,这些道德原则规范的超验性和神圣性,只不过是宗教在对世俗世界所存在的道德原则规范的合理化过程中所附加的。正如彼得·贝格尔所说:"宗教一直是历史上流传最广、最为有效的合理化工具。一切合理化都在维持在社会中得到解释的实在。宗教如此有效地证明了实在的合理,因为它把经验社会之不稳定的实在结构与终极实在联系起来了。"②正是作为终极实在的神灵或者上帝,不仅使道德获得了自身的神圣性,而且使道德具有了可信性、权威性和有效性,也使信仰宗教的人们在自己的心中对道德产生了神圣感。所有这些方面都为宗教道德教育的顺利进行,为人们自愿地接受宗教所提倡的道德原则规范和自觉地调控自己的道德行为提供了前提条件。可以这样说,在那些信教的人们中,"能够为教育提供基础的只能是宗教观念……只有上帝,才能保证人们尊重道德,压制违反道德的行为"。③

3. 宗教的报应说使人们产生接受宗教道德的心理。这是宗教从消极方面

---

① [法]爱弥尔·涂尔干著:《道德教育》,陈光金等译,上海人民出版社2001年版,第13页。
② [美]彼得·贝格尔著:《神圣的帷幕——宗教社会学理论之要素》,高师宁译,上海人民出版社1991年版,第40—41页。
③ [法]爱弥尔·涂尔干著:《道德教育》,陈光金等译,上海人民出版社2001年版,第10页。

来确保其道德教育功能的发挥的。清代社会中所存在的宗教，无论是清代以前就有的宗教还是清代才创立的宗教，无论是中国土生土长的宗教还是外来的宗教，都有其报应学说。在这些宗教看来，报应学说是其进行道德教育、劝人向善行善所必需的，道教甚至认为这是宗教之所以能够比儒学取得更好的道德教育效果的关键性原因。道教指出："儒者止据目之所见，不言前世后身与幽冥之故，谓事属暗昧不足凭信云云。是语也，不但阻人善心，亦且启人恶意。试论之。如乱臣贼子一切积恶之人固是一死，即忠孝圣贤一切积善之人亦未尝不死。唯死后有三途之苦，所以不敢为恶。若谓一死便了，则彼此同归于尽。积善何益，反不如积恶者盗袭财位以图今世享用之为愈也。阻善启恶莫甚于此。"①相反，宗教却因为其内含的报应说而能够劝善抑恶。在清代社会里所存在的所有宗教中，佛教的因果报应学说是理论上最为严密、道德教育功能最强的学说。佛教认为，一切有生命的东西总是在天、人、牲畜、饿鬼、地狱、阿修罗六者之中生死轮回，而轮回有好（即其中的"天"与"人"）与坏（即这六者之中的后四者，在顺序上越往后，报应就越糟糕）之分。至于具体个人的轮回的好坏完全是由他是行善还是为恶所决定的，此即所谓"善有善报，恶有恶报"。至于这种报应在何时会出现，在不同的人那里可能是存在区别的，即报应有现报、生报与后报之分。现报是人因此世的善恶行为而在此世受到报应，生报是人在此世所做的善恶行为会在来世受到报应，后报是人在此世的善恶行为要等到他的第三世、第四世乃至万万世以后才会受到报应。道教认为，这种报应既会出现在道德行为主体身上，如它告诫人们：居世富贵，笑于贫贱，今报以贫贱；居世好杀，今报以伤杀；居世轻易，笑于丑陋，今报以丑陋；居世聪明，不教于人，今报以顽塞；居世常康，笑于困病，今报以滞疾；居世不信道，笑于经教，今报以下愚，长与道隔；女人居世，夺人婿者，今报以少寡；男子居世，诱人妇女，今报以鳏独；又会出现在其后代身上，道教因此而劝诫其信徒：天道公平，赏善罚恶，一个人如果守戒就可以增福寿、登仙箓、造福后代，破戒则会遭灾祸、夺年命、祸及后代。既然人的善恶行为一定会有相应的报应，那么，世俗社会的人们就会从趋利避害的心理出发去求得"善报"，防止"恶报"，就会产生去恶循善、严格按照宗教的

① 李一氓主编：《藏外道书》第28册，巴蜀书社1992年版，第477页。

善恶标准和道德准则而行动的心理。

二、宗教道德劝诫的内容和方式

清代社会里所存在的各种宗教,虽然各有自己的道德观念和道德准则,但是,除基督教等少数宗教之外,它们却是相通的,在道德价值导向方面基本上是一致的,凸显了儒、佛、道三教合一的格局。对此,清朝统治者是有深刻认识的。顺治十三年(1656)十一月,顺治皇帝谕礼部:"儒、释、道三教并垂,皆使人为善去恶,反邪归正,遵王法而免祸患。"(《清实录・世祖章皇帝实录》卷104)雍正皇帝认为儒、佛、道虽然各有侧重,"各具治心、治身、治世之道,然各有所专,其各有所长",即"以佛治心,以道治身,以儒治世",但它们却"理同出于一原,道并行而不悖","无非欲人同归于善"。由于三教"各有不及处,亦显而易见,实缺一不可者",因此,信奉不同宗教的人都应该尽释各自的偏见,都应该"梦觉醉醒"了。在此方面已经"梦觉醉醒"的并非只有清朝的最高统治者,还有其他的人。在纪昀的《阅微草堂笔记》中有如下一则故事:"颍州吴明经跃鸣言:其乡老儒林生,端人也。尝读书神庙中,庙故宏阔,僦居者多。林生性孤峭,卒不相闻问。一日,夜半不寐,散步月下。忽一客来叙寒温。林生方寂寞,因邀入室共谈,甚有理致。偶及因果之事,林生曰:'圣贤之为善,皆无所为而为者也。有所为而为,其事虽合天理,其心已纯乎人欲矣。故佛氏福田之说,君子弗道也。'客曰:'先生之言,粹然儒者之言也。然用以律己则可,用以律人则不可;用以律君子犹可,用以律天下之人则断不可。圣人之立教,欲人为善而已。其不能为者,则诱掖以成之;不肯为者,则驱策以迫之。于是乎刑赏生焉。能因慕赏而为善,圣人但与其善,必不责其为求赏而然也。能因畏刑而为善,圣人亦与其善,必不责其为避刑而然也。苟以刑赏使之循天理,而又责慕赏畏刑之为人欲,是不激劝于刑赏,谓之不善;激劝于刑赏,又谓之不善,人且无所措手足矣。况慕赏避刑,既谓之人欲,而又激劝以刑赏,人且谓圣人实以人欲导民矣,有是理欤?盖天下上智少而凡民多,故圣人之刑赏,为中人以下设教。佛氏之因果,亦为中人以下说法。儒释之宗旨虽殊,至其教人为善,则意归一辙。先生执董子谋利计功之说,以驳佛氏之因果,将并圣人之刑赏而驳之乎?先生徒见缁流诱人布施,谓之行善,谓可得福。见愚民持斋烧香,谓之行善,谓可得福。不如是者,谓之不行善,谓必获罪。遂谓佛氏因果,适以惑众。而不知佛氏所谓善恶,与儒无异;所谓善恶之报,亦与儒无异也。'林生意不谓然,尚欲更申己意。俯仰之顷,天已将曙。客起欲去。固挽留之,忽挺然不动,乃庙中一泥塑判官。"(《阅微草堂笔记》卷二《滦阳消夏录二》)这则故事告诉人们:儒与佛之间不仅在善恶观念和价值指向方面一致,而且在关于劝人向善行善的功夫的思路方面也无差别。

儒、佛、道三教合一意味着清代社会中的各种宗教在道德劝诫的内容方面是基本上相同的。因为,除基督教等少数宗教之外,包括民间秘密宗教在内的其他宗教,都与儒、佛、道有着这样那样的渊源关系,或者是这三者的混杂。那么,宗教道德劝诫的内容究竟是什么?换言之,清代的儒、佛、道三教合一究竟"合"于何处?显然是"合"于儒家伦理思想的。首先,从儒、佛、道三教的历史演变来看,原始的道教和佛教在以儒家思想为统治思想的中国民族文化环境中不断调整自己的内容,向儒家伦理思想靠拢,以求得有利于自己生存的空间,这种态势在清代不但没有减弱,反而有所加强。其次,从清朝政府所推行的"崇儒重道"基本国策来看,道教和佛教也只能"合"于儒家伦理思想,否则,就会被限制、禁止甚至取缔。再次,从清朝皇帝的观念来看,他们虽然都认为儒、佛、道三教的共同宗旨是"使人为善去恶",但是,它们的地位和作用却存在着明显的区别,如雍正皇帝认为儒家思想是"圣人为生民立命,乃治世之大经大法",而道教和佛教却只"有补于治化"。道教和佛教"合"于儒家的伦理思想,意味着清代宗教道德劝诫的内容是儒家化的,或者是与儒家所提倡的道德准则相一致的,准确地说,是以"忠"与"孝"为核心的。

虽然宗教道德准则与儒家所提倡的道德准则相一致,但是,这只表明它们在道德教化的内容、实质方面一致,并不意味着它们在形式上也完全相同,不仅宗教与儒家的道德准则形式不同,而且不同宗教的道德准则形式也彼此有别。如佛教提出了一系列的道德准则,其具体行为规范相当多,其中仅"僧戒"就多达 250 条,"尼戒"多达 364 条。其道德准则体系包括"五戒"、"十善"、"四摄"和"四无量"。"五戒"即不杀生、不偷盗、不邪淫、不妄语、不饮酒,它们与道教的"老君五戒"即不得杀生、不得荤酒、不得口是心非、不得偷盗、不得邪淫几乎完全相同,佛教认为这"五戒"与儒家所说的"五常"即仁义礼智信大意相同。"十善"即十种善行,它们是"五戒"的展开,具体是指不杀生、不偷盗、不邪淫、不妄语、不两舌、不恶口、不绮语、不贪、不瞋、不邪见，分别从身体、言语和思想三方面来规定其信徒应有的善行。“四摄”即“布施”、“利行”、“爱语”和“同事”。“四无量”又称“四无量心”，它们指的是“慈”、“悲”、“喜”、“舍”四种广大善心。如对于“不淫”这一道德准则，儒家的表述是“男女授受不亲”，而道教则规定得更加具体，如“不得与女人同行”，“不得穿人家壁，窥看人家内妇女”，“不得带女人入山，皆应别歧异室”，“不得与寡妇亲爱”，“不得淫邪败真，秽慢灵气，当守贞操，使无缺犯”，“不得贪淫好色”等。

为了将各种宗教的道德准则传授给民众尤其是信徒，清代的人们（并非只有宗教群体或者信徒）主要采取了如下三种宗教道德劝诫的方式：

1. 出版劝善书。这是宗教道德劝诫的主要方式。劝善书又称“善书”，它是基于宗教的报应说来宣传宗教的伦理道德、劝人向善行善的通俗读物。最早出现的劝善书是道教的《太上感应篇》、《文昌帝君阴骘文》、《关圣帝君觉世真经》、《太微仙君功过格》等，其中宋代开始流传的《太上感应篇》更被誉为“善书之祖”。后来，佛教仿照道教刊行了劝善书，民间也出现了不少善书。这些善书在清代社会中得到了刊印并广为流行，同时清代人也撰写了解释道教和佛教劝善书的著作，如惠栋撰写了《太上感应篇引经笺注》，俞樾撰写了《太上感应篇注》，它们是根据儒家伦理思想被注解而成的。由于劝善书具有突出的道德教化作用，因此，清朝政府就以官方名义予以刊行，顺治皇帝还为劝善书作序，以扩大劝善书的影响。这些宗教劝善书对于宣传宗教的伦理道德起了如下主要作用：第一，它们使宗教教义世俗化、通俗化和民间化，有利于普通百姓理解和接受。第二，它们操作性强。这主要表现在“功过格”上。“功过格”的实质就是人们自己记录和计算自己的善恶行为，并通过自我评价、自我监督来使自己行善止恶。如佛教的功过格规定：事父母致敬尽孝，一日为一善；不敬养祖父母、继母，一事为一过；父母溺初生子女，一命为五十过，堕胎为二十过；事君王竭忠效力，一日为一善；借人财物，如期而还，不过时日者为一善；引过归己，推善与人，一事为二善；救重疾一人为十善，轻疾一人为五善；出损德之言，一言为十过；礼拜大乘经典，五十拜为一善；诵经差一字为一过，漏一字为一过，心中杂想为五过，想恶事为十过，诵时发嗔为十过，骂人为二十过，打人为三十过；等等。一个人从自己所记录的功过就可以清楚地知道自己做了多少善事，罪孽有多么深重，于是，就会自觉地约束自己的行为。

2. 通过艺术形式来进行宗教道德劝诫。在儒、佛、道三教合一的清代文化环境中，宗教劝善书必定会影响到戏曲、文学作品等的创作，反过来，戏曲、文学作品等又成为了传播宗教劝善书的重要媒介，扩大了宗教劝善书的影响，有利于发挥宗教的道德教化作用。如蒲松龄所著的《聊斋志异》显然受到了宗教劝善书的影响，塑造了不少"善人"与"恶人"的形象，突出了宗教劝善书提倡忠孝、劝善抑恶、善恶报应的主题。他在《霍生》一篇中描写了霍生因为违背了佛教的"不妄语"戒律所遭到的报应。霍生与严生本是朋友。霍家的邻妪曾给严生妻子接生，知道了严妻私处有两处赘疣，她将此事告诉了霍妻，霍妻无意中又向霍生泄露了这一秘密。有一天，当霍生看到严生正朝自己家里走来时，他就故意与他人窃窃私语："严某之妻与我有私。"为了让听者相信，霍生又捏造证据："如不信，其阴侧有双疣。"严生听得清清楚楚，马上返回家去，责问并暴打其妻子，妻子坚决否认，却因其丈夫不信任和不堪家庭暴力而自尽。霍生没有想到会造成如此严重的后果，他虽然未直接致人死亡，但对严妻之死却难辞其咎。他因这一恶"业"遭到了应有的报应：起初是其妻暴卒，接着是自己多次梦见被女子指斥诟骂、怒打耳光，惊醒后感觉唇际隐痛，扪之高起，经三日即为双疣，并终成顽疾，痛不可忍。蒲松龄之所以要着力于描述那些"善人"与"恶人"均得到了相应的报应，其目的在于告诫人们应该行善止恶。

3. 宗教活动。宗教活动既有宗教内部的活动，又有对外活动，既有定期举行的活动，又有不定期进行的活动，其活动有庙会、祭祀、慈善活动等多种形式。在宗教看来，宗教活动既是信徒修炼心性的途径，又是其行善济世的方式。因此，各种宗教都非常重视宗教活动。宗教活动中，有的活动直接宣传其宗教伦理思想，有的则间接地进行道德教化，让人们在宗教活动中体悟宗教所提倡的道德准则，接受宗教的善恶观念和道德准则，使他们的灵魂得到升华。诚然，在清代社会里，并不是所有的宗教活动都是一种道德教化方式，相反，有的宗教活动可能是有违中国传统道德的，是有害于清朝政府的统治的，因此，它必定会被清朝政府所遏制。如顺治十三年(1656)十一月，顺治皇帝谕令礼部："乃有左道惑众，如无为、白莲、闻香等教名色，邀集结党，夜聚晓散。小者贪图财利，恣为奸淫；大者招纳亡命，阴谋不轨。无知小民，被其引诱，迷罔颠狂，至死不悟。历考往代,覆辙昭然,深可痛恨,向来屡行禁饬,不意余风未殄,堕其邪术者,实繁有徒。京师辇毂重地,借口进香,张帜鸣锣,男女杂沓,喧填衢巷,公然肆行无忌,若不立法严禁,必为治道大蠹。虽倡首奸民,罪皆自取,而愚蒙陷网罹辟,不无可悯。尔部大揭榜示,今后再有踵行邪教,仍前聚会烧香,敛钱号佛等事,在京着五城御史及该地方官,在外着督抚按道有司等官,设法缉拿,穷究奸状,于定律外,加等治罪。如或徇纵养乱,尔部即指参处治。"(《清实录・世祖章皇帝实录》卷104)

第五节 社会赏罚

一、清代社会赏罚的层次

社会赏罚是一定社会组织根据其价值标准和某种程序对其成员履行社会义务的不同后果,以量化的形式所施行的报偿,包括对行为优良者给以物质的或者精神的奖赏,对行为不良者给以物质的或者精神的惩罚。自人类社会诞生起,社会赏罚这一调控手段就被广泛地使用,所不同的是,在不同的社会历史时期,社会赏罚的范围、力度、内容、形式及效果有所不同。清朝政府和清代人也非常重视社会赏罚,将其视为重要的社会调控方式,必要的社会激励机制和社会防御机制。清代社会赏罚可以分为政府赏罚和民间赏罚两个层次。

清朝政府的赏罚是一种高层次的必经一定程序的赏罚。这种赏罚的进行是有其依据的,其依据既有规章制度方面的又有非规章制度方面的,如清朝政府制定了《大清会典・处分则例》、《大清会典・处分事例》、《吏部则例・处分则例》、《吏部处分则例》、《六部处分则例》、《垦荒劝惩则例》等,就是规章制度方面的依据。这些规章制度规定了具体的实施细则,如"上司之子侄亲戚有官职者,经过属员境内,拜候往来属员,亦趋承供应馈送,应均照不应重私罪律,降三级调用。上司之子侄等无官职者,应照不应敢律,杖八十。该上司果能自行查出,将亲戚子侄并所属之地方官参处者,免议。其未经查出,别经发觉者,照约束不严例,降一级调用。如系知而不举,照徇庇例,降三级调用。如甘夤缘贿瞩等事,通同徇纵者,一并分别革职治罪”。[①] “亲选官员未入境时,本地绅衿远接交界,挑席迎风,到任后私相馈送,及拜为门下,联为宗谊者,系官革职,候选人员,革去职衔。本官不行禁革,及收礼物私相交接者,革职。告病、告假回籍之京外大员,翰詹科道等官,其有无端谒拜,与督抚有司结纳者,照不应重私罪律,降三级调用。督抚有司不行拒纳,绝令其进署晋接者,亦照此例议处。”[②]“凡有士民控官之案承审扣限四个月完结,如四个月限满之日,不能审结,即照命盗杂案之例,接扣二参。如逾限不结,即照易结不结例革职。”[③]《垦荒劝惩则例》规定:督抚按一年内垦至二千顷以上者,纪录;六千顷以上者,加升一级。道府垦至一千顷以上者,纪录;二千顷以上者,加升一级。州县垦至一百顷以上者,纪录;三百顷以上者,加升一级。卫所官员垦至五十顷以上者,纪录;一百顷以上者,加升一级。若开垦不实及开过复荒,新旧官员俱分别治罪。如有殷实人户,能垦至二千亩以上者,照辽阳招民事例量为录用。这样的规章制度使清朝政府的赏罚具有规范性和确定性。而没有规章制度为依据的清朝政府的赏罚往往是随意的,造成了大量的冤假错案,这在清朝文字狱的屡兴上表现得最为突出。为了减少因无事生非、捕风捉影、挟仇诬告所导致的文字冤狱,曹一士向乾隆皇帝上疏:“若夫赋诗作文,语涉疑似,如陈鹏年任苏州知府,游虎丘作诗,有密奏其大逆不道者,圣祖明示九卿,以为‘古来诬陷善类,大率如此’。如神之哲,洞察隐微,可为万世法。比年以来,小人不识两朝所以诛殛大憝之故,往往挟睚眦之怨,借影响之词,攻讦诗文,指摘字句。有司见事风生,多方穷鞫,或致波累师生,株连亲故,破家亡命,甚可悯也……请敕下直省大吏,察从前有无此等狱案、现在不准援赦者,条列上请,以俟明旨钦定。嗣后凡有举首文字者,苟无的确踪迹,以所告之罪依律反坐,以为挟仇诬告者戒。庶文字之累可蠲,告讦之风可息矣。”(《清史稿》卷306《曹一士》)乾隆皇帝虽然赞同他的建议,但这样的文字冤狱却并没有因此而减少。由此可见,没有规章制度为依据的政府赏罚必定会造

---

① 郭成伟、田涛点校整理:《明清公牍秘本五种·钱谷指南》,中国政法大学出版社1999年版,第341页。

② 同上书,第343页。

③ 同上书,第367页。

成严重的政治道德问题，扰乱政治生活的道德秩序。

清朝政府的赏罚基本上是与忠孝节义相联系的。对功臣和贤官进行奖赏、对败将和庸吏予以惩罚，都是与“忠”相联系的。这方面的赏罚不只是涉及该赏者或者该罚者本人，还可能波及他的亲人。将满洲旗人抬旗就是这样一种奖赏，它具有这样的特点：“徙居内地之旗人，有以建立功勋或上承恩眷而由内务府旗抬入满洲八旗，或由满洲下五旗抬入上三旗者，皆谓之抬旗。然仅限其本支子孙，虽胞兄弟不得与。”（《清稗类钞·种族类》）乾隆朝御史曹锡宝因弹劾和珅家仆刘全倚势营私，家赀丰厚，衣服、车马、居室皆逾制而被乾隆皇帝革职留任，几年之后就去世了。嘉庆皇帝亲政后，将和珅下狱赐死，并想起了敢于直言的曹锡宝，说：“故御史曹锡宝，尝劾和珅奴刘全倚势营私，家赀丰厚。彼时和珅声势薰灼，举朝无一人敢于纠劾，而锡宝独能抗辞执奏，不愧诤臣。今和珅治罪后，并籍全家，赀产至二十余万。是锡宝所劾不虚，宜加优奖，以旌直言。锡宝赠副都御史，其子江视赠官予荫。”（《清史稿》卷322《曹锡宝》）同样，与“忠”相联系的惩罚也会殃及其家人，如“吕留良案”中，已死的吕留良被戮尸，其子孙、门生及刻书藏书之人都被治罪。与“孝”相联系的奖赏涉及如下情形：“亲存，奉侍竭其力；亲殁，善居丧，或庐于墓；亲远行，万里行求，或生还，或以丧归。友于兄弟，同居三五世以上，号义门，及诸义行，皆礼旌。亲病，刲股刳肝；亲丧，以身殉：皆以伤生有禁，有司以事闻，辄破格报可。”（《清史稿》卷497《孝义一》）与“节”相联系的奖赏，最典型的就是清朝政府对贞女、烈妇、节妇进行表彰。嘉庆朝，畿辅某邑发生了如下一案：某甲以窝赌为生，为害一方。某乙也是赌徒，平素就畏惧甲。有一天，两人正在说话时，有一少妇从旁边经过，“甲睨而艳之，问乙曰：‘此谁家妇？’乙曰：‘吾妻也，适自母家回耳。’甲因戏语之曰：‘尔乃有此妇耶？老子今夕当往汝家一宿。’即以钱二千授之。乙受钱，有难色，附甲耳语曰：‘妻性刚，恐不易服，当先归与婉商之。’甲笑诺。乙归家，未及言，妻即怒叱曰：‘尔不事正业，而日与强暴为伍，今之眈眈视我者，岂人类耶！不速绝之，祸无日矣。’乙气慑，竟不敢言，奔告甲，请姑缓。甲不可，曰：‘老子岂施钱赈贫者耶！’更与钱二千，促之归……夜将半，忽闻叩门声，乙故语妻，谓将起溲，遂起，出门去，妻急起，尾其后。乙启户，见甲小语曰：‘床上卧者是也，尔第伪为吾者，事毕即出，慎勿与言。’方二人小语时，妻已伏户后，备闻之，即出匕首以俟。乙手牵甲袂入户，妻以为前行者必甲也，以匕首力刺之，乙大呼倒地，甲急遁去”。司法官“以因奸谋杀定案，奸夫获日另结，而置妇极刑”。嘉庆皇帝获知此事后说：“是烈妇也，奈何刑之？甲欲强奸，乙殆卖奸，甲不强则乙不卖，乙不卖则妇不杀，妇之杀甲，非杀乙也。乙之死，虽妇杀之，实甲杀之，不诛甲而诛乙之妇，可谓平乎？且未得奸夫主名，而即坐人以极刑，何以风示天下！使妇女知保全名节之可贵耶？宜以刑妇者刑甲，而旌妇以彰其烈，庶足蔽甲之辜而服乙之心。”（《清稗类钞·狱讼类》）与“义”相联系的奖赏，主要是清朝政府对乐善好施者的赏赐，对其中的最突出者给予名誉或者官爵。如乾隆、嘉庆年间，安徽寿州绅士孙蟠与胞兄孙士谦、胞侄孙克任先后捐银买义田、设义学、修文庙和赈灾。嘉庆皇帝对之大为赞赏，下令将孙蟠由原捐知府衔加赏为道衔，孙克任由原捐布政司理问衔加赏同知衔。嘉庆七年（1802），孙蟠、孙克任再次捐银 1.6 万余两赈灾，嘉庆皇帝命令地方官颁给匾额，并加赏大缎 2 匹，以示鼓励。

由于清朝政府的赏罚是与权力、利益和声望直接相联的，因而，有的人为了得到奖赏，就弄虚作假、自残轻生，甚至为了家庭或者宗族的声誉而制造了不少人间惨剧。对此，清朝最高统治者是有所察觉的。针对福建罗源人李盛山割肝救母、轻生愚孝是否应该予以旌表一事，雍正皇帝指出：“朕惟世祖、圣祖临御万方，立教明伦，与人为善。而于例慎予旌表者，诚天地好生之盛心，圣人觉世之至道，视人命为至重，不可以愚昧误戕；念孝道为至弘，不可以毁伤为正。但有司未尝以圣贤经常之道，与国家爱养之心，明白宣示，是以愚夫愚妇救亲而捐躯，殉夫而殒命，往往有之。既有其事，若不予以旌表，无以彰其苦志。故数十年来虽未定例，仍许奏闻，且有邀恩于常格之外者……朕今特颁训谕，有司广为宣示，俾知孝子节妇，自有常经，伦常之地，皆合中庸，以毋负国家教养矜全之德。倘训谕之后，仍有不爱躯命，蹈于危亡者，朕亦不概加旌表，以成激烈轻生之习也。”（《清史稿》卷 497《李盛山》）尽管清朝政府对于旌表有着如此明朗的态度，然而，自残轻生的行为并未因此而停止。

清代的民间赏罚是一个包括乡村赏罚、商会赏罚、宗教群体赏罚、秘密社团赏罚等在内的低层次的社会赏罚体系，其中最主要的赏罚形式就是血缘群体赏罚。血缘群体赏罚并非限于核心家庭的赏罚，还包括家族赏罚和宗族赏罚。值得指出的是，在清代社会里，核心家庭的赏罚虽然存在着，如蔡世远在其《寄示长儿》的家书中训导其长子："徒仆从不可刻薄，然不可不严。有玩法者，立刻处置。钱财不清，亦即酌其轻重而处之。"[①]但是，相对而言，后两者才是血缘群体赏罚的主要方式。无论是核心家庭的赏罚还是家族赏罚和宗族赏罚，无论是血缘群体奖赏还是血缘群体惩罚，其目的都是扬善抑恶，为了血缘群体的声誉和生存发展，为了维护血缘群体的利益。

家族和宗族的奖赏范围较为广泛。家族和宗族不仅对族人从事正当职业、为人正直、勤俭持家、家庭和睦等予以肯定，而且对族人突出的孝友节义行为赏给花红，"令族人观感"，鼓励并资助族人子弟读书应试，对在科举考试中成功的族人给予奖励，甚至鼓励族人为维护家族利益而流血拼命。同样，家族和宗族的惩罚也涉及方方面面，如家族和宗族对族人从事不正当职业、赌博、游堕或者充当戏子、衙役、妓女、僧道"痛责于祠"，对族人的居丧婚娶、反抗官府的违背礼法行为予以重惩，处死与人相奸的未嫁和寡居的妇女，或者逼其自尽，对利用族产获利或者盗卖族田的族人群起而攻之，等等。与血缘群体奖赏不同，由于受"家丑不可外扬"观念的影响，清代的血缘群体惩罚一般遵循如下程序：首先是核心家庭惩罚，然后是家族惩罚和宗族惩罚，最后才交官方处理。正如蒋伊在其《蒋氏家训》中所说："子孙举动，宜禀命家长。有败类不率教者，父兄诫谕之；谕之而不从，则公集家庙责之；责之而犹不改，甘为不肖，则告庙摈之，终身不齿。有能悔心改过，及子孙能盖愆者，亟奖导之，仍笃亲亲之谊。"[②]由此可见，血缘群体惩罚的目的就在于教育好族人，将其培养成为既有利于血缘群体利益又有利于国家利益的人。

二、社会赏罚的道德教化功能

在清代社会里，社会赏罚并非只是对该赏者或者该罚者进行奖赏或者惩罚，同时，它也被视为道德教化的一种特殊方式。

1. 社会赏罚之所以具有道德教化功能，是因为它赏善罚恶。社会赏罚所针

① 赵忠心编著：《古今名人教子家书》，湖北教育出版社 1997 年版，第 126 页。
② 从余选注：《中国历代名门家训》，东方出版中心 1997 年版，第 69 页。

对的是人们已经完成的行为，但是，它并不对所有社会成员的所有行为都进行赏罚，而只对具有善恶意义的典型性行为进行赏罚。这就是说，社会赏罚只赏善罚恶。

就赏善而言，一定社会组织所奖赏的善行，只是那些会引导良好社会风气的善行。在此意义上，雍正皇帝强调："致治之要，首在风化，移风易俗，莫先于鼓励良善。"(《清实录·世宗宪皇帝实录(一)》卷4)事实上，清朝政府所旌表的正是这样的善行，如对功臣、名臣、累世同居共灶的家庭、忠孝节义、乐善好施等义行大加表彰和赏赐，其目的在于引导所有社会成员内化清朝政府所提倡的那些善恶观念，作出相应的道德行为。由此可见，清朝政府乃至整个清代社会所施行的奖赏，并非只限于对那些应该奖赏的人予以物质奖励和精神鼓励，更重要的意图是通过奖赏来进行道德教化。值得注意的是，与奖赏相关的道德教化会不会取得较满意的效果，是与受赏者是否应该得到奖赏直接相关的。清代人是意识到了这一点的。当时就有人怀疑清朝政府所旌表的道德榜样是不是真正的道德榜样。如乾隆朝名将福康安就是受非议颇多的人物。他"受高宗殊宠，师有功。在军中习奢侈，犒军金币辄巨万，治饷吏承意指，糜滥滋甚。仁宗既亲政，屡下诏戒诸将帅毋滥赏，必斥福康安"(《清史稿》卷330《福康安》)。嘉庆皇帝虽然仍然如同其父乾隆皇帝一样奖赏福康安，将其赐封为康熙朝以后清朝异姓封王的惟一人物，甚至在福康安病亡以后，还亲自"制诗以诔，命加郡王衔，从傅恒配太庙，谥文襄"，但他对福康安却有微词，认为福康安并非是将帅的榜样。除清朝的最高统治者之外，还有其他清代人也有如此看法，"如卫谋论福康安贪婪，不宜配享太庙"(《清史稿》卷356《石承藻》)。他们之所以认为福康安不应配享太庙，是因为福康安生活奢靡，私带侍女出征，攻打帮助清军的义军，将对其稍有失礼的柴大纪置于死地。一句话，就是因为福康安虽有军功，但其人品却有问题，不宜树为道德榜样，否则，就不但不能起到良好的道德教化作用，反而还有害于道德教化。

就罚恶而言，一定社会组织所施行的惩罚，其目的并非只在于惩罚某一具体的行为，更重要的价值在于告诉人们什么样的行为是不应该做的，或者是恶行。如康熙皇帝明确地指出："淫词小说人所乐观，实能败坏风俗，蛊惑人心。

朕见人乐观小说者多不成材，是不惟无益，而且有害。至于僧道邪教，素悖礼法，其惑世诬民尤甚"，"俱宜严行禁止"①。乾隆十六年(1751)闰5月，乾隆皇帝下了这样一道谕旨："向来属员亏空，本任力不能完，责令上司分赔归项，所以惩失察，而儆官邪。原系从前旧有之例，朕御极之初，于亏空案内分赔、代赔各项，多从宽宥，但地方官不能体朕格外加恩之意，因循故习……嗣后亏空案件到部，应详加察核，其有实在侵贪入己之劣员，仍令该上司分赔，不得稍为宽贷。其他如那移款项，与仓谷浥变等事，只将该员议罪者，不必概令上司分摊赔补，致滋扰累。朕经理庶务，应宽应严，惟在乎情理之正，从无畸轻畸重之见存于其间也。"②乾隆皇帝这道谕旨明确无误地告诉人们何者为恶行、何者为非恶行，恶人与失察者应该分别承担什么样的责任，其目的是让人们意识到自己应该承担的道德责任。

2. 社会赏罚之所以具有道德教化功能，是因为它内含着道德价值导向。清朝政府和其他社会群体都十分明白，社会赏罚虽然是一种可以感知的物化的社会控制方式，但它却可以蕴涵着一定的道德观念和道德价值导向，于是，就力图通过社会赏罚这一方式将自己提倡什么与反对什么、人们应该做什么与不应该做什么的信息告诉人们。如清朝政府旌表孝妇、孝女、烈妇、烈女、守节、殉节、未婚守节妇女的目的，就在于"使凡为女若妇者，循循各尽其职。则且广之为风俗，永之为名教。有国者之事，以权始，以化终。权故行，化故成，国以治平……故知权所以能行，化所以能成，尤必有当于人人之心，固不可强而致也"(《清史稿》卷508《列女一》)。同样，创建昭忠祠和贤良祠以褒颂那些有功于国家利益的名臣，目的还在于道德教化。雍正皇帝在拟建昭忠祠、贤良祠时指出："自太祖创业后，将帅之臣，守土之官，没身捍国，良可嘉悯。允宜立祠京邑，世世血食。其偏裨士卒殉难者，亦附祀左右。褒崇表阐，俾远近观听，勃然可生忠义之心，并为立传垂永久。"(《清史稿》卷87《昭忠祠》)"我朝开国以后，名臣硕辅，先后相望。或勋垂节钺，或节厉冰霜，既树羽仪，宜隆俎豆。俾世世为臣者，观感奋发，知所慕效。庶明良喜起，副予厚期。"(《清史稿》卷87《贤良祠》)由此可见，

① 中国第一历史档案馆整理：《康熙起居注》第2册，中华书局1984年版，第1595页。

② 郭成伟、田涛点校整理：《明清公牍秘本五种・钱谷指南》，中国政法大学出版社1999年版，第320—321页。

清朝政府施行奖赏的目的就在于进行道德价值导向，准确地说，是为了让人们尽忠尽孝。让人们尽忠尽孝同样是清朝统治者施行惩罚的目的。这一点明显地表现在雍正皇帝对隆科多的态度上。隆科多是康熙、雍正两朝名臣，康熙六十一年(1722)被任用为吏部尚书，雍正元年(1723)被封为太保，第二年被赐双眼花翎、四团龙补服、黄带、紫辔，但因与阿灵阿、年羹尧等结党，收受年羹尧及总督赵世显、满保、巡抚甘国璧、苏克济的贿赂，受自己所荐之人查嗣庭悖逆及家仆牛伦挟势索赇等的牵连，他本人被削去了爵位，被永远囚禁在畅春园外，并于雍正六年(1728)死于禁所，其长子岳兴阿被夺官，次子玉柱被流放黑龙江。尽管司法部门认定隆科多犯有大不敬之罪五宗、欺罔之罪四宗、紊乱朝政之罪三宗、党奸之罪六宗、不法之罪七宗、贪婪之罪十六宗，但他遭到惩罚的真正原因却是他对雍正皇帝不忠。对此，雍正皇帝毫不隐讳："朕御极之初，隆科多、年羹尧皆寄以心腹，毫无猜防。孰知朕视为一德，彼竟有二心。"(《清史稿》卷295《隆科多》)这番话表面上是针对隆科多、年羹尧而发的，实际上却是要求所有官员对皇帝尽忠。可以这样说，雍正皇帝对隆科多的惩罚就是对所有官员所进行的一次关于尽忠的道德教育。

3. 社会赏罚之所以具有道德教化功能，是因为它构建和强化着某种道德观念。一定社会的道德观念状况如何，受制于多方面的因素，其中最主要的因素无疑是该社会的具体历史条件，不可否认，社会赏罚也是其中的一个因素。清朝政府和清代人正是通过社会赏罚来强化和构建着清代社会的道德观念，使之成为人们一致认同和普遍信守的道德观念。针对官员之间结党营私、相互攻伐的现象，康熙皇帝强调："朕崇尚德教，蠲涤烦苛，大小诸臣，咸被恩礼。即因事罢退，仍令曲全乡里。近来交争私怨，纠结不已，颇有党同伐异之习，岂欲酿明季门户之祸耶？其各蠲私忿，共矢公忠。有怙终者，朕必穷治之。"(《清史稿》卷7《圣祖本纪二》)康熙皇帝这一警告对扭转官场不良风气起了重要作用。为了惩罚那些不愿为国家利益而不遗余力、尽职尽责的官员，乾隆皇帝免去了以老病为借口请求退休的魏廷珍的工部尚书职务，苛斥他在雍正朝为官时就"不克举其职，屡奉申诫，今以老病乞休，似此因循懈怠、持禄保身之习，断不可长"(《清史稿》卷290《魏廷珍》)。对魏廷珍的这一惩罚使那些真正老病的官员不敢提出病退的请求，为清朝的国家利益鞠躬尽瘁，"死"而后已。如果说对恶和不良行为的惩罚容易使人们认同相应的道德观念的话，那么，对同样为善的东西该如何赏罚，或者说，该如何取舍呢？对官员的“洁己”与“奉公”该如何取舍，就是这样的问题。如果一个官员能够“洁己”，他就会有优良的操守，就是“清官”；如果他能够“奉公”，他就会取得较突出的政绩，就是“能吏”。显然，清朝政府和最高统治者为了维持其统治，是需要既“洁己”又“奉公”的官员的。不过，这样的官员却很少。究竟应该重用“清官”还是“能吏”？或者说，官员们究竟应该重视“洁己”还是“奉公”的道德观念？清朝政府和最高统治者对此的态度无疑具有举足轻重的作用。事实上，清朝政府和最高统治者就是通过社会赏罚的方式来强化、引导和构建某种道德观念的。我们从康熙皇帝对张伯行的看法就可以发现清朝政府和最高统治者是如何对待“清官”与“能吏”、官员的“洁己”与“奉公”的。康熙皇帝从其“外官唯以清廉为要”的理念出发，高度肯定张伯行的优良操守，表彰其“操守为天下清官第一”，并在张伯行与噶礼互劾案的处理中保护张伯行。不过，康熙皇帝对张伯行又有以下看法：“清官不系贫富，张伯行家道甚饶，任所日用，皆取诸其家，随从四五十人，今以为不清可乎？操守虽清，不能办事，何裨于国！”（《清稗类钞·荐举类》）由于张伯行“无办事之才”，“不能办事”，致使“衙门案件堆积，连年不结，以致拖累多人，经时羁候，民皆怨之，纵不爱钱，于地方何益？”他“抚吴几载，风俗未见移易。近闻苏州百姓生意渐至消耗，米价初只七钱，今长至一两六、七钱，民食维艰，所云家给人足者何在？巡抚乃封疆大吏，当诚心为朝廷效力，俾地方有益，不当无其实而出大言，以欺世盗名”。① 康熙皇帝的看法让清朝官员意识到，只“洁己”、只求“清官”之名是远远不够的，甚至有害于国计民生，还应该重视“奉公”，争当“能吏”，在某种意义上，后者更为重要。这有力地突破了只求“清官”的传统政治道德观念。

① 中国第一历史档案馆整理：《康熙起居注》第3册，中华书局1984年版，第2146—2147页。

第六章

清代血缘群体的道德生活

血缘群体不仅是人类关系的一种重要样式，而且是构成社会整体的细胞，还是关系着一定数量个人的生存发展的利益共同体和命运共同体。这意味着清代血缘群体的道德生活必定会受到传统历史文化、现实的经济政治条件和血缘群体的内外关系等各种因素的影响，从而呈现出既有与以往朝代血缘群体的道德生活相同的共性又有其个性的生活景象。

第一节 婚姻道德生活

婚姻是由一定社会制度或者风俗所确认的男女两性的结合以及由此而产生的夫妻关系。婚姻是建立血缘群体的前提，血缘群体是缔结婚姻的结果。因此，要了解清代血缘群体道德生活的整体情况，就必须首先了解清代婚姻道德生活的情况。

清代婚姻道德生活是在婚姻行为中展开的生活。婚姻行为主要有婚姻选择、婚姻缔结和婚姻解除。与此相联系，清代婚姻道德生活从动态角度来考察就是婚姻选择、婚姻缔结和婚姻解除中所呈现的道德生活。

一、婚姻选择中的道德生活

婚姻选择与择偶被有的学者当作一回事看待，其实，它们之间是既有联系又有区别的，择偶是结婚当事人的私人行为，婚姻选择则并非都是如此。这种区别虽然在现代社会里也存在，但远不如中国古代社会中那样明显。在清代社会里，婚姻选择的主体几乎都是家长甚至族长，婚姻选择权几乎全部控制在家长或者族长的手里，而结婚当事人却无权自主地决定是否结婚，甚至连决定独身的权利都被剥夺，就更不用说自主地选择配偶了。由此可见，清代的婚姻选择，说到底，就是家长或者族长的选择。这是中国古代社会婚姻选择的传统。《礼记·昏义》早就规定，婚姻是“合二姓之好，上以事宗庙，下以继后世”。这意味着婚姻选择不是男女两人的私事，而是两个家庭甚至家族的大事，是事关家庭利益乃至家族利益的大事，是家长或者族长的行为，即只有经过家长或者族长长的同意，两姓子女才会有婚姻。清朝法律明确规定："嫁娶皆由祖父母、父母主婚；祖父母、父母俱无者，从余亲主婚。其夫亡携女适人者，其女从母主婚。"①

清代婚姻选择并不是自由、开放性的，而是在不可选择前提下的选择。这里所说的不可选择即是对婚姻的边界和范围的规定，是对婚姻选择的限制。这种限制往往具有道德性，可以对之进行善恶评价，因此，我们将其称之为婚姻选择的禁忌。在清代社会里，婚姻选择的禁忌主要有政治禁忌、尊卑禁忌和乱伦禁忌。

1. 政治禁忌。这指的是婚姻选择受到了清朝婚姻政策的限制。这样的禁忌主要有两个方面：

(1) 清朝的民族通婚政策。这一政策在清朝的不同历史阶段是有所不同的。从努尔哈赤起至顺治皇帝当政时，清朝为了壮大自己的力量和巩固其入关初期的统治，对不同民族之间的通婚实行允许和鼓励政策，不仅容许汉族、满族、蒙古族等民族的官民自相婚配，而且顺治皇帝还明确地指示礼部："方今天下一家，满、汉官民皆朕赤子，欲其各相亲睦，莫如缔结婚姻。自后满、汉官民有欲连姻者，听之。其满洲官民娶汉人之女实系为妻者，方准其娶。"（《清稗类钞・婚姻类》）由此可见，此时的清朝民族通婚政策显然是一种团结各民族的政治手段。然而，自康熙朝开始，这一婚姻政策发生了根本的变化。一方面，清朝继续贯彻满族与蒙古贵族联姻的基本国策，并一定程度地容许满族贵族与汉军八旗贵族的通婚，如康熙皇帝的妃嫔中的年佳氏、王佳氏、陈佳氏，嘉庆皇帝生母孝仪后魏佳氏，都是汉军八旗人；另一方面又严格禁止汉族、满族等民族之间的通婚，满、汉、蒙八旗官民之间的通婚也不例外。如康熙二十二年(1683)就发布了"凡内地民人出口，于蒙古地方贸易、耕种，不得娶蒙古妇女为妻"的禁令。为了确保这种禁令的权威性和有效性，清朝政府对违令私嫁的行为进行严厉制裁。如对违背蒙汉通婚禁令而私自嫁娶者，一经查出，将所嫁之妇离异，给还其母家，将私娶的民人治罪，对知情的主婚人及说合的蒙古人等都予以处罚。这种禁止民族之间通婚的政策同样是清朝维持其统治的政治手段。其原因主要在于：首先，清朝统治者担忧满族因为联姻而在以儒家思想为主导的文化环境

① 马建石、杨育棠主编：《大清律例通考校注》，中国政法大学出版社 1992 年版，第 443 页。

中失却自己的"国语骑射"的民族特性和民族意识;其次,清朝统治者担心民族之间的通婚,可能会引发民族之间的矛盾,成为影响社会秩序的不利因素。然而,民众却不顾清朝的政治伦理要求,违禁嫁娶不断出现。随着时间的推移,针对这种情况,有的官员认为应该废止民族之间通婚的禁令,这一看法也被最高统治者所认同。在看了巡抚陈宏谋的奏疏之后,乾隆皇帝给军机大臣等下了如下一道上谕:"据陈宏谋奏:向例湖南省民人,不准与苗人结姻,后经弛禁,近复禁止,于该处情形,转觉不便等语。湖南沿边一带地方,民苗杂处,从前因苗人归化伊始,梗顽者尚未尽驯,恐与民人交通,汉奸或致构生事衅,是以定例甚严。今苗人向化有年,涵濡日深,渐习耕读,与内地民人无异,若令其姻娅往来,与苗民声息相通,则各峒寨风土人情,或可得其要领,于地方亦属有益。今陈宏谋既奏及此,于理似属可行。"(《清实录·高宗纯皇帝实录(九)》卷712)民族之间的通婚禁忌一旦有所松动,就不止于民苗之间,其他民族之间也会如此。乾隆五十二年(1787),乾隆皇帝又在汉族与蒙古族之间的通婚禁忌上撕开了一道口子,发布了如下上谕:"国家休养生息,中外一家,本无畛域之分。从前定例,内地民人不准婚娶蒙古妇女,或因民人等暂时出口谋生,在彼婚娶,易滋事端,是以设有明禁。近来生齿日繁,内地民人孑身出口贸易种地者不可胜计。伊等相处日久,往来婚娶,势难禁止……至民人不得婚娶蒙古妇女,不但此条可删,并可无庸形之章牍。"(《清实录·高宗纯皇帝实录(一七)》卷1282)随着清朝对汉苗、汉蒙等民族之间通婚禁令的废止,有关满汉通婚的禁令也有所松动,并最终于光绪二十七年(1901)正式降旨开禁,令满、汉通婚。

(2)地方保护主义。在清代社会里,由于男女人口比例不合理,男多女少,有部分男性难以在当地找到婚配的对象,就不得不去外地寻觅或者购买。为了防止妇女外流,以满足当地男性的婚配需要和维持地方社会秩序,有的地方官员就会采取措施禁止妇女婚嫁出境,规定:"于嗣后凡有女之家,如系自幼许配与邻近地多,媒聘有凭,书帖有据者,仍许照常嫁娶外,其一切未经许配之女,务于本处择婿,不许与外境之人通媒议娶。民间孀妇,或招夫入室,或改醮与人,亦止许与本处人成婚,不许稍棍篾诱嫁与境外。至于有夫之妇,其平日不相和谐者,或离或合,许其依律告官酌断。如有本夫私鬻,或奸徒用计买休,图奸图利，嫁卖出境者，本夫、拐犯各遵律例尽法重处。”[①]禁止妇女外嫁，意味着清代人的婚姻选择只限于当地。不过，这样的禁令对清代人的婚姻选择并没有起多大作用。

2. 尊卑禁忌。它指的是婚姻选择受到了尊卑观念和等级结构的限制。这种禁忌早就在发挥作用，在清代社会里，门第、身份、权势等因素仍然对人们的婚姻选择产生影响。清代婚姻选择的尊卑禁忌主要有三个方面：

(1) 良贱不婚。“良”即良民，包括军、民、商、灶四类人。“贱”即贱民，包括皂隶、禁卒、仵作、马快、步快、长随、乞丐、疍户等，其中最主要的是娼优和奴仆。在清代社会里，良民是歧视贱民的，一般是不会选择贱民来婚配的，而且，清朝法律也禁止良贱联姻，规定：“（文武）官（并）吏娶乐人（妓者）为妻妾者，杖六十，并离异”[②]，“凡家长与奴娶良人女为妻者，杖八十。女家（主婚人）减一等。不知者，不坐。其奴自娶者，罪亦如之。家长知情者，减二等。因而入籍（指家长言）为婢者，杖一百。若妄以奴婢为良人而与良人为夫妻者，杖九十。（妄冒由家长，坐家长；由奴婢，坐奴婢。）各离异，改正。（谓入籍为婢之女，改正复良。）”[③]在实际生活中，尽管清代人以良贱婚配为耻，不过，良贱不婚并不是绝对的，在具体事情上存在着某种权变。定宜庄在对清代婚姻进行考证后发现：“所谓的良贱不婚，只是‘良’女不得与‘贱’男通婚，而‘贱女’与‘良男’的通婚却不禁”[④]，并认为，这正是“良贱不婚”的实质内容，也突出地说明清代社会具有视男性血统为惟一标准的特征。这意味着良贱不婚就不仅仅是一个法律问题，还是一个风俗习惯和思想观念问题，其结果就必定会如郭松义所指出的那样：“在良贱不能通婚的定制下，清代的奴仆，以及那些归入贱籍的人们，在婚姻选择中，只能局限于同样身份、同一生活圈子的人群。有的像堕民、疍民等，即使国家已给豁除贱籍，准与良民成婚，可因所执‘贱业’不改，生活环境没有变更，准婚亦等于是句空话。”[⑤]

---

① 郭成伟、田涛点校整理：《明清公牍秘本五种·纸上经纶》，中国政法大学出版社 1999 年版，第 179 页。

② 马建石、杨育棠主编：《大清律例通考校注》，中国政法大学出版社 1992 年版，第 451 页。

③ 同上书，第 452 页。

④ 定宜庄著：《满族的妇女生活与婚姻制度研究》，北京大学出版社 1999 年版，第 276 页。

⑤ 郭松义著：《伦理与生活——清代的婚姻关系》，商务印书馆 2000 年版，第 35 页。

(2) 官商、士商不婚。官员、士人、商人虽然都是良民,但是,在“权力至上”、“重农抑商”的清代社会里,商人的社会地位必定会较官员和士人要低,这就必定会造成官员和士大夫歧视商人。不仅如此,清朝最高统治者也歧视商人,如雍正皇帝强调士人是“四民之首”,此外,“农为最贵,而工商皆其末也”。虽然有士人论证“农商皆本”、经商是正当职业,如黄宗羲指出:“世儒不察,以工商为末,妄议抑之。夫工固圣王之所欲来,商又使其愿出于途者,盖皆本也。”(《明夷待访录·财计三》)唐甄也论证了自己在仕途失意后经商的正当性,他说:“苟非仕而得禄,及公卿敬礼而周之,其下耕贾而得之,则财无可求之道。求之,必为小人之为矣。我之以贾为生者,人以为辱其身,而不知所以不辱其身也。”(《潜书·养重》)也有商人力图通过乐善好施、自觉地承担社会责任来树立清代商人的良好形象,并得到社会的认可,但是,商人被歧视的格局却并未因此而有根本的改观。这也决定了,在清代前期,官员、士人就会以与商人联姻为耻,会遭到人们的非议,甚至会招致清朝最高统治者的斥责。《清稗类钞·婚姻类》中的《赵国麟与刘藩长联姻》就谈及了这种现象:“咸、同以前,搢绅之家蔑视商贾,至光绪朝,士大夫习闻泰西之重商,官、商始有往来,与为戚友,若在彼时,即遭物议。乾隆朝初年,大学士赵国麟与商人刘藩长联姻,为高宗所责……谕云:‘赵国麟素讲理学,且身为大学士,与市井庸人刘藩长缔结姻亲,且在朕前保荐。朕已明降谕旨,较之仲永檀参奏之事,其过孰为重大?’斥刘为市井庸人,商之为世所轻乃如此。”(《清稗类钞·婚姻类》)尽管如此,随着商品经济的发展,清代官员或者士人与商人联姻的现象却与日俱增,其主要原因首先在于商人通过捐纳得到了官衔,可以与那些通过科举考试和建立军功而得到官位的人平起平坐了;其次在于官员或者士人与商人的相互利用,官员因为俸禄少、需要得到商人的接济,士人因为生活贫困需要得到商人的资助,而商人则需要得到官员和士人的保护;再次在于财富在婚姻选择中所起的作用越来越明显,嫁娶论财的风气开始蔓延。

(3) 乱伦禁忌。这历来是古代中国人婚姻选择的限制因素。它主要包括同姓不婚与表亲不婚两方面的禁忌。这两种禁忌被清朝法律所认同。就同姓不婚而言,清朝法律规定:“凡同姓为婚者,(主婚与男女)各杖六十。离异。(妇女归宗，财礼入官。）”[1]这意味着，无论血缘关系的远近，只要是同姓男女，就不被允许有婚姻选择。然而，这条力图防止乱伦的法律在实际生活中却难以执行下去。之所以如此，是因为清代人基本上是聚族而居的，有的地方方圆几里甚至更宽范围之内所居住的都是同一姓氏的人，在交通不便和清代人交往圈子过小的条件下，人们即使不愿意与同姓为婚都没有办法。在这种无奈的现实生活情况下，清代人既顾不了同姓为婚即乱伦的道德观念，又不惜触犯有关法律规定，而选择与同姓为婚。当然，这种婚姻选择也是有道德限制的，即“同姓者，惟同祖以下不婚，过此不计也”（《清稗类钞·婚姻类》）。生活的现实迫使清朝政府对其原有立场作出调整，向五服以外的没有“尊卑相犯”的同姓为婚者大开绿灯。如乾隆五十四年（1789），湖南东安县发生了丈夫唐化经砍死其妻唐氏的命案。就清朝法律而言，唐化经既违犯了“夫殴妻致死”律，又违背了“同姓为婚”律。然而，司法审判时却只依据前者来定刑。这表明了清朝政府对“同姓为婚”事实的容许。

表亲有两种，其一是姑舅表兄弟姊妹，其二是两姨表兄弟姊妹。与此相一致，表亲婚也有两种。清代社会对于表亲婚有着两种对立的态度。有人认为，就血缘关系而言，表兄弟姊妹比同姓兄弟姊妹更近，正是因为如此，表亲婚比同姓婚更具有乱伦的特征，因此，他们坚决反对表亲婚。清朝政府也持同样的态度，清朝法律规定：“若娶己之姑舅两姨姊妹者，（虽无尊卑之分，尚有缌麻之服。）杖八十。并离异。”[2]由此可见，“尚有缌麻之服”就是清朝法律不许表亲成婚的真正原因。这一原因就是一个伦理理由，实际上是指如果表亲成婚就是乱伦。更多的人则认为，表亲婚并不乱伦，相反，它不仅是天经地义的，是一种“天伦”，而且，它由于是“亲上加亲”，就可以巩固和深化表亲家之间的感情，所谓“姑舅亲，辈辈亲，砸了骨头连着筋”就是这个意思。不只是如此，事实上，表亲结亲在清代社会里还相当盛行，如洪亮吉娶其母亲的侄女为自己的妻子，并让长子娶了其姐姐的女儿。鉴于这种情况，清朝政府不得不于乾隆五年（1740）修改禁止表亲为婚的法律条文，将其改为“姑舅两姨姊妹（为婚）听从民便”。

---

① 马建石、杨育棠主编：《大清律例通考校注》，中国政法大学出版社 1992 年版，第 447 页。
② 同上书，第 448 页。

这些主要禁忌以及其他禁忌如仇雠不婚、岳秦两姓不婚、潘杨两姓不婚等，是从禁止的角度来规定、限制清代的婚姻选择的。我们由此可以看出，清代的婚姻选择实际上是强调“门当户对”，正如康熙朝著名清官于成龙所主张的“结亲惟取门当户对”。“门当户对”反映了清代人在婚姻选择方面的平等[①]观念，也意味着清代人把相同的或者一致的思想道德观念、价值追求、生活方式乃至生活条件作为婚姻缔结和巩固的基本条件。这里值得注意的是，“门当户对”并非仅指两个家庭或者家族在等级、权势、地位上的相当，还包括它们在职业、财富上的不相上下。它表明，清代的婚姻选择并非是基于惟一尺度或者标准的选择，不同家庭或者家族选择的价值动因可能是有所不同的。

二、婚姻缔结中的道德生活

在清代社会里，除个别婚姻[②]之外，婚姻的缔结都有一个过程。其完整的过程依次经过以下六道程序：纳采、问名、纳吉、纳征、请期和亲迎。纳采就是男方托媒向女方提亲；问名就是在女方父母同意结亲后，男方父母再请媒人询问待嫁女子的姓名、生辰；纳吉就是男方父母将儿子和该女子的生辰八字相卜，若卜得吉兆，表示婚姻可行，并将此信息回告女方；纳征就是男方派人送聘礼到女方，若女方接受男方财礼，则表示正式订婚；请期就是男方定下结婚的日子，并与女方商量，女方若同意就回帖；亲迎就是新郎于结婚当日迎娶新娘过门。这六个方面就是所谓的“六礼”。它意味着婚姻缔结是离不开道德的。如纳采不仅仅是男方请媒人带礼物郑重向女方父母求婚，更重要的是表明该婚姻的缔结是男女双方家庭自愿的行为，并让媒人见证两家的联姻，承担起沟通两家意见的责任，以保证两家共守婚姻诚信。请期也并非只是简单地选定结婚的日子，而是平等观念和尊重意识在婚姻缔结中的体现。

值得指出的是，如果说道德是清代以前婚姻缔结的主要因素的话，那么，促成清代婚姻缔结的主要因素就并非只有道德了，还有财礼，在某种意义上，财物

---

① 这种平等并非指人人平等，而是在等级制度下的平等，即同一等级下的人平等。

② 如《清稗类钞·婚姻类》中载有如下一类婚姻：“康熙时，总兵王辅臣叛，所过掳掠，得妇女，不问老少妍媸，悉贮之布囊，四金一人，任人收买。三原民米某年二十未娶，独以银五两诣营，以一两赂主者，冀获佳丽。主者导入营，令自择，米遂囊揣摩，检得腰细足纤者一囊，负之以行。至逆旅启视，则苍然一老妪也，满面瘢痕，年近七旬。”这样“任人收买”的婚姻当然是一种例外。

逐渐取代了道德在清代婚姻缔结中的地位和作用。当然，这并不是说，只是至清代以后财物才在婚姻的缔结中受到重视。其实，早在明代的部分地区（即主要是东南沿海地区）就已经出现了婚姻论财的风气，但是，它却远远比不上清代婚姻重财的广度和深度。之所以如此，其主要原因是市场经济的发展催生了人们的逐利意识，人口的迅速增长使人们面临着巨大的生存压力。

不可否认，信义仍然是清代婚姻缔结的主要道德因素。尽管清代婚姻缔结的过程中有着多种道德规范和道德要求，但其中使婚姻缔结成功的主要道德因素却是信义。婚姻缔结中讲信义有不同的情形，或者不因男方家境贫穷而改变初衷，如陆射山（陆嘉淑）“欲为其女与寡嫂之女择壻于邑中，得查慎行、许汝霖二人，皆贫而好学。谓其嫂曰：‘查富贵未可必，必成名士。许则八座无疑也。’嫂以女字许，查为射山壻。许既婚，嫂知其家徒壁立，为之哭失明。查竟不能娶，而射山适悼亡，欲远行，佯谓其女曰：‘我与汝至舅家。’遂同乘小舟，至壻门，射山先入，谓慎行父曰：‘我二人儿女长大，可成婚矣。’慎行父亦名士，而拘于礼法，答曰：‘吾虽贫，不能备六礼，然即具酒食一席，亦非仓猝可致者。’射山曰：‘皆不须此，今是吉日，我特送女来。’遂成婚。”（《清稗类钞·婚姻类》）或者不因已聘之女人突发恶疾而解除婚约，如新化人艾倬云，生活于乾隆、嘉庆年间。其父艾秉实替其聘定了谢氏之女。但遗憾的是，该女子却突然失明。谢氏之父因为自己的女儿双眼失明、不能持家和侍候人、将来会增加艾家的负担而主动地辞退这门婚姻。艾秉实以此告之艾倬云，艾倬云果断地回答：“始聘之，旋弃之，不义。妇之所贵者在德，丧明何害？”艾秉实笑着说：“吾特试汝耳，汝果如是，必能兴吾门。”到结婚时，谢氏之父心里还是过意不去，又以美婢为媵，以此作为某种补偿，也被艾倬云拒绝（参见《清稗类钞·婚姻类》）。婚姻缔结中的信义，既表现为因担心给对方增添麻烦而主动解除婚约（如谢氏女之父的那种做法），又表现为想方设法信守婚约，如“刘以平……初聘关处士女，未娶而女病废，及婚，乃以次女行。合卺之夕，刘疑其无病容，诘之，媒以实告。刘怅然曰：‘吾聘者，病女也。弃之不义，且恐速其死。然次女已归吾家，无复还理，即室吾弟以宽可也。’更迎病女。女果泣涕求死，亲迎后，病遂愈，于是兄弟同日毕姻。”（《清稗类钞·婚姻类》）还表现为不夺人已聘之妻，并为对方结百年之好创造有利条件，如：“有富家子，所娶亦富家，奁具甚盛。婚夕，将就良席，妇忽长叹。子问故，妇曰：'吾初许嫁老儒子，老儒死，家益贫，吾父亦死，吾母悔焉，背其盟，改适于君。虽母命，而追念往事，不觉失声，君勿罪也。'子瞿然曰：'老儒子今安在？'曰：'闻流落市井矣。'子遽出，谓其父曰：'吾家幸富厚，何患无妇！奈何夺贫子之妻？'即访求老儒子，迎之以归，衣以己之衣，扫除别室，使成婚礼，尽以妇家所装送者畀之。"（《清稗类钞·婚姻类》）富家之子的这种态度是婚姻缔结中的信义的最高层次。

不过，就大体趋势而言，道德在清代婚姻缔结中的地位和作用日趋式微，而财物的作用却越来越突出。在某种意义上，财富是清代婚姻缔结的前提条件，是婚姻缔结是否成功的最重砝码。不仅男方将婚姻缔结作为索取和占有财富的方式，而且，女方也贪图男方的财富，从财富尺度出发来选择何人为婿为夫，如"安化陶文毅公澍夫人在两江制府署时，有人亲见其右手之背有凸起一疣，问其故，则蹙然曰：'我出身微贱，少常操作，此手为磨柄所伤耳。'盖文毅少极贫，初聘同邑黄氏女。有富翁吴某，闻黄有姿，谋夺之为其子继室，以厚利诌黄。黄顿萌异志，迫文毅退婚。文毅不可，黄之妻亦不愿，而女利吴之富，其父又主持甚力，遂誓不适陶。会家有养婢，愿以身代，黄妻诺，文毅亦坦然受之，初不疑，即后之膺一品封诰者也。"（《清稗类钞·婚姻类》）这是清代婚姻缔结中重财的典型事例。因为男方（即陶澍）家贫，不但女方之父坚决地要求解除婚约，就连已聘之女也因被富翁家财富所诱惑而决定改嫁他人，其结果是自己因惨遭变故而自杀，而其婢女则荣膺一品封诰。

清代社会中这种婚姻重财之风，使正常的婚姻缔结方式发生了异化，导致了多种不正常婚姻的出现。不正常婚姻主要有以下几种：

1. 收继婚。收继婚是指寡妇在其丈夫死后被丈夫家族中子侄或者兄弟收继为妻的婚姻。它可以分为两类，一类是儿子收娶继母或者父妾，另一类是兄弟收娶已故兄弟的妻子。这种婚姻现象早就在清代以前的部分少数民族中存在着，《史记》中最早记载了匈奴"父死，妻其后母；兄弟死，皆取其妻妻之"的婚姻缔结方式。在清代社会里，收继婚继续存在，相对于以往朝代而言，它具有三个特点：第一，它不再只在少数民族中存在，汉族中也存在这种婚姻；第二，它不但在穷苦百姓中存在，在贵族中也存在，如顺治朝摄政王多尔衮霸占其侄豪格的妻子博尔济吉特氏，还传说收娶了其兄皇太极之妻子即顺治皇帝之生母孝庄太后；第三，它在中国北方较盛行，而在南方相对较少，《清稗类钞·婚姻类》记载了云南所存在的这种婚姻："吴西春官云南之维西，曾得一讼牍，其词云：'某家生子四人，皆已婚娶，不幸某年长子死，某年四子之妻又死。理宜以第四子续配长媳，但年齿相悬，恐枯杨不复生荑。特与三党同议，将长子之妻配与二子，二子之妻配与三子，三子之妻配与四子，一转移间，年皆相若，可无怨旷之虞，极为允协，恳求俯准。'吴大怒，拍案，吏请曰：'此间习俗如是，愿无拂其意。'乃准之。"（《清稗类钞·婚姻类》）显然，这种婚姻是违背了传统礼教的，是被人们视为"乱伦"的。清代人之所以甘愿为了收继婚而冒被绞死的危险，其原因是多方面的，其中一个主要原因就是经济原因。因为，"一般地说，娶寡妇要比娶未婚女子的花费少得多，而收继自己的寡嫂，又比娶别人家的寡妇更便宜，寡妇如果有子，此举还不致使母子分离，所以，一个男人在万不得已的情况下，也就是穷得实在娶不起妻子的情况下，也会选择这种婚姻形式"。①

2. 买卖婚。买卖婚是以女子换回钱财的婚姻。这种婚姻缔结方式不仅在清代社会里存在着，而且较之以往朝代更为普遍，尤其在经济较发达的地区更为流行。具体来说有两种情况，既有女方父母不顾道德观念的约束和女儿的感受用女儿来换取聘金，又有丈夫将妾甚至妻子转嫁，以获取必要的生活资料。当时就有官员指出："养女之家，或衣食不足，贪得身价以幸一时之饱暖，每以及笄之女，卖与行路之人……亦有孀妇改适，稍棍止求媒金之厚实，不问买娶为何人，甚至有夫之妇，忽尔生离……更有绅士大户蓄婢居奇，原非自己所生，不关离别之惨，往往高价远售。"②甚至有的家庭或者家族由于"只图多得财礼，而不顾名节"而逼寡妇改嫁，有的丈夫为了养活自己的长辈和儿子不惜将心爱的妻子典租他人。由此可见，买卖婚尽管有出于无奈与唯利是图之别，但就出嫁者的动机而言，其指向都在获利。

3. 劳役婚。劳役婚是男方以其为女方家庭进行无偿劳作代替聘金的婚姻。它虽然表现为男方劳动和生活于女方家庭之中，但却与入赘婚存在明显的区别。入赘婚主要有两种情况：一是招赘方在其无子或者丧子的前提下，为了延

---

① 定宜庄著：《满族的妇女生活与婚姻制度研究》，北京大学出版社 1999 年版，第 39 页。

② 郭成伟、田涛点校整理：《明清公牍秘本五种·纸上经纶》，中国政法大学出版社 1999 年版，第 178 页。

续香火而为女儿招夫；二是招赘方为不愿离开夫家的寡媳或者为照顾患病的丈夫的妻子招夫，前者可以称为“坐产招夫”，后者可以称为“招夫养夫”，其目的在于维持招赘方家庭的存在和延续香火。而劳役婚的目的则不在于此，其目的在于达成婚姻，娶回妻子。在清代社会里，由于男方家庭贫穷，无法给付女方聘金，双方就会在婚书中或者口头上约定好娶妻男子何时去女方家中服劳役、服多长时间的劳役。一般说来，男子服劳役是在婚后进行的，他在其妻子家中的地位较低，不能随意离开妻子的家庭，只有在服完了劳役之后方可携妻子儿女归宗。

4. 兄弟合娶。在清代社会里，这种婚姻现象虽然不如收继婚、买卖婚和劳役婚的比例那么高，但它却同样在全国各地存在着，在贫穷的边远地区更为普遍。人们并不认为它违反人伦，相反，从现实主义的立场出发认可这样的婚姻。造成兄弟共娶一个妻子的主要原因无疑是贫穷，男方由于家庭经济拮据，无力给予女方聘金，就可能会有此无奈之举；另一个重要原因则是由于当地男女比例失调。如“甘肃多男少女，故男女之事颇阔略。兄死妻嫂，弟死妻妇，比比皆是。同姓者，惟同祖以下不婚，过此不计也。有兄弟数人合娶一妻者，轮夕而宿。或在白昼，辄悬一裙于房门，即知回避。生子，则长者与兄，以次及诸弟”（《清稗类钞·婚姻类》）。

5. 童养媳婚。童养媳婚是某家庭将所领养的年轻女孩与其年幼之子结为夫妻的婚姻。这种婚姻在以往朝代就有存在，至清代则相当普遍。清代童养媳婚的普遍化主要是清代婚姻重财和男女比例严重失调的必然结果。这种婚姻缔结方式是男女方家庭都乐意的。就女方家庭而言，它可以节省养育女儿的开支和置办嫁妆的大笔经费；就男方家庭而言，它不只是减少了娶媳妇的开支，更主要的是让未来的媳妇提前承担家庭的重担。对于这种婚姻对双方家庭的好处，《清稗类钞·婚姻类》是分析得较为全面的，它指出：“燕、赵之间，居民家道之小康者，生子三五龄辄为娶及笄之女。家贫子多者辄利其聘赀，从俗遣嫁焉。女至男家，先以父母礼见翁姑，以弟呼其婿，一切井臼、烹调、缝纫之事悉肩任之。夜则抚婿而眠，昼则为之著衣，为之饲食，如保姆然。子长成，乃合卺。其翁姑意谓雇人须工赀，又不能终年无归家之日，惟聘得贫家女，则所费不多，而指挥工作可以如意。故但计撙节，而子女年龄之相当与否，均置不问”（《清稗类钞·婚姻类》）。

6. 抢婚。抢婚又称“劫婚”，它早就存在。它可以分为两种，一种是作为整个婚姻过程的一个环节，如有的少数民族的抢亲就是这样的婚姻行为，它只是一个仪式，是符合礼俗的；另一种指的是男方用暴力手段强娶女子的行为。如果说前者是符合婚姻礼俗的话，那么，后者却是违背礼俗的。这里所说的“抢婚”是后者意义上的。值得注意的是，清代的抢婚有真实的抢婚与虚假的抢婚之分。真实的抢婚是男方在未经女方同意的情况下的强娶，虚假的抢婚则是贫穷的男女双方为了顾全面子而心照不宣地进行的表面上强娶的行为。不过，无论是何种抢婚，都与清代婚嫁重财有着直接的关系。为了减少男女双方在婚嫁方面的经费开支，也顾全自己的面子，女方就会暗示男方采取抢婚的形式。如张阿福娶妻就采取了劫婚的形式，他是“绍兴人，寓于杭，自幼聘王氏女为妻，年三十矣，贫不能娶。女亦年二十有七，其母屡托媒媪趣阿福婚。媪曰：‘彼贫，奈何？’母曰：‘彼无婚费，我亦无嫁资。无已，其抢亲乎？’媪以告阿福，阿福大喜，乃期于某月日纠众劫女去，母故招集比邻至，张氏夺女，则合卺已毕，贺客盈门矣。媒媪劝曰：‘事已至此，复何言！当令其明日来谢罪也。’母若为悻悻者而归”（《清稗类钞·婚姻类》）。

清代社会中这种日趋严重的嫁娶重财之风，对于家庭乃至整个社会造成了不良影响，不仅加重了家庭的经济负担，使有的家庭“因嫁女而荡产，缘娶妇而倾产”（康熙《上虞县志》卷2），而且导致有的丈夫因无嫁妆而轻视妻子，妻子因无聘金而瞧不起丈夫，以致“妇姑失欢，夫妇反目”，家庭不和。尽管有的清代人认识到了婚姻重财的危害，谴责婚姻中的重利忘义，号召人们抵制嫁娶重财之风，提倡合理的婚姻缔结方式，然而，他们却难以扭转这种不良风气。

三、婚姻解除中的道德生活

尽管清代夫妻感情普遍不深，婚姻质量大都不高，然而，其离婚率却较低，家庭结构较稳定。需要说明的是，离婚与婚姻解除是两个不同的概念，它们既有区别又有联系。婚姻解除有自然解除①与人为解除两种，前者指的是婚姻关

① 由于婚姻自然解除后，妻子一般都在夫家中生活，因此，这种婚姻道德生活就会不同于离婚道德生活，不会面临着夫妻在离婚中如何相互对待的问题，并被完全转换成了家庭道德生活，如：“太原有民家，姑妇皆寡，姑中年，不能自洁，村无赖频就之。妇不善其行，阴于门户墙垣阻拒之。姑惭，假事以出妇，妇不去，颇勃谿，姑益恚，乃诬控之官。官问奸夫姓名，姑曰：‘夜来宵去，实不知为谁，鞫妇自知。’因唤妇，妇果知之，而以奸情归姑，苦相抵。”（《清稗类钞·狱讼类》）

系因夫妻中的一方死亡而自动终止，后者指的是婚姻关系因受人为因素的影响而被有意解除。在此，我们只就婚姻关系的人为解除即离婚来论述清代的婚姻道德生活，并主要从离婚的理由来透视这种生活。

清代人和清朝政府基本上认同以往社会所规定的离婚理由，即“七出”与“三不去”。“七出”又称“七去”，即“不顺父母”、“无子”、“淫”、“妒”、“有恶疾”、“多言”与“盗窃”，只要自己的妻子满足其中的一个条件，丈夫就可以理直气壮地离弃她。尽管这七个理由是出于礼制的规定，是在当时的人们看来具有道德合理性的，但是，它们却过分地肯定了丈夫休掉其妻子的权利，使离弃妻子的行为具有相当强的随意性。因此，“七出”本身具有明显的道德缺陷。为了克服这种道德缺陷，限制丈夫对其妻子的随意离弃，以往朝代的人们又规定了“三不去”，如《孔子家语》对妻子不应该被离弃的“三不去”作了明确规定：“有所取无所归”、“与共更三年之丧”和“先贫贱而后富贵”，即在离婚后无家可归、曾经为公公或者婆婆服三年丧事和被娶时夫家贫贱后来富贵三个条件中，妻子只要具备一个条件，丈夫就没有理由休弃妻子。尽管清朝法律也将“七出”与“三不去”作为准许离婚与不准离婚的具体规定，然而，清代人离婚的理由实际上远不止于此，如因家庭贫穷、夫妻不和、丈夫久出未归且音讯全无、妻子有生理缺陷、发现婆婆与人私通等都是夫妻离婚的理由。我们通过这些离婚理由就可以了解清代人是如何处理夫妻关系、对待其妻子的。

虽然清代人离婚有多种多样的理由，但是，它们却存在着主要理由与次要理由之分。离婚的主要理由就是那些对清代离婚率的提高产生重大影响的、不可权变的或者不可原谅的理由，次要理由则是可以权变的、可以原谅的、对离婚率的提高没有多大影响的理由。从清代的实际道德生活来看，无子、忌妒、有恶疾、多言（挑拨离间、拨弄是非）、盗窃、夫妻不和、丈夫久出未归且音讯全无、发现婆婆与人私通等都是夫妻离婚的次要理由。如妻子的盗窃实际上是很少可能发生的，因为妻子一般是不允许与外人交往的，这实际上几乎排除了妻子外盗的可能性，也意味着只有盗窃家庭财物的可能。然而，在父家长拥有支配家庭一切的权力、兄弟同居共财、不允许儿子“私有财”的家庭环境中，妻子内盗的可能性也不大。由此可以推知，妻子盗窃不是清代夫妻离婚的主要原因。妻子的忌妒、有恶疾、多言（挑拨离间、拨弄是非）、夫妻不和等虽然可能会损害到他人的利益或者伤害他人的人格,造成家庭内部人际关系的紧张,影响家庭和谐,但不至于成为影响清代离婚率的重要因素。至于"无子",有人认为它是清代夫妻离婚的主要理由,这在"不孝有三,无后为大"的道德观念环境中似乎是必然的,毕竟妻子没有生出儿子,没有体现古代中国人赋予婚姻"上以事宗庙,下以继后世"的本质特征。不过,在我们看来,在男女比例严重失调、女性人口尤其是适婚女性过少的清代社会里,男子娶到适龄的妻子实属不易,不会因为其妻子生不出儿子而轻易离弃,何况还可以通过过继、领养和纳妾等方式来弥补这种缺憾,不至于因妻子无子就断然离婚。当然,在"无子"的情况下,夫妻关系可能会受其影响,妻子的地位可能会遭到威胁,因为在"母以子为贵"的世俗观念环境中,妻子无嫡子,其地位就会或明或暗地有所下降。然而,妻子不得不作出某种让步。由于这种让步也许是妻子出于自责的结果,因而,妻子会为了延续夫家的香火而积极地操办过继、领养等事项,甚至会主动地为丈夫纳妾。《聊斋志异》通过《段氏》篇再现了清代婚姻生活中妻子为丈夫主动纳妾的真实画面。"四十无子"的富翁段瑞环因惧于悍妒之妻连氏而不敢公然纳妾,只好背着她与一婢女私通。连氏察觉丈夫私通之事后痛打婢女,并将其卖于河间栾氏之家。由于段氏夫妻没有子嗣,其侄子就开始觊觎他们的财产。在难以自主地支配自己的财产、"欲嗣一侄,则群侄阻挠之"的情况下,连氏就开始后悔了。于是,她就为丈夫买了两妾,"听夫临幸,不之问。居年余,二妾皆有身"。连氏心里因此而逐渐舒坦,并对夫侄的强取也能够"恶声梗拒之"。遗憾的是,妾所生的儿子又不幸夭折,这使连氏刚刚燃起的希望瞬间破灭。幸亏富翁与婢女私通所生之子来认祖归宗,才使自己的家庭免于段氏家族的倾轧。由于连氏感觉到了有子嗣的重要性,因此,在弥留之际,她"呼女及孙媳嘱曰:'汝等志之:如三十不育,便当典质钗珥,为夫纳妾。无子之情状,实难堪也!'"妻子为丈夫纳妾大开绿灯,"既避免了丈夫借口无子可能被休弃的危险,同时还能得到丈夫、家人和社会的赞赏,称之为贤惠懂事"。[①] 这就更有利于降低清代夫妻的离婚率。

导致清代夫妻离婚的主要原因是"不顺父母"、"淫"和贫穷。"不顺父母"是这三者中最不确定的因素,因为它既有可以被客观地度量的性质,如有妻子不

---

① 郭松义著:《伦理与生活——清代的婚姻关系》,商务印书馆2000年版,第480页。

服从公婆、顶撞公婆、侍奉公婆不周到等明摆着的事实，又有某种主观的臆测和评价，如公婆对儿媳妇看不顺眼，丈夫认为其妻子侍奉父母不尽心，这从安子的母亲如何对待她的两个儿媳妇的态度就可以看出来。安子“寓杭州吉羊巷，事母事兄，无间言。兄早娶，乃以童养媳完姻者，母待之甚薄，日夕自操作，稍不遂意，即以鞭扑从事。迨安子娶妇，妇之母家颇小康，时有馈遗，母心艳次妇之富，时承奉之，而待长妇则如奴仆。安子谂知之，婉谏其母，更慰兄嫂……安子乃请母弗偏护，母颔之”（《清稗类钞・孝友类》）。但其母亲却一如既往地瞧不起大儿媳妇。正是因为“不顺父母”具有这样的特点，所以，它就成为了清代人离婚的变数最大的因素，但这并不意味着它是离婚的最主要因素。而贫穷则不同，它是导致清代夫妻离婚的无可奈何的主要因素。在生命与婚姻只能二者择一的时候，夫妻为了各自活命而不得不选择分手。这里存在着两种情形，一种是丈夫主动卖掉妻子以图活命，如“张克礼因岁饥乏食，携妻挈女，行乞于外，至洪洞地方，欲卖妻女得价，则彼此皆可存活。适有屯民王奇山者，往寻族人催粮，在彼撞遇，自念其妻任氏患疮伤目，不能照管家务，遂听马姓等人说合交价，买回田氏母女二口……为克礼者，既经立约受价，则夫妇之情已绝，即应视同覆水矣。无何得银易米，旋即复出至奇山家，借买妻作妾为题，硬欲逼领妻女”。[①] 另一种情形是妻子出于对家庭的责任而自愿卖身的，如“历城西门外有柴氏妇，其夫贾也，频岁折阅，资尽不能养母，妇诘夫曰：‘母与妻孰重？’夫曰：‘母重。’‘事夫与事姑孰重？’夫曰：‘事姑重。’妇曰：‘然则鬻妇以养姑乎？’夫泣，妇亦泣，邻人乃醵金遗之，妇卒不鬻”（《清稗类钞・孝友类》）。

相对而言，“淫”是清代人离婚的最不可容忍的主要理由。这里所说的“淫”并非是指丈夫的“淫”，丈夫可以堂而皇之地与妻子以外的其他女人发生性行为，可以嫖妓、纳妾、蓄婢，妻子不能因此而提出与丈夫离婚；它特指妻子的“淫”，具体指女人在初婚前与人私通和婚内与人通奸两种情形。这实际上是对女性的贞节方面的要求。在清代社会里，妻子失贞是不可原谅的，因而被离弃就是天经地义的。有的丈夫为了达到离婚的目的，就会在贞节问题上大做文

① 郭成伟、田涛点校整理：《明清公牍秘本五种・纸上经纶》，中国政法大学出版社 1999 年版，第 184 页。

章，逼其妻子就范。如“永平府某县之闺范至严，女子初嫁，母家必使人侦之。成婚之次日，夫家鼓乐喧阗，宾客杂沓，则大喜；若是日阒然，则女之留否，惟夫家为政，不敢与争矣。有王姓，嫁女于李氏，却扇之夕，李以新妇貌陋嫌之。次日，托言非处子，不举乐，仍呼媒妁送归母家。女幼失母，随其嫂以居，嫂知小姑无他，乃问昨夜洞房情事，则固未合欢也。嫂曰：‘然则安知其不贞欤?’力言于翁，使翁讼之官，官命验之，果守礼谨严之处子也。乃判李姓，仍以鼓乐迎归”(《清稗类钞·婚姻类》)。假如洞房之夜夫妻“合欢”了，而丈夫又横加诬陷，妻子就是跳进黄河也洗不清了。不过，由此可以想象妻子的贞操在清代夫妻关系处理中的地位和作用了。

从清代夫妻离婚的各种理由可以看出，离婚的权力并非仅仅掌握在丈夫的手里，而是由夫妻双方、双方父母、家族乃至清朝政府来共同掌握的。除清朝政府明确规定离婚的条件并依据相关法律条文来作出是否离异的判决，以维护离婚双方的公平之外，大量的离婚都是在民间力量的主持下完成的。这意味着，清代人的离婚是一个严肃的、符合清代正义观的社会事件，是一个道德问题，是一个有关风俗、教化的问题。

此外，清代人离婚还是一个涉及利益的问题，准确地说，它涉及离婚过程中财产如何处理的问题。在离婚过程中，财产的处理不是一个家庭财富如何分配的问题，而是一个道德问题，是一个谁应该承担责任的问题，在某种意义上，它是一个谁应该成为赔偿者和应该赔偿多少的问题。这一问题既涉及清朝法律又涉及清代社会的风俗习惯。就风俗习惯而言，应该承担责任的一方是羞于也不敢主张其财产权利的，甚至是否应该得到聘礼或者嫁妆，都由无责任方说了算。为了更有效地处理离婚双方的财产问题，清朝法律作了明确规定，如结婚“期约已至五年无过不娶，及夫逃亡三年不还者，并听经官告给执照，别行改嫁。亦不追财礼”。[①] 这就是说，在这两种情况下，由于丈夫是造成离婚的责任者，因而，妻子即使主动提出离异也有权不返还丈夫的聘礼。在其他情况下，妻子都无权得到丈夫家的财产及原有的嫁妆。在蒙古族婚姻中，如果“新妇三年内生子，应得外家财产一半，如三年不育，勒令大归，并追还原聘，听其择人再醮”(《清稗类钞·婚姻类》)，如果妻

① 马建石、杨育棠主编：《大清律例通考校注》，中国政法大学出版社 1992 年版，第 453 页。

子三年内生不出小孩，就要被离弃，并要返还其丈夫家的聘礼。

第二节　家庭道德生活

家庭是由婚姻关系、血缘关系或者收养关系所构成的亲属之间的同居共财的社会生活组织，它有着不同的结构和规模，在清代社会里，其具体存在形态可以分为核心家庭、直系家庭、大家庭等。核心家庭就是由父母及其未成年子女所组成的家庭，直系家庭就是由父母与子孙三代所组成的家庭，大家庭（即所谓“义门”）就是由祖孙四代以上所组成的家庭，其中，核心家庭较以往朝代有所增加，而大家庭则相对有所减少。它们虽然在生活的具体内容方面各有不同，但是，它们都无一例外地具有伦理的本质。“它之所以在其本身之内是一伦理的本质，并非由于它是它的成员们的自然的关联，换言之，并非由于它的成员之间的关系是个别的现实之间的直接关系……因为伦理是一种本性上普遍的东西，所以家庭成员之间的伦理关系不是情感关系或爱的关系。在这里，我们似乎必须把伦理设定为个别的家庭成员对其作为实体的家庭整体之间的关系，这样，个别家庭成员的行动和现实才能以家庭为其目的和内容。”①以家庭为目的，体现了清代人的基本家庭道德观念和根本的道德选择，意味着家庭成员对家庭利益及家庭和谐的追求。在清代人看来，家庭利益的保证就是重视忠孝，家庭和谐的前提就是处理好亲子关系、夫妇关系和长幼关系。

一、亲子关系的处理

在古代中国社会里，亲子关系虽然主要是父子关系，但是，它并非局限于父亲与儿子之间的关系，还涉及父亲与女儿之间、母亲与子女之间、祖辈与孙辈之间的关系。同以往朝代一样，在清代社会里，亲子关系受到人们的高度重视，被视为家庭生活的核心，甚至如林语堂所认为的那样，“人生最重要的关系是父母

---

① ［德］黑格尔著：《精神现象学》下卷，贺麟、王玖兴译，商务印书馆 1979 年版，第 8—9 页。

和子女的关系”。因此，清代人都非常重视对这种关系的处理，并将其视为家庭道德生活的主要内容。

1. 在父母对亲子关系的处理方面，清代人的立场仍然是遵循儒家所提倡的“父为子纲”的道德理念和“父慈”的道德规范。

“父为子纲”强调的是父亲的权威和权力，表征着父子之间所存在的严格等级关系，反映着清代家庭的专制性质。在清代人看来，之所以应该“父为子纲”，其原因就在于父亲给予了子女一切，是父亲用自己的辛劳养育了子女，因此，子女就应该全心全意地尊重和服从自己。从这种观念出发，父亲认为自己应该而且必须拥有对子女的教育权、主婚权、财产处置权、惩罚权等所有事关家庭和子女的生命、财产、自由、人格等权力。这是男权主义社会赋予父亲的权力，也是维护家庭整体利益所需要的权力。拥有和行使这些权力，被父亲认为是自己承担其责任的前提和保障。于是，在现实生活中，父亲就会负责任地行使这些权力。在此意义上，“父为子纲”并非完全是用于维护封建宗法等级关系的消极道德要求，还意味着一种道德责任。

在清代社会里，在父亲所行使的权力中，最主要的权力就是教育权、惩罚权、财产处置权、对待子女生命的权力。

就教育权而言，“子不教，父之过”的观念仍然在影响着整个清代社会，并成为父亲拥有对子女的教育权的一个重要道德理由。父亲的这种权力不只是简单地表现在其子女必须服从自己的教育上，更重要的是体现在对其子女的要求上，即父亲要求其子女们既忠又孝，既贤又“正”。如张履祥在其《训子语》中就强调：人家不论贫富贵贱，只要内外勤谨，守礼畏法，尚谦和，重廉耻，就是好人家；相反，懒惰则废业，恣肆则近刑，淫佚则败门户，丧身亡家。人家有富贵子孙，未必不是不幸，有贤子孙，乃是真正的幸事。如果子孙贤，已经富贵的人家会更加兴旺，即使是贫贱的人家也能固守家风，延及后裔；相反，子孙的不贤会使整个家族衰败下去。子孙应该以忠信谨慎为先，切戒狷薄，不可顾目前之利而忘他日之害，不可因一时之势而贻数世之忧。他甚至对子孙的职业选择都有特定的要求，要求“子孙……切不可流入倡优下贱及市井罡棍、衙役里胥一路”。[①] 这就是说，父亲

① 从余选注：《中国历代名门家训》，东方出版中心 1997 年版，第 57 页。

不仅要求子女为人正派，而且要求子女从事正当的职业。如果子女们不顺从自己的意愿，那么，父亲就有权要求子女们顺从。

就惩罚权而言，“劝”与“罚”是家庭教育中两种相辅相成的方式，前者是积极的家庭教育方式，后者是消极的家庭教育方式，其目的都在于让子女奉行人伦大义。在清代人看来，负责任的父亲应该拿起清朝政府所许可的惩罚武器，对其子女不能失之过宽，该严厉时就要严厉，否则，就会导致严重的后果。张履祥在其《训子语》中指出：“子弟童稚之年父母师傅严者，异日多贤；宽者，多至不孝。其严者岂必事事皆当，宽者岂必事事皆非，然贤不肖之分恒于此。严则督责笞挞之下有以柔服其血气，收束其身心，诸凡举动，知所顾忌，而不敢肆。宽则姑息放纵，长傲恣情，百端过恶皆从此生也。观此，则家长执家法以御群众，严君之职不可一日虚矣。”①事实上，在清代社会里，在对其子女的“严”与“宽”之间，父亲更倾向于“严”，更重视惩罚。只要认为其子女没有谨守礼法，没有顺从自己的意愿，父亲随时就可以行使这种惩罚权，无论是对年幼的子女还是对已经长大成人甚至结婚生子的子女，都是如此。如杨遇春对已为朝廷命官的儿子杨国桢就行使了父家长的这种权力，他“有子曰国桢，少倜傥，豪饮不羁。其自刑部郎出守颍州也，遇春方提督固原，兄国佐亦以守备引见，并予假省亲。国桢至，辕者以遇春命止之，不许入。国佐入，为跪请，久乃召而庭数之，国桢免冠谢。遇春曰：‘吾起家武举，上拔擢至此，恩遇无比，常恐老不知所报，始我期汝云何，而忘之也？’命予杖。文武官吏为叩头乞免，不许”（《清稗类钞·正直类》）。被杖罚的儿女不但不能有丝毫的怨言，反而还应该谨守礼数，时时刻刻对父母尽孝，如“方立礼，江苏江都人。母殁，后母遇之虐，怒辄与大杖，立礼谨受无怼。一日，杖几绝，及苏，无变容。父殁，遂逐立礼。立礼时时候门外问起居，疾则忧惧不食，愈乃已。妻洪，亦孝谨，日受鞭挞，后母稍自悔，为少戢。后母殁，为之哀毁”（《清史稿》卷498《孝义二》）。

就家庭财产处置权而言，市场经济的发展、人们逐利意识的增强，冲击着清代的家庭道德生活，也影响着父亲的财产处置权力。然而，即使父亲的财产处置权力受到了冲击，在清代大部分家庭中，父亲仍然牢牢地掌握着这种权力，在

① 从余选注：《中国历代名门家训》，东方出版中心1997年版，第202页。

大家庭中尤其如此。如乾隆朝，任天笃“九世同居……初，天笃祖开昌生五子，欲定议不析产，观诸子意。纳金麦囷中，子士尧、士舜得以告，开昌曰：‘此天赐，汝二人取之！’以‘子无私蓄’对。开昌悦，乃定议不析产。宗经、传，为家训，教子弟毋侈，毋急利，毋入城市，毋传述时事。务耕田读书，惟许学医，亦毋取酬，不则执百工业以佐家。妇初至，长者以家训教之，不率，令暂还母家，悟，乃迎归。平居布衣椎髻操作，毋私馈，毋饰容观，毋适私室。年五十不执役，寡毋入厨，稍厚其衣食。女适人寡，毋再嫁。至天笃，上溯开昌祖光玉，下见玄孙瑞丰，通九世男妇百六十余人共爨。吏问天笃何术能不析产，天笃曰：‘不忍也！’”(《清史稿》卷499《孝义三》)我们由此可以发现，为了获得和拥有家庭财产的处置权力，任氏大家庭的父家长可谓煞费苦心。当然，父亲掌握着家庭财产的处置权力也是必需的，它是家庭成员同甘共苦和家庭和谐的前提。父亲的家庭财产处置权力是一个整体，既包括维护家庭财产的权力，又包括分配家庭财产的权力。维护家庭财产的权力既有父亲对家庭成员进行职业分工、积累财富和购买田产等方面的权力，又有组织家庭成员抵御外来势力侵夺其家产的权力。在此意义上，父亲的权力就是维护家庭利益的手段，甚至就是家庭利益的象征。分配家庭财产的权力并非意味着父亲处置财产权力的消解和终结，相反，它恰好是这种权力的运用。父亲在分配家庭财产时，往往将财产分为三个部分：自己的财产、子孙的财产与共有财产。共有财产是整个家庭成员生存发展所需要的财物，如堂屋、家塾、池塘甚至墓地等，不允许任何子孙独占。自己的财产就是用来提供自己和妻妾所需生活资料的财物，一般比儿子所平均分配到的财物要多些。在子孙应得多少财产方面，不同民族、不同家庭的做法是有所区别的。如“哈萨克族不讲宗法，无谱牒可稽，父业子受，无子者，继亲族兄弟之子为后。父死，则均其财产，子与女共分之”(《清稗类钞·风俗类》)。对于汉族家庭而言，父亲一般只让儿子均分家庭财产，女儿则不享有得到家庭财产的权利，除非父亲是开明的人或者女儿是其惟一的后代。

就对待子女生命的权力而言，清代人认为，由于儿女的生命是父母给的，因此，父母就有权力根据自己的意志来对待子女的生命。对于绝大多数父母来说，他们都将抚养其子女长大成人作为自己义不容辞的责任。当然，不可否认，清代社会里也存在着父母残忍杀害其子女尤其是女儿的现象。溺女，准确地说是溺女婴，是其中最突出的现象，它不只是发生在贫穷家庭之中，也在不少中等小康家庭中出现，甚至少数富有家庭也将女婴溺死。这意味着，父母将其女婴溺死并非只是由于贫穷，尽管贫穷家庭溺女婴的现象相当普遍。除了贫穷这一主要原因之外，父母溺女婴的原因还有男尊女卑观念的影响和清代婚嫁论财风气的盛行。这三者之中，婚嫁论财之风是父母溺女婴的直接原因。

从上述情况来看，虽然"父为子纲"的道德理念膨胀了清代父亲的权力欲望，制造了不少人间悲剧，但是，它并非如有人所认为的那样等同于"君为臣纲"，并非是统治和役使，而是包含着某种人性的因素，是由于过大的外在压力和残酷的政治环境才使父亲的责任感和行为发生了异化。当然，不可否认，它的确对子女的人格产生了极为严重的影响。对此，林语堂指出："在以父母为中心的独裁家庭中，这种制度①使年轻人失去了事业心、胆量与独创精神……这是家庭制度在中国人性格形成上最具灾难性的影响。"②

作为父母对待其子女的道德规范，"父慈"似乎与"父为子纲"的道德理念相去甚远。不过，如果我们透过现象来分析，就可以发现这两者之间存在着某种联系，其中，父母对教育权、家庭财产处置权和惩罚权的行使，就蕴含着父母对其子女的慈爱。

父母对其子女的慈爱是天生的。他们将子女视为自己的创造物，当作是自己的再生，看作是自己的生命延续和未来。于是，他们就会十分关心子女的成长和生活，并为此而无私地倾注自己的心血，就会想子女之所想，急子女之所急。正如黑格尔所指出的那样："父母对子女的慈爱，正是从这种情感产生出来的：他们意识到他们是以他物[子女]为其现实，眼见着他物成长为自为存在而不返回他们[父母]这里来；他物反而永远成了一种异己的现实，一种独自的现实。"③父母对其子女的慈爱是方方面面的，涉及其子女的生命、健康、职业、婚姻、人格、交往等等。如对其子女是否进行教育就是父母是否有慈爱的体现。张履祥在《训子语》中就强调："有子孙便当尽力教诲……子孙不教，能无败亡！……择业授事，以戒惰游，延师肄经，以远非慝，教子孙之急务也……盍思

---

① 指家庭制度。
② 林语堂著：《中国人》，郝志东、沈益洪译，浙江人民出版社 1988 年版，第 152 页。
③ [德] 黑格尔著：《精神现象学》下卷，贺麟、王玖兴译，商务印书馆 1979 年版，第 14 页。

为人父母，将以田宅金钱遗子之为爱其子乎？抑以德义遗子之为爱其子乎？”①父母的慈爱，不只是表现在将田宅金钱给予子女上，更重要的是通过教育来培养子女们的健全人格。然而，父母的慈爱并非只有直接的方式，还有间接的方式，并非是溺爱，更不是错爱。康熙皇帝就指出：“父母之于儿女，谁不怜爱？然亦不可过于娇养。”②娇养是父母将其子女保护起来，是对其子女的未来不负责任，它并不是真正的慈爱。

诚然，在清代社会里，并不是所有的父母都会始终一贯地慈爱自己的子女的，有时父母尤其父亲是会逃避其对子女的责任的。有的父亲抛妻弃子，离家远去，乐不思蜀；有的父亲业贾营利，嫖妓养妾，花天酒地，却不管妻子儿女的死活；更有甚者，有的父母将其子女视为自己的私有财产，为了满足其私欲而卖儿鬻女，“但计撙节，而子女年龄之相当与否”、婚姻是否美满、生活是否幸福，“均置不问”。当然，清代人卖儿鬻女并非都是因为不慈爱的，有时候是出于无奈的，如“康熙四十三年，饥，民鬻子女”（《清史稿》卷499《孝义三》），就是因自然灾害而造成了父母与子女的骨肉分离。此外，父母因子女过多无力抚养、迫于交租交税、还清债务也不得不卖儿鬻女。

2. 在儿女对亲子关系的处理方面，清代人的基本道德立场就是“子孝”。

儿女对其父母要孝敬，并非只是民间的一种道德共识，清朝政府也予以提倡和强调。顺治皇帝就强调：“帝王孝治天下，礼莫大乎事亲。”（《清史稿》卷5《世祖本纪二》）为了更好地让人们尽孝，清朝政府还制定了专门的法律法规，如“亲老人员掣得远缺，不能远离者，准其改补近省。俟养亲事毕，仍令补授从前所掣之远缺”。③“官员祖父母、父母年七十以上，子、母男俱仕在外，家无一次成丁，兄弟笃疾不能侍养；或年至八十以上，虽家有次丁呈请终养者，及母老虽有兄弟同父异母有告终养者，均不举历俸之限，该督抚查明该员政务，并无怠忽，仓库钱粮，并无亏空，取具印结，一面题咨，一面即饬交代清楚，令其回籍终养，不必守候部复。俟伊亲终服满之日，赴部另补。倘告情终养之员，有情虽可悯，

① 从余选注：《中国历代名门家训》，东方出版中心1997年版，第191页。
② 同上书，第202页。
③ 郭成伟、田涛点校整理：《明清公牍秘本五种·钱谷指南》，中国政法大学出版社1999年版，第349页。

而与例不符者，具题请旨，听候议复。如舍终养本条，别捏告病者，一经发觉，仍照捏病例议处。”①

儿女对其父母的尽孝是一种无限度的道德行为。尽孝首先在于赡养父母，但是，这只是一种起码的孝行。子女不仅要为父母提供足够的生活资料，而且要想方设法让父母精神愉快。江南和州人薛文与其弟薛化礼就是这样做的。他们家“贫，有母，兄弟一出为佣，一留侍母，迭相代。留者在母侧絮絮与母语，不使孤坐。日旰，佣者还，挟酒米鱼肉治食奉母，兄弟舞跃歌讴以侑。寒，负母曝户外，兄弟前后为侏儒作态博母笑”（《清史稿》卷497《孝义一》）。为了对父母尽孝，儿女在任何事情甚至危险面前都不应该退缩，江西广昌人何复汉“长事母孝，母疾作，尝粪苦甘以测病深浅，不解带者数月”。如果儿女们对其父母的某种做法有意见，也不能直接责怪父母，只能“婉谏”，如安子的母亲对待曾为童养媳的大儿媳“如奴仆”，而对待安子的“母家颇小康”的妻子则是完全相反的态度，“安子乃请母弗偏护，母颔之。安子外出数月，归见母，方持一盘上楼，视之，火腿粥一瓯，白片嫩鸡一盆也。至楼，安排碗箸毕，唤次妇命之食，旁坐以待。安子怒，重斥妻曰：‘尔以吾母为奴仆耶?’母应声而言曰：‘我愿送来，不干尔事。’安子忍气下楼，视兄嫂，则于灶下共席而餐，其肴仅白菜一碗而已。于是太息而言曰：‘何势利之一至于此也！’复上楼，母已撤馔俱竣，妻笑曰：‘何如何如，此非吾之过也。’安子怒甚，揪妻发而痛责之，旋欲跳楼出，兄止之，安子曰：‘我不忍见。’遂去”（《清稗类钞・孝友类》）。安子只能责怪自己的妻子，将愤怒发泄到妻子身上，却不能对其母亲有任何不孝的举动。

在“慈”与“孝”之间，清代人将“孝”看得更重要，将尽孝看作是一种无条件的道德行为。这可以从以下两个方面反映出来。首先，在忠与孝之间的选择中，人们往往更注重的是孝。康熙三十三年（1694），康熙朝名臣、顺天学政侍郎李光地在其母亲过世后，“不请终制”，没有回家守丧。朝廷官员对此颇有微词，彭鹏因此而弹劾李光地“贪恋禄位”，康熙皇帝也认同彭鹏的看法，并命令李光地“在任守制”，李光地因要尽丧礼也请了九个月的假。山东蓬莱孝子王恩荣，

① 郭成伟、田涛点校整理：《明清公牍秘本五种・钱谷指南》，中国政法大学出版社1999年版，第347页。

其父王永泰因置产与小吏尹奇强发生口角，被殴中要害而死。当时他只有 9 岁，其祖母和母亲因受此刺激相继而亡。其母亲在临终时将官府所给的 10 两埋葬银分文未动地给了他，并对他说："汝家以三丧易此。海枯石烂存此志，恨不可忘也。孺子识之！"由于家道尽落，他只能"依舅以居"，并一直在寻找机会复仇，至 36 岁时终于杀掉了尹奇强。司法部门因为王恩荣重孝而想方设法保护他，其理由是："古律无复仇之文。然查今律，有擅杀行凶人者，予杖六十；其即时杀死者不论。是未尝不教人复仇也。孝子父死之年，尚未成童，其后迭杀不遂，虽非即，犹即也。观其视死如饴，激烈之气，有足嘉者。相应特予开释，复其诸生。即以原存埋葬银还给尹氏，以章其孝。"①这两则事例反映了朝廷和地方官员对"孝"的态度。其次，在尽孝与保全生命之间的选择中，人们往往取向于尽孝。这里有两种情形，其一是为了尽孝，儿女们会不惜自己的生命，如江西南丰孝子赵希乾，由于其父早逝，就与伯母、母亲相依为命。17 岁那年，其母亲已生病一个多月，他日夜祷告神灵，请求用自己代替母亲生病，母亲的病却不见好转。在听到占卜者所说的"剖心其可救"的话之后，他马上回家，"作疏告神，书遗言付仲父及弟，封识之。时日光斜射床席，寂无一人，孝子取笥中薙发小刀，坐床上，剖胸深寸许，以手入取其心，不可得。忽风声震飒，冲其户。孝子惊疑，以为有人至，四顾周章，急反刀，剜其胸肉置几上，复取肠出，断数寸……孝子置肠肉釜上，闷绝于床。弟妹出，见釜上物，以谓孝子割股也，烹而进之母。再视孝子，血淋漓胸腹间，气垂绝，始知其割心"。② 其二是为了尽孝，儿女们会不惜其子女的生命，如为了躲避耿精忠兵乱，江南歙县孝子郑明允"侍母抱谱牒及先世遗笔入山。贼大索山中，明允夜负母匿僻坞，还挈二子，未至，雾溢山，虎声震林木，纳二子石穴中，疾趋侍母。贼退，二子亦无恙"（《清史稿》卷 497《孝义一》）。由此可见，儿女们为了尽孝，就会无所顾忌，甚至会违背"从道不从父"的传统家庭道德要求。

虽然尽孝在清代社会里被强调到无以复加的地步，行孝者也不断受到清朝政府的旌表，但是，并不是所有的人都能做到尽孝，也不是任何人在任何时候都

① 李元度著：《国朝先正事略：清代 1108 人传记》(下)，岳麓书社 1991 年版，第 1304 页。
② 同上书，第 1281 页。

会尽孝。相反,不尽孝者却大有人在。有人估计,“人子之能养父母也,什百中无一二焉,有之,则惟乡曲之细民,欲于富贵家求之,殆千不得一矣”。如吴士忍本人生活奢侈,却对其父亲非常吝啬,他“以贸迁致富,声色狗马之奉,穷极侈汰。有父名理安,别居,距五十里而遥,然仅岁时一问视,岁致银币十二圆而已。父垂老矣,穷年冻馁,几不能自存。一日,徒步五十里往叩其子之门,曰:‘吾今欲自侪于犬马之列,而得汝养,可乎?’士忍不答,但留其晚餐,俾一饱,与以镫,使笼烛而归”(《清稗类钞・讥讽类》)。如果说吴士忍还能够为其父亲提供一点可怜的生活资料的话,那么,符稚仁却将其父母作为其敛财的工具。其父亲过世后,符稚仁与年轻的后母吴氏一起生活,他因为“父无遗产,有怨言,一日,忽语其母曰:‘儿不肖,家贫,无以奉甘旨,母又方盛年,盍及是时而自为计乎?’母不答。稚仁曰:‘儿有二策。’母曰:‘姑言之。’稚仁曰:‘母而欲图长治久安也,其别嫁乎?不然,则有赵某、沈某、杨某、唐某、蒋某者,皆好冶游,以母之年,母之姿,何患不见容于若辈耶?且母亦优游自适矣。’母大怒而号。稚仁之意,殆欲于再醮之聘金,夜度之资费,可有所沾溉也”(《清稗类钞・讥讽类》)。更有甚者,有人还打骂、谋杀其父母,如康熙朝总督噶礼就与其弟色勒奇、其儿子干都“置毒食物中谋弒母”。

二、夫妇关系的处理

清朝虽然实行一夫一妻制度,但是,在清代的所有家庭中,还存在着其他夫妇关系,即还存在着兄弟共妻、本夫和“招夫”共妻与纳妾的现象,尤其是纳妾现象更为普遍,满洲贵族、官员和富有者很少有不纳妾的。由于这种情况和其他因素的影响,清代夫妇关系的处理变得较以往朝代更为复杂。

清代夫妇关系的状况受制于多种因素的影响,既受自然因素的影响,又受社会因素的影响,既受现实生活条件的影响,又受传统文化和思想观念的影响。这些不同的因素都在清代夫妇生活中烙下了印记,从而使清代夫妇关系的处理并非只有惟一的模式和用于维护宗法等级的道德要求。如林语堂指出:“妇女一直有性的武器,她们可以充分利用它。这是自然为保证她们的平等而给予的武器……因为自然法则规定,她们在一起进行亲昵行为时,是平等的。”①夫妇关

① 林语堂著:《中国人》,郝志东、沈益洪译,浙江人民出版社 1988 年版,第 123 页。

系的自然基础或者生理基础的确为夫妇平等的实现提供了某种前提，甚至可能会使夫妇之间超越现实的社会约束而产生爱情，自觉地为对方承担责任。如江浦人殷怀乡“少孤，有母及诸弟，无恒产，佣力以养……年三十始娶妇，教之事姑，妇亦婉娩听从。无何，岁大荒，无所得食，乃谓妇曰：‘俱死无益，不如嫁汝，得银钱可以养吾母及吾弟，汝亦得生路，一举而两利也。’妇不可。殷曰：‘非吾意也。非汝负我，且吾母得存活，即汝所以报我也。’妇乃从之，母及弟卒赖以全。后母死，负土成坟，诸弟成立，皆为婚娶。或劝续娶，泣曰：‘吾妇归我，无失德，且得母欢心。昔以贫故弃之，今复娶，是负吾贤妇也。’卒不娶”（《清稗类钞·孝友类》）。殷怀乡之所以不续娶，是因为他认为自己有负于妻子，对她有爱。不只是丈夫会如此，妻子同样会因为爱丈夫而承担相应的责任。某“邑有某甲坐法论死，妻少艾有姿，伉俪甚笃，欲失节而救其夫”。于是，她主动找秦涧泉帮忙，并对他说：“妾夫不幸罹死罪，有能援手者，妾当夫之。”秦涧泉最终答应了她，并“力为之谋，其夫竟得活。又年余，释归，夫偕妇往谢秦，并欲留妇践约”，被秦涧泉坚决拒绝（参见《清稗类钞·义侠类》）。有的夫妇之间虽然说不上有爱情和平等，但是，他们之间却不离不弃，并认为这是命运的安排。乾隆朝永宁人郝某长相丑，家贫，瞎了一只眼，瘸了一条腿，以推小车为生，被人称为“郝小车”。其妻单氏貌美勤劳，她不但不嫌弃貌丑、贫穷的丈夫，还主动地肩负起家庭生活的重担，以自己的纺织、卖饼、帮助他人做女红活等来维持家庭的生计，赡养公婆，照顾丈夫，抚养儿子，想方设法埋葬公婆、丈夫和儿子。当有人讥笑其丈夫貌丑时，单氏不但不以为然，反而说：“夫可憎乎？吾命也，请毋再言。”最后因为自己觉得已经完成了所有的人生任务，她就毫无牵挂地静坐在破窑之中，绝食数日而死。

不可否认，爱情和平等对待在清代夫妇关系中是一定程度地存在着的，然而，却是十分有限的，是清代夫妇道德生活的支流。之所以会如此，其主要原因首先在于夫妇之间的关系从根本上说不是情感关系或者爱的关系，而是一种超越自然基础或者生理基础的伦理关系，是以家庭整体利益为目的而展开的关系；其次是因为清代夫妇关系的处理受到了传统夫妇伦理观念的左右。这就是说，在清代夫妇关系处理的过程中，人们所普遍遵循的道德原则就是儒家所提倡的“夫为妻纲”。这一道德原则意味着丈夫拥有主宰妻子的权力，意味着丈夫与妻子之间的不平等。丈夫对妻子的这种权力和夫妻之间的不平等，不仅受到清朝法律的保护，而且被当时的社会道德观念所肯定。

在实际生活中，“夫为妻纲”可以具体表现为夫尊妇卑、夫主妇从、夫唱妇随，等等。其中，在清代夫妇道德生活中表现得最为突出的是夫主妇从，而夫主妇从中被特别强调的是妻妇对丈夫的“从”，这种“从”不仅表现为顺从和满足丈夫的意愿，而且表现为为丈夫守节、从一而终。这是清代社会中不断涌现烈妇、节妇、贞女的一个主要原因。夫主妇从虽然是清代夫妇关系处理过程中所应该遵循的“应当”，但是，它只有在家庭生活需要作出决策时才会现实地发挥作用。由于对家庭生活的决策总是在一定的现实条件下所作出的，因此，我们可以从影响夫妇关系处理的主要因素角度来大体上了解清代夫主妇从的概貌。

毫无疑问，父母是影响夫妇关系处理的一个主要因素。这里所说的父母指的是丈夫的父母，而非妻妇的父母。在清代社会里，除了有钱有势的妻妇家父母会或明或暗、或多或少地对夫妇关系的处理施加影响之外，其他妻妇家父母都不会干预夫妇关系的处理，夫家也不会接受来自妻妇家的干预。因为，这些父母普遍认为“嫁出去的女是泼出去的水”，夫家如何对待她，那是夫家的事，自己无权干预。丈夫的父母虽然直接地干预夫妇关系的处理，但是，一般说来，只要儿媳能够尽孝、事夫和为人正派，是一位贤妻良母，父亲是不会干预夫妇生活的。这就是说，母亲才是直接地影响甚至无理地干预夫妇关系处理的主要外在力量，正如林语堂所说：“儿子被夹在中间倍受折磨，既要孝顺父母，又要爱戴妻子，却又从来也不敢为自己的妻子辩护。实际上，所有对妇女的虐待都来自同一性别的压迫者。”①在这种情况下，丈夫对夫妇关系的处理就会有两种道德态度，其一是丈夫虽然对其妻妇也许有某种感情，甚至可能觉得妻妇的做法并没有什么不对，但是，由于自身的懦弱或者要顺从母亲的意愿，不得不隐忍、屈从母亲对其妻妇的做法，如孟黑子对其妻苑氏的态度就是如此：“黑子，大城人；苑，东安人。其姑素无行，会永定河决，工役大集，卖酒堤上。强苑与偕，苑不从，窘辱之。姑与恶少人妇室饮，妇终不可犯，姑益怒。妇度终不免，自沉死。”(《清史稿》卷511《列女四》)苑氏没有能力改变其丈夫和婆婆所作出的决策，不

① 林语堂著：《中国人》，郝志东、沈益洪译，浙江人民出版社1988年版，第125页。

得不以死明志。其二是丈夫不仅同意母亲对其妻妇的不合理做法，而且还成为了母亲恶意对待其妻妇的帮凶，如鲁烈妇“本姓张氏，其父为鲁氏屏之养子，负屏钱，因乞为女。及长，以妻其子祥。居松江泖泾镇之西街，后枕秀州塘，为江浙孔道，商贾鳞集，群娼错处其间。祥之母沈妪，故娼也，阴与子计，诱烈妇，载之枫泾镇，迫使为娼。不可，则痛加鞭笞，绝其衣食，积三四岁不改。烈妇日夜涕泣，以死自誓。一日，其夫复劫之他往，烈妇知不免，潜启后户，赴水死……烈妇……未死之前数日，语其父母曰：‘夫以贫故至此，我必死，死，命也，慎勿抵夫罪’”（《清稗类钞·贞烈类》）。鲁烈妇虽然没有听从其丈夫和婆婆的安排，但是，她却死不怨夫，还为其丈夫开脱责任。

家庭经济状况也是影响夫妇关系处理的主要因素。在清代社会里，家庭经济状况的好坏并不与夫妇关系处理是否合理存在必然的关系。事实上，家庭富有的丈夫并不都爱自己的妻妇，尤其是鄙视并随意打骂母家贫穷的妻妇；而家境贫穷的丈夫则有可能珍重自己的妻妇。不过，富有家庭与贫穷家庭中夫妇关系处理的方式却是有所区别的，这种区别表明了夫妇对贫穷的无奈。如前述的卖妻或者迫使其妻妇卖淫的现象基本上不会在富有的丈夫身上发生，却容易在家境贫穷的丈夫身上出现。不止如此，为了获得家庭生活所必需的生活资料，丈夫还会被迫典让自己的妻妇，让人租用。这种现象虽然在清代社会里始终存在，但在雍正、乾隆朝以前更为突出，如当时“甘肃有租妻之俗。盖力不能娶而望子者，则就他人妻，立券，书期限，或二年，或三年，或以得子为限。过期，则原夫促回，不能一日留也。客游其地者，亦就之以遣岑寂。立券书限，即宿其夫之家，不必赁屋别居也。限内客至，夫辄避去，限外无论。夫不许，即某妻素与客最笃者，亦坚拒不纳。欲续好，则更出就价乃可”（《清稗类钞·风俗类》）。丈夫将自己的妻妇典与人为妻、为情人，妻妇也许会得到租用者的善意对待；而将她典与人做奴婢，她则会遭遇悲惨的命运，丈夫却于心能忍，其妻妇也无怨言，视自己的丈夫为情感上的归宿。在清代社会里，女仆、奴婢被称为“老妈”，“京都有所谓上炕老妈者，年率二十许，旅京久鳏者，以薄值雇用，（用约十余金。）订立契约，日间操作，夜则侍寝，期满即归，绝无依恋”（《清稗类钞·奴婢类》）。在此，妻妇如同商品，标有价格，规定了使用年限，其命运完全被自己的丈夫所支配。不过，丈夫为了获取生活资料而出让其妻妇并非都是合同式的，还有怂恿式、羞羞答答式的。如歙民程德麟因房屋被毁，挈其妻张氏移住休邑，与没有妻室的吴长生"同居共爨，少妇鳏夫，未免目挑心许，德麟又时令张氏向长生告贷薪米"，这为张氏与吴长生之间发生奸情提供了机会。就此而言，"张氏之奸不可谓非德麟有以纵之也"。令程德麟尚未预料到的是，张氏在被自己殴打之后，竟然离开自己的丈夫，"走入长生之室，长生留藏橱内，共寝食几三阅月"。张氏在听说其母亲"探女无踪，令其侄张光里抱禀控县"之后准备与丈夫及家人见面，吴长生却"捏词吓阻之"。① 由张氏对程德麟的态度可以看出，在清代社会里，因为家境贫穷，并非只有丈夫不顾自己妻妇的意愿而将其典让、出卖或者迫使其卖淫的现象，还有妻妇主动抛夫弃子、另寻新欢的现象。就后者而言，随着清代社会的发展，主动抛夫弃子、不顾丈夫和儿女们感受的妻妇越来越多，其原因除了男性与女性比例严重失调和贞节观念有所松动之外，主要是因为市场经济的发展引起了整个清代社会生活的深刻变化，为有的妻妇大胆地追求自己的幸福营造了有利的社会环境。

父母与家庭经济状况只是影响夫妇关系处理的外在因素，而夫妇的结构及彼此的态度则是影响夫妇关系处理的最主要因素。清代的夫妇结构主要有三种，其一是一妻多夫，其二是一夫多妻(妇)，其三是一夫一妻。前者相对少得多，在这种夫妇结构中，虽然夫主妇从的格局没有发生根本改变，但是，妻子却在夫妇关系的处理中有了一定的主动性，即使她对其中的某位丈夫有所偏爱，然而，她却能够较为公平地对待他们。第二种夫妇结构较第一种要多，但却比第三种要少。

就第二种夫妇结构而言，丈夫除了有一个妻子之外，还纳了妾，有的甚至纳了多个妾。对于丈夫的纳妾，没有哪个妻子是会心甘情愿的。她们由于担心妾会影响丈夫对自己的态度和改变自己在家庭中的地位，因此，总会想方设法地阻止丈夫纳妾。然而，由于她们在"夫为妻纲"的社会道德观念面前是那样的无能为力，因而，她们的阻止往往是徒劳的，即使她们能够暂时地阻止丈夫纳妾，但她们却为此而付出了巨大的代价。为了降低无效的代价，获得丈夫的欢心，

① 参阅郭成伟、田涛点校整理：《明清公牍秘本五种·纸上经纶》，中国政法大学出版社 1999 年版，第 168 页。

更好地支配妾，妻子往往会改变策略，由阻止丈夫纳妾转变为支持丈夫纳妾，甚至为丈夫的纳妾主动地做自己力所能及的事情。《红楼梦》中所描写的邢夫人对贾赦纳妾的态度，典型地反映了现实生活中夫妻双方是如何对待纳妾和对待对方的。邢夫人开始是反对贾赦纳妾的，不过，她由于始终受“出嫁从夫”这一道德观念的左右，因而最终容忍了丈夫的纳妾。贾赦已经纳了几个妾，又看中了贾母的丫鬟鸳鸯，欲将其纳为妾，让邢夫人去找鸳鸯说合。邢夫人不但未加劝阻，反而主动地充当了说客，她劝诱鸳鸯说：你“这一进去了，就开了脸，就封你作姨娘，又体面，又尊贵。你又是个要强的人，俗语说的‘金子还是金子换’，谁知竟叫老爷看中了！你如今这一来，可遂了你素日心高智大的愿了；又堵一堵那些嫌你的人的嘴”[①]，“你跟我们去，你知道我的性子又好，又不是那不容人的人，老爷待你们又好。过一年半载，生个一男半女，你就和我并肩了”[②]。邢夫人这样为贾赦劳心尽力，其动机还是为自己的利益考虑，即她“只知奉承贾赦以自保，次则婪取财货为自得；家下一应大小事务，俱由贾赦摆布，凡出入银钱，一经他的手，便克扣异常，以贾赦浪费为名，‘须得我就中俭省，方可补偿。’儿女奴仆，一人不靠，一言不听的”。[③] 纳妾并非只是简单地改变了夫妇的结构，更为重要的是改变了夫妇相互对待的道德态度。一般说来，妻与妾的地位是明显不平等的，丈夫对妻与妾的态度也是不公平的。这种情况不只是在庶民地主和商人家庭中存在，在贵族和官僚家庭中更是如此。虽然清代人仍然有着“母以子贵”的观念，但庶子之贵未必就能改变其生母的地位，未必就能改变丈夫对待其妾的态度。如尹继善之生母徐氏是尹泰的妾。尹泰特别重视家法，严格区分妻妾的不同地位，在尹继善为两江总督时，其父亲相国尹泰仍然以对妾的礼节对待她。尹继善调任云贵总督后入觐雍正皇帝，“世宗从容问：‘汝母受封乎?’乃叩头免冠，将有所奏。世宗曰：‘止，朕知汝意。汝，庶出也。嫡母封，生母未封。朕即有旨。’文端[④]拜謝出。相国怒曰：‘汝欲尊所生，未启我而遽奏上，乃以主眷压翁耶?’击以杖，堕孔雀翎”，尹继善生母为之跪请，其父亲才作罢。雍正皇帝

① 曹雪芹著：《红楼梦》，北京：人民文学出版社 1974 年版，第 568 页。
② 同上书，第 569 页。
③ 同上书，第 566 页。
④ 此为清朝政府追赐尹继善的谥号。

听说后派人至相国府第宣诏，诏书讲明了赐封尹继善生母的理由："大学士尹泰，非藉其子继善之贤，不得入相，非侧室徐氏，继善何由生？著敕封徐氏为一品夫人。"诏书宣读后，四宫娥扶尹继善生母面南而坐，四内监则引导尹泰对之行待妻子之礼（参见《清稗类钞·婚姻类》）。可见，如果没有雍正皇帝的直接干预，尹泰是不可能改变其对待尹继善生母的态度的。

清代夫妇互相对待的态度远不止于此。总的说来，夫妇之间如何对待往往取决于丈夫，而妻妇则会服从其丈夫的意志。对于大多数的丈夫来说，他们是能够按照儒家伦理的"夫为妻纲"、"夫敬"等道德要求来对待其妻妇的。不过，有的丈夫并不这样做，不但不通情达理，反而将妻妇作为自己的工具，若不顺从则施诸暴力。如涂氏是甘克桂的妻子，"克桂游荡，破其家，涂以女红供日食。克桂负贾钱，将以涂偿。一日，克桂从涂取故衣易钱以饮，醉归，涂泣，克桂掴其颊，曰：'行且鬻尔！'涂曰：'吾矢死不往。'克桂挞之，两昼夜不已，涂自经死"（《清史稿》卷511《列女四》）。丈夫为了偿还债款，就可以不顾其妻子的尊严，将她拱手送与他人，满足他人的淫欲。当然，在清代社会里，施行家庭暴力的并非只有丈夫，还有妻妇，她们被称为"悍妇"或者"恶妇"。她们由于成为了家庭的实际当家人，就可能会挟制丈夫，凌虐婢妾，不敬翁姑，不和妯娌。蒋伊在其《蒋氏家训》中指出，妻妇的悍恶虽然有其秉性方面的原因，但却是由其丈夫所酿成的。这意味着夫妇互相对待的态度是在互动的基础上所形成的。

三、长幼关系的处理

长幼关系指的是同辈之间的关系，它包括兄弟姐妹关系、叔嫂关系、姑嫂关系和妯娌关系，就其对家庭道德生活的影响而言，其中最主要的是兄弟关系。

同父子关系一样，兄弟关系是"天合"关系或者血缘关系，它重于"人合"的夫妇关系，这从方苞兄弟关系可以明显地看出。方苞有兄方舟和弟方林，方舟曾经对方苞说"当兄弟同葬，不得以妻祔。苞病革，命从舟遗言；并以弟林早卒未视敛，敛袒右臂以自罚"（《清史稿》卷290《方苞》）。由于兄弟关系如此重要，因此，清代人都非常重视兄弟关系的处理。一般说来，在清代社会里，兄弟是能够恪守手足之义的，能够做到兄友弟恭、"兄之爱弟宜如子，弟之敬兄宜如父"的。兄弟不仅自觉地承担起对家庭的共同责任，共同劳动，友好合作，互相照顾，甚至如同汪灏四兄弟一样争着割股疗父。而且，兄弟们互相友爱，主动地承担对对方的责任，为兄者主动地承担起家庭生活的重担，教育弟妹，督促弟弟们学习，为他们的成长创造必要的条件，包容自己的兄弟，如湖南黔阳人丁世忠就是如此，其“母初未有子，父娶妾，母生世忠。妾亦有子女而悍，恶世忠，尝酖之，不死。父懦，令别室居，世忠事两母无怼。庶弟无礼于世忠，嫡母丧，不欲持服，世忠皆不与较。庶弟坐事破家，世忠亦中落，仍割田畀之”（《清史稿》卷498《孝义二》）。有人为救治兄弟而不惜一切，如汪日昂、汪日升兄弟为医治因疗治父亲而先后割股、割臂的兄长汪晨的病分别割臂或者断指放血调药，江南山阳人岳荐为救治庶弟而不顾一切，其“庶弟甫生而其母暴疾死，荐亦生女，乃令妻弃女而乳其弟。弟病疡，日夜啼，夫妇迭拊之，遂俱生疡，血淋漓被体，不以为苦”（《清史稿》卷499《孝义三》）。甚至为了延绵兄弟的香火而不惜自己子女的生命，如陕西盩厔人张廒与张厂是同胞兄弟，“顺治初，山贼破其堡，杀廒兄厂，并掠厂子去。廒愍厂死且无后，负其子入山易厂子归。方谋赎子，山贼引去，其子幼不能从，遂杀之”（《清史稿》卷499《孝义三》）。

在兄弟关系的处理过程中，最突出的问题是财产分配问题。这一问题处理得好，兄弟关系就会和睦，否则，就会“骨肉构难，同室操戈”。一般说来，兄弟是能够合理地处理财产问题的，是相互礼让的，有时甚至是无私的。湖南邵阳人萧良昌有四兄弟，早已析产分居，后来大哥过世遗有一子，二哥忽然携子远出，不知所往。“方是时，家贫甚，诸孤茕茕，无所衣食。君极忧之。”他勤于经商，其家庭经济状况稍有好转。有人“劝之娶，君泣曰：‘吾两兄死，遗孤无以自存。吾忍遽言娶耶?’乃悉召诸子，复同产，率之贸荆襄间。其后家渐裕，乃始娶妇”。当时，其父亲尚健在，期望他找回二哥父子。他历经千辛万苦终于找回了他们，并同居生活，“育诸子如己子。家门严肃，妇女绝口不敢言析居事。年八十有余卒。卒之前岁，始为诸子析产。厚予兄子田宅，而令己子少受。诸子固辞，则曰：‘若曹佐我成家，甚劬苦。吾子劳逸既殊，受产可无别耶?’卒令少受。两子亦怡然从之”。① 甘肃通渭人张某兄弟都是木工，互相友爱，在分配家庭财产时，哥哥力主平均分配，其弟弟则不同意，他说：“弟子一，而兄之子五，如兄言，弟子

① 李元度著：《国朝先正事略：清代1108人传记》（下），岳麓书社1991年版，第1333页。

则富矣！诸侄独非父母孙乎？当视人为分。”哥哥又提出了自己的理由：“不可，父母先有子，未尝有孙。”（《清史稿》卷499《孝义三》）不过，并不是所有的兄弟都能够合乎道德地处理好财产分配问题。张履祥在其《训子语》中指出：“兄弟手足之义，人人所闻……方其幼时，无不相好，及其长也，渐至乖离。古人谓‘孝衰于妻子’。孝衰，悌因以俱衰……古人有言：‘难得者兄弟，易得者财产。’人家每因财产伤败彝伦，疏薄骨肉……古者父母在，不有私财。盖私财有无，所系孝悌之道不小，无则不欺于亲，不欺于兄弟，大段已是和顺。若是好货财，私妻子，便将不顾父母，而况兄弟？不孝不悌每从此始。近世人子多有父母在而蓄私财及父母在而结私债，均是不肖所为。甚或父母以偏私之心阴厚以财与不恤其苦，启其手足之衅，为害尤大。”①有的兄弟不只是在家庭财产分配时为自己的私利打算，还挖空心思地谋夺兄弟的财产。闽侯县寡妇齐高氏，其丈夫齐立人已死五年，与同胞兄弟齐登人久已分居。齐登人贪图寡妇财产，欲过继自己的儿子为其嗣，并多次逼其改嫁，寡妇不从。后来寡妇将田变卖换银，放债生息，请丈夫族叔齐孔津代为登记账目。为了得到寡妇的财物，齐登人想出了一条毒计。雍正十三年(1735)六月二十一日下午，他将正和女儿在家吃瓜的寡妇以捉奸的名义缚住，并同从另外的地方抓来的齐孔津一齐押送县衙。寡妇在被责打二十板后被逐回母家，其财物全部落入了齐登人手中。有的兄弟则因财物而大动干戈，其结果是反目成仇，甚至伤害兄弟。嘉庆朝，江西余干县老农李敬先佃种同姓地主农田，每年按时交租谷，分家析产后，该佃田转由儿子们轮种。嘉庆十五年(1810)，该佃田由次子李育章轮种，但因病而转佃他人，由于年岁不好，未能足额收回租谷，由李育章和长子李才章各补足一石稻谷，交完地主的租谷。第二年，李育章病愈，李才章要求弟弟归还应该由弟弟出的一石稻谷，因拖欠未给，兄弟互殴，弟弟李育章将胞兄李才章打死。

导致兄弟不和乃至大动干戈的原因并非只有财产，还有嫡出与庶出的不平等、妻妇的“多言”与外人的挑拨离间。在清代人看来，其中最主要的原因乃是妻妇的“多言”，认为它是导致血缘观念淡薄、父子分财异居、兄弟亲情味淡化、兄弟争夺财产、家庭内部矛盾增多的罪魁祸首。这就是说，兄弟矛盾的背后隐

① 从余选注：《中国历代名门家训》，东方出版中心1997年版，第130页。

藏着妯娌之间的矛盾，兄弟矛盾是妯娌矛盾的表现。为此，清代人强调，要预防家庭内部矛盾的发生，让兄弟互相友爱，其前提就是兄弟们不要被妻妇的多嘴多舌所累，“勿听妇人言”，如蒋伊就强调“勿听家人及妇人言”，边同也力主“禁听妇人言”。不可否认，随着市场经济的发展而逐渐增强的女性独立意识和权利意识，正是突破清代社会里过于僵化的兄弟关系和家庭模式的重要因素。

如果说财产是兄弟关系处理中必须慎重对待的一个重要因素的话，那么，在兄弟与姐妹之间的关系、姐妹关系、叔嫂关系、姑嫂关系的处理中，财产并不如此重要，更重要的则是情感。在清代社会里，兄弟与姐妹、叔嫂、姑嫂之间一般会互相帮助，积极地为对方做力所能及的事情，如江苏宝山人奚缉营的姐姐“嫁而贫，从妹寡，皆依以居，为营婚嫁”。江苏宜兴人钱天润“有女弟嫁而寡，甥二，方幼，天润往视之。女弟泣言：‘夫死子幼，不知所以为计。’天润问其意，女弟言：‘愿守节，第苦贫。’天润曰：‘妹无忧！吾助汝。’遂为女弟耕以给食。三年，女弟死，抚二甥，毕姻娶”（《清史稿》卷499《孝义三》）。不过，并不是所有的人都能够合理地掌握长幼之间的情感尺度，有人甚至因此而做出了荒唐的事来。如沂州县胥王成因为差务繁忙而不能经常回家。“家有妻一妹一，夙和好，炊爨缝纫之事，更相为役。一日，成奉差往郯城，过家门，入焉，则妻方淅米于庭，妹方制衣于室。成曳妻入卧闼，以久旷两不自制，遂据榻淫焉。时当夏昼，妹以兄归，当煮饭款之，辍所业，就井旁携米入厨，复奔而告嫂，请具膳方略，则二人方裸而有事，妹默然出走。成事已，遽行。姑嫂炊饭饱餐，姑以所见诘嫂，嫂具告之。姑年方及笄，情窦初开，聆嫂言，颇领会。嫂又以成匆匆去，未畅其欲，偕姑入卧闼，现身说法。而两阴相合，夫之余精，流入姑之生殖器焉，逾数月，经闭腹高，遂成孕。”（《清稗类钞·狱讼类》）姑嫂相通的现象在清代社会里相对少见，但叔嫂通奸的现象却较多，且容易发生，如乾隆三十一年（1766）五月，刘承恩胞兄娶杨氏为妻。当年八月的一个夜晚，刘承恩在院里睡觉，嫂子杨氏主动拿衣服为其盖上，于是勾搭通奸。为了预防类似现象的发生，清代人总是不厌其烦地强调儒家所提出的“男女授受不亲”的道德要求，将男女隔离开来，甚至发展到不允许离婚的姐妹与其兄弟同桌吃饭的地步。对叔嫂的直接交往尤其是寡居妇女的行为，清代人防得更严，规范得更具体，如不准叔嫂通问，不准寡妇对亲侄兄弟孤召密嘱，只许在公堂议事，等等。尽管清代家庭对男女交往规范很具体，防范相当严密，然而，家庭内男女越轨私通之事却时有发生。

第三节　宗族道德生活

宗族（或者家族）是基于血缘关系而建立的社会组织，是由若干同一姓氏家庭所构成的社会生活单位。它虽然是家庭的延伸和扩大，但是，它与家庭的不同，不只在于人口的数量、血缘关系的状况和结构，还在于它有其独特的性质和生活。这决定了宗族道德生活具有不同于家庭道德生活的内容和价值，也影响着人们对宗族道德生活的选择。

一、宗族道德生活的必要性

可以肯定，在清代社会里，家庭由于具有生产功能、生育功能、消费功能、教育功能等功能，理所当然地成为了人们道德生活的中心，个人的道德需要也可以在家庭中得到充分的满足。我们由此似乎可以得出这样的结论：清代的人们一定会普遍地缺乏对其他社会群体或者组织的热忱。然而，事实恰恰相反，清代的宗族组织和宗族势力相对于以往朝代有了明显的发展，当时的人们都普遍地渴望着过上宗族的道德生活。这一情况并非只是意味着清代社会道德关系的多样性和人们道德生活的开放性，更重要的是表征着人们的道德生活向宗族延伸的必要性。

1. 从家庭角度来看，家庭道德生活的缺陷的克服需要宗族道德生活。虽然清代社会有其所提倡的家庭伦理观念和道德原则规范，但是，人们并不一定会严格地遵循它们，从而使家庭生活出现某种在家庭内部无法克服的道德缺陷。这种道德缺陷，表现在亲子关系上，就是父母对子女的爱难以控制在适度的范围内，极易流于溺爱，对子女的要求的宽严尺度往往把握不好，在应该严厉的时候常常心有不忍，其结果是导致子女游手好闲、忤逆不孝、打架斗殴、窝留盗匪、为盗为娼、犯上作乱，这种现象在有钱有势的人家更容易出现，唐彪在其《人生必读书》指出："富贵之家，爱子过甚，子所欲得，无不曲从之。性既纵成，一往莫御，小有拂逆，便肆咆哮，及至长大，恃强好胜，破败家财，犹系小事，一切刑祸，从此致矣。为父母者，亦曾念及此乎！”[①]表现在夫妇关系上，就是丈夫惟妻妇之言是听，畏惧妻妇，就是妻妇不守妇道，不但不敬顺丈夫，反而打骂丈夫，甚至与人私通或者卖淫；表现在长幼关系上，就是卑幼违犯尊长、兄弟反目、叔嫂通奸、盗卖自家财物，等等。这些家庭道德生活的缺陷是不可能依靠家庭内部的力量来克服的。清代人是十分清楚这一点的，孙奇逢在其《孝友堂家规》中就明确地指出：“问：齐家之难，难于治国平天下。家迩天下远，家亲天下疏，何以难？曰：正惟迩则情易辟，正惟亲则法难用……从来均平天下之人，每于此多动心忍性，盖法制所不能束，禁令所不能施。以此思难，难可知矣。”[②]难归难，但家庭道德生活的缺陷却不可不克服。清代人终于找到了克服这种缺陷的办法，这种办法就是发挥介于血缘亲情与国家刑罚之间并能够使这两者达到某种平衡的宗法力量的作用，就是让人们都参与宗族道德生活。

2. 从宗族角度来看，宗族的生存发展需要宗族道德生活。清代宗族的生存发展是受当时的社会历史条件所制约的。其主要的社会条件有人多地少的矛盾、政治惩罚的严酷和社会动乱的频繁。人多地少的矛盾使清代人不得不依赖和保护宗族所拥有的土地，以便获得必要的生活资源。清朝所实行的政治惩罚的株连制度使清代人不得不谨小慎微，采取措施以防止宗族成员的越轨行为或者大逆不道行为的发生。频繁的社会动乱使宗族成员不得不团结起来，共同抵御外来的侵犯。此外，清代的寡妇由于不能拥有生产资料，不享有家庭财产继承权，仅靠自己的纺织、佐人女红是难以维持其生计的。要让她谨守妇道，为去世的丈夫守节，宗族就应该为其提供必要的生活资料。而这些生活资料实际上是族人共同提供的。

3. 从宗族之间的关系角度来看，宗族利益的维护需要宗族道德生活。清代的宗族都是聚居的，无论是在乡村还是在城市都是如此。生活在同一地方的不同宗族之间既有合作又有矛盾。这种矛盾是宗族之间因土地、水资源、森林、商业场所、墓地、地方治理权等的争夺甚至一言不合而导致的，往往会转化为宗族

---

① 赵忠心编著：《古今家教文萃》，湖北教育出版社 1997 年版，第 54 页。
② 从余选注：《中国历代名门家训》，东方出版中心 1997 年版，第 68 页。

之间的械斗。这种械斗现象在全国各地都存在着，但在江南尤其是闽粤等地更为严重。宗族之间的械斗，实质上就是宗族利益之争，正如陈盛韶所指出的："械斗之动，动于利也。"为了维护宗族利益，宗族常常是举族出动，族人更是置生死于不顾。

二、宗族道德生活的内容

在清代社会里，不同宗族有着不尽相同的道德生活，且宗族内部的道德生活又是相当丰富的。其主要内容有以下五个方面：

1. 尊祖敬宗。尊祖敬宗意味着宗族既是一个血缘共同体，又是一个情感共同体和信仰共同体。它是儒家伦理的一项主要道德要求，是"孝"的具体内容。一个宗族之所以特别重视尊祖敬宗，其意图在于催生人们的宗族观念或者家族观念，让人们觉得宗族或者家族比什么都重要。对此，钱穆指出："'家族'是中国文化一个最主要的柱石，我们几乎可以说，中国文化，全部都是从家族观念上筑起，先有家族观念乃有人道观念，先有人道观念乃有其他的一切……人道观念的核心是家族不是个人……中国的家族观念，更有一个特征，是'父子观'之重要性更超过了'夫妇观'……中国人看夫妇缔结之家庭，尚非终极目标。家庭缔结之终极目标应该是父母子女之永恒联属，使人生绵延不绝。短生命融入于长生命，家族传袭，几乎是中国人的宗教安慰。"①其目的在于维护宗族的团结。为了实现这种意图和目的，清代人主要采取了两方面的措施，其一是建立祠堂。在清代人看来，"祠堂者，敬宗者也"，它是祖宗之神安身的地方。如果"无祠堂则无以安亡者"，祖宗之神就会四处飘荡，无家可归。这是子孙对祖宗之神的极大不敬。为了表达对祖宗之神的敬意，子孙们总会千方百计地修建、修缮和保护祠堂，哪怕是家境多么穷困的族人都会义不容辞地承担相应的责任。其二是祭祀。宗族或者家族的祭祀是在祠堂中举行的。祠堂有两种，有始祖之神安身的大宗祠和宗族支派之神安身的小宗祠。因此，宗族或者家族的祭祀就有可能在两类不同的祠堂中举行。按照儒家礼制的要求，在祭祀时，全体族人都必须参加且应当庄重，服饰应当讲究，行为应当合乎道德规范，不准大声喧哗、肆意

① 钱穆著：《中国文化史导论》，商务印书馆1994年版，第51页。

吵闹，以恭行尊祖敬宗之礼。对于那些没有参加祭祀活动的人，任何族人都可以理直气壮地予以谴责，未参加者也以没有参加祭祀活动为耻。为了顺利地举行祭祀活动，族人或者会自觉地提供祭祀活动所需要的财物，或者主动地捐献专门用于宗族祭祀的田产。这种田产又称为祭田，不允许任何族人侵吞和霸占，只允许增加。

2. 维护宗族的地位和声誉。它意味着宗族是一个命运共同体。宗族由于离不开整个社会，存在于整个社会之中，因此，它总是力图寻求整个社会的认可，提高其在整个社会中的地位，树立其良好的社会形象。不仅清朝政府鼓励宗族的这种行为，旌表“义门”，而且民间也对宗族的如此努力表示赞赏。族人因此而产生了强烈的宗族荣誉观念，并将宗族所获得的较高社会地位和良好声誉视为一种荣耀。在清代人看来，宗族的荣耀有两种，其一是“势荣”，具体表现在宗族拥有显赫的政治地位，在地方事务中取得了领导权，培养了一批已仕和未仕的士人，拥有令人侧目的财富，等等；其二是“义荣”，它指的是所有族人都具有高尚的道德品质，尽孝尽忠，从事正当职业，无私地帮助他人，想方设法抑制不出家丑，出了家丑也尽可能地不让外人所知，等等。在清代的最初时期，族人普遍认为“义荣”才是真正的宗族荣耀，一定程度地鄙视权力、财富。随着清代社会的发展尤其是市场经济的发展，清代人的荣辱观念逐渐发生了变化，既重视“义荣”又重视“势荣”。然而，在这两者之中，清代人更重视“义荣”。张履祥指出：“所谓故家旧族者，非簪缨世禄之谓也。贤士大夫固为门户之光，若寡廉鲜耻、败坏名检，适为家门之累。况偶至之荣，比之浮云朝露，当其得之，不足恃以为常，及其失之，并与先世俱尽。所以家之兴替，全不系乎富贵贫贱，存乎人之贤不肖耳。贫贱而好修饬行，兴隆之道；富贵而纵恣背理，败亡之辙也……《正蒙》云：‘子孙贤，族将大，未有子孙不贤，家族不至倾覆者。’”①这就是说，族人要维护宗族的地位和声誉，关键在于使所有族人都贤。清代人认为，在使所有族人都贤的过程中，首先要发挥尊长的示范作用。张履祥因此而强调：“家之兴替，只宗族辑睦，尊长成其尊长，能教率卑幼；卑幼安其卑幼，能听顺尊长，虽目前衰落，已有勃兴之势。若其反此，目前虽隆，替可待也。然欲使卑幼听从，

① 从余选注：《中国历代名门家训》，东方出版中心 1997 年版，第 157 页。

先须尊长正身以率其下，宽以教之，严以督之，一以祖宗爱子孙之心为心而毫无偏私，虽幼辈无知，鲜有顽不率从者矣。”[①]其次是进行教育。这种教育是一种全面的教育，其重点是对所有族人实施道德教育。清代人并非视宗族道德教育为一种高层次的道德理论教育，而是将其当作与道德生活直接相关的教育。宗族实施道德教育的目的无非是使族人“居则为孝子贤孙，达则为忠臣烈士”。但问题在于：怎样才能使族人显达，更快地提升宗族的地位和声誉呢？清朝政府提供了这样的机制，那就是科举制度。科举制度冲破了魏晋南北朝所实行的“以姓贵人”、“上品无寒门，下品无士族”的门阀制度，要求和强化的是“以人贵姓”的宗族制度。科举制度的实行，一方面提升了宗族在清朝政治生活中的地位，赋予了宗族的准政治权力；另一方面又因科举制度的公平性而激发了宗族的自信，宗族因此而将其子弟参加科举考试作为自身的头等大事来对待，以求门户显达，光宗耀祖。于是，宗族想方设法筹措资金以设立义塾，利用族田的收入延师以课子弟，要求适龄子孙都入学读书，专门设有学田资助家境贫寒或者无劳动力的族中子弟入馆受教，奖励科举考试中的优胜者，尤其对通过科举考试而出仕的优秀者奖励力度更大。宗族之所以这样做，原因在于这些读书的族中子弟可能或者事实上已经提升了本宗族的地位和声望，扩展了本宗族的生存空间，为本宗族的生存发展和利益的实现创造了有利的条件。

3. 发展和保护族产。族产意味着宗族是一个利益共同体。它是宗族生存发展的物质基础，是宗族权力存在和行使的可靠依托。它指的是宗族所拥有的财物，具体包括地产、祠堂房舍及现金，其中最主要的是地产。地产又包括田产、山地、池塘、坟地等，田产是其中最主要的方面。因此，发展族产就是发展上述这些方面，主要是增加地产尤其是田产。由于族人的生老病死与族产休戚相关，因此，宗族及其成员都会自觉地承担起发展族产的责任。除了宗族组织用盈余的现金购置族产和绝户的遗产被宗族收归之外，增加的其他族产都是族人自愿捐献的，或者是家庭财产在分配时根据族规主动划归宗族的。就族产的增加而言，官员、商人和乡绅所作出的贡献最大。不过，清代族规规定，捐献者在购置族产时不得购买本族人的私田，因为这样做等于剥夺了族人的生活资源。

① 从余选注：《中国历代名门家训》，东方出版中心1997年版，第117页。

清代人普遍认为，族产应该得到增加，而不能被减少，于是，如何保护族产不被侵占、盗卖，就成为了宗族道德生活的一个重要内容。一般说来，由于族人认识到族产是一种产权属于宗族的公共财产，因此，他们不但不会将其据为己有，反而还会自觉地维护它。这意味着族产的保护问题是一个在经营族产过程中出现的道德问题，也就是说，是一个族产管理中的道德问题。为了更好地保护族产，清代人认为首先应该选出一个可信的族产管理者即族长。族众在选举族长时，一般会选择辈分高、年长、德高望重、家境殷实、能力强与官爵高的人来担任。族人之所以选择这样的人，其理由是他诚实可信，用不着挪用或者盗用宗族的资源，会出于公心行事。同时，族人对族产的管理者进行控制和监督，以防止他们隐瞒、冒用和侵占族产。其次，规范族田的租佃。在清代初期，族田只租给外姓人耕种，不让本族人佃种。这种做法，一方面是担心族人因久种族田而忘记了它是公田，将其视为私人的财产；另一方面是为了避免因血缘关系而造成的收交田租时的不便，防止因利益矛盾对宗族道德生活带来消极的影响。随着市场经济的发展、租佃制度的完善和人地矛盾的恶化，族人不得佃种族田的做法有所改变，宗族将族田让给极贫家庭耕种，以满足其生存需要。族人因佃种族田也要履行相应的道德义务，应该交纳田租，如果不交租，就会遭到族众的反对，如常州“有族人某者，因攘义田租为众人所疾，遂群击之，丧所而死”（康熙《常州府志》卷25）。再次，规范族田的买卖。在清代初期，族田只许买进，不允许卖出。如果有族人将族田盗卖或者以族田作抵押，就会遭到族众的极力抵制。即使是捐献了族产之家的子孙也无权因贫困而收回或者转卖原捐之田产。宗族不仅不准卖出作为公产的族产，而且也不允许族人将私田卖给外姓人，因为私田也是族人的生活资料。当然，这并不是说，私田不可卖出，而是应该优先让本族人购买。这种族田和私田不允许卖出的规定后来也有所改变，不仅允许族人自由买卖私田，而且全族人也可以通过商议来出卖族田。

4. 协调内部关系。尊祖敬宗、维护宗族的地位和声誉、发展和保护族产，是就整个宗族而言的，是本族内所有族人的共同责任，同时，它们又成为所有族人应该共同具有的宗族道德理念，成为族人处理本族内外关系的基本道德原则。宗族所要处理的族内共同事务较多，兴建修缮祠堂、兴办学校、兴修水利工程、修建道路桥梁、租佃族田、赡养赈济贫穷家庭以及鳏寡孤独废疾的族人，等等，都是这样的共同事务,处理本族内部关系只是其中的一项事务。宗族内部关系具体包括同居共灶家庭中的父子关系、夫妇关系和长幼关系,家庭与家庭之间的关系,支房之间的关系,族人、家庭、支房与整个宗族之间的关系。其中,有些关系并不会成为宗族处理的对象,这样的关系指的是那些在家庭内部、家庭与家庭之间或者支房之间经过一定的程序和方式就能够得到很好解决的摩擦与矛盾。这就是说,只有那些依靠家庭、支房的力量所不能处理好的宗族内部关系,才会被提交给宗族,并由宗族组织依据本宗族的宗法族规在宗族层面上来进行协调。这意味着宗族所要协调的内部关系就是族人之间所发生的凭自身力量难以调和的矛盾。这样的矛盾是多种多样的,如父子不和、兄弟反目、妻妇不敬顺丈夫或者不守妇道、族人不从事正当职业、族人大逆不道、家庭或者支房之间所发生的利益矛盾、家庭或者支房不愿意或者无力履行对宗族的义务,等等。这些矛盾大体上可以归纳为两类,其一是族人私人利益与宗族整体利益之间的矛盾;其二是族人与族人之间的利益矛盾。相对而言,第一种矛盾虽然随着清代社会的发展而愈来愈突出,但是,它比较简单与缓和,也容易解决;第二种矛盾则复杂、尖锐且难以解决。

在清代社会里,第二种矛盾中最为突出的是立嗣过程中所出现的矛盾。立嗣或者立继是指无子或者绝户的家庭过继自家之外的人为子,充当自家的合法继承人,并依照法律和风俗习惯赋予其享有继承家产、承接宗祧的权利与责任的资格。它表面上取决于立嗣或者立继者的自主选择,不过,它却受到了来自自家内外的各种力量的干预,尤其是寡妇在进行立嗣或者立继的过程中所受到的干预最明显,于是,立嗣或者立继就可能会面临着复杂的矛盾。虽然清朝政府为了解决这一矛盾而制定了专门的法规,如立嗣时"许令同宗昭穆相当之侄承继,先尽同父周亲,次及大功、小功、缌麻。如俱无,方许择立远房及同姓为嗣",①并同时严格规定不许异姓人继嗣乱宗;"嗣后遇有孀妇,应行立继之事,除照例按依昭穆伦次相当,应听孀妇择其属意之人,并问之本房是否愿继取,有合族甘结,即独于亦准出继","各省如有争继夺产酿成人命者,应听该房族另行议

① 马建石、杨育棠主编:《大清律例通考校注》,中国政法大学出版社1992年版,第409页。

继,其争夺之家,均不准其继立”①,明确规定了立继的原则、顺序、程序等等,但是,有的族人却并不遵守清朝法律和宗法族规,一意孤行。他们之所以不顾法律和道德的约束,是因为立嗣或者立继的核心是财产的继承和合理合情的转移。正是因为可以轻而易举地得到一笔财产,因此,亲属之间争继的闹剧就会不断上演,尤其在人地矛盾非常尖锐的时候和地区,这种闹剧最终可能会演化为悲剧。乾隆朝,四川巴县人王文金之胞弟王文芳生有一子王治炳,娶媳左氏,王治炳无子而亡。左氏的公婆和丈夫过世后遗有“田谷一百余石”,她请凭族人与自己立嗣,议定抱堂兄王治安之子为继子,并立有过继文书。但是,胞伯王文金却出面干预,不让过继王长寿,并打算将自己的儿子王治伦立为王治炳兄弟,霸占左氏房屋。左氏无奈向县令控案,县令中止了原有的立嗣合同,并要左氏“择贤择爱,另行承继,如亲支无继,即于远族中任其择继,族人不得把持”。左氏又请凭族长王元福另立服内王治煊之子王福寿为继子,又被王文金阻继,左氏不得不再次赴县控告。王文金之所以敢于这样做,是因为他觉得自家与王治炳在血缘上最亲,不能接受亲弟弟家的财物被他人所拥有。在立嗣或者立继方面,所有的矛盾都是围绕着血缘和财物这两个因素而展开的,具体表现为三种矛盾,其一是族内亲疏之间的矛盾,如果立嗣者没有按照由亲至疏的顺序来立后嗣,就会影响血缘与祭祀的纯洁性,就会混乱族内的昭穆伦序,势必导致矛盾;其二是血缘内外之间的矛盾,即是立母家之侄还是立妻妇家之侄,是立母家、妻妇家之侄还是立后妻带来之子;其三是异姓承嗣者及其子孙可否享有宗族权利的矛盾,这种矛盾是由清代人所具有的“异姓乱宗”观念所导致的。这些矛盾虽然随着清代社会的发展而有所缓和,但它们仍然是宗族不得不解决的主要矛盾。

为了协调内部关系,解决内部矛盾,清代的宗族采取了相应的措施。除了前述的重点进行家庭道德教育之外,其主要措施还有如下三个方面。首先,设立族权机构。族人不仅推选出辈分高、年长、德高望重、家境殷实、能力强与官爵高的人担任族长,而且建立了权力相互制约监督、职能专门化的管理体制。

---

① 郭成伟、田涛点校整理:《明清公牍秘本五种·钱谷指南》,中国政法大学出版社 1999 年版,第 468、467 页。

族人推选出这些人来行使族权，其目的在于期望他们都出于公心，办好宗族事务，同时，也为了使自己受到宗族的保护和平等对待，从握有族权者的角度来看，就是他们对"一族之人，有贤有不肖，当体祖宗均爱之心，曲加扶持保护，不使一人至于失所。无论富贵贫贱，无不如之"①。其次，制订族规。相对于以往朝代而言，清代的族规更加成熟和完善，也更加普及，不只是名门望族制订了宗法族约，几乎所有大大小小的姓氏家族都有了自己的家训族规。不同宗族的族规虽然在具体内容上有所不同，但是，它们都是依据儒家伦理制定出来的，其宗旨在于扬善抑恶，其根本内容在于提倡忠孝节义，涉及宗族生活的方方面面，宗族力图以此来约束和规范族人的行为，协调内部关系，以利于维持宗族秩序和封建统治秩序。再次，进行赏罚。几乎所有的宗族都认为，要维护宗族的整体利益，就必须对族人进行赏罚。宗族的赏罚范围较为广泛，涉及宗族生活的所有方面，如对在科举考试中成功的族人给予奖励，而对每年一次举行会馆会课的"赴会无文"者予以罚银；对谨守妇道的族人提供义米、请求政府旌表，而休弃不守妇道与人私通的未嫁和寡居者，或者逼其自尽，或者直接处死；等等。就清代的宗族惩罚而言，它一般遵循如下程序：第一步是核心家庭惩罚，第二步是支房惩罚，第三步是宗族惩罚，最后才交官方惩处。这种程序一方面意味着惩罚的层次和程度，另一方面意味着家长、房长和族长承担着不同的责任和拥有各自的权力。如果家长、房长没有承担起相应的责任，他们就要受到程度不同的处罚，或者斥责，或者停罚义米，或者"声罪于祠"，或者受杖；如果家长、房长隐瞒其子孙的恶行，或者不依宗法族规对其作恶的子孙进行惩罚，那么，宗族就会加重对他们的处罚。清代宗族的这种问责制有利于分层协调宗族的内部关系，更有效地维护和发展宗族的整体利益。

5. 处理外部关系。宗族的外部关系主要有三种，其一是宗族与国家的关系。在清代社会里，这种关系是多变的，但总的说来，宗族一方面要依赖于国家来保护自己的利益，另一方面又为国家输送有用的人才，履行对国家的应尽义务，自觉纳税，催促族人按时足额交税，并帮助贫弱的家族成员补交税款，有时帮助国家维持社会秩序，甚至组织宗族武装抵御反对清朝政府的势力。其二是

① 从余选注：《中国历代名门家训》，东方出版中心1997年版，第141页。

宗族与社区的关系。在处理这种关系时，宗族往往积极地参与社区的活动，力图争取治理社区的领导权，为社区建设献计献策，维护社区的生产等活动的顺利进行，维持社区秩序，兴办学校，修建道路桥梁，赈灾济贫。其三是宗族与宗族的关系。其中，第三种关系是宗族所要处理的主要外部关系。

在清代社会里，一般说来，一个宗族对本族与其他宗族之间关系的处理往往是较为合理的。这种合理的态度是："邻里乡党与吾先世室庐相接，行辈相差，婚姻庆吊，世世勿绝，谊本厚也。其有强盛，情固乐之，益宜内惧而思自勉；其有忧患，即不能恤，忍利之乎？担石升斗以通有无，不可虚也。或以田宅来售者，劝止之，不得已则宜厚其价值而受之，以寓相周之意。然田可也，宅终不可。宅售则将舍兹而他适，何以为情？若其后人或其同宗兄弟欲复此产，仍受原值归之，永以为好……处乡党只有谦以持身，恕以接物。谦则和，和则不竞；恕则平，平则寡怨。"①然而，这种关系并不是在任何时候都会被处理好的，宗族之间可能会因族人之间在婚姻、地租、田土等方面的小纠纷而引发尖锐的冲突，最终转化为械斗。宗族之间的械斗在规模上有大有小，在程度上也有差异，虽然全国各地都有，但在江南地区表现得更为严重，尤其是在福建和广东更是经常发生。如"粤人性刚好斗，负气轻生，稍不相能，动辄斗杀……与他姓一言不合，即约期械斗，人数不足，则出重资雇人相助，如助斗而死，给抚恤金；因斗伤废，给养伤金，其费用则出自祖尝，或按田科派。游手无业者多乐受雇，虽死不悔。斗时，扬旗鸣鼓，枪炮交施，如临大敌，可数日不解"（《清稗类钞·风俗类》）。宗族之间的械斗表面上是为了保护族人的私人利益，似乎有着充分的道德理由，实际上是争夺地方上的治理权力和资源，维护宗族的整体利益，甚至是为了维护本族的所谓尊严。因此，族人都会义不容辞且勇敢地投入械斗，并企图借助于械斗而解决宗族之间的纷争。

---

① 从余选注：《中国历代名门家训》，东方出版中心 1997 年版，第 171 页。

第七章

清代政治道德生活

在以“人的依赖关系”为实质内容的清代社会里，政治生活必定会成为人的一种最重要的生活。由于清朝政治是以满族为统治民族的政治，是在沿袭并损益以往朝代尤其是明朝封建主义政治基础上的更为成熟的政治所决定，清代政治生活必定会蕴含着既与以往朝代相同又与其不同的道德生活。完整的清代政治道德生活是通过制度层面与非制度层面来共同呈现的。制度层面的政治道德生活是根本的方面，它普遍地规定了清代人相互对待的主导道德观念、一般道德行为模式和主要道德活动方式，引导和制约着清代人对政治道德生活的现实选择，反映了清代政治道德生活的真实性质。非制度层面的政治道德生活是非根本的方面，它是清代人出于自己的内在道德观念和利益追求而选择的政治道德生活，因而，它呈现着清代政治道德生活的非制度性、多样性和复杂性，可能会与制度层面的政治道德要求存在着某种紧张关系，模糊着清代政治道德生活的真实性质。这两个方面从不同的侧面反映了清代人处理君臣之间、君民之间、官民之间、官员之间关系的真实情况。

第一节　政治制度安排中的道德生活

政治生活离不开制度。“制度是一个社会的游戏规则，更规范地说，它们是为决定人们的相互关系而人为设定的一些制约。制度构造了人们在政治、社会或经济方面发生交换的激励结构，制度变迁则决定了社会演进的方式，因此，它是理解历史变迁的关键。”①政治制度也是一种社会制度，它是一定社会历史条件下形成的正式规范体系及与之相适应的通过某种权威机构来维系的社会活动模式。它因社会历史条件的不同而有所不同，即使某种政治制度在以往社会历史时期早就已经存在，其具体内容也会因社会生活的需要而发生改变。清朝的政治制度就是在沿袭并调整以往朝代政治制度的基础上建立起来的，主要包

① ［美］道格拉斯·C·诺斯著：《制度、制度变迁与经济绩效》，刘守英译，上海三联书店1994年版，第3页。

括有关皇权产生、转移和行使的根本政治制度和涉及利益关系处理的非根本政治制度。它虽然根本上是一种恶的制度，但它在自身的安排中却不得不一定程度地适应当时社会生活的需要，内含着某种道德生活。

一、皇帝权力强化中的道德生活

皇帝权力是封建社会不可缺少的一种政治制度，它有自身应该如何产生、传承或者转移、行使的规范和程序。它规定了并不是任何人都可以宣称自己是皇帝并拥有相应的权力，规定了皇帝权力只能在皇家传承并必须经过严格的程序，否则，会被人们视为非法，规定了皇帝应当如何行使其权力和臣民应当如何对待这种权力的规范，及不服从这种权力的人所应当受到的相应惩罚。在清代社会里，皇帝权力相对于以往朝代有了明显的强化，从而引起了清代政治道德生活的相应变化。

1. 就皇位传承而言，中国封建社会一直实行的是立嫡长子为储君的制度，即有嫡立嫡，无嫡立长。这种制度虽然起到了预防、减少和平息宫廷内乱与稳定皇位传承时的政局的作用，但是，它却造成了现任皇帝的权力与储君权力共存的格局。在这种制度之下，现任皇帝的权力受到了牵制或者限制。其牵制或者限制源于两个方面，其一是朝中大臣对预立储君的干预，其二是储君分享了皇帝的部分资源，使皇帝权力行使的效果大打折扣，甚至使皇帝的生命面临威胁。清代初期，由于受满族原来所实行的汗位推举制度的影响，清朝并未严格地沿袭以往封建朝代的预立储君的制度，基本上是在现任皇帝薨时才另立新君，这种做法引起了清廷的纷争。1643 年，皇太极驾崩，谁来继承皇位成为了一个棘手的问题。在册立新君的议政王大臣会议上，礼亲王代善起初提名皇太极的长子豪格，但豪格却拒绝接受并退出了会议。在这种情况下，“索尼曰：‘先帝有皇子在，必立其一。他非所知也。’是夕，巴牙喇纛章京图赖诣索尼，告以定立皇子。黎明，两黄旗大臣盟于大清门，令两旗巴牙喇兵张弓挟矢，环立宫殿，率以诣崇政殿。诸王大臣列坐东西庑，索尼及巴图鲁鄂拜首言立皇子，睿亲王令暂退。英亲王阿济格、豫亲王多铎劝睿亲王即帝位，睿亲王犹豫未允，豫亲王曰：‘若不允，当立我。我名在太祖遗诏。’睿亲王曰：‘肃亲王亦有名，不独王也。’豫亲王又曰：‘不立我，论长当立礼亲王。’礼亲王曰：‘睿亲王若允，我国之福。否则当立皇子。我老矣,能胜此耶?'乃定议奉世祖即位"。(《清史稿》卷249《索尼》)这一册立新君的过程似乎还保留着满族汗位推举制度甚至原始社会中推选部落首领的禅让制度的遗风,似乎无人被皇帝权力所诱惑和觊觎皇帝的宝座。其实,事实并非如此,多尔衮就很想得到皇位。他之所以不敢继帝位,其一是因为他认为如果接受阿济格和多铎的力主而即帝位,那就是对养育了自己的兄长皇太极不忠,其二是因为许多皇太极手下的将军们都主张应由皇太极的儿子继位。这就可以合理地解释,为什么在年仅6岁的福临被宣布为皇帝之后,当多罗郡王阿达礼、固山贝子即代善之次子硕托图谋立多尔衮为皇帝,代善大义灭亲揭发了他们的阴谋之时,多尔衮会将其捉拿后处死。此次皇位的传承有两个特点:其一是决定皇位传承的权力并非皇帝一人所独有,而是由议政王大臣会议共同决定;其二是在皇位传给谁的选择上并非只有皇子,兄弟也可以。

康熙皇帝则完全改变了这种做法,排除了议政王对皇位继承的干预,强化了自己在皇位传承过程中的权力。他是清朝惟一一个尝试遵循立嫡长子为储君制度的皇帝,于康熙十四年(1675)立孝诚皇后所生的不到两岁的嫡长子(为皇二子)允礽为皇太子,并经皇后之叔索额图推荐任命汤斌为皇太子老师。但令康熙皇帝未曾想到的是,在皇太子门下形成了一个以索额图为首的结党营私的次于皇帝权力的权力中心;允礽也认为未来的皇帝非自己莫属,并急切想登上皇帝的宝座,于是口出怨言:"古今天下,岂有四十年天子乎?"为了控制皇太子集团对自己权力的不利影响,康熙皇帝于康熙四十二年(1703)拘囚了允礽集团首领索额图,康熙四十七年(1708)又在出巡途中因察觉到允礽集团即将发动一场弑君的政变,立即起程回銮,将包括索额图的两个儿子在内的6人就地正法,其余人等充发盛京,并"召集廷臣行宫,宣示皇太子胤礽①罪状,命拘执之,送京幽禁……上还京……废皇太子胤礽,颁示天下"(《清史稿》卷8《圣祖本纪三》)。允礽被废皇太子后,诸皇子都以为自己有了被立皇太子的机会,都疯狂结党,互相明争暗斗。康熙皇帝变得反复无常,几度废立皇太子。鉴于诸皇子为立储而出现纷争的残酷事实,康熙皇帝后来缄口不提立皇太子之事,也不允许大臣请立储君,否则,就会遭到严惩。副都御史劳之辨因奏保废太子被夺职

① 胤礽即允礽。因避其弟雍正帝之讳而将"胤"改为"允"。

责杖；翰林院编修朱天保被处斩；大学士王掞则提心吊胆多次上疏请立储君，康熙皇帝非常愤怒，降旨指责王掞“植党希荣”，并恐吓：如果有大臣再胆敢如此，就是“自取其死”。康熙皇帝之所以会有如此态度，不是因为王掞等人对建储的关注，而是因为他们侵犯了自己的绝对权力。为了根除朝中大臣对建储的干扰，为了避免建储过程中出现纷争和流血，目睹了这场纷争的雍正皇帝一即位就建立了秘密建储制度，并于雍正元年（1723）八月面谕王大臣九卿：“建储一事，必须详慎。圣祖既将大事付托朕躬，朕身为宗社之主，不得不早为计。今亲写密封，存之匣内，置乾清宫世祖御书‘正大光明’匾额之后宫中最高处，以备不虞，永为定例。”（《清稗类钞・帝德类》）于是，他令诸臣退出，只留下总管事务大臣，亲书应立皇子名，密封锦匣收贮。雍正皇帝建立秘密建储制度的目的，在于排除朝中大员的干预，以便让皇帝在这种秘密建储过程中拥有绝对的权力，让那位被现任皇帝认为能够治理好国家的皇子来独掌大权，让皇位传承和平进行，不再互相倾轧。

2. 就皇帝权力的运行而言，如果皇帝愈是拥有较多且又绝对的权力，他就愈缺乏足够的能力和精力来行使所有的权力以处理好所有的事情，这就势必会导致皇帝的权力旁落，引起大臣之间的争权夺利和社会的动荡不安。这似乎成了以往朝代皇帝权力运行中的一个宿命。为了摆脱这样的宿命，清朝皇帝除采取出巡、微服私访、派遣钦差大臣和前述的实行密奏制度之外，还采取了如下主要措施：

（1）勤政。顺治皇帝坦言：“朕亲政以来，夙夜兢业，每期光昭祖德，蚤底治平，克当天心，以康民物。”（《清史稿》卷5《世祖二》）虽然我们不能肯定顺治皇帝是否已经达到了他所理想的“光昭祖德，蚤底治平，克当天心，以康民物”的目的，但是，我们却可以肯定他的确在为了实现这一目的而“夙夜兢业”。康熙皇帝则认为皇帝勤政是义不容辞的，他说：“帝王之治，必以敬天法祖为本。合天下之心以为心，公四海之利以为利，制治于未乱，保邦于未危，夙夜兢兢，所以图久远也……占竭思虑，耗敝精力，殆非劳苦二字所能尽也。古帝王享年不永，书生每致讥评。不知天下事烦，不胜其劳虑也。人臣可仕则仕，可止则止，年老致仕而归，犹得抱子弄孙，优游自适。帝王仔肩无可旁委，舜殁苍梧，禹殂会稽，不遑宁处，终鲜止息。洪范五福，终于考终命，以寿考之难得也。易遯六爻，不及君主,人君无退藏之地也。岂当与臣民较安逸哉!……昔人每云帝王当举大纲,不必兼综细务。朕不谓然,一事不谨,即贻四海之忧;一念不谨,即贻百年之患。朕从来莅事无论巨细,莫不慎之又慎。"(《清史稿》卷8《圣祖本纪三》)这种勤政的行为特征,并非顺治皇帝、康熙皇帝所独有,而是几乎所有清朝皇帝所共具的。作为一个朝代的皇帝的共同行为特征,这在中国封建社会的历史中是绝无仅有的,这也正是清朝之所以能够在具有"华夷之辨"政治伦理观念的古代中国统治如此之久的一个重要原因。清朝皇帝们有这样一种共识:事"无论巨细,朕心躬自断制",以使"天下事无大小,皆决于上",并认为这是皇帝所应该承担的责任,也是强化自己所拥有的权力的方式。只有自己尽到了这些管理责任,才能控制大局,才能有效地控制大臣的权力和作为,才能避免皇帝的权力因自己不勤政而旁落。

(2) 抢占话语权。清朝皇帝意识到,政治权力是同话语权力密不可分的,如果得不到话语权力的支持,皇帝权力的运行就必定会受到影响。可是,"从宋代以来崛起和膨胀的士绅阶层,曾经是文化权力的拥有者,也常常在与皇权的对峙中,运用真理话语来抵制政治权力的压迫,但是,他们的话语权力主要来自传统儒家资源,而这种资源中,主要是对于具体政治策略和秩序的道德超越,也就是借高调真理对具体策略进行批判,通过思想文化来解决政治问题,用所谓'道统'实现对于'政统'的箝制"。① 清朝皇帝不甘心让自己的权力被话语权力所控制,不愿意承受政治生活领域权力二元化所带来的痛苦,不容许在实质上是政治伦理观念的儒家思想被他人所掌握,于是,他们力图改变这种现实,其目的旨在实现"皇权对于真理的垄断,'治统'对于'道统'的彻底兼并,以及……士人对于真理诠释权力和对于社会指导权力的丧失"。② 为此,清朝皇帝主要采取了相辅相成的两种措施。其一是积极的措施,即拉拢儒者,将当时著名的学者收归门下,充当御用文人;自己勤奋钻研儒学经典,并宣称自己是惟一掌握了儒学真理的人。这种做法在康熙皇帝那里最为典型。不可否认,康熙皇帝对儒学尤其是宋明理学有自己的理解,不过,他却不愿意承认自己的理解只是其中的一种

---

① 葛兆光著:《中国思想史》第二卷《七世纪至十九世纪中国的知识、思想与信仰》,复旦大学出版社2004年版,第390页。
② 同上书,第400页。

理解，而且是相对而言不甚深刻的理解，相反，他认为自己所理解的理学才是真正的理学。康熙二十二年(1683)，他在与经筵讲官张玉书、汤斌等人谈论理学时指出："朕见言行不相符者甚多，终日讲理学，而所行之事全与其言悖谬，岂可谓之理学？若口虽不讲，而行事皆与道理符合，此即真理学也。"张玉书附和说："皇上此言真至言也。理学只在身体力行，岂尚辞说？"①他这样做的意图就是表示自己是惟一有资格对于理学可以发言的人，其效果是剥夺了士人的话语权力，使他们不能"以理学自任"，不能对皇帝和清朝政府的所作所为进行批评，进而使他们不仅在政治上服从自己，而且在文化上也听从自己。其二是消极的措施，即实行文化专制主义，大兴文字狱，将那些不利于皇帝权力运行和统治的思想都视为异端，对那些持有异端思想的人予以严厉制裁，或者被判处死刑，或者流放边远地区，或者如同雍正皇帝对待曾静和张熙那样对文人进行洗脑，迫使他们改变原来的观念。

(3) 设立议事机构。清朝皇帝没有沿用明代以前所实行的直接威胁皇帝权力的宰相制度，并逐渐地减弱且最终取消了影响皇帝决策的议政王大臣会议制度，使八位和硕贝勒和总管旗务的八大臣从国家政治权力中心中退出，专事旗务管理，将权力集中到自己手里。为了更好地运用自己手中的绝对权力，清朝皇帝设立了议事机构并逐渐地扩大了其职能。皇帝所控制的议事机构包括原来就存在的内阁和后来所增设的军机处。内阁即后来的内院，分为内国史院、内秘书院和内弘文院，因此又称内三院，它只是皇帝私人的咨询和秘书团体，而非正式的政府机构，它必须听命于皇帝，并只对皇帝个人负责。为了抑制内院大学士权力的膨胀，阻断他们与外界的联系，最终避免自己的权力旁落，皇帝对大学士的权力品级等作出了明确规定："级不过四品。非奉差遣，不许擅出皇城。外官有与交结者，发觉一并论死。"(《清史稿》卷5《世祖本纪二》)军机处为雍正皇帝所首创，它从内阁发展而来，并代替了原内阁的部分功能，同内阁一样，它是皇帝的议事机构，只具有处理机要政务的职责，却无指挥朝廷内外官员的独立权力，其指挥权力为皇帝所独享。内阁和军机处的设立和运行，意味着皇帝垄断了国家的所有最高权力，也意味着皇帝对大臣的既依赖又限制的关系

① 中国第一历史档案馆整理：《康熙起居注》第2册，中华书局1984年版，第1089—1090页。

和大臣对皇帝的唯命是从。

(4) 防止结党。清朝皇帝清楚地知道明朝灭亡的一个重要原因就是“党同伐异”，因此，他们对官员结党尤其是汉官结党非常敏感，时时处处提防。可是，有清一代，结党现象却始终存在。这种现象在顺治朝之前虽然有所存在但还不严重，对皇帝权力的行使也未造成多大的影响。然而，自顺治朝起，结党现象变得相当严重。明珠与索额图都是康熙朝权臣，他们各树宗派，明争暗斗。明珠较索额图阴险，他广结党羽，满族人靳辅、佛伦、格斯特、富拉塔、锡珠等，汉族人余国柱、徐乾学等人都是其党羽。而徐乾学又是康熙朝与“北党”争夺政治权力的“南党”中的骨干。“南党”由江浙士人所组成，主要成员有徐乾学和徐元文兄弟(是顾炎武的外甥)、王鸿绪与王顼龄兄弟、高士奇、陈元龙等，他们通过结为亲家来巩固他们的联盟。康熙皇帝意识到了他们的结党对皇帝权力行使和政治生活的危害，于是，他谕吏部说:“国家建官分职，必矢志精白，大法小廉。今在廷诸臣，自大学士以下，惟知互相结引，徇私倾陷。凡遇会议，一二倡率于前，众附和于后，一意诡随。廷议如此，国是何凭? 至于紧要员缺，特令会同推举，原期得人，亦欲令被举者警心涤虑，恐致累及举者，而贪黩匪类，往往败露。此皆植党纳贿所致。朕不忍加罪大臣，且用兵时有曾著劳绩者，免其发觉。罢明珠大学士，交领侍卫内大臣酌用。”(《清史稿》卷269《明珠》)徐乾学、王鸿绪、王顼龄、高士奇、陈元龙等的职务也被康熙皇帝解除。为了预防结党，皇帝们一方面指责官员中“实心为国者少，比党徇私者多”，教育他们应该团结一心，满汉一体，另一方面又担心和怀疑他们结党营私，如前文所述的雍正皇帝对荐举宋爱的纪成斌的怀疑，就是担心握有大权的年羹尧结党，其意图在于保障自己权力的顺利行使。

(5) 调适君臣关系。皇帝权力的运行离不开其臣僚，因此需要调适君臣关系。只有调适好君臣关系，皇帝才能顺利地行使权力，皇帝权力的强化才会真正收到实效。在如黄宗羲所说的皇帝“以奴婢之道为人臣之道”的清代社会里，臣僚不仅没有独立的个性和尊严，而且必须对皇帝绝对服从。就此而言，君臣关系的调适，绝不可能是皇帝与其臣僚之间的双向互动，绝不是按照对方的要求来进行自我调整，而只会是皇帝对其臣僚的单方面的要求，是臣僚为适应于皇帝的要求而对自己进行调整。

在清朝皇帝看来，调适君臣关系的目的，其一在于君臣同心。皇帝们虽然从儒家政治伦理观念出发，强调君臣同心就是“同”于“道”，就是“君明臣良”，但是，实际上就是片面强调臣僚的“正己”、忠诚皇帝和“匡辅”国家。不过，皇帝们心里非常清楚，君臣同心并不是容易达到的。康熙皇帝指出：“君臣一心图治，天下不患不治，此等光景，未易多得。朕与诸臣，何可不交勉之。”（《清稗类钞·帝德类》）嘉庆皇帝也颇有感慨：“惟朕恪遵成宪，日日召见臣工，前席周谘，似不致于乖离。但此其迹也，其实与朕同心望治，有几人哉！不敢面诤，退有后言，貌合而情暌，是即乖也。其于同僚，不为君子之和而为小人之同，是亦乖也。我君臣其交儆焉。”（《清史稿》卷16《仁宗本纪》）这就是说，现实政治生活中的君臣同心只是一种表面现象，臣僚们根本就不了解君臣同心的实质，或者根本就没有打算与皇帝同心同德。

其二在于相互信任。皇帝与其臣僚们之间的相互信任，是皇帝权力得以顺利运行的基本条件，是国家得到治理的前提。因此，清朝皇帝非常强调君臣之间的相互信任。诚然，皇帝们也会做出信任其臣僚的姿态，如乾隆二十二年(1757)，陈宏谋在由陕甘总督迁任两广总督时，乾隆皇帝就发表了如下看法：“宏谋籍广西，但久任封疆，朕所深信。且总督节制两省，专驻广东，不必回避。”（《清史稿》卷307《陈宏谋》）然而，皇帝们实际上对其臣僚并不信任，尤其是对那些握有重要权力的大臣更加疑心重重。在权臣隆科多、年羹尧的作用越来越重要、权力越来越大，对他们的依赖越来越强的时候，雍正皇帝对他们的疑心也就越来越加深，对他们所荐举的官员也越来越不放心，他对此毫不隐讳：“朕御极之初，隆科多、年羹尧皆寄以心腹，毫无猜防。孰知朕视为一德，彼竟有二心，招权纳贿，擅作威福，欺罔悖负，朕岂能姑息养奸耶？向日明珠、索额图结党行私，圣祖解其要职，置之闲散，何尝更加信用？隆科多、年羹尧若不知恐惧，痛改前非，欲如明珠等，万不能也！殊典不可再邀，覆辙不可屡蹈，各宜警惧，毋自干诛灭。”（《清史稿》卷295《隆科多》）由于皇帝握有生杀大权，其对大臣的是否信任直接影响着大臣及其家庭的利益和命运，因此，在君权绝对不可侵犯的政治环境中，君臣之间的相互信任实际上是很难存在的，往往变成了单向性的臣僚是否值得皇帝信任。为了得到皇帝的信任，所有的臣僚们都极尽所能，无计不施，连有的贤臣有时也不得不扭曲自己所信奉的“以道事君”的道德人格，放弃自己的道德批判态度，甚至效法奸臣、佞臣的做法。

其三在于臣僚尽忠尽职。国家如此之大，出现的问题如此之多，仅靠皇帝一人之力是不可能治理好的。于是，皇帝总是要求其臣僚都毫无自私之心，都对皇帝和国家尽忠尽职。顺治八年(1651)，顺治皇帝在其亲政时就对大臣们提出了要求："朕躬亲大政，总理万几。天地祖宗，付托甚重。海内臣庶，望治甚殷。自惟凉德，夙夜祗惧。天下至大，政务至繁，非朕躬所能独理。凡我诸王贝勒及文武群臣，其各殚忠尽职，洁己爱人，利弊悉以上闻，德意期于下究。"(《清史稿》卷5《世祖本纪二》)尽忠是绝对的、无条件的，臣僚在任何时候都不能有违君命；尽职则是有限制的，臣僚们不能自作主张，必须听从皇帝的指挥，即使自己处理政治事务的能力比皇帝强得多，也不能让其充分发挥出来，以防皇帝的疑心和打击，这样一来，其聪明才智就必定会受到压抑，其尽职就会因此而受影响。由此可见，尽忠与尽职并未真正统一起来，而是存在着内在的紧张。这种紧张最终因皇帝对尽忠的强调而有所缓解，但却因此而出现了与明朝政治"有君无臣"有所不同的"有治君而无能臣"的现象。

为了达到这三个目的，清朝皇帝主要采取了批评与感化两种措施，以此来调适君臣之间的关系。

其一是批评。皇帝运用批评这一手段的目的在于指出大臣的过错和不足，让其走"正道"，按自己的意图行事。李卫是雍正皇帝的一位名臣，颇有治理的才能，雍正皇帝很器重他。正是因为如此，李卫总是目中无人，趾高气扬，动辄对其他官员粗暴无礼。雍正皇帝因此而经常私下教诫他。他在云南为官时，雍正皇帝就密谕他说："闻汝恃能放纵，操守亦不纯。川马骨董，俱当检点。又制'钦用'牌，是不可以已乎？尔其谨慎，毋忽！"他上奏雍正皇帝为自己辩护："受恩重，当不避嫌怨。"雍正皇帝又教诫他："不避嫌怨，与使气凌人、骄慢无礼，判然两途。汝宜勤修涵养，勉为全人，方不负知遇。"他为官直隶时，雍正皇帝再度告诫他："近有人谓卿任性使气，动辄肆詈。丈夫立身行己，此等小节不能操持，尚何进德修业之可期？当时自检点，从容涵养。"(《清史稿》卷294《李卫》)皇帝批评臣僚们就是要求他们改正自己的过错，提高自己的素质，以有利于调整好君臣之间、官员之间的关系。

其二是感化。与明朝皇帝不同的是，清朝皇帝更注重对臣僚的关心、情感投入和劝告，以求臣僚们心甘情愿地改变自己的思想和行为。于是，清朝皇帝将明朝皇帝与臣僚之间的冷冰冰的关系一定程度地变成了温情脉脉的关系。感化有多种具体的方式，相对于其他方式，劝告无疑是清朝皇帝所首选的感化方式，皇帝通过摆事实、讲道理来寻求臣僚们思想和行为的变化。乾隆十三年(1748)，乾隆皇帝就以这种方式改变了其名臣张廷玉的原有想法。是年，张廷玉因为年老患病请求退休，乾隆皇帝不予批准，并与之理论了一番。乾隆皇帝说："'卿受两朝厚恩，且奉皇考遗命配享太庙，岂有从祀元臣归田终老?'廷玉言：'宋、明配享诸臣亦有乞休得请者。且七十悬车，古今通义。'上曰：'不然。易称见几而作，非所论于国家关休戚、视君臣为一体者。使七十必令悬车，何以尚有八十杖朝之典？武侯鞠躬尽瘁，又何为耶?'廷玉又言：'亮受任军旅，臣幸得优游太平，未可同日而语。'上曰：'是又不然。皋、夔、龙、比易地皆然。既以身任天下之重，则不以艰巨自诿，亦岂得以承平自逸？朕为卿思之，不独受皇祖、皇考优渥之恩，不可言去；即以朕十余年眷待，亦不当言去。朕且不忍令卿去，卿顾能辞朕去耶？朕谓致仕之义，必古人遭逢不偶，不得已之苦衷。为人臣者，设预存此心，必将漠视一切，泛泛如秦、越，年至则奉身以退，谁复出力为国家治事？是不可以不辨。'因命举所谕宣告朝列，并允廷玉解兼管吏部，廷玉自是不敢言去。"(《清史稿》卷288《张廷玉》)皇帝感化臣僚的最有效的方式则是对臣僚的关心、情感投入。清朝皇帝很巧妙地采用这种方式，并收到了奇效。顺治十二年(1655)，金之俊因患重病而请求离休，顺治皇帝未予批准，并派人去金府给他画了一帧肖像带回。第二年，顺治皇帝"谕诸大臣曰：'君臣之义，终始相维。尔等今后毋以引年请归为念。尔等岂忍违朕，朕亦何忍使尔等告归？昨岁之俊病甚，朕遣人图其容。念彼已老，惟恐不复相见，不胜眷恋。朕简用之人，欲皓首相依，不忍离也!'之俊泣谢"(《清史稿》卷238《金之俊》)。可以肯定，当时被感动的决非只有金之俊一人。康熙皇帝则更进一步，有时放下君上的架子，与臣僚为友，他曾说自己与李光地"义虽君臣，情同朋友"。他对贫困的大臣及其家庭也关怀备至，熊赐履死后，康熙皇帝对熊赐履"久而弗忘，常令周恤其家"，命令当地官员照顾其未成年子女的生活，并将其两个儿子召来京城，命人捐款，让他们买房居住，并为他们提供学习的条件。甚至连最严酷的雍正皇帝也不忘关心其臣僚们的生活，对“休致、病故官员食过编俸银两，概行免追”。[1] 这种感化的方式将非制度性因素渗透到了制度化的君臣关系之中，从而使清朝君臣关系的处理变得相对简单、方便和容易得多。

二、政治制度设计和运行中的道德生活

清朝政治制度是以皇帝权力为核心的封建专制制度。由于它是皇帝“荼毒天下之肝脑，离散天下之子女，以博我一人之产业”的制度，其“原则就是使世界不成其为人的世界”，因而，这一“专制制度必然具有兽性，并且和人性是不相容的”[2]，即从根本上来说是不道德的。然而，政治制度总是出于解决利益矛盾、社会冲突的需要而建立起来的，“如果完全没有社会冲突，政治制度便没有必要存在；如果完全没有社会和谐，政治制度也无从建立……政治制度乃是道德一致性与共同利益在行为上的表现”。[3] 这就是说，政治制度一方面是解决利益矛盾以维持社会秩序的手段，另一方面其本身又包含和体现着某种道德一致性和共同利益，这两个方面意味着政治制度在其设计和运行中必定会有某种道德生活。

1. 政治制度设计中有着一定的道德生活。虽然清朝统治仍然是一种人治，但是，清朝皇帝却非常重视政治制度的设计。顺治皇帝曾经与其臣僚们讨论和评价过以往各朝代名君如汉高帝、汉文帝、汉光武帝、唐太宗、宋太祖、明太祖等的得失，他指出：“朕以为历代贤君莫如洪武，何也？数君德政有善者，有未尽善者，至洪武所定条例章程，规画周详，可垂永久，历代之君，皆不及也。”[4]他之所以认为朱元璋是超出了其他贤君的君主，是因为朱元璋对封建政治制度“规画周详”，从而确保了其统治的所谓“善”性。顺治皇帝唯独推崇朱元璋的意图，就在于力图设计出一套“可垂永久”的严密的清朝政治制度。由于清朝政治制度是用来处理各种利益关系、解决各种社会矛盾并以维持清朝统治为目的的，因

---

① 郭成伟、田涛点校整理：《明清公牍秘本五种・钱谷指南》，中国政法大学出版社 1999 年版，第 304 页。

② 《马克思恩格斯全集》第 1 卷，人民出版社 1956 年版，第 414 页。

③ ［美］塞缪尔・亨廷顿著：《变革社会中的政治秩序》，李盛平、杨玉生译，华夏出版社 1988 年版，第 10—11 页。

④ 章开沅编：《清通鉴》第 1 册，岳麓书社 2000 年版，第 274 页。

而,它的设计就必定会与清朝统治者和政府如何对待他人利益、解决社会矛盾的态度有关,必定会有某种道德生活。

(1) 设计政治制度是官员的责任。设计政治制度既包括增加新的政治制度,又包括调整或者改变原有的政治制度。无论何种情况,都是基于社会需要而设计的,其目的都在于规定和实现一定社会历史时期的共同利益。正如亨廷顿所说:"没有强有力的政治制度,社会就会无力界定和实现其共同利益。因此,创造政治制度的能力,也就是创造公共利益的能力。"①在此意义上,清朝官员所承担的设计政治制度的责任,实质上就是对维持政治共同体的存在、解决各种社会矛盾、实现公共利益的责任。起初,这种责任被认为是一部分官员所应该承担的,其他官员则因此而置身事外。为了让更多的官员承担起这种责任,顺治十年(1653),顺治皇帝强调:"朕自亲政以来,但见满臣奏事。大小臣工,皆朕腹心。嗣凡章疏,满、汉侍郎、卿以上会同奏进,各除推诿,以昭一德。"(《清史稿》卷5《世祖本纪二》)并令三品以上满汉大臣提出有关政治制度等方面的建议。后来,清朝皇帝取消了这种限制,不仅要求三品以上满汉大臣尤其是言官应该承担设计政治制度的责任,而且要求包括武官在内的所有官员都自觉地承担这种责任。同时,皇帝要求官员们在履行这种责任时"务当不避嫌怨,于民生国计用人行政阙失,仍随时据实直陈,以资采纳"(《清史稿》卷18《宣宗本纪二》)。似乎官员们可以毫无顾忌、畅所欲言地发表自己关于清朝政治制度方面的看法。然而,事实并非如此。由于皇帝和满洲权贵自有一套是非标准,这套评价标准可能会与官员的评价标准不相一致,有的可能会根本对立,因而,官员出于责任所提出的有的政治制度设计就会触动他们的敏感神经。清朝所实行的满汉两头政治就是其中最令皇帝和满洲权贵敏感的制度。为了维持满族的统治地位,清朝统治者总是有意地树立满官的权威,维护其超出汉官的地位,采取特殊措施以实现满洲人的利益。不仅如此,满官与汉官之间在其他方面也存在着相当大的差别,如"满洲大学士及各部尚书位置在前,而汉族大学士及各部尚书位置在后。满官还可以随时从文职改为武职,或从武职改为文职,而汉官

① [美]塞缪尔·亨廷顿著:《变革社会中的政治秩序》,李盛平、杨玉生译,华夏出版社1988年版,第24页。

却不能这样,除非是汉军旗人。满官如有过失可免官,但本秩不变,汉官则没有这种特权"。[①] 汉官对此制度是有相当大的意见的,于是,他们中有的敢怒不敢言,有的则巧妙地从最高统治者所提倡的"满汉一体"政治伦理理念出发,要求改变这种制度,有的甚至提出极端的主张。山东沾化人李呈祥在顺治十年(1653)二月给顺治皇帝上了一道奏疏,提议"部院衙门应裁去满官,专用汉人"。大学士洪承畴、范文程、额色黑、宁完我、陈名夏听说后极为惊诧,并认为它很不合理。顺治皇帝听说后非常愤怒,并严厉地指责李呈祥。副都御史宜巴汉等因此而弹劾李呈祥,李呈祥立即被革职,刑部因认定李呈祥"巧言乱政"而判其死罪,顺治皇帝免除其死罪,改判其流放盛京沈阳(参见《清史稿》卷 244《李呈祥》)。由此可见,一方面,官员被要求承担设计清朝政治制度的责任,另一方面,官员又要保证自己所设计的政治制度具有合理性,不能随心所欲、更不能违背最高统治者的意志来进行设计,否则,就会被追究责任。

(2) 对政治制度合理性的质疑和寻求。同任何政治制度一样,清朝的政治制度是用于解决利益矛盾的。就此而言,设计出某种政治制度就是为了保护特定的利益的。这里所存在的问题,不是政治制度要不要保护利益的问题,而是它所保护的是谁的利益,是所有人的利益还是部分人的利益,它是否会因保护部分人的利益而损害到他人的利益。这样的问题就是政治制度的合理性问题。有些清朝官员相当自觉地思考这一问题,并大胆地质疑现行政治制度的合理性。如陆陇其认为清朝政府所实行的职官低俸制度就是一项不合理的制度,他指出:"今之大吏,禄薄不足充其费,则思借法以自肥;小吏俸微不能养其家,则思干法以为奸。其罪可诛,而其情可悯。是在陛下仿古待臣之礼,稍重其禄,使有以自给,而又定其车舆服饰之制,宫室饮食之节,勿使耗于无用。夫既有以养之,又无以耗之,则皆充然有余,自然奉公守法,竭心力以效忠于上。然后德教行,人心正,而郅治可复也。"[②]这项要求增加职官俸禄以预防官员腐败的建议并没有被康熙皇帝所采纳,但过了 50 多年之后,它在雍正朝却变成了现实。雍正皇帝力排众议,果断地决定实行高薪养廉制度。这项制度将职官的俸禄分为年

① [美]魏斐德著:《洪业——清朝开国史》,陈苏镇、薄小莹等译,江苏人民出版社 2003 年版,第 311 页。

② 李元度著:《国朝先正事略:清代 1108 人传记》(上),岳麓书社 1991 年版,第 243 页。

俸银和养廉银两部分，年俸银与康熙八年（1669）所规定的相比没有太大变化，而新增的养廉银则比年俸银高得多，至雍正十二年（1734），总督的年俸银为180两，养廉银则为1.5万至3万两；巡抚的年俸银为150两，养廉银则为1万至1.5万两；知府的年俸银为105两，养廉银则为1500至6500两；知县的年俸银为45两，养廉银则为1000至2265两。尽管清朝政府所设计的这项高薪养廉制度并没有起到根除官员腐败的作用，但它却革除了原有的各种陋规和滥摊乱派等弊端，防止了官员的普遍腐败。

如果说官员质疑职官低俸制度是因为它导致了官员的普遍腐败和损害民众利益的话，那么，官员们对捐纳制度的质疑则是对它自身是否具有合理性的追问。清朝的捐纳制度又称“捐例”，始于康熙十三年（1674）。“自捐例开，官吏乃以资进。其始固以蒐罗异途人才，补科目所不及，中叶而后，名器不尊，登进乃滥，仕途因之殽杂矣。捐例不外拯荒、河工、军需三者，曰暂行事例，期满或事竣即停，而现行事例则否。捐途文职小京官至郎中，未入流至道员；武职千、把总至参将。而职官并得捐升，改捐，降捐，捐选补各项班次、分发指省、翎衔、封典、加级、纪录。此外降革留任、离任，原衔、原资、原翎得捐复，坐补原缺。试俸、历俸、实授、保举、试用、离任引见、投供、验看、回避得捐免。平民得捐贡监、封典、职衔。大抵贡监、衔封、加级、纪录无关铨政者，属现行事例，余属暂行事例。”（《清史稿》卷112《捐纳》）这项制度注重的不是捐纳者的学识、才能和品德，而是他所捐纳的银米数量，它可以使富有者无需参加考试或者上官保举就能够谋得一官半职或者升官晋级，甚至可以使那些被革职或者劣迹斑斑的官员保住官职或者得到重新起用的机会。清朝官员对于这项制度的评价褒贬不一。有的官员认为它“无碍正途”，不会影响官吏的正常铨选；有的认为它不会损害老百姓的利益，如于成龙在康熙皇帝问及“开捐例得无累民?”时回答说“无累”就是持这种看法的；有的认为它可以缓解国家财政之急需，如王鸿绪就强调它“于国帑有益”。在这些官员看来，虽然不能说捐纳制度十分合理，但可以肯定它至少是可行的。于是，他们积极地请开捐例，康熙朝名臣于成龙、张鹏翮就是其中的代表。当然，也有人认为捐纳制度本身就是不合理的，如康熙皇帝就强调“捐纳之事断不可行”。那些明智而正直的官员不仅认识到了它的不合理性，而且还抵制并力图取消它。康熙十六年（1677），左都御史宋德宜指出：“捐例，系万不得已而开。然开例三载，所入止二百万有奇，而捐纳最多者，莫如知县，至五百余人，始因缺多易得，踊跃争趋。今见非数年不得选授，亦观望徘徊。请敕部限期停止，以示慎重名器之意。”①陆陇其则坚决反对这项制度，其理由是：“捐纳非上所欲行，若许捐免保举，则与正途无异，且是清廉可捐纳而得也；至捐纳先用，开奔竞之途：皆不可行。更请捐纳之员三年无保举，即予休致，以清仕途”，“捐纳贤愚错杂，惟恃保举以防其弊。若并此而可捐纳，此辈有不捐纳者乎？议者或谓三年无保举即令休致为太刻，此辈白丁得官，踞民上者三年，亦已甚矣；休致在家，俨然搢绅，为荣多矣。若云营求保举，督抚而贤，何由奔竞；即不贤，亦不能尽人而保举之也”。但其他官员则不同意他的看法，户部则“以捐生观望，迟误军需，请夺陇其官，发奉天安置”。康熙皇帝不得不出来帮陆陇其说话：“陇其居官未久，不察事情，诚宜处分，但言官可贷。”(《清史稿》卷265《陆陇其》)即使从康熙皇帝到道光皇帝都意识到了捐纳制度的不合理性，如嘉庆皇帝指出：“大员身罣吏议应罢斥，经改革职留任，开复有一定年限。若甫罹重谴，即可捐复，此例一开，毫无畏忌。有资者脱然为无过之人，无资者日久不能开复。殊失政体。”(《清史稿》卷112《捐纳》)然而，这一有失政体的制度自建立后却从未停止过，总是在合理性与可行性之间摇摆。不可否认的是，明智而正直的官员对这一制度的不合理性的揭示，起到了防止过滥地使用它的作用。

值得注意的是，这里所说的政治制度的合理性只是一种相对的合理性，是符合清代社会历史条件的合理性，准确地说，是清代人普遍主张的那种合理性。清代人之所以要质疑和寻求政治制度的合理性，其目的就是为了革除弊政，建立可以得到大多数人拥护的政治制度。基于这种合理性所设计出来的清朝政治制度，是一定程度地考虑了个人利益、不失某种公平性的制度。如“凡妇人犯死罪，听产后百日乃行刑。未产而决者，杖八十。产讫限未满而决者，杖七十。其过限不决者，杖六十。失者失于详审而犯者，各减三等”②，就是这样的政治制度。而最为典型地体现了这种合理性的政治制度就是清朝法律中的“存留养

---

① 李元度著：《国朝先正事略：清代1108人传记》(上)，岳麓书社1991年版，第143页。
② 郭成伟、田涛点校整理：《明清公牍秘本五种·招解说》，中国政法大学出版社1999年版，第635页。

亲”律条。清朝法律规定,应徒、流罪犯如果符合留养条件,一律“止杖一百,余罪收赎,存留养亲”①;如果“夫殴妻致死,并无故杀别情者,果系父母已故,家无承祀之人”,可由督抚奏请是否让其“存留承祀”,“如准其承祀,将该犯枷号两个月,责四十板,存留承祀”。② 这条在我们看来没有任何公正性的法律,在清代人看来却是合理的,因为它体现了清代人的“孝”观念和传宗接代观念。

2. 政治制度运行中也有其道德生活。如果说在政治制度设计的过程中,清朝官员积极地质疑和寻求政治制度的合理性并主动地承担设计政治制度的责任,其目的是为了求得某种道德共识和明确共同利益的内容,那么,在政治制度运行的过程中,官员所作所为的目的应该是为了实现这种道德共识和共同利益,进而维持政治共同体的存在和清朝政府的有效统治。由于后者直接与实际社会生活相联系,是一个官员们依据政治制度来具体地处理各种利益关系的过程,因而,其道德生活较前者而言表现得更为突出。

政治制度的运行离不开人的掌握和运用。在清代社会里,虽然也有其他的人运用清朝政治制度,但是,主要的主体却是官员。在此意义上,官员们对政治制度运行的态度,决定了清朝政治制度发挥社会作用的程度,决定着利益关系处理的正当性和共同利益实现的状况。这种态度是清朝政治制度所要求的,其实质是对于不同利益的态度,具体表现为对国家利益、他人利益和自身利益的态度。

(1) 就清朝官员对国家利益的态度而言,它指的是官员们应该严格遵守所制定的政治制度,自觉维护它的权威,不怀疑它的合理性,并为它的运行和贯彻创造有利的条件。如八旗制度是清朝一项事关国家利益的有特色的政治制度,其实质在于维护八旗人的特权地位和特殊利益。皇帝们认为,只要维护了八旗人的特权地位和实现了他们的特殊利益,清朝统治的根基也就稳固了。因此,皇帝们都非常关注八旗人的特殊利益,并为其实现提供相当优厚的条件。康熙四十二年(1703),康熙皇帝就花数百万国帑替八旗人赎回典卖出去的土地,并劝谕他们要“勤俭为事”,不可如以前那样“游荡饮博”。嘉庆十七年(1812),在

---

① 马建石、杨育棠主编:《大清律例通考校注》,中国政法大学出版社 1992 年版,第 240 页。
② 同上书,第 244 页。

人口与土地之间的矛盾已经相当尖锐并因此而引起了激烈的阶级矛盾的情况下，嘉庆皇帝仍然念念不忘照顾八旗人的利益，他对有关官员说："八旗生齿日繁，亟宜广筹生计。朕闻吉林土膏沃衍，地广人稀。柳条边外，葠场移远，其间空旷之地，不下千有余里，多属腴壤，流民时有前往耕植。应援乾隆年间拉林成案，将闲散旗丁送往吉林，拨给地亩，或耕或佃，以资养赡。农暇仍可练习骑射，以备当差，教养两得其益。该将军等尽心筹画，区分栖止，详度以闻。"（《清史稿》卷16《仁宗本纪》）对于这种八旗人不从事农业生产且寄生于社会的八旗制度，皇帝们是不允许官员们有任何意见的，如赵开心仅仅在给顺治皇帝的奏疏中提及了"屏斥畋游"，顺治皇帝就予以斥责："讲武习兵，乃祖宗立国大法，何谓畋游？开心常谈浅见，沽名塞责，殊负委任。"（《清史稿》卷244《赵开心》）相反，皇帝们对那些拥护八旗制度的官员则大加赞赏，如林起龙给顺治皇帝上了如下这道奏疏："满洲兵昔在盛京，无饷而富；今在京师，有饷而贫。时地既迥异，法制宜更定。凡驻守征行，所需马匹、草束、军装、戎器，悉动官帑筹备，毋使拮据。"顺治皇帝就充分肯定，他说："满洲兵建功最多，资生无策，十年来未有言及此者。起龙实心为国，忠诚可嘉！"（《清史稿》卷244《林起龙》）

(2) 就清朝官员对自身利益的态度而言，它指的是官员们应该依据政治制度来对待自己的利益，既不要因为谋求自己的利益而影响政治制度的运行，又不要因为担心自身利益受到损害而不去遵行政治制度。政治制度是关涉利益的制度，它的运行意味着整个社会利益关系格局的改变和官员谋取自身利益方式的变化。可以这样说，清朝政治制度的每次调整和运行都为官员们谋求自身利益提供了机会，官员们都会不失时机地利用政治制度运行来为自己谋利，其结果是使具有某种合理性的政治制度在其运行过程中发生扭曲变形。蠲免制度就是一项极易被官员们利用来谋私的制度。熊赐履发现了这一制度在运行过程中的弊病，并在康熙六年（1667）给康熙皇帝的疏中就已经指出过，他说："民生困苦已极，私派倍于官征，杂项浮于正额。一旦水旱频仍，蠲豁则吏收其实，而民受其名。"①更有甚者，有的官员故意亏空国库，中饱私囊，以待蠲免。对此，皇帝们心里是十分清楚的。乾隆十六年（1751），乾隆皇帝就警告过那些利

① 李元度著：《国朝先正事略：清代1108人传记》（上），岳麓书社1991年版，第149页。

用蠲免制度来谋私的官员："朕御极之初，于亏空案内分赔、代赔各项，多从宽宥，但地方官不能体朕格外加恩之意，因循故习。近年以来，特有簠簋不饬，竟将国家帑项，婪归私囊。此等贪黩之风，不可不力为整顿。"①

从另一角度来看，如果哪项政治制度可能会影响到自身的利益，官员们就会消极地对待该制度的运行。保举制度是清朝所实行的一项推荐人才的政治制度，它主要由荐擢制度、监督制度和问责制度所构成。荐擢制度是指拥有一定职位的官员有责任向皇帝推荐贤能者，皇帝则独立拥有择优任用的权力。监督制度是指保举者对被举荐者的行为和品德进行监督，并随时可以检举德操不良的被举荐者。问责制度是指保举者按规定会因为被举荐者的成败优劣而得到相应的奖赏或者惩罚。这一制度在顺治朝即已成型，顺治十年(1653)，范文程与同僚共同向顺治皇帝上了如下奏疏："请敕部院三品以上大臣，各举所知，毋问满、汉新旧，毋泥官秩高下，毋避亲疏恩怨，举惟其才，各具专疏，胪举实迹，置御前以时召对。察其论议，核其行事，并视其举主为何如人，则其人堪任与否，上早所深鉴，待缺简用。称职，量效之大小，举主同其赏；不称职，量罪之大小，举主同其罚。"(《清史稿》卷232《范文程》)这道奏疏的意图在于既防止保举者滥举，又要求被举荐者建树政绩且品德高尚。这一政治制度背后所蕴含的道德机制是保举者与被举荐者之间命运相通、利益共生。这一基于人际关系和私人情谊的道德机制，如果没有被制度化的政治伦理机制所消解或者弥补，那么，官员们出于自身利益的考虑是不愿承受保举的道德风险、利益风险和其他代价的。这势必会挫伤官员们运行保举制度的积极性。事实正是如此，康熙二十三年(1684)，在康熙皇帝要求其官员们保举人才时，有资格保举的所有官员的态度都非常消极，不愿意保举。当康熙皇帝问及其原因时，所有的官员都回答"有才及谨慎者不乏人，而操守实难知"。于是，康熙皇帝不得不做官员们的思想工作，指出："清操如何可废？如郝浴居官甚好，犹侵蚀钱粮，魏象枢曾荐郝浴，此事安能豫知！朕信部院堂官清操而委任之，堂官亦信司官而委任之。但将有守之人举出，被举者自能效力。"(《清史稿》卷109《荐擢》)官员们在实行"尚宽"政

① 郭成伟、田涛点校整理：《明清公牍秘本五种·钱谷指南》，中国政法大学出版社1999年版，第320—321页。

策的康熙朝尚且不愿甚至不敢保举，在实行严酷政策的其他皇帝统治时期就可想而知了。因为他们非常清楚，一个官员目前操守优良，并不意味着他今后就一定会如此，他自己都难以恪守目前的清操，他人就更不可能保证他永葆美德了，加之保举者也没有足够的时间和其他条件来劝诫和监督被举荐者的所作所为。出于避免自身利益受到损害的考虑，官员们只好不保举或者少保举。为了摆脱这种现状，使保举者在举荐人才时无所顾忌，雍正皇帝实行了密保制度。他对其臣僚们说："知人则哲，自古为难。朕临御之初，简用人才，或品行端方，或操守清廉，或才具敏练，诸大臣密奏所知。勿避嫌徇私，沽名市恩，有负咨询。"(《清史稿》卷109《荐擢》)由于密保制度较好地保护了举荐者的利益，因此，它较为充分地调动了他们的举荐积极性。正是因为它在制度运行中取得了良好的效果，所以，它一直被后来的皇帝所沿用。不过，由于同一官员有可能被举荐者们同时密保，因此，雍正皇帝又命令有关官员"各明举一人，不得雷同"。这样，清朝的保举制度就成为了明保与密保相结合的制度。它虽然仍然包含着赏罚机制，但它只限于对那些有虚假举荐做法的官员进行惩罚，且举荐者的利益不会因被举荐者的失败缺德而受到影响。

(3) 就清朝官员对他人利益的态度而言，它指的是官员们应该依据政治制度来对待他人的利益。由于这种他人利益在其是否实现及实现的程度方面是与政治制度的运行直接联系在一起的，因而，官员们在运行政治制度时就必定要对国家利益、自身利益与他人利益三者进行权衡，或者说，在对待他人利益时，官员们必定会从国家利益和自身利益出发。当然，官员们清楚地知道，对待同僚利益与老百姓利益的态度是有所不同的，因为其他官员同样可以利用政治制度的运行以自己对待他人的方式来对待自己，一报还一报，而老百姓却没有这样的权利。这意味着，官员们在对待同僚的利益时往往是互动的，或者说，是从互动的特征出发的；而在对待老百姓的利益时则是单向的，有时甚至是随心所欲的。于是，官员们往往会在政治制度的运行中考虑同僚的利益，如在举荐人才时考虑他人尤其是同年、同乡或者亲党的利益，这种做法的直接后果是官员之间的结党。为了预防和打击结党，康熙皇帝等皇帝明确地反对举荐制度运行中只重亲缘关系、考缘关系和地缘关系，康熙皇帝于康熙二十年(1681)就告诫其臣僚“不可以同年同乡亲党徇情私保”；康熙四十一年(1702)，他又要求九卿“荐举毋得保举同乡及现任本省官员”；至康熙四十五年(1706)，他严厉地责斥道：“观九卿凡保举人员，非系师友即属亲戚，是皆汉人相沿恶习。”这表明，在清代社会里，官员们利用政治制度的运行想方设法地为同僚尤其是亲近者谋取利益的现象相当严重。检举制度运行中的情况则与此有所不同。这里存在着三种情形，其一是官员们对敌对者的利益不但不予以考虑，反而欲置之死地而后快，如后面将论及的噶礼对张伯行的检举就是如此；其二是对利益无冲突者的利益往往会采取适度保护的姿态，如后文将论及的毕沅明知王亶望冒赈贪污却不愿检举就是如此，有的官员之所以这样做，其意图就在于为自己留条后路，以免遭打击报复；其三是对亲近者的利益尽可能地保护，即使其贪污腐败的事实已经败露，也会为其进行适当的辩护，甚至嫁祸于他人。为了预防国家利益遭受损害，清朝皇帝完善了检举制度运行的机制，主要采取了秘密检举与“风闻言事”的措施。秘密检举不是匿名检举，它是检举者仅被皇帝所知的检举方式，可以防止检举者招怨结冤，使之无所顾忌地检举，同时可以保护检举者的利益，使被检举者的利益受到应有的对待。“风闻言事”是一种没有确凿证据的检举，它是检举者出于维护国家利益而对待同僚利益的方式。这种检举方式被认为是十分必要的，因为，“凡参劾贪官，其受贿作弊处，因身未目睹，无所对据，恐言事不实，不行参劾者甚多。今间有弹章，亦只据风闻参劾耳。苟非通同受贿，何以深知？天下岂有通同受贿，而尚肯题参者乎？……今再行此例，贪官似有畏惧。若有挟仇参劾者，必须审明，果系挟仇，自有反坐之例”。[①] 这就是说，为了避免国家利益蒙受损失，预防和揭露腐败行为，官员们也应该依据政治制度以这样的方式来对待同僚的利益。

在政治制度运行中应该如何对待老百姓利益的问题就简单得多，官员们只要依据政治制度来对待就可以了。这里的关键之处在于官员们是如何理解和运行政治制度的，如果是从儒家的民本思想出发来理解和运行，那么，该官员即

---

① 中国第一历史档案馆整理：《康熙起居注》第 2 册，中华书局 1984 年版，第 1682—1683 页。

是“清官”，于老百姓而言就是福；如果是从愚忠观念和自身权力欲望出发来理解和运行，那么，该官员就是“贪官”、“酷吏”，于老百姓而言则是祸。不可否认，“清官”、“贪官”和“酷吏”在清代社会里同时存在。由于“清官”、“名臣”、“循吏”会适度地考虑老百姓的利益，因而，他们往往会使政治制度的运行带有某种人情色彩。阿克敦任职刑部时，“一日，阿桂侍，阿克敦曰：‘朝廷用汝为刑官，治狱宜如何？’阿桂曰：‘行法必当其罪，罪一分与一分法，罪十分与十分法。’阿克敦怒，索杖，阿桂惶恐求教。阿克敦曰：‘如汝言，天下无完人矣！罪十分，治之五六，已不能堪，而可尽耶？且一分罪尚足问耶？’”（《清史稿》卷303《阿克敦》）有的官员在司法和执法过程中总结出了富有人情意味的做法，如对犯人万寿圣节不可打，国忌不可打，年节朔望不可打，人走急方至不可打，盛怒不可打，酒后不可打，事未问明不可打，要枷不可打，孝服不可打，孕妇不可打，年老废疾不可打，稚童不可打，人有远行不可打，等等。其中有的做法还成为了清朝政府对待犯人的定例，如“发遣各项罪犯，有家口者，照户部之例，按六名给车一辆，给与车票，令沿途地方官照票应付。如遣犯内有老幼、男妇、病废之人，即三名亦给与车辆。即中途留养病痊起解，以及外省解部各犯，亦当遵例画一办理”[①]，“军犯等犯，如果年逾六十，不能力食者，照例拨入养济院内给与孤贫口粮。或未至六十，而已成笃疾，亦应一体拨给。其挟资习艺者，听其自为谋生，交地保管束。其少壮军犯，各犯实系贫穷又无手艺者，初到配所，各该管官按其该犯妻室子女，每名照孤贫给与口粮，自到配日起，一年为止”。[②] 相反，“贪官”和“酷吏”则肆意侵蚀老百姓的利益，甚至借清朝政治制度之名残害老百姓的生命，其恶行令人发指，以致有人上疏要求严惩，康熙朝沈近思提出如下建议：“浙省衙役过多，每衙门动皆数百人，勾通绅棍，鱼肉小民，请饬大小各衙门，遵照经制役额，一切白役帮差，尽行革退，其稔恶不法者置重典。”[③]虽然清朝政府的确采取了严惩“贪官”和“酷吏”的措施，但是，其官员对老百姓的利益和生命的侵害却从未停止过。

---

① 郭成伟、田涛点校整理：《明清公牍秘本五种・钱谷指南》，中国政法大学出版社1999年版，第456页。

② 同上书，第473页。

③ 李元度著：《国朝先正事略：清代1108人传记》（上），岳麓书社1991年版，第390—391页。

第二节　官员道德生活

官员是清朝政府或者清朝皇帝通过正式程序任命的有权对国家事务进行管理的人员，他们同时具有“公共人”与“自然人”的身份。这种双重身份决定了官员们在进行社会管理时可能会有不同的动机和价值取向。马克斯·韦伯在其《以政治为业》的演讲中指出，官员以政治为业有两种方式，其一是“为”政治而生存，其二是“靠”政治而生存。“为”政治而生存的官员，他在内心里将政治视为自己的生命，因此而使生命具有意义，并出于对政治事业的忠诚而不会去考虑能否因此而得到固定收入。“靠”政治而生存的官员，他首先考虑的是经济层面的问题，他之所以选择政治作为职业，就是力求将政治作为固定收入的来源，“靠”它吃饭。这两种道德态度在清代自始至终都存在着，并具体地表现在官员处理自己与国家、与同僚、与民众之间的关系和行使权力的过程中。值得注意的是，这与前述的政治制度设计和运行中官员对这些关系的处理是有所不同的，最主要的区别首先在于前者（即官员以政治为业的两种道德态度）是以官员的自身利益为中心的，后者是从国家利益出发的；其次在于前者是出于官员自身的道德观念的，后者是清朝政治制度所要求的。

一、官员对自己与国家之间关系的处理

官员是清朝政府的构成部分，是清朝皇帝所倚重的人才，他的所作所为关系着国家意志是否得到实现，关系着天下的治乱。由于官员扮演着如此重要的“公共人”角色，因而，清朝皇帝都十分重视官员的任用。顺治皇帝强调“国家纪纲，首重廉吏”。在有一次听完经筵讲官熊赐履对儒家经典的讲解之后，康熙皇帝与臣僚们谈到了官员的任用问题。熊赐履向康熙皇帝建议：“为政在得人，故用舍黜陟，人主之大权，最当审量者也。”康熙皇帝回答：“知人难，用人不易，政治之道，全关于此，朕即欲不尽心，不可得也。”（参见《清稗类钞·帝德类》）清朝皇帝如此重视官员的任用，其主要目的就在于实现清朝统治者的意志，维持国

家的长治久安。

官员与国家之间的关系，实际上就是官员与国家意志之间的关系。国家意志主要涉及如下问题：国家意志的内容是什么？它是怎样形成的？它是如何实现的？用美国学者古德诺的话来说，这些主要问题涉及“国家意志的表达”和“国家意志的执行”两个方面。这两个方面的任务是由政府来完成的，是政府的两种功能。“政府的这两种功能可以分别称作‘政治’与‘行政’”。① 作为清朝政府的组成部分，官员同样具有这两种功能，而非只有当代民主社会所限定的“行政”。因此，官员对自己与国家之间关系的处理，就集中表现在对自己与“国家意志的表达”之间关系和与“国家意志的执行”之间关系的处理上。

1. 积极提出合理化建议

在清代社会里，国家意志虽然是统治阶级的意志，但它在现实形态上却往往以皇帝的意志表达出来，无论是法律、条例的制订，还是对内对外政策的制定、重大决策的作出，等等，都必须经过皇帝的钦定，才会被允许颁布和执行。然而，清朝皇帝并不是万能的，他既没有那么多的时间和精力来考虑这些涉及国家利益的问题，又没有能力把与此相关的所有方面都思考得全面而又透彻，他不得不依赖于从中央到地方的处理各种事务的官员。这意味着，清朝的国家意志，并不是如西方社会契约论者所主张的那样由众人经协商而达成，而是在官员们所提出的各种建议的基础上而形成和表达的。为了形成统一、有力、可行的国家意志，清朝皇帝一直强调并重视各级官员提出各种建议，以此作为衡量清朝官员的政治忠诚的重要尺度和晋升官员职位的主要依据。在这样的政治环境中，清朝官员也将积极地提出合理化建议作为自己忠诚清朝皇帝的方式，视为自己对国家利益作出贡献的途径。因此，他们基本上会自觉地思考国计民生的各种问题。在清兵入关之际，范文程清醒地意识到清朝的统治不能靠武力来维持，而必须获得民众的支持，于是，他向顺治皇帝进言：“治天下在得民心，士为秀民。士心得，则民心得矣。请再行乡、会试，广其登进。”(《清史稿》卷232《范文程》)在他们看来，清朝要顺利地统治下去，就必须改变原来的掠夺者和残杀者的形象，由武功转向文治，获得关内民众尤其是士人的支持。在如何

---

① ［美］弗兰克·J·古德诺著：《政治与行政》，王元、杨百朋译，华夏出版社 1987 年版，第 10 页。

实现向文治转变的问题上，满洲完颜给谏阿什坦认为不只是一个科举制度的恢复问题，还涉及非制度性的因素，他在顺治朝初年(1644)针对满洲人翻译和沉迷于稗官小说的情形，“上言学者宜以圣贤为期，经史为导，此外无益杂书当屏绝”(《清稗类钞·谏诤类》)，在他看来，稗官小说不利于满洲人良好心性的形成，不应该容许翻译和阅读，而应该翻译《大学》、《中庸》、《孝经》之类的儒家典籍，以此来教化旗人。教化无疑是清朝统治者维持其统治的必不可少的手段，但在有的清朝官员看来，它不是万能的，还需要借助其他的手段。天聪五年(1631)，宁完我向清太宗皇太极提出设言官的建议：“六部已立，未设言官者，意以为国人皆得进言耶？又或谓南朝多设言官，竟至败坏耶？臣请明辨之。我国未立六部以前，臣不具论。六部既立后，曾见有疏劾人罪者否？今日秉政者，岂尽循良方正？在属下者，既不敢非其长官，旁人孰敢轻议权贵？古云：兼听则聪，偏听则蔽。一设言官，人必自敛，君身尚许谏诤，他人安有忌讳？此古帝王明目达聪之大用也。南朝言官之弊，由伊主之鉴别不明，非其祖制之不善也。”①言路畅通是国家得到治理的前提，但它在实行中也是存在缺陷的，有人为报私仇故意诬陷，有人未经验证而举劾言过其实。康熙皇帝意识到了言官制度的重要性，也注意到了它对国家利益可能会造成的损害。他在康熙十一年(1672)十二月对经筵讲官说：“有人请令言官风闻言事。朕思切中事理之言，患其不多。若借端生事，倾陷扰乱，深足害政。与民休息，道在不扰。”(《清史稿》卷6《圣祖本纪一》)官员们所提出的合理化建议是多种多样的，不仅有涉及国计民生的建议，而且还有一些生活小节方面的建议。如乾隆朝有御史就针对驿传中所存在的公私不分的现象提出了建议，这一建议推进了清朝驿传制度的建设，有关部门因此而作出了如下规定：“各省驿站，原为驰送紧急公文而设立。并不许地方官擅行轻动。乃近来外省陋习，往往于无关紧要事件，遽行插翼飞递。甚至往来简帖，亦用邮传。相沿既久，遂至视为故事。以致马匹疲乏，于公务转，不免贻误，甚非慎重邮政之道。嗣后务须严行查禁，无论私事，不许擅动驿马。即地方官公文，亦当斟酌缓急，毋得仍蹈前辙。其经过州、县驲，各将逐日所递公文，每月造册申报，该上司严行查核。如有违例擅

---

① 李元度著：《国朝先正事略：清代1108人传记》(上)，岳麓书社1991年版，第30页。

动者，俱行严参究治。”[①]官员所提出的这些合理化建议对于维护和增进清朝的国家利益起了良好作用。

2. 勇于指出和纠正弊政

虽然清朝统治者意识到朱明王朝的倾覆是由于明朝内外官吏“贿赂公行，功过不明，是非不辨”所造成的，因此而要求清朝官员预防和克服可能出现的弊政，并采取了相应的措施来控制弊政，但是，清朝的弊政却自始至终地存在着。这些弊政是清朝最高统治者所推行的用以维持其统治的手段，而且是被他们视为合理的统治手段。正是因为如此，官员指出和纠正弊政是有风险的，不但有可能被误解、被指责、遭罢官，有时甚至要付出生命的代价。李森先在顺治十五年(1658)向顺治皇帝指出了言官制度所存在的缺陷：“上孜孜图治，求言诏屡下；而诸臣迟回观望者，皆以从前言事诸臣，一经惩创，则流徙永锢，相率以言为戒耳。臣以为欲开言路，宜先宽言官之罚。如流徙谏臣李呈祥、季开生、魏琯、李裀、郝浴、张鸣骏等，皆与恩诏因公诖误例相应。倘蒙俯赐矜恤，使天下昭然知上宽宥直臣，在远不遗。凡有言责者，有不洗心竭虑而兴起者乎?”(《清史稿》卷244《李森先》)顺治皇帝并没有因此而对这一弊政予以纠正，反而指责李森先出于私情，收买人心，李森先因此而被“夺官，下刑部议，流徙尚阳堡”。如果说李森先敢于指出弊政是因为受到了顺治皇帝不断地求直言的激励，那么，尹壮图因指出乾隆朝所存在的弊政而“下刑部治罪，比挟诈欺公、妄生异议律，坐斩决”，则是因为他没有迎合乾隆皇帝这位自诩为“十全老人”的帝王好大喜功、注重天下太平声誉的心理。他于乾隆五十五年(1790)上了如下这道奏疏：“督抚自蹈愆尤，圣恩不即罢斥，罚银若干万充公，亦有督抚自请认罚若干万者。在桀骜者藉口以快其饕餮之私，即清廉者亦不得不望属员之佽助。日后遇有亏空营私重案，不容不曲为庇护。是罚银虽严，不惟无以动其愧惧之心，且潜生其玩易之念，请永停此例。如才具平常者，或即罢斥，或用京职，毋许再膺外任。”乾隆皇帝虽然也知道以罚代惩的做法会导致“督抚等或有昧良负恩，以措办官项为辞，需索属员；而属员亦藉此敛派逢迎，此亦不能保其必无”(《清史稿》卷322《尹

① 郭成伟、田涛点校整理：《明清公牍秘本五种·钱谷指南》，中国政法大学出版社1999年版，第409页。

壮图》)，但他认为尹壮图“既为此奏，自必确有见闻，令指实覆奏”，并指派专人陪同尹壮图赴山西、直隶、山东、江南等省密查府库是否亏空、如有亏空则是何人所为，也了解老百姓是否遭到了官吏的盘剥。尹壮图经实地考察后并未发现府库亏空，就不断向乾隆皇帝复奏，承认自己措词过当，请求治罪。乾隆皇帝则以尹壮图“逞臆妄言，亦不妨以谤为规，不必遽加重罪”为由而未将其问斩，但他以铁的事实向所有如同有尹壮图那种看法的官员证实了自己所治理的天下，并非“商民蹙额兴叹，竟似居今之世，民不堪命”，而是一个商民乐业、官吏尽职廉洁的盛世。山东寿光人魏琯则没有这样幸运。他于顺治十二年(1655)指出，八旗逃人的出现并不完全是逃人本身的问题，旗人也应该承担一定的责任，他说：“逃人日多，以投充者众。本主私纵成习，听其他往，日久不还，概讼为逃人。逃人至再，罪止鞭百，而窝逃犹论斩，籍人口、财产给本主。与叛逆无异，非法之平。”(《清史稿》卷244《魏琯》)顺治皇帝认为他这是收买人心、沽名钓誉，王大臣会议则认定他“巧宽逃禁，当坐绞”，后来因山东德州生员吕煌窝逃事发而被夺官，流徙辽阳，死于流放地。当然，官员们的这种努力并不都是白费的。当清朝皇帝和贵族认识到弊政的危害时，弊政就会在一定程度上被纠正。经过魏琯、李裀等官员的不断劝谏，顺治皇帝终于一定程度地纠正了清朝政府对逃人事件的错误做法，并告诫满洲人：“朕念满洲官民人等，攻战勤劳，佐成大业。其家役使之人，皆获自艰辛，加之抚养。乃十余年间，背逃日众，隐匿尤多，特立严法。以一人之逃匿而株连数家，以无知之奴仆而累及官吏，皆念尔等数十年之劳苦，万不得已而设，非朕本怀也。尔等当思家人何以轻去，必非无因。尔能容彼身，彼自体尔心。若专恃严法，全不体恤，逃者仍众，何益之有？朕为万国主，犯法诸人，孰非天生烝民，朝廷赤子？今后宜体朕意省改，使奴仆充盈，安享富贵。”(《清史稿》卷244《李裀》)同时，他要求那些督捕逃人的官员应该“量情申法，衷诸平允”，将那些假冒逃人以“诈害百姓”、冒主认领、“指诡作真”的人治罪。除了依靠最高统治者之外，清朝官员也自行纠正某些弊政。陕西韩城人刘相斗，在任康熙朝赣南道时，他对所有属吏说：“子欲为忠臣乎？夫爱民即忠也。”当时，郡守与镇将为了搜刮民财而都加重门税，刘相斗反对这种做法并诘问他们，他们却阳奉阴违。于是，刘相斗“置酒邀守与将。甫就坐，仆白：‘奉命市麦布，门者索税，留质在门。’守、将语塞。乃尽革其税。公复具觞，邀镇将，揖之升堂。

疾下拜曰：‘帅惠吾民，敢不拜嘉！’”①

3. 主动荐举人才

国家利益的增进，国家的治理都有赖于人才。对于人才在国家治理中的重要作用，清朝皇帝是认识得很清楚的。顺治皇帝指出：“国家设官，必公忠自矢，方能裨益生民，共襄盛治。”（《清史稿》卷5《世祖本纪二》）正是因为如此，清朝皇帝都命令一定级别的官员荐举人才，并将荐举人才视为官员应负的责任。官员也将主动地荐举人才作为忠诚皇帝、服务国家利益的一种方式。自顺治朝初年顺天巡抚宋权首倡荐举贤才并推举明朝蓟辽总督王永吉后，官员们不避同乡、同年、门生、亲戚子弟等嫌疑，纷纷荐举人才，乃至出现了滥举的现象。针对这种情况，官员们开始思考国家究竟需要什么样的人才、何种人才应该被优先荐举和被任用等问题。针对慕天颜不举荐反而弹劾时任嘉定知县陆陇其这一事件，左都御史魏象枢上疏康熙皇帝：“天颜劾陇其，称其操守绝一尘，德有余而才不足。今之有司，惟操守为难；既知之矣，何不留以长养百姓？请严饬诸督抚大破积习，勿使廉吏灰心，贪风日长。”（《清史稿》卷278《慕天颜》）并以清廉之名举荐陆陇其。陆陇其被康熙皇帝所重用，成为了清朝的名臣。然而，清朝统治者实际上偏重对能者的任用。于是，九卿、督抚在荐举人才时往往偏重于甚至只坚持能力标准，其结果是损害了国家利益。鉴于这一情况，云南道监察御史曹一士在乾隆皇帝即位时向其进言：“臣愚以为欲百姓之安，其要莫先于慎择督抚。督抚者守令之倡。顾其中皆有贤者、有能者，贤能兼者上也，贤而不足于能者次之，能有余而贤不足者又其次也。督抚之为贤为能，视其所举而了如。今督抚举守令，约有数端：曰年力富强，曰治事勤慎，曰不避嫌怨。征其实迹，则钱粮无欠，开垦多方，善捕盗贼。果如所言，洵所谓能吏也。乃未几而或以赃污著，或以残刻闻，举所谓贪吏、酷吏者，无一不出于能吏之中，彼诚有才以济其恶耳……臣以为今之督抚，明作有功之意多，而惇大成裕之道少；损下益上之事多，而损上益下之义少；此治体所关也……臣敢请皇上特颁谕旨，剖析开导，俾于精明严肃之中，布优游宽大之政。所属守令，敕于保题荐举时，分列贤员、能员，然后条疏实事于下。能员有败行，许自行检举；贤员著劣迹，则从重处分。

① 李元度著：《国朝先正事略：清代1108人传记》（上），岳麓书社1991年版，第282页。

倘所举皆能而无贤，则非大吏乏正己率属之方，即贤者有壅于上闻之患。督抚之贤否，视所举而了如矣。”（《清史稿》卷306《曹一士》）为了防止官员主动荐举人才中的弊端，有的官员还提出了如下对策：

(1) 实行举荐问责制。宁完我向皇太极建议：“臣思古者荐人，功罪必连坐，所以杜弊端而防冒滥。伏愿再颁明诏，自后所举之人，或效能收功，或偾事获罪，皆令举者同之，若其砥行于厥初，改节于末路，许举者随时检举，乃免连坐。如此，庶人知畏法，而所得皆真才矣。”①宁完我这一建议被清朝最高统治者所采纳，并成为了清朝荐举制度的一个重要内容。这一制度有效地防止了将主动荐举演变为随意荐举，也使荐举者承担着长期监督被荐举者的责任。

(2) 实行明举与密保相结合的制度。如乾隆朝名臣讷亲“见有才器出众者，荐引惟恐后人”，他密保兆惠、阿桂“二人内堪尚书，外堪督抚，无一知者”。实行这种制度，其目的是为了保证荐举者出于公心，防止结党营私。

(3) 实行皇帝甄别制度。官员有责任荐举人才，但他无法保证被荐举的人在今后不出政治和道德上的问题，这就要求皇帝对被荐举者进行考察和甄别。因此，方苞建议皇帝“当以时延见廷臣，别邪正，示好恶。内九卿、外督抚，深信其忠诚无私意者，命各举所知。先试以事，破瞻徇，绳赃私，厚俸而久任著声绩者，赐金帛，进爵秩”（《清史稿》卷290《方苞》）。这种制度既让皇帝分担荐举和任用人才的责任，又降低了官员荐举的风险，保护了官员荐举的积极性。

二、官员对自己与同僚之间关系的处理

清朝官员有多种划分，他们被有意无意地划归到所谓“汉臣”与“满臣”、“旗人”与“民人”、“南人”与“北人”或者“新人”与“旧人”的不同官僚阵营，他们也自觉不自觉地将自己归属于不同的官僚集团，这使清朝官员之间的关系变得比中国历史上任何朝代都要复杂。而政治因素、权力分割、个性和私利追求的存在，则使已经十分复杂的同僚关系变得更加扑朔迷离。在这种情况下，官员对同僚关系的处理就必定会是多样化的，其中典型的态度有三种：合情合理的对待、官官相护和党同伐异。

---

① 李元度著：《国朝先正事略：清代1108人传记》(上)，岳麓书社1991年版，第31页。

1. 对于大多数官员来说,他们是能够合情合理地对待同僚关系的。他们对同僚以礼相待,为人正派,能够心平气和地对待同僚的批评,合理地要求同僚,为他人的生存发展创造有利的条件。有的官员带头严格要求自己,也从严要求下属官员。李恭勤在乾隆朝为四川总督时,他与属吏约定:“府州县无事,非公事不得至省,至亦有期限,届期必归,不得蓄音乐,不得侈宴会,不得饰舆马衣服。”他在官数年,未宴一客,属吏也如此。有次有新任的成都将军抵任,也只是等到这位将军的家眷到达之后“馈以烧羊蒸豚,为佐家宴而已。”(《清稗类钞・廉俭类》)有的官员不计利害地保护好官。鲁之裕(鲁亮侪)雍正朝在清河道为官,是田文镜属吏。田文镜对属吏要求非常严厉,一旦发现下属有过失就将其罢免。有一天,田文镜命令鲁之裕去取中牟李某的令印,并代替李某为中牟。鲁之裕微服而行,沿途听到士人和普通民众都称赞李某,不忍这样的贤官离去。鲁之裕“心敬之”。当见到李某时,他凭直觉判断李某不是那种亏空府库的官员,就决定保全李某。返回省后,他不敢直接向田文镜禀报,而是先向两司官员汇报了情况,两司官员都说:“汝病丧心耶?以若所为,他督抚犹不可,况田公耶!”第二天面见田文镜时,田文镜很气愤。他免冠后大声说:“裕一寒士,以求官故,来河南,得官中牟,喜甚,恨不连夜排衙视事。不意入境时,李令之民心如是,士心如是,见其人,知亏帑故又则是。若明公已知其然而令裕往,裕沽名誉,空手归,裕之罪也;若明公未知其然而令裕往,裕归陈明,请公意旨,庶不负大君子爱才之心,与圣上孝治天下之意。公若以为无可哀怜,则裕再往取印未迟。不然,公辕外官数十,皆求印不得者也,裕何人,敢逆公意耶!”田文镜终于理解了他的做法,重新将珊瑚冠给他戴上,赞叹道:“奇男子,此冠宜汝戴也。非汝,吾几误劾贤员。”(《清稗类钞・正直类》)有的官员则为其他官员进行合理辩护。李穆堂在雍正朝于广西为官。其时,尚书蔡珽荐举已革知县黄振国为河南信阳知州,巡抚田文镜以“贪劣不法”的名义弹劾黄振国。李穆堂进京向雍正皇帝直陈黄振国无罪,田文镜则向雍正皇帝密奏李穆堂与黄振国是同年生员,认为李穆堂袒护黄振国,要求弹劾他。有的官员则不畏强权,当面指责其错误做法。郭琇是康熙朝的名臣,他刚正不阿,敢于对掌握大权的明珠进行弹劾,并于明珠生日那天将其劣迹一一奏上,同时又将弹章的草稿带上,“乘车至明邸,踵门投刺”,当面告诉明珠已被自己弹劾。

2. 官官相护是清朝官员处理同僚关系的另一种态度。按照清朝有关规定，官员之间应该互相监督纠劾，但事实上有的官员却彼此关照容隐，甚至官官相护。不仅出现了顺治皇帝所说的“所举多冒滥，所劾多微员，大贪大恶乃徇纵之”的现象，而且有的官员为了其他官员的利益而不顾真相，是非不分。军机章京、员外郎海升殴杀自己的妻子，却以妻子自缢报官，其妻弟贵宁坚持其姐姐不是自缢而是被害的。乾隆皇帝命令左都御史纪昀、大学士阿桂、刑部侍郎景禄、杜玉林及郎中王士棻等验尸，纪昀、阿桂等认为海升的妻子是自缢而亡的。贵宁否定他们的这一结论，认为他们验尸不准确，并指出阿桂因为海升曾经有恩于自己而袒护他。乾隆皇帝又命令顺天府府尹曹文埴与侍郎伊龄阿重新验尸，其结论是海升的妻子是被殴而非自缢而死的。当然，官员之间的容隐、相护，并非对所有官员都如此，事实上，一个或者某些官员为了曲意保护某一官员却损害别的官员的利益。乾隆八年(1743)，湖南粮道谢济世听说衡阳知县李澎、善化知县樊德贻在征赋时纵容丁役索取浮费，就扮做乡民前往纳赋，经实地考察而得到证实，就弹劾他们。湖南巡抚许容却庇护樊德贻等，并弹劾谢济世。乾隆皇帝免了谢济世的职务，并交湖广总督孙嘉淦讯问。许容命令岳常澧道仓德代理谢济世之职。布政使张璨根据许容的旨意，写信给仓德，命令其私改长沙府有关征收浮费的案卷。仓德不理睬张璨，还上书孙嘉淦及漕运总督顾琮。而孙嘉淦却庇护许容，不处理这一案件。顾琮则向都察院反映了这一情况。御史胡定上疏陈述许容诬陷谢济世、孙嘉淦袒护许容的真实情况，并指出布政使张璨、按察使王玠、长沙知府张琳、衡州通判方国宝、善化知县樊德贻，都是根据许容的旨意一起诬陷谢济世。乾隆皇帝又指派侍郎阿里衮专程到湖南审理此事，平反了谢济世的冤案。

3. 党同伐异是清朝官员处理同僚关系的一种极端态度。这种态度在清朝建立时就已经存在。顺治皇帝早在批阅奏章时就感觉到官员们“实心为国者少，比党徇私者多”。康熙皇帝也发现了官员之间所存在的“交争私怨”的“党同伐异之习”。尽管康熙皇帝等清朝皇帝对官员们予以了警告，并采取了严厉的控制措施，但是，官员之间的党同伐异却从来没有停止过。这种党同伐异虽然有多种表现形式，但是，在其实质上都是从小群体或者宗派的利益出发来处理同僚关系，与符合自己意愿的官员结为“朋友”，将违背自己利益的官员视为异己，并处心积虑对其实施迫害。需要指出的是，这种小群体或者宗派利益，其实就是小群体或者宗派成员的私人利益，是践踏清代道德和法律的不正当利益。

（1）有的官员因为对私利的追求而容不得他人。乾隆朝巡抚王亶望贪污受贿，其属吏为了贿赂他都加重征税。湖南长沙人周克开被擢用为浙江粮储道，赴任后“誓不取一钱，请于巡抚，约与之同心”（《清史稿》卷477《循吏二》）。王亶望表面上答应了他，但内心却厌恶他，只希望他早点离开，于是，他向乾隆皇帝上奏，说周克开有突出的才能，能胜任海塘的治理，请求乾隆皇帝任命周克开去治理海塘，于是，周克开被调杭嘉湖道。自此以后，王亶望贪污受贿无所收敛，成为了清朝最大的贪官之一。康熙朝满洲正红旗人噶礼任山西巡抚时就非常贪婪，贪污受贿数十万，曾被御史刘若鼐上疏弹劾，擢用江南江西总督后不但贪性不改，反而专横无忌，与巡抚张伯行等官员不睦。康熙五十年（1711），张伯行上疏指责噶礼在当年江南乡试取士中贿卖举人，请求康熙皇帝将其免职审查，同时正考官副都御史左必蕃也检举同考官知县王曰俞、方名所荐士人中有不通文字的。康熙皇帝命令尚书张鹏翮到扬州会同噶礼和张伯行进行查证审讯，证实副考官编修赵晋及王曰俞、方名有涉漏试题的情况。噶礼反过来弹劾张伯行，说：“伯行遂阴谋诬陷，以鬻举人得银五十万污臣，臣不能与俱生。”并检举张伯行因与方苞为友而“不肯捕治”为戴名世的《南山集》作序的方苞，还罗列了张伯行的失职情况。康熙皇帝又派张鹏翮和漕运总督赫寿去查实，结果他们偏袒噶礼，并建议免除张伯行的职务。“上切责鹏翮、赫寿瞻徇，又命尚书穆和伦、张廷枢覆谳，仍如鹏翮等议。”康熙皇帝不得不亲自处理这件互劾案，因自己相信张伯行“操守为天下第一”，对“噶礼操守，朕不能信；若无张伯行，江南必受其朘削且半矣”，而将张伯行留任，并免去噶礼的职务。（《清史稿》卷278《噶礼》）

（2）有的官员因占据了重要的职位，逐渐形成了各自的势力阵营，于是，或明或暗地进行权力角逐。明珠与被康熙皇帝视为“本朝第一罪人”的索额图都是康熙朝权臣。索额图权势日盛，弄权贪婪；明珠不仅贪得无厌，而且培植党羽，笼络人心。他们互相倾轧，所不同的是：“索额图生而贵盛，性倨肆，有不附己者显斥之，于朝士独亲李光地。明珠则务谦和，轻财好施，以招来新进，异己者以阴谋陷之，与徐乾学等相结。索额图善事皇太子，而明珠反之，朝士有侍皇太子者，皆阴斥去。荐汤斌傅皇太子，即以倾斌。”（《清史稿》卷269《明珠》）

(3) 有的官员认为他人是权力竞争的对手，将对方视为实现自己权力欲望的绊脚石，欲置对方于死地。苏克萨哈与鳌拜是姻亲，与索尼、遏必隆受命共同辅佐年幼的康熙皇帝。他们在受命辅政时宣誓："誓协忠诚，共生死，辅佐政务。不私亲戚，不计怨仇，不听旁人及兄弟子侄教唆之言，不求无义之富贵，不私往来诸王贝勒等府受其馈遗，不结党羽，不受贿赂，惟以忠心仰报先皇帝大恩。若各为身谋，有违斯誓，上天殛罚，夺算凶诛。"(《清史稿》卷 249《索尼》)没过多久，苏克萨哈与鳌拜就发生了矛盾。鳌拜因为功劳最多，就力图把持朝政，没把年幼的康熙皇帝放在眼里，对其他官员更是颐指气使，大小官员都怕他，惟有苏克萨哈有时还敢于发表不同的政见。鳌拜不断地给苏克萨哈找麻烦，苏克萨哈因此经常处于担忧恐惧之中。康熙六年(1667)，索尼因年老体弱，请求康熙皇帝亲政。康熙皇帝亲政的第二天，苏克萨哈就上奏请求去守先帝陵寝，以求保全余生。康熙皇帝对此不允许，鳌拜与其党大学士班布尔善等"遂诬以怨望，不欲归政"，并要求以大逆罪论处。在鳌拜等的胁迫下，苏克萨哈被处以绞刑，其子七人、孙一人、兄弟的儿子二人都被处斩。对有着姻亲关系的官员的态度尚且如此，官员之间因为私利、权力而进行明争暗斗的残酷程度就不难想象了。

三、官员对自己与民众之间关系的处理

官员如何对待民众，受制于各种各样的因素。统治阶级利益的维护、"满人至上"观念和等级观念的存在及官员对其私人利益的考虑，决定了官员对待民众的根本态度。为了维护和实现统治阶级的利益，清朝官员无视民众生存需要的满足，以牺牲民众的利益为代价，残酷地奴役和剥削劳动人民。官员所具有的"满人至上"观念和等级观念，使他们对不同民众有着不同的态度，不能公正公平地对待民众。他们会时时处处地为满洲人的利益着想，会曲意地维护满洲人的利益，而根本不尊重汉族等民族人们的人格，不顾除满族人之外的民众的利益的实现，甚至随心所欲地对待这些民众的正当利益。他们对处于清朝等级结构的上层奴颜婢膝，对处于这一金字塔结构底层的人们倍加歧视，他们不仅歧视商人、医生、手工业者、艺人、隶卒等，而且不容许自己的家人乃至族人去选择和从事这样的职业，以这样的职业为耻。官员为了追求和实现自己的利益，会将清朝的每一项政策和规定视为自己发财致富的机会，想方设法地钻政策和

制度的空子，肆意掠夺民众的财富，容许甚至唆使自己的家人侵占他人的土地、房产等。康熙皇帝一针见血地指出，在海禁政策上，“先因海寇，故海禁不开为是。今海氛廓清，更何所待？……边疆大臣，当以国计民生为念。向虽严海禁，其私自贸易者，何尝断绝？凡议海上贸易不行者，皆总督巡抚自图射利故也”（《清实录·圣祖仁皇帝实录(二)》卷116）。有的官员之所以反对开放海上贸易，就是因为他们欲与民争利，企图通过禁止普通百姓进行海上贸易来获得更多的财富。康熙皇帝开放海上贸易，虽然的确是对民生的关注，但这并非表明他要求清朝官员改变对待民众的根本态度，因为这种根本态度是由清朝的根本经济制度和政治制度所决定的，是由统治阶级将民众视为实现自己利益的工具所决定的。

清朝官员抱有这种根本态度，并不意味着他们在任何时候都不会对民众利益予以考虑。因为他们清楚地知道，要实现统治阶级的利益就必须依赖民众，就不得不对民众的利益有所照顾。官员对民众利益的有限照顾，有不同的表现，其中最主要的有：

1. 表现在为民众营造安定的生活环境上。白登明在顺治五年(1648)被擢用为河南柘城知县后，非常重视所管辖区域的治理，预防和缉捕为非作歹者，逮住了大盗则依据法律严肃惩治，结束了明清之际的战争所造成的混乱局面，建立了良好的社会秩序。任辰旦在任康熙朝上海知县时，善于分析案情，认真而又公正地处理案件，“数决疑狱”，严厉地打击豪强和奸猾的不法行为，使他们不得不收敛自己的行为。为了防止军人对民众生活的干扰，在濒海防军即将撤离之时，他一方面“密请行期”，另一方面有意邀请该军队首长欢饮，并告诉军队撤离尚需时日。次日撤军令下达，他又催促马上撤军，并“厚其牛酒，道上劳军”，使那些准备胡作非为的军人没有作恶的时间，“无敢迁延他顾”。

2. 表现在提出改善民生的建议上。康熙四年(1665)，工部尚书傅维鳞给康熙皇帝上疏，指出并要求革除蠲免政策的弊端，以使民众真正得到实惠。他指出：“向来定例，荒至十分者，止免三分；八九分者，免二分；六七分者，免一分。此皆朝廷德惠。然而灾至十分则全荒矣。田既全荒，赋何由办？臣请此后灾伤几分即免几分。又，部覆报灾之疏，复下督抚，取结取册，动经岁月，及奉旨蠲免，而完纳已久，不得不于次年流抵；迨至次年，照旧催科，徒饱官吏之腹。臣以为凡遇灾伤，督抚即委廉能官确勘，并册结一同入奏，该部即照分数请蠲，庶小民受实惠，而官吏无由滋弊。”（《清实录·圣祖仁皇帝实录（一）》卷14）正是在官员们提出合情合理的建议的基础上，清朝政府调整了其蠲免政策。方苞为官时向清朝皇帝建议改变有关常平仓的成规，更好地发挥常平仓在接济民众生活中的作用，并针对民众的生活资料因人口增长过快而匮乏的事实，请求清朝政府禁止酿酒和种烟草，禁止米谷出口外国。

3. 表现在对有关民众利益的事件的公正处理上。姚文燮为顺治朝直隶雄县知县。该县地近京畿，最好的田地大多被旗人所圈占，姚文燮就为那些将失去土地的农民而力争。由于旗人圈地是清朝政府所允许的，因此，旗人就求助于户部。户部“遣司官至，牵绳量地，绳所及，民不得有”。姚文燮则“拔刀断绳”，使圈地行为无法进行下去。不久，“有旨退地还民”。张克嶷在广东潮州为官时，属县有千余人打着明裔的幌子聚众起义。在三位首领被斩杀后，起义者纷纷乞求投降。当地巡抚将以消灭明裔的名义请求上级表彰张克嶷的功绩，而他坚决不同意以这种名义上报。因为他知道，如果这样上报，将会有不少起义者陷于冤狱甚至被残杀，所以，他明确地指出：“此盗耳，而称明裔，兴大狱，株连多，恐转生变。”

4. 表现在将提高民众的道德素质视为自己的责任上。在治民中，究竟应该采取严刑峻法还是道德教化的方式，这也是清朝官员们所必须作出的选择。他们之所以要作出选择，是因为这两种方式事关其是否真正爱民的问题。显然，严刑峻法并不是真正爱民的方式。对此，康熙朝山东文登知县佟国珑认识得很清楚，他指出：“为政在诚心爱民，兴利除害，化导之而已，严峻非民之福也。”（《清史稿》卷476《循吏一》）因此，那些真正爱民的官员都会想方设法地提高民众的道德素质。康熙朝直隶内黄知县张沐就是这样一位官员，他“为政务德化”，一方面命令老百姓各书“为善最乐”四字于自家门上，使之自觉地注意自己的言行，另一方面又著《六谕敷言》，派人到各地去宣讲，既使民众能够背诵它，又使他们懂得其中的道理，“虽妇孺闻之，莫不欣欣向善”。

四、官员对权力的行使

除了皇帝之外，清朝行使权力的主体就只有官员了。官员对权力的行使，不只是一个合法性问题，还是一个合理性问题，可以对之进行道德评价。从道德角度来看，清朝官员对权力的行使有两种情形，一种是正当地行使权力，一种是不当地行使权力。

官员对权力的正当行使，既是清朝皇帝的期盼，又是清朝政府的要求，而不只是个人内在良心的命令。因此，那些想在清朝政府中担任一定职务、执掌“权力的人们必须具备三个条件。第一是效忠于现行政体。第二是足以胜任他所司职责的高度才能。第三是适合于各该政体的善德和正义”。[①] 这就是说，清朝官员对权力的行使是否正当合理，主要看他在政治上是否忠诚、能否取得实绩和是否坚持正义。清朝官员在政治上的忠诚主要表现在他对皇帝忠心，敢于揭露和反对背离清朝政府意志的行为，提出有利于清朝政府统治的建议，维护统治阶级的利益，甚至如范承谟一样为统治阶级的利益而甘愿牺牲自己及家人的生命。实绩也是清朝官员所追求的，有些官员力图为社会、为民众做一些有益的事情，兴办学校，兴修水利工程，鼓励农民开垦荒地，并为民众提供满足其需要的公共物品和服务，努力维持社会秩序，增进公共利益。

不可否认，官员不当地行使权力的现象在清代社会里也严重存在着。他们对权力的不当行使有三种情形：权力无用、权力滥用和权力误用。

1. 权力无用是指官员的消极作为或者不作为，是指官员职位的高低与其应该承担的责任不对等，与其应尽的义务不相称。尽管清朝皇帝和政府都要求官员尽职尽责，但有些官员却不容易或者不愿意做到。权力无用具体表现为两种情况，其一是有的官员可能具有较强的能力，却没有尽职尽责。这是一种与道德品质相关的权力无用现象。魏廷珍就是这样一位官员。他在乾隆三年(1738)被任用为左都御史，第二年又转任工部尚书，至乾隆五年(1740)，他以老病为借口请求退休。乾隆皇帝因此而指责他在雍正朝为官时就“不克举其职，屡奉申诫，今以老病乞休，似此因循懈怠、持禄保身之习，断不可长”(《清史稿》卷290《魏廷珍》)，并免去了他的官职。如果说魏廷珍属于那种不愿尽职尽责的官员的话，那么，毕沅就是没有尽职尽责的官员。毕沅在任陕甘总督期间，他没有发现甘肃布政使王亶望冒赈贪污，应负失察的责任。甘肃冒赈折捐事件被揭露后，主要责任人王亶望被诛杀。江南道监察御史钱沣认为毕沅也脱不了干

---

① [古希腊] 亚里士多德著：《政治学》，吴寿彭译，商务印书馆1965年版，第271页。

系，于是上书乾隆皇帝，说："冒赈折捐，固由亶望骫法，但亶望为布政使时，沅两署总督，近在同城，岂无闻见？使沅早发其奸，则播恶不至如此之甚；即陷于刑辟者，亦不至如此之多。臣不敢谓其利令智昏，甘受所饵，惟是瞻徇回护，不肯举发，甚非大臣居心之道。请比捏结各员治罪。"(《清史稿》卷322《钱沣》)乾隆皇帝认为钱沣说得有道理，就诘难毕沅，并作降官处理。其二是有的官员力求尽职尽责，但却缺乏相应的才能。这是一种与能力相关的权力无用现象。为了笼络汉族知识分子，实行文治，整肃吏治，从顺治皇帝到乾隆皇帝都十分重视官员的道德品质，并擢用了一批有优良操守的官员担任重要的行政职务。这些官员就是人们所称的"清官"。他们之中的确有能力很突出的官员，取得了较显著的政绩，但也有行政能力平庸的官员，不能娴熟地处理好自己的行政事务，难以实现皇帝的重托。康熙皇帝对被自己评价为"操守为天下清官第一"的张伯行有这样的看法："张伯行操守虽清，为人糊涂，无办事之才。"①正是因为张伯行"无办事之才"，所以，他的行政效率就很低，"衙门案件堆积，连年不结，以致拖累多人，经时羁候，民皆怨之，纵不爱钱，于地方何益?"甚至他连向康熙皇帝承诺的事情都未能做好，反而比以前更糟糕。这使康熙皇帝极为不满。康熙皇帝因此而认为，在政绩方面，那些只洁己而不奉公的清官"反不如不清之官"。

2. 权力滥用是指官员随心所欲地使用权力，扩大权力的使用范围。有的官员滥举人才；有的官员以各种名义征收正税以外的费用(如地方官私征耗羡)；有的官员私下经商，甚至指派属吏为自己经商，并且经营清朝政府明令禁止的如盐业、金融业、对外贸易业等业务，与民争利，牟取暴利。福建建阳县知县李六成的"私减私匀"田赋事件则是其中最典型的权力滥用案例。这一案例发生在康熙二十五年(1686)，发现于雍正十二年(1734)，处理于乾隆元年(1736)，历时51年。康熙二十五年，李六成接任建阳县知县。他了解到前任知县因民间历年拖欠钱粮而一直未上交清应交的田赋，又考虑到该县土地贫瘠，田赋太重，老百姓难以还清拖欠的钱粮，就决定减轻农民的负担。于是，他将该县从前上报为荒地、后来又陆续垦复耕作的六百九十五顷八十九亩七分八厘八毫田地隐瞒不报，以此来减少应该上交的税额，并将这部分少交的税额平摊到其他需要

① 中国第一历史档案馆整理：《康熙起居注》第3册，中华书局1984年版，第2134页。

征收田赋的田亩中，从而实际上降低了该县所有田地的征收标准，使之由清朝政府规定的每亩征收七分三厘一丝五忽降至每亩征收六分一厘四毫，每亩实际减免一分一厘六毫，而上报户部的征收标准名义上仍然是每亩七分三厘一丝五忽。这种做法一直延续至乾隆元年。李六成这种“因赋重私减私匀”、私自降低征收田赋标准的权力行为，虽然给农民带来了好处，但却减少了清朝政府的财政收入。

3. 权力误用是指官员为了实现错误的目的而使用权力，或者错误地使用权力。这两种误用权力的情况是有区别的，其根本不同在于前者与官员的私人利益密切相关，后者则可能与私人利益的追求没有关系。张鹏翮在治理黄河过程中错误地起用属吏从而导致黄河决堤，这是典型的错误地使用权力的情形。官员为了实现错误的目的而使用权力，则是把权力当作谋取私利的手段。“把政治职位当作致富的工具，意味着政治价值和政治制度服从于经济价值和制度。政治的主要目标已不是在实现公共目标，而是在促进私利的实现。”[①]这种权力误用的表现形式多种多样，有的官员因报私仇而想方设法地弹劾正派的官员，有的官员对不服从自己的其他官员不择手段，如多尔衮“毫不留情地对待那些胆敢反对自己的王公们。1647 年，他褫夺济尔哈朗的辅政王之职，委其胞弟多铎继任……一向与多尔衮不睦的豪格也被加上各种罪名，受到幽系，后自杀于监所。其他几位王公也同样遭到贬抑。与此同时，多尔衮除了自己原有的正白旗以外，又进而控制了其他各旗。首先，他接管了原属莽古尔泰，曾一度由皇太极控制的正蓝旗，在其胞弟多铎死后(1649)，他又控制了镶白旗”。[②] 诸如此类的做法都是官员为了实现错误的目的而使用权力的情形。最为突出的情形则是官员的贪污腐败。有清一代，贪污受贿之风盛行，腐败者人数众多，腐败形式多样，腐败的数额巨大，而且有愈演愈烈的趋势。可是，清朝政府查处腐败的力度却非常有限，正如林起龙在给顺治皇帝的疏中所说：“今贪官污吏遍天下，虽有参劾，不过十分之一。”而且被惩治的大多是下层官吏。这为大腐败分子的生存提供了有利条件。嘉庆朝工部书吏王书常私镌假印，捏造大员姓名，冒

---

① [美] 塞缪尔·亨廷顿著：《变革社会中的政治秩序》，李盛平、杨玉生译，华夏出版社 1988 年版，第 67 页。

② 杜文凯编：《清代西人见闻录》，中国人民大学出版社 1985 年版，第 278 页。

支国帑，重复向户曹支领岁耗银至数千余万两。和珅利用乾隆皇帝对他的信任和重用，大肆受贿，非法拥有除大量土地和房屋之外的皇宫外禁用物品、金银珠宝、钱庄当铺等，以致在其被抄家后时人有“和珅跌倒，嘉庆吃饱”的说法。可见，清朝官员对权力的误用，既损害了民众的利益，又影响了中国社会的顺利发展。

第三节　政治忠诚与反抗

同以往朝代一样，清朝政治关系仍然是一种统治与被统治、命令与服从的关系。这意味着它并非只是处于权力序列中的上级对下级、官员对老百姓的纯粹单向的命令或者统治关系，而是一种双向互动的关系。这就是说，下级和老百姓在清朝政治关系的处理过程中是有一定的自主性和能动性的，他们会对上级和官员的所作所为作出某种反应。就其性质而言，这种反应有三种，其一是政治忠诚，其二是政治不合作，其三是政治反抗。可以肯定，无论是何种反应，在某种意义上，都是清朝政治制度设计和运行与官员所作所为的结果。此处只就政治忠诚与政治反抗展开论述。

一、政治忠诚

清朝政府及最高统治者非常清楚，要顺利地维持其统治，其前提就是得到官员和民众的政治忠诚。为了获得官员和民众的政治忠诚，他们废除了明末的在田赋征收中加派“三饷”的制度，实行了八旗制度、科举制度、异姓封王制度、保举制度、检举制度、蠲免制度、旌表制度等制度，推行了德主刑辅、武功与文治相结合、抚恤、对少数民族“因俗而治”与剿抚并用等政策，提倡民本思想，加强教育、强化吏治和健全赏罚机制等。这些制度的设计和运行，显然起到了催生和提升官员和民众政治忠诚的作用。由于这种政治忠诚主要是出于清朝政治制度的要求和维持清朝统治的需要，因而，它并非全然是无私的，更不是清代人对政治制度的所谓合理性的尊重。这就是说，清代人的政治忠诚，主要是出于清朝政治制度及其运行的强迫、私人利益的维护和感恩。如三藩之乱时，“八旗士卒多争先用命，效死疆场，丁口遂至稀少。圣祖念之，尝怃然曰：‘吾二十年之久始得一获满洲士卒之用，何可不厚恤也。’故时加赏恤，且为之代偿债务。以是满洲士卒皆感之，凡有征讨，争致死焉”（《清稗类钞・帝德类》）。魏裔介因为顺治皇帝亲自擢用他而感动不已，并发誓对顺治皇帝“敢不竭孤忠，以报知遇！”[①]张伯行因为康熙皇帝“久识汝，朕自举之”而“誓不取民一钱”，并对康熙皇帝忠心耿耿。值得注意的是，清代人的政治忠诚程度是有所不同的，如果说普通老百姓的政治忠诚程度几乎与明代没有什么区别的话，那么，士人的政治忠诚程度就比明代要高得多，也比同时代的其他人要高，清朝统治者也“发现这些人的忠实超过了鞑靼人自己，可是他们仍……不让忠实于他们的汉族官员掌握权力”。[②] 士人们尤其是汉族士人之所以会如此，是因为清朝统治者为他们提供了实现儒家政治道德理想、施展自己才华的机会。

清代人政治忠诚的对象并非如有的学者所以为的那样只是对皇帝的忠诚。其实，在清代人看来，政治忠诚的对象包括民众、统治阶级和皇帝。清朝皇帝就认为自己应该以民生为己任，忠诚于民众的利益，如康熙皇帝明确指出：“朕惟治天下之要务，首以安民生为先。”（《清实录・圣祖仁皇帝实录（三）》卷 286）因此，在康熙六十年（1721）当群臣们请上万寿节尊号时，他坚决不允许，并强调：“加上尊号，乃相沿陋习，不过将字面上下转换，以欺不学之君耳。本朝家法，惟以爱民为事，不以景星、庆云、芝草、甘露为瑞，亦无封禅改元之举。”（《清史稿》卷 8《圣祖本纪三》）不仅如此，官员们也认为应该忠诚于民众，吴士功强调：“自古未有不尽心民事而可以称善治者也”，刘相斗对其属吏说：“子欲为忠臣乎？夫爱民即忠也”，既想方设法阻止郡守和镇将搜刮民财，又千方百计为老百姓谋福利。[③] 尽管如此，我们仍然可以肯定，清朝皇帝和官员们对民众的忠诚虽然是出自其民本思想，但是，由于他们不是出于以民为目的的民本思想，而是出于以民为手段的民本思想，因此，他们对民众的忠诚并不是真正意义上的忠诚，而是为了更好地维持其统治。

---

① 参阅李元度著：《国朝先正事略：清代 1108 人传记》（上），岳麓书社 1991 年版，第 66 页。
② 杜文凯编：《清代西人见闻录》，中国人民大学出版社 1985 年版，第 32 页。
③ 参阅李元度著：《国朝先正事略：清代 1108 人传记》（上），岳麓书社 1991 年版，第 282 页。

统治阶级也是清代人政治忠诚的对象。这种忠诚实际上是对统治阶级利益的忠诚,既表现为采取一切有效措施来增进统治阶级的利益,又表现为维护统治阶级的利益。前者指的是清朝政治制度的设计和运行,经济的发展,社会秩序的维持,良风美俗的形成及国家利益的实现。后者是指揭露、防止和抵制一切影响、侵蚀和破坏统治阶级利益的行为,如汤斌针对东南地区赋税过重会影响到统治阶级的利益而于康熙二十四年(1685)上了如下这道疏:“苏、松土隘人稠,而条银漕白正耗以及白粮经费漕剩五米十银,杂项差徭,不可胜计。区区两府,田不加广,而当大省百余州县之赋,民力日绌。顺治初,钱粮起存相半,考成之例尚宽。后因兵饷急迫,起解数多,又定十分考成之例。一分不完,难逭部议。官吏顾惜功名,必多苟且。参罚期迫,则以欠作完;赔补维艰,又以完为欠。百姓脂膏已竭,有司智勇俱困。”(《清史稿》卷265《汤斌》)有的官员反对清朝政府擢用冯铨、阮大铖等明朝末期的阉党,认为他们会侵蚀和破坏统治阶级的利益,如吴达于顺治二年(1645)上疏指出:“今日用人,皆取材于明季。抗直忤时,山林放弃,此明季所黜而今日当用者也。逆党权翼,贪墨败类,此明季所黜而今日不可不黜者也。持禄养交,倒行逆施,此明季未黜而今日不可不黜者也。定鼎初年,藉招徕为名,犹可兼收邪正。江南既定,人材毕集,若复泾渭不分,则君子气沮,宵小竞进。即如阮大铖、袁宏勋、徐复阳辈,联袂而至,岂可概加录用乎?”(《清史稿》卷244《魏琯》)这一建议虽然未被清朝统治者所采纳,但由此可见明朝降官对清朝统治阶级的忠诚。

皇帝则是清代人政治忠诚所指向的最高且最终的对象。清代人的这种态度是儒家政治伦理之“忠君”要求的直接体现。正是基于这种政治伦理,清朝皇帝才会理所当然地要求其臣民忠于自己,如顺治皇帝就要求“凡我诸王贝勒及文武群臣,其各殚忠尽职,洁己爱人,利弊悉以上闻,德意期于下究”(《清史稿》卷5《世祖本纪二》),也才会心安理得地责斥那些被斥为对自己不忠的官员,如在处理恶豪李三(李应试)一案上,顺治皇帝不仅对交结官府、贿赂权贵、横行乡里、暗操生杀的李三的能量感到震惊,而且对担心被李三势力所害的朝中大臣对此回避支吾、不敢举发甚至有意隐瞒非常恼火,亲自至内院谴责大学士范文程、宁完我、冯铨、陈之遴等,责问他们“身为大臣,见此巨恶不以奏闻,乃瞻顾利害，岂忠臣耶？”①还下令处死了御史李运长，免除了受怀疑的陈之遴的大学士之职。臣僚们也是基于这种政治伦理而忠于其皇帝的，如在时任常州知府的祖进朝因失察而将被降调时，巡抚汤斌在士民强烈要求祖进朝留任的情况下，给康熙皇帝上疏说：“进朝履任未一载，操守廉、治事勤，臣私心重之。顷缘失察法宝事降调，常州五县士民辄号泣罢市，赴臣请留，日不下数千人。臣谕以保留例已久停，士民谓常州四十年未有爱民如进朝者，其减徭轻耗，兴学正俗，戢奸除暴，息讼安民，穷乡僻壤，尽沾惠泽。朝廷轸念东南，如江宁府知府于成龙，特恩超擢，吏治丕变。进朝操守才干可与成龙颉颃，而独以一眚被谪，士民攀留，言之泣下，臣不知进朝何以感人之深如此。臣受事四日始获法宝，是受事之日，已为失察之日，且当候处分，何敢代人渎奏？惟臣蒙恩简畀封疆大任，属吏之败检者得纠劾之，廉能者不能为之一言，非公也。民情皇皇如是，而不为之解慰安辑，非仁也。畏罪缄默而使舆情不上闻，非忠也。敢据情陈奏。”（《清史稿》卷476《祖进朝》）汤斌如此力主留任祖进朝，就是他忠于康熙皇帝的具体表现。如果说汤斌的这种政治忠诚只关涉到保护受民众爱戴的廉吏的话，那么，李光地的政治忠诚则是在面临着重大政治抉择时的忠诚。李光地是福建安溪人，康熙十二年（1673）请假回归故里。第二年，耿精忠反叛，郑锦海军进驻泉州，李光地不得不同亲人躲避山中，耿精忠和郑锦先后派人来征招，李光地都“以死固拒”。他不但不加入到反对清朝皇帝及其统治的阵营中，反而还“密疏陈破贼机宜”，“置疏蜡丸中，遣使间道赴京，因内阁学士富鸿基上之。奏入，圣祖嘉公忠”。②

与颜元所说的只会“无事袖手谈心性，临危一死报君王”的明代人不同，清代人政治忠诚的内容和境界更为多样，具体包括服从、负责任、求实效和献身四个方面。

1. 服从被清代人视为政治忠诚的内容和最低层次，它包括对权力拥有者的服从和对清朝政治制度的服从两个方面，前者具体表现为老百姓对官府的服从、政府组织内部下级对上级的服从和所有臣民对皇帝的服从。在这两方面之中，前者更被清代人所重视，这种态度既是古代中国人治传统的惯性使然，又是

① 章开沅编：《清通鉴》第1册，岳麓书社2000年版，第272页。
② 参阅李元度著：《国朝先正事略：清代1108人传记》（上），岳麓书社1991年版，第193—195页。

保持人治传统的重要的社会机制。这一层次的政治忠诚并非意味着行为主体都是无私的、不考虑自身利益的，相反，有的行为主体正是出于保护和实现自身利益的考虑才服从权力拥有者和政治制度的。三藩之乱时，之所以“八旗士卒多争先用命，效死疆场”，就是因为他们知道自身的利益与清朝的存亡直接相联系，就是因为清朝政府为他们提供了生存的条件。这种出于保护和实现自身利益考虑的政治忠诚，在清朝初期表现得最为明显。在清朝军队进攻江南的过程中，有些士人和乡绅之所以与之合作，主动地交出当地的人口和赋税籍簿，杀死抵制清朝军队的头目，在城门和城墙上写上“顺民”大字，甚至“倡言百姓归顺”，就是因为他们要保护自己的生命和利益。这样的政治忠诚并不是坚定的，其主体往往抱有妥协或者摇摆的态度，清朝统治者对此是十分清楚的，多尔衮指出：“各地方归顺文武官员多有首鼠两端，观望形势，阳为归顺而中怀二心者。”(《清实录·世祖章皇帝实录》卷7)这种态度表明，服从是他律性的，这一层次的政治忠诚是有条件的，是需要有外在的条件和通过强有力的社会机制才能得以维持的。

2. 负责任是较服从更高的政治忠诚层次，它指的是官员尽心尽力、兢兢业业地做好自己的本职工作。这既是清朝政治制度的要求，又是皇帝和上级的期望。然而，在实际的政治生活中，不负责任的官员却大有人在。朱之弼严正地指出了官员不负责任的现象，他说：“国家章制大备，部臣实心任事，利自知举，弊自知革。今乃尽若事外，遇事至，才者不肯决，无才者不能决，稍重大即请会议。不然，行外察报，迁延岁月而已；不然，听督抚参奏，科道指纠而已；不然，苟且塞责，无容再议而已：上下相诿，彼此相安。”(《清史稿》卷263《朱之弼》)不可否认，清朝政府是不乏高度负责的官员的。阎尧熙在任直隶藁城知县时，因考虑到“滹沱常以秋溢，筑堤树木椿，以捍其冲，夹岸种柳，堤固，水不为患”；在任晋州知州时，“州濒滹沱河，河决徙道，荡析民居。尧熙为筹安集，民免于患，扶携老稚来谢。尧熙曰：‘此朝廷恩，我何与？’令望阙拜，人给百钱，以资裹粮，散钱十万，咸感泣曰：‘真父母也！’”在任浙江嘉兴知府时，他打击讼棍，杖杀豪恶之徒，理清属县赋税名目，使不良里胥不再有盘剥乡民的合法借口，“民始知额，岁无逋赋”(参见《清史稿》卷477《阎尧熙》)。傅清与拉布敦也是高度负责的官员，他们果断地粉碎了珠尔默特纳木扎勒的叛乱。珠尔默特纳木扎勒在继承其父颇罗鼐的西藏郡王的爵位后，就加紧了叛乱的准备，制造与达赖喇嘛的矛盾并孤立达赖，仇恨驻藏大臣，奏准撤出驻藏官兵，秘密私通准噶尔汗，请其出兵进犯西藏，以此为借口集结叛乱队伍。在此情势下，驻藏大臣傅清、拉布敦心急如焚，多次奏疏乾隆皇帝。乾隆皇帝却断言，由于清朝政府对珠尔默特纳木扎勒父子"恩重如山"，珠尔默特纳木扎勒不会叛乱，并几次下谕旨告诫傅清与拉布敦切勿轻举妄动。傅清与拉布敦无奈，只能听从乾隆皇帝的命令。不久，珠尔默特纳木扎勒采取措施阻断了驻藏大臣与外界的一切联系，即将发动叛乱。为了粉碎这场叛乱，傅清与拉布敦商定："珠尔默特那木札勒且叛，徒为所屠。乱既成，吾军不得即进，是弃两藏也。不如先发，虽亦死，乱乃易定。"（《清史稿》卷312《傅清》）于是，他们谎称乾隆皇帝有诏，将珠尔默特那木札勒召至通司冈驻藏大臣署，在他登梯上楼后去掉了梯子，并"责其罪曰：'尔违天子令，且忘尔父！无君无父，罪不可赦！'"（《清史稿》卷525《西藏》）当珠尔默特那木札勒方拜跪接诏时，傅清上前扼住其臂，拉布敦挥刀削去其头颅。叛党罗卜藏札什跳下楼，纠集叛军围攻驻藏大臣署，发射枪炮，纵火烧楼，傅清身负重伤后杀身成仁，拉布敦挟刀跳楼，杀敌数十人后被害。这场叛乱平定后，乾隆皇帝称赞他们"揆几审势，决计定谋，心苦而功大"。

3. 求实效是清代人所强调的政治忠诚中的一个具有特色且极为重要的内容。在清代人看来，一个官员只有出于实心、注重实行并取得实效，才是真正的忠臣。这就是说，官员要做忠臣首先就应该有实心。在觉罗桂芳看来，"实心者何？忠是也。忠者一于为国，而不亟亟于求上之知。其所以急于公者如急于己，一政而便于民，其行之而恐不及也；一政而不便于民，其去之恐不速也。不以避疑谤而易其是非之公，不以处疏逖而违其夙夜之志。故其于政也，筹之至审，而不为旦夕之谋；行之务当，而不揣诏旨之合；惟力是视，不必其事之谅于人；惟善之从，不必其谋之出于己。若是者谓之实政。夫为臣之道，畴不当忠，然而忠之实盖如此。非然者，初无寸劳，而已为见功之地；未必加谴，而已存巧避之心。取容于唯诺，而不以国事为忧；快意于爱憎，而不以人才为惜。如斯人者，虽我皇上日讨而训之，尚望其能行实政乎？夫政者，上所以治天下之具。然而行之以实，乃能有功，不则文具而已。官无实政，民乃不治，非细故也"（《清史稿》卷353《觉罗桂芳》）。官员只有具有实心，才不会只关注自己的清誉，沽名钓誉，才不会说大话、空话，言行不一，才不会弄虚作假，文过饰非。于是，官员才会真正注重实行，励行实政。皇帝们因此而特别强调官员应该注重实心与实行的统一，康熙皇帝强调官员应该“身体力行，空言无益”，“当诚心为朝廷效力，俾地方有益，不当无其实而出大言，以欺世盗名”①，雍正皇帝斥责清官杨名时减轻农民负担的目的在于“只图沽一己之名，而不知纲常之大义”，乾隆皇帝将名臣陈宏谋在任两广总督时请求增拨盐商帑本谴责为“市恩沽名，痼习未改”。皇帝们强调官员应该有实心和重实行，其目的就在于求实效，或者说，从根本上就是强调官员对皇帝和清朝政府的忠诚。这就是说，在清朝皇帝看来，官员的政治忠诚应该是在清廉基础上建立政绩，如果官员仅仅重视清廉，“一介不予，一介不取”是没有多大用处的，是不能兴天下之利、除天下之害的。清朝皇帝的这种观念不仅体现在任用官员时的尚能而不重德上，而且也表现在对官员的考评过程中，即根据官员们的实行和实效来评定其是否称职，以此为依据对官员们进行赏罚，“一等称职者纪录，二等称职者赏赉，平常者留任，不及者降调，不称职者革职”(《清史稿》卷111《考绩》)。在这样的政治道德生活环境中，官员们不得不重视实政，追求实效，并将建立突出的政绩作为自己忠于皇帝和清朝政府的主要方式。

4. 献身是最高层次的政治忠诚，它指的是清代人为了忠于皇帝和清朝统治而勇于献出自己的生命。倪国正是雍正、乾隆两朝广西义宁县知县，他素有报国之志，“为诸生时，书押则云‘为国尽忠’，案头玉尺，亦刻‘丹心捧日’”。乾隆六年(1741)，当地苗民与湖南城步、绥宁苗民共举义旗，反抗官府。他设计擒获了为首者黄顺，并请派400名官兵驻防，苗民反抗稍有收敛。其上级企图招抚苗民，并派遣他与多奇及县丞吴嗣昌同往苗寨，多奇惧于苗兵气势易衣而逃。有人提醒他若“不去，祸将及”，他却说：“吾固知犬羊之性，不先以威，不可以德化也。今日之事，有死而已。”于是正襟危坐等待苗兵到来。苗兵将随行的官兵及隶皂30余人全部残杀，将他禁闭在土窑之中，不给任何食物，六天后又将其缚至烈日下，“去其衣，掘土埋足至膝，胁之降，不屈。授以纸笔，令‘省中以万金为赎，可不死。’国正掷笔裂

① 中国第一历史档案馆整理：《康熙起居注》第3册，中华书局1984年版，第2147页。

纸，大骂。苗怒，击其齿，血流被衣，声益厉。齿尽，截其舌。国正犹喷血作骂状，遂击死，沉尸深潭”(《清史稿》卷489《倪国正》)。如果说倪国正是在人们已经普遍地接受了满洲贵族的统治而为清朝尽忠的话，那么，范承谟对清朝的尽忠则发生在汉族与满族之间的民族矛盾十分尖锐、明朝势力仍然存在、人们的政治忠诚面临着重大选择的时候，因此，其政治忠诚具有更加明显的道德性和复杂性。范承谟是范文程次子，康熙十一年(1672)十月被任命为福建总督，他因病推辞但未被批准，只好请求觐见康熙皇帝。十二年(1673)七月，他抵达京师。康熙皇帝对他十分关心，命令御医诊视其病情，赐给药饵，隆重地为其送行，并赐给他冠服、鞍马。吴三桂公开反清后，他察觉耿精忠也有异志。正当他借口“巡历边海，欲置身外郡，便征调防御”，准备组建一支由自己指挥的军队时，耿精忠已经起兵反清，自称元帅，同时宣布恢复明朝旧制，并借口海寇进犯将他召至福州。范承谟毫不畏惧，骂不绝口，在被耿精忠戴上枷锁拘禁在牢房的最初10天中，他试图绝食自杀，但后来又放弃了，准备与耿精忠斗争到底。耿精忠又派遣巡抚刘秉政来劝降，范承谟非常气愤，使尽力气将其踢倒在地。在被耿精忠一伙拘禁的两年多时间内，他每天都恭恭敬敬地戴上康熙皇帝所赐的官帽，穿上辞别其母亲时的衣服，每月的初一和十五，他都会“奉时宪书一帙悬之，北乡再拜”，以表达自己对康熙皇帝的忠和对父母的孝。他还在牢房的墙壁上用木炭写上了忠臣田横和苏武的姓名，反复朗诵屈原的爱国诗篇《离骚》。蒙古人嘛尼被范承谟的忠义所感动，谋划着救走他，在事情泄露、将被耿精忠砍死时，嘛尼大声高呼“吾宁与忠臣同死，不愿与逆贼同生!”康熙十五年(1676)，耿精忠将投降清朝时，因惧怕范承谟等暴露自己的罪行，决定将范承谟等54人全部处死。在被缢之前，范承谟从容地穿戴好被自己视为忠和孝的象征的官帽和衣服，面北而跪，恭恭敬敬地叩了九个头，大声颂扬了父母的养育之恩和皇帝的恩德(参见《清史稿》卷252《范承谟》)。范承谟以身殉国的故事马上传遍了整个京城，他不仅被人们视为英雄，而且被当作了忠于清朝的典范，受到了清朝政府的格外旌表。他的政治忠诚影响了人们对是否忠于清朝政府和皇帝的选择，成为了清朝得以顺利地平定“三藩之乱”的重要精神武器。除官员殉国尽忠之外，普通民众也不顾生死，精忠报国。乾隆朝，苗民石三保率众起事，对湖南麻阳百姓烧杀抢掠，高村富室谢家瓒[①]尽散其家财数十万以招募乡勇进行抵御，杀了石三保不少兵士。石三保视此为深仇大恨，寻机报复。一天，谢家瓒率领乡勇防守溪口，"三保骤悉，兵围高村"，残杀了谢家瓒妻子儿女及族弟谢家泰。"迨家瓒驰率兵归救，而事无及矣，大愤，于是与三保战益力。事闻于朝，天子嘉之，予之官。将军福康安尝伺其罢战归，劳之有加礼。家瓒曰：'瓒受国恩，义当为国家效死戮力。且苗，吾仇也，吾弟死焉，吾家歼焉，瓒自雪仇报国而已。'"谢家瓒终因寡不敌众，为国捐躯（参见《清稗类钞·忠荩类》）。

二、政治反抗

政治反抗不同于僭越社会道德规范、扰乱社会治安的越轨行为，它是清代人对民族压迫、阶级剥削和等级奴役的反抗。作为对清朝政治制度运行和官员所作所为的一种回应，清代人的政治反抗自清朝建立时起就已经出现，并在不同的历史时期各有其不同的对象和目的。总体而言，清代初期主要是反抗民族压迫和等级奴役，从中期起则主要是反抗阶级剥削。在清代的现实政治生活中，清代人对民族压迫和等级奴役的反抗与对阶级剥削的反抗并非截然区分的，而往往是相互纠结在一起的。这意味着清代政治动员的方式具有特殊性和多维性，且其政治反抗相对于以往朝代而言内容更为多样，动机更为复杂，程度更为尖锐。

1. 就对民族压迫的反抗而言，清朝政府虽然推行"因俗而治"的民族政策，但是，在实际对待除满族之外的民族时，却往往并不尊重不同民族的风俗习惯，反而无视、歧视它们，甚至强迫人们接受自己所规定的风俗和政治制度。清军入关后，多尔衮发布命令，规定凡真心归顺清朝的汉族人，必须以薙发表示忠诚，"不从者治以军法"。清军所到之处都张贴布告，宣示这一命令，如多铎在占领南京后就发布了"薙武不剃文，薙兵不薙民"、不得"自行薙之"的命令。为了更好地落实这一命令，清朝政府还制定了这样的政策：凡原明朝和大顺政权各级衙门官员愿意"薙发归顺者，地方官各升一级"（《清实录·世祖章皇帝实录》

---

① 有的资料称之为"滕家瓒"。根据有关资料对其事迹的描述，当为同一人。

卷5)。这一违背汉族民众风俗习惯的命令对于汉族民众尤其是汉族士人来说是一种奇耻大辱,被他们看成是野蛮对文明的亵渎,必定会遭到汉族等民族的民众的普遍抵制和强烈反抗。这一"留头不留发,留发不留头"的命令,受到了没有归顺清朝政府的民众的反抗,如被怀疑涉嫌参加了1647年松江起义的著名儒者杨廷枢被逮捕之后,审判官明白无误地告诫他:他如果愿意薙发的话,就不但不会受到指控,反而会升官发财。杨廷枢视死如归,斩钉截铁地回答:"杀头事小,薙发事大",认为这事关自己的政治道德信念和名节。普通百姓也将薙发视为对自己的侮辱,他们仍然保留着原有的发型,居住在城外,自己也不进入市民已经薙发的城市,若是见到了薙发的人就可能会将其杀死,甚至那些村民发型依旧的村庄会与村民被强迫薙发的村庄发生冲突,一旦有机会就会主动地参与到抵抗清朝统治的队伍中去,如当人们听说原明末陕西副总兵孙守法部下的副将贺珍起兵反清、围攻西安时,马上就有几万人加入了他的反清队伍。而且,部分已经与清朝政府合作或者投降清朝的官员和士人也因薙发令而倒戈反抗清朝统治。秀水是曾经遭受清朝军队蹂躏的嘉兴地区的一个县,卖药商人胡之臣被清朝政府任命为该县县令,他薙去了自己的头发,以为人表率,并鼓动他人薙发,但他发现自己的号召和影响毫无用处,丧失了对当地城乡的控制权。不只是农民嘲笑和痛恨他,当地军官和乡绅也憎恨他。军官陈梧与以屠象美为首的当地乡绅结成反抗清朝统治的联盟,对集结于官署外的人们说:"尔等若薙发,则不能保妻",他们杀死了胡之臣,并宣布秀水不受清朝政府的统治。那些曾经杀掉了明朝忠臣的市民也聚集到了他的身边,组成了一支较为强大的反清队伍。不只是秀水县因薙发令而反清,全国各地也是如此。如清军曾经未遭任何抵抗就占领了绍兴等浙江南部的许多城镇,但是"当他们宣布了薙发令之后,士兵和老百姓都拿起了武器,为保卫他们的头发拼死斗争,比为皇帝和国家战斗得更英勇,不但把鞑靼人赶出了他们的城市,还把他们打到钱塘江,赶过了江,杀死了很多鞑靼人。实际上,如果他们追过江去,也许会收复省城和其他城镇,但他们没有继续发展胜利,只满足于保住了自己的头发,在南岸设置防线同鞑靼军队对垒。鞑靼远征军就这样被阻挡了整整一年"。① 由此可见,薙发令已

① 杜文凯编:《清代西人见闻录》,中国人民大学出版社1985年版,第36页。

经使清朝统治者“陷于危险，打乱了他们整个计划。中国人为保护他们的头发和服装所表现出的悲愤和战斗勇气，甚于保护国家和皇帝。他们往往宁愿掉脑袋也不愿遵从鞑靼风俗”。[①] 鉴于这种严峻的形势，多尔衮等清朝统治者为了稳住清朝政权的根基，暂时中断了薙发令的强制执行，并下令：“予因前归顺之民无所分别，故令其薙发以别顺逆。今闻甚拂民愿，反非予以文教定民之本心矣。自兹以后，天下臣民照旧束发，悉听其便。”(《清稗类钞·帝德类》)过了一年后，江南已被清军统一并基本稳定，于是，清朝统治者重新下发薙发令，其理由是：“向来薙发之令不急，姑听自便者，欲俟天下大定，始行此事，朕已筹之熟矣。君犹父也，民犹子也，父子一体岂可违异？若不归一，不几为异国人乎？自今以后，京城限旬日，直隶各省地方自部文到日，亦限旬日，尽行薙发。若规避惜发，巧辞争辨，决不轻贷。”(《清稗类钞·帝德类》)此后的薙发令执行虽然也受到了民众的反抗，但远不如以前激烈。然而，这并不意味着汉族等民族的人们已经心甘情愿地接受了薙发令，相反，薙发一直是此后人们心中难以名状的苦痛，成为了清代末年立宪派攻击的对象和革命党人反满的标志。

2. 就对等级奴役的反抗而言，它虽然不如对民族压迫的反抗那样声势浩大、波澜壮阔，但是，它对清代政治道德生活的影响却是不可小觑的。这种反抗的形式是多样化的，其程度也有较大差别。如《红楼梦》第四十六回所描绘的女奴鸳鸯的抗婚就是现实生活中反抗等级奴役的真实写照，反映了清代人对等级奴役的较为温和的反抗。贾赦欲娶鸳鸯为妾，逼邢夫人去说合。邢夫人对鸳鸯软硬兼施，威胁鸳鸯说：“难道你还不愿意不成？若果然不愿意，可真是个傻丫头了。放着主子奶奶不做，倒愿意做丫头！三年两年，不过配上个小子，还是奴才……现成主子不做去，错过了机会，后悔就迟了！”[②]在邢夫人面前，鸳鸯只能强压满腔怒火，以沉默表示反抗。但她却对平儿、袭人明确地表明了自己的态度：“别说大老爷要我做小老婆，就是太太这会子死了，他三媒六证的娶我去做大老婆，我也不能去！”[③]“纵到了至急危难，我剪了头发做姑子去；不然，还有一

① 杜文凯编：《清代西人见闻录》，中国人民大学出版社 1985 年版，第 31 页。
② 曹雪芹著：《红楼梦》，人民文学出版社 1974 年版，第 568—569 页。
③ 同上书，第 570 页。

死。"[①]为了抵制贾赦的一再威逼，鸳鸯趁着王夫人、薛姨妈、王熙凤、薛宝钗等同在贾母跟前"凑趣儿"的机会，跪在贾母面前声泪俱下，坚决表示："我是横了心的，当着众人在这里，我这一辈子……横竖不嫁人就完了！就是老太太逼着我，我一刀子抹死了，也不能从命！……或是寻死，或是剪了头发当姑子去！"[②]并当众抽出剪刀，松开头发就剪。对清代政治道德生活影响最为广泛和重大的反抗则是清代初期的"逃人"事件。"逃人"就是指那些八旗贵族家庭中私自逃走的人，这些人或者被八旗官兵在战争中所俘获、契买，或者是为求得保护的"投充"者及因犯罪而被贬为奴的人，他们都是八旗贵族家庭的奴仆。他们之所以逃走，是因为八旗贵族不把这些人当作人来对待，随意辱骂、殴打甚至杀死他们。清朝皇帝对此是心知肚明的，康熙皇帝就指出，旗下奴婢轻生、逃亡"因家主责治过严，难以度日，情急势迫使然"(《清实录·圣祖仁皇帝实录(二)》卷109)。尽管有个别的奴婢以采取极端的暴力方式来反抗八旗贵族的奴役，如白武的反抗就是冲动而又暴力的，他是正白旗王国梁牛录手下的兵丁，顺治十二年(1655)七月二十一日，他因其主人白四、主母陈氏时常折磨自己夫妻俩，使唤其有病的妻子，殴打其孩子，受辱不过，生恨性发，持枪将主人夫妻及其19岁的小主人戳死。但是，一般说来，奴婢们的反抗是较为理性的，是出于保全自己生命的考虑的，因此，他们往往采取较为温和的反抗方式，逃走就是这样的方式。奴婢的出逃，一方面使八旗贵族家庭的生活难以正常维持，生产和消费秩序被扰乱，另一方面，"逃人"流入社会就成为了流民，影响到整个清代的社会秩序。为了维护八旗贵族的利益和国家利益，清朝政府设立了专门的督捕衙门，制定了严苛的"逃人法"，规定：凡逃亡三次的奴婢均处死，窝藏"逃人"者也要论斩，并籍人口、财产给本主。然而，"逃人法"并没有有效地控制奴婢的出逃，反而使"逃人"事件变得更加严重。因为它造成了这样的后果：不只是普通百姓不敢收留"逃人"，即使是地方官也因畏惧"逃人法"而拒收流民，"逃人"事件的社会效应愈益扩大，恶化了流民的生存困境。吏科给事中王祯在奏疏中指出了这一严重后果："迩者淫雨为灾，河水泛滥，沿河一带城廓庐舍漂没殆尽，直隶被水诸

---

① 曹雪芹著：《红楼梦》，人民文学出版社1974年版，第571页。
② 同上书，第576页。

处，万民流离，扶老携幼就食山东，但逃人法严，不敢收留，饥民啼号转徙”（《清实录·世祖章皇帝实录》卷77），但顺治皇帝却不为所动，相反，他还谕吏部：“朕爱养诸臣，视同一体……逃人一事，累经详议，立法不得不严……自此谕颁发之日为始，凡章奏中再有干涉逃人者，定置重罪，决不轻恕……尔部即传谕通知。”（《清实录·世祖章皇帝实录》卷90）指责那些上疏认为“逃人法”严苛的汉官为“谋国不忠，莫此为甚”。经过汉官的冒死直谏，至康熙朝“逃人”问题才得到了较合理的处理，“逃人法”逐渐宽缓，奴婢三次逃走不再被处死，而是流放边远为奴。“逃人”的出现表明了汉族等民族的人民对清朝民族政策和满族奴役制的反抗，它所导致的结果，不只是一定程度地保护了八旗奴婢的利益，还对贱民等级的解放起了重要的作用。

3. 就对阶级剥削的反抗而言，自清朝军队入关后，这种维护自身正当利益的反抗就已经出现，从康熙朝末年起，它日趋频繁，规模日益扩大。它所指向的对象既有清朝统治者尤其是贪官污吏，又有地主和雇主。反抗的内容包括封建剥削制度、官吏的横征暴敛、地主的不合理收租和夺佃、雇主的克扣工钱等方面。反抗的主体既有个人又有群体。在清代社会里，最为普遍的反抗就是农民对增租、欠租、夺佃和大斗收租的反抗，由于它是处理租佃关系的一种方式，因而，它往往表现为单个农民或者单个农民家庭维护自身利益的即时性行为。如乾隆三十七年（1772）二月，云南太和县发生了佃户李昌打死田主李荫的案件。事后，李昌供称：他已经多年佃种李荫的农田，从不拖欠租课。去年冬天，李荫忽然提出要退佃。他由于已经在田里撒种了麦子，就央求李荫暂缓退佃，并说等到收割了麦子就一定退田，可是李荫却不依。今年二月十五日，他从田里扛着锄头回家，路遇李荫，李荫又催着他退田，他放下锄头向他行礼哀求，说如果马上退田，麦子颗粒无收，全家人都会饿死。突然，李荫就大骂起来，说他霸占其田地，并把拄手竹棍撂到地上，走过来就打，他拾起拄手竹棍阻挡却伤了李荫的手，李荫夺过竹棍就打，他就用锄刃在李荫的脚上打了两下，致伤李荫右臁肋和左脚趾，李荫倒在田里乱滚乱喊，不料过后身死。[①] 当然，也有佃农联合起来

① 参阅中国人民大学清史研究所、中国人民大学档案系中国政治制度史教研室编：《康雍乾时期城乡人民反抗斗争资料》上册，中华书局1979年版，第164—165页。

共同反抗田主的，如广西博白刘元孔等佃种龙天德田亩，商定好按每种一斗还租一石二斗，共许租谷六斗，迨至稻禾成熟时，龙天德却要加租，于是双方发生冲突。有的反抗则是有组织的，如崇阳生员钟人杰领导的反对官员周某“谋加漕价”的斗争就是如此。钟人杰因“富而好善，民感戴之，遂奉人杰为首，抗粮不完，聚众至二万人，兵械、火器甚盛。大吏得报，罢周某官，解散党羽，调兵纵谍，擒首乱数人”(《清稗类钞・屯漕类》)。这种有组织的反抗，其矛头主要指向官府和封建剥削制度，如乾隆十一年(1746)七月，福建上杭县佃农罗日光、罗日照等，因政府蠲免钱粮，要求田主将田租按四比六减租。田主不同意，并请求地方政府出面干预。于是，罗日光、罗日照等组织乡民持械阻拦下乡收租的典史和田主，并将典史驱赶回城，打伤田主，抢夺其钱谷。为了抵御官兵的进攻，罗日光、罗日照等分派乡民把守各个道口险隘，他们占据山头，手执竹枪木棍，堆积石块。他们一见到官兵到来，就鸣锣放枪，掷抛石块。在较大规模的农民起义中，最令清朝统治者震惊的是林清所领导的天理教起义。浙江人林清原为直隶大兴巡检司书吏，久居大兴黄村，曾经因“习教被系，既释归，转益煽乱。数年之间，往来纠结于曹、卫、齐、鲁之间，其党至数千人”(《清史稿》卷 353《觉罗桂芳》)。其成员主要是农民和小手工业者，也有下级官吏和低级太监。嘉庆十八年(1813)九月，他领导天理教徒 200 余人攻打紫禁城，在内监刘进亨的引导下，陈爽率领的数十人突入紫禁城，逼近内宫，终因禁卫军官兵过多、寡不敌众而失败。事后，嘉庆皇帝深感意外，下诏曰：“朕绍承大统，不敢暇逸，不敢为虐民之事。自川、楚教匪平后，方期与吾民共享承平之福，乃昨九月十五日，大内突有非常之事。汉、唐、宋、明之所未有，朕实恧焉。然变起一朝，祸积有素。当今大患，惟在因循怠玩。虽经再三诰诫，舌敝笔秃，终不足以动诸臣之听，朕惟返躬修省耳。诸臣原为忠良，即尽心力，匡朕之咎，正民之志，切勿依前尸位，益增朕失。”(《清史稿》卷 16《仁宗本纪》)官员们也因此而分析了此次农民起义发生的原因。在他们看来，林清所领导的农民起义是不应该发生的。这里的“不应该”具体指两个方面：其一，既然皇帝仁政爱民，那么，你林清为什么还要领导民众反抗呢？其二，既然官员们本来应该恪守政治道德规范，尽忠尽职，那么，你们这些官员岂能安心于“因循怠玩”呢？殊不知，农民起义的真正根源在于封建剥削制度的不合理，在于地主阶级和贪官污吏的巧取豪夺。

4. 清代社会里还存在着出于追求私利的政治反抗。这种反抗在“三藩之乱”时表现得极其明显。吴三桂等“三藩”虽然打着“反清复明”的幌子，但是，其实质却是为了维护和追求私利。康熙皇帝对其反清的动机可谓一语道破天机，他指出：“逆贼吴三桂，值明季闯贼之变，委身从贼，以父死贼手，穷窜来归，念其投诚，锡之王爵，方且感恩图报，殚竭忠诚。讵意以枭獍之资，怀狙诈之计，阴谋不轨，自启衅端，藉请搬移，辄行叛逆，煽惑奸宄，涂炭生灵。”（《清史稿》卷527《越南》）这意味着吴三桂准备投身大顺政权、投降清朝、以“边疆不宁”为理由拒减兵力、在全国范围内选拔和任用官员及反清的目的，都是在为其私利打算。尽管有不少正义之士被他的“反清复明”的口号所蒙蔽并加入到反清的行列，但是，那些真正了解他的人或者迟疑观望，或者不愿意与其合作，甚至预言他的反抗必定失败，其爱妾陈圆圆和尚可喜就是这样的人。如果说吴三桂的政治反抗尚有“复明”、反抗民族压迫这样冠冕堂皇的虚假理由的话，那么，孙延龄的政治反抗纯粹就是泄私忿、报私仇。孙延龄是汉军正红旗人，其父孙龙是孔有德手下军官，他自小就与孔有德之女孔四贞订婚。顺治九年(1652)孔有德与孙龙死后，年幼的孙延龄与孔四贞回到了京城。孝庄皇后将孔四贞召来宫中抚育，并赐给她万两白金，岁俸如同郡主(即和硕格格)，待他们长大后又让其完婚。康熙五年(1666)，康熙皇帝因为孙延龄是孔有德女婿，就任命他为广西将军，代替线国安统率孔有德旧部。孙延龄毫无治军经验却骄横无忌，其部下对他有意见。自康熙十一年(1672)起，御史马大士、都统王永年、副都统孟一茂、参领胡同春、李一第等先后弹劾孙延龄“擅除武职”、“纵兵殃民”，请求治孙延龄的罪。吴三桂公开反清时，康熙皇帝任命孙延龄为抚蛮将军、线雄为提督，命令他们与巡抚马雄镇共同抵御吴三桂叛军。康熙十三年(1674)二月，孙延龄举兵叛乱，杀掉了王永年、孟一茂、胡同春、李一第等30余名将官，并幽禁马雄镇及其眷属，终于报复了他们。康熙皇帝下诏夺去其官爵，他却上疏指责金光祖、线雄引诱王永年等谋害他。孙延龄自称安远大将军、安远王，并与吴三桂合作，孔四贞则力劝他不要背叛清朝政府。(参见《清史稿》卷474《孙延龄》)

第八章

清代职业和身份中的道德生活

职业是人们所从事的获取生活资料的专门活动，它是生产力发展的产物，也是社会生活的需要。一般说来，生产力发展水平越高，社会分工越细化，职业也就越多样。在清代社会里，由当时的生产力水平和社会结构所决定，其职业虽然较以往社会有所分化但并不多样，有些活动的职业特征也不明显，从事各种社会活动的人们往往按照身份来进行分类，但又不止于《汉书·食货志》所划分的"士"、"农"、"工"、"商""四民"。正是这些从事不同职业和具有各种身份的人们的活动共同构成了清代社会生活的整体画面，呈现着清代社会的复杂道德生活。在此，我们只从几种主要的职业和身份角度来大致地勾画清代的道德生活。

第一节　军人道德生活

清朝军人有所谓官兵与乡勇之分，"旗营"与"绿营"之别。其中的旗营即"八旗"曾经被编为满族八旗、汉军八旗和蒙古八旗三种。这种区分不但意味着不同的军人具有不同的地位，还意味着军人内部有着复杂的道德生活。然而，无论是何种地位和层次的军人，他们都要处理自己与国家之间的关系、将士之间的关系、自己与民众之间的关系。

一、军人对自己与国家之间关系的处理

军队是政治上层建筑的一个组成部分。作为军队的实体，军人首先面对的就是自己与国家之间的关系。作为国家利益的维护者，他们首先应该考虑的，不是自己利益的实现，而是对国家的义不容辞的责任，并以尽心尽力地履行了应尽的义务为荣。因此，颜元说："军者，天地之义气，天子之强民，达德之勇，天下之至荣也。故古者童子荷戈以卫社稷，必葬以成人之礼，示荣也。"(《颜元集·颜习斋先生言行录·不为第十八》)在此意义上，对清朝军人来说，至关重要的不是自身体力的付出和生命的牺牲，而是意识到自己应负的责任。正如黄宗羲所强调的："为武夫者，知亲上爱民为用武之本，不以粗暴为能。"(《明夷待

访录・兵制三》)如果一位军人连这种"用武之本"都没有弄清楚,那么,他就不但不会很好地处理自己与国家之间的关系,反而会损害国家利益。不过,并不是所有的清朝军人都懂得这一道理。

那些弄清了"用武之本"这一道理的清朝军人,他们清楚地知道自己应该怎样爱国、报国,如何维护国家利益、忠于皇帝。清朝军人的这种爱国、报国、忠君有多种形式,其直接的形式无疑是军人在战场上的勇敢和消灭敌人。因此,在赵良栋指挥其军队进攻吴三桂叛军所占据的白水坝时,那些将士面对因江水上涨而不能行舟、吴三桂兵沿江布阵、矢石如雨的恶劣情境,视死如归,"骤马乱流而渡",虽然被敌炮伤数十人,但都奋勇向前,英勇杀敌。勇敢是军人的典型品质,而勇于牺牲则是勇敢的最高境界。在清代社会里,有些将士是心甘情愿地为国殉难的。汉军镶红旗人陈启泰在耿精忠叛乱时正在漳州为官,他决心死守。由于耿精忠招来了郑锦的军队帮助叛乱,陈启泰认为无法守住漳州。于是,他对其妻刘氏说:"义不偷生,忠不附贼,死吾事也。然死而妻子为僇,吾何以瞑?"(《清史稿》卷255《陈启泰》)刘氏请求共殉,其他家人也都愿意共赴国难。在刘氏、其幼子及侍妾婢仆等21人饮下毒酒后,他着朝服坐于厅堂,召来僚属与之诀别,然后用弓弦绞死自己。而尚可喜则有所不同。他原为明朝辽东广鹿岛副将,崇祯七年(1634)因被东江总兵沈世魁所害而被迫投降后金,是清代初年被册封的重要藩王之一,顺治六年(1649)封平南王后受命出征广东,治理岭南政坛20余年。当吴三桂准备叛清并遣使以逆书诱叛他时,"可喜执其使,以逆书呈奏",可见尚可喜矢志报国、忠于清朝皇帝的态度。而当他的儿子们及左右亲信劝他称帝时,尚可喜就勃然大怒,并指责他们不忠不孝的做法。清朝将士对国家和皇帝的这种态度,与后者如何对待将士是有直接联系的。康熙十七年(1678),康熙皇帝鉴于八旗将士在平定三藩之乱的过程中不惧盛暑严寒,不怕艰难困苦,"争先用命,效死疆场",就"令兵部察军中有负债责者,官为偿之,战殁及被创者恤其家"。(《清史稿》卷6《圣祖本纪一》)康熙二十年(1681),康熙皇帝又加大了奖赏和抚恤的力度,爱惜士卒,并为之代偿债务。因此,"满洲士卒皆感之,凡有征讨,争致死焉"。(《清稗类钞・帝德类》)

在战场上勇敢杀敌、不惜生命,并非清朝军人处理自己与国家之间关系的惟一方式,在某种意义上说,它甚至不是主要的和重要的方式。那些真正懂得

“不战而屈人之兵”道理的清朝将士，他们为了实现国家利益，必定会运用恩威并施、抚剿结合的手段。在他们看来，战争的主要目的不是杀人、割了多少敌人首级，而是让敌对者心甘情愿地服从清朝政府的统治。这种观念在清兵入关时就已经被人注意和提倡，并在后来的对内对外战争中有所体现，无论是对俄罗斯的战争，还是对朝鲜、越南、缅甸、暹罗、廓尔喀等藩属国的战争，以及对国内敌对者的战争，都是如此。傅鼐在湖南为官时，恰逢湖南、贵州苗民反抗最频繁的时期。为了治理好苗区，他一方面针对所谓“逆苗”的优势和特点，苦练乡勇，“因苗地用苗技，先囊沙轻走以习步，兼习藤牌闪跃法，狭路则短兵制之。海战还，必严汰，数年始得精兵千，号飞队。优养勤练，而严节制之，行山涧风雨而行列不乱，遗资道上无反顾者，共甘苦若妻孥，哭阵亡若子弟，报公愤若私仇。是以能致死如一”。由于战斗力强，傅鼐领导的飞队狠狠地打击了石宗四等起义军，歼“逆苗”数以万计。另一方面，他修筑碉堡以保护良民、良苗，返还被“强苗侵霸”的田产，开垦屯田，“廪屯官，授屯长，给老幼丁，筹补助，备犒赏，暨岁修城堡、神祠、学校、育婴堂、养济院诸费，百务并举”。傅鼐的这种做法，不仅获得了苗民的一致爱戴，而且还得到了嘉庆皇帝的充分肯定，嘉庆皇帝称赞“傅鼐任苗疆十余年，锄莠安良，兴利除弊，建碉堡千有余所，屯田十二万余亩，收恤难民十余万户，练屯兵八千人，收缴苗寨兵器四万余件，又多方化导，设书院六、义学百……朕久闻其任劳任怨，不顾身家，悉心筹画。本日召见，果安详谙练，明白诚实，洵属杰出之才，堪为岩疆保障”。①

然而，并不是所有的清朝将士都是勇敢、忠于清朝政府、维护国家利益的。有的官兵面对敌人胆小如鼠，乾隆二十年(1755)阿睦尔撒纳发动叛乱，蒙古正黄旗人萨赖尔在克什木所指挥的叛军兵临城下时不敢抵御，虽然有鄂容安劝他不要逃走，但是他还是策马而去，其部众亦跟随逃亡，将军班第、鄂容安因寡不敌众而阵亡，萨赖尔最终在掩饰其身份的情况下投降。有的官兵好逸恶劳，对国家利益不负责任，江阴鄂协镇在申饬属员时就痛斥了这种行为：“今访闻两营官弁，平时皆安居私第，逸豫是耽，累月经年，并不赴汛巡查，兵丁果否名名在汛，亦概置不问。官既好逸而恶劳，兵亦效尤而离汛，本协镇差役密查，离汛之

① 参阅李元度著：《国朝先正事略：清代1108人传记》(下)，岳麓书社1991年版，第696—699页。

兵不一而足，已经檄提在案。而各汛官弁，平日并未闻有所稽查，如此懈弛，岂非尸位。”①有的官兵与清朝政府讨价还价，如嘉庆三年（1798），明亮向嘉庆皇帝上奏《为遵旨先行明白回奏事》，要求嘉庆皇帝给他所带兵丁 3 000 多人在四川境内 20 多天拨军需银 14 万多两。嘉庆皇帝对此极为不满，痛责明亮此举不是“任意多索”，就是“藉端开销”。显然，这是明的讨价还价。此外，还有暗的讨价还价。暗的讨价还价的形式较多，其中较典型的是官兵故意延长战争时间，消极作战，以获取更多的军费，中饱私囊。嘉庆朝御史谷际岐在给嘉庆皇帝的疏中实际上涉及了这种现象：川陕方面与楚方面的军队在与白莲教的战争中“止以重兵自卫，裨弁奋勇者，无调度接应，由是兵无斗志。川、楚传言云：‘贼来不见官兵面，贼去官兵才出现。’又云：‘贼去兵无影，兵来贼没踪。可怜兵与贼，何日得相逢？’”（《清史稿》卷 356《谷际岐》）清朝官兵的这些做法表明，他们不是以国家利益为重，而是以个人利益、自身生命和安逸享乐为重。

二、军人对将士之间关系的处理

清朝将士之间的关系实际上涉及将官与将官之间的关系、将官与士兵之间的关系及士兵与士兵之间的关系。其中，士兵与士兵之间的关系最为简单，这种关系的处理相对也较容易。而其他两种关系因受权力、利益乃至民族意识等多种因素的影响，其处理则相当复杂，有时矛盾还相当尖锐。

1. 就将官与将官之间关系的处理而言，它实际上涉及不同军队之间与同一军队内部的将官之间关系的处理。

（1）不同军队之间的将官关系的处理问题，就是一支军队的将官能否与其他军队的将官进行合作的问题，就是满族八旗、汉军八旗和蒙古八旗的将军能否相互合作的问题，及他们各自能否与乡勇合作的问题。就整个清代而言，将官之间的合作状况是有所变化的。清兵入关前后，不同军队的将官之间是能够密切合作的。然而，随着清朝统治的巩固，将官们越来越注重利益的追求和感官的享乐，以致出现了严重的不合作现象。乾隆五十一年（1790），林爽文在台

① 郭成伟、田涛点校整理：《明清公牍秘本五种・纸上经纶》，中国政法大学出版社 1999 年版，第 244 页。

湾举行起义。当时，总兵柴大纪驻守嘉义，在起义军兵临城下时，他准备引兵而退，但义民却不允许他出城，无奈只能留下守城，幸亏福康安指挥的军队及时赶到，才解了嘉义城之围。值得指出的是，不同军队的将官之间的不合作，并不意味着其他军队的将官就不会参加同一战役，相反，他们有时候甚至极为主动地投入到同一战役。不过，他们此时的动机并不是与其他清军进行合作，而是"胜不让，败不救"(《清史稿》卷405《曾国藩》)。可见，清军将官之间关系的处理问题，表面上是不同军队之间是否协同作战的问题，而实质上是军功问题，是晋爵邀赏的问题，是如何对待私人利益的问题。

(2) 同一军队内部的将官之间关系的处理，不只是涉及合作问题，还涉及其他问题，如将官们是否都能为战争的胜利而献计献策，是否能同甘共苦，是否合理地肯定对方的功劳，是否能接受对方的批评，等等。有的将官能够较好地处理这些问题，但有的将官却不能合乎道德地予以处理。总兵柴大纪因在林爽文起义时守住了嘉义城，一方面自恃功高，要求福康安给自己晋爵赏赐，另一方面又趾高气扬，对福康安不讲礼貌。福康安容不得他，就上疏乾隆皇帝弹劾他，说他诡诈多端，深染绿营习气，不可倚任。乾隆皇帝袒护柴大纪，说他"驻守嘉义，贼百计攻围，督率兵民，力为捍卫……大纪屡荷褒嘉，在福康安前礼节或有不谨，致为所憎，直揭其短。福康安当体朕心，略短取长，方得公忠体国之道"(《清史稿》卷329《柴大纪》)。福康安又指使侍郎德成攻击柴大纪，并致书军机大臣，说他贪婪渎职，贻误军机，不肃军纪，放纵官兵，以致"激民为变"，而且，守嘉义的功劳也应该归功于义民。尽管柴大纪申诉其冤苦，但最终却被处斩弃市，其子被发配伊犁为奴。杨遇春与穆克登布对他们之间关系的处理则与此不同。杨遇春是清军名将，他被额勒登保等称赞为"诸将中惟遇春谋勇兼优，可当一面"的人物，被福康安所提拔。在平复了苗民起义后，他又跟随额勒登保围剿白莲教起义，并与穆克登布在湖北苍溪猫儿垭联手进攻。然而，穆克登布可能是出于抢头功的考虑而违约提前进攻，结果失败了，这使杨遇春的进攻变得被动。但杨遇春拼命抵御，并奋起反击，取得了胜利。自此之后，杨遇春与穆克登布的关系更加紧张，意见不合，不能合作。

2. 就将官与士兵之间关系的处理而言，清朝将官在其中起主导作用。如果他将士兵当人对待，爱惜士兵，与士兵生活在一起，关心士兵的生活，士兵就会听从他的指挥,勤于操练,严格地遵守军纪军规,就会在战场上与将官同心同德,英勇作战,甚至为了保护将官而不惜生命。相反,士兵就会视将官如粪土。根据清朝的军饷制度,“有马战兵每名月给银二两,无马战兵每名按月给银一两五钱,守兵每名按月给银一两”(《清实录·世祖章皇帝实录》卷 34)。在这种低饷制度下,士兵连自己及其家庭的基本生活都难以维持,可是,士兵的月饷还要按规定扣除“朋扣银”、“朋马银”等和购买自己操演用的火药,其生活的艰难就不待言了。在这种情况下,将官要处理好自己与士兵之间的关系,关键就看他对士兵的态度了。所以,康熙皇帝说:“然兵虽良,如不善抚绥而困苦之,则兵虽良无用也。善抚绥者但将其应得钱粮如数支给,即是养兵之道;若不知抚恤,虽多给国帑,兵丁断不能沾实惠。尔等武臣多出身行伍,一旦居官顿忘在昔为兵之苦,而扣克粮饷,于心何忍?今虽末员,当计日后渐臻大任,可不存心爱惜兵丁乎?”(《清实录·圣祖仁皇帝实录(二)》卷 182)可是,有些将官是不会真正地爱惜兵丁的,反而将士兵作为满足自身欲望的手段,采取各种方式克扣士兵的军饷,使士兵及其家庭的生活愈加贫困。对于这种情况,清朝皇帝是十分清楚的。顺治皇帝就指出:“各处兵丁日见穷苦,皆因督抚道不能洁己厘弊,将领贿送,悉出兵身,所领月粮,得不偿失。深可痛恨!”(《清实录·世祖章皇帝实录》卷 88)连皇帝都痛恨将官的这种做法,身受其害的士兵就更不用说了。当自己的利益受到损害时,士兵们就会不顾严厉的军纪,起而反抗侵蚀自己军饷的将官。康熙朝某年,清朝政府将裁减湖北总督职位及其标兵。命令刚下达,以夏逢龙为首的兵士就向巡抚索要月饷。由于巡抚拒绝给予他们俸饷,他们就聚众上山,准备反抗。当听说武昌同知某建议剿捕他们,他们就更加愤怒,持刀进入辕门,辱骂巡抚,并蜂拥而上攻击巡抚。巡抚急忙逃走,其他的官员或者被杀或者投降。

三、军人对自己与民众之间关系的处理

清朝军人处理自己与民众之间的关系的状况,是随着清朝的建立、巩固和稳定而有所变化的。大体来说,军人对待民众的态度经历了从视民众为掠夺的对象到政治的合作者再到满足自己欲望的工具三个阶段。

视民众为掠夺的对象的阶段,是清兵尚未入关的时期。由于八旗制度规定满洲人是亦农亦兵的,因此,八旗官兵所面对的民众并非满洲人自己,而是明朝

统治者所统治的老百姓，主要是山海关附近的汉族民众。当时，后金政权或者清朝的统治者虽然与明朝为敌，但清朝官兵一般是不敢直接同明朝军队作战的，只是到万不得已的时候才会如此，其他的时候基本上是采取骚扰明朝边境民众的行为。这种骚扰的目的，主要不是扩大其政治上的影响，而是掠夺满洲人所需要的各种资源。清朝官兵骚扰明朝边境，当然也杀明朝的民众，但他们当时主要是为了掠取物质生活资源和人口资源，并以获取物质生活资源为第一要务。这就是《建州闻见录》中所说的满洲人"出兵之时，无不欢跃，其妻子亦皆喜乐，惟以多得财物为愿。如军卒家有奴四五人，皆争偕赴，专为抢掠财物故也"。[①] 它告诉我们，当初的清朝官兵并没有奢望推翻朱明王朝的统治，而是以得到财物为动力。第二个重要的资源就是人口资源。但对于清朝官兵来说，并不是所有的人口都需要，他们在那时还不需要男性，而是需要女性。所以，八旗官兵总是杀害男性，而掳走女性。如八旗官兵在占据岭西时就掳来了妇女数百人。天聪三年(1629)，苏克萨哈与固山额真武纳攻击察哈尔，"降其民二千户。闻降者将为变，尽歼其男子，俘妇女八千余"(《清史稿》卷249《苏克萨哈》)。

清朝官兵的这种做法在清朝统治者企求入主中原后有所改变。天聪八年(1634)，清朝统治者向蒙古诸贝勒及孔有德、耿仲明、尚可喜颁布了这样的军令："行军时勿离纛，勿喧哗，勿私出劫掠。抗拒者诛之，归顺者字之。勿毁庙宇，勿杀行人，勿夺人衣服，勿离人夫妇，勿淫人妇女。违者治罪。"(《清史稿》卷2《太宗本纪一》)清兵入关时，清朝统治者又颁布了薙发易服令，以此来确定民众对清朝政府的态度。出于战争和占领关内疆域的需要，满洲人即"鞑靼人吸收所有的人甚至战败者参军，只要他们薙发，穿鞑靼服装，遵守鞑靼的习惯。鞑靼人对服装和头发的式样要求很严格，谁不接受这种装束就被判为最大的叛国罪"。[②] 这些军令和命令意味着清朝政府在政策上的转向，也意味着清朝官兵对民众的态度的转变。这时，清朝官兵主要是按照"抗拒"还是"归顺"的标准，或者说，按照是否与清朝政府进行合作的标准来对待民众，抗拒者杀，归顺者存。不仅对普通民众如此，而且对明朝宗室也是这样。顺治八年(1651)，顺治

---

① 辽宁大学历史系编：《清初史料丛刊》第八、九种，1978年版，第44页。
② 杜文凯编：《清代西人见闻录》，中国人民大学出版社，1985年版，第31页。

皇帝下了这样一道谕："故明宗藩，前以恣行不轨，多被诛戮，朕甚悯焉。自后有流移失所甘心投诚者，有司礼送京师，加恩畜养。"(《清史稿》卷5《世祖本纪二》)虽然清朝官兵按照政治标准来对待民众，但此时仍然大量地存在着强占作为归顺者的民众的土地、财物，掳民为奴为妾的现象。

当清朝统治基本上稳定、经济有所发展以后，官兵对民众的态度也发生了变化。尽管此时官兵们不再如以前那样可以对民众随心所欲，甚至有时候还会多多少少地照顾到民众的利益，但官兵们更多地是从私人利益角度来考虑自己应该如何处理与民众的关系。康熙朝兵部尚书慕天颜就上疏说，征剿吴三桂叛军时已征用了大量的船只，募来了很多的纤夫，但出现了这样的现象："纤夫募诸民间，夫给银一钱。民争逃匿，计里均派，先期拘集，饥寒踣顿。及兵既到，计船给夫，兵与船户横索财物，鞭挞死伤。"(《清史稿》卷278《慕天颜》)为了攫取纤夫的银钱，官兵就可以肆意地对待他们。有的官兵为了晋爵邀赏，就虚报军功，甚至在嘉庆朝剿捕白莲教的过程中残杀平民，却以捕杀白莲教教徒报捷。更有甚者，官兵还因为要满足私人欲望而将民众"指为叛逆"。康熙朝左都御史宋德宜揭露了这一现象："各路统兵大将军、王、贝勒以下，多玩寇殃民，或越省购买妇女，或扰夺民间财物，稍不如意，即指为叛逆。"①清朝官兵的无法无天，使民众承受着巨大的痛苦。

第二节　士人道德生活

清代士人不是指那些接受了"蒙学"教育的人，而是指那些接受了"经学"教育的人，就其是否获得了某种科举功名来划分，他们可以分为进士、举人、贡生、生员(秀才)和监生等层次；就其是否担任某种官职而言，他们可以分为"出仕"者与"未仕"者。这就是说，清代士人之间的生存境遇是存在明显的区别的，他们各自从事的职业也是不同的，有的从事国家事务的管理，有的从事教育，有的

① 李元度著：《国朝先正事略：清代1108人传记》(上)，岳麓书社1991年版，第143页。

从事农业生产,有的经商,有的业医,等等。这种情况意味着清代士人的道德生活具有复杂性。不过,作为清代社会中一个特殊的社会群体,他们虽然同以往朝代的士人一样都要处理自己与生活、与剥削阶级政府、与社会及与士人、学生之间的关系,但是,由于商品经济的发展和满族的统治,他们在处理这些关系时都不得不重新考量以往儒家所提倡的义利、理欲及政治伦理观念,以便根据变化了的实际生活需要来调整自己的道德行为,同时又自觉不自觉地表明自己对满族宰制整个社会的态度,受其民族意识和民族道德的影响。

一、士人对生活的态度

人生存于人世间就必定有其生活。但是,不同的人在生活的性质、内容和范围方面是有所不同的。显然,清代士人的生活既不同于农民、手工业者和商人的生活,又不同于优伶、隶卒、轿夫等的生活。清代士人所扮演的社会角色,决定了他们既要过公共生活又要过私人生活,既要过物质生活又要过精神生活,他们不得不面对这两类生活。这两类生活是士人完整生活的构成因素,对这两类生活的态度直接地呈现着清代士人的道德生活。

1. 就士人的公共生活与私人生活而言,清代士人从儒家的“天人合一”、“家国同构”的观念出发,认为他们的完整生活应该是《大学》中所指出的“格物”、“致知”、“正心”、“诚意”、“修身”、“齐家”、“治国”与“平天下”等八个方面的统一。在这八个方面中,如果说前六个方面涉及私人生活的话,那么,后两个方面指的就是公共生活或者政治生活。然而,在整个清代,在士人至少是绝大多数士人身上,这两种生活却是难以共存的。其原因主要有二:

(1) 清代士人虽然具有参与公共生活或者政治生活的道德知识和道德品质,但却缺乏“治国”、“平天下”的机会。儒士们历来就有着“入世”的观念,子夏就主张“仕而优则学,学而优则仕”(《四书章句集注·论语集注·子张第十九》),认为士人的主要任务或者生活是“学”与“仕”,并强调这两者是一种相辅相成的关系。但这种观念到汉代则有所改变,《汉书·食货志》就明确地规定“学以居位曰士”。在此,“学”与“仕”不是并列的关系,而是手段与目的的关系,“学”只是为了出仕,只是为了“居位”。这表面上是对子夏的“学而优则仕”的注解,实际上却窄化了士人角色的理解,也窄化了士人的生活范围。清代士人同样有着这种观念，认为“学”就应该“居位”。可是，在以满族为统治民族的清代社会生活中，由于清朝统治者对汉族及其他民族的恐惧，众多的士人却得不到官位尤其是高官显爵，得不到施展其抱负的机会。这在事实上导致了清代士人从公共生活尤其是政治生活领域退出，隐身于私人生活领域之中，不再求取功名，而是专心于教书、务农、经商、业医等。

（2）清朝政府推行“崇儒重道”的国策，其目的并不是让士人大有作为，而是限制他们的作为。在皇太极、顺治皇帝和康熙皇帝等清朝最高统治者的提倡及范文程、熊赐履等士人的不懈努力下，程朱理学最终成为了清朝占统治地位的意识形态，并被认为是惟一正确的道德理论。在这样的思想环境中，士人的“格物”、“致知”实际上没有必要，“正心”、“诚意”与“修身”的内容也已经被确定，他们惟一可以做而且应该做的事情就是照“章”（即程朱理学）而行罢了，并且，在清朝文化专制主义和滥行文字狱的威胁下，他们也不得不如此行为。其结果是造成了士人的公共生活与私人生活的分裂。葛兆光对此进行了深刻的分析，他指出：“在整个清帝国的知识、思想和信仰世界表面的同一与和谐状态中，恰恰一切都在分裂。最重要的是社会生活的分裂，这是由私人生活与公众生活的对立而引起的，在以程朱理学为主的普遍真理话语的笼罩下，士人渐渐丧失了思想空间，丧失了空间则失去了立场，主流话语以‘理’的名义侵入并控制了知识世界，使士人在所有公开和公众的场合，不能不自觉依照这种天经地义的原则说话，否则就有被指责为‘离经叛道’的危险，除了不公开的私人生活之外。于是，私人生活成了人们表达真实情感的唯一空间，成了思想逃逸的唯一场所，它与公众场合的姿态和原则难以一致。”①之所以考据之学由清代初期开始受重视到乾隆、嘉庆年间最终成为了清代学术的主流，原因就在于清代士人明确地意识到了他们无力怀疑、批判和突破清朝统治者用强力维护的政治伦理框架，他们不得不寻找一个表明士人还存在、象征其拥有独特技艺的知识领域。清代士人把这个知识领域视为满足其私人兴趣，进行智力游戏，展开技艺角逐甚至利益竞争的领域。

清代士人在政治上的无望和在政治伦理上的无用，意味着他们通向公共生

① 葛兆光著：《中国思想史》第二卷《七世纪至十九世纪中国的知识、思想与信仰》，复旦大学出版社2004年版，第380—381页。

活领域的道路几乎被完全堵塞,他们所期望过上的完整生活被无情击碎。既然如此,他们不得不放下对公共生活、政治生活的审视和追求,无奈地放弃对公共生活尤其是政治生活的应有责任,转而将关注的目光聚焦于私人生活的追求上,以致出现了“弃儒业贾”、“子弟俊秀者,多入贸易一途”的现象。

2. 就士人的物质生活与精神生活而言,清代士人面临着这样的矛盾,一方面,他们信奉着儒家的士人“志于道”、“志于学”、“君子谋道不谋食……君子忧道不忧贫”(《四书章句集注·论语集注·卫灵公第十五》)的观念,认为士人应该追求的是纯然的精神生活,是求“道”和弘“道”,而不应该被“食”和“贫”所累。而且,他们自信,只有士人才能真正做到无条件地过精神生活,因此,部分清代士人尤其是服膺于程朱理学的士人都认同孟子的如下看法:“无恒产而有恒心者,惟士为能。若民,则无恒产,因无恒心。苟无恒心,放辟,邪侈,无不为已。”(《四书章句集注·孟子集注·梁惠王章句上》)另一方面,现实生活又使他们不能只有精神生活,还必须注重物质生活。清代的士人大多处于贫困之中,清代中期有人估计士人“家无恒产者十人而九”,连出仕的士人的生活也都因清朝的低薪制而常显拮据,其他士人的物质生活就可想而知了。生存的需要迫使清代士人思考物质生活与精神生活之间的关系,进而重新思考义与利、理与欲之间的关系。他们认为先秦儒家所主张的“君子喻于义,小人喻于利”和程朱理学所主张的“存天理,灭人欲”是不合理的,并提出了义与利、理与欲相统一的主张。颜元认为儒家的“正其谊而不谋其利”的观点是不合理的,义与利之间的合理关系应该是“正其谊以谋其利,明其道而计其功”(《颜元集·四书正误》卷1)。王夫之认为“天理寓于人欲”,“人欲之各得,即天理之大同;天理之大同,无人欲之或异”(《读四书大全说》卷4《论语·里仁篇》)。清代士人之所以提出和论证这样的观点,并非只是为了克服前人思想的理论缺陷,更重要的是肯定人们追求物质利益的正当性,为自己的谋求物质生活的行为进行辩护,求得心理上的平衡。正是因为有着这样的观念,清代士人就能够在重视精神生活的同时,心安理得地追求物质生活,有的士人甚至如郑燮所说:“一捧书本,便想中举、中进士、作官,如何攫取金钱、造大房屋、置多田产”①,他们能够比较心平气和地看待

① 赵忠心编著:《古今名人教子家书》,湖北教育出版社1997年版,第137页。

商人的求利行为，并且直接地从事农业生产、商业贸易和其他可以获取物质生活资料的工作，有的士人甚至还能够在清朝文化专制主义的严重束缚下巧妙地谋取自己所需的生活资源，这就怪不得龚自珍要责备有的士人"避席畏闻文字狱，著书都为稻粱谋"了。

二、士人对清朝政府的态度

明清鼎革，无异于一场大地震，在认同了汉族人独具统治中国的资格的士人中间产生了极大的震动。这场震动不是临时的，而是持久的，尽管它呈现出衰减的趋势，但在整个清代，它却从未停止过。面对和回忆这场震动，面对满族所推行的民族歧视政策，清代士人的反应是最直接和敏感的。当然，这并不意味着除满族和蒙古族之外的其他民族的士人的反应都是相同的，相反是有所不同的。正是出于各自不同的反应，士人队伍内部发生了分化，形成了对待清朝政府的三种主要势力：不合作者、动摇者和合作者。

1. 不合作者。与清朝政府不合作的士人，主要是明朝遗民，也有部分在清朝统治得到巩固后出生的学人，其态度可以分为两类：一是积极的，一是消极的。抱有积极态度的士人，或者散尽家财组织抗清队伍，或者抛家弃子参与反对清朝统治的斗争，或者痛定思痛地反思明朝灭亡的教训，或者著书立说，提倡和强化某种思想观念，以便为今后的反清斗争提供精神武器，如王夫之、吕留良等基于民族主义的立场，重提和服膺先秦儒家的"华夷之分"理论，强调"华夷之分大于君臣之伦"，号召人们起来反对清朝的统治，并为此而进行道义上的辩护。王夫之就认为，对于作为夷狄的满族，人们完全没有必要顾虑儒家的政治伦理，相反，对于夷狄采取的任何政治行为都具有道德上的合理性。对清朝政府抱有消极的不合作态度的士人，或者以死明志，以报朱明王朝，他们"无事袖手谈心性，临危一死报君王"(《颜元集·存学编》卷1)。然而，清初士人的求死有着不同的情形，钱澄之对此予以了分析：既有"慷慨誓死，百折不回而死者"；又有"从容自尽，既贷以不死，而必欲死者"；还有"求生无路，不得已而死者"。尽管存在这样的区别，但他们不与清朝政府进行合作的态度却是相同的。或者他们自觉无能为力抵抗清朝政府的统治而归隐山林，如江西吉安人陈遴就感到"室无寸铁，予将何为"，但又"不忍负先朝"，于是，就逃往"深山穷谷中以全吾发”。或者他们忍辱生存，但自己决意不仕两朝，不过，其中有的士人并不反对他人甚至自己的后代出仕清朝，有的士人甚至还向清朝统治者荐举自己的儿子，以求得功名。如黄宗羲自己不仕清朝，但他并不反对自己的学生出仕，他在其《送万季野贞一北上》的诗中告诫应征入明史馆修史的门生万季野、万贞一“不放河汾身价倒，太平有策莫轻题”，规劝自己的弟子修好明史，不要向清朝政府献计献策。

2. 动摇者。那些对于清朝政府抱有动摇态度的士人，其出仕新朝的动机是复杂的，其内心也可能是相当痛苦的，其政治行为也是反复的。在清军向东南地区推进时，钱谦益加入了南明王朝的抗清阵营，这表明他当时还是有着坚定的民族气节和可敬的士人傲骨的。但是，当清军兵临南京城下时，他却不顾儒家关于“忠君”的政治伦理观念，卖身投靠清廷。他的这一行为，也许是出于他感到明朝大势已去、抗清事不可为，也许是为了不让更多的老百姓白白地付出自己的生命，也许是为了自己的苟且生存。但当他的政治道德品质受到清廷官员尤其是其中的汉族士人的怀疑和嘲笑时，他又不顾多尔衮的器重和挽留，以疾病为由婉言推辞了在京城的职务，请求回乡。被时人称为“东南人才，无出其右”的吴伟业（吴梅村）在得知崇祯皇帝吊死景山后，曾考虑过自杀，但他没有死，很快就出仕南明王朝。应该说，这时的他是怀有忠于朱明王朝、报效国家之心的。可是，在任两个月后，他看到马士英和阮大铖大权在握，培植势力，追逐私利，就深知抵御清军、收复中原毫无希望，于是，就以照顾年迈的双亲为由，离开了南京这块各自为政、相互倾轧的是非之地，返回老家隐居。不久，他得到了清朝总督马国柱的荐举，不过，他以身体有病为由拒绝了清廷的征召。后来，在他的女婿、礼部尚书陈之遴及出仕清朝的贰臣们的不懈劝说和极力荐举下，他终于被清朝统治者所御用，并担任清朝政府的重要职务。他出仕清廷后20余年，内心遭受极大的折磨，以致他临死时自称是“天下大苦人”。他怀有仇清反清之心，虽经尽力压抑却又顽强地呈现出来，不得不通过诗歌来宣泄内心的隐痛。

3. 合作者。与清朝政府进行合作的士人，有一部分是明朝遗民（其中大多是所谓的“贰臣”），但更主要的是生长于清朝统治下的人们。在这部分士人之中，有的一直是与清朝政府进行友好合作的，他们将自己的命运与清朝的命运结合起来，为清朝政府的统治献计献策，尽心尽力。有的则并不是从一开始就与清朝政府进行合作的，而是因为某一事件或者变故而突然改变态度。张履祥以参加科举考试为例描述了清初士人对清朝政府态度的变化："方昔陆沉之初，人怀感愤，不必稍知义理者亟亟避之，自非寡廉之尤，靡不有不屑就之之志。既五六年于兹，其气渐平，心亦渐改，虽以向之较然自异，不安流辈之人，皆将攘臂下车，以奏技于火烈具举之日。"①。最典型的例子就是雍正朝的曾静。他是湖南的一位落第书生，无意之中读到了吕留良对八股文的评析，并被其所论及的"夷夏之防"的思想所感动。他特地跑到吕留良的老家，找到了吕留良的儿子吕毅中、吕留良的学生严鸿逵、严鸿逵的学生沈在宽，和他们交了朋友，而吕毅中等把吕留良的所有遗著都赠送给了曾静。曾静返回湖南后，就向其学生张熙灌输吕留良的思想。适逢传闻雍正皇帝残暴无道、逼母弑兄，他就觉得此时正是推翻清朝政府统治的时机，并认为宋朝名将岳飞的后代、时任川陕总督的岳钟琪会继承岳飞的抗金遗志，能够消灭清朝，就准备策反岳钟琪。于是，他给岳钟琪写了一封信，列举了雍正皇帝窃位、逼母、弑兄、好杀、诛忠用佞等九大罪恶，并派张熙去西北劝说岳钟琪反清。张熙自告奋勇、满怀希望前往。岳钟琪一方面假意答应反清，以了解当时反清势力的有关情况，另一方面密奏雍正皇帝。雍正皇帝免了曾静、张熙的死罪，并利用他们来达到澄清舆论是非、对自己歌功颂德、对满族统治的合理性进行宣传的目的。曾静的态度发生了根本变化，由原来的反清变成了对清朝统治者的称颂，沦为了清朝政府的御用文人。士人之所以会与清朝政府进行合作，其原因是多方面的，有的是为了保全自己的生命；有的是为了获取更有利的社会资源，他们相信"书中自有黄金屋，书中自有颜如玉"，若能求得功名就可以使自己享有平民所没有的一定特权，可以免除本人的徭役和部分赋税，可以在涉案受审时不必下跪，甚至还可以影响地方政府和乡里社会的事务；有的是因为自己所信奉的儒家思想受到了当政者的重视，如在顺治皇帝强调"圣人之道，如日中天，上之赖以致治，下之资以事君。学官诸生当共勉之"(《清史稿》卷5《世祖本纪二》)之后，那些持观望态度的士人就变成了清朝政府的支持者；有的则是为了实践儒家的政治伦理，孔子要求士人"笃信好

---

① 张履祥著：《杨园先生全集》卷4《与唐灏儒》，中华书局2002年版，上册第77页。

学，守死善道。危邦不入，乱邦不居。天下有道则见，无道则隐"（《论语·泰伯》），在士人了解到顺治皇帝、康熙皇帝等推行宽仁政策时，他们就认为清朝"有道"了，就不能再"隐"了。在这样的时候，士人出仕就是在履行一种道德责任，正如子路说："不仕无义……君子之仕也，行其义也。"（《论语·微子》）是兴天下之利、除天下之害。"不过，他们对政治中心的永恒向往和拯济天下的一贯志向，却使他们始终把自己定位在通过道德和真理辅佐帝王治国平天下。"①他们不得不依赖于清朝的最高统治者，不得不与清朝政府合作，只有这样，才能实现儒家的政治理想。

三、士人对社会的态度

在清代以前，士人对"社会"与"国家"基本上没有进行严格的区分。这种将"社会"与"国家"等同的观念，使有的清初士人在自己应该承担什么样的道德责任上困惑、彷徨，甚至因为反对清朝统治而取消了所有的社会责任，几乎完全退隐到了私人生活领域，甚至归隐山林。然而，明清鼎革的现实，使理智的清代士人明确地意识到了"社会"与"国家"的区别。这种区别在清初士人那里就是"天下"与"国"的区别。顾炎武对此作了严格的区分，他认为，"亡国"与"亡天下"不是一回事，"亡国"是易姓换代，只是某一姓氏朝代的灭亡；而"亡天下"则关系到所有老百姓的生死尤其是整个中华民族的前途命运。他由此得出结论：保全国家并不是每个老百姓的责任，而只是君主和臣僚的责任，"肉食者"应该"谋之"；而"保天下者，匹夫之贱与有责焉耳矣"（《日知录集释》卷13《正始》）。作为老百姓中的一员，士人应该对"天下"的前途承担道德责任，但可以不必对"国"或者君主履行义务，可以不与满族统治者合作。所以，黄宗羲强调，即使是那些出仕的士人也应该"为天下万民起见"，这才是士人的真正责任，为此，他们甚至不需"为君之一姓起见"，绝对地顺从君主。他指出，士人应该具有这样的观念："我之出而仕也，为天下，非为君也；为万民，非为一姓也。"（《明夷待访录·原臣》）这就是说，清代士人在任何情况下都应该承担起对社会的道德责任。

---

① 葛兆光著：《中国思想史》第二卷《七世纪至十九世纪中国的知识、思想与信仰》，复旦大学出版社2004年版，第400页。

的确，有相当多的清代士人是愿意承担对社会的责任的。有的士人经常向民众进行道德教育，力禁溺女、淫祠、游乐、奢侈，并以身示范，力图扭转官场不正之风，以求移风易俗，革除社会弊病，营造良好的社会风气。有的士人著书立说，探索天下得以良好治理的道理，如王伦表在其所著的《巢父许由论》中认为，天下之乱“生于求，求生于欲。多所欲则多所求，强者求之以兵戈，弱者求之以色笑。人求之以智力诈伪，物求之以爪牙角毒。于是有败伦坏纪，寡廉鲜耻，伤类圮族，剥肤横噬，伏尸流血之事，而天下乃驯至于大乱”。他据此提出了天下得以治理的方案，即为官者首先应该像许由、巢父那样怀有“一无所欲，一无所求”的道德心理，才会如同尧、舜那样“养人之欲，给人之求，使天下安然各得其所欲，各遂其所求，而天下之乱以治”。① 李颙（李二曲）则提出了不同的看法，他认为天下的治乱同每个人的“人心”有关，他指出：“天下大根本，人心而已矣；大肯綮，提醒天下之人心而已矣。是故天下治乱，视人心；人心邪正，视学术。凡学在反身，道在守约，功在悔过自新，而必自静坐观心始。静坐乃能知过，知乃能悔，悔乃能自新。”②每个人若能“悔过自新”，天下就会大治。出于这样的理念，清代士人积极地投身于塑造人心的工作。有的士人兴办书院、修桥铺路、兴修水利、修建庙宇、济贫赈灾、调解民间纠纷、维持地方秩序、制订乡规民约、捐设并管理宗族公产等。有的士人具有疾恶如仇、舍身取义、敢于为民请愿的大无畏精神，他们有着如荀子所说的“士君子之勇”，即：“义之所在，不倾于权，不顾其利，举国而与之不为改视，重死持义而不挠。”（《荀子集解·荣辱》）这一点在1661年所发生的“哭庙案”中的苏州士人身上表现得最为明显。1661年2月，顺治皇帝驾崩，全国上下都要为顺治皇帝致哀。倪用宾、金圣叹、顾伟业、来献琪、丁观生、王重儒、朱章培、周江等100余名秀才，利用到苏州文庙哭奠顺治皇帝的机会，精心策划和组织了旨在反对地方官吏不顾老百姓死活、逼催钱粮、贪污腐败的群众性运动。结果，这场正义的运动遭到了清朝政府的镇压，清朝政府以“抗粮谋反”罪将“哭庙案”中的倪用宾等18名秀才处斩，而朱国治等贪污腐败分子在当时却没有受到应有的惩罚。

---

① 参阅李元度著：《国朝先正事略：清代1108人传记》（下），岳麓书社1991年版，第1201—1202页。
② 同上书，第808页。

不可否认，有些清代士人是缺乏应有的社会责任感的，他们或者明哲保身，讨好上司，不敢对清朝统治者的错误行为进行批评，不敢为老百姓的利益代言；或者利用管理地方事务的机会，霸占民财，欺压百姓，包揽诉讼，将自己应交的赋税转嫁给小民，成为危害乡村秩序、败坏纯朴民风的地方恶势力。

四、士人对士人、学生的态度

在清代社会里，士人之间的关系是较为复杂的，具体存在两种情况：

1. 士人之间不仅在学术方面互相切磋，互相批评，共同进步，而且在道德人格方面互相砥砺，一起提高，还在生活方面互相照顾，善意救济。清代士人的这种友好关系的形成，主要受制于两个因素，一是他们有着共同的或者较为一致的政治伦理观念和政治立场，二是他们有着共同的学术兴趣或者文学爱好，正是在此基础上，士人之间才生发出友好对待的态度。这种情感或者态度的达成和维系，是离不开士人的交往或者交游的。为此，清代士人尤其是不仕或者未仕的士人都乐于交往。

被称为"宁都三魏"的魏际瑞（魏祥）、魏禧、魏礼三兄弟是江西宁都人，在明代末年在士人中已有较好的声誉。明清鼎革后，"宁都三魏"和彭士望等九位士人为了躲避清朝政府的镇压，积聚反清力量，从城市来到了美丽的翠微峰隐居，并在他们共同修筑的"易堂"内经常进行教育和学术切磋，讨论文学创作，有时还从事反清活动。这样，"易堂九子"就成为了一个在当时具有相当声望的士人集团。"三魏"觉得其学术交流和反清活动仅限于翠微峰是远远不够的，他们已经意识到只有走出去才能提升自己的学术水准和联合更多的人加入到反清的队伍中来。于是，魏氏三兄弟相继出游，但各自的出游动机又有所不同。魏际瑞是为了保护家庭成员及其利益和"易堂九子"的安全及反清复明而主动游幕，他先后做过刘伯禄、范承谟、尚可喜、哲尔肯等人的幕宾，欲利用这种身份以求达到结交豪杰最终反清复明的目的。不过，他人对他游幕的真实目的却无从知晓，当时很多士人都对他有看法，甚至连彭士望等其他"易堂九子"也都对他折节游幕颇有微词。魏禧出游的目的则与其兄不同，他在其《与杭州汪魏美书》中说得很清楚："禧闭户穷山，垂二十年，恒惧封已自小，故欲一游吴越，就诸君子以正所学，而足下其首愿见也。"不过，他的出游动机并非只限于此，从其交友活动来看，他所交之友都是具有强烈的民族主义意识和气节的士人，由此可以推知他的交游并不只是为了"就诸君子以正所学"，而是为了结交同道。魏礼的出游更主要的是旅行，游历祖国大好河山，了解风土民情和清朝政府统治下的民众生活状况。由此可见，清代士人的交游都具有结社的性质。正是通过结社，士人们外化了自己的价值观念和理想追求，组织了一种反映自己意愿的重要社会力量，形成了某种社会关系。

2. 清代士人之间充满着矛盾。显然，与以往朝代一样，清代士人并不是一个同心同德的整体，他们之间会因政治立场和私人利益的不同而发生矛盾。总体而言，清代士人之间的矛盾主要有三种：

(1) 士人中降清者与反清者之间的矛盾。这种与民族矛盾交织在一起的矛盾在清初最为突出，曾有士人试图将其解决。被陈名夏说服并出仕清朝政府的江南士人领袖吴伟业，力图缓和他自己、其女婿陈之遴、陈名夏、钱谦益等这样的降清士人与顾炎武、黄宗羲、归庄等反清复明士人之间的矛盾，于是，经他等士人的努力，1653 年春天在复社往日聚会之地虎丘召集了苏州和松江所有最著名的文学社团参加的聚会，归庄等几千名士人参加了聚会，并宣布共同开展某些活动。但由于吴伟业最终出仕清朝政府，他们的努力终因政见不同而白费了。降清者与反清者之间的矛盾，不仅广泛地存在于社会之中，而且在血缘关系中也有所表现。某士人因其叔父"以明臣而仕国朝，某见其叔之变节，时有讪笑。一日，家宴，某忽倡言行酒令，首句须物件一，次古人名一，后句用《千家诗》改一字。首坐者唱曰：'我有一张床，送与张子房，张子房不要。甚么不要，春色恼人眠不得。'次者曰：'我有一把扇，送与曹子建，曹子建不要。甚么不要，剪剪轻风阵阵凉。'次即轮至某，某曰：'我有一绺缨，送与我叔亲'，至此，众人群起诘问，谓不应以今人插入。某生曰：'我叔为明人，而服清官，非古人而何？'众无言。乃又续曰：'我叔亲不要。甚么不要，清明时节两纷纷。'叔闻之大惭"(《清稗类钞·讥讽类》)。值得指出的是，降清者与反清者之间的矛盾并非都是尖锐的，有的也是较为温和的。

(2) 士人中汉族人与满族人之间的矛盾。这种矛盾是直接的民族矛盾，它在清初表现得特别明显。1653 年 3 月，詹事府少詹监事李呈祥针对汉族士人不受清廷重用而上疏顺治皇帝，建议裁去满官，专用汉官。这一建议无疑会遭到满族人的反对。顺治皇帝力图解决士人之间的这种矛盾，但苦于没有良方。此时，早已声名狼藉的冯铨提出了一个解决的办法，他认为南人“优于文而不能办事”，而北人则“短于文而优于办事”，据此来任用士人即可平息南人与北人之间的纷争。尽管这一建议被清朝政府所采纳，并使汉族士人和满洲士人都意识到了各自的不足，但它却无法彻底地缓和他们之间的矛盾。

(3) 士人中合作者与异己者之间的矛盾。清代士人的前途命运取决于官场竞争的成败，因此，他们一方面努力寻找和扩大自己的合作者，另一方面又想方设法地排挤异己者，于是，合作者与异己者就势必会或明或暗地进行残酷的竞争。陈名夏为了培植其合作者和支持者，极力荐举郝洛、李人龙、王崇简、杨廷鉴等南方士人到清廷任职，这些士人中有的是陈名夏的同榜进士，有的则是与他同属一个文学社的成员，这些士人把陈名夏视为他们在朝中的主要靠山，并自觉地与陈名夏共进退。然而，陈名夏又与范文程、冯铨、宁完我等内院士人存在矛盾，尤其是宁完我，他因陈名夏曾无端指控自己庇护篡改顺治皇帝谕旨的大学士刚林而一直对之耿耿于怀，总是寻找各种机会指责和弹劾陈名夏。他终于逮到了一个绝好的机会。1654 年 4 月，陈名夏与他谈起了如何使天下太平的想法，认为只要保留头发、恢复明代衣冠款式即可以使天下太平，因此，主张“留头发复衣冠是第一要紧事”。他在弹劾陈名夏的奏章中指出：陈名夏不只是“痛恨我朝薙发，鄙陋我国衣冠”，还怂恿家人作恶，庇护姻亲史儒纲，利用职权谋取私利，更严重的是蓄意削弱清朝武力，结党营私。陈名夏被处以绞刑，陈名夏的挚友孙承泽因推荐他出任尚书而被弹劾免职，南方士人受到了严重打击。诚然，合作者与异己者之间的矛盾并非都是你死我活的矛盾，有时可能表现为对异己者的不屑、鄙视和憎恨。

就士人与学生之间的关系而言，清代的师生关系并非如当代社会几乎是制度化的关系一样，主要是非制度化的关系，制度化的师生关系则存在于官学之内。无论是官学中的教师，还是私学中的教师，甚至是因科举考试而被考生尊称为“师”的人，他们不是“经师”，就是“人师”，或者既是“经师”又是“人师”。“经师”和“人师”之间的区分，意味着教师或者士人对学生可以有两种态度，他可以以其中的一种态度对待自己的学生，也可以用两种态度对待学生。作为“经师”，教师或者士人主要偏重于学生的“为学”，相当于韩愈所讲的“传道、授业、解惑”，其任务主要在于向学生传授儒家思想，其次还要将治学之道甚至为官之道传授给学生，在此意义上，“授业”并非限于传授治学的方法，还包括传授为官的艺术。清代的教师都将传授儒家思想和治学之道及为官之道作为自己对学生的责任，如果教师本人认为自己没有能力来履行这些责任，他们一般不会因为要得到生活资料而勉强自己，而会建议学生及其家长另请高明。如果学生认为可以向别的教师学到更多的东西，现任教师也不会从中阻拦，而会心平气和地辞职。归庄曾经倾倒于一个叫潘平格的人，认为他的学问富有新意，就拜他为师。可是，过了一段时间后，归庄觉得潘平格的观点不能让自己信服，于是，就直截了当地告诉他不再以他为师了。这种做法实际上是“无常师”观念的体现。不过，“无常师”观念的存在，并不意味着教师可以马马虎虎、不负责任地教育学生，相反，他们都兢兢业业地从事教育。因为他们知道“教也必以正”(孟子语)，不仅自己所传授的内容必须正确，而且自己的心也必须“正”，只有这样，才会真正做到“师之教也，不争轻重尊卑贫富，而争于道”(《吕氏春秋·劝学》)。作为“人师”，教师或者士人是道德意义上的教师，是学生的道德榜样，他通过“言教”尤其是“身教”的方式来影响学生的道德人格。在清代社会里，士人们认为，相对于“经师”而言，“人师”更为重要，也更值得追求。在此意义上，陆世仪强调：“师之一字，是天地古今、社稷生民、治乱安危、善恶生死之关也。”正是因为如此，教师就必须认真地对待，绝对不可以用庸俗的乃至错误的道德观念去教育学生。所以，王夫之强调：“善教人者，示以至善以亟正其志，志正，则意虽不立，可因事以裁成之。不然，待其意之已发，或趋于善而过奖之，或趋于不善而亟绝之，贤无所就而不肖者莫知所惩，教之所以不行也。”(《张子正蒙注·有德篇》卷6)这就是说，教师在履行对学生养成其高尚道德人格的责任时，不能做消防员，而应该是灵魂工程师，否则，教师就不会真正地履行对学生的道德责任。

第三节　农民道德生活

农民并非只限于耕种田地以获取粮食的人，还包括那些从事养殖、种棉、产茶、养花等活动的人。根据其是否拥有土地的情况，农民可以分为自耕农、佃农与雇农。在清代的实际社会生活中，这三种农民的身份并不是互不重叠的，有时候，一个农民可能同时就扮演着自耕农、佃农与雇农的角色，拥有土地较少的自耕农由于无法满足其家庭生活的需要，他就会租种他人的田地，甚至会去地主和官僚家庭临时帮工。同样，雇农也有可能同时是自耕农或者佃农。这就意味着，这三种农民或者同一位农民在三种不同的情境中所要处理的关系是各不相同的，因此，其道德生活也表现出一定的差别。

一、自耕农的道德生活

在清代社会里，农民家庭并非完全是一个佃种他人田地的纯粹的功能性单位，有的家庭也拥有其家产。诚然，拥有足够的土地的家庭并不占整个清代家庭的很大比例，康熙皇帝曾经指出："约计小民有恒业者，十之三四耳，余皆赁地出租。"(《清实录·圣祖仁皇帝实录(三)》卷 215)在这样的农民家庭中，其成员都以自耕农的身份出现，他们所要处理的关系主要是家庭内部关系、与其他农民家庭的关系及与政府的关系。

在家庭内部，自耕农所要面对的第一个主要问题是家庭田地的分割问题。虽然清代社会同样存在着"以孝为先"、兄弟"同居共财"的观念，但这种观念并不能完全阻止家庭田地的分割。尽管有的家庭在尽力地维护着家庭田地及其他财产的完整性，但田地被分割的家庭却不少。在田地分割的过程中，虽然也存在着兄弟之间大动干戈的现象，但更多的情形则是兄弟都听从家长的分配，有时也互相谦让。有的人还不嫌兄弟的前恶而作出一定的牺牲，湖南黔阳人丁世忠曾经被庶弟所恶，并被其下毒。其父懦弱，就将家庭财产分割，并要丁世忠移居别处。后来，"庶弟坐事破家，世忠亦中落，仍割田畀之"。其次，教育子孙重视务农。在以农为本的社会里，人们都非常强调其子孙务农，即使是为官、经商者也都如此。重视子孙务农，其目的并不只在于"欢然一饱，田家之乐"，还在于让其子孙选择和从事正当的职业，拥有其家庭延绵下去的重要资源——田地。再次，家庭成员共同劳动。没有析产的自耕农家庭实行家长支配财产、一起生产、共同消费的制度。在这种家庭制度下，每个家庭成员都对家庭负有一份责任，不仅男人会勤耕力作，而且妇女也不会置身事外，如苏州的"妇女皆天足，从事田亩，杂男子力作，樵渔蚕牧，拿舟担物，凡男子所有事，皆优为之”（《清稗类钞·风俗类》）。其成员都把家庭事务当作自己的事务来看待，因此而将他人的事情当作自己的事情来对待，不分彼此。自耕农家庭内部这种充满温馨的关系，被林语堂描绘成“最大限度的共产主义大协作”①。

自耕农家庭虽然是独立地从事农业生产、自给自足的相对封闭的社会组织，但它却不得不与其他农民家庭发生这样那样的关系。一般说来，农民能够比较好地处理他们之间的关系，他们共修水利工程，相互帮工，相互救助，让其他家庭拥有生存的资源。郑燮写信教育自己的弟弟：“将来须买田二百亩，予兄弟二人，各得百亩足矣，亦古者一夫受田百亩之义也。若求再多，便是占人产业，莫大罪过。天下无田无业者多矣，我独何人，贪求无厌，穷民将何所措足乎！或曰：世上连阡越陌，数百顷有余者，子将奈何？应之曰：他自做他家事，我自做我家事，世道盛则一德遵王，风俗偷则不同为恶。”②有的农民在邻居不得不卖田度日时购进其田地，事后又原价归还，使其有田可耕。不过，自耕农之间也会发生这样那样的矛盾，有时甚至发生家庭之间的械斗，造成双方各有伤亡。这种矛盾不只发生在异姓家庭之间，在同宗家庭之间也可能出现。程振祥与程士高都有黄泥丘的田土，黄泥丘“形分上中下三基”，上基是程士高的田地，中、下二基是程振祥的坟地。“上年冬，士高舁棺葬于己田，未侵中基之界，振祥不得而禁之也。葬棺之后，振祥于中基高筑石圹，不在上基田内，士高亦不得而禁之也。两皆惑于风水之说，在振祥则谓士高葬棺，斩坏伊填来龙。在士高则谓振祥筑圹，填塞伊墓明堂，彼此互控”③，不得不求助于官府来解决他们之间的矛盾。

自耕农还需要处理与政府之间的关系。与佃农和雇农不同，自耕农直接与政府发生关系。这种关系集中表现在税赋的征缴上。由于清代农业生产力水平较低，农民的生存非常艰难。对此，清朝最高统治者是十分清楚的。康熙皇帝曾经指出：“朕咨访民瘼，深悉力作艰难。耕三十亩者，输租赋外，约余二十

① 林语堂著：《中国人》，郝志东、沈益洪译，浙江人民出版社 1988 年版，第 155 页。
② 赵忠心编著：《古今名人教子家书》，湖北教育出版社 1997 年版，137—138 页。
③ 郭成伟、田涛点校整理：《明清公牍秘本五种·纸上经纶》，中国政法大学出版社 1999 年版，第 208 页。

石。衣食丁徭,取给于此。幸逢廉吏,犹可有余。若诛求无艺,则民无以为生。”(《清史稿》卷8《圣祖本纪三》)针对这种情况,清朝政府和官员也采取了一些措施,其中,劝农勤耕是一种重要举措。下面这则某县令的劝农告示言辞恳切:“为劝农耕作,以阜民财事……农家最重三时,而岁事维勤有功也。本县念尔民一岁之中,仰事俯育皆于田功是赖,诚恐嬉游成习,不事力作,则上无以速输将,下无以宁妇子。尔民之饥由己饥也,本县其何忍此,合亟亲劝……如有辍其耰锄逍遥陌上者,定加薄责,以为游惰之戒。本县谆谆之意,尔民其体之。”[①]该县令之所以准备采取切实可行的行动,是因为他懂得“民生在勤,勤则不匮”的道理,只有农民勤劳,粮食才会丰收;只有粮食丰收,农民才会心甘情愿地纳税;只有农民主动地纳税,国库才会“不匮”,社会秩序才会得到维持。在一般情况下,自耕农是会及时、足额地纳税的。但在自然灾害连年不断,连基本生活都难以维系,或者官员和里社长巧立名目,横征暴敛的情况下,自耕农就会想方设法地逃避缴纳赋税的义务,他们或者隐瞒人口田地,或者公开拒交钱粮,有的甚至拉起队伍,举着“官逼民反”的旗帜,进行抗粮斗争。道光朝归安射村农民陆名扬在多次反对清朝政府官员巧取豪夺的斗争中逐渐成为了一位农民领袖,“后遇地方事,惟名扬言是从,而村人之完纳钱粮虑为吏困者,亦倚名扬为护符”。那时,漕弊极其严重,“乡民顾不能堪,遂起而自筹抵制,官吏以其不易收纳也,目之曰顽庄。射村为顽庄之一,而名扬实其魁焉……名扬至黠,其党徒又甚嚣张,必执年谷不丰之词乞官从优恤……胥吏恐忤其意,不敢较长短,官以考成攸系,且值浑漕时代,惧为人发其阴私也,乃俯首以就范焉”。(《清稗类钞·义侠类》)

二、佃农的道德生活

在清代社会里,佃农并非都是无田或者少田的农民,有的是拥有足以能满足其家庭生活需要的田地的农民。与此相联系,佃农租种他人的田地的目的就不是单一的,有的是为了维持其家庭基本生活,有的则是为了获利。田主也并非一定是拥有田地较多的官僚和地主,有的是那些无力耕种自家田地的人。这

---

① 郭成伟、田涛点校整理:《明清公牍秘本五种·纸上经纶》,中国政法大学出版社1999年版,第226—227页。

种情况的存在意味着具体的佃农与田主之间的关系是有所不同的，无论是租佃田地时间的长短，还是田地收益分配的比例和地租的具体形态，都是如此。

佃农与自耕农的最明显的不同，在于自耕农要直接地处理自己与政府之间的关系，而佃农则并不直接处理这种关系，他们所要处理的主要关系是自己与田主的关系，在清朝实行“摊丁入地”的税收政策之后，他们只向田主交租而不向国家交税。佃农与田主之间的这种关系是一种契约关系，其契约方式虽然存在着少量的口头形式，但绝大多数都采取了书面形式。这种书面形式就是由田主、佃农和中人一起订立租赁土地的租约，其主要内容无非涉及田地的所有者与经营者的权利和义务两个方面，具体包括租赁双方、租地位置、租地数量、地租数额及形式、田主的相应义务、租赁时间、减免条件、撤佃原因、凭中人享有的利益等方面。这种冷冰冰的租约是以保护田主的权利为核心的，重点则是对佃农的具体义务作出规定，佃农由于是这种关系中的被动方，不得不接受田主所规定的条件。

由于田主在租赁关系中拥有主动权，因此，佃农会不会处理好自己与田主之间的关系，既与租约是否制订得合理、全面有关，又取决于田主的态度。如果田主不高高在上、目中无人，能够尊重佃农，并为佃农提供必要的条件，如郑燮所说的那样：“愚兄平生最重农夫，新招佃地人，必须待之以礼……要体貌他，要怜悯他。有所借贷，要周全他；不能偿还，要宽让他”①，那么，佃农就不仅会尊重田主，负责任地履行租约上规定的义务，而且还会主动地为田主做某些分外的事情。

不过，佃农与田主之间的关系，并非在任何时候都是和谐的，有时矛盾还相当尖锐。由于清代人口越来越多，租种田地的人因此而不断增多，可是，田地却并未得到相应的增加，这既可能使田主不顾达成的租约的限制，随心所欲地解除原有的租赁关系，以求得更丰厚的回报；又可能使佃农强占田主的田地，不准田主提高租金，不让其转租给他人。由于佃农家庭生活十分艰难，有人估计佃农家庭“得以暖不号寒，丰不啼饥，而可以卒岁者，十室之中无二三焉”（章谦：《备荒通论》，贺长龄、魏源等编《皇朝经世文编》卷39），佃农就会拖延交租、少交租甚至不交租，尤其是在灾害发生的年头，这种现象更为普遍。这既与佃农的

① 赵忠心编著：《古今名人教子家书》，湖北教育出版社1997年版，第137页。

生活困难有关，又与田主的态度有关，如康熙朝颁布了“凡遇蠲赋之年，免业主七分，佃户三分”(《清史稿》卷8《圣祖本纪三》)的诏令，可是，田主却无视这一命令的存在，照常全额收取地租，这势必会遭到佃农的抵抗。更有甚者，有的佃农以死相威胁，或者借口家人的自杀乃是田主的逼迫所致，来达到自己的某种目的，有的佃农殴打、杀死田主，也有佃农因为经济纠纷而被田主所杀害。

三、雇农的道德生活

在清代社会里，雇农的构成是较为复杂的，大体上有三种，即出身于自耕农家庭的多余的劳动力、以劳役代替地租的佃农和无耕地者，其中，无耕地者包括当地的因某种原因而完全丧失了土地的农民和外来的流民(在江西则称为“棚民”)。而雇主并非只限于官吏和地主，也包括部分自耕农和为了营利目的而租种较多田地的佃农。就时间来划分，雇农分为临时雇工、长期雇工和终身雇工。尽管存在着这样的区别，但是，雇农都要处理自己与田主的关系。这种关系与佃农对田主的关系有所不同。如果说，佃农与田主之间的关系在本质上是一种经济关系的话，那么，雇农对田主的关系就可能表现为一种人身依附关系，长期雇工和终身雇工对田主的关系基本上就是人身依附关系。由此可见，雇农与田主之间的关系是较为复杂的，他们在事实上如何相互对待就取决于他们之间的不同关系。

临时雇用的农民，他们所面对的田主主要是不能全部完成其农业生产任务的自耕农和佃农，当然也有地主。这种雇农与田主之间的关系是在特定时期才发生的，它不是人身依附关系，他们彼此的人格是平等的。与此相联系，雇农一般是会尊重田主的，也会得到田主的尊重。如果田主不尊重自己，雇农就可以马上解除其雇佣关系。由于雇佣关系往往发生在农忙季节，田主有求于雇农，因此，雇农往往会提出如增加工薪等利益方面的要求，也会根据田主的态度来确定自己的态度，如果田主招待不周，荤菜种类过少，所给工薪不高，雇农就会消极怠工。

作为一种长期的或者终身的雇工，雇农所面对的田主不是地主就是官吏。这样的雇农在雇主家中所要做的事情并非限于农业生产，还需要兼做轿夫、车夫、水火夫甚至服役，他们一般都能维护雇主家的利益，听从雇主的安排，任劳任怨地劳作。但有的雇农却未必如此。有则地方官的禁令就明确地指出了雇农消极怠工的现象：“即或工作有人，无烦己力，然佣工之人，勤怠不齐，主人不到，则勤者亦欲偷安；亲身督率，则怠者亦不敢或辍。果能禁绝游湖，不离陇畔，则雇两人之工可以做三人之活，常年栽田三十亩者，即可栽田三十亩矣。”①值得指出的是，地主家的雇农与官吏家的雇农，其命运明显不同。清朝法律规定，雇佣在地主家的农民，平日可与地主及其家庭成员“共坐共食，彼此平等相称”，如果他们与地主发生了冲突，殴打甚至杀死了雇主，或者被雇主殴打致死，就只会当作同一等级的人予以平等处理、制裁。这种法律规定使地主不得不约束自己的行为。然而，官吏家的雇农则与官吏及其家人不属于同一等级，是后者的奴仆，他们不仅不能与官吏及其家人“共坐共食，彼此平等相称”，而且在法律上的地位也极不平等，若雇农殴伤雇主就会被处死，而雇主因杖责雇农而致其死亡（非故意杀死）则不负法律责任。清朝这种法律规定怂恿了官吏对其雇农的为所欲为。面对官吏的残暴行为，雇农只有两种选择，其一是无可奈何地听命于雇主，其二是想方设法地摆脱这种关系。

第四节　商人道德生活

清代社会的商人可以分为五种：其一是纯粹从事商品交易的商人。其二是兼营手工业的商人，这样的商人是既业工又业商的。然而，这并不意味着所有的手工业者都是商人。其三是兼营农业的商人。其四是做官兼营商业的商人。虽然清朝政府明令禁止官员经商，但实际上官员经商的现象却始终存在。不过，官员经商并不意味着官员对所有商业活动都要事必躬亲，他们往往聘请管家来进行管理。其五是读书人兼商人，此即所谓“儒商”。“儒商”有三种：一为先儒后商者②，二为先商后儒者，三为亦儒亦商者。不论这几种商人经商的动机

① 郭成伟、田涛点校整理：《明清公牍秘本五种・纸上经纶》，中国政法大学出版社1999年版，第229页。

② 有人将这类儒商称为“弃儒从商”者，这种说法是有问题的，它有意无意地将“儒”与“商”置于对立的位置。这些人所谓的“弃儒”，无非是指学习了儒家经典的人不再做私学、官学的教师，不再通过科举途径去求取功名，而不是指那些放弃做教师和为官而专门经商的儒士就彻底地抛弃了作为一种思想观念的儒家思想。事实上，正是这些在经商过程中自觉地运用了儒家思想道德观念的先儒后商者，成为了对清代商业道德风气起良好作用的主要力量。

有何区别、条件多么不同，但他们作为商人就必定有其相同的道德生活。这种道德生活就表现在商人对顾客、同行和社会的态度上。

一、商人对顾客的态度

商人对顾客的态度，一般有两种：其一是合乎道义的态度，其二是违背道义的态度。不可否认，清代商人中不乏违背道义的人，他们为了满足自己的私欲，追求最大化的利益，置社会的道德观念和道德原则规范于不顾，对顾客坑蒙拐骗，甚至联合起来，垄断市场，提高物价，掠夺顾客的财富。

然而，清代社会的商人并不都是不讲道义的，不是"无商不奸"的。相比较而言，清代社会中讲道义的商人远比不讲道义的要多得多。其主要原因在于，第一，商人的经营场所基本上是固定的，他们所面对的顾客主要是那些熟悉的人，他们知道，如果自己短斤少两，以次充好，斤斤计较，不尊重甚至得罪老顾客，就会使自己的经商陷入困境。为了使自己不致陷入这样的境地，他们都会以合乎道德的态度对待顾客。第二，越来越多的儒商加入商人队伍，不只是引起商人规模的扩大和结构的变化，更重要的是带来了一种新的经商理念和商业伦理精神，与此相联系，商人对顾客的态度也必定会发生相应的变化。

1. 诚信是清代商人对待顾客的根本态度。诚信有两个方面，一是内不欺己，二是外不欺人。清代商人更重视其中的第二个方面，在经商过程中决不欺骗顾客。陕西扶风县儒商樊现奉行"贸易之际，人以欺为计，我以不欺为计"的经商理念，并以此训诫自己的学生。商人对顾客讲诚信，一是表现在保证商品的质量上。为了给顾客提供质量好的商品，商人严把进货关，一方面他们收集商品的产地信息，购进正宗产品，另一方面又注重提高自己识别产品质量的技术。《商贾便览》一书的作者，江西人吴中孚，出身书香门第，从 12 岁起跟随父辈经商，是一位善于经营的粮商，他在长期的经商过程中总结出了一套识别粮油质量的方法。二是表现在价格的公允上。清代商人一般会根据"货之精粗美恶"即货物的质量来定出合理的价格，不会以劣充优、以次充好、以贱充贵，并在顾客购买时当面议定好价格。商品价格合理，价格与商品质量相符，这是商业道德的基本要求。三是表现在商品的足量上。对于顾客所购买的东西，清代商人不会短斤少两，少一丝一毫，甚至有时还对老顾客或者老弱病残者多给一点。

正是因为清代商人对顾客抱有诚信的态度，他们的事业才获得了成功。王某是乾隆朝京师人，因为他起家于开设缎肆，所以被人称为“缎子王”。他曾经是乞丐，后来被典当行老板所雇用，因为人处事勤劳谨慎被老板所重用。在老板让他独当一面去庙市销售典当期已过的丝织品时，恰逢有位太监前来购物，经过两人深谈之后，该太监就对他说：“以子才，宜为大贾，何小就为？汝明日辞居停，我居东华门内南池子，汝来，我当与汝合为贾。”缎子王答应了与他合作，并辞去了典当行的工作，两人合作在东华门开设了一家缎肆。缎子王“虽骤得志，然不改其度”，诚信经商。有一天，乾隆皇帝问来自日本、高丽的使臣：“汝观我国风俗何如？”这些使臣都说：“中华沐大皇帝教化，不仅士大夫读书明理，虽市贾亦知信义。如某缎肆王某者，陪臣与交易，海外遐荒，坦然赊与。且约观剧，馈食物，厚意深情，有加无已，实大皇帝时雍之化所致，非海国所敢望其万一也。”乾隆皇帝非常高兴，第二天就召见缎子王，并指令内务府拨银五十万两给他，要缎子王独立经营。于是，缎子王就独自开设了一家缎肆，生意越做越红火。（参见《清稗类钞·农商类》）

2.“以义取利”是清代商人对待顾客的一种经商原则。商人经商的目的在于逐利。清代社会中有相当部分人认为，商人既然逐利，那就必定会忘“义”，会置道德于不顾，会因为求利而不择手段。正是出于这样的认识，这些人也就有着“贱商”的观念。然而，在清代商人看来，逐利并不一定与道义相矛盾，尚义并不是逐利的障碍，关键在于商人在经商时是否以道义作为谋利的准则。在商人对待顾客的过程中，这种态度主要表现为两种情形：其一是不唯利是图，而是薄利多销。大部分清代商人都有“逐什一之利”的观念，认为自己要经商致富，不是靠牟取暴利，而是靠多销售商品。这种控制利润的做法，的确反映了清代商人对消费者利益的考虑。这种形式的“以义取利”在发生天灾人祸时被明显地反映出来。清朝休宁县商人吴鹏翔在湖北汉阳做粮食生意时，恰逢当地发生了严重灾荒，当时他正好从四川采购回数万斤大米。面对灾荒，吴鹏翔并没有如有的商人那样唯利是图，提高粮食价格，而是“悉减值平粜”，让灾民能够买得起粮食，维护了灾民的生命安全，他也因此举得到了人们的广泛赞誉和官方的嘉奖。其二是为了保护顾客的健康和生命，宁愿自己承担损失。吴鹏翔有次购进了800斤胡椒，在得知这批胡椒有毒、卖主要求原价退货的情况下，为防止卖主

将其“他售而害人”，他拒绝退货，按合同规定的价格付款给卖主，并将这批有毒胡椒全部销毁。（参见道光朝《休宁县志》卷15）

二、商人对同行的态度

商人对同行的态度问题实际上是一个利益问题，是一个所有商人如何谋取其财富的关系问题。就此而言，一个商人能不能获取财富、获取多少财富，就不仅与自己的行为有关，而且也与其他商人的行为有关。正是因为如此，一个商人对自己的态度就必定与自己对其他商人的态度相关联。

那么，商人是怎样对待自己的呢？清代商人普遍信奉“贸易之道，勤俭为先，谨言为本”的观念，“勤俭”是对自己的态度，“谨言”是对其他商人的态度，当然，对待其他商人的态度远不止于这一点。在“勤俭”之中，清代商人更注重“勤”，他们坚信“富从勤得，贫系懒招”，认为自己能否贫富在于自己是否勤奋、勤劳。谢启昆指出：“商则贸迁有无，经舟车跋涉之劳，有水火盗贼之虑。物价之低昂，人情之险易，一一习知。行之既久，一诺而寄千金，不胫而走千里。大则三倍之息与万户等，次则蝇头之利若源泉然，岂不受用？然此皆从刻苦中来也。”[①]“勤则天下无难事”。要想发家致富，商人就必需勤奋、勤劳，表现在有的商人身上就是外出几年甚至几十年不归家，兢兢业业地经商。这一点在徽商身上表现得更为明显。“勤”事关商人的财富之“源”，而“俭”则关涉商人的财富之“流”。清代商人一般都十分重视开源节流。他们认为，节俭也是治家之本，与勤劳不同，它是守业之本。为此，商人不仅在经营中节省开支，而且在生活中节衣缩食，尽管也有商人衣着浮华、生活铺张和游乐嫖赌。勤俭表面上似乎与自己对待其他商人无关，但实际上却有密切的关系。因为，一个商人如果以勤俭的态度对待自己，那么，他就通常不会用不正当的手段对待其他商人。

清代商人之间的关系是围绕着利益而展开的，它具体表现为两种情形，其一是合作关系，其二是竞争关系。

1. 商人之间的合作关系。商人之间的合作关系既有合本经营关系或者共存共生关系，又有债务关系。合本经营都有契约，这种契约一般只对各投资方

---

① 从余选注：《中国历代名门家训》，东方出版中心1997年版，第253页。

在财务管理、红利分配的权利与义务作出规定，而不涉及内部分工等方面的内容。清代商人一般都能够按照契约中的要求自觉地约束自己的行为，努力地实现共同利益。不可否认，在合本经营中，也存在着吴中孚所说的"因势凌人，因财欺人，因能侮人，因仇害人，因倾推人"的现象。共存共生关系是指经营同类商业的商人之间的良好关系，在这种关系中，一个商人在谋取其利益时会考虑到其他商人的利益。苏人阿昭就是这样一个商人，他是销售猪、鱼、鸡、鸭等熏烧食物的小商贩，"其所售猪鱼精美异常，人争买之。晡时便尽。然阿昭所作有恒度，或劝何不多作，日有赢余，亦可经营致富。阿昭曰：'人之所以为人者，须有生趣。吾不多作，使得有余闲，足以自娱。且于其时承欢于吾母，得叙天伦之乐也。有天下生计，须天下人共之，何可恃己之能，夺人食耶？'"(《清稗类钞·农商类》)债务关系是在商业组织之间或者商业组织与票号之间发生的关系，它具体表现为商人向票号借贷资金或者向商家赊销商品。在借贷资金或者赊销商品时，清代商人甚至无须签订合同，但他们并不因此而不予承认或者拖延不还。相反，他们一般都能按照约定的期限予以归还，若自己无力偿还或者意外去世，他会交代子女承担偿还的责任。

2. 商人之间的竞争关系。在清代社会里，商人之间的利益竞争是相当激烈的，他们之间明争暗斗，竞相压价，甚至进行你死我活的残酷斗争。清朝政府原来只允许京师仅在天桥开设一家红果行，但到乾隆朝却有了两家，而且都由山东人经营，他们"争售贬价，各不相下。继有出而调停者，谓：'徒争无益，我今设饼撑于此，以火炙热，能坐其上而不呼痛，即任其独开，不得争论。'议定，此设于天桥之主人即解衣坐之，火炙股肉。须臾，两股焦烂，即倒地死，而此行遂得独设，呈部立案，无异议"(《清稗类钞·农商类》)。这种残酷的利益竞争使清代商人不得不想方设法来提高自己的竞争力，增强自己的实力和势力。而清代商人增强其实力和势力的途径，无非是以下三种：其一是寻求政治力量的保护，为此，商人必定会主动结交官员，或者通过捐纳来获得某一官职；其二是通过科举考试来获取功名，以提高自己在商人中的影响力，这就是清代商人为什么在致富后仍然致力于科举考试的一个重要原因；其三是结成凝聚力量、共同对外的商人团体或者商帮。清代社会里有各种各样的商人团体或者商帮，其中最著名的是晋商、徽商等十大商帮，它们都是依靠血缘关系、地缘关系甚至宗教信仰而建立起来的商人团体。为了协调商人的行为，这些商人团体基本上建立了自己的会馆。这样的会馆具有对内和对外两种功能。就其对内功能而言，它既可以强化同乡观念，维系和增进乡宜，满足商人的归宿感，又可以为同乡商人提供居住和贮货的场所，还可以共同商议经营事宜，订立有关规章制度，处理内部经营纠纷。道光朝浙江绍兴商人在苏州开设了100多家烛铺，他们出资建立了东越会馆，其目的是“为同业公定时价，毋许私加私扣。如遇不公不正等事，邀集董司，诣会馆整理，议立条规，借以约束”①。就其对外功能而言，它既可以扩大同一商业会馆的影响，提高其商品的知名度，又可以垄断市场，进行商业竞争，其目的是商人借助同乡的集体力量来保护自身的利益。

三、商人对社会的态度

清代商人对社会的态度与商人在社会中的地位有直接关系。尽管有学者论证并提倡“农商皆本”，但总的说来，商人在清代社会里的地位是较低的，官员可以随心所欲地对待他们，士人也可以当面指责、辱骂他们。然而，清代商人并没有因为社会上所存在的“贱商”观念和其他人的不友好态度而报复社会，相反，他们忍辱负重，以合乎道德的态度来对待社会，以力图改变人们心目中的“贱商”形象。

尽管清代商人中不乏寻欢作乐、奢侈糜烂之徒，但更多的商人在富裕之后都会乐善好施、急公好义。当时曾有学者指出，好义乐善之风“往往难见于士大夫，转而见于商贾”。商人们的乐善好施表现在方方面面，他们修庙宇、购义田、立祠堂、建义塾、设善堂、济老弱病残、施棺木、置义冢等等。雍正朝同安县人黄锡时，因家贫而放弃科举考试，四处经商，家庭富裕后，他捐献钱财购买义田，建筑宗祠，资助族中子弟读书，为“孤寡无所赖者”提供生活资料。

第五节　医生道德生活

医生职业是清代社会中的一种重要职业。就其从业人员的构成来说，它是

① 江苏省博物馆编：《江苏省明清以来碑刻资料选集》，三联书店出版社1959年版，第217页。

相当复杂的。从其是否为官府服务的角度来划分，医生可以分为“官医”与“民医”，其中，“官医”可以分为专门为清皇宫服务且可能会有官位的“太医”与遵从官员指令的没有官位的医生。从其是否将医生职业作为自己的主要生活来源角度来划分，医生可以分为三种，其一是为实现儒家道德理想的“儒医”，其二是以医生职业为主业的“方伎”，其三是以医生职业为副业的“巫医”。由于“官医”的医疗行为都是服从当权者的命令的，因此，“官医”的活动没有被纳入我们的考察视野。在此所论述的只限于“儒医”、“方伎”和“巫医”的活动，并通过他们如何处理自己与医疗事业、同行、患者和社会之间的关系，即对医疗事业、同行、患者和社会的态度来呈现这种职业道德生活。

一、医生对医疗事业的态度

在古代中国社会里，医术被人们视为济世救人的仁术。“医乃仁术”，这不仅是清代“儒医”的理念，而且也是“方伎”、“巫医”乃至所有清代人的观念。医中的仁表现在方方面面，首先表现在医生对医疗事业的态度上。

1. 医生选择医生职业的动机反映了他对医疗事业的态度。人们选择医生职业的动机是各有不同的。在清代社会里，人们选择医生职业的动机主要有以下六类：

(1) 实现儒家的道德理想。儒家的道德理想无非是“内圣”与“外王”两个方面，前为内在超越，后为外在超越。就后者而言，即为济世利人。在儒家看来，济世利人有三种层次，即“上者医国”、“中者医人”、“下者医病”。尽管“医病”是最低的道德追求，但也是儒家的一种选择。因此，对于儒者而言，当他在科举考试中取得了成功，有了功名，他就会兼顾“医国”、“医人”和“医病”三个方面；如果他自觉在科举考试和功名方面无望，他就会退而求其次，专心“医病”。在清代社会里，如陈念祖式的亦儒亦医者为数不少，像王清任式的弃儒(实为放弃科举考试)从医者也大有人在，如李雅化“尝就试于有司，不售，遂弃去，肆力于医”(《清稗类钞·艺术类》)。

(2) 救人。有人之所以选择医生职业，不是因为他已经经过儒学的系统教育且有自觉的儒家道德观念，而是因为他同情别人的痛苦。

(3) 事亲。一个人通过选择学医、从医而事亲，其取向无非是两个方面，一是为了亲人能生活得更好，如钱塘人陆丽京（即陆圻）“善医，遂藉以养亲”；二是为了缓解亲人的病痛，如乾隆朝生员东安人唐雄飞“高才能文，不应试。以母疾，研究方脉”（《清稗类钞·艺术类》）。

（4）求生存。一个人选择学医、从医，在某种意义上，就是求生存。有的人选择医生职业，可能是因为他具备了这方面的条件，已经习惯了家人所选择的这种生活方式，如乾隆朝人湘医高岐山“承其祖父之业”就是如此；有的人选择学医、从医则可能是出于不得已，如“王之政，字九峰，丹徒人，博通典籍。年三十余，遭子丧，耳闭不听，又为行医者误投凉剂，竟不通音响，遂自号聋子。聋子以有耳疾，不求仕，乃学医，深通其术，名大振”（《清稗类钞·艺术类》）。

（5）求名。有的人选择学医、从医则是为了求得好名声，为了得到他人的赞扬和肯定，或者是为了得到清朝政府的表彰。

（6）谋利。有的人选择学医、从医，则专一于求利，是为了挣更多的钱财。这六种选择医生职业的不同动机，实际上是医生从业的六种不同的道德动机，内在地规定着不同医生的道德价值取向。尽管它们导致了实际道德生活的多样性和复杂性，但其根本问题则在于医生对生命的道德态度、对义利的取舍。就总体来看，清代医生是具有生命神圣的理念的，是重义轻利的，都是出于如清代医家徐延祚在《医粹精言》中所强调的“欲救人而学医则可，欲谋利则不可”的。

2. 医生对医术的精益求精反映了他对医疗事业的态度。医术是事关病人健康和生命的技术，它关系着病人家庭的平安、幸福和前途。因此，一个医生在医术上是否精湛，就不只是一个纯粹的技术问题，而同时也是一个道德问题。而且，一个医生所具有的道德观念可能会直接影响到他的医术，正如名医叶桂（叶天士）的弟子华岫云所指出的：“夫以利济存心，则其学业必能日造乎高明；若仅为衣食计，则其知识自必终囿于庸俗。”①然而，可以肯定的是，绝大多数清代医生对医术是精益求精的。不过，他们各自的动机是有所不同的。其所图无非是两种，不是“利人”就是“利于人”，不是有利于他人就是有利于自己。但不论哪种情形，它们都与“名”相关。所不同的是，“利人”者不邀名、不求名、不重

① 叶天士著：《临证指南医案》，华夏出版社 1995 年版，序言第 4 页。

名，这样的“名”即是美名；“利于人”者则邀名、求名、重名，以“名”作为赚钱的手段。清代名医徐大椿告诫医生们，不要专意于“利于人”，还应该同时“利人”，只有这样，才能赢得美名，一旦“声名日起，自然求之者众，而利亦随之。若专于求利，则名利必两失，医者何苦舍此而蹈彼也”①。在清代社会里，无论是出于“利人”还是“利于人”的考虑，医生都会对医术精益求精。

这种精益求精主要表现在：

(1) 医生们都不满足于现有的医疗水平，在实践过程中不断探索，总结最有效的能尽可能地减轻病人痛苦的治疗方法。

(2) 医生们都不会拘泥于一种治疗方法，会不断地尝试新的方法。康熙朝的张道人治疗病人的方法与一般的医生不同，他“以元门清静导引，治病有效。或问之曰：‘予见人以坐功而致病者多矣，未见有以坐功治病而有效者也。今先生用之而效，何也？’道人曰：‘世人执一死法而治诸病，如医以一方而疗众疾，非独不效，必杀人。今我因病以用法，如医者诊病以处方，所以能起沉疴如操券也’”(《清稗类钞・艺术类》)。

(3) 医生们都不会拘泥于自己的医术，一方面博览医书，了解医理，另一方面吸取他人医术之长处。唐雄飞研究医术，“久之，无所得，出访良师，亦无遇也。还遇异人，言论清异，谓雄飞曰：‘脉非可学也。念子笃志，今授汝书。’遂以医术名。其用药与人异，十二月各有主，凡治病必用之药，下不逾时，疾必愈”(《清稗类钞・艺术类》)。以医术闻名于雍正、乾隆朝的江苏吴县人叶桂，“先世自歙迁吴，祖时、父朝采，皆精医。桂年十四丧父，从学于父之门人，闻言即解，见出师上，遂有闻于时。切脉望色，如见五脏。治方不出成见，尝曰：‘剂之寒温视乎病，前人或偏寒凉，或偏温养，习者茫无定识。假兼备以幸中，借和平以藏拙。朝用一方，晚易一剂，讵有当哉？病有见症，有变症，必胸有成竹，乃可施之以方。’其治病多奇中，于疑难症，或就其平日嗜好而得救法；或他医之方，略与变通服法；或竟不与药，而使居处饮食消息之；或于无病时预知其病；或预断数十年后，皆验”(《清史稿》卷502《艺术一》)。他之所以能够达到这样好的医疗效果，是因为他自12岁至18岁期间向17位善于医治不同病症的医生学习过医

① 王治民主编：《历代医德论述选译》，天津大学出版社1990年版，第273页。

术，并提出和实践了“不期师古，不法常可”、吸取众家之长的主张。他之所以要致力于医术的不断提高，是因为他十分清楚医术对于人的生命、健康和幸福的价值。因此，他在临死时“戒其子曰：‘医可为而不可为。必天资敏悟，读万卷书，而后可以济世。不然，鲜有不杀人者，是以药饵为刀刃也。吾死，子孙慎勿轻言医！’”(《清史稿》卷502《艺术一》)

3. 医生的著书立说也反映了他对医疗事业的态度。“立德”、“立言”和“立功”被儒家视为“三不朽”。这“三不朽”是所有儒者都应有的追求。所以，华岫云说：“故良医处世，不矜名，不计利，此其立德也。挽回造化，立起沉疴，此其立功也。阐发蕴奥，聿著方书，此其立言也。一艺而三善咸备，医道之有关于世，岂不重且大耶！”[①]不过，医生的著书立说并不是为了扬名后世，而是以供后人借鉴、沿用。清代医生所著的医书是中国历代最多的。清代社会中所刊行的医书大体上有四种：一是整理、印行历代名医的著作。二是根据自己的医疗经验而撰写的著作。乾隆朝举人福建长乐人陈念祖著有《伤寒金匮浅注》等十余种，以此来教育自己的弟子。山东昌邑人黄元御“因庸医误药损目，发愤学医，于《素问》、《灵枢》、《难经》、《伤寒论》、《金匮玉函经》皆有注释，凡数十万言。自命甚高，喜更改古书，以伸己说。其论治病，主于扶阳以抑阴”(《清史稿》卷502《艺术一》)。叶桂本人虽然没有撰写医学著作，但他的弟子集他的医疗实践经验而成十卷本《临证指南医案》一书。三是指出已有医书的缺陷的考证批评类著作，如王清任所著的《医林改错》就是这样的著作。四是以防医生误医的警醒类著作。歙县人程国彭在雍正十年(1732)所撰写的《医学心悟·医中百误歌》中，详细指出了医生在诊治时容易发生的失误，告诫医生要小心谨慎，要做到“病不识时莫强认，谦恭退位让贤能，务俾他人全性命”。喻昌(喻嘉言)[②]著有《医门法律》“取风、寒、暑、湿、燥、火六气及诸杂症，分门著论。次法，次律。法者，治疗之术，运用之机；律者，明著医之所以失，而判定其罪，如折狱然。昌此书，专为庸医误人而作，分别疑似，使临诊者不敢轻尝，有功医术”(《清史稿》卷502《艺术一》)。医生们撰写和印行这些著作的意图，并非限于方便著书者和从医者所用，而是寄

---

① 叶天士著：《临证指南医案》，华夏出版社1995年版，序言第4页。

② 有的文献称之为“俞昌”或者“俞嘉言”，本文使用“喻昌”或者“喻嘉言”这一称呼，但引文中如有“俞昌”或者“俞嘉言”则不变。

希望于中医的传承和发展，在民间普及中医知识，目的是更好地防治疾病，挽救病人的生命，让人们生活中少些痛苦，正如喻昌所说“吾著书以教人功在万里”。

二、医生对同行的态度

清代医生之间的关系存在着两种情形，一种是合作关系，它体现在相互尊重、相互借鉴、取长补短、共生共存等方面。另一种是竞争关系。这种关系的实质和核心是利益，并通过医术来呈现。由于利益是指向医生的，医术是指向病人的，因此，医生之间的利益关系就会转化为对病人资源的占有关系，最后定位在争取病人资源的医术上。在此意义上，医生如何对待自己的医术、如何看待其他医生的医术，就成为了医生道德生活中的中心问题。

清代医生在处理同行之间的关系时是奉行内外有别的原则的。这种“内外有别”有两层含义：其一是血缘有内外，其二是师承有内外。清代医生在处理这两种内外关系时都有自己的道德原则，而其他人对当事人的这种行为也是普遍认肯的，并不认为当事人这样做在道德上有问题，也不会谴责当事人那种先内后外或者只内不外的做法。

就血缘方面的内外而言，医生对待自己所掌握的医术有两种态度：

1. 只传宗亲。清代社会中有很多医生对自己的医术就持这种态度，对所谓“祖传秘方”则尤其如此。他们不愿意让自己所掌握的医术外传于人，只愿意传给宗亲。医术在宗亲中的传承是遵循一定的顺序的，这种顺序被人们认为具有道德上的合理性，如果一名医生不是按照这样的顺序来传承自己的医术，他人就会觉得不可思议。这种传承的优先顺序是首先传儿女，其次传本房(支)，再次传本宗族。在具体操作过程中，医术在宗亲的传承上往往是传男不传女的，其结果是导致了子承父业、世代为医的现象，也造成了某一医家对某种医术的垄断。一名医生如果有儿子，他就肯定会将自己所掌握的医术无所保留地传给他；如果自己没有儿子，他就会将医术传给本房、本族的男性，如唐雄飞没有儿子，“雄飞死，无传书，惟手录脉诀，其族人曰大悦者得之，以治病，亦应手辄效，与雄飞同”(《清稗类钞・艺术类》)。这些医生之所以将医术传男不传女，是因为医术是人的一种生存手段，是获取生活资源的有效工具。如果自己的医术被外人所掌握，自己的宗亲就势必要与外人进行生存竞争，或者就会因为宗亲丧失了这种生存手段而使他们陷入生存困境。这种结局是作为对宗亲有归属感的医生所不愿意看到的。当然,并不是所有的医生都会因担心自己的医术被外人所掌握而不愿意传授给女儿,如临邛医生张本元,其先世务农,他既没有从父辈那里继承医术,又没有向他人学过医术,但他却善于针术,被时人称为"神针张本元"。他"无子,一女。针法传于女,女死,遂不传"。张本元这种做法在清代社会里并不多见,个中原因无法推知,也许是出于无奈,但无论如何,有一点是可以肯定的,那就是他期望通过医术的传承使自己的女儿生活有着落、生活得更好。

2. 广授学徒。清代社会中有些医生并非只将其医术传给宗亲,而是广授学徒。此"广"有二义:一是突破了血缘和地缘的限制,医生愿意将自己的医术传授给他人;二是医生所授学徒较多。这种态度与上述态度的不同主要表现在以下三点上:第一,医生不是把医术视为一种生存手段,而是将其当作拯救他人生命、解除他人痛苦的工具,从而真实地凸现医生职业的特质,有利于实现医术的本真价值。第二,医生不是注重医术的简单传授,而是强调医术的发扬光大,不是拘泥于某种医术,而是不断地改进它,使之能够更好地济世救人。第三,在对医术的接受者的要求上,医生不只是强调"能",更重要的是强调"善"。是择其"善"者而教之,还是择其"能"者而教之,这是医生在传授其医术时必须作出的道德选择。如果一个人没有从医的能力,没有接受医术的必要条件,医生是不会将其医术传授给他的,因为,在医生看来,庸医是会误人生命、损害他人健康的。正是因为如此,叶桂才在临死时特别"戒其子曰:'医可为而不可为。必天资敏悟,读万卷书,而后可以济世。不然,鲜有不杀人者,是以药饵为刀刃也"。对于大多数医生来说,他们是能够分清医术的"善"与医生的"善"的,而且认为这二者是一致的,这种一致是建立在医生的"善"的基础上的。如果学医者的内心不是"善"的,他的善良的德性不被人所相信,医生是不会传授自己的医术给他的。为了寻找到自己医术的合适的继承人,医生都会对学医者进行人格上的考验,或者对其人品进行长久的考察,有的医生甚至使用苦肉计的方式来确证。张老人在将自己的医术传授给易三时就使用了苦肉计。沅陵人易三"年三十余居常德东市,卖浆宿旅。久之,有老人行乞市中,日呼易三门,求食,体有恶疽,溃而臭秽不可近。易心哀之,日贮盂食以给之。旋求僦居,亦纳焉。老人朝出暮归，踉跄怪状。室中人皆恨且詈，易独不然。居且一年，老人病痢，粪赤白下，杂疽臭，益不可近。易殷勤候食息，无畏色。老人夜分呼易曰：'吾有意于子久矣，子诚善也，吾术可授子。吾固不患疽，不患痢，姑试子耳。'易谛视老人，体如常人。及视所下赤白粪，皆澄清可镜，心异之。昧爽，老人呼易步东郭高冈，授法，怀中出所乞食盂，取水，祝令沸，以短刀置盂中，水不仆，戒曰：'凡吾术，可以医百病，祝水不沸，刀不竖，不可治，即治，不可受人财，又不可妄传人。'易俯首谢。老人忽不见，遥闻有声曰：'吾乃张姓也。'"(《清稗类钞·艺术类》)张老医生之所以在将自己的医术传授给易三之前要考察其是否心善，并嘱咐其在行医过程中"不可受人财"，在传授医术时"不可妄传人"，就是因为他对济世救人的医生职业道德精神的执著。

就师承方面而言，医生如何看待他人的医术也有两种态度。

1. 独尊自家医术。在清代社会里，不同的医生在诊治同一医科的过程中逐渐形成了不同的医术，于是，自立门户，招收门生，成为了具有一定影响的医门或者医家。有的医家自认为所掌握的医术是最有效的，就瞧不起其他医生的医术，他不仅自己不去吸取其他医术的长处，而且还要求其门生拒斥它。其结果，一是造成了出于同一师门的医生对所宗医术的固守和维护，二是导致了不同师门的医生之间的相轻甚至敌对。如有一富家小孩生病不吃饭，面临着死亡的威胁，经其他医生诊断不能治愈，于是，富家请高岐山来医治。"高囊药而往，独排斥群医之言，谓可治，姑试之"。同样享有医名的江苏吴县人叶桂(叶天士)与薛雪(薛一瓢)之间"相忌。病者就天士，则必询之曰：'曾就一瓢乎？'就一瓢，则必询之曰：'曾就天士乎？'天士愤，大书榜其堂，曰'扫雪。'一瓢闻之，笑曰：'人谓天士不通，今果然矣。彼云扫雪，与我何干，纵其大扫可也。'因亦书二字榜其堂，曰'扫叶'。"(《清稗类钞·艺术类》)医生之间的"相忌"、"不相能"，表面上是对对方医术的否定，其实质却是对病人资源的争夺和在利益方面的对立。

2. 认肯、赞赏和学习他人的医术。医生的这种态度不但可以为其他医家提供广阔的生存空间，更难能可贵的是他勇于承认自家医术的不足。叶桂虽然对薛雪不友善，但他对其他医生的医术却抱有正确的态度。有一次，他的老母亲"病热而脉伏甚，似寒症。天士审症立方，中夜，独步中庭，搔首自言曰：'诊他人母，必用白虎汤。'其邻叟某亦行医者，窃闻之，次早踵门献技，用白虎汤一剂而愈，其名顿起，而不知其即出于天士也”（《清稗类钞·艺术类》）。已是名医的叶桂不但能够容纳名不见经传的医生为自己的母亲治病，而且一旦“闻某人善治某症，即往执弟子礼”，甚至“变姓名往学于僧”，对老僧的独到医术“亦心服”。有的医生对他人的医术甚至佩服到令人难以想象的地步。傅山（傅青主）是明清之际的一位名医，他的同乡王尧客居京城，其头痛经多位医生的治疗毫无效果。王尧又求诊于太医院某医生，这位医生告诉他，他只能活一个月了，要他速归老家料理后事。王尧在急急忙忙赶回老家的途中，恰好遇到了前往京城的傅山。傅山“问王归意，以疾告，曰‘太医院某君，国手也，盍请治之。’某叹曰：‘仆之归，从其命也。’乃具告所言。傅骇曰：‘果也，奈何？试为汝诊之。’按脉良久，叹曰：‘彼真国手也，其言不谬。’王固知傅技不在某下，泫然泣曰：‘诚如君言，真无生望矣。然君久著和缓名，乃不能生死人而肉白骨乎？’傅又沉思久之，谓曰：‘汝疾万无生理，今思得一法，愈则不任功，不愈亦不任过，试之何如？’王大喜，求方……王诺而别，归家如法治之，疾果愈。寻至都见傅，喜慰异常。更谒某，某见王至，瞿然曰：‘君犹无恙耶？’王具以傅所治之法告之。某叹曰：‘傅君神医，吾不及也。吾初诊汝疾，乃脑髓亏耗，按古方，惟生人脑可治，顾万不能致。今傅君以健少旧毡笠多枚代之，真神手，吾不及也。若非傅君，汝白骨寒矣，谓非为鄙人所误耶！医虽小道，攻之不精，是直以人命为儿戏也，吾尚敢业此哉！’送王出，即乞休，闭门谢客，绝口不谈医矣”。（《清稗类钞·艺术类》）

三、医生对患者的态度

医生的道德生活呈现在对自己与医疗事业、同行、患者和社会之间关系的处理上，其中最主要的方面就是医生对医患关系的处理，它突出地反映了医生道德生活的特质。医生对医患关系的处理则具体体现在医生对生命健康、金钱的态度和一般的文明举止上。

1. 医生对生命的态度

历代的人们都有这样一种共识：医生的职责就在于治病救人。不可否认，治病救人是医生的社会功能，也是医生的分内责任。问题不在于医生在事实上是否在治病救人，在结果上是否达到了治病救人的效果，而在于医生对生命抱有何种态度，是否把治病救人视为了新教伦理所说的那种“天职”。在清代社会里，并非所有的医生都把治病救人当作一种天职，他们对病人生命的态度表现出明显的不同。具体说来，不同的医生对病人生命的态度可以分为三种，即从生命神圣的观念、医生的做人原则或者对自身利益的追求出发来对待病人的生命。

(1) 生命神圣是医生对待生命的应有态度，它既要求医生具有生命神圣的观念，正如湘医罗国瑛所强调的那样："凡治病，当以活人为心"，又要求医生采取一切可能的措施，要像对待自己的亲人一样，尽心尽力地拯救病人的生命。这种态度突出地表现在两个方面：其一是病人的生命一律平等。抱有这种态度的清代医生都能做到孙思邈所要求的："若有苦厄来求救者，无论贵贱贫富，长幼妍媸，怨亲善友，华夷愚智，皆如至亲之想，一心赴救。"他们超越了政治、利益和情感等的限制，不因任何理由而拒绝为病人治疗，具有博爱的心怀。沅陵人舒荣"精医术，治外症，不方不药……乾隆末，福文襄、王康安、宣勇伯和琳督师征苗，荣在军中，士卒中铳炮，饮水即瘥，全活数万人，群称为神水"(《清稗类钞·艺术类》)。其二是不顾不合理的道德观念而拯救他人的生命。"男女授受不亲"是中国古代社会所强调的道德观念，它在先秦时就受到了人们的质疑，它的不合理性明显地表现在生命的选择中。在这样的道德观念氛围中，清代医生不得不面对生命与该道德观念的冲突。医生要解决这种冲突，以凸显生命的神圣性，就只能不顾不合理的道德观念。有一天，喻嘉言"往乡，舟过一村，见一少女浣衣于河，注视久之，忽呼停棹，命一壮仆曰：'汝登岸，潜近其身，亟从后抱之，非我命，无释。'仆如其言。女怒骂大呼，其父母闻而出，欲殴之，徐曰：'我，俞嘉言也。适见此女将撄危症，故救之，非恶意。'女父母素闻其名，乃止。嘉言问之曰：'汝女未痘乎？'曰：'然。'嘉言曰：'数日将发闷痘，无可救。吾所以令仆激之使怒者，乘其未发，先泄其肝火，使势少衰，后日药力可施也。至期，可于北城外某处取药，毋迟。'"(《清稗类钞·艺术类》)医生不只是不能顾及不合理的道德观念，有时甚至不得不采取表面上不合情理的行为。叶桂"有外孙，甫一龄，痘闭不出。其女抱之归，求治，天士难之。女愤，以头撞门曰：'父尝谓痘无死症，今外孙独不得活乎？女请先儿死。'即持剪刀，欲自刺。天士不得已，俯思良久，裸儿，键置空屋中，自出外，与博徒戏。女欲视儿，则门不可开，遣使数辈促父归。博方酣，不听，女哭欲死。至深夜归，启视，则儿痘遍体，粒粒如珠。盖空屋多蚊,借其嗜肤以发之也"(《清稗类钞・艺术类》)。连自己的女儿都不理解父亲的做法,并因此而极为愤怒,就可以想象,其他医生在遇到这样的情形时会受多强的良心折磨,需要多大的勇气了。

(2) 医生从其做人原则出发来对待病人生命的态度是受制于医生的价值观念和政治立场的。由于这种价值观念和政治立场并非是医生个人所独有的,而是大多数社会成员所共有的,因此,不仅医生本人认为自己如此对待生命的态度是合理的,而且大多数社会成员还赞赏和支持医生这样的做法,或者能够理解和宽容医生这样的行为。傅山强调,一个医生应该先做良人再做良医,对于病人应该诊贫不诊富,不应该为胡人、权奸看病。傅山所说的"良人"和"胡人"、"权奸",并非只是一个道德上的概念,同时也是一个政治上的概念,即"良人"是指一个具有民族气节的人,是一个不与清朝统治者进行合作的人,"胡人"、"权奸"是指清朝的统治者和那些背叛了明王朝的人。傅山所强调的诊贫不诊富,实际上反映了当时的人们尤其是士人的一种道德观念,即"为富不仁"和"贱商"的观念。王之政(王九峰)在给病人诊治时从来不计较酬金的多少,对贫穷的病人还"施药以济之",可是,他对富有的病人的态度则有所不同,他说:"吾不能以低颜仰富翁,而自贱吾术也。"此外,有的医生不为仇人看病,不为已被其他医生尤其是名医所诊治过的病人看病,不为不相信自己的医术或者怠慢自己的病人看病,这些态度都是与医生的做人原则直接相关的。通过分析医生对待生命的这种态度,我们可以发现存在着两种情况:其一是纯粹的道德态度,其实质就在于医生认为病人的生命并不是一律平等的,用不着以同样的态度来对待不同人的生命,相反,如果自己拯救了那些不值得拯救的生命,他就会觉得自己良心不安。在此,病人的生命价值与医生的做人原则之间发生了冲突。其二,它直接以"能不能"和"是否必要"的方式表现出来。这种对病人生命的态度同医生对病人病情的了解和医术的限制密切相连。当一位医生断定自己的医术不能挽救病人生命的时候,他就会放弃对病人的治疗。湘潭人李畏斋"善岐黄……比邻有求医者,皆就诊焉。百里内外,造门延请,察其来意,知病可为与否,可则往治,应手辄效,否者不往"(《清稗类钞・艺术类》)。这种态度的背后也许有"该不该"的问题,如病人的家属该不该为此而付出治疗费用,该不该因此而使家庭生活陷入困境,医生该不该因为不能挽救病人的生命而承受名誉方面的损失。

（3）医生从对自身利益的追求出发来对待病人生命的态度，在清代社会里也是有所存在的。病人的生命与医生的自身利益在道德的天平上孰轻孰重，这是普通人都能够很好地权衡的。可是，在清代社会里，有的医生却以自己的利益能否得到实现作为其行医的出发点和归宿，以此为尺度来决定自己要不要拯救病人的生命。这种态度表现为两种情形：其一是在尚未诊治之前，医生就决定了自己是否拯救病人的生命，即病人有钱则诊治，无钱则轻慢甚至拒绝。他们做不到陈士铎所要求的医生"当存一救人实意，不当惟利是图。勿以病家富，遂生觊觎心；勿以病家贫，因有懒散志"。[①] 不过，他们只是依据病人或者病家是贫还是富来对自己的医疗行为作出抉择，并不强迫病人或者病家非让自己诊治不可，使之具有一定的选择自由。其二是在医疗过程中，医生以病人的生命威胁作为自己谋利的砝码。他们就是那种"乘人重病，勒取厚谢"的医生，让病人或者病家没有选择的余地，非满足自己的谋利愿望不可。《清代笔记丛刊》中描述了这样一则故事：医生吴某悬壶求利，他了解到一位富翁的幼子胸腹肿胀，经多方医治，毫无疗效，就出言自己能够治好该小孩的病，并要求酬劳千金，在患儿稍有好转后，他又故意面露难色，等到"翁许酬以三千金"，才答应给患儿继续治疗。更有甚者，某医生给人治疗痔疮，在放下患者大肠之后，才与他谈起诊治酬金，患者知道命悬其手，不得不满足该医生的求利欲望。

2. 医生对金钱的态度

金钱是人们赖以生存的条件，它本身是无道德性可言的。不过，作为人与人之间发生关系的手段，它在人们中的转移就具有了道德意义。在此意义上，医生对待金钱的态度，实际上反映了他对病人或者病家的道德态度。

除了上述的以病人生命作为自己不正当地攫取钱财的手段之外，清代医生对待金钱的态度主要有四种：

（1）正当谋利。这里主要有两种情形，一是医生对其所有的诊治项目明码标价，对贵贱、贫富、长幼、智愚、亲仇一视同仁；二是提供更便利的医疗服务，以便赚到更多的钱，如有一位医生，"初悬壶于市，未几而移入坊巷，与某富室比屋而居"，他之所以要如此，是因为他知道富翁"好食煎炒之品，久必患疡，移肆就

① 陈士铎著：《本草新编·劝医六则》，中国中医药出版社 1996 年版，第 6 页。

之，可因以为利也”。

(2) 医生虽然自己贫穷但不计较酬金的多少。李雅化(李隆古)夫妇只有一间面积很小的房子，为了方便行医，他用芦苇将其隔断为内外两间，如“有叩门求医者，不以风雪炎暑辞，与之赀，多寡不较”。张本元自有医名之后，上门求诊的人越来越多，“与之钱，不辞，不与，亦不责报”。王之政“夙不计赀，听自给，遇贫乏者，多施药以济之”。

(3) 不受酬报。耕云子隐居时见到有病人经过，主动将病人叫住，待医治好病人后，“酬以钱，不受，曰：‘吾非医者，恶用此！’”当然，清代医生并非对所有病人都不收受酬金，有的医生还将富人的酬金用来接济穷人。医生郭兴时与铁冶亭相识，“冶亭家人有病，日或两三至，不受谢。问其故，笑曰：‘余日一出门，即获钱十数千文，间遇监政、关部诸家，每索必数百。若辈无功于国，而坐拥厚赀，其所得，不过奸商恶仆鱼肉百姓之脂膏，分而用之，不遭造物之忌。若公等清曹薄俸，竭锱铢之利以贶医者，受之亦不安也’”。(《清稗类钞·艺术类》)其四是资助病人，不图回报。婺源人张明征曾任太医院官，回籍后开设医馆，有一天傍晚，路遇一位久痢衰弱病人，即令僮仆背回家中，病人经他一个多月的调治而痊愈。他又给病人返家路费，且不问患者姓名，以绝回报。莫际曙前往湘潭人宋某处诊病，“憩道旁茅店，店妇捧茶进，未以病告也。莫诧曰：‘汝有病，病且深，然及今尚可治。’为书方，给钱市药。越旬日，再经其地，问之，妇病若失，叩头谢。莫喜曰：‘无须也。宋君病，我治之愈，谢金可持赠汝也。’并书善后方与之”(《清稗类钞·艺术类》)。

3. 医生对其举止的约束

医生对患者的态度也表现在其举止上。清代医生非常注重自己的行为，无论是坐诊还是出诊，都自觉地约束自己的举止。他们之所以如此，是因为他们认为病人的疾病可否被治愈与病人的心理状态是否良好直接相关，而病人的心理状态是否良好又与其对医生行为的感知相联系。病人感知医生的行为，其目的在于判断医生是否值得信赖，即医生的医术是否高明与医德是否高尚。医生要得到病人乃至病家的信赖，其惟一途径就是自己的行为。医生的行为并非只有医疗行为，还有交往行为。与此相联系，医生对自己举止的约束就包括对医疗行为和交往行为的约束。清代医生怎样约束自己的行为？李中梓认为其关键在于“行方”，他在其所著的《医宗必读》中指出：医生应该“宅心醇谨，举动安和，言无轻吐，目无乱观，忌心勿起，贪念罔生，毋忽贫贱，毋惮疲劳，检医典而精求，对疾苦而悲悯，如是者谓之行为”。喻昌提倡并奉行“笃于情”，在其所著的《医门法律》中认为，“医，仁术也。仁人君子必笃于情，笃于情则视之犹己，问其所苦，自无不到之处”。医生如果对病人“笃于情”，就会像对待自己的亲人一样诊治患者的疾病，不会“草草诊过”。黄凯钧强调“遇急病人，请致即行”，“不轻忽临危病人”，“不厌恶秽病人”。他们基本上能够做到尊重乡土习俗，尊重病人和病家，对贫穷者不趾高气扬，对富贵者也不卑躬屈膝，为人随和，朴实无华，如易三“为人敦庞坚朴，虽出入贵官门，不以光宠自矜……易老而不著名字，人呼易先生，应；呼易神仙，应；即呼易三，亦应”（《清稗类钞·艺术类》）。他们保守病人的秘密，不向任何人透露患者的生理缺陷、妇科病、性病，不借行医之便调戏污辱妇女，不会因为病家富丽堂皇而左顾右盼，罗国瑛甚至告诫其子孙“入闺闼，尤宜戒游目”。总之，他们一方面注重树立自己的良好形象，另一方面又待人真心诚意，彬彬有礼。

四、医生对社会的态度

医生是清代社会的构成部分，他们从社会中获取自己所需要的资源，同时又主动地承担起对整个社会的道德责任。这种道德责任并非限于救死扶伤，而是济世利人。在儒家看来，医生所承担的济世利人责任有三个方面，或者说，医生的济世利人有三种层次，即“上者医国”、“中者医人”和“下者医病”。具体说来，医生对社会的道德责任主要表现在四个方面：

1. 医治国家。作为国家共同体中的一员，清代医生十分关心国家的前途命运，并通过实际行动来表明自己对当政者的政策和统治的态度。他们或者与清朝政府不合作，或者敢于维护民众的利益。明清之际，一些医生面对国破家亡的现实，产生了强烈的民族主义意识，他们不仅捐献家财，资助反抗清朝政府的肆意掠夺和残暴统治的斗争，而且亲自投入反清复明的运动中去，拒绝清朝政府的征召，不与清朝统治者合作。吕留良散尽家财，组织队伍，图谋复兴，以死抵拒官方的征召。傅山多次借口病重拒绝征用，坚持不为胡人治病。王清任反对官绅欺压百姓，为民请命，诉诸法律途径，义正词严地为老百姓的利益辩护。

2. 扬善抑恶。清代医生认为营造良好的社会道德环境、纠正不良的行业风气是自己应该承担的道德责任，他们不仅以身示范，而且还教育子孙和门人做良人良医，谴责庸医对病人生命的不负责任和其他医生的唯利是图。有的医生甚至践履孔子的“唯仁者能好人，能恶人”的观念，拒绝为那些在道德上有问题的人治病，以此作为扬善抑恶、实现儒家道德理想的一种方式。

3. 传播知识。著书立说、传播医学知识，也是医生的一种社会责任。清代医生或者甄别、考证与注解前人的医学著作，或者传播自己的医疗技术和经验，或者介绍卫生健康知识、揭露鸦片之害，其目的在于保护民众的健康，增强人民的体质。

4. 乐善好施。清代医生秉持“视天下如一家，救路人如骨肉”的观念，他们无私慷慨，有求必应。尤其在疾病、瘟疫流行的时候，他们都义不容辞地承担起救治患者的责任。歙县医生吴志中，在有一年瘟疫流行、百姓惶恐的紧要关头，为了购置药品以救治百姓，毅然卖掉家产，义务向百姓施药，抢救了 1 万多名患者的生命，但自己家庭的生活却因此而陷入了困境。他们不只义务救治患者，还赈米救灾，资助无力买棺殓埋者，修路建桥，兴办书院，购置祠田，等等。郭宏翥早年曾游学于江汉间，学会了医术，成了名医，“中年，囊金数千归，邑有公益事，多襄助之”。罗国瑛治愈病人后“不求谢，有得，以施贫乏”。(《清稗类钞·艺术类》)

第九章

清代公域道德生活

公域又可以称之为公共领域或者公共生活领域。虽然它是相对于私人生活领域而言的，但人们对它的性质和范围的理解却是有所不同的，有人认为它是纯粹的政治领域，有人认为它只是市民社会或者职业领域，有人认为它是陌生人社会。古代中国社会的公共领域，并不是一个拒斥国家权力参与的自治社会，而是指与纯粹的政治领域、家庭领域、职业领域和一般社会交往相关的社会生活领域，是一个官方力量和民间力量都可以进入、互动博弈、共同治理且以建构和维持公共秩序为目的的生活领域，是一个关涉所有相关人的利益和所有相关行为主体都应该承担公共责任的生活领域。由于受儒家“家国同构”、“移孝作忠”等观念的影响，清代的公共领域与私人领域或者国家与社会之间并未被严格地区分开来，相反却被模糊甚至混淆，这为政治因素进入甚至宰制公共领域提供了逻辑前提和操作路径。相对于以往朝代而言，尽管清代公共领域仍然不发达和相对独立，受到了清朝政治的挤压，然而，其范围却有所拓展，其行为主体对于公共生活的利益相关意识和责任意识有所增强，其道德生活呈现出了与以往朝代有所不同的特点。

需要指出的是，清代公共领域既不是一个相对独立的领域，又不是一个统一的领域。它被分割为城市公共生活、乡村公共生活、公益慈善活动三个主要部分，且各自的主体、对象、内容和目的存在着区别。因此，清代公共领域的道德生活具有多样性。

第一节　乡村公共道德生活

清代的公共领域虽然不是一个整体，且其中的三个部分在道德生活的具体内容上各有不同，但是，这种不同并非意味着它们存在着根本的区别，相反，它们在根本上是一致的。之所以如此，是因为中国古代社会是一个典型的农业文明型社会。清代的农业型文明，不只是意味着清代社会生活离不开农业这一物质基础，更重要的是意味着清代人的公共生活是一种以乡村公共道德生活为主的生活，是以之为底色和背景并制约着整个清代道德生活的生活。因此，在清代社会里，无论是民间还是官方，都会特别关注和重视乡村公共道德生活。

一、乡村公共道德生活的内容

对于作为公共生活领域的乡村，有的学者将其称之为“乡村社区”，并认为它是法定社区与自然社区“相互交错”的清代人生活的社会环境。作为法定社区，乡村是“官方在县以下设置的乡、都、保、庄四级行政区或乡、都、庄三级行政区或乡、庄两级行政区（因地区不同，又有图、里、堡等各种不同名称）”，它是官方出面组织的里社保甲系列。[①] 作为自然社区，乡村“主要是在物和人的生产中自然形成的村落，村落与村落的联合体，以及通常冠以如‘江南’、‘闽越’、‘中州’等地方名称、其民具有共同生产生活方式及乡土意识（传统文化、风俗、归属感等）的区域社会”，是一个“在聚族而居、血缘关系的基础上自然形成或由民间组织的家族、宗族、乡族系列”[②]。这种将作为整体的乡村划分为两个系列的意图，在于说明官方力量和民间力量都对乡村公共生活发挥着自己的作用。然而，它却使人们难以了解清代乡村公共生活的原生态，难以把握真实而又完整的清代乡村公共道德生活。

由于受地理环境、商品经济发展程度、地域文化、宗教观念等因素的影响，不同地区的乡村公共道德生活是有所不同的，如商品经济相对较发达的江南乡村的公共道德生活就与其他地区的乡村公共道德生活有所不同。尽管如此，清代的乡村公共道德生活都是围绕着如下因素而展开的，其一是土地、水、安全等生存资源，其二是乡村控制权、宗族名气和地位等社会资源。这些因素既使“生于斯，长于斯”的同一乡村和邻村的人们联合起来，处理共同的事务，又使他们因为各自要获取这些资源而发生矛盾甚至激烈的冲突。不论是合作还是冲突，都事关乡村公共秩序的建立和维持。

1. 就土地流转秩序而言，土地是清代乡民[③]的生活资源，是事关乡村公共秩序的根本因素。在此意义上，乡村公共秩序主要是土地流转秩序，其实质内容就是土地的占有关系及所有权与经营权之间的关系。土地流转有多种形式，

---

① 参阅龚书铎等主编：《中国社会通史》清前期卷，山西教育出版社 1996 年版，第 156 页。
② 同上书，第 158 页。
③ 乡民并非限于农民，还包括生活于乡村之中的地主、乡绅、丁忧在家的官吏等。

既有土地的继承或者捐赠，又有土地的租佃、典押或者买卖。由于土地的继承或者捐赠几乎只存在于家庭、家族或者宗族之内，因而，它与乡村土地流转秩序没有关系。这就是说，清代乡村土地流转秩序就是乡民在土地的租佃、典押或者买卖过程中所发生的关系，是乡民们共同认可和维护的利益关系。

（1）土地租佃是主要而又普遍的土地流转方式。清代社会的土地租佃秩序涉及两个方面，其一是佃户选择的优先顺序，其二是土地租佃的时间长短。就佃户选择的优先顺序而言，乡村所自发形成的公共秩序是先疏后亲，即田主一般会优先选择那些与自己没有血缘关系或者亲戚关系的人来佃种自己的田地。在清代社会里，田主并非都是地主，还包括官吏、乡绅、商人家庭、拥有族田的宗族甚至无人力耕种的自耕农或者佃农。尽管这种秩序随着清代人口的剧增和土地资源的匮乏而有所改变，如在人口与土地之间的关系相对不够紧张的清代初期，宗族是禁止本族成员佃种族田的，在清代人口剧增之后，考虑到本族成员租种不到其他人的田地而让其佃种族田，以使其能够因此而获得生活资源，然而，它并没有因此而被根本地改变。之所以会如此，是因为清代人认为这种秩序有利于顺利地处理土地租佃背后的利益关系。在清代人看来，如果佃种自己田地的、与自己没有血缘关系或者亲戚关系的人不按时交租、少交租或者不交租，那么，自己就不用顾及情面而催租，以保护自己的利益，甚至可以采取强有力的措施逼租或者夺佃，以维护自己的权利；而对于与自己有血缘关系或者亲戚关系的人，如果自己还“亲兄弟，明算账”，甚至催租、逼租，就会显得不近人情，不仅他人会说长道短，而且亲人也可能稍有微词，为了尽可能地避免自己的利益受损和陷于尴尬境地，清代人就会从源头上拒绝或者尽量不与同自己有血缘关系或者亲戚关系的人发生这种利益关系。

就清代土地租佃的时间长短而言，它有临时租佃与长期租佃两种情形，并呈现出由前者向后者发展的趋势。临时租佃是田主与佃户之间松散的不成熟的土地租佃关系，它虽然肯定了田主享有收租的权利和佃户有交租的义务，但是，由于缺乏契约等的保护，租佃双方的权利都有可能遭到侵犯，田主可能收不到租谷或者收到的不是好谷，甚至其田地可能被强行租佃；佃户佃种田地的权利也可能随时被剥夺，其经营受到田主的干预，或者被要求增加租额。正是由于临时租佃中存在着利益风险，可能导致恶性的租佃竞争，清代民间才在土地租佃的不断博弈过程中逐渐形成并普遍选择长期租佃这种方式。长期租佃在清代社会里又被称之为"永佃"、"长耕"、"永耕"等，它克服了土地租佃的随意性和利益的不确定性，是由契约所维护的长期的土地租佃关系，是一种租佃双方的权利都能够得到较好保护的成熟的土地流转秩序。在这一秩序中，租佃双方各自应该享有的权利和履行的义务都在契约中被明确地规定，这一点可以从乾隆四十二年(1777)福建闽清县的一份土地租佃契约看出。这份契约载明："立安佃福城林衙置有民田壹号，坐产闽清县贰都青坑地方，土名上楝等处，受种伍斗，递年载租谷柒百斤，折实干净白禾壹拾斗，冬米壹拾伍斗，红早叁捌斗小。今安与佃户吴惟元耕作，递年不拘损熟，照额完纳，不许少欠租粒，及插糠做水等情，如有此情，听本衙召佃，不得阻止。若无此情，仍凭照常耕作，断无生端召佃之理。今欲有凭，立安佃付照。年例供顿半席、田牲半只、扫帚〇合。"①一般说来，清代社会中的土地租佃契约都会载明它是田主与佃户"情愿"签订的，以此表明双方所享有的权利与履行的义务是对方所情愿的。它同时还载明田主所享有的田地所有权、土地管理权、收取年租银等权利，应该承担的化解田地所有权纠纷的责任和履行不另行招佃的义务；佃户所享有的租地的经营权、永久佃种权、主动解除佃种权和不许田主增租等权利，应该履行的不擅自出典租地、交承佃保证金和年租的义务。尽管不同的租佃双方就其各自应该享有的权利和履行的义务所达成的共识存在着相当大的区别，甚至佃种者明显感觉到自己吃了亏，然而，佃种者却将租佃契约视为保护自己利益的最有力的保障，愿意订立长期租佃土地的契约。当然，这样的契约绝非只是对佃种者有利，而是对租佃双方都有利的，它不仅使租佃双方的权利义务明确化，而且使双方的利益分配稳定化，还使佃户有权将租地转移给自己的儿子，让其享有继承佃种的权利，这对于人多地少的清代社会来说无疑是保护佃户利益的最好方式。

(2) 典押是土地所有权没有被转让的土地流转方式，它所转让的对象不限于田亩，还包括山地、水塘、房屋等。它虽然也是田主出让其土地的使用权，但田主为了满足其生活急需的出典动机，却与田地租佃中田主以地生利的动机有着明显的区别。由于土地典押中的田主并非只涉及土地所有者，还可能包括承

---

① 转引自傅衣凌著：《明清农村社会经济　明清社会经济变迁论》，中华书局2007年版，第60—61页。

租者，因而，典押土地的契约就不仅要明确地规定出典者与承典者的权利和义务，而且还需要明文规定土地所有者的权利。如乾隆十八年(1753)福建永安县的一份土地典押契约载明："立典约人冯玮玉原有承父遗下受分赔田一段，坐落土名黄历尾垅，小租谷一石二斗正，自己养膳未分，今来要物用急，前向陈羲麟表侄边典得铜钱一千文，其钱每百随月纳息二文算，其钱言约来年十一月尾本利一足付还，如是至期无还，其田即便退与陈宅前去管理收租为业，冯宅不得异说等情，其田并无重叠典挂之类，并无拈折抑勒情由，如有来历不明，冯宅自己抵当，恐口无凭，立典约存照。外有上手一纸缴照。一批递年实还刘宅主人正租谷一石正(乾隆癸酉十八年十二月立约)。"[①]此契约中的冯玮玉、陈羲麟和刘宅主人，分别是土地的出典者、承典者和所有者。由于典押往往是有时间限制的，因此，到了约定期限，如果出典者缺乏赎回土地的条件，典钱本利"至期无还"，他就会面临着风险，就会丧失对土地的所有权或者使用权，就会因此而失去自己的生活资源。这就是土地典押中的诚信。这种诚信使承典者获得了主动权，使出典者因为自己无力偿还债务而变得被动，不得因为要挽回利益损失而有"异说等情"。这种规定了赎回期限的土地典押是不会产生所有权或者经营权的纠纷和利益矛盾的。这样的纠纷和矛盾容易在没有规定赎回期限的土地典押中出现。如雍正朝福建省汀漳道人郭倡、郭博兄弟拥有其父亲郭瑞所遗的一处建房用空地，郭瑞曾经以此地为担保向郭安、蔡国、许斌、郭都等借过钱。郭安、蔡国、许斌、郭都等在此租地上建有房屋和厕所，之后各自又将其房屋和厕所转卖给了许士征。许士征因此取得了该租地的债权，并每年向郭倡收取作为典押金利息的租谷。许士征考虑到郭家的土地与自家的土地连成一片，就意欲购买此土地并得到该土地的所有权。他之所以会这样考虑，是因为只有蔡国卖厕池的契约载明了其地属于郭瑞，其他的卖契都没有声明其房屋和厕所的基地是郭家所有。于是，他"欺哄乡愚"，"暗伏机关"，企图以此为由取得郭家的土地。然而，郭倡不愿意卖地，于是就发生了土地纠纷。知县前后两次判决的结果截然相反。为了保住这块土地，郭倡、郭博带着被迫领取的银两告到了汀漳道台衙门。道台徐士林在查证、了解的基础上，根据当地的"租地盖屋"、"卖屋

① 转引自傅衣凌著：《明清农村社会经济 明清社会经济变迁论》，中华书局2007年版，第55—56页。

不卖地”的风俗习惯，将该土地所有权判给了郭家，并判令许士征领取郭倡所交的作为购买房屋债务的 32 两银子。徐士林的这一判定实际上是在遵循乡村所自发形成的土地典押秩序。

(3) 土地买卖则是所有权转让的土地流转方式。在土地买卖中，乡村同样自发地形成了一定的公共秩序。这种秩序由土地不可买卖与可以买卖两种风俗习惯所构成。在清代社会里，不可买卖的土地包括旗人的土地、宗族土地和坟山。旗人土地不可买卖，这是清朝政府的规定，因此与这里的主题无关。宗族土地之所以不可私人交易买卖，是因为它是宗族的公产，是宗族的不动产，因此应该永世保存，只许增加，不许减少，更“不准分析典卖”。坟山之所以不可买卖，是因为人死后“入土为安”，若有人卖掉坟山，迁葬祖坟，就是对其先祖“大不敬”。正是因为有族地和坟山不可买卖这一风俗习惯的存在，因此，在进行土地买卖时，交易双方都会对之予以特别重视和注意，并在土地买卖契约中注明该土地“非族田”，或者约定卖方永远拥有对坟山的土地所有权。只有当买主确信准备买进的土地是“私家自卖”之地，他才敢于购进，否则，他的利益可能受损。当然，由于坟山总是离不开其他土地的，因此，在土地买卖中可能会被转卖者遗忘，从而引起坟地所有权的纠纷。乾隆朝人姚思忠、姚思维兄弟将其土地卖给了唐正伦，并约定保有对位于该地内的坟地的所有权。可是，唐正伦后来欲将该土地转卖给蒋姓时却不提及姚家要求保有对坟地的所有权。于是，姚思忠向衙门告状，知县派遣差役传唤唐正伦出庭。乡约和邻居不忍姚、唐两家对簿公堂，伤了邻里和气，于是充当公正者，出面“从中剖明”，且“无押逼”等做法。在中间人居中调解后，三家心服口服，一桩土地买卖纠纷得到圆满解决。为了防止以后再起纠纷，姚、唐、蒋三家重新订立契约，“各执一纸”。由此可见，清代社会中土地买卖秩序的最终维持力量，并不是乡约和邻居，而是乡民之间自愿达成的具有长久效力的民间契约。

2. 就水资源利用秩序而言，水资源是一种其作用具有双重性质的资源，既可以有益又可以为害。正是因为如此，清代乡民才会有水资源利用上的合作与冲突。合作主要表现为乡民共修水利工程，共同抵御洪水的破坏。然而，相对而言，冲突更为经常普遍，其范围也更为广阔。冲突的形式多种多样，有时表现为乡民在水资源使用功能上的冲突，如在杭嘉湖地区中，“衢州地高，西安、龙游诸县，素筑坝蓄水溉田。木商入山者，私开坝，水日涸”(《清史稿》卷336《叶士宽》)，这就是说，乡民在水资源的灌溉与运输功能上发生了冲突；有时又表现为季节性的冲突，如道光朝高邮的某些乡民为了实现自己的特殊利益而“筑坝河心。遇水小则筑于下口以专利，而下游旱；遇水大则筑于上口以免害，而上游潦”(道光朝《续增高邮州志·河渠》)；有时还表现为水资源的公共利用与私人土地占有之间的冲突，即有的乡民拒绝为本村兴修水利工程提供土地，结果导致了其他乡民的普遍反对乃至共同迫害。经常性的水资源利用冲突则是少水时农田灌溉之间的冲突，这种冲突有时会导致乡民之间为争夺水资源而大动干戈。无论是何种冲突，归根结底，都是乡民之间的利益冲突。为了实现各自的利益，乡民就不会让这样的冲突永远存在下去，并产生出有序利用水资源的需求。可以肯定，乡村所建立的水资源利用秩序正是在乡民的不断冲突中逐渐形成的。不过，这种秩序在不同的乡村是有所不同的，其形成的条件和根据也表现出明显的区别。如清朝雍正朝，河南北部济源境内以及怀庆府其他各县在广济、利丰河两河水资源利用上所形成的“二十四堰制度”，就是根据贡献的有无和大小所形成的秩序。这一制度规定：“水利关系民生，盗截侵夺，殊干法纪。况河内广济河渠，虽出济境，久有编定水分，计月、日、时、刻挨次轮灌，上下通流，定制昭然……查勘得广济、利丰河两河由济邑地方经行十余里始入河、孟、温、武四邑，灌地之余，仍归黄沁。河内志书载为两河之下分二十四堰，以出力开河之成，别为利户。济民之有利者，分五堰；河、孟、温、武之有利者，分十九堰。每月两轮，照号用水，必先武陟，次孟、温，次河、济，自下而上，俾狡惰者不得无功窃利，法至善也。”①“出力开河”者享用水资源，治河“无功”者不得“窃利”，这实际上就是乡村公共生活中所奉行的“谁出力谁受益”的道德原则，是乡民朴素正义观念的具体体现。而有的秩序则是根据民间传说形成的，如刘大鹏在其著作《晋祠志》中谈到了有关太原近郊晋祠水资源利用秩序形成的传说：“俗传塘中分水塔底，葬甃塘时争水人骸骨。谓当日分水，南北相争，设鼎镬于塘边，以赴入者为胜。北河人赴之，遂分十之七，葬塔底以旌其功。说涉荒唐，

① 转引自谢湜著：《“利及邻封”——明清豫北的灌溉水利开发和县际关系》，《清史研究》2007年第2期。

不可信也。然迄今北河都渠长、花塔村张姓，每岁清明节在塘东祭奠，言是祀其当年争水之先人。”[①]北河人永远享有该塘十分之七水资源的利用权利，与其说是根据这个传说，是张姓先人在“当年争水”时勇敢举动的结果，不如说是基于乡村之间所达成的契约。

3. 就乡村公务处理而言，清代人认为，乡村是乡民的生活共同体、利益共同体和命运共同体，处理好乡村公共事务是所有乡村成员的共同责任，每个乡民都应该为之尽心尽力。事实上，清代乡民也是这样做的。村子里需要办什么公事、如何办，大家一起商议，一齐出力。乡村公共生活的这一道德特征在吴敬梓所著的《儒林外史》一书中得到了反映。该著第二回中写到山东兖州府汶上县有个叫薛家集的村子，“这集上有百十来人家，都是务农为业。村口一个观音庵，殿宇三间之外，另还有十几间空房子，后门临着水次。这庵是十方的香火，只得一个和尚住。集上人家，凡有公事，就在这庵里来同议”。[②] 正月初八日，集上的所有乡民都来庵里商议舞龙灯之事。经过商议，夏总甲宣布：“像这荀老爹，田地广，粮食又多，叫他多出些；你们各家照分子派，这事就舞起来了。”[③]结果是富人荀老爹出了所需经费的一半，其他各家都交了银子，集上舞龙灯的事就这样办好了。除了组织娱乐活动、兴修水利工程之外，乡村的主要公务就在于保护乡村公共安全和维护乡村公共利益。

(1) 保护乡村公共安全包括乡民的人身不受到伤害和财产不遭受损害两个方面。在清代社会里，乡村公共安全既可能被本乡村有的成员所破坏，又可能受到农民起义和秘密宗教群体活动的影响，还可能被偷盗、欺诈等所扰乱，如自成都、重庆至黄州一带有专门拐带妇女的骗子，“其拐少妇之术，往往令其党之妇女，骑驴游弋村落间，见有乡妇骑驴出者，其夫若从于后，则故策驴令傍乡妇驴以行，遂与乡妇互通名居，佯与殷勤，而阴策驴令行渐速，乡妇不觉亦速，则已与其夫隔远……遂引至匪所”。骗子将其奸污后，又将其卖给同伙为妾，买者假装“好言问其自来。妇人必泣诉其冤苦，乃伪为不忍者，而退诸匪家，则又痛抶之……如是三四，最后愈惨酷，直俟其不敢复言，始令人携至市镇卖之，故绝鲜

① 刘大鹏著：《晋祠志》，山西人民出版社 1986 年版，第 97 页。
② 吴敬梓著：《儒林外史》，人民文学出版社 1997 年版，第 15 页。
③ 同上书，第 17 页。

破案者”(参见《清稗类钞·棍骗类》)。除了依据本乡村所内生的公共权力、乡规民约、乡民道德等来处理其成员之间的冲突之外，对于可能给本乡村公共安全造成不利影响的农民起义和秘密宗教群体活动，乡村的对策就是组建自己的武装以求自卫自保；对于那些扰乱本乡村公共安全的偷盗、欺诈等行为，其对策则是安排巡逻。前者也会偶尔发生，如顺治六年(1649)，姜瓖在山西作乱，掠杀了汾阳东官村。此时，张瑛家所在的西官村人“将走避，瑛曰：‘贼未至先走，能保必全乎？孰若为守计！’众曰：‘如无砦堡何！’瑛曰：‘砦堡诚不可猝为，环村而沟焉，其可。’遂为沟，务深广。瑛家有楼，贮村人财物其中。既而贼大至，逾沟，村人退保楼……瑛率众出击之，贼奔溃，村以得全”(《清史稿》卷499《孝义三》)。由于这样的事件并不经常出现，因此，乡村保护自身公共安全的重点就在于防止偷盗和欺诈。在清代人看来，保护乡村公共安全是所有乡民的共同责任，任何人都不能置身事外。因此，乡民都自觉地承担起保护乡村公共安全的责任，见到陌生或者可疑之人，任何乡民都会多个心眼，对之进行盘问、监视。而且，各个乡村都建立了轮流巡夜的制度。这一制度虽然在全国各地稍有不同，但基本上是按照各家各户的人数“计日轮守”。乡民一般都会自觉地履行巡夜的义务，并出于同情心照顾鳏、寡、孤、独、少年及妇女。不过，也有个别乡民不愿意承担巡夜的责任，如富贵大户只安排仆从守住自己的大院，却不管整个村子的公共安全；有的贫穷人家则认为自家没有什么需要防守的，自己巡夜是“专为大户看家”，就不愿意巡更守夜。尽管乡民之间存在这样的矛盾，然而，一旦村子里出现有关公共安全的紧急情况，乡民是会齐心协力地抵御侵害的。胡文孙被胡弘宽打死就是乡民为保护乡村公共安全而发生的典型案件。胡弘宽与胡文孙“素无仇嫌”，之所以会打死他，是因为胡文孙“于本年二月初五夜二更时分，越寡居胡氏之墙，敲其房门欲入。氏做鞋未寝，心疑歹人相逼，惊从旁窗跳出喊叫，适保长胡弘宽同巡夜更夫闻喊奔救。文孙此时若以乡音自称己名，束手就缚，亦未必遂至于死。无何隐其姓名，口说官话，反有一个来一个死之语。狠言恐吓，致弘宽虑其是贼，恐有伙党，遂鸣锣召救，村族毕集。文孙持墙内门闩打出，弘宽头已被击。乃为族众推拥向前，夺闩还击，昏夜信手，适中文孙顶心囟门。胡连亦持棍打伤文孙左膁胁，此时皆不知其为文孙也。迨弘宽扯住其手，拖出门外，族众就亮视之，方认即系族人文孙。拖扯赴祠，弘宽用汲水井索缚以待旦，欲于次早送县惩究。不料文孙被殴伤重，即于五更殒命”①。在抓捕胡文孙的过程中，由于其时正是黑夜，村民们并不知道他是本村人，只认定他是一个破坏本村公共安全的侵犯者，因此，不仅有服无服的胡氏族人都参加了，而且外姓人如徐观佑、王财发、夏新旺等也负责任地加入了抓捕的队伍之中。

（2）维护乡村公共利益。乡村公共利益包括乡村的物质利益和精神利益，它是满足乡村存在和发展需要的条件。它的实现既受自身条件的限制，又会受官方和其他乡村的影响。为了维护本村的利益，各个乡村都会将其着眼点集中在本村的公共事务上，如所有乡民集资兴修水利工程、兴办学校，设立学田扶助贫寒学子学习、奖励学习成绩优秀者，教育乡民忠君爱国、勤劳节俭、从事正当职业，重视消防安全，保护山林，等等。

同时，乡民又注重从外在条件方面来实现和维护乡村的公共利益，这种努力具体表现为对政府与邻村的态度。在乡民对政府的态度上，乡民一般是会自觉地履行对清朝政府的义务的，按时、足额地上交赋税，也敢于对政府过于苛重的赋税和不合理的做法表达自己的意见，如衡阳生员王仁纲“勇于为义。县田税自明万历中，每石粮增税三升六合，号曰加秋。康熙朝初年，虚报垦荒，科粮千四百余石，计见田增入之，号曰倍额粮，民困甚。仁纲讼之院司，请荒熟并丈，计亩均其税，巡抚同安深韪之，切责道府行其议。官吏憾仁纲，欲坐以生员言事律，置之死。按察使拘仁纲，仁纲不屈，方加刑，急呼天称枉。忽大声若雷，震几案尽碎，惧而止，遂得请通丈”（《清稗类钞·义侠类》）。王仁纲代表乡民向政府表达其利益要求，义无反顾地为乡民请愿，最终维护了乡民和乡村的公共利益。为了实现乡村和自己的利益，清代乡民不仅要求清朝政府自身对其政策进行调整，而且还与官方讨价还价，甚至组织力量抵制官吏的横征暴敛，并将参与这些行动视为一种共同的责任。浙江归安县射村的乡民们就是这样做的。该村以陆名扬为首共同抵制浮收过重的漕粮。有一次，“归安县令以漕艘将开，缺万石不能集，而射村一带多疲户，欠漕未完。任追，罔一应，令窘甚。有黠役某与名

① 郭成伟、田涛点校整理：《明清公牍秘本五种·纸上经纶》，中国政法大学出版社1999年版，第165—166页。

扬友，知其能，乃请于令，遣人招名扬往商。名扬遂买舟谒令，令以催漕嘱之。名扬曰：'官能依吾语，视往年所收减十一，俾村民纾喘息，吾当说吾村先期输全漕。'令不得已，允其请。名扬返，属徒党鸣锣于四乡，先陈其利害，谓官许贬收，待民已至厚，宜急输，毋稍迟。村民是之，赴城完漕，争先恐后，不几日而数大旺，令得以资报解。事已，令给以谕，使充射村董。后遇地方事，惟名扬言是从，而村人之完纳钱粮虑为吏困者，亦倚名扬为护符"。对于官吏的横征暴敛，"乡民顾不能堪，遂起而自筹抵制"。因此，"每收漕时，名扬率乡人赴县完纳，小舟数百，载米随之。及抵县城，先与吏役相款洽，使闻诸官。官乃遣役至船与之议。名扬至黠，其党徒又甚嚣张，必执年谷不丰之词乞官从优恤。官不之许，则议屡不得谐，而粮船泊河干，路几为之塞。久之，名扬始稍稍与官以浮收。每石准加粮数斗，而所议淋尖踢斛袋费票钱诸名目则一例废除，是名为加粮，实多所取巧。胥吏恐忤其意，不敢较长短，官以考成攸系，且值浑漕时代，惧为人发其阴私也，乃俯首以就范焉"。官吏因此而视射村为"顽庄"，视陆名扬为心腹大患，多次出兵镇压，未能得逞。后来，官方出兵"将围射村捕之。名扬知已肇大祸，集党徒计之，有恇怯者，谓走他县，或可免祸。名扬笑曰：'终有此着，特尚未至时耳。况吾本无罪，而官吏有以激成之，不稍使知吾能，将谓吾负虚名也。'"并"集父老而泣语之曰：'名扬罪滋重，祸延桑梓，今官中所欲得者，名扬耳。父老怜名扬诚，请缚以致诸县，所有赏资，可为里中谋善举。他日论者，或不忘名扬，名扬于愿足矣。'"陆名扬因人相劝而打算外出躲避，其徒张成甲警告乡民们不得泄露其行踪。后来，在官方的威逼利诱下，张成甲带官兵抓捕了陆名扬。陆名扬视死如归，对张成甲"慷慨语曰：'吾本不欲遁，劝者亦汝耳。今若此，吾岂以一身累一村哉？'""于庭讯时，犹殷殷以勿扰射村为请也"。陆名扬被杀后，张成甲内心极其不安，开始拒绝接受官方赏金，后来他又用此 3 000 赏金在村东建起了一所育婴堂。此后，"村人念名扬，每值春秋令节，犹私以麦饭纸钱，扫其先墓，盖皆不忘名扬之嘱也"。（参见《清稗类钞·义侠类》）由此可见，乡民们对那些维护了乡村公共利益和自身利益的村民是心存感激的。

为了实现和维护本村的公共利益，乡民总会与邻村发生各种各样的关系。这些关系可以归结为两类，其一是乡村之间的利益共生关系，其二是利益冲突关系。其利益共生关系既表现在共同出资兴修水利工程、一齐出力的协力合作、乡村械斗的互相支持上。福建、广东等省的乡村之间经常发生械斗事件，“未斗之先，尝雇人于他村，使为助”（《清稗类钞·风俗类》），久而久之，乡村之间就自发地形成了较为稳定的相互雇佣关系。虽然某一乡村有出于得到雇佣金的考虑，但是，这种出手相助总是伴随着风险的，可能会遭到被攻击乡村的报复。在此意义上，一个乡村对另一个乡村的械斗予以支持，实际上就是情愿相助，甚至成为了一种不计代价的义不容辞、不言自明的责任。这种情愿相助，有时可能出于相互之间是姻亲的考虑，但是，一般而言，都是从乡村的朴素正义观出发的。其利益冲突关系主要表现在生存资源的争夺上，有时也表现在维护宗族的声誉上。这些冲突的解决方式往往是诉诸械斗，如“粤人性刚好斗，负气轻生，稍不相能，动辄斗杀，曰打怨家。非条教所能禁，口舌所能谕，尝有千百成群聚众械斗之巨案。盖大姓多聚族而居，多者数千家，少亦数十百家，与他姓一言不合，即约期械斗。人数不足，则出重资雇人梧助”（《清稗类钞·风俗类》），其他地方也大体如此，尤其是宗族势力强大的地方更是恃强好斗。械斗归械斗，那是乡村之间的事情，“然于交际之私情，仍不相戾”（《清稗类钞·风俗类》），即不同村庄成员之间的私人感情并不因械斗而受多大影响。

4. 就乡村公共权力产生的秩序而言，作为协调乡民行为、组织乡村公共生活、维持乡村公共秩序的主要力量，清代乡村公共权力的产生主要有两种方式，其一是官方任命、指定或者操纵，其二是由村民推举或者在乡村公共生活中自发形成。前者往往是官方根据所谓“贤”的标准来确定村长，后者虽然在选择村长时也重视这一标准，但其选择标准更为多样化，有能力、富有等等也可能成为选择的标准。由此可见，这两种方式并不是泾渭分明的，而是几乎没有多大的差别。这就意味着官方确定的村长可以被村民所接受，村民所选择的村长也会被官方所认可。之所以会如此，是因为这些选择标准或者直接就是道德标准，或者其背后隐藏着道德标准。如“贤”的标准就是指品行端正、大公无私；“有能力”的标准意味着乡村公共利益和乡民利益因村长而能够得到顺利实现和保护；“富有”的标准意味着乡村公共利益和乡民利益可能不会被侵蚀，乡村公共事业建设也许会有较多的资金。从整个清代来看，选择村长的标准有一个从侧重于“贤”向“贤”、“有能力”、“富有”等并重转化的过程。选择村长标准的多样化，不仅意味着乡民道德观念的变化，而且表明乡村公共道德生活的变化。在侧重于“贤”的标准的年代，有资格成为村长的人只能是本村的绅衿或者范围更广的士人，因为在乡民和官吏心目中，只有读书人才接受了较系统的儒家伦理思想教育，才会是贤者。至于具有其他身份或者职业的人都不可能享有被推选或者被指定为村长的资格，且不说庶族地主、农民、雇工、商人、手工业者等平民，更不用说皂隶、倡优、奴仆等贱民，即使是曾经经商的读书人也往往不被乡民所选择、为官方所认可。乡民对经过商的士人的这种态度，也许是受到了“无商不奸”等传统道德观念的影响，也许是因为对他的人品不放心。清代社会发展到了选择村长时“贤”、“有能力”、“富有”等标准并重的时期，士人独掌乡村公共权力的格局有所改变，不但是地主和农民可以充任村长，即使是曾经受到歧视的商人也可以理直气壮地掌握村中的权力。不过，士人是不愿意放弃乡村公共权力的，他们往往会与其他身份的人进行角逐。在这样的环境中，他们要想获得和保有管理乡村的公共权力，就需要付出更多的代价，要为乡村和乡民做一些诸如救济、办学、修桥等善事，也需要提高自己的道德素质。他们之所以自愿如此，不只是因为他们一旦获得了村中权力，就可以出入官府，包揽钱粮，受到官吏和乡民的礼遇，提高自己的社会影响力和声望，更重要的是因为还有可能被官方授予某种官衔。其结果是，士人几乎垄断了乡村公共权力，清代的乡村社会也因此而变成了乡绅进行统治的社会。在此，我们要看到，士人被推举为清代乡村社会的权威，并非只意味着士人是马克斯·韦伯所说的“法理型权威”，而是他所说的“法理型权威”、“魅力型权威”、“传统型权威”的巧妙结合。在某种意义上，士人更主要的是乡村社会的“传统型权威”。这就是说，士人所获得的乡村社会的公共权力，是中国传统文化所赋予的，准确地说，是儒家文化所赋予的，是因为他被乡民认定为儒家思想观念的化身和践履者。当然，就乡民的内心而言，他们所需要的不是一个只掌握了儒家伦理思想的人，而是有能力实现他们的利益、保护他们的生命财产安全和处理好村中事务的人。村民选择村长的这种态度在官吏横征暴敛或者社会混乱时期表现得尤为明显。陆名扬之所以会成为射村的村长，是因为他“气盛，勇于任事，尤喜名。或以谀言奉之则喜，虽拔山举鼎而无辞、利害成败不计也。村东社公庙年久将圮，而旧时之理其事者以无款置不问。名扬请于众，愿集赀新之。众韪其议，以名扬有干才，遂被推。使督修，未数月而祠落成，规模至宏敞。及稽其用款，则较畴昔为节省，人始悟前之经纪者必蚀款以自肥，而名扬则无是也。村有小争讼，类就质于名扬，名扬所言多平直，又善于排解，能折争者之心。久之，村有大事，父老所不能办者，咸集于其门，邻之人亦慕名扬才，竞往商进止……后遇地方事，惟名扬言是从……名扬机警有谲智，又能得众心，措置咸宜，村赖以靖……及三县会捕之事起，名扬……益整饬河防，日命羽党泛舟中流，严司栅栏之启闭。村人咸啧啧道，谓名扬能卫乡里”(《清稗类钞·义侠类》)。由此可见，陆名扬就是因为能够保护乡民的生命财产安全和具有公正无私等道德品质而被村民们推举为村长的。因此，官吏在发现他为了村民的利益而敢于反抗自己时，就剥夺了他的村长权力，并“令他绅举办。类无能力，再四辞，而村人感名扬，遂仍私属之”(《清稗类钞·义侠类》)。这就是说，在乡民的生命财产安全面临威胁的时候，村民包括被官方指定为村长的乡绅都一致认为有能力的人应该出任村长，并实际上听从他的指挥。

二、乡村公共道德生活的维系

清代乡村公共道德生活是一种较以往朝代更为丰富而复杂的生活，既有合理的方面又有不合理的方面，因此，必须对之予以引导和控制。这种引导和控制是一个由多种因素所构成的系统。有学者认为，“清前期基层乡村社会存在着‘主干’与‘实体’两大系统。主干是具有编审、应役、催征等经济职能的里社，与具有治安、教化等政治职能的保甲，由县署通过胥吏控制。实体是具有政治、经济、文化多种综合性功能的家族、宗族、乡族组织，由影响及于县署和里社保甲的乡绅所控制”。[①] 不可否认，它们的确是维系清代乡村公共道德生活的力量。不过，这种看法却否定了其他力量对乡村公共道德生活的影响。实际上，清朝并非是一个“皇权不下县”的社会，清代乡村并非是一个真正自治的社会。这意味着清代乡村公共道德生活受到了内生道德与外生道德、内生权力与外生权力的共同影响，是民间力量与官方力量控制的结果。

1. 就民间控制而言，清代乡村公共道德生活的维系主要依赖于以下几个因素：

---

① 龚书铎等主编：《中国社会通史》清前期卷，山西教育出版社 1996 年版，第 158 页。

(1) 乡村内生的公共权力。乡村内生的公共权力并非村长一人所独揽,而是由多个主体所共同掌握,长者、贤者、德高望重者、官宦家庭的成员、富有者都分有乡村内部的公共权力。所不同的是,村长所掌握的是显性的自治权力,长者、贤者、德高望重者、官宦家庭的成员、富有者所掌握的是隐性的习惯性权力。前者是村民们通过一定的程序所共同委托的,后者是风俗习惯所赋予的。乡村内生的公共权力具体表现为管理乡村公共事务的决策资格,动员乡民参与乡村公共事务的号召力和组织力,解决乡村内部纠纷和冲突的被乡民所信赖的调解权力。正是由于这些权力的行使,乡村的内部利益关系才得到了妥善处理,内部公共目标才可能达成。同时,也才能真正有效地使乡民尚德、敬长、尊贤、重位,从而有利于乡村形成良风美俗的氛围。对此,康熙皇帝是认识得非常清楚的,他指出:"古来以养老尊贤为先,使人人知孝知弟,则风俗厚矣。"(《清史稿》卷8《圣祖本纪三》)不过,行使乡村公共权力的人(包括乡绅)并非总是为乡村公共利益和乡民利益着想的,相反,有时会掠夺和欺压乡民,康熙朝人沈近思就明确地指出:"生员妄借条陈名色,向有司呈告地方公事,藉以欺压愚民,武断乡曲。"①

(2) 乡约。乡约是由政府倡导建立起来并受官府控制的民间组织,它在明代社会里就已经盛行,在清代社会里则更加普遍,几乎所有的乡村都有乡约,其政治色彩也更加浓厚,从清朝皇帝到知县都十分重视乡约在乡村道德教育中的作用。作为一种乡村组织,其正、副乡约或者"直月"都是由当地士人或者德高望重者所担任的,每月朔望即初一和十五定期在固定的地点组织乡民进行宣讲。他们宣讲的主要内容在康熙九年(1670)以前是"钦定六谕",之后则是"圣谕十六条"。除此之外,还宣讲清朝的法律和政策,并针对乡民容易违犯的"谋故斗杀"、刨坟、奸盗等现象进行宣讲,以便乡民形成忠信孝悌、礼义廉耻、长幼尊卑等道德观念。可见,乡约的主要职责就在于对乡民劝善教化。为了提高乡村道德教育的有效性,乡约每次宣讲时都要对所有乡民进行考勤,将缺席的乡民记录在案,然后专门找他了解情况,进行训诫。

(3) 乡规民约。在清代社会里,每个乡村都非常重视乡规民约的制订。乡

① 李元度著:《国朝先正事略:清代1108人传记》(上),岳麓书社1991年版,第390页。

规民约是特定乡村经其组织或者全体乡民共同商议制定的用以协调本村集体行为和约束个体行为的共同规范，它既有文字形式，又有非文字形式，其具体内容涉及乡村公共生活的所有方面，如乡村内部的土地流转、水资源利用、山林防火、保护坟墓、兴办学校、禁止赌博、乡村治安、成员互相对待等方面。由于它是每个乡村根据自身的生活环境和风俗习惯所制定的，因此，不同乡村的乡规民约在其内容上是有所不同的，具有鲜明的地域性特点。尽管如此，它们都是乡村及其成员所应当共同遵守的道德准则和公认的是非标准，是乡村进行自我管理和成员进行自我约束的具有类似法律效力的自治性的共同道德规范，是特定乡村所内生的乡民一致认同的道德。这种基于乡村公共生活所内生的道德，不同于乡村成员自身所具有的道德观念和内在道德尺度，是一种着眼于本村公共管理的制度化道德，是一种期望所有本村乡民“同归于善”、“趋利避害”的道德。因而，它必定是一种扬善抑恶、劝善惩恶的道德，是规定了何者应当奖励或者惩戒、如何奖励或者惩戒的道德。如对造成山林火灾的乡民，有的乡村要求其出资演剧，以此既对失火者予以道德谴责和经济惩罚，又对全体乡民进行一次有关山林防火方面的教育，强化乡民的防火意识。当然，并非所有的乡规民约都是合理的，或者都与清朝政府所提倡的道德要求相一致的，如有的乡村私议纳税数额，不准村民按清朝政府的规定纳税，若发现有乡民所上交的税额超过了私议的标准，“黠者遂群噪其家，责以抗众，不则阴中以祸”（乾隆朝《乌青镇志》卷2《农桑》）。无论是合理的乡规民约，还是不合理的，都是乡村自身特定利益的表达，都是促成乡村公共秩序形成、巩固和演化的内生变量。

（4）乡民道德。作为乡村成员内在的道德，清代乡民道德虽然不同于乡规民约这样的乡村公共道德，但是，它也是对乡村公共生活的反映，也是乡村内生道德的构成因素，是乡民处理自身利益与其他乡民利益、乡村公共利益之间关系的行为准则。这种道德的要求涉及乡村公共生活的方方面面，如张履祥在其《训子语》中所强调的“自处之道，有树德无树怨，固然也。人情则不可知，处之之道，我有德于人，无大小不可不忘；人有德于我，虽小不可忘也。若夫怨出于己，当反己而与人平之；其自人施于我，则当权其轻重大小，轻且小者，可忘忘之，重而大者，报之为直，不能报为耻。要之，作事当慎谋其私，德不可轻受于人,恕须有预远之道。施德当体上天栽者培之之心,处人则念怨不在大,期于伤心之义。邻里乡党与吾先世室庐相接……谊本厚也"①就是这样的道德。在清代人看来,在乡民之间出现利益矛盾或者其他纠纷时,自己应该从重谊、尚和、共存、互让等道德理念出发,不可动辄大动干戈或者诉诸官司,不要使乡邻陷于尴尬境地,不能做有伤乡谊的事情和做那种在乡邻心目中不听劝告、不好相处的人,而应该接受父老乡亲尤其是有德之人的劝导,高姿态地平息彼此的纷争,消弭乡民之间关系的紧张。

2. 就官方控制而言,清代的乡村公共道德生活也离不开官方的调节,更准确地说,是清朝政府力图影响乡村公共道德生活,以便达到更有效地维持其统治的目的。清朝政府在维系乡村公共道德生活的过程中主要采取了如下措施:

(1) 教育。为了有效地进行乡村道德教育,官方不仅命令乡约"各于附近公所,实力奉行,立有循环簿二扇。定限每月初二日,将前月讲约处所乡约姓名并听讲人数,填簿倒换,以备稽查"②,督促乡约进行道德教育,并对不尽心尽力者予以惩罚,而且还想方设法地向乡民灌输其所提倡的道德。除了集中力量进行儒家伦理道德尤其是"圣谕十六条"的教育之外,官方还针对乡村公共生活中所出现的具体道德问题进行教育。如针对富有家庭逃避巡夜的责任,有的地方官员专门发布文告:"近闻素封之户,奴仆成群,衣绵饱腹。遇晚则重门高扃,稳卧安眠,反令肩贩穷民,鸣金击柝。独不思小户人家,灶在床前,瓶无鼠耗,所守何物。是穷民忍饥受寒,不遑宁处,专为大户看家,而大户反得庇其仆从,仅与穷民计日轮守,此于人情有不平,而于事理殊未协也。合亟出示晓谕,酌定等第,从公轮守。为此示仰县属保甲人等知悉,嗣后以保内富家大户为上等,市肆有力之家为中等,肩贩农种之人为下等,预先分别上等几家,中等几家,下等几家。上等每轮三夜,中等每轮两夜,下等每轮一夜,周而复始,不许违误。如有倚富欺贫,持强推诿,阻挠成法者,该保甲立即指名报县,以凭拿究。"③官方发布这则文告的目的在于实现乡村的公平。这种公平不是根据各个家庭人口的多少来

① 从余选注:《中国历代名门家训》,东方出版中心 1997 年版,第 171 页。

② 郭成伟、田涛点校整理:《明清公牍秘本五种·纸上经纶》,中国政法大学出版社 1999 年版,第 219 页。

③ 同上书,第225 页。

进行分配，而是基于乡民家庭的贫富状况而规定的。它根据富有的程度而确定的“比例平等”，是所有乡民都能够普遍同意的，尤其是保护了贫穷乡民家庭的利益。官方还教育乡民不要赌博，告诫乡民：“从来好赌之人，往往废时失业，荡产倾家，为害不小”；教育妇女不要入庙烧香，指出“妇女毕集于寺庙，焚香稽首之后，即于丹墀席地沽饮，其力不胜酒者，醉眼乜斜，胡言乱语，不说东家公婆琐碎，即说西家媳妇不贤，絮语唠叨”，由此会引起乡民之间矛盾；劝告乡民不要酗酒，认为“从来酒能乱性，沉溺其中者，必至百务俱废。且酒醉之人，气粗胆大，一语不投，即起争端，拳脚所加不知轻重，甚有持刀飞石，伤毙人命者，皆酒误之也”；教育乡民适度消费，不可“田禾未收，先于各店赊取酒肉布线之类，以充家用……数月之后，渐赊渐多……新谷一登，各店群集，尽其所欠，争先量去，势如打抢。田主索租，眼见抢谷，奈孤掌难鸣，无如何也。酒肉等欠还清，田租置之高阁，竟不思田主钱粮，从何出办，此等恶俗，真堪痛恨”。[①] 官方所进行的诸如此类的教育，目的在于让乡民接受清朝政府所提倡的道德观念和规范，以此引导乡村公共道德生活。

（2）防范。清朝政府对乡村公共生活的防范，主要是防止乡民的伤风败俗与对抗清朝统治秩序的行为。其具体方式多种多样，有的是通过颁发禁令来防范的，如有地方官就下发了“禁派妇女巡夜”的命令，这一禁令申明：“照得时值严寒，正宜加谨巡御，务用精壮更夫，逐更交替，彻夜巡守，庶得宵小敛迹，地方宁靖。今查各乡都地方，俱系逐户挨轮派守，其中鳏寡孤独，以及少年妇女，家无次丁者，概在不免。此无论昏夜之时，男女混杂，必多伤风败化之事。设有偷儿暴客，仓卒至前，此等茕独之人，以及妇女何足为恃，合亟饬禁……如果有鳏寡孤独，及少年妇女家无次丁者，概行免派。”[②]这则禁令表面上要求乡村照顾鳏、寡、孤、独、少年及妇女，注重保护弱者的生命安全和提供独子延绵香火的条件，很有人情味，实际上却是为了防止“男女混杂”，以免发生“伤风败化之事”。有的则是建立乡村公共管理体制。保甲制就是防范乡村公共生活的外生权力体制，它是清朝政府对乡村实施控制的一种制度安排。它在顺治元年（1644）就开始建立，其制度设计是：“各府州县卫所属乡村，十家置一甲长，百家置一总

① 郭成伟、田涛点校整理：《明清公牍秘本五种·纸上经纶》，中国政法大学出版社 1999 年版，第 229—232 页。

② 同上书，第225 页。

甲。凡遇盗贼、逃人、奸宄窃发事故，邻佑即报知甲长，甲长报知总甲，总甲报知府州县卫，府州县卫核实，申解兵部。若一家隐匿，其邻佑九家、甲长、总甲不行首告，俱治以重罪不贷。"（《清实录·世祖章皇帝实录》卷7）牌头、甲头、保长和总甲的主要职责是掌握本村乡民的行踪，随时上报自己所管辖范围内所发生的盗贼、邪教、赌博、赌具、窝逃、奸拐、私铸、私销私盐、贩卖硝磺、私立名目、敛钱聚会等事项，盘问面生可疑、形迹诡秘之人的来龙去脉，并不许本村乡民将之容留，以达到乡民互相监督、"善则相共，罪则相反"、共同维护乡村良好公共秩序、最终维持清朝政府统治的目的。

（3）调控。它也是清朝政府这一外生权力维持乡村公共道德生活的一种重要方式。与防范不同，它不是一种侧重于防止乡村公共道德生活出现问题的事前控制，而是对乡民之间已经出现的矛盾、冲突的事后控制，是力图通过政府权力的救济来恢复乡村正义及其生活秩序的控制方式。乡民之间总会发生各种各样的关系，有的关系是可以通过政府来调控的，有的关系却不愿由政府来处理。如长治人宋道人是一个孤儿，年少时替人牧羊。一天，他和其他人所牧的羊全部走失，他独自一人进入深山寻找。第二天，他遇到了一位老僧。该僧人对他说："尔羊固在，须中秋可得，今且归矣。"到了中秋那天，宋道人与其他牧羊者相邀前往，果然得到了羊，并多出了四五百头。"众议鬻其溢者，得百金。已而分金不平，遂闻之官，官尽归其金于宋。其徒王姓者，心利其赀，故为好语，致宋于家，阳为之权子母。夜，令妇人入室，而己踵其后，诬以奸而逐之。宋失赀，无所依，乃复入山行。"（《清稗类钞·艺术类》）对于卖羊"分金不平"，宋道人可以求助于政府；对于被诬强奸而失金，宋道人只能自认倒霉。在面临纠纷、冲突时，乡民之所以会求助于政府，是因为他们期望得到公平的结果，以免互相仇恨、冤冤相报。由于官方调控的目的在于消解乡民之间的摩擦、矛盾，因此，其重点就在于调解，其原则就是"大事化小，小事化了"。调解不是压制，更不是简单地诉诸惩罚，而是重在说理，以便让矛盾着的乡民双方心服口服。调解的这种道德特点，要求官方唤起乡民之间在长期共处的生活过程中所形成的乡谊，让乡民树立尚和、共存、互让等道德理念。在清代社会里，官方的调控就是从这些要求出发的，并劝说乡民不要动辄做有损乡谊的事情。针对乡民健讼的现象，有的官员讲了一番道理，力图化解乡民之间的争讼，并指出："争讼之兴，既废时而失事，更怨毒而伤残，极为恶俗……或因口角微嫌而驾弥天之谎，或因睚眦小忿而捏无影之词。甚至报鼠窃为劫杀，指假命为真伤，止图诳准于一时，竟以死罪诬人而弗顾。庭讯之下，供词互异，本县稍一执法，则反坐之律，尔其何以自脱……更有不论事之大小，情之轻重，理之曲直，纷纷控告。一词不准必再，再投不准必三，而且动辄呼冤，其声骇听。及唤至面讯，无非细故。种种恶态，深可痛恨。”①这一“恶俗”之所以出现，“揆阙所由，必因刁恶讼师，专在衙门包告包诉，幸准则彼自居功，坐诬则与彼无涉，置身法外，播弄愚民”。② 如果乡民因彼此之间的纠纷而控诉到衙门，官方也会按照这些道德要求来处理。程振祥与程士高共有黄泥丘的土地，此丘“形分上中下三基，上基乃士高之田，中下二基乃振祥坟业。上年冬，士高舁棺葬于己田……葬棺之后，振祥于中基高筑石圹”，彼此未占用对方的土地。然而，“两皆惑于风水之说”，“彼此互控。夫棺骸甫掩，垄圹初完，旋即罹讼公庭，可见皆非吉地。何两人所见不达，而为此无益之争乎？断令两人各卜吉日，士高将棺移上一尺，振祥将圹移下一尺，棺以下圹以上，存为虞芮之间田。士高不得于棺下再葬，振祥不得于圹上加筑，及故竖高碑，庶两不相逼，而争端永杜矣”。③ 这场纠纷就这样被官方顺利地调解了。

第二节　城市公共道德生活

相对于明代城市而言，清代城市无论是在数量上还是在规模上都有所发展，这种发展不只是人口数量剧增的表征，更为主要的是商品经济发展的结果。清代城市的发展不仅仅是大量地增加了城市的居民，更为重要的是使城市由以往朝代的政治中心逐渐地向政治中心和经济中心转变，引起了清代社会结构、社会生活方式和清代人的价值观念的深刻变化。正是因为如此，清代城市公共

---

① 郭成伟、田涛点校整理：《明清公牍秘本五种 · 纸上经纶》，中国政法大学出版社 1999 年版，第 221 页。

② 同上书，第 219 页。

③ 同上书，第 207—208 页。

道德生活较其乡村公共道德生活更明显地反映了商品经济的特质，一定程度地突破了乡村公共道德生活的封闭性和保守性，使清代人产生了新的道德观念。同时，由于清朝政府对士人结社的严厉控制和城中满城的专设，因此，清代城市公共道德生活具有不同于以往朝代城市公共道德生活的特点。

与清代乡村中主要存在农业生产这一较原始而又封闭的人的活动方式相比，清代城市的重要社会活动形式更为多样，涉及户籍管理、卫生、交通、消防、治安、商业、娱乐、交际等诸多方面；精英与大众之间的接触更为直接和频繁，精英文化与大众文化并存且不断交锋；城市是一个陌生人社会，人口密度大，交往方式多样，交往频率高。由此所决定，清代的城市公共道德生活不仅在其内容上较其乡村公共道德生活更为丰富和复杂，而且具有不同于乡村公共道德生活的特点。除规范城市社交和改善公共交通、公共卫生、建筑、休闲娱乐场所（广场、绿地、公园）、宗教活动场所等城市公共生活条件之外，其城市公共道德生活主要有城市公共安全的维护和市场秩序的维持两个方面。

一、城市公共安全的维护

清代城市的公共安全问题，并非只是一个简单的“缉捕盗贼”、“盘诘奸伪”等方面的治安问题，在其本质上是一个清朝政府的统治秩序问题，是一个维护还是破坏清朝统治秩序的问题。之所以如此，是因为与“天高皇帝远”的乡村不同，城市是清代社会的政治中心，生活于其中的市民相对于乡民对清朝政治有更多的感受和了解，也更能深刻地认识到自身利益与政治的关系，因此，他们对清朝政治必定会有自己的道德态度。这意味着，清代城市的公共安全是清朝政府和市民所共同关注的，也是官方力量和民间力量共同努力的结果，准确地说，是城市内各种政治力量发挥其作用的共同结果。正是因为如此，在清代城市公共安全或者公共秩序的状况和内容方面，不同地区的城市并非是完全相同的，相反，是各有不同的，畿辅、东北三省城市的公共安全状况就与东南沿海地区城市的公共安全状况存在明显的区别。这意味着清代不同城市的公共道德生活是有所不同的。

尽管不同城市的公共安全状况各有不同，然而，维护公共安全却是所有城市的相同任务。就清代城市公共安全或者公共秩序而言，既有其破坏者又有其维护者。破坏者可能就是维护者，在有的时候，一个人或者一群人对城市的现有公共安全秩序的破坏，其意图不只是发泄自己的不满，更重要的在于重建新的城市公共安全秩序。在清代社会里，一般说来，城市公共安全的维护者都是市民，其破坏者除了市民之外，还有流民、乞丐、宗教群体或者秘密社会组织。

不论是城市内部的破坏者，还是来自城外的破坏者，他们破坏城市公共安全秩序的动机主要是反抗或者企图颠覆清朝统治，实现或者维护本民族、本社会群体或者自身的利益，其行为主要有反抗、腐败、施暴、抢劫、偷盗、欺诈、放火七类。其中，反抗既有指向推翻清朝统治的反抗，又有指向官员的反抗，如发生在嘉庆十八年(1813)九月十五日、被嘉庆皇帝称之为“突有非常之事”的林清所领导的天理教军200余人攻打紫禁城属于前者；发生在乾隆十二年(1747)，山东、山西、江南等地的抗租罢市、反抗官员的事件则属于后者，乾隆皇帝认为市民的这种反抗完全是无理取闹，他指出：“百姓目无官长，竟若官长去留，可操之其手，及群不逞哗然而起，而官长则已挂名弹章，以致益煽，刁为故常。犹劣子之倚慈母，有所恃而无恐，且抗衡焉。”(《清实录·高宗纯皇帝实录(四)》卷291)与城市公共安全相关的官员腐败，并非是贪污，也不一定是受贿，而是指官员超出清朝政府所规定的赋税及附加税而以种种借口向市民自行征收的钱粮，或者是如官吏故意翻开商铺前街道上的地沟而向商人索取好处费等类似行为。施暴有两种，其一是官吏等的施暴，如康熙朝郑成功攻打福建沿海一带时，清朝政府“军中多掠良民子女没为奴婢”(《清史稿》卷277《于成龙》)，“各路统兵大将军、王、贝勒以下，多玩寇殃民，或越省购买妇女，或扰夺民间财物，稍不如意，即指为叛逆”。[①] 其二是市民的施暴，如嘉庆朝，湘潭县城商业区内，“江西客民在彼贸易者十居七八，本地居民不过十之二三。各马头挑夫，江西人尤多，平日恃众强横，最喜滋事”(《清实录·仁宗睿皇帝实录(五)》卷359)。当然，并不是所有的破坏城市公共安全秩序的行为都是故意的，有的是由市民的一时冲动所致，有的则是由市民的过失(如失火)所造成。

维护城市的公共安全，就是防止、抵制和化解人们对城市公共安全秩序的破坏，其具体任务主要有防反抗、防腐败、防暴力、防抢劫、防偷盗、防欺诈、防火

---

① 李元度著：《国朝先正事略：清代1108人传记》(上)，岳麓书社1991年版，第143页。

等七项。其目的有两个，其一是维护清朝政府的统治，其二是保护市民的生命财产安全。正是因为维护公共安全可以实现各自的利益，官方力量与民间力量就能够在维护城市公共安全方面进行合作，或者说，维护城市的公共安全被认为是官方和民间的共同责任。由于这种共同责任是基于不同利益集团或者阶级之间的利益差别的，因此，不同的政治力量都对清代城市的公共安全起着各自的作用，或者说，清代城市公共安全的状况是不同政治力量或者不同类型市民之间进行博弈的结果。具体说来，对城市公共安全秩序的维护负有道德责任的主要是清朝政府、旗人、官吏、士人和普通市民，他们扮演着不同的角色。

1. 清朝政府在维持城市公共安全秩序的过程中主要承担了四方面的责任：

(1) 对城市公共安全进行立法。如乾隆四十四年(1779)针对同火灾有关的公共安全制订了如下定例："嗣后凡因失火而乘机抢夺，除有杀伤及计赃重者，仍照定例问拟外，其但经得财罪，应拟以杖徒者，改照大江洋海抢夺遭风商船，但经得财之例，将为首之犯，杖一百，流二千里；为从者，杖一百，徒三年。均于面上刺'抢夺'字样。"①

(2) 建立城市公共安全的管理体制。为了减少公共安全事故的发生，清朝政府将城中满城与汉城分开治理，不准在满城设立商铺和娱乐场所；实行巡夜制度，派遣士兵进行巡逻；设立专门的消防机构，从城市守军中挑选出专门的救火兵丁进行培训，下拨购置消防设备的费用，如雍正皇帝"令各省督抚，于省会及府城，仿照京城之例，置备水桶、水铳、钩镰、麻搭之类，分贮各门。令文武官弁派定人役兵丁，一遇火警，迅速齐集抢救，不使蔓延，并将抢火恶棍查拿，从重治罪。如有司官有赴救不力、具报不实者，该上司严查参劾，加倍议处。其救火器具，动用何项银两制备，不得派累里民"(《清实录·高宗纯皇帝实录(三)》卷164)；建立了人与人、民与官相互制约、共担责任以便分片管理的保甲制度；有的城市建立了宵禁制度，按时关闭城门，不许行人出入，等等。

(3) 进行有利于城市公共安全的教育。如针对乾隆十二年(1747)山东、山西、江南等地所发生的抗租罢市、反抗官员的事件，乾隆皇帝认为其失误之一就

---

① 郭成伟、田涛点校整理：《明清公牍秘本五种·钱谷指南》，中国政法大学出版社1999年版，第467页。

是忽视了对民众的教育，他强调："然朕虽失教于前，尚思勤恳诲迪于后，以为众黎庶劝。各省督抚，其倡率州县，谆切化导，使愚民知敬畏官长，服从教令，勿复自蹈迷途，以益朕过，实厚望焉。"(《清实录·高宗纯皇帝实录(四)》卷291)清朝统治者还派遣观风整俗使了解城市民风，规范市民的行为，如雍正四年(1726)，雍正皇帝认为"浙省风俗浇漓，甚于他省"，不利于清朝统治和城市治安，必须加以整顿。于是，他打算"专遣一官前往浙江省问风俗，稽察奸伪，应劝导者劝导之，应惩治者惩治之。务使绅衿士庶，有所儆戒，尽除浮薄嚣凌之习，归于谨厚，以昭一道同风之治"，经九卿商议后，"遣官前往浙江省问风俗，稽察奸伪，应授为浙江等处观风整俗使，铸给关防，以重职守"。(《清实录·世宗宪皇帝实录(一)》卷49)

(4) 直接惩治城市公共安全秩序的破坏者。清朝政府不仅为建立和维护公共安全秩序采取了多种措施，而且还取缔邪教，打击秘密社会组织，整治淫祠，锄奸除恶，处理民间纠纷。对官员和地方政府感到棘手的那些案件，清朝皇帝则亲自处理，如京城恶豪李三胡作非为，还广交官府、贿赂权贵、横行乡里、暗操生杀，以官员为自己的保护伞。有的官员如大学士范文程、宁完我、冯铨、陈之遴等均知道此事，但因担心被李三势力所害而不敢举发甚至有意隐瞒，顺治皇帝对此非常震惊，不仅亲自至内院指责范文程等不忠，免除了怀疑与此事有关的陈之遴的大学士之职，而且还下令处死了李三和御史李运长。

2. 旗人是城市公共安全的保卫者。众所周知，旗人又可以称为满洲人，它的出现缘于努尔哈赤所建立的八旗制度，其成员并非限于女真人或者满族人，而是由满族八旗人、汉军八旗人和蒙古八旗人所构成，至乾隆朝，由于清朝政府实施"汉军出旗"政策，因而，其人口结构发生了变化，不再包括汉军八旗人。旗人最初只是军人，并非是城市居民，后来因为清军入关、清朝政府实行八旗驻防制度而成为了市民。旗人成为特殊的市民，这是清代城市不同于以往朝代城市的特点。城中旗人的主体是驻防八旗兵。"八旗驻防之兵，大类有四：曰畿辅驻防兵，其藩部内附之众，及在京内务府、理藩院所辖悉附焉；曰东三省驻防兵；曰各直省驻防兵，新疆驻防兵附焉；曰藩部兵。"(《清史稿》卷130《八旗》)根据清朝政府的命令，他们及其家属定居在某一城市，并生活于与其他市民分隔的满城之中。与其他市民不同，旗人既是清朝政府安插在民众中的耳目，负责向最高统治机关和统治者传送其所在地区的有关信息，又是国家暴力在城市的代表者和行使者，负有维持清朝统治及城市公共安全的责任。旗人之所以愿意生活于与丰富多样的城市公共生活相隔绝的满城之中，并承担维护城市公共安全的责任，是因为他们意识到了国家安全和城市公共安全也就是自身的安全。正是出于这样的考虑，旗人虽有自己的独特生活追求，但都能自觉地对其予以压抑，服从清朝政府的决策。如在通过科举考试求取功名与保持"国语骑射"这一"祖宗之制"的关系上，旗人和清朝统治者之间是存在矛盾的，其态度也是多变的。在是否应该允许旗人参加科举考试的问题上，清朝统治者自身的态度也有矛盾，一方面对旗人的科举考试施行优惠政策，另一方面又不予支持甚至反对，如同前代皇帝一样，嘉庆皇帝十分强调："我满洲根本，骑射为先。若八旗子弟专以读书应试为能，轻视弓马，怠荒武备，殊失国家设立驻防之意。嗣后各省驻防官弁子弟，不得因有就近考试之例，遂荒本业。"(《清史稿》卷106《学校一》)以"骑射"为旗人的"本业"，不仅仅是清朝最高统治者的要求，也是所有旗人尤其是满族人自觉的选择和自愿担当的责任。因而，即使是那些热衷于科举考试的旗人，也并没有因此而"怠荒""本业"。旗人当时就被汉人看作是"不仕、不农、不工、不商、非兵、非民"的人，他们被规定应该做的惟一事情就是骑马射击，以成为威胁民众的强大力量，以便几十万满族人能够在几千万汉人的汪洋大海中不被淹没。他们平时在满城中努力操练，提高骑射本领，一旦本市发生有害于公共安全的事件，就会人人争先恐后，共同维持城市的公共安全秩序。

3. 官员是城市公共安全的管理者。维护城市的公共安全是所有市民的责任，更主要的是官员的责任。如果城市的公共安全出了问题，那就意味着官员没有尽到自己应尽的义务。觉罗桂芳正是这样分析发生于嘉庆十八年(1813)九月的天理教徒攻打紫禁城事件的，他指出："今兹事变，岂不怪异？……夫天下之大，万民之众，而决其无一夫之梗者，盖自古其难之。然而揆之人事，则实有未尽者……阉寺职官，竟有与其谋者，而未事之先，曾无一人抉发，是吏无政也。藏利刃，怀白帜，度越门关，饮于都市，无诇而知者，是逻者、门者无禁也。禁兵千计，贼不及百，阖门而击之，俄顷可尽，乃两日一夜始悉擒戮，是军无律也。夫吏惰卒骄，文武并弛，而法制禁令为虚器，则事之可忧，岂独在贼？我皇上观微知著，洞悉天下之故，诏曰'方今大弊在因循怠玩'，至哉言乎！"(《清史稿》卷353《觉罗桂芳》）相反，一旦官员真正承担了自己应尽的责任，那么，不只是普通百姓会循规蹈矩，即使是官吏也不敢胡作非为。苏州褚筠心学士居忧在籍，一日，他乘小轿经过阊门那条“止容一舆”的窄巷时，对面突然来了一顶“华舆”，抬轿的几个豪仆高声喝令让道。褚筠心的轿夫没有退避，于是，两轿对峙，彼此互骂。坐在华舆中的人大怒，指挥其仆从殴打褚筠心的轿夫，并将褚筠心的小轿击毁，当看到坐在小轿中的竟是“无顶带之布素老人”时，“益肆拳脚，衣冠尽裂，须去其半，怒骂而去”。褚筠心打听到他们是苏州抚署中的人，就直接去了时任苏州抚军的门生那里。“抚军出见之，大骇。褚告以故，抚军惶悚请罪，责问何人出署，则某司阍赴妓席未回，众不敢隐。抚军益愧怒，立出朱签，锁系而至，传令巡捕，即在厅前阶下痛杖，无庸计数，以无声息方止。未四十，已毙杖下。即登门负荆。自是而各署仆役，相戒敛迹，无敢肆横矣。”（参见《清稗类钞·奴婢类》）官员在履行其维护城市公共安全的责任时，对待不同的人往往有不同的态度，对待旗人尤其是满洲贵族绝对不能如对待普通市民那样，总是小心谨慎，绞尽脑汁。“康熙三年，抚军韩公心康奏请以驻防兵移至京口。去之日，恐兵有变，预与将军谋，先备船于城外，令兵一时尽行出城，不得停留一刻，违者斩首。盖当时民间有借兵银者，偿之无已，名曰满债。韩公深知其意，预令欠户远逃，贴抚军封条于门，兵来索债见之，舍去，民赖以安。”（《履园丛话》卷1《旧闻·小韩都堂》）要维护城市公共安全，官员不仅要会想办法，而且要敢于担当，勇于牺牲。只有这样，即使已经发生了破坏城市公共安全的事件，也会化险为夷。蒋坚是康熙朝泽州守将佟国珑的幕僚，“时临汾令暴而贪，民不堪命，群聚大噪，执殴之。城中民汹汹，各徙于郊以观变，巡抚檄佟往，令以兵从。蒋……乃与佟疾驰……及郊，见四山人皆蚁聚，揭竿树锄，且作乱。白之佟，取巡抚令箭先往视之，而号于众曰：‘巡抚怜汝辈为吏所苦，令太守来治之。罪不在民，勿恐。’乃还，属佟入县治，坐听事，呼令出，及其胥五人并缚之。鞭胥流血，观者如堵。佟谓之曰：‘尔等不顾父母妻子邪，何不复尔居?’众唯唯，皆散去。明日，佟挟诸囚复巡抚，临汾遂宁”（《清稗类钞·义侠类》）。

4. 士人是城市公共安全的评议者。清代士人之所以会对城市公共安全进行评议，因为，其一，他们是儒士，自认为是儒家伦理道德的弘扬者，具有“内圣外王”的品格，因而认为自己应该具有社会批判的精神和态度；其二，中国形成了士人“清议”的传统，清代士人秉承了这种传统，认为自己应该维护正义；其三，清朝设立“言官”之职，不禁“风闻言事”，这也影响了士人的态度。对此种关联，清初名臣宁完我认识得非常清楚，他指出：如果不设言官，“举国然诺浮沉，以狡滑为圆活，以容隐为公道，以优柔退缩为雅重，上皇皇图治，亦何乐有此景象也？况今日秉政者，岂尽循理方正？属僚既不敢非长官，局外又谁敢议权贵？”（《清史稿》卷232《宁完我》）士人的这种评议大体上表现为三种情形：其一，士人对官员予以表扬或者批评。士人十分清楚，官员品行的好坏直接关系到城市的公共安全，因此，他们都自觉地评议官员的作为。他们的评议的确起到了揭发官员腐败、预防民众反抗的作用，如江南道监察御史钱沣向乾隆皇帝参劾山东巡抚国泰和布政使于易简吏治废弛、腐败贪婪，当乾隆皇帝问其如何得知时，他回答：我是在“风闻言事”，我所听到的那些街谈巷议，“想必不尽子虚”。作为钱沣弹劾根据的“想必不尽子虚”的“风闻”，就是来自于士人的议论。当然，士人的评议并非都是有真凭实据、切实可行的，正如丁日昌所说“自古局外议论，不谅局中艰苦，一唱百和，亦足以荧上听，挠大计。卒之事势决裂，国家受无穷之累，而局外不与其祸，反得力持清议之名”（《清史稿》卷405《曾国藩》）。有的士人甚至借“清议”之名而“呼朋引类……附影逐声，废时失事，甚有借以行其私者”（《清史稿》卷480《儒林一》），更有甚者，“造作揭帖，攻发阴私，污人名节，或捏贪酷款迹，诬玷官长，或编德政歌谣，耸动听闻，以致上官误信，贤否混淆”①，达到其不可告人的目的。其二，士人对城市公共安全提出自己的建议。城市公共安全与多种因素有关，而这些因素可能是公共安全的隐患，而且相互之间存在着某种联系。如对城市是否应该允许茶楼、酒肆、戏馆、青楼、游船、迎神赛会等的存在，清代士人之间就有过较长时间的争论。名臣陈宏谋、汤斌、田文镜就是主张取缔这些场所、禁止这些活动的典型代表，他们认为，这些场所和活动，不仅会败坏社会风气，而且会破坏公共安全，如强调：“从来酒能乱性，沉溺其中者，必至百务俱废。且酒醉之人，气粗胆大，一语不投，即起争端，拳脚所加不知轻重，甚有持刀飞石，伤毙人命者，皆酒误之也。”②与之相反，有的士人认

① 李元度著：《国朝先正事略：清代1108人传记》（上），岳麓书社1991年版，第390页。

② 郭成伟、田涛点校整理：《明清公牍秘本五种·纸上经纶》，中国政法大学出版社1999年版，第230页。

为，这些场所和活动的存在至少不会引起更突出的道德问题和公共安全问题，相反，不允许其存在则必定会导致相当严重的城市公共安全问题。正是在士人之间争论的基础上，也是因为"生齿日繁"、人口剧增和市场经济的内在需要，清朝政府才将对这些场所和活动的政策由"严禁"改为"弛禁"。其三，士人因其评议而维护正义。清代士人对城市公共安全问题并非只有评议，往往会将其转化为维护正义的行为。士人们会从各自的正义观念出发来采取相应的行为，有的士人主动向衙门揭发破坏城市公共安全的人，要求"拘戏子管班人"，陈宏谋在江南反对奢侈、禁止妇女入寺烧香、禁毁"淫祠"，汤斌禁毁苏州上方山五通祠、严禁赛会演戏、禁开酒肆船舫，田文镜在河南重点查禁迎神赛会，打击"邪教"。对于未仕的士人来说，他们维护正义的行为主要是被清朝政府指责为"恶俗"的诉讼。"健讼"之所以被视为"恶俗"，讼师之所以会遭到指责，是因为"中国诉讼的原型"是"父母申斥子女的不良行为，调停兄弟姐妹间的争执这种家庭的作为"，在中国人的观念中，"为政者如父母，人民是赤子……事实上，知州知县就被呼为'父母官'、'亲民官'，意味着他是照顾一个地方秩序和福利的总的'家长'"①，他会公正公平地处理，不需要讼师的干扰。而讼师之所以敢于顶着如此大的压力、不理会官员与自己之间的矛盾，不仅仅是因为可以通过诉讼而获利，更主要是因为诉讼可以帮助恢复被侵权者的权利，消解官员的无所作为或者为所欲为。正是因为如此，讼师的"诉讼往往开始于为了'耸动'地方官'视听'的所谓'验伤讯究'请求"②，是一种维持公共安全秩序的活动。

5. 普通市民是城市公共安全的实践主体。政府的力量毕竟有限，不能及时而有效地维持城市治安的良好状态，普通市民维护城市公共安全的行为正好可以弥补政府运作的不足，成为了维护公共安全的主体。为了维护公共安全，也为了不影响到家庭、宗族的名望和影响力，居于城市之中的家庭和宗族十分重视家庭和宗族内部的稳定，以防止其成员的作为影响城市公共安全。首先，非常重视对其成员进行教育，告诫子弟，如果家有"不足则断不可借债，有余则断不可放债……乡里间荷担负贩，及佣工小人，切不可取其便宜。此种人所争不

---

① ［日］滋贺秀三、寺田浩明、岸本美绪、夫马进著：《明清时期的民事审判与民间契约》，王亚新、范愉、陈少峰译，法律出版社 1998 年版，第 16 页。

② 同上书，第 217 页。

过数文，我辈视之甚轻，而彼之含怨甚重……待下我一等之人，言语辞气，最为要紧”①；不准其子弟游手好闲、赌博酗酒、结拜兄弟、打架斗殴、窝留盗匪、为盗为娼、犯上作乱。其次，为了“家丑不可外扬”，对于那些破坏了城市公共安全的成员，家庭和宗族总是着眼于进行“内部解决”。清朝政府不但对此不予干预，反而予以支持，依赖于家庭和宗族，如乾隆四十四年(1779)所规定的“各省如有争继夺产酿成人命者，应听该房族另行议继，其争夺之家，均不准其继立”②的法律条文就是如此。在处理街坊邻居之间的关系上，市民一般会力图避免彼此之间的摩擦、冲突。如果发生了冲突，宗族和同乡就会主动介入，即使这样的介入有时会演变为宗族或者同乡之间的械斗，然而，一般说来，宗族和同乡都会秉着“息讼息争”的原则，防止事态的恶化，并尽量首先在宗族之间和同乡内部解决各种纠纷与冲突，而不是动辄打官司。这一程序的目的在于重视和维系整个宗族和所有同乡的情谊，具有道德性。如果有人或者某一宗族不是首先注重民间调解，他人就会议论、谴责，对其另眼相看，甚至将其孤立，这样做的真正目的是为了维护宗族和同乡的根本利益。如同乡民一样，市民也是从重谊、尚和、共存、互让等道德理念出发对待彼此之间的摩擦的，不轻易诉诸官司，认为打官司是一桩让自己和他人出丑的事情，因此尽可能予以避免。虽然民间调解的结果可能与清朝政府的法律规定不一致，即族内公平和同乡内公平与政府所保护的公平有差异，但清朝政府对此往往是睁一只眼闭一只眼。这又恰恰要求宗族和同乡在维护城市公共安全时具有自觉性和主动性，使之成为了维护公共安全的主体。其结果，一方面减轻了清朝政府的负担，另一方面又弱化了清朝政府的控制性，增加了宗族和同乡的责任。对于失火事件、暴力行为、抢劫、偷盗、欺诈等进行预防和抵制，普通市民认为也是自己的责任。如在火灾的预防和扑救方面，居民都自觉地在自家院内或者门前放置水缸，以防火灾；士人和商人则捐资购置防火设备；在救火时，与失火家庭有血缘关系和地缘关系的人会首先冲入火场，街坊邻居一闻火警就会急赴扑救，市内工匠及轿夫等也会主动加入。在有的城市，本坊居民共同出资组建了救火“义民”，商人资助建立了专门的救火

---

① 从余选注：《中国历代名门家训》，东方出版中心 1997 年版，第 39 页。

② 郭成伟、田涛点校整理：《明清公牍秘本五种・钱谷指南》，中国政法大学出版社 1999 年版，第 467 页。

组织。一有火警，“义民”和救火组织就会鸣锣集结，有利于迅速扑灭大火，防止趁火打劫现象的发生。

二、市场秩序的维持

在清代社会里，“商业则主要是与城市联系在一起。若说城市繁荣，那必是它的商业繁荣；城市生活也必然具有浓厚的商业色彩。在这个意义上，商业与城市是同义语”。[①] 商业是商人的专门活动领域，离开了商人，商业就不可能存在。清代社会的商业活动可以分为两种，一是行商，二是坐商。由于从事行商活动的人居无定所，因此，他们就不会如从事坐商活动的人那样须臾不能离开特定城市的公共生活。从事坐商活动的人则有固定的交易场所，在各自的活动中形成了某种市场秩序，这种秩序反过来又直接影响各自的商业活动。

市场秩序虽然是商业活动中的秩序，但它并非只影响到商人的利益，还影响到清朝政府、顾客、生产者的利益。由于市场秩序与城市中的每个人的利益都有关，因此，他们就会共同地承担维持市场秩序的责任。这就是说，市场秩序实际上是商人、清朝政府、顾客、生产者共同努力的结果，其中，商人与商人之间关系、商人与清朝政府之间关系的处理是主要的方面。

1. 在清朝政府与商人之间关系的处理方面，关涉市场秩序的因素主要有交易场所的开设、商户和经营范围的确定、物价的稳定和税收的征收四个方面。

(1) 对于交易场所的开设，清朝政府不再如以往朝代一样只允许在城南开设商铺，但不准在满城中设置交易场所，这一规定后来因为旗人生活不便而最终改变。

(2) 在商户和经营范围的确定方面，清朝政府不只是不准皇室、贵族、官僚和旗人开设和经营商铺，使他们丧失了这样的谋利方式，甚至还禁止他们出入市场，这一举措防止了官民争利，维护了市场秩序；禁止“坊本小说”的印刷和销售，不准商户经营食盐等商品，对酒等由粮食加工而成的商品的销售加以限制，如乾隆朝有这样一则禁酒令：“通饬各属，嗣后凡遇拿获私烧踩曲之案，除柿、枣各烧，及宣化府属不食用之苦味高粱所烧酒斤，与本地零星沽卖，再置曲自用，

---

① 赵世瑜著：《腐朽与神奇——清代城市生活长卷》，湖南出版社 1996 年版，第 133 页。

数在三百斤以下，为数无多，仍照例免其查禁，并一切置造酒曲之锅、甑等类器具，及驮载之车辆、骡马等项，仍照各定例并前院通饬遵行，仍概行给还。本犯勒令分别销毁、改用，并未经烧置酒曲之米、麦、高粱等物，悉免其查起，以免牵扰外，凡收可以食用之米，与随带高粱等物，私开烧锅，及私行踩曲，已经烧踩、置造，数至三百斤以上者，无论曾否贩运出境，以及初犯、再犯，拿获之时，照例枷责治罪，将现获之酒斤、槽酤及曲块等物，俱发与本地铺户零星售卖，照数变价入官。再本地富商违禁射利，并别处巨商大贾，外来潜匿，密赁深房，广行置造，不肖之房主通同包庇，勾串贩卖，以致消耗米粮，应严行治罪。"①

(3) 在物价的稳定方面，清朝政府一方面禁止商人哄抬物价，对扰乱物价的商人进行惩罚，从商品产地组织货源以平抑物价，另一方面，又打击商人或者富人的囤积居奇、待价而沽的行为，如康熙朝名臣张伯行在任巡抚时一旦发现"富民家堆积米粟……必勒行贱卖，否则治罪。此事虽……非正道，亦只为米价翔贵"(《清实录・圣祖仁皇帝实录(三)》卷 266)。

(4) 在税收的征收方面，清朝政府强调："国家设关榷税，原以阜财利用，恤商裕民。必征输无弊，出入有经。庶百物流通，民生饶裕。"(《清实录・圣祖仁皇帝实录(二)》卷 124)然而，在税收征收的过程中却存在着大量的不规范征收和巧取豪夺的现象。为了杜绝此种现象，有的官员强调应该对税收征收进行立法，指出："民不苦正供而苦杂派，法不立则吏不畏，吏不畏则民不安。闾阎菽帛之输，朝廷悉知之，则可以艰难成节俭。版籍赋税之事，小民悉知之，则可以烛照绝侵渔。"(《清史稿》卷 263《王弘祚》)尽管《赋役全书》的颁发的确在一定程度上起了防止官吏"侵渔"的作用，但征税的实际操作却不能"绝侵渔"。开始时，清朝政府向商人征税，是由地方政府所确定的牙行来具体操作的，这为地痞恶棍随意勒索商人提供了条件。针对这一问题，雍正皇帝实行了"牙行领帖制"，将给帖征税权收归户部，并对违犯者予以制裁，按规定对被发现的未领帖的非法牙人杖 60 下，容隐非法牙人的笞 50 下。在有的官员提出"重农抑商"的主张和对偷税漏税的商人进行打击时，康熙皇帝强调："重困商民，无裨国计。种种

① 郭成伟、田涛点校整理：《明清公牍秘本五种・钱谷指南》，中国政法大学出版社 1999 年版，第 443 页。

情弊，莫可究诘。朕思商民皆我赤子，何忍使之苦累？今欲除害去弊，正须易辙改弦”（《清实录·圣祖仁皇帝实录（二）》卷124），“商人领吴逆资本者甚多，隐匿者亦或有之。若据告追究，恐无赖之徒借此诈害富民，有累百姓。商人为四民之一，富民亦国家所庇，藏富于民，不在计此铢两。以后有首告，应不准行”（《清实录·圣祖仁皇帝实录（一）》卷97）。这不仅保护了商人的利益，而且维护了市场秩序。

2. 在商人与商人之间关系的处理方面，在清代社会里，一个商人可以经营何种商品，是不能自由选择的，既受到清朝政府的限制，又受到其他商人的限制。在某种意义上，来自其他商人的限制更为严厉、残酷。因为，在商人看来，同类商铺多一家，自己的利益就会少一分。因此，他们就会对其他商铺进行监督、设置障碍，甚至为了争权夺利而不惜你死我活。这种残酷的市场竞争不只是在商人之间发生，在帮助商人进行商品交易、收取税金的牙行或者牙人那里也不可避免。“京师有甲乙二人，以争牙行之利，讼数年不得决，最后彼此遣人相谓曰：‘请置一锅于室，满贮沸油，两家及其亲族分立左右，敢以幼儿投锅者，得永占其利。’甲之幼子方五龄，即举手投入，遂得胜。于是甲得占牙行之利，而供子尸于神龛。后有举争者，辄指子腊曰：‘吾家以是乃得此，果欲得者，须仿此为之。’见者莫不惨然而退。”（《清稗类钞·农商类》）这种维持市场秩序的残酷方式并不多见。普遍的情形则是在面临矛盾时商户作出让步，如“京师某钱肆初无赫赫名，而营业日盛。四大恒忌之，乃散布谣言，谓某肆将倒，于是凡藏某肆钱票者，相率往取，如是三日，某肆从容应付，绝不支绌，谣言乃息。后某肆知四大恒之算己也，乃发巨金编收四大恒票，四大恒闻之，惧，乞人关说，乃已”（《清稗类钞·农商类》）。可见，在不存在血缘关系或者地缘关系的商人之间，要维持某种市场秩序，往往不得不借助第三方的力量。

由于商品生产的地域差异性、生产工艺的不外传及“商则本乡者少，而走外乡者多”①，因而，从事同类商品经营的商人几乎是具有血缘关系或者地缘关系的人。表面上看，不同宗族或者同乡经营不同行业，似乎是清代人在经济生活中总结出来的维持市场秩序的智慧，是减少经济摩擦的方式，其实却是经济垄

---

① 张海鹏、王廷元主编：《明清徽商资料选编》，黄山书社1985年版，第45页。

断。某一行业的这种宗族或者同乡垄断，虽然排除了非血缘关系或者非地缘关系的商人之间那样的残酷竞争，但是，并不意味着亲戚或者同乡之间不再存在矛盾。相反，商人之间的矛盾依然存在，如在同乡的合本经营中，就存在着"因势凌人，因财欺人，因能侮人，因仇害人，因倾推人"的现象；在客源的争取上也存在着矛盾，如京城有著名的药铺同仁堂，来京的外地人都会去购买，它设在东安门的分店专门销售灵宝如意丹，这种药"治病神效，故人争市之。屋仅一廛，悬额为青囊一卷，其人以此起家，传数代矣。由是争相仿效，或书清囊一卷，或诚囊一卷，或菁囊一卷，或精囊一卷，以此相混攘利"（《清稗类钞・农商类》）。为了解决诸如此类的矛盾，为了亲戚或者同乡的共存共生和共同利益，在异地经营的同乡建立了服务于同乡的会馆、公所。会馆或者公所是同乡商人或者同业商人之间建立的自治性行业组织，它有专业性与综合性的组织两种。它可以让同乡或者同业商人意识到"无论旧识新知，莫不休戚与共、痛痒相关，人情可谓聚矣"，"泉贝之流通，每与人情之萃涣相表里，人情聚则财亦聚，此不易之理也"。①"会馆为合郡士商理论之所，遇有争端，酌处劝息。设恃蛮不遵，有关风化之事，自应公同禀究。"②它规定同乡商人入行和新店开张的条件，如开设新店一般需要"上隔七家，下隔八家"，预先向会馆或者公所交清捐牌钱方许开张；对同业商人的经营进行规范，"为同业公定时价，毋许私加私扣。如遇不公不正等事，邀集董司，诣会馆整理，议立条规，借以约束"③，一旦有了行规和统一定价，同业商人就不会私自提价或者降价；公开而平均地分配原料和商品，以便给所有商户提供同样的获利机会，不准"隐瞒独买"；为了不影响同业商户的利益，不准销售假冒伪劣商品，不准贬损其他商号，"如有以低货假冒，或影射他家牌号，混蒙销售易兑者，最足诬坏名誉，扰害营谋。一经查悉，轻则酌罚，重则禀官请究"④；由于"钱贝喧阗，市廛之经营，不无参差，而奸宄侵渔之术，或乘间而抵隙。此非权量于广众稠集之候，运输于物我两忘之情，相勖以道，相尚以谊，不可也"⑤，于是，要求同业商户共同抵制贪官污吏的横征暴敛、骗子恶棍的欺凌勒

① 江苏省博物馆编：《江苏省明清以来碑刻资料选集》，三联书店出版社 1959 年版，第 351 页。
② 同上书，第 387 页。
③ 同上书，第 217 页。
④ 同上书，第 160 页。
⑤ 同上书，第 369 页。

索，并为此统一开支经费，以便为今后的平安经营创造条件；如果同业商户之间发生纠纷，会馆或者公所就会出面解决，其程序是先由首事调解，如有不服，就再由同业所有董事共同裁决，如果仍然不服，就诉诸官司。会馆或者公所的如此作为，的确对维持市场秩序起了一定的作用。

第三节　社会救助

公益慈善活动领域是一个范围相对广泛、形式更为多样的领域，具体可以分为公益活动领域和慈善活动领域，前者包括捐资设立会馆、办学、修路、建桥、购买消防设备、兴修水利工程等，后者是指对那些正在遭受灾难、贫困、无依无靠的人的自愿救济。相对于以往朝代而言，清代的公益慈善事业有所发展，不仅制定的相应制度日趋完善，而且设立的相应机构和参与公益慈善活动的人更多。这种发展是清代商品经济继续发展、人口剧增、灾难频发、官方力量与民间力量共同参与的要求和结果。由于清代慈善事业发展更快且更有特色，因此，在此只就清代慈善活动中的道德生活展开论述。

一、政府救助

在清代社会里，地震、雪灾、水灾、旱灾、虫灾、瘟疫、火灾等天灾人祸频发，人们生活十分艰难。要减轻民众的困难，清朝政府不得不承担主要责任，尤其是在民间慈善机构尚未大量涌现的顺治和康熙朝更是如此。它之所以要进行社会救助，主要是为了顺利地进行统治和彰显其政治道德性。与此相联系，政府救助的具体目的有两个，就正面的角度而言就是“共享太平”，如康熙皇帝所说：“朕对臣无他欲，惟愿天下治安，生民乐业，共享太平之福而已……每思民为邦本，勤恤为先；政在养民，蠲租为急。”（《清实录·圣祖仁皇帝实录（三）》卷244）就负面的角度而言就是防止灾民“犯上作乱”，如雍正皇帝期望让受到政府赈济的灾民明白：“受朕格外之恩，当乘此春和，努力耕种，勿因失业而作邪僻之事，勿因困厄而怀怨尤之心。”（《清实录·世宗宪皇帝实录（二）》卷102）清朝政府力图通过社会救助来树立自己的良好形象，增强其公信力，得到民众的支持。

由于社会救助具有上述的政治效果，因此，清朝政府一直重视它，正如乾隆皇帝所说："朕临御天下，十年于兹。抚育蒸黎，躬行俭约，薄赋轻徭，孜孜保治，不敢稍有暇逸。"（《清史稿》卷10《高宗本纪一》）而且，清政府还制定了相关制度并在实践过程中不断加以完善，采取了一些行之有效的措施。其主要措施有以下四个方面：

1. 粮食储备

在清代之前，中国就已经建立了备荒仓储制度。作为清朝的荒政之一，粮食储备制度被清朝政府视为最重要的制度，是清朝备荒赈济的主要措施。清代社会的粮食储备包括政府粮食储备和民间粮食储备，前者由官办官管，后者由民办官管。作为清代粮食储备的主体，政府粮食储备就是在各地州县设立"常平仓"。清朝政府规定，常平仓库存粮食数量，大州县为10000石，中等州县为8000石，小州县为6000石。其库存粮的来源，除了政府采购之外，就是向民间征捐。向民间征捐主要有派捐与捐纳两种形式。派捐是清朝政府根据民户耕地的多少来征派仓粮，带有强制性；捐纳又称为"捐例"，是富户或者官员自愿向常平仓捐粮。就整个清代而言，民间征捐有一个主要由派捐演变为捐纳的过程，而捐纳本身也有一个由从严到滥纳的过程。虽然从康熙皇帝到道光皇帝都意识到了捐纳制度的不合理性，并始终在其合理性与可行性之间摇摆，但是，其效果是大大地增加了常平仓库存粮食的数量，这为备荒赈济创造了有利条件。

除想方设法增加常平仓库存粮食的数量之外，清朝政府还不断地完善常平仓的管理制度，以便严格、公正、持续、有效地进行社会救助。如清朝政府就完全接纳了方苞关于常平仓管理的如下办法："常平仓谷例定存七粜三。南省卑湿，存粜多寡，应因地制宜，不必囿成例。年饥米贵，有司请于大吏，定值开粜，未奉檄不敢擅。自后各州县遇谷贵，应即令定值开粜，仍详报大吏。谷存仓有鼠耗，盘量有折减，移动有运费，粜籴守局有人工食用。春粜值有余，即留充诸费。廉能之吏，遇秋籴值贱，得谷较多，应令详明别贮，备歉岁发赈。"（《清史稿》卷290《方苞》）要求各级政府官员盘查常平仓存粮情况并逐级上报，地方官员离任时要清点仓库存粮数量；官吏在出借或者平粜仓粮时不得营私舞弊；对"因循怠玩"而导致米谷霉烂的失职者革职留任,"勒限一年,照数追赔",否则,照例治罪;对亏空仓粮的官员要予以比亏空钱粮者更严厉的制裁,等等。

清朝政府储备粮食有三个目的,一是赈灾,二是扶困,三是平抑粮价。赈灾是无偿的,扶困和平抑粮价则是有偿的。平抑粮价虽然是针对市场的,是为了维持粮食市场的秩序,其实,它同扶困一样是对贫困者的救助。仅就扶困而言,清朝政府对常平仓出借粮米是予以区别对待的:当青黄不接之时,农民糊口无资,则于社仓、义仓中借用,分半出借。如果地方因灾乏食者多则酌量增借,以资口食。假如社仓、义仓存贮无几,或者并未设有社仓、义仓,那么就从常平仓米谷杂粮内酌量借给。地方官谕令地保,查明实在有地乏食农民,按村开具户口、姓名呈送该管官,核其户口之多寡,分别办理。如一户之内,止一、二口者,借谷二斗;三、四口者,借谷四斗;五、六口者,借谷六斗;七、八口以上者,借谷八斗;不得逾一石之数,米则减半。秋后酌看收成分数,分别加、免息谷还仓,如所借常、社二仓口粮谷石,该年收成在八、九、十分者,本年秋后加一成收息;收成七分者,本年秋后追还,免其加息;收成六分者,本年追还一半,次年征还一半,亦免收息;收成在五分以下者,缓至来年秋后,免息征还。如所借系义仓谷石,该年收成在八分以上,加一成收息。收成六、七分者,免其加息。每斗收耗谷三合五分以下,缓至次年秋后,分别加免息谷还仓。[①] 对于"常平仓谷,如秋收丰稔,及仓额未足,历年民欠,又非因灾缓征者,概不准借。其收成七分以下,常平本属充裕,历年并无民欠,或社、义二仓实不敷用者,准叙明情形,仓粮额贮,并现存数日,详请批示,方准出借。如或因上年、本年大秋、麦秋偶被偏灾,民力艰难,不便限定借数者,即审度时势,随时具详,听示遵行"。[②] 可见,清朝政府对贫困者的救助,不仅是有偿的,而且是有限和严苛的。

2. 蠲免

它是清朝政府所推行的一项减轻民众负担的制度,这一制度早在顺治朝就已经施行,"自顺治元年为始,凡正额之外一切加派,如辽饷、剿饷、练饷及召买米豆,尽行蠲免"(《清实录·世祖章皇帝实录》卷 6)。其实质是政府对民众应交

---

① 参阅郭成伟、田涛点校整理:《明清公牍秘本五种·钱谷指南》,中国政法大学出版社 1999 年版,第 520 页。

② 同上书,第514 页。

税额的减免。如果说清朝政府储备粮食的目的之一是为了救助贫困者的话，那么，蠲免的对象不仅仅是贫困者，还有富有者。在某种意义上，富有者得到了蠲免所带来的更多实惠，熊赐履甚至怀疑政府的这种救助政策能否落到实处，相反，可能被官吏所利用，他说："蠲豁则吏收其实，而民受其名；赈济则官增其肥，而民重其瘠。"[①]针对蠲免只是缩减赋税而不能真正地给贫困者带来实惠的观点，有的官员论证了蠲免与增加赋税的内在关系，指出："恤民以固邦本，裕赋以资国用，两者并重。然必使有可生之民，而后有可征之赋……不急于蠲免，则旧逋既缺，新逋愈积，即日黜一官，无济于事。且蠲此不可复征之赋，俾民得休养生息，以供将来之税，正所以为国家财赋计也。"[②]蠲免赋税钱粮并非只是因为受灾，还有其他的原因，清朝皇帝将其视为仁政的具体体现。为了更好地实施蠲免，对受灾者特别是贫困者有利，清朝政府推行了奏报制度。这种奏报分为两种，其一是临事奏报，即灾害事件一旦发生就迅速上报，如康熙七年(1668)七月，康熙皇帝谕户部："嗣后凡有水旱蝗蝻等灾，有司官星夜申报督抚。督抚各照驻扎附近地方，随带人役，务极减少，一切执事，尽行撤去，勿致累民。将被灾田亩，作速亲勘，定明分数，造册达部，照例蠲免。"(《清实录·圣祖仁皇帝实录(一)》卷26)其二是定期例报。定期例报又分两种情况，第一，凡民地受灾，夏灾不出六月，秋灾不出九月，各省督抚具题，差官履亩踏勘，将被灾分数详造册结，题明分数蠲免；第二，"各州县凡庄园人等，官地内遇旱、涝偏灾，应照定例在七八月内，即将被灾地段、顷亩数目呈报内务府存案，一面呈报地方官，俟地方官查明，出具印甘、册结，到日详加查对，照例办理。"[③]

然而，奏报只关涉受灾地区是否应该蠲免，至于应该蠲免多少，却未涉及。对于何种受灾地区应该蠲免的程度，康熙朝初年前的做法存在弊端。工部尚书傅维鳞认识到了这种弊端，于康熙四年(1665)给康熙皇帝上疏，建议完善蠲免制度，并提出了根据具体受灾情况来确定蠲免的具体额度的办法。这一建议被清朝政府所采纳，解决了全荒者全部蠲免的问题。清朝的蠲免并非只针对受灾

---

① 李元度著：《国朝先正事略：清代1108人传记》(上)，岳麓书社1991年版，第149页。
② 同上书，第102页。
③ 郭成伟、田涛点校整理：《明清公牍秘本五种·钱谷指南》，中国政法大学出版社1999年版，第489页。

者，没有受灾的人有时也成了受益的对象。康熙四十九年(1710)十月，康熙皇帝就下诏普免钱粮，诏书上称："朕临御天下垂五十年，诚念民为邦本，政在养民。迭次蠲租数万万，以节俭之所余，为涣解之弘泽。惟体察民生，未尽康阜，良由生齿日繁，地不加益。宜沛鸿施，藉培民力。自康熙五十年始，普免天下钱粮，三年而遍。"(《清史稿》卷8《圣祖本纪三》)乾隆皇帝也学他爷爷的样，"以继志述事之心，际重熙累洽之后，欲使海澨山陬，俱沾大泽，为是特颁谕旨，丙寅年直省应征钱粮，其通蠲之"(《清史稿》卷10《高宗本纪一》)。对于乾隆皇帝这次普免全国钱粮的举措，御史赫泰请求乾隆皇帝收回成命，乾隆皇帝不只"斥其悖谬"，还夺了他的官职。

3. 赈济

清朝政府对于谁应该被赈济、在何种情况下赈济、赈济多少及是无偿赈济还是有偿救助等作出了详尽的规定：凡田地受灾五分以下的，只借给籽种口粮，秋收后免息归还，如果"水灾猝至，内有洼地被淹，高地仍然收获，并另有田地，及现有手艺，并系少壮之人可以资生者，仍止借给，不得滥行议赈。若只靠此洼地数亩，藉此活命，别无资生者，时遇立秋，晚禾不及补种，一旦大秋失望，穷民仰屋兴嗟，情堪恻悯，自应借贷之外，仍于十一月内，照依分数赈恤，并借给麦种，令其于涸出之后播种，以冀明春收获"，"仓粮春借秋还，应确查无力穷农，按名借给，每名计领籽种口粮多者，总不得过三斗。其旧欠未完者，或本人愿借，而乡地可保，不妨酌照完过之数量借。斗升未完，及顶冒之辈，概不准借"。倒塌房屋，如果是雨淋破损所致或者是富户或者"有力之户"的房屋，就不给重修费用，其他的则根据房屋间数来给银两。乾隆二年(1737)规定，因被水灾冲毁的房屋，每间瓦房给银二两，每间草房给银一两；如果房屋倒塌但其材料尚在，那么，每间瓦房给银一两二钱，每间石板房给银一两，每间草房给银六钱。至乾隆十五年(1750)后，每间瓦房给银一两，每间草房和土房给银五钱，每间土棚偏房给银三钱。发放大米的标准是：大人每人每天给米五合，小孩减半；受灾五分的家庭不予赈济，"被灾六分，极贫赈济一个月。七分灾者，赈济两个月；次贫，赈济一个月。被灾八分者，与七分同。被灾九分者，极贫赈济三个月；次贫，两个月。被灾十分者，极贫赈济四个月；次贫，赈济三个月"，如果是"困苦无靠之老幼贫民，距冬月给赈之期尚早，有难缓待，先行查明，摘赈一月口粮。如一月赈恤之后，尚距赈期遥远，例应摘出续赈，不拘月分”。如果是受灾严重的鳏、寡、孤、独、老、病、残疾者就应该急赈，如果目前还可以别的工作来谋生的人就无须急赈。由于“流民安则转盗为民，流民散则转民为盗”，极易引发社会治安问题，因此，清朝政府非常重视对流民的赈济，规定：每年隆冬时，地方官于城市厢关、村社、集镇处，对流民、“道路流落贫病无依者”及本地孤茕无靠贫民“设局留养”，给薪火、大米、衣服、棉絮、草席，对那些“病痊思归者，量其远近，资给盘费，医药不效者，置备棺木，即令掩埋。如遇猝然患病，不能远就养局者，即于所在村庄，掖之暖室，给以汤药，并报官酌给口粮，好为调理”。[①]

清朝政府认为，要搞好赈济工作，关键在于“大吏实心体恤”。因此，在康熙五十四年(1715)直隶顺天等发生水灾后，应该派遣谁去主持赈济工作的问题上，康熙皇帝强调：“此差不可用贪婪畏缩之人，着差贤能官员，分往州县散赈。”[②]这样的官员不仅能够想出许多行之有效的赈济办法，提高赈济的效率，而且能够识别冒赈者，如叶士宽任乾隆朝金华知府时，“东阳饥民求赈者以万计，士宽曰‘按册施赈，是赈册非赈民也。’乃召饥者前注名于册，而斥二人，众乃定。二人者：一妇人，曾以讼至官，服华服，至是易敝衣乞赈，士宽识之，令褫其敝衣，内华服如故；一男子，容甚泽，令饮痈荚汁，呕出酒肉。众惊服，冒赈者潜散去”(《清史稿》卷336《叶士宽》)。

4. 责任追究

赈济或者社会救助是官员应该承担的责任。清朝政府对没有履行好自己应尽责任的官员是要追究其责任的，其目的在于提高社会救助的效率，顺利地进行统治。有的官员之所以被追究责任，是因为他救助不力，办理不善，如对火灾“扑救不力之地方文武各官，分别城内、村庄，计间议处……城内十间以上，议处；十间以下免议”。[③] 对官员在灾情奏报方面“任意逾限，该年以内并不呈报，迟至次年正二月间始行呈报者，即杖八十，鞭责发落，方准报灾。迟至三四月间始行呈报者，杖八十，鞭责发落外，仍加枷号一个月，方准报灾。甚至五月间始

① 郭成伟、田涛点校整理：《明清公牍秘本五种·钱谷指南》，中国政法大学出版社1999年版，第483—513页。

② 中国第一历史档案馆整理：《康熙起居注》第3册，中华书局1984年版，第2268页。

③ 郭成伟、田涛点校整理：《明清公牍秘本五种·钱谷指南》，中国政法大学出版社1999年版，第486页。

行呈报者，不惟不准呈报灾歉，仍鞭责八十，加枷号一个月，仍令其交纳满差”。[1]在常平仓储备粮借还方面一旦发现有“串通吏役，通同捏名冒借，立将地保、吏役一并枷责革役”。[2] 对那些在蠲免钱粮的过程中没有按照规定进行工作的“州县各官俱以违旨侵欺论罪。如上司不行稽查，道府俱降三级调用，督抚布政司俱降一级调用。如该管上司察出，不行纠参，被科道察纠、旁人首告，俱照徇庇例议处”(《清实录·圣祖仁皇帝实录(一)》卷21)。有的官员是因为私心太重、阳奉阴违、侵吞赈灾钱粮而被追究责任，从重治罪，如王亶望在任乾隆朝甘肃布政使时冒赈折捐，事发后被诛，总督勒尔谨及诸府县吏被处死者有数十人。有的官员则是因为担心冒赈被发现并瞒上欺下、毒杀他人而被追究责任，如嘉庆十二年(1807)，江苏查赈知县李毓昌被冒赈官员山阳知县王伸汉毒杀，经查实后，王伸汉立斩，知府王毂立绞，家丁李祥等均处极刑，总督铁保被夺职遣戍，巡抚汪日章被夺职。正是因为有责任追究制度的存在，有些官员才不敢为所欲为，清朝政府的社会救助才取得了一定的成效。

二、民间救助

民间救助是整个清代社会救助体系中的一个组成部分，它虽然接续了中国以往朝代的慈善传统，但是，在某种意义上，它又是在清朝政府社会救助无力的情况下发展起来的，尤其是民间慈善机构的建立更是如此。它在弥补清朝政府社会救助能力之不足的同时，也分享了治理社会的权力，成为了组织和维持清代公共生活的一支重要力量。它与清朝政府社会救助所具有的注重理性和普遍主义不同，具有情感性和特殊主义的特点，即注重救助的血缘性、地缘性和友情性，表现在选择救助对象的优先顺序上，就是由亲至疏、由近至远。民间救助的这种特点，典型地体现了慈善所具有的自愿性和效用性。就其主体而言，清代民间救助可以分为个人救助、宗族救助和民间慈善机构救助三类，它们在其救助的动机、范围、条件等方面各有不同。

1. 个人救助是清代人自愿进行的形式多样、境遇性强的救助，它包括济贫、

---

① 郭成伟、田涛点校整理：《明清公牍秘本五种·钱谷指南》，中国政法大学出版社1999年版，第489页。

② 同上书，第513页。

解困和相助，具体表现为给钱、给物、出力，普遍地发生在亲戚、朋友、邻里、主佃、贫富、陌生人之间。这种救助往往是为了救人一时之急，如康熙三十六年(1697)，山西汾阳发生了饥荒，“县民鬻田，贬其值”，看到这种情况，西官村富人张瑛有意购买，目的是让邻里有钱度过暂时的困难，第二年“大穰，瑛榜诸村曰：‘愿赎者听。’不十日尽赎去”。(《清史稿》卷499《孝义三》)一般说来，清代人对朋友的救助是不惜一切的，康熙朝铅山人蒋坚“性慷慨，乐赴人之急。尝出为叔父收债，得金一镒归。遇其友黄某，黄方负人金，索者至，出恶语，为解之。索者忿曰：‘我索金于黄，何豫汝？汝诚庇之，何不以金与我？’蒋笑曰：‘若以吾吝此金邪？’即尽出金予之，索者惭谢去”。(《清稗类钞·义侠类》)不惜一切、舍己为人的行为并非只发生在亲戚、朋友之间，在对其他人的救助上也有所表现，如苍溪连年受灾，“死者相藉”。有一天，高淳诸生张自超造访苍溪县令，陈述赈灾的办法。该县令“尽召邑富人。富人曰：‘张君，吾邑之望。所蠲助，则吾侪视之。’自超遂注籍二百金，诸富人相视大骇，次第注籍。然逆料其不能猝具也，越数日，自超首纳金，诸富人大屈，尽出金，为部署，活邑人几半。自超故有田二百亩，亩六七金，鬻其半，索直三之一，众争购之，故得金速也”。(《清稗类钞·义侠类》)当然，并非所有的个人救助都只是救人一时之急，有的人则帮人帮到底，如前述湘潭医生莫际曙对“道旁茅店”妇女的救助就是如此。

在清代人看来，救助并非是一种施舍，救助者与被救助者在人格上是平等的，因此，救助者往往会想方设法避免其救助行为对被救助者心理的伤害。马秋玉在救助郑板桥时，为了不伤害郑板桥的自尊心，只好暗中相助。郑板桥未考取功名之前，“以课徒自给。值岁俭，生徒尽散，因举债以偿急需。约至端午，质剂子本，届时而畀，然虑不得偿，先期避焦山，依其乡僧，饰辞逭暑，实避债也。五月下旬，未得家中耗，不敢遽归”。马秋玉因吟诗而与郑板桥相识。“久之，板桥欲归不得，有忧色。马询曰：‘以君雅人，方谋行乐，何郁郁为？’板桥曰：‘仆以避债而来、非能效公等作达也。今将归矣，虑家中无耗，不敢遽行，故忧耳。’马唯唯。”与马秋玉分别返家，郑板桥见自家房屋正在修缮，“大骇，以为宅已赁他姓矣”，于是，他更加“踧踖不安，私叩孺人曰：‘端午节何如？’曰：‘前数日君寄家二百金，已毕偿，端节左右隳突吾门者，皆改容谢罪去。今以其余修屋，防梅雨耳。’板桥自叹曰：‘吾怪马君固应不至是，今果知贤者也。’”(《清稗类钞·义侠类》）有的乐善好施者在救助他人时用巧妙的方式来减轻对方的心理负担。乾隆朝昆山人张予焯在得知同乡祁天章四十岁却尚未娶妻，就给他钱，“劝之娶，祁诺，受金而去。明日，过祁，察其容，甚戚，诘之，不肯告。询其邻，曰：‘噫，是以金归而道遗。’张又贻以金，如前，语之曰：‘尔有遗乎？’曰：‘否。’如是者三，张笑曰：‘汝欺我耶？’出金袖中，曰：‘此非汝遗何？’祁大喜，以为诚然。”他遇见卖菜的佣人“失百钱，忿欲死，张呼佣至家，令家人秤菜而阴置百钱菜甲中。钱堕地，张佯惊曰：‘尔钱乃在是。’”（《清稗类钞·义侠类》）

在清代社会里，救助者虽然绝大多数是男人，但是，救助并非是男人的专利，其实，女人也是社会救助的参与者。清朝建立初，如皋人许德溥不肯薙发，刺臂誓死，他因抵抗薙发令而被杀弃市，其“妻当徙”。同乡王某任侠好义，他由于“高德溥之义，欲脱其妻而无术，乃终夜唏嘘不成寐。其妻怪之”。王妻在了解了王某的苦衷后，就对其夫说：“‘子高德溥之义而欲脱其妻，此豪杰之举也。诚得一人代之可矣。’王曰：‘然，顾安得其人？’妻曰：‘吾愿代以行。’王曰：‘然乎，戏耶？’妻曰：‘诚然，何戏之有！’王乃伏地顿首谢。旋以告德溥妻，使匿母家，而王夫妇即就道……历数千里，抵徙所，风霜艰苦，甘之不厌。”（《清稗类钞·义侠类》）

2. 宗族救助是某一宗族对本族内成员所给予的救助。在清代人看来，全族人都出自同一祖先，本来就是一体的，即使“一族之人，有贤有不肖，当体祖宗均爱之心，曲加扶持保护，不使一人至于失所……若专己自私，不相顾恤，有伤一体之谊，是为得罪祖宗，不孝孰大焉！”①既然于“鳏寡孤独废疾之人，皆天民之穷而无告者也，他人遇此，犹将恻然动念，思有以矜恤之，况在宗族而可漠不相关？……损衣衣之，损食食之，衣食不足，曲为之所，凡有可为，勿惜余力。均为祖宗遗体，苦乐何忍绝弃？养其肩背而断其一指，能无痛乎？”②清代人这种宗族一体的观念，决定了某一宗族只对其成员进行救助，而不惠及其他宗族。为了更好地救助本宗族的成员，宗族尽其所能地设立义塾，置办族田或者义田。因此，在清代社会里，只要是人数达到一定规模的宗族，哪怕是贫寒的宗族，都会

① 从余选注：《中国历代名门家训》，东方出版中心 1997 年版，第 141 页。
② 同上书，第 141—142 页。

捐办义塾和族田。义塾是某一宗族为其子弟所开办的免费学校，它对家寒或者父死不能读书的族人不但不收取学费，反而还为其免费提供书籍、伙食、笔砚、外出参加考试等方面的费用。族田是用来维持本宗族的生存的。宗族靠出租族田取息来救助族人，然而，并不是所有族人都可以得到本宗族的救助。不能得到本宗族救助的族人主要有以下七类：一是作奸犯科、被治罪的族人；二是崇奉异端、与匪类相通者；三是不守族规者；四是有田但因不务本业而败家的游堕者；五是无正当理由卖出自己田产的族人；六是乞养异姓者；七是可以通过依倚亲属等方式来解决生存问题的鳏寡孤独老残疾者。可见，宗族对其成员的救助是有条件的，是从维护本宗族利益出发的，不是简单的给钱给物，本身就带有善恶评价与道德教育的色彩，将劝惩与赈济相结合。这就是说，宗族救助是有选择的，更愿意救助那些被认为值得救助的族人。这样的族人主要有几类：一是为维护本宗族声誉和利益作出了贡献的族人；二是族内鳏寡孤独老残疾者中的极贫穷者，其中，对鳏孤独老残疾者的救助是出于对其生存的考虑，对寡妇的救助则主要是鼓励其守节。

3. 民间慈善机构救助也是民间救助的重要主体。随着清代商品经济的发展、士人队伍的扩大及参与公共事务意识的增强、贫困人口的增加和天灾人祸的频发，相对于明代，清代民间慈善组织的数量大为增加。这些慈善组织在城乡各地开展救助活动，其活动次数比明代也大有增加。其救助大体可以分为两种，一是无偿的救助，二是有偿的救助。前者主要是通过民间建立的各种善堂、善会来进行的，后者主要是通过民办官管的“社仓”和“义仓”来实施的。

善堂、善会是民间捐办的一种慈善组织，早在乾隆朝之前就已经存在，但是，其数量较少，其财力物力非常有限。从乾隆朝开始，这种情况大有改观，而且，越是商品经济较为发达、人口较为集中、文化发展水平较高的地区，民间慈善组织创办得越多。虽然也存在综合性的慈善组织，但是，更多的是专门性的，有救助鳏寡孤独老残疾者的养济院，有救助贞女节妇的恤嫠堂、清节堂，有收养弃婴的育婴堂、恤孤局，有救助流浪者的栖留所，有救助无钱就医病人的施药局，还有粥厂等慈善组织。这些民间慈善组织在城乡都有存在，不间断地对贫困者进行救助，在寒冬季节则会加大收容的力度。其救助对象并非限于当地的男女老少，具有广泛性；其救助的内容包括人的生老病死各个方面。

“社仓”和“义仓”是民办官管的民间慈善机构，前者设在乡村，后者置于市镇，其目的是对付灾荒，即“乡村设立社仓，镇店设立义仓，以为积贮之计”。在清代社会里，它们早于善堂、善会在全国普遍设立，其功用与善堂、善会专门救助贫困者不同，是专门用于灾荒时的救助的，因此，受到了清朝政府的高度重视和严格管理。在仓粮的来源上，尽管也有官员强征强捐的做法，但清朝政府坚持实行民众自愿捐献的原则，强调：“社、义二仓，本属一体通行。直属督抚饬令各府、州、县，务须开诚劝导，鼓舞士民听其捐输。社义二仓，一体办理，如有计亩按粮，指名强派，以及胥役吓索等弊，即行题参议处究治。”①虽然如此，清朝政府却期望民众多捐，要求地方官员积极作为，并于雍正二年(1724)制定了有关奖励的制度，即：“设立社仓，地方官开诚劝导，捐数不拘升斗，积少成多，不得抑勒科派。酌议六条，通行遵照。如数至十石以上，给以花红；三十石以上，奖以匾额；五十石以上，详明上司，递加奖励。果有乐善不倦，捐至三四百石者，督抚奏闻，给以八品顶带。”②对于这一定例，清朝政府于乾隆六年(1741)、十八年(1753)和三十三年(1768)分别作了修改，使其仓粮捐献制度更为完善。乾隆六年(1741)的规定是：“如捐十五石以上者，州县官给以花红，鼓乐迎送；三十石以上者，州县给以匾额；五十石以上，详知府给以匾额，一百石以上，详报布政司给以匾额；一百五十石以上，详请督抚奖励。若年久乐输，至三四百石，照例题请给以顶带。如有捐至千石以上，及有职之员，应请奏闻，分别职衔人小，酌量议叙。至捐杂粮请照谷石之数，画一办理。”③乾隆十八年(1753)的规定中的主要改动之处是：“准将各年所捐前后通算至二百石者，照例核实，具题给以九品顶带……近京五百里内旗庄正身，有愿在现住有业地方捐输者，悉照民人之例，予以奖励。”三十三年(1768)的规定中的主要改动之处是增加了对捐粮商人的奖励和“如士民报捐已至二三年，中间有停捐之年，于次年报捐，仍准其按五年之数接算”，④这反映了在捐粮上清朝政府与捐粮者之间存在着讨价还价的现象和捐粮者对尊严和公平的追求。即使有的捐粮者的动机在道德上并不十分纯洁，

① 郭成伟、田涛点校整理：《明清公牍秘本五种·钱谷指南》，中国政法大学出版社 1999 年版，第 477 页。
② 同上书，第 477 页。
③ 同上书，第 477 页。
④ 同上书，第 478、481 页。

但乾隆朝官员晏斯盛认为,政府对民众捐粮的重视可以"行政教法令于其中。是以习其事而不觉,久于其道而不变"(《清史稿》卷309《晏斯盛》)。

为了增加仓粮的库存量,做好仓粮的出借与入存的工作,保证救助的持续性,更好地救助贫困者,清朝政府制定了有关管理制度。除对认真负责的主管官员予以奖励之外,规定:如果地方官对当地收成情况、捐粮数量、"公事"开支情况不行详查,或者受贿嘱以少报多,滥邀议叙,除本人不准议叙外,仍将该督抚及地方官从重议处;社仓设立社长,三年一换,选择殷实良民充当,如有亏空,责令赔补,如果三年内不出亏空等问题,就允许留任三年,若经理不善徇私亏欠,则即行革惩,另行选补;仓粮一般春借秋还,但收存于社、义二仓的粮谷,只能按照现存之数出借一半,还仓时,如果当年秋收丰稔,收成八、九、十分者加百分之十的息入仓,收成为七分者免息追还,收成六分者本年先还一半、次年还另一半,收成五分以下者缓至次年秋后追还,如果有绅衿、恶棍冒借粮种,一经查出,三日内十倍追还,严加责比;大米出借,秋后按一米二谷追还;一遇荒年,民众面临饥荒,义仓应该立即出谷碾米,附仓立粥厂,设灶釜,每日散粥一次,先女后男,如果灾重人多,义谷不继,那么,州县官应该劝富户出粟,按照天数或者煮米的多少进行赈济,等等。这些规定和做法对于缓解灾情、救助民众起了重要作用。

第十章

清代社会风气

中国古代社会是一个伦理型社会,其基本的道德构架包括“礼”与“俗”两个方面。“礼”既是礼制,即一定社会或者阶级所制定的要求其成员一致遵守的道德规范,又是礼仪,即一定社会或者阶级所规定的不可随意更改的有关道德生活的仪式。“俗”即风俗习惯。“礼”并非如古代中国人所认为的那样是由圣人所制定的,而是与“俗”内在相关的,是从“俗”转化而来的,只不过相对于“俗”更为稳定。与“礼”一样,中国古代社会的风俗习惯也是多种多样的,涉及岁时节庆、生育婚丧、生产生活、人际交往、信仰等所有社会生活领域。清代社会的礼俗,基本上沿袭了以往朝代的传统,同时又在某些方面有所损益,形成了反映变化了的清代道德生活的某些社会风气。

第一节　重商、拜金、奢侈风气

清代商品经济的发展和人口的剧增,使清代人更加关注物质生活。在这种物质生活中,清代社会主要盛行着如下风气。

一、重商

受传统“四民”观念的影响,重农轻商、重本抑末的观念在清代社会里仍然占主导地位,不仅部分清代士人以此观念对待商人和商业,而且清朝皇帝也是如此看待,如雍正五年(1727),雍正皇帝继续强调:“四民”之中,“士之外,农为最贵”,之所以如此,是因为“凡士工商贾皆赖食于农”,他们离开了农民和农业,就不可能生存,因此,“农为天下之本务,而工贾皆其末也”。清代士人和清朝统治者之所以如此看待和对待商人和商业,主要是因为:其一,受了儒家的“重义轻利”和“君子谋道不谋食,忧道不忧贫”等观念的影响,在他们看来,商人的本性就是“重利轻义”、“谋食而不谋道”,是锱铢必较的逐利小人,因此,他们就鄙视商人和商业,耻于与商人为伍。其二,他们认为商业会败坏淳朴的民风,如康熙二十三年(1684),康熙皇帝在出巡苏州虎丘时指出:“向闻吴阊繁盛,今观其风土,大略尚虚华,安佚乐。逐末者众,力田者寡,遂致家鲜盖藏,人情浇薄。为政者当使之去奢返朴，事事务本，庶几家给人足，可挽颓风。”①

然而，其他清代人（主要是普通大众）并不认同清朝统治者和部分清代士人（主要是社会精英）的看法，他们同王阳明一样，主张“四民异业而同道”，同等地看待儒业、商业、手工业和农业，平等地对待士人、商人、手工业者和农民。大众层面所形成的重商风气，一定程度地抵消了清代精英对商业进而对商人的歧视，使那些以前耻于与商人交往或者缔结婚姻关系的贵族、官员和士人主动地建立与商人之间的多种关系，使大多数清代人不再将商业视为一种“贱业”，而肯定它是一种正当的职业，有的士人甚至“诫子孙勿为士”、“宜专力于商”，使商人获得了尊严，可以理直气壮地经商营利，维护自己的权益，也使更多的人可以无所顾忌地走进经商者的行列。于是，清代社会出现了“逐末者多，力田者寡”、不少官员、士人和妇女参与经商甚至弃士经商的现象。

清代社会重商风气的形成有如下主要原因：

1. 人口剧增。清代人口的迅速增加，一方面，不断地扩大了劳动力的队伍，有一部分人口因农业容纳不下而成为了富余的劳动力，另一方面，极大地增大了清代人的生存压力，使生活资料的获取变得更加艰难。为了维持自己的生存和增加家庭的收入，这些富余的劳动力就不得不另择职业，商业就是其中的一种主要的选择。在此意义上，清代人在重农轻商、重本抑末的社会环境中选择和重视商业，并非是真正自愿的，而是出于无奈的。

2. 商业具有农业所不具有的优势。农业总是“靠天吃饭”，受着自然条件的限制。商业则不受土地的肥瘠、气候的好坏、季节的交替等因素的限制，这些优势使清代人更乐于选择和从事商业。

3. 经商容易获得成功。在清代社会里，士人力图通过科举考试来求取功名，然而，“学而优则仕”、获得了成功的人却很少，“士而成功者十之一”就算不错了，可是，商人经商成功的比例却很高，即“贾而成功者十之九”。农民经营土地同样难以取得成功，有时连维持其家庭的日常生活都十分艰难，更不用说勤劳致富了。因此，在清代社会里，“末富居多，本富益少”，官员家庭的日常生活

① 中国第一历史档案馆整理：《康熙起居注》第2册，中华书局1984年版，第1245页。

也较拮据。商人经商的成功和所积蓄的财富，吸引更多的人选择商业作为自己的职业，正如亚当・斯密所说："我们对地位高于自己的人所表现的顺从和尊敬，常常是从对他们的优越境遇的羡慕中、而不是从对他们给予善意的恩赐的任何期待中产生的。他们的恩惠可能只给予少数人；但他们的幸运却吸引了几乎所有的人。"①

4. 商人结构的优化。由于以往朝代的人们都将商业视为"贱业"，官员和士人几乎无人经商，并以经商"谋食"为耻。然而，清代的官员和士人认为经商营利是正当的，既为商业存在和经商的合理性进行辩护，又乐于从事商业，出现了"无官不商"的现象。官员和士人加入经商的队伍，不仅使人们重视商业，正确地对待商业，而且吸引了更多的"俊秀者"来经商，为清代商业的发展提供了源源不断的人力资源。

二、拜金

清代社会的拜金风气，虽然与以往朝代人们的拜金观念尤其是明代中期以来人们"不讳言利"、理直气壮地追求财利的民风有关，但是，更为主要的是与清代商品经济的发展、重商风气的形成、人口的剧增等因素相关。

清代人拜金，其目的并不在于致富或者求财利之多，而在于拥有、支配和使用财利所起的效果。有了金钱，婚娶就会顺利，丧祭就可以办得较体面，一个家庭就可以改变自己的社会地位，"不许入学"、不准参加科举考试的娼优隶卒之子就可以堂堂正正地求取功名，一个人就可以无视封建礼教的约束，"少可以凌长"，"贱可以凌贵"，他可以获得他人的尊重和民间权力，可以通过救危解困、兴办公益事业来得到好名声，受到政府的旌表，通过捐纳而求得一官半职，享有普通民众所不可能享有的特殊权利。

这种拜金风气使得功利主义、拜金主义盛行于清代社会的各个生活领域。人们为了顺利地求得财利，就会不断地祈求神灵保佑自己发财；就会在任何事情上锱铢必较、"走利如骛"；就会在进行婚姻选择时"只问富家"而不考虑对方门第是否清白、人是否贤淑；就会实施诈骗，如康熙朝有一位山东章丘的妇女，

① ［英］亚当・斯密著：《道德情操论》，蒋自强等译，商务印书馆 1997 年版，第 63 页。

"年三十余，雇驴至兖州探亲，驴夫从之行。中途，问驴夫有妇乎，曰：'无。'妇曰：'我亦新寡，与汝可为夫妇矣。'驴夫大喜，因野合焉。既至，谓驴夫曰：'我母家颇丰，子衣如此，不便同归。因予十金，令至缎肆买缎持归。妇密烧其数处，驴夫不知也。妇曰：'如此破缎，汝买之何用！可于饭后往易。'则已密置毒于饭中。驴夫食讫，遂同至缎肆，争论间，毒发死矣。妇以缎肆杀夫，欲鸣官。缎肆中人急以五百金贿妇，妇遂挈资骑驴而去，盖借驴夫以挟诈也"（《清稗类钞·棍骗类》）；就会毁身求财，如我国"北方风气刚劲，好勇斗狠，甚且不惜伤身以易金；或因小忿，自戕其体而争胜，尤为野蛮……然若辈众多，必以甘心伤其支体者始得之。支体之伤，分等计资，果剜目者列上等而获多金矣"（《清稗类钞·风俗类》）；甚至舍生求财，如在福建，"民多聚族而居，两姓或以事相争，往往纠众械斗。然于交际之私情，仍不相戾。未斗以前，必先议定数人以为死者之抵偿，抵者之妻子，给公产以赡之。故常有非凶手而甘自认者，贪死后之利也"（《清稗类钞·风俗类》）；就会千方百计地侵吞寡妇的财产或者将其嫁卖他人；就会"父子相伤，夫妻反目，兄弟阋墙，积渐而往，遂至子弑父，妻鸩夫，兄弟相仇杀，庭闱衽席间皆敌国"。①

三、奢侈

在清代以前，奢侈的现象就已经存在，不过，这主要是部分官员和富人的消费行为，在普通百姓家较为少见。然而，到了清代，这种情况发生了相当大的变化，奢侈成为了社会上盛行的一种风气。这种风气的形成，主要是与清代商品经济的进一步发展有关，所谓"好务本业，不崇侈靡"、"俗奢而逐末者众"，就是指经商者越来越多，经商较农业生产更易致富，清代人就会因此而取向于过奢侈的生活。此外，清代人的攀比心理、面子观念等助长了这种风气。

清代社会的奢侈风气总体上有愈演愈烈之势，它最先始于富人尤其是商人的奢侈消费，正如雍正皇帝所说："奢靡之习，莫甚于商人"，然后，其他人竞相仿效，甚至"贫者鬻产以相从"。这种风气表现在衣、食、住、行、用、嫁娶、丧葬等诸多方面，其中，"衣"和"食"方面的奢侈消费更为突出。在服饰方面，"不论富贵

① 从余选注：《中国历代名门家训》，东方出版中心 1997 年版，第 68 页。

贫贱,在乡在城,男子俱是轻裘,女人俱是锦绣。货物愈贵,而服饰者愈多”(《履园丛话》卷7《臆论·骄奢》)。清代人如此“竞尚华丽”,并不意味着他们“真为家拥厚赀者”,其目的只在于“夸耀于闾里”,满足自己的虚荣心,得到他人的尊重,而不被他人所小觑。在饮食方面,清代人更为奢侈,“其暴殄之最甚者,莫过于吴门之戏馆。当开席时,哗然杂遝,上下千百人,一时齐集,真所谓酒池肉林,饮食如流者也。尤在五、六、七月内天气蒸热之时,虽山珍海错,顷刻变味,随即弃之,至于狗彘不能食”(《履园丛话》卷7《臆论·骄奢》)。满汉全席更加铺张。它分为五份,第一份海鲜,共有10件;第二份水陆八珍,共有10件;第三份时鲜,共有10件;第四份蒸烤,共有20件;第五份下酒菜,共有80件。清代人在饮食方面如此浪费,已远“非以敬客也,徒夸豪举耳”,“非是则以为耻”。如此竞相奢侈的后果,是家庭生活日益艰难,势必就会向人借贷,于是,家庭就更加贫穷,“贫则无赖,何所不为”,进而破坏社会秩序。

针对清代社会所出现的奢侈风气,清代人分析了它所造成的危害,并提出了相应的治理思路,如熊赐履在康熙六年(1667)就上疏康熙皇帝,指出当时社会“风俗极其僭滥,而礼制因之日坏也。今一裘而费中人之产,一宴而糜终岁之粮,舆隶被贵介之服,倡优拟命妇之饰,习为固然。夫风俗奢、礼制坏,为饥寒之本原,盗贼、讼狱、凶荒所由起也。乞明诏内外臣民,一以俭约为尚,自王公以及士庶,凡宫室、车马、衣服,规定经制,不许逾越,则贪风自息、民俗渐醇矣”(《清史稿》卷262《熊赐履》)。陈廷敬在康熙十二年(1673)给康熙皇帝的疏中提出:“贪廉者,治理之大纲;奢俭者,贪廉之根柢。欲教以廉,先使之俭。古者衣服、舆马、器用之具,婚丧之礼,贱不得逾贵,小不得加大。今或等威未辨,侈靡相高,转相慕效,富者黩货无已,贫者耻其不如,因而冒利触禁,其始由于不俭,其究至于不廉,如水之失堤防,而莫知所止。请严申定制,以挽颓风。”①清朝政府也制定了治奢的规章制度,如制定了文武百官和庶民贱民的服饰制度,在雍正二年(1724)订立了如下法律条文:“庶民妇女,有僭用冠帔、补服、大轿者禁,违者罪坐夫男”,地方政府也屡发禁止奢侈的命令。如某县令所发的禁令中有以下几条涉及禁奢:

---

① 李元度著:《国朝先正事略:清代1108人传记》(上),岳麓书社1991年版,第164页。

1. 禁敛钱演戏。从来天地生财，止有此数，银钱既去，岂能复来。惟在用之者爱惜物力，于当用不当用之处再三斟酌，当用者既不能省，若不当用者又不肯省，则尔家财物岂是取之不竭而用之不匮者。尔褒民，不论男妇皆好看戏，每至神庙诞日，会首先期敛钱，大家小户，或百文，或四五十文，一呼百诺，无有遗者。男人或以无钱不甚踊跃，其妇女必百计怂恿之，独不思正直为神，积善者降福，积恶者降殃。天地神灵，自有一定之主宰，岂因演戏则降福，不演戏则降殃乎？及至戏一登场，举家男妇毕集于乐楼之下，附近村庄，亦扶老携幼而来。直待戏子停锣罢鼓，时已深夜。回至家中，或被窃罄空者有之，或少妇遗留在室，被人拐逃者有之。此皆敛钱演戏害之也。况近奉督院严禁何等森严，嗣后有心敬神者，止许男人买清香一炷，赴神前叩首，不许敛钱演戏。如有不遵，除拿会首及乡地重处外，仍拘戏子管班人责儆。

2. 禁少年庆寿。从来人生六十，花甲方周，七十以上，斯称杖者。未有年方少壮，而可遽尔称庆之理。尔褒民，年才二十、三十，一至生日，必酿酒宰猪，结彩鼓吹，召集亲朋，各带钱数十文，群来拜寿。虽生日之家，取偿于亲朋所带之钱，原无所费，但各亲朋，钱非易得。非变卖米麦，即借贷于人，得此数十文，夫妇两口可以为三日之计，携以拜寿，不过一醉便了。倘一月之间，遇有三五家生日，则贫穷之人，岂不累下一身急债。嗣后年至六十以上者，方许受贺，其六十以下，凡遇生辰，一概不许称庆。如有不遵，一经察出，二十岁者罚瓦五千片，三十岁者罚瓦四千片，四十岁者罚瓦三千片，五十岁者罚瓦二千片，俱送修学宫，仍拿容隐之乡地究责。

3. 禁无故昼饮。从来酒能乱性，沉溺其中者，必至百务俱废。且酒醉之人，气粗胆大，一语不投，即起争端，拳脚所加不知轻重，甚有持刀飞石，伤毙人命者，皆酒误之也。尔褒民，无论老幼，以酒为生，青天白日，呼朋引类，群聚酒房。淡酒力薄，三壶五壶，以至十壶，自朝至暮，性为酒迷。一切正务，俱置不理，酕醄之后，虽其家有至紧之事，既醉何能主张。废时误事，曲蘖之害不小。况且以升米易酒，一人未必能醉，省三壶易米，数口可以不饥。在家老少，皆尔至亲，岂可不顾。嗣后务宜痛戒，如有白昼在酒房沽饮者，或因事发觉，或经本县目击，定连酒房重惩。

4. 禁生子宴会。从来父母爱子，未有不欲其易生易长者。但初生之时，即当为之惜福，福厚则所生之子自然长命。若因生子宴会，牲畜何辜，忽就宰杀，是为子造孽，非为子福也。尔褒民，少有力者，于生子弥月之日，必宰猪设席以宴宾朋。预此席者，亦怀数十文以至，酒醉肉饱而后去，钱无余剩矣。既不利其余钱，徒使众人吃肉，而孽归吾子，父母之心何忍乎？嗣后生子者，亲友道喜，有钱无钱听之，或多或寡亦听之，登记一簿，日后彼家生子，如其数以酬之，一茶而别。是日所收之钱，尽其多寡，收贮粮食，贱买贵卖，为此子逐年经营，完娶之资已足。定为一例，彼此皆然，各无争论。为父母亲戚者，不过省一日之醉饱，而有子之家，皆无揭债娶媳之苦矣。如有不遵，仍前宰猪宴会者，罚出猪一只，送寺庙永远放生，以销此子之孽。① 然而，这些措施都未能控制奢侈风气的蔓延。

第二节　纳妾、溺女、贞烈风气

如前文所述，清代妇女的命运较任何以往封建朝代都要悲惨。之所以如此，是因为清代社会盛行着一些与妇女有关的恶劣风气。

一、纳妾

纳妾现象在清代以前就已经存在，虽然此前的各个封建王朝并不断然禁止男子纳妾，各个家族也不一律阻止其族中男子娶妾，但是，这一现象却并不普遍，而且，国家法律和社会舆论对男子纳妾也有严格的限制，其惟一的原则是“立妾只为嗣续计”，即如果其妻子生不出儿子，那么，该男子就可以纳妾。否则，都不许纳妾，有的族法明确规定“子孙有妻子者，不得更置侧室”。

清代社会的纳妾则突破了这样的严格限制，其一，男子纳妾的目的并非只

① 参阅郭成伟、田涛点校整理：《明清公牍秘本五种・纸上经纶》，中国政法大学出版社 1999 年版，第 229—231 页。

在于延绵香火。如果只是为了续嗣，那么，一个男子在其妻子无儿的前提下，只需娶一个妾妇，也许就可以达到目的了。可是，在清代社会里，有的男子所纳的妾却不止一人，而是有两人或者多人。在一个男子纳多个妾的情况下，就可能会因此而出现违背伦常的现象，如"安化陶文毅公澍督两江时，姬妾多，奴仆亦多。或告以阃内人杂，恐不尽妥，因留意察之。一日，方自内室出，遽回某妾房，惟闻妾叱人曰：'老爷方出，而汝即来，何如此大胆！'陶遂潜出，告人曰：'吾妾尚知规矩，还是好人。'"（《清稗类钞·奴婢类》）其二，清代男子纳妾相当普遍，不只是贵族、官员和富有者基本上纳妾，而且，其他人也可能会纳妾。纳妾成为了清代社会盛行的一种风气。

清代社会纳妾之风之所以盛行的原因主要有：

1. 无子。"不孝有三，无后为大"，这也是清代人所奉行的道德观念。这种观念使夫妻双方将延绵香火视为自己的责任。因此，无嗣就是男子纳妾的最好借口，不仅其他人可以理解，而且其妻子也无话可说。虽然任何妻子都不会心甘情愿地接受其丈夫纳妾，但是，由于"夫为妻纲"伦理理念的左右和"七出"的威胁，妻子一般不会（实际上也不能）坚决地抵制其夫纳妾，有的甚至还想方设法地促成此事。如席仲远的妻子"姜氏贤而无子，尝出奁中金为仲远买二妾，其一氏沈。及沈生冢子士焜，即为其一择偶，庀妆具嫁之。久之，姜又为置一侍姬，弥年而嫁，则犹处子也"（《清稗类钞·婚姻类》）。

2. "多子多福"观念。这种观念在清代社会中较为流行，在有的地方较为突出，如它是广东人的所谓"七好"①之一。清代人羡慕他人的儿子多，也期望自己多几个儿子。为了达到多子的目的，纳妾就可能成为已婚男子的一种选择。

3. 为了保全家庭利益。在人口剧增、生活资源匮乏的清代社会里，无子家庭的财产往往被他人甚至家族成员所觊觎甚至争夺。为了防止家庭财产被人侵夺，夫妻会将纳妾作为一种应对之策。这从《聊斋志异》中的《段氏》篇对段氏为保全家庭财产而被迫为其夫纳妾的描绘可以看出：富翁段瑞环"四十无子"，其侄子们就开始打他的财产的主意，于是，他夫妻俩就打算过继一侄子承嗣，并

---

① 即好名、好官爵、好货财、好祈祷、好蓄妾、好多男、好械斗。

继承财产。然而,“群侄阻挠之”。至此时,一直阻止其夫纳妾的悍妻连氏幡然醒悟,主动为丈夫买了两妾,“听夫临幸,不之问。居年余,二妾皆有身”。连氏因此而愁眉舒展,并对夫侄的侵夺也敢于“恶声梗拒之”。由于连氏意识到了有子嗣的重要性,因此,在弥留之际,她“呼女及孙媳嘱曰:‘汝等志之:如三十不育,便当典质钗珥,为夫纳妾。无子之情状,实难堪也!’”可见,清代人的妻子宁愿冒着自己在其夫那儿失宠和地位受损的风险而让其夫纳妾,却不愿家庭利益受到损失。

4. 为了家政的正常运转。如“粤人好蓄妾,仅免饥寒者即置一姬,以备驱使。且以其出身率为侍婢,而烹调浣濯缝纫等事皆所惯习。一家既无多人,于是令其兼任梳头、烹饪二事,甚者洁除圊溷之役亦令为之,自可不雇女佣,以节糜费。其小康者,则置二妾或三妾,一切役务,均委之若辈。诸妾亦承奉周至,不敢少懈。盖其意以为烹调一役,虽为庖人专职,然每一肴出,未必能食,多犯不洁之病。今以妾掌庖,则妾亦同案而食,断不至有此弊,推而至于他事亦然。痛养既关,较外人之徒事敷衍者,自不可同日而语矣”(《清稗类钞·风俗类》)。可见,清代人纳妾是可能会将自己的妾妇作为其家庭的工具予以对待的。

5. 清朝政府的旌表。为了维护“夫为妻纲”的伦理理念和引导妻子自觉地向其丈夫履行更多的责任,清朝政府及社会舆论将妻子主动地为其丈夫纳妾视为一种美德,予以褒扬或者旌表。这无疑助长了纳妾之风的盛行。

当然,这并不是说凡是有妻子的男子都会纳妾,也不可以随心所欲地将任何女人都纳为妾。前者主要有三种情况,其一是因夫妻恩爱而不纳妾,其二是因家庭贫困而不纳妾,其三是因品德高尚而不纳妾,如“汾阳王敏老而无子,有一婢,自幼畜之,长而有姿,或劝纳为妾。敏曰:‘吾贫困,何又重累少女!’寻有以三百金购此婢者,或以劝,答曰:‘贫,吾分也。耻因婢取财,况不得其所乎?彼之生死事大,吾虽穷,弗忍为也。’乃即为择偶嫁之,为人妻”(《清稗类钞·婚姻类》)。后者则与民族歧视和等级观念有关,如清朝政府规定,“(文武)官(并)吏娶乐人(妓者)为妻妾者,杖六十,并离异”,汉族女子可以被满族男子纳为妾,满族女子却不可以被汉族男子纳为妾,非贱民家庭一般也不会将其女儿嫁给贱民男子为妾。

二、溺女

溺女现象在清代以前就已经存在，不过，它并不普遍，而且，人们一般是因为家庭贫穷才溺毙刚生下的女婴的。至清代，这种现象演变成为一种社会风气，不仅贫困家庭溺女婴，而且不少中等小康家庭甚至少数富有家庭也将自己的女婴溺死。它有两个主要特点：其一，就时间而言，清代初期被溺毙的女婴相对少些，越往后，被溺毙的女婴越多；其二，就空间而言，北方被溺毙的女婴相对较少，南方相对较多，准确地说，经济不太发达的地区被溺毙的女婴较少，而较为富庶的地区被溺毙的女婴却较多。

对于溺毙女婴这一极其残忍的行为，清代社会有着不同的态度，有相当多的清代人对此不但不予谴责和反对，反而还予以姑息。清朝政府则禁止溺毙女婴，有的官员或者士人不仅出告示严禁溺毙女婴，而且还专门作文以劝诫人们溺女，如施闰章专门创作了《戒溺女歌》："劝君莫溺女，溺女伤天性。男女皆吾儿，贫富有分定。若云养女致家贫，生儿岂必皆怡亲！浪子千金供一掷，良田美宅等埃尘。更兼兄弟多嫡庶，同室操戈越与秦。豪华不少贵公子，覆宗灭族空酸辛。若云举女碍生男，后先迟速谁能知？当阶玉树多先折，老蚌双珠不厌迟。好生戒杀天帝喜，堕胎杀卵神明悲。试看贻谋惟积善，窦氏燕山五桂枝。有女莫愁难遣嫁，裙布荆钗是佳话。婚不论财礼义存，择婿安平免牵挂。漫忧养女玷家声，为儿娶妇亦关情。淫邪百恶尔当戒，不种孽根孽不生。富者杀女转萧条，忍心聚敛家暗销；盗贼天灾与讼狱，任君百计也难逃。贫者杀女终不富，家无担石身无裤；男耕女织衣食丰，何如骨肉图完聚！杀女求儿儿不来，暮年孤独始悲哀；不如有女送终去，犹免白骨委蒿莱。赎人妻女救人殃，阴骘连绵后必昌。若还多女竟无男，前生债主今生还。劝君莫杀女，杀女还杀子。仁人有后恶人亡，桂折兰摧疾如矢。劝君莫杀女，杀女还杀妻。生殄婴孩死索命，牵衣地狱徒悲凄。劝君莫杀女，杀女还自杀。孽冤相报几时休，转劫投胎定夭折。孺子入井尚堪怜，如何嫡女葬黄泉？及笄往嫁尚垂泪，何忍怀中辄相弃？古往今来多杀机，可怜习俗不知非。人命关天况骨肉，莫待回头泪满衣。"①力图让人们明白"溺女伤天性"、

---

① 赵忠心编著：《古今家教文萃》，湖北教育出版社 1997 年版，第 49—50 页。

“好生戒杀天帝喜，堕胎杀卵神明悲”、“不种孽根孽不生”、“杀女还杀子”、“杀女还杀妻”、“杀女还自杀”等道理，并创办“育婴堂”、“好生堂”，收养被弃女婴，以防人们溺女。即使清朝政府、官员、士人、名门望族采取了一些相应的措施，然而，清代社会的溺女行为依然我行我素。

清代溺女风气盛行的主要原因有：

1. 家庭贫困。这是清代人溺女的根本原因。清代人溺女折射了清代社会因人口剧增所造成的人的生存发展与自然界之间关系的高度紧张、生活资料匮乏的现实。之所以清代初期被溺毙的女婴较少、往后却较多，就是因为人口的迅速增加造成了生活资料的匮乏，更多的家庭变得越来越贫穷，养育不了更多的孩子。

2. 重男轻女观念。同以往朝代人们的观念一样，清代人认为只有男孩才能传宗接代，担负起延绵香火的责任，而女儿却是别人家的人。这种内外有别的观念，导致了清代人重男轻女，进而溺女。重男轻女观念引发了清代人的两种行为，其一，多养男，少养女，甚至不养女。因此，清代人期望多生男而少生女。当已有女儿，生女有碍生男时，清代人可能会溺毙女婴。其二，早养男，迟养女。清代家庭都“急望生男”，由于哺乳会推迟怀孕，影响生育男孩，因此，清代人“往往甫经产育，旋即淹毙”女婴。

3. 婚嫁论财。婚嫁论财是清代人口剧增与自然界之间紧张关系的反映，是清代社会盛行的一种风气，也是清代家庭溺毙女婴的直接原因。清代人也意识到了“自婚嫁竞尚华侈而溺女之风遂盛”，并指出：“溺女恶习……盖以女子方及笄许嫁时，父母必为办妆奁。富家固不论，即贫至佣力于人者，亦必罄其数年所入佣赀，否则夫婿翁姑必皆憎恶。迨出嫁，则三朝也，满月也，令节新年也，家属生日也，总之，有一可指之名目，即有一不能少之馈赠，纷至沓来，永无已时。又或将生子，则有催生之礼，子生后，则弥月、周岁、上学等类，皆须备物赠送。甚至婿或分爨，则细至椅桌碗箸，必取之妇家。女子归宁，亦必私取母家所有携之而归，稍不遂意，怨恨交作，贫家之不愿举女，良有以也。”（《清稗类钞・风俗类》）清代人既然不堪婚嫁重负，担心家庭日常生活难以维持，又“恐失体面”，可能招致怨恨，那么，就“长痛不如短痛”，趁早将刚生下的女婴溺毙。

三、贞烈

贞烈风气是指社会上盛行的崇尚女性守贞、持节和殉烈的风气。这种现象在清代以前就已经存在，但是，在不同朝代情况有所不同，自西周至唐朝，“妇人守节死义者”寥寥无几，北宋以降，人数不断增多，而清代的情形则远甚于宋代、元代和明代。

在清代社会里，不只是烈妇烈女、节妇贞女的人数比以往任何朝代都多得多，而且，女人的守贞持节变得异常艰难，比殉烈更加不易，正如雍正皇帝所指出的：“妇人从一之义，醮而不改，乃天下之正道，然烈妇难，节妇尤难。夫亡之后，妇职之当尽者更多，上有翁姑，则当代为奉养。他如修治蘋蘩，经理家业，其事难以悉数，安得以一死毕其责乎？”（《清史稿》卷497《孝义一》）。清代女人的守贞持节之所以不易，不只是因为女人需要在道德理性与生理欲望之间的冲突中苦苦挣扎①，还因为人口剧增造成生存压力增大，使有的家庭或者丈夫将其妻女或者寡妇作为换取生活资料的手段，如顾氏是张世英的妻子，其夫“日诲顾淫，顾不可。或贷世英钱，世英阴欲顾与私，沽酒饮贷钱者，嗾其母呼顾出，不应；与之酒，覆杯，恸。贷钱者亟去，其母扼顾吭，几绝。邻里咸愤，诉于州，世英乞悔过，以顾归。与其母益日夜迫之，顾饮卤，不得死。乾隆十六年十月戊戌，世英语顾：‘冬无衣，盍如吾言？即得钱衣汝。’‘我宁死不辱。’世英恚，夜扼杀之，年十七。”（《清史稿》卷511《列女四》）对于其丈夫刚刚过世的妇女，不论夫家还是娘家，都将其“视为奇货，争图改嫁”，虽然此妇女矢志守节，但是，他们都“只图多得财礼”，全然不顾名节，逼其改嫁。有的女人为了守贞持节还需要想

---

① 如《清稗类钞》中载有“陆妇血指全节”一例：“赵蓉江，名光，未第时，馆东城陆氏。时主妇新寡，有子七岁，从蓉江受业。一夕，秉烛读书，闻叩户声，启而纳之，主妇也。叩所自来，含笑不言。固诘之，曰：‘先生离家久，孤眠岑寂，今夕好风月，不揣自荐，遣此良宵。’蓉江正色曰：‘妇珍名节，士重廉隅，稍不自爱，则交失矣。汝可速回，人言大可畏也。’因推之出户，妇反身复入。蓉江急阖其扉，而两指夹于门隙，大声呼痛，稍启之，脱手遁去。妇归，阖户寝，顿思清门孀妇，何至作此丑行，凌贱乃尔，转辗床褥，羞与悔并。急起引刀，截其两指，血奔溢，濒死复苏。潜取两指拌以石灰，什袭藏之，而蓉江不知也，即于明日卷帐归。

后其子成进士，入部曹，为其母请旌。时蓉江已居显要，屡申屡驳。其子不解，归述诸母，母笑曰：‘吾知之矣。’出一小檀匣封其口，授其子曰：‘往呈尔师，当有验。’子奉母命，呈匣于师。蓉江启视之，见断指两枚，骈卧其中，灰土上犹隐然有血斑也。遂大悟，即日具题请旌。”（《清稗类钞·贞烈类》）

方设法，甚至置父母于难堪之中，如“张氏女饰丐全贞”[1]就是如此。

即使如此，清代社会的贞烈风气却不逊于以往朝代。之所以如此，是因为：

1. 传统贞节观念的影响。“饿死事小，失节事大”、“从一而终”是严重地约束妇女的道德观念。通过清代社会对妇女进行道德教育，这种观念成为了妇女内心中至高无上的道德准则，使妇女将贞节视为性命，谨守妇道，严守贞节，若贞节难保就会毫不犹豫地舍弃自己的生命。同时，这种道德观念也是清代人评价妇女行为的社会道德标准，成为了一种强大的外在压力。由于官员和士人家庭更加注重并经常对其妇女进行这样的道德教育，因此，这些家庭中的“妇人守节死义者”相比普通老百姓家庭中的要多。

2. 清朝政府的旌表。对于贞节妇女的旌表，以往封建王朝也实行过，不过，远不及清朝政府的力度。清朝有关规章制度规定：妇女在 30 岁以前守寡，至 50 岁不改节者称节妇；殉家室之难或者拒奸致死者称烈妇、烈女；未婚夫死，闻讯自尽或者哭往夫家守节者称贞女，均予以表彰。为了鼓励更多的妇女守贞持节，清朝政府后来又完善了旌表烈妇烈女、节妇贞女的有关规定，如对年逾 40 而身故的和未满 50 岁而守节已有 15 年以上的节妇，在夫亡后无论何时（即“不拘年限”）守贞身故的未婚贞女，一律予以旌表。清朝政府一方面命令官员“遍加采访”守节殉烈的妇女，并核实申报，另一方面，拨给每位节烈妇女官银 30 两，听其自行建坊。这些措施使一些家庭或者家族对贞节妇女的旌表趋之若鹜，也使一些妇女为了得到旌表而置自己的正当权益于不顾，甚至“轻生从死”。

3. 家庭为了树立良好的声誉。在清代社会里，一般的家族和家庭都以自家妇女能够守贞殉烈为荣，以其不守贞节为耻。只有妻女都严守贞节，一个家庭或者家族才不会被人指指点点，才会得到他人的敬仰。因此，一般的家族和家庭都非常重视其妻女的贞节，如在广东，新娶的儿媳是否贞节事关荣辱，“新妇入门，直入洞房，新郎即与新妇登床而寝，室门亦砰然而阖，新郎之父母宗族戚

---

[1] “张某，青县人，康熙时，流寓东光。有女及笄，明慧纤丽，东光马德聘之为妇。张既得聘，虑无嫁资，其妻曰：‘女艳若此，携而逃，再受聘，且得重金。’张惑其言，全家逸去。女阴以为不可，泣谏父母，咸唾骂曰：‘行将嫁汝贵家，衣锦餍粱肉，顾不安乐，乃欲从窭人子终身操作耶？’女知不可挽回，乃潜易褴褛衣，涂面如乞人妇，手足皲茧，星夜出，匍匐而行，询马氏居，诣之。马故有母，问所从来，告之故。母泣曰：‘苦吾新妇矣。’盥而视之，光可以鉴，乃命子鸣之官。令拘张至，询得背盟状，惩之，具鼓吹，送女至马家，使合卺焉。”（《清稗类钞・贞烈类》）

属皆静待于房外。少焉，室门辟，新郎手捧朱盘，盘置喜娘所授之白巾，盖以红帕，曰喜帕者是也。在门外者见新郎手持喜帕而出，则父母戚属皆大喜，贺客至是始向新郎道贺。其未见喜帕之先，例不道贺，盖恐新妇不贞，则不以为喜而转以为辱也”(《清稗类钞·婚姻类》)。人们还为年少孀居而又矢志守节的妇女提供必要的生活资料。

第三节　社交、侠义、性爱、宗族械斗风气

由于商品经济的进一步发展和人口的剧增，清代较以往朝代的社会流动更快，人际交往更广泛、频繁和复杂。在进行人际交往的过程中，清代社会盛行着既与传统礼俗有关又反映清代现实生活的风气。在此只简述如下四种社会风气。

一、社交

进行社会交往是社会生活的一个不可缺少的内容，它不仅会作用于社会道德风气，而且会影响社会秩序。因此，清朝政府一方面采取多种措施对社交中的不良风气进行整肃，另一方面对某些类型的社交予以取缔和惩治，如对士人结社的态度就是如此。士人结社被取缔和惩治的原因较多，如陆世仪认为是因为士人“呼朋引类，动辄千人，附影逐声，废时失事，甚有借以行其私者”(《清史稿》卷480《儒林一》)，顺治皇帝则认为是因为“士习不端，结社订盟，把持衙门，关说公事，相煽成风，深为可恶”(《清实录·世祖章皇帝实录》卷132)，而其根本原因是清朝政府担心士人结社会威胁到自己的统治。

相对于以往朝代而言，清代人更重视社交。然而，不同民族和地区的社交风气却有所不同甚至有根本的区别，如辰州苗人中的“妇人见客，惟手护其两乳，余则弗避。汉人贸易者至其家，妇女不避，若与其女谈，虽狎媟，亦悦之，谓

艳其美也。与其妻若妾交一语,则艴然怒……甚则缚呈诸茫①"(《清稗类钞・风俗类》),"台湾番人初产,产母……乳儿时,见者与之相狎,甚喜,以为人爱其子,虽抚摩其乳,不怒也。遇而不问,殊有怫意"(《清稗类钞・风俗类》)。这样的社交风气在具有"男女授受不亲"观念的汉族人社交中是不可能存在的。

虽然不同民族和地区的人们在进行社会交往时有着各种各样的道德观念,但是,他们也共同信守某些道德规范。正是这些道德规范引导了清代人的交往行为,也决定了清代社交风气的状况。

1. 别等级。清代社会的等级较以往任何封建朝代的等级都更多和更复杂,除民族之间实际上存在等级(如满族是处于最高等级的民族)之外,其他所有等级可以分为三个序列:其一是职位序列,它是由清朝政府所规定的不同职官品位等级;其二是社会身份序列,它是由社会观念所认可的等级,主要分为平民与贱民两个等级;其三是主仆序列,在此,不仅主人的等级存在区别,而且仆人的等级也有所不同。清代社会是一个非常注重等级区分的社会,任何等级的人都会自觉地按照相应的封建礼制来要求自己,安于自己的等级,也会在进行社会交往时注重他人的等级,以便遵行相应的礼节。一旦有人僭越自己的等级,就会遭到其他人的讥笑甚至呵斥,就会马上得到纠正,维护并恢复清代社会的等级秩序。

2. 敬贤。清代社会是一个伦理型社会,因而也是一个求贤、敬贤的社会。清代人之所以在社会交往中会尊敬贤人,是因为贤人既不会如"庸人多求多欲,不循理,不安命"②,又不会像不肖者那样"妒贤嫉能"、"言过其实"、损人利己、无法无天,而是有着一般人所不及的高尚品德,不仅"嗜欲必淡"、"宽厚慈良"、"持身必严",而且"必行浮于言"、正直公平、"后己先人"、乐善好施、成人之美。正是因为贤人具有高尚的人格,因此,清代人在社会交往中总是"亲贤远不肖",也力图以贤人为榜样进行自我修养和对待他人。

3. 尊长。清代人在社会交往中有着"尚齿"的观念,因此,他"如见尊长,必作揖;长者经过,坐必起立;长者呼召,即急趋之;门内门外,长者问何人,对必以

---

① "茫"即苗人对官长的称谓。
② 从余选注:《中国历代名门家训》,东方出版中心 1997 年版,第 37 页。

名，不可曰我曰吾；长者之前，不可喧嚷致争”[①]。不只是汉族人如此，其他民族的人也是这样，如“台湾番人颇知礼让，卑幼遇尊长于途，却步道旁，背面而立，俟其过始行。若驾车，则远引以避，如遇侪辈，亦停车通问以让之”（《清稗类钞·风俗类》）。

4. 重谊。清代人在社会交往中注重感情，进而重视感情的投入和维系。在清代社会里，人们重视各种各样的情谊，尤其重视乡谊，所谓“远亲不如近邻”。于是，清代人意识到，“邻里乡党……谊本厚也……处乡党……遇胜己者，不可萌忌嫉卑诎之心；遇不如己者，不可起轻侮陵虐之意”。[②] 清代人外出时同样注重乡谊，尤其是从事异地经商的同乡总是保持着密切的联系，共居一处，并建立会馆，互通信息，互相关照，也一致对外。

5. 助人。清代人在进行社会交往时总是乐于帮助他人，即使是萍水相逢，也会尽心尽力地急人所急，为他人提供方便，如“行柳条边外者，率不裹粮，遇人家，直入其室，主者尽所有出享。或日暮让南炕宿客，而自卧西北炕，马则煮豆麦剉草饲之。客去，不受一钱。他时过之，或以针线荷包赠，则又煎乳猪鹅鸡以进。其后则仓卒一饭或一宿，尚不计值，再宿必厚报之”（《清稗类钞·风俗类》）。

二、侠义

侠义之风在清代以前就已经存在，在清代社会里继续盛行。侠义精神的实质在于“道之所在，虽千万人吾往矣”，“义之所当，千金散尽不后悔”，其内容主要有两个方面，其一是救危解困，乐善好施，它偏重于“义”，这种行为是被清朝统治者视为正当的，且往往是公开的；其二是劫富济贫、除暴安良、为民请命、替天行道、慷慨赴义，它偏重于“侠”，体现了民间（准确地说，是被统治阶级）的正义观念，因此，这样的行为并不一定会被统治阶级认定为合法的，也不一定是公开的。在这两者之中，清朝统治者只重视前者，而对后者则实施控制甚至打击；老百姓则普遍地偏重于后者。

---

① 赵忠心编著：《古今家教文萃》，湖北教育出版社 1997 年版，第 55 页。
② 从余选注：《中国历代名门家训》，东方出版中心 1997 年版，第 171—172 页。

侠义风气之所以会在清代社会里盛行，除了儒家伦理思想的影响之外，主要是因为：

1. 被统治阶级受苦受难。清代被统治阶级所受的苦难，来自于政治压迫、经济剥削和等级奴役。如清朝政府规定：凡异姓人但有歃血订盟、焚表结拜弟兄者，照谋叛未行律，为首者拟绞监候，为从减一等。有的官员随意增加赋税，不但不接受民众提出的正当要求，反而对之“痛加杖责”。满洲贵族庄园的庄头肆意凌虐庄丁，主人随意侮辱和伤害仆人。受苦受难的民众期望得到侠士的救助，为自己伸张正义。在此意义上，受苦受难的民众是侠义风气得以盛行的群众基础。

2. 贪官酷吏胡作非为。虽然清朝统治者始终进行道德教育，严厉地进行吏治，然而，贪官酷吏却不断涌现，他们巧取豪夺，欺压百姓。面对贪官酷吏的恶行，有人就会勇敢地站出来，据理力争，对抗强暴。

3. 侠义小说的印行。虽然清朝政府严禁印行和私藏武侠小说，但是，民间却私刻了《水浒传》、《三侠五义》、《彭公案》、《施公案》、《荡寇志》、《水浒后传》、《儿女英雄传》等坊本小说。这些小说的印行对清代社会侠义风气的盛行产生了积极的作用。正如嘉庆皇帝所说：“坊本小说，无非好勇斗狠秽亵不端之事，在稍知自爱者，尚不为其所惑；而无知之徒，一经入目，往往被其牵诱”(《清实录·仁宗睿皇帝实录(四)》卷230)，“转相慕效，纠伙结盟”，好为侠义之事。

侠义风气是通过侠义行为表现出来的。侠义行为可以分为两类：

1. 个人的侠义行为。虽然个别女子亦有侠肝义胆[①]，但是，这种行为多见载于男人，如孟海保“性任侠，负气好义，见不平事，不惜以身殉之”。有一天，有一女“偕一童游观[②]，猝遇众无赖，窥其意不善，亟携童踉跄反走。众麇缀要遮，女东亦东，女西亦西，肆口秽谑，女不能脱。海适见之，大愤，攘臂跃入人丛，横身要截，厉声叱曰：‘止止，鼠子不得无礼。’众无赖怒，一人遽前以掌掴海面，海伛身，疾出腋下，反掌搏其背，复以趾踆之颠，一人踵而前，又颠之。连踣四五

① 如《清史稿》记载的王某妻就是其中之一。“王某，江南如皋人，隶也。顺治初，县人许德溥坐不薙发死，妻当流，王欲脱之，思不得其策，夜不寐，其妻怪问之，语以故。其妻曰：“此义举也！然非得一人代不可。”王曰：“安所得代者?”其妻曰：“吾当成子义举，愿代行。”王伏地叩头谢。乃匿德溥妻，而以其妻行，行数千里，至流所。县人义之，敛金赎归，夫妇终老于家。”(《清史稿》卷499《孝义三》)

② 观，指苏州玄妙观。

人,余不敢继起,始纷纷鸟兽散,围遂解”(《清稗类钞·义侠类》)。

2. 群体的侠义行为。这种行为或者是由秘密会社组织的,或者是由城乡居民实施的,或者是由士人发起的,如1661年苏州士人倪用宾、金圣叹、顾伟业、来献琪、丁观生、王重儒、朱章培、周江等100余名秀才,为了维护老百姓的利益,发起了反抗地方官吏逼催老百姓交纳钱粮、贪污腐败的群众性运动。

三、性爱

“明清两代也许可以说是中国历史上性爱观念最为混乱的时期了,尤其是在明中晚期至清代约四百年间,禁欲与纵欲的并行使这个时期的性爱观呈现为极其复杂的状态。”①禁欲意味着社会崇尚贞烈之风,纵欲则表明社会弥漫着放纵性爱的风气。这两种风气都是由男人刻意地营造的,都表征着男人的权力。清代社会的这两种风气比明代有过之而无不及,无论是在广度上还是在深度上,都是如此。

清代社会所盛行的超越封建礼教约束的性爱风气在不同时期、不同地区和不同人群中是存在着差异的。总体而言,清代中后期较前期,商品经济相对较发达、人口较多的地区(如江浙地区和京师),官员、士绅和商人较其他人群,其纵欲风气都更盛。

清代社会的性爱风气主要由两个方面所构成:其一是异性性爱,其二是同性性爱。传统道德观念谴责和反对前者,却容忍后者,因为儒家要求“男女授受不亲”,“将男女隔离,很快就发展到甚至不允许离婚的姐妹与其兄弟同桌吃饭的地步”。② 蔡世远因此而特别强调:“家中内外之防,最宜严……如捧饭菜,男女授受限以阈。”③其中,前者主要可以分为三种情况:其一是以获取财物为目的的性爱;其二是以消遣寂寞为目的的性爱;其三是有或多或少的情义的性爱。

1. 以获取财物为目的的性爱主要发生在嫖妓的过程中。众所周知,清朝政府取缔了以往朝代所存在的“官妓”,也制定了防治通奸的法律,但却允许娼妓的存在。娼妓有“公娼、私娼之分。纳捐于官中,略如营业税,得公然悬牌,可以

---

① 吴存存著:《明清社会性爱风气》,人民文学出版社2000年版,第1页。
② 林语堂著:《中国人》,郝志东、沈益洪译,浙江人民出版社1988年版,第115页。
③ 赵忠心编著:《古今名人教子家书》,湖北教育出版社1997年版,第124页。

出而侑酒、设宴于家者为公,反是则私”(《清稗类钞・娼妓类》)。不论是公娼还是私娼,绝大多数是为了求利而卖淫的,有的妓女还千方百计地掏空男人的钱包,如容怜就是这样的妓女[①]。此外,还有其他的人也以性爱作为获取财物的手段。如东北三省等地的女人会因其丈夫外出杳无音讯或者丈夫体弱多病而与其他的男人同居(在东北叫做“拉帮套”、在陕甘等地叫做“招夫养夫”),以维持家庭生计。“浙江宁、绍、台各属,常有典妻之风。以妻典与人,期以十年五年,满期则纳资取赎”(《清稗类钞・风俗类》)。

2. 通奸是以消遣寂寞为目的的性爱。在清代社会里,既有鳏夫或者寡妇与他人通奸,又有妻子因其丈夫长年在外而与他人发生婚外性关系,或者丈夫在外营生时与其他女人通奸;既有亲属之间的通奸,又有非亲属之间的通奸,其中,亲属之间的通奸既有发生在同辈之间的,又有发生在不同辈分之间的。由于通奸违背了道德和法律,因而,它总是偷偷地进行的。当其他人影响到通奸者满足其生理需要时,通奸者主要会采取两种方式,其一是拖人下水。如“黄氏女,昭文人。嫁张氏子,为县小吏。其母有所私,迫女从之,日箠楚。或谓女:‘盍归?’女曰:‘女既嫁,安归?待死而已!’乾隆十六年夏,方暑,姑与所私裸而

---

① 《清稗类钞》记载了这样一则例子:“山阴陆某习申、韩家言,久幕潮州。潮州船妓颇盛,客是土者,大率罄所得不足偿游赀。惟陆素以老成称,每燕集,未尝唤妓。以是数十年,得积金近万,将僦装回里,遍别故旧,因自矜曰:‘吾幸心有主宰,今日垂老,得归故乡。’时有妓名容怜者,名噪一时,闻其语,乃遣人招陆之仆李升至,曰:‘汝能使汝主人来我舟,即酬汝百金。’一日,陆方薙发,李忽至前,半跪即起立,若有所求。陆叱问故,李曰:‘小人随主人数十年,今主人归故里,小人将挤沟壑矣。欲小求于主人,可乎?’陆曰:‘第言之。’李曰:‘今有妓某者,素慕主人名,闻主人将归,乃丐小的请主人诣其舟,且曰,若得主人宠临,则当赐小人百金。’陆讶其敢为是言,乃曰:‘姑从汝。’因令仆与约某日往。

届时,陆易新衣,乘肩舆往,降舆登船。时潮水方涨,舟易移动,甫登跳板,板滑,陆忽失足入水,舟人纷纷以篙绳施救,不能遽得。正惶急间,忽一女子华妆艳服,跃入水中,翼陆出,女衣妆悉毁。陆见之,既惊且感。女令舟子持衣来,舟子以故衣至,女叱令易新衣,乃更以他服来。时方冬日,凡所需衣裤鞋袜及银鼠袍马褂,无不具,且称身,复令速温酒暖腹。陆见其尚服湿衣,良不忍,亦令其易衣。女曰:‘君千金之体,不可轻也。吾侪贱人,何足置虑!’正言间,忽李入,半跪谢,言已得百金,皆主人之赐也,遂去。女为谁? 即容怜也。

已而陆易衣履竟,容怜乃徐自易之。陆见其态媚肌白,不能无动,又感其相待之厚,似不可即去,乃令置酒,则妙语温言,令人魂销。饮毕,陆半醉,将去,容怜因言今日落水,不免受寒,且又醉,不可以风。陆为所持,又顾李不在,无人为雇轿,因遂留宿。容怜缱绻备至。自是,陆亦恋恋不言归矣。居数十日,李不至,亦无一友来探候,惟日与之酣博,间或召女之姊妹行来同饮。舟中用赀,皆令舟子至其寓取用。一日,容怜忽问陆曰:‘君果积赀若干?’曰:‘万金。’曰:‘君自忖来此若干日,用至若干?’陆瞠然。容怜命司账者至,问陆所应偿者,则对曰:‘合酒赀、舟赀、宿赀、博赀、置衣饰赀,约计万余金,已付七千,尚短三四千。’陆闻之,舌挢不能下。容怜正色谓之曰:‘论理,宜悉付此款,然念汝勤苦一生,仅积有此,若令尽给,将不能生还乡里,实不忍。今所欠之款,悉当豁免,并当别赠五百金,使汝知吾辈侠肠,非尽嗜利忘义者。汝当速收合余烬,挈妻孥旋里,勿再有所留恋。惟有一言奉告,凡心无主宰者,必不可轻视一切也。’陆至此,始知为所算,乃嗒焉若丧,匆匆携所赠金而去。”(《清稗类钞・娼妓类》)

饮，女避，所私起持之。女大号曰：‘奴敢污我！’持案上酒器提之。姑怒，批其颊，复榜掠之”(《清史稿》卷511《列女四》)。其二是铤而走险。如俞大养因奸同胡氏毒死胡氏之父胡五九就是如此。据查，“胡氏与大养通奸已五六年，因氏父胡五九往来其家，有碍眼目，故同谋毒死”。①

3. 有情有义的性爱。这种情义有着不同的表现形式，如乾隆朝潮州妓女琳娘“不好妆饰，粗服乱头，天然风韵……达官贾人虽挟重赀求见，概不纳。独与程介夫善，故介夫赠诗有‘作客头将白，逢卿眼倍青’之句。介夫得疾旋里，逾年无讯，其乡人王百川过琳娘，见泪痕满面，伏枕不起。询其故，曰：‘昨夜梦介夫死矣。’百川多方慰喻，终不释。已而凶问果至，琳娘为之哭泣者累日”(《清稗类钞·娼妓类》)。而妓女许寿子对张某的情义则是通过劝谏的方式表达出来的②。

在清代社会里，同性性爱中虽然偶尔有女性之间的性爱③，但主要是男性之间的性爱。男性之间的性爱主要是官员士绅的狎昵优伶娈童，官员士绅将与优伶娈童相处视为显赫身份的标志，竞相追逐。“清代同性恋风气比之前代的一个最突出现象是士人们投入得更多也更深了”。④ 如诗人袁枚不仅与不少异性风流，还痴迷男风，60岁时还公然携美男悠游于市，欣欣然有喜色。“王文简公、钱牧斋、龚芝麓、吴梅村辈，诗酒流连，皆眷王紫稼，毕秋帆且持状元夫人⑤以去，动于情感”(《清稗类钞·优伶类》)，吴梅村为表达自己对王紫稼的缠绵情意，还专门作了一首《王郎曲》：“王郎三十长安城，老大伤心故园曲。谁知颜色更美好，瞳神翦水清如玉。五陵侠少豪华子，甘心欲为王郎死。宁失尚书期，恐见王郎迟。宁犯金吾夜，难得王郎暇。坐中莫禁狂呼客，王郎一声声顿息。移床攲

① 郭成伟、田涛点校整理：《明清公牍秘本五种·纸上经纶》，中国政法大学出版社1999年版，第190页。

② “许寿子，乾隆末叶之秦淮妓也，为土著。年逾二纪，举止风韵，俨如闺秀。张某夙与善，以笔耕为业而未有室家，岁入悉以遗之，如是者有年。既而某以旅邸久居，饔飧不继，寿子闻而招致之，终岁日用皆取给焉，衣履亦代制之。继复为宛转营谋，得膺某邑侯之聘，馆谷丰美。濒行时，置酒祖饯，恋恋不忍别。酒半，寿子忽抗声曰：‘青楼中有情好，所绸缪者钱耳。君留恋烟花，罔思自立，浪游数载，如梦如泡。今年已三旬，岂容再误。自兹以往，君当绝迹狭邪，亟图嘉耦。妾不能终事君，亦不愿继见君，此间君勿复来，亦毋复以妾为念也。’言已欷歔。某大感动，即振策去。旋就馆三年，积赀颇厚，且娶妾生子，不负寿子别时之所嘱也。”(《清稗类钞·娼妓类》)

③ 例见本书第六章第二节所引《清稗类钞·狱讼类》有关“姑嫂相通”的一则记载。

④ 吴存存著：《明清社会性爱风气》，人民文学出版社2000年版，第155—156页。

⑤ 状元夫人指优伶李桂官。

坐看王郎，都似与郎不相识。”（《清稗类钞・优伶类》）更有甚者，著名词人陈维崧对歌童徐紫云一见钟情，两人形影不离，在徐紫云洞房花烛夜写了一首《贺新凉》，抒发了其“只我罗衾寒似铁，拥桃笙，难得纱窗亮”的心情，并在徐紫云病逝后还写作了大量怀念他的诗词。

四、宗族械斗

宗族之间的关系是清代社会关系的一个重要方面，既有合作关系，又有竞争关系。其合作涉及创造共同的生产条件、共同维护社区秩序等方面，其竞争则主要围绕着各自的权益、民间权力和名誉而展开。虽然清代人在理性上意识到“处乡党只有谦以持身，恕以接物。谦则和，和则不竞；恕则平，平则寡怨”①，“毋以强凌弱，毋以富欺贫，毋以智侮愚，毋以众逼寡，毋为行险侥幸之事，毋为干名犯义之行。父老子弟联为一体，邻里乡党视若一家，相友相助，息讼息争”（《清实录・世宗宪皇帝实录（二）》卷 149），应该从重谊、尚和、共存、互让等道德理念出发来处理宗族之间的关系，但是，当彼此之间出现利益矛盾时，宗族成员却难以心平气和地予以对待，而“族大丁繁之家，往往恃其人力强盛，欺压单寒，偶因小故，动辄纠党械斗，酿成大案。及至官司捕治，又复逃匿抗拒，目无国宪”。（《清实录・世宗宪皇帝实录（二）》卷 149）

宗族械斗风气虽然在中国早就存在，但是，清代社会的械斗远比前代严重，长江以南各省尤其是广东和福建的械斗更加突出。为了随时进行械斗，有的宗族早就做好了准备，如江西乐平就有这样的风俗：“凡产一男丁，须献铁十斤或二十斤于宗祠，为制造军械之用。戚友之与汤饼会者，亦以铁三斤投赠。以故族愈强者，则军械巨炮愈多，惟用硝磺铁弹，无新式之火药弹丸耳。”（《清稗类钞・风俗类》）有的宗族还专门对其成员进行武术培训，以提高其战斗力。

针对愈益严重的宗族械斗风气，清朝政府和民间社会也采取了一些相应的防治措施，如广泛地进行道德教育，由械斗双方“各邀公正绅耆评其曲直而裁决之，或由地方官传谕董事为之劝解而调和之”，甚至地方政府“出而弹压”，然而，宗族械斗却“非条教所能禁，口舌所能谕”。之所以如此，主要是因为：

① 从余选注：《中国历代名门家训》，东方出版中心 1997 年版，第 171 页。

1. 清代社会的宗族大多聚族而居，尤其是“大姓多聚族而居，多者数千家，少亦数十百家，与他姓一言不合，即约期械斗”（《清稗类钞·风俗类》）。这就是说，聚族而居为宗族械斗创造了有利条件。

2. 宗族建立了相应的激励制度。如在福建省，有的宗族建立了奖励族人为了宗族利益而勇敢地进行宗族之间械斗的制度；在广东省，如果一个宗族估计自身“人数不足，则出重资雇人相助，如助斗而死，给抚恤金；因斗伤废，给养伤金，其费用则出自祖尝，或按田科派。游手无业者多乐受雇，虽死不悔”（《清稗类钞·风俗类》）。这样的激励制度，使本宗族成员和其他人极易形成重利轻生的观念，这种观念反过来又恶化了宗族之间的械斗。

3. 人口的剧增。它会引发人与自然界之间的矛盾（准确地说，是人的生理需要的满足与自然资源的有限性之间的矛盾）。这种矛盾又会转化为人与人之间的矛盾，转化为宗族之间为了争取自然资源而进行的械斗。这是其一。其二，由于人口的剧增使获取生活资料变得越来越艰难，因此，不管械斗有没有生命危险，也不管械斗是否符合民间正义尤其是清朝政府所提倡的正义，只要它是可以获得生活资料的方式，清代人就会毫不犹豫地予以选择。如福建、广东两地的宗族在“未斗之先，尝雇人于他村，使为助，名曰鸟。先事立约，其约文云：‘某某承雇某村鸟一百只，鸟粮每只日三百文。如鸟飞不归，议完恤费每鸟一百千文，听天无悔。’盖讳死为飞也。斗时以鸟充前敌，虽杀伤不惜”（《清稗类钞·风俗类》）。

4. 清朝政府的无能。其一是地方官员不实心防治宗族械斗，正如雍正皇帝于雍正六年（1728）所指出的：要防治宗族械斗，地方官员“须鼓舞属员实心尽力，方能有济。设遇一二有为者，甫欲整理，辄目为多事。属员窥见其隐，谁肯任怨向前。须知其难而终任之，二三年后始有成效也”（《清史稿》卷9《世宗本纪》）。其二是官吏腐败，想方设法地从宗族械斗中捞取好处。当械斗造成人员伤亡之后，宗族一般会“匿凶手，以重金贿死者家属，令递禀和息。然家属之欲壑不满，差役之囊橐不盈，和禀亦不得递也。故遇此等案件，县署幕友、书吏以及刑差、门皂均有例规，即县令亦有照例之馈遗焉”（《清稗类钞·风俗类》）。既然贿赂可以解决一切问题，那么，宗族也就无须顾忌械斗所造成的恶果了。

第四节 娱乐风气

娱乐是清代人生活的重要组成部分，虽然其形式多种多样，但是，它们却一致地体现着清代人的道德观念、价值追求和对社会与人生的态度，形成了与清代人的休闲有关的社会风气。

一、游乐

游乐并非指官员士绅远赴外地的较长时间的游山玩水，而是指大众在当地所进行的游览观赏。在清代社会里，大众的游乐基本上都是在岁时节庆和迎神赛会时进行的，因此，这种活动不仅具有定期性和场地固定性的特征，而且是整个中华民族和不同地区所形成的一种传统。清代社会不仅保持了这种传统，而且，因为商品经济的发展、人口的大量增加、城市数量的增多和规模的扩大而使游乐较以往朝代更为盛行。总体而言，清代社会越发展，游乐风气就越盛行；商品经济越发达的地方，人们对休闲娱乐的爱好程度就越高。

在清代社会里，每逢元宵、清明、端午、中秋、重阳等重大节日，城乡居民就会赶赴固定的娱乐场所，游览胜地如南京的夫子庙和秦淮河、苏州的虎丘、杭州的西湖等地，更受清代人的青睐；各地寺观的庙会少则几天，多则半月，“士女如云”，“游人甚多”，“必极巡游之盛”。游乐风气之所以会盛行，主要是因为：

1. 清代人通过游乐来得到精神需要满足的同时，还可以购买到自己所需之物，即使如顾禄在其《清嘉禄》中所说：“所鬻多糖果、小吃、琐碎玩具，间及什物而已”，然而，这些东西却能满足人们的物质需要。

2. 游乐可以使清代人走出家庭或者家族生活的圈子，与更多的人进行交往，能够满足其社交需要，尤其是受传统礼教约束的妇女更期望这样的生活方式。

3. 商人的尽力推动。游乐活动是商人树立其形象、获得丰厚利润的良机。

为了利用好这样的机会，商人一方面通过琳琅满目的商品来吸引游客，另一方面通过对迎神赛会的捐助来扩大自己的影响。

伴随游乐风气而来并引人关注的现象主要有三种：其一是奢侈，其二是“男女混杂”，其三是游手好闲之徒的“阴作匪为”。这三种现象不是违背了清代社会的道德观念，就是破坏了社会秩序，由此而引发了清代人对游乐风气的思考。清代人对此有着两种不同的态度。第一种态度认为，即使在游观时可能会出现越轨行为，然而，政府不可因噎废食，禁止人们游乐，进而禁止迎神赛会，因为，如钱泳所指出的：“治国之道，第一要务在安顿穷人。昔陈文恭公宏谋抚吴，禁妇女入寺烧香，三春游屐寥寥，舆夫、舟子、肩挑之辈，无以谋生，物议哗然，由是弛禁。胡公文伯为苏藩，禁开戏馆，怨声载道。金阊商贾云集，晏会无时，戏馆酒馆凡数十处，每日演剧养活小民不下数万人。此原非犯法事，禁之何益于治……由此推之，苏郡五方杂处，如寺院、戏馆、游船、青楼、蟋蟀、鹌鹑等局，皆穷人之大养济院。一旦令其改业，则必至流为游棍，为乞丐，为盗贼，害无底止，不如听之。”(《履园丛话》卷1《旧闻·安顿穷人》)

第二种态度是禁止这些伤风败俗的现象，铲除孳生这些现象的根源。如康熙朝名臣汤斌在任江苏巡抚时实施“去奢崇俭”的治理思路，禁毁苏州上方山五通“淫祠”，严禁迎神赛会。沈近思强调：“如云林、天竺各寺庙，每春时，妇女游观，轻薄士子呼朋引类，混杂嘲笑，毫无忌惮，宜严禁。”[①]有的县令还专门颁发禁止妇女烧香的命令：“近见褒邑，每遇神佛诞日，则妇女毕集于寺庙，焚香稽首之后，即于丹墀席地沽饮，其力不胜酒者，醉眼乜斜，胡言乱语，不说东家公婆琐碎，即说西家媳妇不贤，絮语唠叨。穷日而退……况又有买香沽酒等费，一日而兼数日之用，岂不可惜。嗣后如有妇女入庙烧香者，定拿本夫乃女父究责。至于男女混杂，冶容诲淫，此又本县之所不欲言者，其夫与父，尤宜急为猛省。”[②]

虽然第二种态度是清朝政府对待游乐风气的主要态度，但是，清代人却不管不顾，依然出入于茶楼酒馆，聚集于游览胜地。

---

① 李元度著：《国朝先正事略：清代1108人传记》(上)，岳麓书社1991年版，第391页。

② 郭成伟、田涛点校整理：《明清公牍秘本五种·纸上经纶》，中国政法大学出版社1999年版，第229页。

二、演戏

清代是中国戏曲发展的重要时期。中国戏曲之所以会在此时期得到较快发展，主要得益于清代社会演戏风气的盛行。

清代社会所盛行的演戏风气主要有四个特征：

1. 民众偏爱地方戏。清代戏曲分为雅部与花部两种，雅部即昆曲，花部则是地方戏。地方戏分为武剧、趣剧、秽剧（即顽笑戏），其内容虽然涉及忠谏诤言、保主抚孤、杀身救主、清官、忠臣勇斗奸臣等方面，但是，其主要内容却是侠义、家庭生活和男女私情，如京师戏园“平时坐池中者，多市井儇侩，楼上人谑之曰下井。若衣冠之士，无不登楼……堂会则右楼为女座，前垂竹帘。楼上所赏者，率为目挑心招、钻穴逾墙诸剧，女座尤甚。池内所赏，则争夺战斗、攻伐劫杀之事。故常日所排诸剧，必使文武疏密相间，其所演故事，率依《水浒传》、《金瓶梅》两书，《西游记》亦间有之”（《清稗类钞·戏剧类》）。地方戏既“事多忠、孝、节、义”，又大多插科打诨，并使用方言俗语，通俗易懂，能够较好地符合民众的欣赏水平和审美情趣。

2. 城乡居民都酷爱观戏。在清代以前，戏曲几乎被城市居民所独享，清代以来，农村居民同样可以观赏戏曲。为了方便民众观戏，城市开设了戏园、戏船，茶馆、会馆、寺庙等也被辟为演戏的场所，农村则大多是临时搭台演戏，也有专设的乐楼。

3. 南北方盛行的演戏风气稍有区别。在清代社会里，“北人重艺，南人重色”，即北方人观戏时偏重优伶的唱工和咬文嚼字，不太介意其长相的美丑；而南方人则相反，不注重演戏者的“艺之优劣”，而看重其身段和容颜。

4. 妇女嗜戏。虽然清代的“男妇皆好看戏”，但是，妇女对戏曲的爱好程度却远远超过男人。即使清朝政府借口“有伤风化”而严禁妇女看戏，然而，“世族豪门仍不敛迹，园门虽揭文告，仍熟视无睹也……妇女欲听戏者，必探得堂会时，另搭女桌，始可一往，然在洁身自好者，尚裹足不前也”（《清稗类钞·戏剧类》）。城市的妇女看戏时必须在楼上，并且需要“前垂竹帘”，农村的妇女看戏时却不与男人分隔，往往是“男女混杂”。

清代人对戏曲的酷爱远甚于以往朝代，而且，随着社会的发展，其程度越来越高，至“嘉、道之际，海内宴安，士绅宴会，非音不樽。而郡邑城乡，岁时祭赛，亦无不有剧”(《清稗类钞·戏剧类》)。清代人如此酷爱观戏，其目的并非只在于欣赏和娱乐，还有其他的目的。其主要目的有：

1. 敬神酬愿。在清代人看来，通过演戏来祈神拜佛，可以降福避祸。一旦实现了自己向神许下的愿望，清代人就会聘请职业戏班前来演出。

2. 喜庆热闹。在重大传统节日、结婚、小孩出生、寿诞、功成名就甚至丧葬时，为了营造喜庆热闹的气氛，清代人就会聘请职业戏班演戏。

3. 结交。清代人为了建立和维持自己的关系网，尤其是富豪、商人为了攀结权贵，就会聘请著名戏班上演戏剧，有的富豪、商人甚至还蓄养家班，以供随时宴客之用。

4. 招徕顾客。为了吸引更多的消费者，茶馆和酒肆的老板就会请来艺人上演被人们普遍喜爱的评书、弹词或者戏剧，有的消费者因此而流连忘返，夜以继日，茶馆和酒肆的生意因此而红火。

5. 惩罚教育。在清代社会里，如果家族内部有违背族规的，邻里之间有违背乡规民约的，同行商人之间有违背其行规的，就会遭到强制其聘请戏班演戏的惩罚。被罚演戏表面上是对违背有关规范的当事人及其家庭的惩罚，实际上却是特定社会群体实施的旨在让其成员遵守其规范并承担相应责任的教育。

清代社会演戏风气的盛行，一方面丰富了清代人的精神生活，另一方面也给清代社会生活造成了某些负面影响。在清代人看来，其负面影响主要有三个方面：

1. 它提供了邪恶势力存在的空间。对此，康熙朝名臣沈近思主张：“民间演戏，原属丰年报赛之常，浙省有坐方地棍，借端科敛，纠党勒索，应重惩。”①

2. 它影响了人们的物质生活。对此，地方政府官员发布了严禁敛钱演戏的命令：“从来天地生财，止有此数，银钱既去，岂能复来。惟在用之者爱惜物力，于当用不当用之处再三斟酌，当用者既不能省，若不当用者又不肯省，则尔家财物岂是取之不竭而用之不匮者。尔褒民不论男妇皆好看戏，每至神庙诞日，会首先期敛钱，大家小户，或百文，或四五十文，一呼百诺，无有遗者。男人或以无

① 李元度著：《国朝先正事略：清代1108人传记》(上)，岳麓书社1991年版，第391页。

钱不甚踊跃，其妇女必百计怂恿之，独不思正直为神，积善者降福，积恶者降殃……嗣后有心敬神者，止许男人买清香一炷，赴神前叩首，不许敛钱演戏。如有不遵，除拿会首及乡地重处外，仍拘戏子管班人责儆。"①

3. 它败坏了社会风气。在清代人看来，演戏风气对社会风气的不利影响主要表现在混淆是非、亵渎圣贤、淫靡怪诞、诱人不务正业四个方面。对此，嘉庆皇帝指出，民间演剧"每喜扮演好勇斗狠各杂剧，无知小民，多误以盗劫为英雄，以悖逆为义气，目染耳濡，为害尤甚"(《清实录·仁宗睿皇帝实录(四)》卷281)，强令禁止。由于"优人演剧，每多亵渎圣贤。康熙初，圣祖颁诏，禁止装孔子及诸贤。至雍正丁未，世宗则並禁演关羽"(《清稗类钞·戏剧类》)。由于戏曲的内容"多闺房丑事"、男女私情，戏词"淫亵猥鄙"，"声音淫靡"，且演戏场所"男女混杂"，因而，清朝政府禁止演出《金瓶梅》、《西厢记》等花部戏曲，严禁妇女看戏。由于演戏"昼夜不绝"，官兵痴迷戏曲，"不守本分"，清朝政府禁止官员蓄养家伎，禁止八旗官兵出入戏园，限制其他官员看戏，不许在京师内城开设戏馆，对外城的戏馆数量也严加限制。

尽管清朝政府对演戏有诸多的限制甚至禁止，然而，清代社会的演戏风气并未受到多大影响，反而有不断蔓延之势。

三、赌博

清代社会的赌博风气甚于以往任何朝代，而且自乾隆、嘉庆朝以降愈演愈烈。其赌博风气之盛主要表现在如下几个方面：

1. 几乎所有的人都好赌。不仅男人好赌，而且女人也嗜赌；不仅普通民众好赌，而且贵族官员也好赌，甚至八旗官兵也参与赌博。可见，在清代社会里，"上自公卿大夫，下至编氓徒隶，以及绣房闺阁之人，莫不好赌者"(《履园丛话》卷21《赌》)。总体而言，南方人嗜赌甚于北方人，东方人甚于西方人，尤其是福建和广东两地的人嗜赌更为突出。如"粤人好赌，出于天性……几于终日沉酣，不知世事。而下流社会中人，嗜之尤甚"(《清稗类钞·赌博类》)。

---

① 郭成伟、田涛点校整理：《明清公牍秘本五种·纸上经纶》，中国政法大学出版社1999年版，第229—230页。

2. 各种场合都可以进行赌博。在清代社会里，由于清朝政府严禁赌博，因此，赌博场所都是不公开营业的。这并不意味着没有任何赌博场所，相反，任何场地都会被参赌者作为赌博场所使用，不仅家庭、茶馆、酒肆都秘密地开设赌场，而且乡绅商人“倚藉财势”，将密室辟为赌场，安排爪牙把守，八旗官兵将营地辟为赌场，官吏则在衙门伺机赌博，如蒋励堂相国在任四川总督时，就有部下在无公事时玩叶子戏，“一日值常参，各员晋谒毕，相国独留诸人令少待，笑语曰：‘诸君无案牍劳，以叶子偶尔坐遣，未尝不可。然频频为之，则伤财失业，作无益害有益，且因此疏慢朋友，来辄拒之，似更不可’”（《清稗类钞·箴规类》），甚至有人不顾禁令，每逢赶集，“公然置桌”，或者“设小席布单于地”，聚集人进行赌博。

3. 赌注无所不有。在清代社会里，被赌徒视为赌注的并非只限于金钱，还有田地和房屋，甚至包括妻妾儿女。如周之俊好赌，在外经商刚刚返家，就与其邻居寿思明约好第二天进行赌博，“及明日，寿访周，则已肆筵设席，陈牌于几矣。寿家小康，亦好博，博辄负。周意其亦必负也，曰：‘君好自为之。君胜，吾以妇归君；吾胜，则于博进之外，当以田十亩为赠。’……既定议，遂博。博至日晡，寿胜矣。寿将挈妇行，周悻悻然，寿乃语周曰：‘吾如约也，君奚怨！今即作为君胜，而以田十亩赠君为聘资，可乎？’周诺之”（《清稗类钞·赌博类》）。不仅任何东西都可以作为赌注，而且赌注的数额还相当惊人，在清代社会里，一掷千金的现象并不少见。

4. 赌博时有人陪侍。赌场老板为了引诱赌徒前来赌博，总是千方百计，有的还“招妓陪侍，妓至，则歌一曲，且有为客代博者”（《清稗类钞·赌博类》）。招妓陪赌的现象虽然在明代社会里就已经出现，但是，在清代社会里则更加普遍。

清代社会中赌博风气盛行的原因有：

1. 消遣。清代社会是一个农业社会。农业社会的典型特征，一是闲暇较多，二是工作时间没有严格的限制。这样，清代人就有大量的时间用于休闲，并且可以自由地选择休闲的时间。清代人口的剧增不仅扩大了赌徒队伍的规模，而且大大地增加了人们休闲的时间。虽然休闲有多种方式，但是，赌博往往是清代人首选的消遣时间的方式。之所以会如此，一是因为它是人们共同娱乐的方式，二是人们在赌博时可以暂时遗忘各自的等级与身份，产生一种平等的感觉，三是人们可以通过赌博来体验成功的喜悦甚至巅峰状态。

2. 图利。赌博本来是一种零和游戏，可是，它又是一种财富转移的方式，可以轻易地将财富从一个人的手中转移到另一个人的手中。赌徒都希望自己可以通过赌博来获利，其结果是赢者希望自己赢得更多，输者则千方百计以求捞回输掉的钱物，陷入了输赢轮回的恶性循环之中。更有“扎局弄赌者，设陷阱以倾人之博也……若辈以此为生，终岁衣食，恒取给焉……常以茗楼烟馆为巢穴，党羽众多，见有外来多金之伧父，群起而诱之，诱之以饵”（《清稗类钞·赌博类》）。被诱骗者陷于圈套却不自知，结果是因小利而失大利，且“废时失事”。

3. 挣钱容易。相对于以往朝代而言，清代社会的商品经济更发达，这意味着有更多的人经商，更容易赚取财物。由于赚钱变得较轻易，清代人就不会过多地考虑其财物的失去。于是，就有更多的人参与赌博，也有更多的赌资在赌场流通。

清代社会所盛行的赌博风气，不只是使“富者贫，贫者饿”，“开赌者丰衣足食，爱赌者荡产倾家”，还造成了更为广泛的社会危害。雍正皇帝因此而严厉地指出：赌博导致人们“荒弃本业，荡费家资，品行日即于卑污，心术日趋于贪诈。父习之则无以训子，主习之则无以制其奴，斗殴由此而生，争论由此而起，盗贼由此而多，匪类由此而聚，其为人心风俗之害，诚不可以悉数也”（《清实录·世宗宪皇帝实录（二）》卷82）。乾隆皇帝则将赌博之风视为“四大恶俗”之一。

正是因为赌博风气“流传天下，坏人心术”，“天下之恶，莫过于赌”，因此，清代民间和政府都采取了一定的措施来禁赌。

就民间禁赌而言，既有个人的劝诫戒赌，又有家庭和家族的禁赌，还有保甲等基层组织的禁赌；既有《戒赌文》、《戒赌歌》、《禁赌碑》和《戒赌约》等道德教化手段，又有打击赌博的行动。在所采取的措施中，有的很奇特且有奇效，如海宁硖石镇商人徐翁冥思苦想出多种办法，终于使其儿子改邪归正①，莱阳宋某“家

① “徐翁以贾起家，善候时转物，锱铢必较，虽亲戚弗顾也。生一子某，喜博，私取父钱以博进，日必数万。徐患之，不能禁。其地故有广善堂，岁十一月，则举野外无主之棺及虽有主而其子若孙贫不能葬者，为瘗之，然资用不充，不能周遍。徐过之，忽心动，亟以所置良田三百亩助义举。或问其故，曰：‘吾子不肖，不数年，吾田尽矣。与其供不肖子千金一掷，何如为掩骼埋胔之用乎。’已而其子博益豪，徐乃储钱数十万于室中，谓其子曰：‘博而负，固宜偿，吾室中钱任若取之。然博徒安可使入吾门，令其止门外，若自取钱与客可也。’于是博徒日集于门，其子以缗贯钱，负之，由堂涂出，日数十次，惫甚。且视室中钱，始则充牣，继且垂尽，不能无顾惜，叹曰：‘出之不易，入之不更难乎？’乃对其父流涕，矢不复博，终身勤俭过其父，家乃益饶。”（《清稗类钞·赌博类》）

素封，有二子，癖于博，百计惩戒，弗之听。因出重币，访江浙之精于博者，延至家，使二子受业。年余，尽得其秘，自是博必胜，人无与博者，竟绝博而保其家”（《清稗类钞·赌博类》）。

官方禁赌的措施则更为严厉，不仅地方政府下发了有关禁止赌博的命令①，中央政府还制定了较以往朝代更为严厉的禁赌法律，如规定：凡赌博者，不分兵民，俱枷号两个月，杖一百；偶然会聚，开场窝赌，及存留之人抽头无多者，各枷号三个月，杖一百；官员有犯，革职枷责，不准折赎；凡旗人造卖纸牌骰子，为首者发极边烟瘴充军，为从及贩卖为首者，发边远充军，为从贩卖者，发近边充军，俱照名例折枷月日发落；失察该管各官，亦照失察赌博例治罪；凡民人造卖纸牌骰子，为首者发边远充军，为从及贩卖为首者，杖一百，流二千里；为从贩卖者，杖一百，徒三年；如藏匿造赌器具不行销毁者，照贩卖为从例治罪；地方保甲知造卖之人不首报者，杖一百；受财者，计赃准枉法从重论，罪止杖一百，流三千里。

尽管戒赌和禁赌的措施如此严厉和有力，然而，它们都无法阻止清代社会中赌博风气的盛行，赌博者依然“昼夜流连”，“废时失事”，即使妻离子散也全然不顾；开赌者仍然设局诱骗，“肆行无忌”，为了摄取财物，哪管他人死活。

① 有一则“禁游湖赌博”令的规定如下：“从来好赌之人，往往废时失业，荡产倾家，为害不小。尔褒民喜无他长，惟不论男妇老幼，皆酷好游湖，牌一到手，则食可忘而寝可废，终日不倦，夜以继之。衣于何来，食于何得，仰何以事，俯何以育，皆置之九霄云外矣。安望其勤耕力作，尽人事以待天功乎？即或工作有人，无烦己力，然佣工之人，勤怠不齐，主人不到，则勤者亦欲偷安；亲身督率，则怠者亦不敢或辍。果能禁绝游湖，不离陇畔，则雇两人之工可以做三人之活，常年栽田三十亩者，即可栽田三十亩矣。本身衣食及仰事俯育之计岂不裕如？嗣后务将湖牌割爱焚毁。如有一家藏匿湖牌，纠合赌党，仍前游湖者，责在乡地邻佑举首。倘敢徇情容隐，一经察出，定遵新例一并重处，决不姑宽。”（郭成伟、田涛点校整理：《明清公牍秘本五种·纸上经纶》，中国政法大学出版社 1999 年版，第 229 页。）

第十一章

清代部分少数民族的道德生活

清代是我国疆域版图、中华民族多元一体格局最终定型的时期。在此时期，相对于以往封建朝代而言，由于国家的空前统一，各民族之间的经济文化交流更加频繁，民族关系更加友好，民族融合进一步发展，各民族同胞对中华民族的认同度和忠诚度进一步提升。组成中华民族共同体的各兄弟民族，一方面由于彼此唇齿相依、同呼吸共命运，过着某种共同的道德生活，另一方面由于各“少数民族在政治、经济、文化上都有自己的特点”①，各自过着与兄弟民族有所不同的道德生活。

第一节 满族的道德生活

一、满族对外部关系的处理

满族是中华民族共同体中的一员，其历史源远流长，可以追溯到夏、商、周时的息慎、肃慎，两汉时的巴娄、匈奴，唐、五代的诸申、靺鞨，宋、元、明时的女真。在明代，女真人分为建州、海西和野人三大部落，满族是在建州女真部落的基础上联合其他女真部落，融合部分汉族人、蒙古人和东北部分少数民族而形成的。为了顺应其群体构成人员的这种变化，处理好其内部关系，增强其凝聚力，天聪九年(1635)，皇太极宣布废除“女真”称号，将该群体定族名为“满洲”，后来，它被称之为满族。满族在明代聚居于我国东北地区，“拥有自己的体制、文化和语言，且在归属于一个更大国家管辖之前，就已经形成了自己的社会并运作着的群体”②，入关之后，主要居住在东北和北京，还有驻防于全国各地的满族八旗，其地位发生了根本改变，成为了中国的统治民族，即“满洲为国家之根本”。

作为统治民族，满族对外部关系的处理主要包括两个方面，其一是对自身与清朝政府之间关系的处理，其二是对自身与国内其他民族之间关系的处理。

---

① 《毛泽东选集》第5卷，人民出版社1977年版，第128页。

② [加拿大]威尔·金里卡著：《少数的权利：民族主义、多元文化主义和公民》，邓红风译，上海译文出版社2005年版，第69页。

就其对自身与清朝政府之间关系的处理而言，满族虽然是统治民族，但是，它并不等同于清朝政府，同其他民族一样，也存在着如何处理自身与清朝政府之间关系的问题。在这种关系的处理中，核心的问题在于满族是只从自身利益出发，还是从清朝政府的全局利益或者国家利益出发。从前者出发，意味着满族只着眼于自身的生存发展；从后者出发，意味着满族必须承担更多的责任。对于这种差别，满族在关东时期是有明确的意识的，这种意识是在对明朝、蒙古族和朝鲜的战争过程中逐渐形成和深化的，其指向在于自身的救亡图存。此时，满族只关注自身利益的实现（准确地说，是满族的生存），而不会去考虑超出满族利益之外的国家利益，因为它不承认有超出自身利益的国家利益的存在。入关之后，准确地说，崇德八年（1643）同鄂伦春、赫哲等民族共同抗击沙皇俄国军队对我国黑龙江流域进行的侵略之后，满族已经模糊了这种差别。即使此后经常地存在着满族利益与国家利益之间的矛盾，甚至有时会以满族利益来对抗国家利益，努力保持满族“国语骑射”的民族特性，不过，满族却始终如一地忠诚清朝政府和皇帝，基本上能够将自身利益与国家利益紧密地结合起来，主动地承担相应的责任。在顺治七年（1650）至康熙二十五年（1686）多次反击沙皇俄国军队侵犯我国雅克萨、瑷珲和黑龙江中下游流域的过程中，满族官兵不仅是反击侵略的主要力量，而且都英勇顽强，前仆后继，“争先用命，效死疆埸”，取得了反击沙皇俄国军队侵略的最终胜利，既维护了我国的国家利益，又使我国边境居民自中俄《尼布楚条约》签订之后100多年时间内免遭沙皇俄国军队的烧杀抢掠，保护了边民的生命安全和财产安全。在吴三桂等三藩势力迅速进占云南、贵州、两广、福建、四川、湖北、湖南、江西等省，全国各地反清力量纷纷响应，八旗将士大都被调往平定三藩叛乱的前线，清朝政府面临生死存亡的紧急关头，康熙十四年（1675），康熙皇帝的表兄弟、成吉思汗的嫡系后裔蒙古察哈尔部亲王布尔尼乘机起兵反清，北京危在旦夕。南征的八旗将士正在同心协力地平定三藩叛乱，无法从战场上抽身回防京城。在京城的八旗人心甘情愿地承担起护卫京城、征讨布尔尼叛军的责任，满洲八旗及其包衣迅速集结起来，毫不畏惧，赶赴征讨前线，面对训练有素的叛军，“士卒奋勇，无不以一当百”。此外，在国家治理过程中，满族人中涌现了一批主动地承担责任的清官和能官，为了维护和实现国家利益，他们既献计献策，又积极作为，严厉惩治那些违背国家利益的人，如满洲镶蓝旗人格尔古德在任直隶巡抚时针对八旗圈地过程中所出现的违法缺德现象，向康熙皇帝建言："自鬻投旗之人，或作奸犯科，冀逃法网；或游手好闲，规避差徭。本主听其仍居本籍，放债牟利，则讳旗而称民；窝逃构讼，遇官长访闻，又舍民而称旗。诈害良善，官不敢问。应责成本主，止留农户在庄，余俱收回服役。有徇纵者议处。"他不仅敢于惩治那些为非作歹的普通旗人，而且对权臣如明珠、鳌拜等毫不手软，因其"执法严惩，时称为'铁面'"。(《清史稿》卷 275《格尔古德》)

满族之所以会处理好自身与清朝政府之间的关系，自觉地将自身利益与国家利益统一起来，积极地维护和实现国家利益，其中一个主要原因是清朝政府始终对其给予了特殊关照。如康熙九年(1670)，康熙皇帝谕兵部、户部："满洲甲兵，系国家根本，虽天下平定，不可不加意爱养。近闻八旗甲兵，牧养马匹，整办器械，费用繁多，除月饷外，别无生理，不足养赡妻子家口"(《清实录·圣祖仁皇帝实录(一)》卷 32)，指令兵部和户部给八旗将士增加月饷。康熙三十年(1691)，康熙皇帝又谕户部："八旗甲兵，国家根本，当使生计充裕，匮乏无虞。向因剿除三逆，久历行间，制办军器，购送马匹，兼之户口日增，费用益广，以致物力渐绌，称贷滋多"(《清实录·圣祖仁皇帝实录(二)》卷 150)，应当用国库银两帮助其偿还债务。嘉庆六年(1801)，"户部奏，查八旗圈占地亩，原为旗人恒产，得租息为养赡。嗣因不善经理，陆续将旗地典与民人，以致租息全无，生计日窘。蒙恩旨节次清查，议发帑银将地亩官为赎回，仍准官兵人等指俸指饷认买，以裕八旗生计，并恐旗民复蹈故辙，是以严定科条。如有将旗地典卖与民，地亩价银一并追出入官，旗、民人等均照违制律治罪。于恩施优渥之中，为久远防闲之计，诚国家惠念旗民之至意"①，并建议，为了保护满族的利益，政府应该采取各种非常措施，以"使民人断不敢再行私折典卖旗地"。对于清朝政府的这种态度，"满洲士卒皆感之，凡有征讨，争致死焉"(《清稗类钞·帝德类》)。

虽然满族总体上能够处理好自身与清朝政府之间的关系，强调自身利益与国家利益之间的一致性，但是，并不是所有的满族人在任何时候都会合理地处

① 郭成伟、田涛点校整理：《明清公牍秘本五种·纸上经纶》，中国政法大学出版社 1999 年版，第 641 页。

理这种关系，相反，却会因一己私利而不忠诚于清朝政府，损害国家利益。如在清代初期的圈地过程中，有的满族人违背清朝政府只允许八旗官兵圈占京城附近的无主荒地的规定，不论有主无主，凡圈地所及范围内的田地、房屋和汉族人及其妻妾儿女都被强占和籍没，强迫汉族人"投充"旗下为包衣(即奴仆)，由此而激化了汉族与满族之间的民族矛盾。在吴三桂等三藩势力危害国家利益的时候，大学士索额图不明白国家利益之所在，所思考的不是如何平定三藩叛乱，而是请诛提出撤藩建议之人，统军平叛的大将军顺承郡王勒尔锦、简亲王喇布、贝勒尚善等人惧敌不前，不敢与吴三桂军作战。在镇压苗民起义的过程中，为了侵吞军饷、中饱私囊，满族军官故意拖延战事，且滥杀无辜，以致"官军报捷，所称杀贼，多系平民，非真贼也。故日久无功"(《清史稿》卷16《仁宗本纪》)。有的满族人不顾清朝政府不准八旗官兵观戏、赌博、阅读坊本小说等的禁令，酷爱观戏、赌博等，有的甚至公然在军营中豪赌，荒废了对被清朝统治者视为"满洲根本"之中最重要的"骑射"的操练。

就其对自身与国内其他民族之间关系的处理而言，满族的主要做法有如下三种：

1. 满族以自身利益为最高追求。满族是凭借武力和政治手段而成为统治民族的。这一事实使占全国人口比例很小的满族始终地具有忧患意识甚至处于恐惧之中，担心自身的既得利益受损或者被剥夺。因此，满族不仅时时处处都关注着自身利益，千方百计地保护和追求自身利益，而且从自身利益出发来处理与其他民族之间的关系，将自身利益凌驾于其他民族利益之上。这就必定会使满族产生如莱茵霍尔德·尼布尔所说的在"群体和集体之间的关系"中的"利己主义冲动"。这种冲动导致了满族将其利益视为国家利益，并依靠政府来保护自身利益。可是，一旦满族"期望由政府来满足这种特定的集体利益(虽说这并不是真正的普遍利益)，那么这就不可避免地会产生这样一种危险，即政府会用这种手段去为特定的利益群体提供服务"①，就会不可避免地引发民族之间的矛盾或者冲突。如为了实现关内满族人的利益，顺治元年(1644)十二月，顺

① [英]弗里德利希·冯·哈耶克著：《法律、立法与自由》第二、三卷，邓正来、张守东、李静冰译，中国大百科全书出版社2000年版，第9页。

治皇帝谕令户部清查京城附近各州县民人无主荒田,“若本主尚存,或本主已死而子弟存者,量口给与,其余田地尽行分给东来诸王、勋臣、兵丁人等”(《清实录·世祖章皇帝实录》卷12)。这是由清朝政府允准的满族第一次大规模圈占民地。顺治四年(1647)、康熙五年(1666),满族又进行了两次大规模的圈地。这几次圈地表明,满族和清朝政府为了自身利益而置汉族人的利益于不顾,激化了与汉族之间的矛盾。在一个国家内,虽然民族之间的矛盾或者冲突是多方面甚至全方位的,然而,在政局相对稳定的时期,民族之间的利益矛盾主要是通过政治权力的分享或者竞争来实现的。由于“族群竞争等于是为了取得或掌控国家机器当中的这些职位”①,因而,满族在入关之后就建立了满臣与汉臣共同治理国家的二元政治体制格局,并赋予了满臣超越并支配汉臣的权力。满族官员所拥有的这种权力成为了满族将其利益当作超越于其他民族的利益并予以实现的保障。

2. 满族维护自身与其他民族之间的不平等。为了更好地实现本民族利益和处理本民族与其他民族之间的关系,满族贵族与清朝统治者表面上强调满族与其他民族之间的平等,如皇太极强调“至于满汉之人,均属一体。凡审拟罪犯,差徭公务,毋致异同”(《清实录·太宗文皇帝实录》卷1),顺治皇帝强调“朕不分满、汉,一体眷遇”,康熙皇帝强调“抚育群生,满汉军民,原无异视”(《清实录·圣祖仁皇帝实录(一)》卷30),乾隆皇帝强调“夫人主君临天下,普天率土,均属一体……嗣后若有似此分别满汉、歧视旗民者,朕必从重议处之”(《清实录·高宗纯皇帝实录(一)》卷8)。这种“满汉一体”的政治伦理观念,似乎表明满族会对自身与其他民族予以平等的对待,然而,实际上它却处心积虑地安排和维护自身高于其他民族的地位和权利。

满族所安排和维护的高于其他民族的地位和权利是全方位的。如在政治权力方面,不仅就拥有权力的人按其所占本民族人口比例而言满族人比蒙古族人和汉军旗人高,比汉族人更高,而且“满官……可以随时从文职改为武职,或从武职改为文职,而汉官却不能这样,除非是汉军旗人”②,中央及地方政府的重

---

① [英]埃里克·霍布斯鲍姆著:《民族与民族主义》,李金梅译,上海人民出版社2000年版,第186页。
② [美]魏斐德著:《洪业——清朝开国史》,陈苏镇、薄小莹等译,江苏人民出版社2003年版,第311页。

要权力基本上被满臣所把持，“各部院衙门堂司，悉令满洲掌印”，各级政府都由满洲官员“一人主之”；在人身依附方面，在八旗军队入关后的战争过程中，满族“诸王、将军、大臣，于攻城克敌之时……多掠占小民子女，或借名通贼，将良民庐舍焚毁，子女俘获，财物攘取”（《清实录・圣祖仁皇帝实录（一）》卷82），将所获汉族人丁变成其包衣（即奴仆）。此外，被逼投充、因罪“籍没”而为满族人奴仆也是汉族人被奴化的方式；在科举考试方面，满族人中稍识文字者即可顺利过关，汉族人却艰难得多；在司法方面，满族人犯罪不准地方官审判，量刑也远比法律所规定的要轻得多；在经济方面，满族贵族和清朝统治者对东北地区实行封禁，即使关内汉族民不聊生，也不让其耕种，如乾隆皇帝就强调：“与其徒令伊等占种，孰若令旗人耕种乎？即旗人不行耕种，将地亩空闲，以备操兵围猎，亦无不可。”（《清实录・高宗纯皇帝实录（二）》卷115）这一地区也“不容群黎杂处，使地方利益悉归旗人”（《清实录・高宗纯皇帝实录（二）》卷115）。而且，在其他地方，满族利益也被优先予以照顾，如清朝法律规定：“汉军出旗为民入籍，在近京五百里以内，所有老圈，及自置认买公产等项地亩，应照乾隆七年之例，听其耕种管业。日后如欲转售，仍卖旗人，不许卖给民人。”①诸如此类的不平等都源自于满族贵族与清朝统治者所坚持的“首崇满洲”的政治伦理观念。一旦这种政治伦理观念受到挑战，满族贵族及清朝统治者就会开动全部的国家机器予以维护，如他们对较为亲近和重用汉族人的顺治皇帝十分不满，在其所杜撰的顺治皇帝遗诏中以顺治皇帝的口吻自责：“满洲诸臣，或历世竭忠，或累年效力，宜加倚托，尽厥猷为。朕不能信任，有才莫展。且明季失国，多由偏用文臣，朕不以为戒，而委任汉官，即部院印信，间亦令汉官掌管，以致满臣无心任事，精力懈弛，是朕之罪一也。”（《清实录・世祖章皇帝实录》卷144）对顺治朝提出“部院衙门应裁去满官，专任汉人”建议的李呈祥，对“逃人法过苛重”（其实质是汉族与满族之间的不平等）提出异议的魏琯和李裀，对乾隆朝提出满汉“畛域不可太分，满洲才贤虽多，较之汉人仅什之三四，天下巡抚尚满汉参半，总督则汉人无一焉，何内满而外汉也”（《清实录・高宗纯皇帝实录（三）》卷184）建议的杭世

① 郭成伟、田涛点校整理：《明清公牍秘本五种・钱谷指南》，中国政法大学出版社1999年版，第292页。

骏等,进行了不应有的制裁。

3. 满族对其他民族有着既笼络又防范的矛盾态度。为了有效地控制其他民族,拓展自己的生存空间,更好地实现自身利益,满族贵族和清朝统治者采取了一系列对待其他民族的相辅相成的措施。这些措施主要有:

(1)联合大民族。在清代社会里,清朝政府的统治是否有效和持久,既取决于阶级力量的对比,又取决于民族力量的对比。由于满族是一个人口极少的民族,由于满族贵族和清朝统治者对大民族的恐惧,因此,满族不得不慎重地对待不仅可以影响其利益的实现而且完全能够取而代之其政权的大民族。在满族人心目中,具有如此能力的大民族主要有汉族和蒙古族。

满族贵族和清朝统治者想方设法地联合大民族的目的,首先在于消弭满族与大民族之间的矛盾,处理好满族与大民族之间的关系,化潜在的敌人为忠诚于自己、至少与自己进行合作的朋友,争取大民族对自己的统治的支持。其次在于增强自身的力量,将其他民族对自身的矛盾和憎恨部分地转移给大民族,使大民族不得不担负起一定的责任。在这一方面,满族贵族和清朝统治者设计并运用了如吕振羽所说的两种策略,即"联蒙治汉"和"联蒙汉以治国内其他各族",这两种策略既表明满族贵族和清朝统治者对汉族和蒙古族对于满族的密切程度的不同判断,又意味着汉族和蒙古族被满族贵族和清朝统治者所寄予的期望和赋予的责任的不同。

为了争取汉族和蒙古族对自己的支持,让汉族和蒙古族不但不抵制或者不推卸反而心甘情愿地承担某种责任,满族贵族和清朝统治者使用了笼络汉族和蒙古族的各种各样的手段,如对汉族宣扬"满汉一体"观念,以消解先秦以来儒家关于"华夷之辨"的主张对汉族民众的观念约束;尊崇孔孟,提倡程朱理学,大力进行教化,灌输儒家伦理思想;宣称八旗官兵入关的目的是为了"报乃君国之仇",是"与流寇争天下";为明朝崇祯皇帝及后妃发丧,让朱姓诸王仍然袭封爵位;重用归降的明朝官吏,征召录用被明朝所贬或者所羁的官吏和隐居山林的德高望重者,通过科举考试选拔和任用汉族知识分子;减轻汉族民众在明代后期所不堪负担的赋税,"轻徭薄赋"甚至有时蠲免全部汉族民众的税收,救济鳏寡孤独及乞丐,赐给朝廷部分汉族大员住宅;停止圈地,废除严厉制裁旗下"逃人"等弊政;顺治朝出于政治目的的考虑而提倡汉族人与满族人通婚。满族贵族和清朝统治者对蒙古族所使用的拉拢手段，有的与笼络汉族的手段相似，有的则明显不同，如与从康熙朝至同治朝长期地禁止满族与汉族（除汉军旗人之外）通婚不同，清朝皇族与蒙古贵族之间建立了制度性的联姻关系，通过建立这种血缘纽带来使蒙古族尤其上层贵族与自己同舟共济，利害相关，效忠自己①；建立了“备选额附”制度，将蒙古贵族子弟自幼养育于清朝王宫之中，与清朝皇族朝夕相处，培养他们对自己的深厚感情，长大后挑选为额附，并让其返回原盟旗担任重要职务，对自己感恩戴德；不仅基本上免去了蒙古诸盟旗的赋税，规定蒙古贵族享有比同等级其他民族的官吏要高得多的俸禄，而且，在“年班”一两个月的时间内，蒙古贵族会与清朝皇帝、宗室王公和文武百官直接交往，参加宴饮、围猎、游乐等活动，可将随带货物在京进行贸易，清朝政府负责其往返食宿，并以各种名义对其大加赏赐。

（2）民族隔离。同联合大民族一样，民族隔离也是满族贵族和清朝统治者处理民族（包括满族在内）之间关系的一种方式，其意图不只在于保持各地原住少数民族的领地，尊重各少数民族的生产方式、管理模式和风俗习惯，防止民族之间发生矛盾，更为重要的是防范除满族之外的其他民族的联合，尤其是汉族、蒙古族和藏族之间的相互联合或者与更多少数民族的联合，以维持其他民族对自己的忠诚。

民族隔离的具体做法主要有地区封禁、禁止民族之间互通婚姻及其他交往。

满族贵族和清朝统治者所实行的地区封禁主要是对东北地区和蒙古地区予以封禁，此举名为阻止汉族人进入这两个地区进行耕种，规定汉族、蒙古族和满族各自的活动范围，如在被视为“世为肺腑，与国休戚”的蒙古科尔沁部与满洲交界的山海关、威远堡、凤凰城和法特哈之间“修浚边壕，沿濠植柳，谓之柳条边”，“修边示限”，并于各边门设兵把守，“以资镇慑”，实际上是禁止这三个民族之间的人们进行交往，防止它们产生感情，尤其担忧汉族文化同化蒙古族和

---

① 此即清朝皇族主动与蒙古贵族联姻的政治伦理取向或者政治目的。其实，这种联姻的政治伦理取向或者政治目的有两重性，其一是明的，其二是暗的。“明”的政治伦理取向如上所述。“暗”的政治伦理取向就是清朝皇族对蒙古族的恐惧，担心蒙古族会损害自己的利益，如顺治皇帝之所以“希望同西鞑靼大元国王的女儿结婚，因为他畏惧西鞑靼的力量，想借婚姻同它保持友好关系，他派自己的叔叔八王去求婚”（杜文凯编：《清代西人见闻录》，中国人民大学出版社 1985 年版，第 48 页）。顺治皇帝的叔叔八王即阿济格，西鞑靼指包括蒙古族在内的中国西部游牧民族。

满族。

满族贵族和清朝统治者虽然允许满族上层与蒙古族上层或者汉军旗人联姻，但是，却禁止各民族之间在民间互通婚姻，以防其他民族的人“沾染汉俗”，受汉族文化的影响。

满族贵族和清朝统治者也禁止各民族之间进行其他的民间交往，如不准各民族之间自由通商，禁止汉族知识分子在少数民族地区任教，不允许满族等少数民族的人阅读汉族人撰写的“坊本小说”，更不允许汉族官员插手少数民族事务。

满族贵族和清朝统治者所采取的民族隔离措施，除封禁东北地区和蒙古地区、在新疆南部隔离汉回、在台湾隔离汉番等之外，还在全国各地将满族与汉族隔离开来，其方式有两种：一是将京畿周围500里内的土地变为满洲人所有，将原来栖息于此地的汉族人不是赶走，就是逼其投充旗下为奴；二是在全国各省、州、县八旗驻防地，按照满城与汉城分开的二元生活格局隔离汉族与满族。

(3)“因俗而治”。这是满族贵族和清朝统治者所施行的收效甚大的治理少数民族的政策，它使少数民族可以根据自身的历史传统、风俗习惯、宗教、社会组织制度等进行某种程度上的自治。在此意义上，它可以说就是所谓的“以夷治夷”。这一由明朝沿袭而来的“以夷治夷”有两种，一种是以一个少数民族治理另一个少数民族，另一种是少数民族内部自主地进行治理。

第一种“以夷治夷”的方式并不意味着满族贵族和清朝统治者可以容忍一个少数民族以暴力手段去征服、占领甚至奴役另一个少数民族，而是尊重两个少数民族之间历史地形成的事实，如满族贵族和清朝统治者对进犯西藏的漠西蒙古准噶尔部噶尔丹军队予以彻底打击，却对由藏传佛教格鲁派(即黄教)领袖五世达赖与四世班禅请来帮助自己的青海厄鲁特蒙古和硕特部贵族治理西藏予以承认，并让其与藏族宗教领袖共治西藏半个多世纪。

第二种“以夷治夷”的方式则是满族贵族和清朝统治者允许或者帮助少数民族建立彼此差异的管理制度，如在蒙古建立盟旗制度、西藏建立政教合一制度、新疆建立伯克制度、西南少数民族地区建立土司制度或者部落制度等，少数民族因此而享有一定的自治权。当然，满族贵族和清朝统治者允许少数民族自主治理，并非真心实意地为少数民族的利益而考虑，相反，却是为了更巧妙地实现自己的利益，对此，清史专家王锺翰一语道破天机："清统治者在内外札萨克蒙古地区大力提倡喇嘛教，把广大蒙古人民引导到自己毁灭自己的边缘，成为一种'宠佛以制其生'的手段，并非过甚其词。"①

（4）"分而治之"。如果说"因俗而治"是满族贵族和清朝统治者对待其他少数民族并让每个少数民族都享有一定的自治权的政策，那么，"分而治之"的政策则是使一个少数民族内部的有限自治权不被任何少数民族王公个人所独享，分化和削弱这一少数民族王公的权势，使这一少数民族内部有众多的王公贵族都同等地享有独立行使清朝政府所赋予的处理本民族地方事务的权力，并"不相统属"，以控制少数民族王公贵族欲望的过分膨胀，使任何王公贵族都不能左右这一少数民族的命运，使其"力少不能为乱"，也使这一少数民族内部各部落难以联合，不至成为可以与满族甚至清朝政府分庭抗礼的力量，更好地实现满族贵族和清朝政府的利益。这一"众建以分其力"的措施所指向的对象，并非是清代社会中所存在的所有少数民族，而是人口较多、势力较强的少数民族，即蒙古族、藏族、回族、维吾尔族和苗族等这样的民族。满族贵族和清朝统治者认为这一举措是符合各少数民族和满族及清朝政府的意愿的，如清朝皇帝指出满族贵族和清朝政府在蒙古族内部施行盟旗制度是合理的："蒙古人欲各为札萨克，不相统属。朕意伊等若各自管辖愈善。"（《清实录·圣祖仁皇帝实录（二）》卷185）

二、满族对内部关系的处理

满族是一个在战争过程中形成的民族，是一个涉及军事、政治、经济和其他社会生活的社会组织，因此，其内部关系是多种多样的，由此而决定了满族的内部道德生活是丰富而复杂的。其内部道德生活主要有如下几个方面：

1. 保持满族的民族特性。具有其民族个性或者特性的民族，才是真正有生命力、能够长久生存的民族，少数民族尤其如此。正是因为这样，满族贵族和清朝皇帝自始至终都非常关注和重视满族之民族特性的保持，并将保持这种民族

---

① 王锺翰著：《清史新考》，辽宁大学出版社1997年第2版，第172页。王锺翰指出：喇嘛教长期盛行于北方蒙古广大地区，之所以会产生"宠佛以制其生"这样的后果，是"因为在清代三百年间，蒙古人一家如果有三个或五个男子，就必须有二或三、四个男子出家当喇嘛。按教规，喇嘛是不许娶妻的。长久下去，人口必然下降。此其一。再则，男的不婚，女的不嫁，很自然发生不正当的性行为，以致性病普遍流行，严重地影响到人口增殖。此其二"（同上书，第173页）。

特性视为满族的根本利益(即所谓“满洲根本”)和每个满族人的共同利益。在满族人看来,满族民族特性的保持主要具有两方面的作用:第一,“族群特性可视为是‘民族原型’,因为正是仰赖族群的特性,才能将散居在广袤大地之上的民族集结起来,甚至还能促使散居在不同政体之下的民族团结一致”①;第二,它不会使“后世子孙忘之……而效汉人”,不被汉族文化所同化。出于这样的考虑,满族贵族和清朝皇帝不仅在关东时期就反复强调满族应该有自己的民族特性,而且在入关以后,他们“承认自己的少数民族地位,并想办法降低少数民族的劣势,但同时也在‘与大社会没有连结的领域’,保持自己的族群特色”。② 在他们看来,满族的民族特性或者特色并非血缘、宗教或者原住地,而是其满语和骑射。

为了保持满族“国语骑射”的民族特性,满族贵族和清朝统治者采取了多种措施:

(1) 皇帝示范。如顺治皇帝在练习骑射的时候,执着弓箭对随臣说:“我朝以此定天下,朕每出猎,期练习骑射。今综万几,日不暇给,然未尝忘也。”(《清史稿》卷5《世祖本纪二》)不只是顺治皇帝如此,其他皇帝也经常练习骑射,几乎每年参加在木兰围场举行的射猎活动。

(2) 不准满族人受汉族文化的影响。由于汉族人口众多且又分布于全国各地,更主要的是由于汉族文化具有强大的同化力,因此,在满族贵族和清朝统治者看来,满族要保持其民族特性,就不能全盘地接受汉族文化,而必须有选择地抵制某些汉族文化。可见,满族贵族和清朝统治者“提倡‘国语骑射’的基本目的,是要求满族人保持本民族特长、习俗,防止浸染汉俗而随之汉化”。③ 为了达到这一目的,满族贵族和清朝统治者主要从两方面着手,一方面是让满族人意识到保持民族特性的重要性,使其具有满族共同体感,另一方面是用自己的文化影响汉族人,并对汉族文化予以引导和改造,如自顺治朝初年起清朝政府强制汉族人“薙发易服”、康熙皇帝以儒家正统自居而掌控历来由汉族知识分子所

---

① [英]埃里克·霍布斯鲍姆著:《民族与民族主义》,李金梅译,上海人民出版社2000年版,第73—74页。

② 同上书,第187页。

③ 杨学琛著:《清代民族史》,四川民族出版社1996年,第105页。

拥有的“话语权”等即是如此。

(3) 提供满族人专心于演练骑射的条件。满族的民族特性并不是自然而然地形成的，而是在长期的战争过程中选择的，如同满族是在战争中形成的民族一样。因此，它并不一定都符合所有满族人的真实的需要和意愿，但是，它却实实在在地在塑造着满族人的人格。要让满族人的人格依照满族贵族和清朝统治者所选择的民族特性来进行塑造，就必需相应的条件。然而，满族人在当时就被汉族人看作是“不仕、不农、不工、不商、非兵、非民”的人，无法靠自己来获取其专心于演练骑射的条件，尤其是难以获取自己所需的生活资料。为了让满族人娴熟于骑射，满族贵族和清朝统治者为之提供了如下主要条件：将城中的满城与汉城分隔，满族人无军国要事不准走出满城，须专事骑射，并有了一个可以保证只用满语进行相互交流的相对封闭的空间；保障提供满族人必要的生存条件，除让其按例享用俸禄之外，还为满族人“广筹生计……拨给地亩，或耕或佃，以资养赡。农暇仍可练习骑射，以备当差，教养两得其益”(《清史稿》卷16《仁宗本纪》)，甚至拨给满族人用于结婚的费用，为之代偿因其赌博、豪饮、观戏或者土地经营不善等所欠一切债务；赏赐满族人奴仆，或者将在战争中俘获的妇女小孩和因罪而“籍没”的人分给满族人做包衣，以免满族人受家务之累，耽误演练骑射；由于满族人期望“以文字得官，迁转甚速，以故人乐趋之”，其结果是这些忙于科举考试的满族人却“怠于武事，遂至军旅隳敝，不及曩时”(《清史稿》卷5《世祖本纪二》)，因此，从顺治朝后期起，满族贵族和清朝统治者几乎禁止满族人参加科举考试。

(4) 对缺失满族特性的人予以制裁。人是有七情六欲的，满族人不可能不与汉族人发生这样那样的关系，受汉族人的影响。他们即使在理性上力图保持满族的民族特性，然而，却难以抵御生活环境要求他们所作出的某种改变，他们逐渐地模仿汉族人的生活方式，不顾有关禁令，开始赌博、豪饮、观戏、游乐、嫖妓甚至经商，讲汉语，用汉字。针对这种自己不愿见到的情况，满族贵族和清朝统治者一方面对那些仍然保持着满族特性的人给予奖赏，予以破格晋级，另一方面，对那些缺失满族特性的人进行谴责，予以制裁，以求满族特性的保持，正如乾隆皇帝所说：“满洲素习，原以演习弓马骑射为要，而清语尤为本务，断不可废。从前皇祖圣祖仁皇帝，尝阅宗室、章京、侍卫等射箭，遇有技艺生疏、不谙清

语者，即行斥革，原欲示以惩创、教育有成也。”（《清实录·高宗纯皇帝实录（二）》卷138）

满族贵族和清朝统治者之所以要不遗余力地保持满族的民族特性，是因为他们担心满族会遭到来自其他民族尤其是汉族的威胁，并对之产生了恐惧感。即使这种“威胁可能是因错觉而产生的……但是恐惧和威胁却加强了认同，有利于共同体的整合”。① 这正是他们的意图之所在。于是，他们就如此这般地进行宣传。其宣传产生了这样的奇效：满族成员意识到所有满族人“在很大程度上有着共同的命运。在民族命运方面，所有人都在一条船上”。② 在这种观念的支配下，满族人就不仅仅只有民族认同，更为重要的是有着对满族的忠诚，并主动地承担相应的责任。这种对满族的忠诚和责任同时被满族人视为一种保护自己的行为，因为，在他们看来，“一个人的民族背景不能像阶级背景一样通过社会流动而摆脱，社会规定了他的民族特性必然要伴随他从摇篮直到坟墓。二者合一……有可能意味着民族成员会认为对他的民族群体的伤害就是对他自己的伤害，民族冲突造成的紧张就是对个体的威胁。换句话说，人们保卫他所属的民族群体的荣誉或利益就是保卫他们自己”。③ 当然，在清代社会里，并非所有满族人都如此思考和行动，有的满族人不但不顾满族特性，反而怀疑满族特性的合理性，号召满族人学习和认同先进的汉族文化甚至西方文化。

2. 处理满族八旗内部关系。八旗制度是满族所自觉地建构的社会组织方式，其作用就在于将满族整合为一个内部关系协调的整体。满族的内部关系主要有等级关系和利益关系两种，在以满族的根本利益为最高原则（同时也是最高道德原则）的前提下，满族人对这两种关系的处理稍有不同。

（1）就其等级关系的处理而言，满族的等级可以分为两个序列，其一是职位序列，其二是主仆序列。职位序列的等级是在八旗制度的运行中逐渐形成的。众所周知，八旗制度是从女真人的牛录制演化而来的，由努尔哈赤所创建，开始设立黄、白、红、蓝四旗，至万历四十三年（1615）又增设了镶黄、镶白、镶红、镶蓝

---

① [美]菲利克斯·格罗斯著：《公民与国家——民族、部族与族属身份》，王建娥、魏强译，新华出版社2003年版，第107页。

② [法]吉尔·德拉诺瓦著：《民族与民族主义：理论基础与历史经验》，郑文彬、洪晖译，三联书店出版社2005年版，第25页。

③ 马戎编：《西方民族社会学的理论与方法》，天津人民出版社1997年版，第119—120页。

四旗，其中，正黄旗和镶黄旗为皇帝所“管属”。由于满族八旗分别由努尔哈赤自己及其子弟管辖，因此，最初这八旗及其统管者之间并无等级之别。多尔衮摄政并对其所“管属”的旗分予以特别照顾之后，八旗及其统管者之间的地位已有微妙的变化。顺治皇帝亲政、多尔衮被罪后，多尔衮所“管属”的那些旗分也被收归皇帝直接领导，皇帝所管辖的三旗合称为“上三旗”，其余为“下五旗”。自此时起，八旗及其统管者之间的等级事实上已经存在并被清代人所认同。满族八旗内的主仆序列等级则主要是通过战争俘获人丁的方式形成的，汉族人“投充”、被逼卖身为奴等也是建立主仆关系的重要方式。当然，这些等级并非不可改变，其改变的方式主要是因政绩、军功和皇亲国戚而被“抬旗”。“抬旗”就是指满族人“有以建立功勋或上承恩眷而由内务府旗抬入满洲八旗，或由满洲下五旗抬入上三旗者，皆谓之抬旗。然仅限其本支子孙，虽胞兄弟不得与”（《清稗类钞・种族类》）。被“抬旗”的人也包括身为奴隶的包衣，即将其脱离奴籍而抬为满洲旗分佐领下人。

无论是何种等级关系的处理，满族人最重视的品德就是忠诚或者服从。满族人的忠诚可以分为对皇帝的忠诚、对各旗旗主的忠诚和对主人的忠诚。在此三者之中，对皇帝的忠诚是绝对的，不可僭越的，同时，满族人也“不得与宗室觉罗抗礼”。由于各旗旗主的权力、财产和属人均为皇帝所赐，因此，所有旗主都应该忠诚和服从皇帝，只听命于皇帝。由于各旗互相独立，各旗旗主互不统属，因此，各旗成员只需忠诚和服从本旗旗主。当然，这三种忠诚之间也会发生矛盾，且主要发生在对皇帝的忠诚与对主人的忠诚之间。由于满族人主仆之间存在人身依附关系，其等级区分极严，主人对奴仆拥有人身所有权，因此，奴仆对主人必须绝对忠诚和服从，如“闻旗主每有贫无聊赖，执贱役以糊口，若途遇其奴之高车驷马者，必喝其名，使下车代役，奴再三请安，贿之，始免。道光朝，大学士松文清公筠秉政，宣宗甚倚重之。忽请假数日不之，异也，次日，军机召见，奏对毕，上忽问军机大臣以松筠请假之故，满军机以该旗主家有丧事例往当差为答。宣宗即命往催其早日销假。及往，见其冠摘缨，衣白布袍，司鼓于门外焉。次晨入直，白其状，宣宗大怒，谓该旗主有意侮辱大臣，即日降旨，抬松旗，免其奴籍”（《清稗类钞・礼制类》）。这表明，在清代社会里，不论奴仆的权力、地位发生了多大的变化，他对其主人的忠诚和服从是不愿也不能随便改变的。

（2）就其利益关系的处理而言，满族八旗既要实现共同的利益，又有各自的利益追求。保持满族的民族特性、在战场上共同打击敌人、共同平定叛乱和镇压各族人民起义，等等，都是为了实现他们的共同利益。同时，各旗及其内部成员又各有自己的利益，这就决定了各旗及其内部成员必定会为了自己的特殊利益而不惜付出代价。满族人之所以愿意在战场上为本旗利益而英勇顽强，浴血奋战，是因为他们期望在利益分配时获得更多，即使自己效命疆场，也可以因清朝皇帝的"封职荫子"而免去自己寡母、孤儿或者遗孀无人赡养的后顾之忧，为儿孙换来永久的职位和俸禄。不过，这种利益分配方式必定会导致满族人之间出现贫富差距。在从关内至康熙二十二年（1683）的频繁征战中，由于满族八旗官兵所掠人口多少有别，普通旗兵伤亡惨重，人丁减少，贵族官僚家庭则人丁众多，因此，在按清朝政府的有关规定计丁授田时，"富厚有力之家，得田每至数百晌"（《清实录·世祖章皇帝实录》卷127），而普通旗兵则愈发贫困，被迫违禁典卖旗地给汉族人。

与此不同，有的满族人在追求其利益时会损害他人，并不按照满族所规定的制度正当地追求自己的利益，相反，却因欲实现其不当利益而铤而走险。多尔衮就是这样的人。他最初只是镶白旗旗主，于崇德八年（1643）略施小计就与同母弟、正白旗旗主多铎互易其旗，顺治五年（1648），他罗织罪名，将政敌肃亲王豪格判处死刑（豪格因顺治皇帝保护而免死囚禁，后死于狱中），并"纳其妃，且将官兵、户口、财产等项不行归公，俱以肥己"（《清实录·世祖章皇帝实录》卷53），将本应归顺治皇帝管辖的原豪格的正蓝旗属员、财产强行占有，顺治六年（1649），多铎病卒后，他又将镶白旗收归自己管辖，不让多铎嫡子多尼继承。顺治八年（1651）即多尔衮病死后的第二年，因长期受其压抑打击的郑亲王济尔哈朗等人要求追论其罪行，他最终因"阴谋篡逆"罪而被削除宗籍，其所管辖之旗及其财产和人口被没收入官。

3. 处理满族的家庭婚姻关系。总的来说，满族人处理家庭婚姻关系的观念有一个由原来女真人的观念到逐渐接受和认同汉族文化的过程，即在处理这种关系时既具有满族的特点，又与汉族有相同之处。

就其家庭关系的处理而言，同汉族人一样，满族人非常重视家庭甚至家族的利益。满族人之所以具有这种观念和做法，一方面是因为当时的社会经济条件决定了他们主要生存和生活于一家一户式的家庭之中，另一方面是因为清朝政府的赏罚机制使他们不得不注重家庭利益，不得不参与对优质的政治资源的竞争。除了这一共同的根本价值取向之外，满族人还要按照有关的礼俗来处理父子关系、夫妻关系、兄弟姐妹关系和主仆关系。

(1) 在父子关系的处理中，满族人有尊老敬老的美德，在家族中，尊重由本族人所推选出的德高望重的长者对一切家族事务的处理，在家庭中，父亲享有至高无上的权威，儿女们都必须唯命是从、诚挚谦恭，“子弟入诸长上之室，朝夕问安，皆侍立，命之坐，不敢坐；所命，耸听不敢怠；不命之退，不敢退……宾至，执役者皆子弟也……子弟未冠以前不令出门，不得已而出，命老仆随之，惧其陨越也”(《清稗类钞·教育类》)。满族家庭中，最有特色的礼节就是晚辈每天早、晚都要对老人行请安礼，行此礼时，“一足立而著地，但屈彼一足……垂手近足跗之节……惟妇女多请双安，则以两手抚两膝而同时屈之耳”(《清稗类钞·礼制类》)。

(2) 在夫妻关系的处理中，满族人的夫妻结构既有一夫一妻，又有一夫多妻或者一夫多妻妾，妻子“执鞭驰马，不异于男”，丈夫则尊重妻子，不仅让其独立地持家，自由地进行社会交往，即所谓“往来无内外，妻妾不相避”，而且有空时则“率妻妾畋猎”。随着满族变为统治民族，男性在家庭和国家政治生活中的地位越来越突出，夫妻结构的变化，尤其是受儒家道德观念的影响，满族人的夫妻关系也开始发生变化，丈夫、妻子和侍妾之间越来越不平等，妻妾成为了丈夫的附属品，同时妻子又压制着妾妇，而且，虽然仍然存在着具有乱伦性的收继婚，但是，部分满族妇女越来越注重自己的贞节和名声，会对其丈夫从一而终，会为其守节，甚至会为此而不惜生命。

(3) 在兄弟姐妹关系的处理中，与汉族人对兄弟姐妹之间关系的处理的主要不同，一是未嫁的姑娘不仅在家庭中的地位较高，备受家人尊重，“其尊亚于姑，宴居会食，翁姑上坐，小姑侧坐，媳妇则侍立于旁，进盘匜、奉巾栉惟谨，如仆媪焉”(《清稗类钞·风俗类》)，而且“颇得不规则之自由”，可以进行广泛的社会交往(包括与男性进行交往)；二是兄(或者弟)可以名正言顺地将已故弟(或者兄)之妻娶为己妻，已故弟(或者兄)之妻也可以理直气壮地要求夫兄(或者弟)娶己为妻，姐妹可以同时共夫，其他满族人不会对此予以谴责。

(4) 在主仆关系的处理中，主仆之间存在着由清朝各种制度所维护的人身依附关系和等级关系，清朝法律规定："凡汉人家人奴仆，印契所买奴仆，并雍正十三年以前白契所买及投靠养育年久，或婢女招配生有子息者，俱系家奴，世世子孙永远服役，婚配俱由家主。"①不仅如此，满族主人还可以随心所欲地侮辱、打骂、毁伤甚至杀害其仆人，被侵权人及其亲人只能忍气吞声、逆来顺受甚至负荆请罪。不过，并不是所有的满族主人都会不分青红皂白地对待其仆人，如康熙朝权臣明珠"生平驭下极严，广置田产，命诸仆主之，厚加赏赉，使人人充足，而严禁其干预外事。立主家长一人，综理家务，不法者，许主家长毙之杖下"(《清稗类钞·奴婢类》)。明珠之所以严禁其仆人"干预外事"，其目的在于不让其政敌抓住把柄，以保护自己。

就其婚姻关系的处理而言，它具体体现在婚姻选择、婚姻缔结和婚姻解除的过程之中。

(1) 在婚姻选择中，满族人所要处理的关系有两类，其一是谁拥有婚姻选择权，其二是选择与谁建立婚姻关系。在未受儒家文化影响之前，男女当事人都有选择配偶的自由权，寡妇也享有自由改嫁的权利，不受他人的干涉。在受其影响之后，男女当事人的婚姻选择权就被分享甚至被剥夺，这大体上可以分为三种情况，第一种情况是不允许满族王公贵族私娶私嫁其子女，都需上报户部备案，并经各自旗主批准后方可嫁娶，有的满族王公贵族子女甚至直接"由太后指配"；第二种情况是普通家庭中的男女虽然有一定的婚姻选择权，但最终要经由父母首肯，其父母拥有子女婚姻的否决权；第三种情况是主人享有对其奴仆的婚配权，奴仆及其家长不享有婚姻选择权，而且，清朝法律规定：凡家仆"不问本主"而将其女儿私嫁与人，除对私嫁之人处以杖一百的刑罚之外，不论该女子结婚多久、是否生子，都要离异并"给予本主"。②

在选择与谁建立婚姻关系方面，在未受儒家文化影响之前，由于满族没有贞节观，因此，第一，无论女性是否已婚，也无论未婚女性年龄是否比男性大③，

① 马建石、杨育棠主编：《大清律例通考校注》，中国政法大学出版社1992年版，第839页。

② 这条法律规定后来有所放宽，并视情况之不同予以区别对待，即家仆私嫁之女儿未成婚者给还本主，已婚者追身价银四十两，其嫁女之人杖一百、徒三年；若娶主知情与之同罪，不知者不坐。

③ 满族有男性娶年长女性的风俗，与之婚配的女性可以年长一二岁至五六岁不等。

都是婚姻选择的对象，可以选择与之建立婚姻关系；第二，满族“嫁娶则不择族类”，且主要选择在本部族内进行婚配；第三，满族嫁娶不避辈分，不仅父子可以选择和迎娶同一家庭中相同辈分的女子，而且男子既可以妻其庶母及族中伯母或者婶母，又可以娶其已故兄弟的老婆。在接受和认同儒家文化之后，虽然在满族中仍然不同程度地存在着这样的婚姻选择，但却会遭到满族人的谴责，满族的婚姻选择范围因此而发生了明显的改变，如妻子往往会“从一而终”，即使寡妇欲改嫁，也会“嫁与异姓之人”，娶本家族中的妇女会被斥责为“与禽兽何异”。

（2）在婚姻缔结中，满族人所要处理的是两个家庭或者两姓家庭之间的关系。在此，两个家庭与两姓家庭是有所不同的，前者可以是同一家族中的两个家庭，也可以是不同家族中的两个家庭，后者则只是不同家族中的两个家庭。同一家族中两个家庭缔结婚姻，实际上是对家族内部关系的处理；不同家族的两个家庭缔结婚姻，则是对两个家族之间关系的处理。满族的婚姻缔结总体上有一个从前者向后者转变的过程。不论是何种情形，满族的婚姻缔结并非由单一的信义所能成就，还离不开功利因素的作用。虽然满族的婚姻缔结程序即“纳采、问名诸事悉同汉人”，要求两个家庭在婚姻缔结时自主自愿、彼此尊重、共守信义，但是，这套程序要得以顺利进行，就不可缺少财礼，如“男家主妇至女家问名，相女年貌，意既洽，赠如意或钗钏诸物，以为定礼……改月择吉，男家下聘，有酒筵、羊鹅、衣服、绸缎诸物，曰过礼。女家款待如仪。男家赠银于女家”（《清稗类钞·婚姻类》）。随着清代人口的剧增，财富在满族婚姻缔结过程中所起的作用越来越重要。之所以满族家族内部的收继婚并不因清朝法律的禁止而绝迹，其中一个重要的原因就在于这种婚姻缔结形式既无需财礼，又可以防止家族内部财富外流。之所以满族人要强迫寡妇再嫁，是因为他们可以从中得到财富。

（3）在婚姻解除中，满族人所要处理的关系有夫妻关系、主仆关系或者家庭成员与寡妇之间的关系。在处理夫妻关系时，即使丈夫有酗酒等恶习或者不敬不法行为，妻子也不能提出离婚，如果丈夫过世，只要生活可以维持，妻子就会为其守节，不会再嫁；而丈夫虽然不会随心所欲地休妻，但是，如果妻子有恶习或者不敬不法行为，则可以休妻。在处理家庭成员与寡妇之间的关系时，家庭成员对已故男子之妻妾有着不同的态度，一般不会逼迫已故男子之妻子再嫁，否则,会遭到他人的非议,但却可能将该男子之妾再嫁或者转卖,其"目的或是为了避免被妾及其庶出之子分割家产,或者只是为了贪图卖人所得的几两银子"。① 在处理主仆关系时,主人享有解除其奴仆婚姻的主动权,如果其奴仆家人私嫁女儿,他就可以理直气壮地解除这一婚姻。

第二节　蒙古族的道德生活

一、蒙古族对外部关系的处理

蒙古族(在历史文献中有时称之为蒙兀,有时又称之为鞑靼)源出于东胡、鲜卑,与满族有较密切的人种渊源关系。它具有"独立不羁、自由平等及宽以容众,勇于战斗之特性"(《清稗类钞・种族类》),曾经成为了统治中国的少数民族。到明代末期,蒙古族已经分裂成漠西厄(额)鲁特蒙古、漠北喀尔喀蒙古和漠南蒙古三大部落。由于它生活于自辽东至青海和天山南北的广大地区,因此,它必须处理各种各样的外部关系。在这些外部关系中,与清朝政府、满族、汉族和藏族之间的关系则是蒙古族在清代所需要处理的主要关系。

1. 就其对自身与清朝政府之间关系的处理而言,蒙古族三大部落各自对清朝政府的态度是有所不同的,漠南蒙古对清朝政府尤其清朝皇帝最顺从和忠诚,漠西蒙古则最不忠诚,反抗意识最强。总体而言,蒙古族各部与清朝政府及清朝皇帝并非铁板一块,而是既有忠诚又有违抗的。它之所以有如此矛盾的道德态度,是与清朝政府对蒙古族所采取的既依靠又限制、既笼络又防范、"恩威并施"的两面手段直接相关的。一方面,清朝政府依靠、笼络和施恩于蒙古族。在此方面,清朝政府采取了诸如重用蒙古族官吏,让其享有在清朝政治权力序列中仅次于满族官吏的地位;赐封归顺和有突出军功的蒙古人高官显爵,让其后代袭封爵位,并授予蒙古王公贵族独立地管理其所在部落的权力;皇帝出巡时召见蒙古王公贵族,赐与其"御前行走"等的权利,在清朝政府举行重大活动

① 定宜庄著:《满族的妇女生活与婚姻制度研究》,北京大学出版社 1999 年版,第 98 页。

时加以礼遇，以示对蒙古王公贵族的重视和尊重；给予蒙古王公贵族远高于其他官吏的俸禄和赏赉，规定“蒙地租赋皆归蒙收”，并主动地对其救灾赈灾；尊崇黄教在蒙古族中的特殊地位，为其存在、传播和传承创造有利条件等措施。另一方面，清朝政府限制、防范和威胁蒙古族。它建立了“众建以分其力”的盟旗制度，将蒙古族人尽可能地析分为更多的盟和旗，架空盟长，让各旗旗主享有“君国子民”的权力，并互不统属；禁止蒙古族自由地与其他民族进行交往，尤其不准蒙汉通婚，“不得识汉字”，不得学习汉族文化，不得聘请汉族书吏，也不准其自由地与汉族人进行贸易，否则，派遣其部属违禁进行贸易的蒙古王公贵族就会遭到重罚，“往贸易人，为首者斩”；规定蒙古族人只能由山海关、喜峰口、张家口等六个边门到内地来，不准由其他边门出入；划分蒙古族各旗的活动边界，规定蒙古族各旗只能在其规定的旗界内放牧，“不得越旗畋猎”，对于擅自逃离其旗界的蒙古族部落，“不拘何旗，以军法往追”。诸如此类的制度和禁令，不只是限制了蒙古族人的各种自由，更为重要的是对蒙古族予以防范和威胁。

对于清朝政府所运用的两面政治伦理手段，蒙古族人作出了与之相应的两种反应。与清朝政府的笼络和施恩行为相应的反应是有的蒙古部落(如土尔扈特)不惜一切代价回归祖国；有的蒙古王公贵族放弃对抗清朝政府的立场，归顺并忠诚于清朝政府，如归顺的杜(都)尔伯特汗策(车)凌在卒时“谆谆告其长吏曰：‘天可汗之恩，万世不可负也’”(《清稗类钞·外藩类》)；有的蒙古族王公贵族对清朝政府感恩戴德，“执殳效顺”，在战场上“几欲以身殉”；有的蒙古族王公贵族甚至大义灭亲，维护国家利益；等等。

与清朝政府的限制、防范和威胁行为相应的反应是有的蒙古部落对清朝政府的“叛服不常”。除漠西蒙古准噶尔部是这种“叛服不常”的典型之外，与清朝政府和清朝皇帝关系最密切的漠南蒙古也是如此。如漠南蒙古苏尼特部首领是成吉思汗的后裔，开始臣服于蒙古察哈尔部林丹汗，因林丹汗暴虐转而依附于喀尔喀蒙古，在清太宗时已遣使清朝进贡，后来得到了皇太极的赏赐，并与满族皇家建立了婚姻关系。至顺治二年(1645)，苏尼特部一直遣使朝贡。顺治三年(1646)，苏尼特东部首领、清朝皇室额附腾机(吉)思及其弟弟腾机(吉)特率其部众归附正在加紧抵抗清朝的喀尔喀蒙古。清朝政府在莫名震惊之后出兵征讨腾机(吉)思，喀尔喀联军迎战失败。喀尔喀蒙古土谢图汗衮布和车臣汗硕雷不得不向清朝政府上表认错，要求和好，按例朝贡。在此形势下，腾机(吉)思兄弟只好离开喀尔喀，遣使向清朝悔罪求和，腾机(吉)特亲自赴京朝贡，受到清朝政府的友善款待，并承袭了故兄腾机(吉)思的郡王爵位。如果说苏尼特部是在满蒙争雄结束不久、长江以南尚未被清朝政府所统治、自己与清朝之间还是一种合作关系至多是一种名义上的臣属关系的情况下叛清的，那么，蒙古察哈尔部亲王、康熙皇帝的表兄弟布尔尼则是在完全不同的情况下反清的。康熙八年(1669)，康熙皇帝因蒙古察哈尔部亲王即布尔尼之父阿布奈不抚养马喀塔[①]公主所生之幼子、不来北京朝贡、不问候太皇太后和皇帝、忘掉养育之恩而革去其爵位，让布尔尼袭封，并情深意浓地申明："昔我太宗皇帝，遣发王师，获额哲等以归，念其为察哈尔林丹汗之子，乃元朝苗裔，不忍废绝，特沛殊恩，加封和硕亲王。迨额哲既殁，以其弟阿布奈袭王爵，阿布奈宜思世受恩眷，竭诚图报，乃上负国家豢养之仁，累失外藩朝贺之礼，情罪重大，理宜削封。但念皇祖太宗、皇考世祖优容抚恤之意，不忍夺其封爵，其以阿布奈之子布尔尼仍袭封和硕亲王。"(《清实录·圣祖仁皇帝实录(一)》卷31)布尔尼虽然一直在尽藩臣之礼，但是，他并不因康熙皇帝的特殊眷顾而尽释怀恨之心，相反，却在寻找复仇的机会。吴三桂发动叛乱后，西南、中南各省及陕西、福建等省纷纷脱离了清朝政府的控制，其时"天下骚动，伪檄一传，四方响应"，"各省兵民，相率背叛"，"东西南北，在在鼎沸"(《清实录·圣祖仁皇帝实录(一)》卷99)。布尔尼认为三藩叛乱是其复仇的绝好机会，并于康熙十四年(1675)起兵反清，以报其先辈之仇[②]，却被信郡王鄂扎、大学士图海临时组建的军队所击败。布尔尼及其弟弟罗布藏被射杀，其关在盛京的父亲阿布奈被处以绞刑，阿布奈的其余儿子被斩首，女儿被没入官府为奴，其他参与反清的蒙古察哈尔部众都遭到了严厉惩处。

2. 就其对自身与满族之间关系的处理而言，蒙古族与满族之间的关系总体上有一个从敌我关系发展到平等合作关系再到隶属关系的过程。蒙古族视满族为敌人的时期，也就是满蒙争雄的时期，它从清太祖努尔哈赤统一女真的战争开始至天聪九年(1635)结束。此时，蒙古族的整体实力乃至有些强

---

① 马喀塔，顺治皇帝的女儿。

② 布尔尼的祖父林丹汗被八旗军征剿，死于逃亡路上；父亲阿布奈被革去亲王爵位，"严禁盛京"。

大部落的实力远远超过了满族，然而，它却对满族在战场上不断地取得的胜利深感不安，并与满族为敌。为了维护自己的利益，实现自己的野心，蒙古族部落首领一方面凭借自己的实力威胁满族，并对满族发动过多次进攻，其中最大规模的一次进攻就是蒙古族九个部落的联军（“九部联军”[①]）对满族的围攻；另一方面，蒙古族又被明朝政府的丰厚赏赐所收买，与明朝政府共同对付满族。由于较强大的蒙古部落在对满族战争中的惨败和明朝军队的接连失败，蒙古族首领放弃了与满族为敌的立场。蒙古族与满族之间平等合作关系的建立并非是从天聪九年（1635）开始的，而主要是由蒙古族“九部联军”被满族所击败尤其是满族于天命四年（1619）所取得的萨尔浒大捷所促成的。这两大事件使蒙古族部落首领开始转变其态度，主动与满族来往，互通婚姻，进行贸易，并与之建立联盟，“同心合谋”，共同抗明。为了争取蒙古族各部主动来归顺，满族对于那些主动归顺的蒙古族部落及其首领格外优待，对于那些遭受势力强大部落所欺凌的弱小蒙古族部落则予以保护，给予军事上的援助，对于那些助明抗后金、与满族为敌的蒙古族部落（如林丹汗所领导的力量强大的察哈尔蒙古）则坚决打击，直到其归顺。此时，蒙古族虽然要按例向清朝进贡，但是，它与满族之间的关系却是平等关系，而非实际上的隶属关系。蒙古族实际上隶属于满族，则是顺治朝初年之后的事情。在此时期，蒙古族各部落首领虽然可以相对独立地统治其部落，但是，其权力却是由清朝皇帝所授予的，受理藩院的直接管理，他们必须忠诚于清朝皇帝和清朝政府。同以前一样，并不是所有的蒙古族部落首领都同满族贵族和清朝统治者同心同德，往往会因自己的利益而与满族和清朝政府相对立。在这样的时候，满族人仍然同以前一样对蒙古族的实力深感恐惧，如当乾隆皇帝欲趁准噶尔部内乱的机会对其予以征剿时，满族王公大臣“尽皆畏怯退缩，恐生事端”，不思“效法前人，报国立功，而惟守妻孥以求安逸，闻战阵而甘退缩”（《清实录·高宗纯皇帝实录（六）》卷474），竭力反对出征。

3．就其对自身与汉族之间关系的处理而言，蒙古族对汉族的态度大体上可

---

① 指万历二十一年（1593）以叶赫部为首，联合哈达部、乌拉部、辉发部、讷殷部、珠舍里部、锡伯部、瓜尔佳部和科尔沁部所组成的旨在对付满族的联军。

以清朝政府入关为界分为两个时期,在这两个时期,它对汉族的态度是有所不同的甚至有很大的区别。之所以会如此,是因为统治民族不再是汉族而是满族,蒙古族利益的实现与谁是统治民族直接相关,蒙古族的政治地位高于汉族。这意味着蒙古族对汉族的态度主要受到了清朝政府的影响,如清朝法律规定蒙古族人不得诱卖内地人及为妻妾、奴仆,为首人处以绞刑,为从人鞭一百、罚三九,凡在蒙古地方贸易、耕种的内地民人都不得娶蒙古妇女为妻,如果私相嫁娶,一旦被发现,就会将所娶之妇离异,给还母家,媒保和说合人一并治罪;蒙古族王公、台吉等不准延请内地书吏教读,或充书吏;蒙古族人不许起用汉名、学习汉字文艺、词讼用汉字;等等。蒙古族人一方面不得不遵循清朝的法律和政策,另一方面又认为这些法律和政策是对自身利益的保护。如蒙古王公贵族认为清朝政府对蒙古地区实行封禁政策就是为了保护自己的利益,因为,在雍正朝,由于内地人口剧增与耕地严重不足之间的矛盾难以缓解,内地民人为求生存不得不流徙至蒙古地区,汉族人与蒙古族人之间的矛盾频发,有的地方还出现了"内地民人,越界耕种,而蒙古等私索租价,每至生事互争"(《清实录·世宗宪皇帝实录(二)》卷110)的现象。在其他方面,蒙古族和汉族在处理与对方的关系时往往是从各自的利益出发的,并且基本上是互动和对等的,如在蒙古族人与汉族人的贸易过程中,"蒙人不知商术,大率以物易物。与汉人交易,惟通事之言是听,通事遂得上下其手,以获厚利。奸商复有与蒙人共同经商者,蒙人出资本,不敢张扬,盖恐王公等艳其富名致多需索也。岁一结账。汉人习知其性,第一年纵有亏折,辄言获利以给之,藉求益其资本。次年不损不益,再次年略有亏折,不数年本利全没,蒙人亦无可如何也……近边一带蒙民则狡诈侈顽,外儒内悍,均习汉语。汉人如不能蒙语,不雇通事,则必故意留难焉"(《清稗类钞·农商类》)。和硕特蒙古因吴三桂曾经在其遭受藏族上层势力排挤和清朝政府防范时与其相好并割地让其游牧,因此,在吴三桂叛乱时,就回报吴三桂,婉拒康熙皇帝要其出兵平叛的要求,并制造一些破坏活动,以支持吴三桂的叛乱。

4. 就其对自身与藏族之间关系的处理而言,蒙古族一方面信奉藏族的宗教——黄教,尊奉黄教的领袖,尤其是"惟喇嘛之言是听",不仅蒙古族部落首领要利用黄教的力量来加强对其部落的统治,即使那些不满达赖和班禅的蒙古族部落首领[①]也不敢与之公然对抗，而且清朝政府也会出于团结和依靠藏族和蒙古族的目的而不得不小心翼翼地对待黄教及其领袖，如顺治九年(1652)，清朝政府中的满族王公大臣担心：如果中央政府不能满足被邀入朝的五世达赖阿旺罗桑嘉措一行的要求，那么，“喀尔喀、厄鲁特必反”。另一方面，蒙古族和藏族的王公贵族又争夺藏族地区的权力和利益。由于藏传佛教不同派别发生了纷争，格鲁派(即黄教)领袖五世达赖与四世班禅邀请厄鲁特蒙古和硕特部顾实汗(又译固始汗)来帮助自己，对付红教和西藏世俗政权藏巴汗的迫害，抵御喀尔喀蒙古部落首领却图汗对黄教寺庙财产的掠夺。顾实汗在擒杀藏巴汗和却图汗、征服前后藏各地领主之后，成为了被黄教领袖认可的统治西藏、青海、甘肃、西康、四川等地藏民的最高首领。虽然西藏地区的全部赋税都交与达赖，以作黄教活动的经费，西藏地方行政官员(包括政治权力仅次于蒙古汗王的第巴)由藏族自行任用，但是，由于政教分离，达赖只是宗教领袖，并不享有世俗行政权力，藏族官员也处处受制于蒙古汗王。为了摆脱这种被动局面，达赖倚重第巴，力图成为藏族的实际统治者。经过努力，达赖从蒙古汗王手中夺得了大部分政治权力，其结果是引发了达赖及其代理人第巴与蒙古汗王之间的权力之争。桑结嘉措于康熙十八年(1679)继任第巴之后，这种权力之争达到了顶峰，他借“达赖喇嘛之名，唆诱噶尔丹”进攻占据西藏地区的顾实汗之孙达赖汗及其在青海的亲属的势力。

二、蒙古族对内部关系的处理

蒙古族的内部关系可以分为部落之间的关系和部落内部关系，因此，蒙古族对内部关系的处理就包括对这两类关系的处理。

1. 就其部落之间关系的处理而言，蒙古族部落之间既有纷争又有合作。众所周知，蒙古族并不是一个统一的整体，依其居住和放牧地域的不同，分成了漠西厄鲁特蒙古、漠北喀尔喀蒙古和漠南蒙古三大部落。经过清朝政府按照满族八旗制度对其进行改编，至乾隆朝前期，这三大部落在原有小部落的基础上发展成为 18 盟 201 旗，其中，漠西蒙古被编为 8 盟 64 旗，漠北蒙古被编为 4 盟 86

---

① 主要是漠西厄鲁特蒙古和漠北喀尔喀蒙古的部落首领。

旗，漠南蒙古被编为6盟51旗，前两者中的旗又被称为外札萨克，后者中的旗被称为内札萨克。各旗旗长由清朝政府任命，并实行世袭制，管理各自的部属，旗与旗之间各自独立，互不统属。旗之上设盟，盟长由清朝政府驻蒙古各地办事大臣“奏选”，“每盟设正副盟长各一，简军实，阅边防，理讼狱，审丁册……盟长无任事年限，非有事故，则终其任”(《清稗类钞·外藩类》)，他无权干预各旗内部事务，仅仅有权定期召集盟会。清朝政府在蒙古族中实行盟旗制度的目的，在于将蒙古族力量分化，让旗与旗之间相安无事，以利于自己进行统治。然而，事实却并非如此。诚然，蒙古族部落(旗)之间是存在合作的。这种合作都是基于自身部落的利益的，其性质却有所区别：其一是部落之间进行合作是为了保护各自的利益，如前述的漠南蒙古苏尼特部加入漠北喀尔喀蒙古共同抵抗清朝就是如此，漠北喀尔喀蒙古土谢图汗、车臣汗和札萨克图汗三部共同抵御漠西蒙古准噶尔部首领噶尔丹的进占也是如此；其二是部落之间进行合作是为了实现自己的野心，损害其他蒙古部落的利益，如漠西蒙古和硕特部为了扩大其牧地，占据青海，杀死统治青海的喀尔喀蒙古却图汗，就需要得到其他蒙古部落的支持，为此，其首领顾实汗将自己的女儿嫁与盟友准噶尔部巴图尔洪台吉为妻，并赠给他一份财产，以维持与准噶尔部的盟友关系。

然而，蒙古族部落之间所存在的更多的是纷争。这种纷争主要存在于三大部落中的漠西厄鲁特蒙古内部和漠北喀尔喀蒙古内部及其之间。它虽然并非全然表现为弱肉强食，有的甚至打着主持正义的幌子，但是，往往却是在某一部落日益强大、打破了部落与部落之间的原有平衡时发生的，其目的不是为了争取权力，就是为了获取人口、财物和土地，或者两者兼而有之。如漠北蒙古各部在1640年卫拉特会盟决定共同反清并失败之后，相互之间因争夺汗位、人口、土地和牲畜而经常发生纷争。起初，阿勒坦汗俄布木额尔尼和札萨克图汗诺尔布联合打败额尔济根，额尔济根的领地被攻占，财物被掠夺，其所属部众和马羊大多逃入土谢图汗并被土谢图汗察珲多尔济占为己有。由于在分割额尔济根的过程中互不相让，札萨克图汗和阿勒坦汗的继任者之间的矛盾不断恶化，并最终导致阿勒坦汗罗布(卜)藏杀害札萨克图汗宾图阿海(即浩特勒汗)。土谢图汗察珲多尔济趁机联合其他部落出兵干涉，夺回被罗卜藏所抢掠的人口和财物，罗卜藏不得不逃亡准噶尔部寻求庇护。成衮继任札萨克图汗后多次(并请达赖喇嘛相助)向察珲多尔济索要因战乱而逃入土谢图汗的部众和原额尔济根的属民,察珲多尔济不但拒绝成衮的要求,反而还不承认成衮的汗位,引发和激化了札萨克图汗部与土谢图汗和车臣汗部之间的矛盾。康熙二十六年(1687),准噶尔部噶尔丹趁成衮去世的机会,激起成衮之子沙喇对土谢图汗部的怨恨,并派遣其胞弟多尔济扎布(卜)配合沙喇进攻土谢图汗部,抢掠其人口和牲畜,土谢图汗部奋起反击,斩杀了多尔济扎布(卜)。噶尔丹以此为借口进攻土谢图汗部,抢掠其人口和财物,占领其领地,土谢图汗不得不内迁至汛界,向清朝政府"诚心请降"。

2. 就其部落内部关系的处理而言,某一部落的内部关系主要有权力关系、人际关系和婚姻关系。

(1) 在其权力关系的处理方面,主要有两种权力关系,一种是权力在其生成和转移中所形成的关系,另一种是权力在其运行中所形成的关系。在蒙古族部落中,权力主要有两种,其一是政治权力,其二是宗教权力。虽然这两种权力所管理的领域明显不同,但是,由于"蒙古黄教……主教为哲布尊丹巴……位在西藏达赖喇嘛、班禅额尔德尼之次,统辖外蒙喇嘛,王公士庶,莫不俯首称弟子,礼敬若神明焉"(《清稗类钞·宗教类》),因而,在蒙古族中,黄教教主的权力远远地大于部落首领的权力。正是因为如此,有的部落首领总是千方百计地利用宗教权力转移的制度和程序将其转移到自己手中,或者由自己所支配。如漠北蒙古势力最强的土谢图汗衮布利用藏传佛教的活佛转世制度,想方设法将已圆寂的喀尔喀最大活佛迈达理呼(胡)图克图多罗那他转世到自己家中,将自己的一子确认为多罗那他的转世灵童(即一世哲布尊丹巴),其家族因此而掌握了整个漠北蒙古的宗教权力,借此来左右喀尔喀蒙古的重大事务。蒙古族部落中世俗政治权力的转移虽然是世袭制的,但是,由于政治权力总是与利益联系在一起的,因此,部落内部的政治权力竞争也是相当激烈的,远甚于宗教权力的竞争。如准噶尔部在其汗噶尔丹策零统治时成为漠西厄鲁特蒙古最强大的部落,他的儿子策妄多尔济那木扎勒在继承汗位五年后被其长兄喇嘛达尔扎废黜,执政两年的喇嘛达尔扎又被其堂兄弟达瓦齐和表兄弟阿睦尔撒纳杀害,达瓦齐与阿睦尔撒纳又为了权力而厮杀,失败且投降清朝的阿睦尔撒纳则借清朝势力将达瓦齐擒获并欲成为漠西蒙古的总汗。

蒙古部落内部的权力运行中有两种关系，一是部落首领与其部属之间的关系，二是部落内部上级与下级之间的关系。一般来说，属众或者下级都是服从和忠诚于本部落首领或者上级的，他们不仅尊重首领和上级，按质按量纳税，而且不惜代价地落实首领或者上级的决策，为其首领或者上级出生入死，效死疆场。如土尔扈特部因清朝政府对蒙古族的优待和不堪沙皇俄国的欺凌，跟随其汗渥巴锡，不顾艰难险阻、俄兵的追击和部属的不断伤亡，从伏尔加河畔返回到伊犁。

（2）在蒙古族部落内部人际关系的处理方面，虽然不同地区或者部落的处理方式稍有不同，但是，都是依照其礼俗来进行的。他们有着尊上敬老的观念，如他们在给客人递送烟壶时"或双手或右手，以等级而分。其递之先后次序，亦以老少尊卑而定，平等则同时交递"（《清稗类钞·风俗类》）。他们"往往自炫其富，互相竞胜，牧产几何，商本几何，问之必告。隐匿者，人辄非笑之，且亦不屑自为隐匿"（《清稗类钞·农商类》）。他们好客，"亲友至，亦群居无猜。惟有客之夕，家主必后睡而先起。至夜，老幼男女横陈而卧，家主一一以短木棍隔之，两人相倚处，其间各置一木，此为防闲之器。界划鸿沟，他族逼处，不得过雷池一步也。黎明，家主起，验而去之。木棍不移，则色然喜；木棍易地，则艴然怒。倘或验之有迹，则下逐客令矣"（《清稗类钞·风俗类》）。对于部落内部人际关系的处理需要依靠各种力量，其中，蒙古僧人是最有威信的力量，如"大疑大计，以及口角细故，皆就决焉。甚或佃户抗租，僧往代收，则佃户无敢抗。邻里攘羊，僧出代索，则窃者无敢匿"（《清稗类钞·婚姻类》）。因为，他们是正义的化身，他们的任何作为都是合理的。

（3）在蒙古族部落内部婚姻关系的处理方面，蒙古族在婚姻选择方面严禁血亲结婚即禁止同一部族内通婚，实行部族外婚制，允许表亲通婚；重视尊卑等级，讲究门当户对，王公贵族和平民之间不会选择通婚；没有儒家"乱伦"那样的道德观念，一直存在着收继婚，即父亡后可以娶除其生母外的寡母为妻，"兄弟亡，亦收其妻"；王公贵族和富有者一般会选择一夫多妻的婚姻形式，贫穷者则选择一夫一妻的婚姻形式。蒙古族的婚姻缔结主要有两种方式，其一是抢婚，它是由蒙古族实行部族外婚制、部族之间相距较远、部落之间经常发生战争等因素所导致的。其二是明媒正娶。这种婚姻缔结方式需要遵循必需的程序和礼俗，其中，订立婚约和下聘礼是两个非常重要的程序。订立婚约不仅意味着男女双方对婚姻的承诺，而且要承担相应的违约责任，即男女双方家庭不得无故拖延婚期，更不得另娶他人或者将已经订婚的女儿许嫁给他人，否则，双方家庭就会向官府控告，要求惩罚违约方，让原聘之女与原聘之夫结婚；如果男方“迟延不娶”以致所聘之女“及笄未嫁”，那么，就“听女家于愿婚处别嫁”。下聘礼是必不可少的，一般来说，“蒙古婚嫁，礼聘、奁赀皆以牲畜……近边一带，已染汉习，有以银块行聘者”（《清稗类钞·婚姻类》）。下聘礼也是蒙古族注重婚姻信义的一种形式，如果男方因嫌恶女方而不娶所聘之女，那么，女方就不会返还聘礼，也不准男方索取，这种做法不会受到他人的谴责。在婚姻解除方面，由于其自然解除与人为解除的原因各有不同，因此，蒙古族男女双方所要承担的责任也相应有所区别。在婚姻的自然解除中，如果男方在订婚后病故，那么，女方就会将聘礼如数退回男方；如果女方病故，那么，一般说来，女方就会将聘礼的一半返还男方，当然，也有男方不愿将其索回的；如果是王公贵族，那么，“夫妇于生存时可以离居，夫死后，妇不得再嫁”（《清稗类钞·婚姻类》），妾却可以改适。在婚姻的人为解除中，蒙古族也会视不同情况予以区别对待。如果是男方主动休妻，那么，尚存的陪嫁品应该全部由其妻收回，已被使用完的陪嫁物不需其妻赔偿；如果“新妇三年内生子，应得外家财产一半，如三年不育，勒令大归，并追还原聘，听其择人再醮。王公之妃三年不育即别娶……如不愿别娶，其左右辄嬲之，不由其自主也”（《清稗类钞·婚姻类》）。当然，蒙古族婚姻的人为解除并不是随心所欲的，它必须符合蒙古族的正义观，因此，“蒙古人有弃妇者，轻则凭坐家僧判决，重则告知该管王公与盟长，众曰可弃而后弃之”（《清稗类钞·婚姻类》）。

第三节　藏族的道德生活

一、藏族对外部关系的处理

藏族又称唐古忒族或者番族（亦称吐蕃人），与蒙古族同出于鲜卑，生活在今西藏、青海、甘肃、云南和四川等地区，与汉族及蒙古族、门巴族等少数民族有密切的交往。至清代，它仍然需要处理与这些民族之间的外部关系，由此时的特殊社会环境所决定，它所需要处理的主要外部关系变成了与清朝政府和蒙古族之间的关系。

1. 在处理藏族与清朝政府之间关系的过程中，同对待蒙古族一样，清朝政府对藏族采取了既依靠又限制、既笼络又防范、“恩威并施”的两面手段：

(1) 清朝政府不得不依靠、笼络和施恩于藏族。

清朝政府之所以要依靠藏族，是因为它要利用藏族的力量来牵制、对付蒙古族，以便实现自身的利益。这种意图在顺治九年(1652)至十年(1653)关于如何对待被邀请而来的五世达赖喇嘛的争论中非常明显地反映出来，清朝政府认为：“喇嘛原系特召，当询问其事情①，其言宜于我则从，不宜于我则已。倘不一加询问，使喇嘛含愠而去，则外藩喀尔喀、厄鲁特必叛。”②清朝政府对藏族的依靠主要表现在三个方面：其一，依靠黄教从精神上控制蒙古族，因蒙古族笃信黄教，以成为黄教教徒为荣，乾隆皇帝强调：“本朝之维持黄教，原因众蒙古素所皈依，用示尊崇，为从宜从俗之计”(《清实录·高宗纯皇帝实录(十九)》卷 1427)；其二，依靠达赖喇嘛来化解蒙古族内部的纷争，以维持清朝政治秩序，如康熙二十六年(1687)，准噶尔部噶尔丹率领漠西厄鲁特蒙古进犯漠北喀尔喀蒙古后，康熙皇帝“敕达赖喇嘛，令其遣使谕令罢兵”③，达赖喇嘛遵旨而行，派遣其代表赴双方处进行调解；其三，依靠藏族来抵制蒙古族王公贵族企图对藏族实施控制，顺利地对藏族进行治理。

为了达到上述目的，清朝政府对藏族使用了各种各样的笼络手段，如尊崇黄教，黄教是藏传佛教多种教派之一，至 17 世纪 40 年代因战胜红教而成为了主要教派。为了团结并统治藏族、让蒙古族“诚心归附”，清朝政府由承认藏传佛教各派转变为只承认黄教，承认达赖和班禅为藏传佛教两大活佛转世系统，并于顺治十年(1653)向五世达赖喇嘛阿旺罗桑嘉措赍送刻有满、汉、藏三种文字的金册、金印，册封他为“西天大善自在佛所领天下释教普通瓦赤喇怛喇达赖

① 指五世达赖喇嘛向顺治皇帝上奏“此地水土不宜，身既病，从人亦病，请告归”一事。

② 张其勤原稿、吴丰培增辑：《清代藏事辑要》，西藏人民出版社 1983 年版，第 4 页。

③ 同上书，第 10 页。

喇嘛”，确认达赖喇嘛在藏传佛教中的最高宗教领袖地位，康熙五十二年(1713)又册封五世班禅洛桑益西(又译为罗桑耶歇)为“班禅额尔德尼”，正式肯定班禅在藏传佛教中的地位；赏赐达赖喇嘛礼物，尊重达赖喇嘛，有事征求达赖喇嘛的意见，不断扩大达赖喇嘛统治藏族的权力，逐渐减弱蒙古族势力对藏族的控制，将清代初年藏族地区蒙古族掌控政治权力与藏族拥有宗教权力的政教分离模式逐渐转变为这两种权力都被藏族所享有的政教合一的模式，让藏族享有更多的自治权；让达赖喇嘛了解清朝政府是关心和保护他的，如在乾隆十五年(1750)平定“敬信黄教”、对清朝政府“素效忠诚”的颇罗鼐之子珠尔默特那木扎勒的叛乱之后，乾隆皇帝下谕给七世达赖喇嘛格桑嘉措，自己曾经对“不信奉”并将其矛头指向达赖喇嘛的珠尔默特纳木扎勒“屡加训饬”，驻藏大臣傅清、拉布敦是为了“恐不利于达赖喇嘛”并保护藏族人民的生命财产安全而对珠尔默特纳木扎勒采取断然措施并献出生命的；对藏族有求必应，不仅应藏族的要求出兵平定藏民区蒙古族王公贵族的叛乱和击退厄鲁特蒙古部落势力的侵扰，而且还多次与藏族人民一道击退了外敌的入侵，如廓尔喀制造借口，于乾隆五十三年(1788)和五十六年(1791)两次入侵西藏，劫掠财物，被清朝军队和西藏人民协力击败，保护了藏族人民的生命财产安全。

(2) 清朝政府又对藏族予以限制、防范和威胁。

同依靠、笼络和施恩于藏族一样，清朝政府限制、防范和威胁藏族也是为了维护清朝政府的利益。这种限制、防范和威胁的方式是多种多样的，如清朝政府首先承认厄鲁特蒙古和硕特部顾实汗统治藏族的世俗权力，依靠蒙古族王公贵族来限制藏族；在达赖喇嘛与统治藏族的蒙古族王公贵族之间发生权力之争，将蒙古族势力排除出西藏，并由达赖喇嘛独立地治理藏族之后，由于达赖喇嘛的权力过大，清朝政府又册封班禅，让其独立地治理后藏，以削弱达赖喇嘛的势力并牵制他对前藏的治理；当藏族地区蒙古族势力膨胀、达赖喇嘛和藏族的自治权力越来越大，以致敢于违抗中央政府的权威时，清朝政府就设立了驻扎西藏办事大臣，不断地扩大驻藏大臣的权力，限制蒙古族王公贵族和达赖喇嘛的权力，至乾隆五十八年(1793)“钦定藏内善后章程”二十九条被制定时，驻藏大臣不仅与达赖喇嘛、班禅额尔德尼地位平等，而且凡噶伦以下官吏和活佛都须听命于驻藏大臣，驻藏大臣因此而掌控了藏族地区的一切最高权力；当藏族王公贵族藐视中央政府的权威，损害清朝政府的利益，挑起内部纷争，甚至敢于与清朝政府抗衡时，它就会动用武力进行威胁或者镇压，如被乾隆皇帝自夸为“十全武功”之一的金川战争，就是在以莎罗奔为首的大金川挑起藏族内部纷争、敢于抵抗前来镇压的清军的情况下发动的，战争分前后两次①进行，历时七年，先后征调清兵近10万，损兵折将，“费帑银至七千万”，才勉强迫使其人口“不满三万众”的金川大小头目投降。清朝政府之所以要不计代价地对力量如此弱小的弹丸之地发动大规模的战争，起初只是因为它欲对金川藏族贵族进行威胁，以起杀鸡儆猴之效。

对于清朝政府所使用的这两种相辅相成的政治伦理手段，藏族则以相应的态度来应对，总体上，它对于清朝政府既有忠诚又有反抗。一方面，藏族承认自己是中国的一部分，服从中央政府的统治，向清朝政府进贡；不相信由藏族地区蒙古族首领所指认的转世灵童，相信清朝政府对转世灵童的确认②；达赖和班禅与中央政府保持密切的联系，经常向清朝皇帝呈奏西藏的有关情况，服从皇帝的命令，帮助清朝政府解决西藏的内部事务和处理蒙古族内部关系；藏族世俗贵族总体上是忠诚于清朝皇帝和政府的，如在蒙古准噶尔部势力被驱逐出西藏后，清朝政府废止了蒙古和硕特部对西藏的统治，并任命颇罗鼐、康济鼐、阿尔布巴、隆布鼐等藏族世俗贵族为噶伦，共同治理西藏，不久，噶伦之间的关系就开始恶化，雍正五年(1727)六月，阿尔布巴等人残杀了忠于清朝政府的康济鼐，并派兵赴后藏追杀忠于清朝政府的颇罗鼐，颇罗鼐则组织后藏与前藏军民予以坚决反击，保护藏民及藏传佛教领袖，将叛逆主犯擒获后交清朝政府处理，并至死对清朝政府保持忠诚。

另一方面，藏族对于清朝政府又有反抗。这种反抗最极端的情形就如金川战争中藏族对清朝政府的态度一样，它使本来存在矛盾的藏族各土司势力联合起来，为了自身利益共同对抗清朝政府。诚然，藏族对清朝政府的反抗或者对抗并非都是公开的、极端的，更多的则是较为温和的甚至秘密的方式，除为了实

---

① 第一次战争在乾隆十二年至十四年(1747—1749)进行，清朝政府动用了4万多将士，先后充任统帅的四川总督庆复、云贵总督张广泗及首席军机大臣、大学士讷亲被乾隆皇帝诛杀，最后因战局毫无起色而与大金川言和。第二次战争在乾隆三十六年至四十一年(1771—1776)进行，清朝政府动用了5万多将士，因莎罗奔之侄孙索诺木等被迫投降而结束。

② 清朝政府于乾隆五十七年(1792)创立了“金瓶掣签”制度，以消除活佛转世过程中的弊端和纷争。

现自身利益这一主要目的之外，其动机还源于其正义观，有的则具有报恩的性质。如在蒙古准噶尔部进犯蒙古喀尔喀部、清朝政府出兵镇压准噶尔部噶尔丹势力时，藏族上层人士包括宗教领袖一反与清朝政府密切配合的习惯性态度，公然支持噶尔丹。他们这样做的原因，也许是因为达赖喇嘛等藏人认为蒙古族内部的纷争应该由蒙古人自己来处理，而且，在他们看来，既然康熙皇帝曾经承诺过要将土谢图汗和哲布尊丹巴二人交给噶尔丹，那么，只要噶尔丹保证保全此二人的性命，康熙皇帝就不应该出尔反尔。因此，达赖喇嘛等藏人既要求清朝政府交出此二人，又暗中给予噶尔丹更多的支持。在三藩叛乱时，达赖喇嘛一方面对清朝官员保证："我闻吴三桂反叛，心甚忧闷。今接敕书，得闻圣躬万安，不胜欣慰。我本喇嘛，惟当诵经祝佑圣躬康豫，咸灵远播，国祚绵长。吴三桂指日殄灭，其扬打木、结打木二城，原系我三噶尔嘛之地，今为吴三桂所夺，我即遣兵攻据，若吴三桂势穷而来，我当执而送之。若闻彼不出边境，东西逃窜，即时进兵擒拿"①，另一方面又被吴三桂所收买，清朝军队发现他们"交相连结，欲图入掠"，并截获了吴世璠与达赖喇嘛交往的"伪书"。

2. 就其对自身与蒙古族之间关系的处理而言，它们之间的关系大体上可以顺治十一年(1654) 蒙古和硕特部驻西藏最高统治者顾实汗的死去为界分为前后两个时期，前期主要是合作时期，后期则主要是冲突时期。在前期，由于藏传佛教内部派系之间的矛盾和西藏世俗政权藏巴汗的迫害，黄教领袖五世达赖与四世班禅邀请顾实汗来帮助自己，并抵御喀尔喀蒙古部落首领却图汗对黄教寺庙财产的掠夺。崇德七年(1642)，顾实汗率兵进攻西藏，杀死了藏王藏巴汗。黄教领袖五世达赖和四世班禅及顾实汗各自实现了自己的利益，前者掌握了宗教权力，并使其他教派的僧俗人员改信黄教，后者则成为了被黄教领袖认可的统治西藏等地藏民的最高首领。此时，政教分离的共治模式和黄教享有足够的活动经费基本上保证了宗教权力与世俗政治权力的和平共处。顾实汗去世后，其子孙相互割据，发生内讧，并任意"向番属取贡"，激化了和硕特蒙古与藏民之间的矛盾。藏族上层也开始出现排斥和硕特蒙古的倾向，达赖喇嘛早就觊觎世俗政治权力，不仅利用自己的特殊地位拉拢其政治权力仅次于蒙古汗王的第

① 张其勤原稿、吴丰培增辑：《清代藏事辑要》，西藏人民出版社 1983 年版，第 7 页。

巴，而且在一段时间内取代了清朝政府所认可的蒙古汗王任命第巴的权力，并直接干预世俗政治生活。藏族与蒙古族之间的这种权力矛盾至康熙十八年(1679)桑结嘉措继任第巴之后更加恶化，桑结嘉措不仅勾结漠西蒙古准噶尔部噶尔丹抢掠、进占喀尔喀蒙古，以摧毁和硕特部贵族统治西藏的大本营，而且买通达赖汗之子拉藏汗的内侍欲毒杀拉藏汗，被发现后，双方发生了武装冲突，反被拉藏汗的妻子派人击杀。拉藏汗借机将桑结嘉措选立的五世达赖的转世灵童仓央嘉措废黜，并派人在送他去北京的途中将其处死[①]。六世"达赖喇嘛死亡的消息，在西藏人中引起无限的悲痛，并对拉藏汗产生极大的仇恨，特别是在西藏的僧人中。他们希望推翻拉藏汗，但暂时还无能为力"[②]，藏族人尤其是僧人不得不借助外力来对付拉藏汗，他们借助蒙古准噶尔部噶尔丹之侄策妄阿拉布坦的力量杀死了拉藏汗，策妄阿拉布坦因此而取代了和硕特部贵族对西藏的统治，并抢掠寺庙财产。在清朝军队打败策妄阿拉布坦之后，康熙六十年(1721)，清朝政府明确规定不再在西藏任命蒙古汗王，"以蒙治藏"的时代结束，"以藏治藏"的时代开始了。自此之后，尽管藏族与蒙古族之间的矛盾仍有发生，然而，西藏藏民居住区的主要社会矛盾则变成了藏族内部的矛盾。

二、藏族对内部关系的处理

总体而言，在清代社会里，藏族并不能完全自主地处理其内部关系，往往要受到外在力量的影响，在"以蒙治藏"的时代受制于清朝政府和蒙古族，在"以藏治藏"的时代则需要服从清朝政府。藏族所要处理的主要内部关系有权力关系、利益关系和婚姻关系。

1. 就其对内部权力关系的处理而言，藏族内部有两种权力系统即宗教权力与政治权力系统，由此所决定，其权力关系主要有三种，其一是宗教权力内部的关系，其二是政治权力内部的关系，其三是宗教权力与政治权力之间的关系。

(1) 藏族对宗教权力内部关系的处理主要表现在两个方面：其一是对藏传佛教领袖的争夺。可以分为两种情况，第一种情况是不同教派之间的你争我

---

① 有人认为六世达赖仓央嘉措是在押往北京的途中疫殁于青海的。

② 杜文凯编：《清代西人见闻录》，中国人民大学出版社 1985 年版，第 125 页。

夺，如崇德七年(1642)黄帽派、红帽派、黑帽派等之间的派系斗争，第二种情况是黄教内部对所谓“真”或者“假”的达赖喇嘛的纷争，如康熙二十一年(1682)至康熙五十九年(1720)，在桑结嘉措所选定的仓央嘉措、拉藏汗所选定的耶歇嘉措(又译为伊西嘉措)和青海蒙古和硕特部诸台吉所选定的格桑嘉措之中，究竟谁是五世达赖的真正的转世灵童的纷争，都是如此。这样的争夺都是为了各自的利益，且往往是残酷的，如在三个六世达赖喇嘛的真假之争中，虽然拉藏汗所选定的并由清朝政府赐封的达赖喇嘛耶歇嘉措在那场纷争中“欣然退位，并祈求允许作为一个普通的喇嘛，在他原来的寺庙里以度余生”①，格桑嘉措也被清朝政府册封为“弘法觉众第六世达赖喇嘛”②，并得到了藏族人的普遍承认，但是，仓央嘉措、拉藏汗及一些藏民却被杀，寺庙财产也被策妄阿拉布坦所抢走。其二是对黄教内部权力的分配。这种分配是清朝政府出于对达赖喇嘛权力过大的担心而实施的，于康熙五十二年(1713)册封五世班禅洛桑益西为“班禅额尔德尼”，达赖不得不接受这种安排，虽然他与班禅分别管理前后藏宗教事务，但毕竟限制了他的权力。

(2) 藏族对内部政治权力关系的处理并非总是从藏族人民的利益、藏民聚居区的社会秩序进而整个国家的利益出发的，有时会因各自的利益而进行你死我活的权力争夺。如在将蒙古准噶尔部势力驱逐出西藏，废止蒙古和硕特部贵族对西藏的统治之后，清朝政府取消第巴制度而改设噶伦制度，雍正三年(1725)，任命康济鼐、阿尔布巴、颇罗鼐、隆布鼐、札尔鼐为噶伦，共同管理西藏事务，第二年，噶伦之间的不和转变成了两派之间的公开斗争。即使清朝政府派员出面进行调解，也未能消解阿尔布巴、隆布鼐和札尔鼐对康济鼐和颇罗鼐的不满。阿尔布巴等人的篡权行为变本加厉，雍正五年(1727)，竟然设计杀害了康济鼐，并发兵追杀颇罗鼐。

(3) 在清代社会里，藏族的宗教权力与政治权力之间的关系，总体上有一个从政教分离(其中的政治权力主要由蒙古和硕特部贵族所把持)到政教合一再到政教分离(其中的政治权力由清朝政府绝对控制)的过程。在清朝政府不再

---

① 杜文凯编：《清代西人见闻录》，中国人民大学出版社 1985 年版，第 132 页。

② 西藏人承认仓央嘉措为第六世达赖喇嘛，格桑嘉措为第七世达赖喇嘛。

封"藏王","驻藏大臣"被确定为西藏地区的最高首领,控制政治权力之后,藏族的宗教权力与政治权力各司其职,互不僭越。然而,在此之前,藏族的这两种权力都不安分,掌握宗教权力的人为了自己的利益而力图拥有政治权力,掌握政治权力的人也可能会觊觎宗教权力。前者如五世达赖阿旺罗桑嘉措,他在得到顾实汗的尊崇、有权征收整个西藏的赋税之后,仍不满足,力图取代顾实汗对西藏的统治,并利用第巴来对抗蒙古和硕特部贵族势力,实现自己的利益。后者如颇罗鼐及其次子珠尔默特纳木扎勒。颇罗鼐在阿尔布巴叛乱事件之后,由后藏的管理者变成了整个西藏的治理者,然而,这势必与已经从蒙古和硕特部贵族手中夺得了较大政治权力的达赖发生矛盾,僧侣们也不拥护他,甚至达赖的手下人还施法"镇压"。颇罗鼐由于难以在拉萨立足,不得不采取依靠和效忠清朝政府的策略,擅自缩小达赖原来享有的权利,以致出现了乾隆皇帝所说的"达赖喇嘛、郡王颇罗鼐伊二人素不相合"的局面。珠尔默特纳木扎勒袭封郡王爵位后,与达赖喇嘛之间的矛盾更加恶化,企图发动叛乱,割据西藏,成为可以独立地掌握西藏全部权力的最高统治者。

2. 就藏族对内部利益关系的处理而言,藏族的内部利益关系大体上可以分为三种,即同一等级内部的利益关系,不同等级之间的利益关系及部落之间的利益关系。

(1) 在同一等级内部尤其是作为被统治阶级的"差巴"和"堆穹"内部,由于其"常快乐而甚慈惠",因而,一般能够较好地处理彼此之间的利益关系。当然,他们有时也会发生利益矛盾,此时,他们首先会求助于僧侣来帮助解决这一矛盾,一般会心甘情愿地接受僧侣所提出的建议。否则,就会通过其他的方式来解决这种矛盾,如"藏民构讼,在浪孜沙衙门,以钱之多寡定曲直,大抵每案必罚。亦有不值讼而私辩曲直者,则掷骰,点多者为直。冤不伸,则赌大咒,两造皆至藏西二十余里之山麓。其地有四方大神石一块,以火在石上烧圆石二块,红如炽炭,两造白事毕,即以烧石置于掌中,拳握之,外缝以生牛皮,至大昭开视,谓曲者手焦,直者无恙也"(《清稗类钞・狱讼类》)。在藏族人看来,这些处理方式都是正义的。

(2) 藏族内部不同等级之间的利益关系,也就是三大领主(寺院领主、贵族领主和官家领主)与其所属"差巴"和"堆穹"之间的利益关系,由于藏族内部实行农奴制，因此，领主就会将其农奴视为私有财产，不仅可以无偿地占有农奴的劳动成果，而且可以随心所欲地对待他们，“差巴”和“堆穹”不得有任何不满或者反抗，否则，就会遭到严厉惩处。

（3）藏族内部有很多部落，部落之间一般能够友好地相处，不过，有时也会发生利益冲突，如抢掠对方财物、侵占对方领地等，在僧侣不能解决其冲突的情况下，它们就会在土司的指挥下发生武装冲突，如金川战争就是起因于金川诸土司部落之间的内部纷争的。起初，势力强大的大金川土司欺凌其他土司，攻打其周围的弱小部落，企图扩大其领地，并将整个革布什咱部落据为己有，然后，当地的弱小部落在清朝政府的支持甚至组织之下为了各自的利益联合起来，共同抗击大金川，并企图瓜分其领地。

3. 就藏族对内部婚姻关系的处理而言，其婚姻关系的处理是通过婚姻选择、婚姻缔结和婚姻解除来具体实现的。同汉族一样，藏族的婚姻选择并不是自由的，而是有着某种道德性的限制的。

（1）藏族实行“等级内婚”和“血缘外婚”制度，藏民一般会遵守这样的婚姻选择原则，讲究“门当户对”和不乱伦，以免他人的责罚。当然，“门当户对”并非绝对的，也有某种权变，即“富女可嫁贫夫，贫女可妻贵族。惟王室及阀阅之家，其女不适下级人民，苟不得相当之偶，宁送其女于僧院尼庵也”（《清稗类钞·婚姻类》）。

（2）藏族的婚姻形式多种多样，既可以选择一夫一妻，又可以选择一妻多夫和一夫多妻。一妻多夫和一夫多妻婚姻中，既可以选择平辈者之间的兄弟共妻、姐妹共夫，又可以选择不同辈分之间的父子共妻、母女共夫、叔侄共妻，还可以选择朋友共妻等婚姻形式。这些婚姻形式都不会受到他人的非议。

（3）藏族的婚姻选择权力一般由男女双方父母及高僧所操纵，与汉族不同的是，妇女因为在家庭中具有比汉族妇女甚至比藏族男人高得多的地位，因此，享有较突出的婚姻选择权力。藏族的婚姻缔结既需要遵循一定的礼仪，又离不开一定的物质条件。与汉族的婚姻解除中丈夫独享“休妻”的权利不同，藏族的婚姻解除中，丈夫和妻子都享有解除其婚姻的权利，不过，主动地提出离婚的一方则要承担因自己的行为对对方造成了某种伤害的责任，给予对方某种补偿。这种责任主要在家庭财产的分割上反映出来。如果丈夫没有罪过，愿意与其妻子白头偕老，而妻子却坚决要求离婚，那么，妻子就应该按其丈夫迎娶时所出聘金加二倍赔偿；如果妻子没有罪过，且愿意与其夫共度终生，但丈夫却坚决要求离婚，那么，丈夫就应该付给其妻子十二金屑（合九十卢比），并要“按其妻由成婚日以至离婚日，每日夜各用麦六磅计算，其夫又当归尝其妇以衣具之值”；如果丈夫是富人，那么，裁判官可令其拿出财产的十分之一给予妻子，以为她衣食之用；如果妻子是富人，也应当拿出部分财产给丈夫；如果是身为贵族之丈夫与平民妻子离婚，那么，其财产可按二人之“真情与罪状，并其匹配时彼此互赠礼物之数而分享之”，如果他们都愿意离婚，那么，裁判官就可以不问二人应该各负多少责任而“为之均分其财产”。（参见《清稗类钞·婚姻类》）这种家庭财产分割的不同情况，就是藏族处理夫妻离婚的不同道德态度。

本卷结语

明清时期是处于中国封建社会晚期的两个朝代，它们既有相同的社会历史条件，又各有自己的特殊生活环境，这决定了它们在道德生活方面既有相同之处，又各有自己的特点。

明代是介于少数民族所统治的元代与清代之间的朝代，其道德生活的性质和整个社会的根本道德价值追求与以往封建朝代几乎没有区别，不过，其道德生活的某些方面已经悄悄地发生了某种变化。这种变化之所以会发生，是因为明代道德生活的社会基础已经发生了某种变化。

导致明代道德生活具有自身特征的社会基础，在政治上，主要在于明朝皇帝通过废除丞相制度，施行内阁制度、密疏制度、奏疏留中制度、厂卫制度等，实现了皇帝权力的绝对化；建立了分封制度、言官制度、致仕制度、官员考评制度等制度，改变了君臣之间和同僚之间的关系；朝廷内外党派和社团林立，阉党（宦官集团）、内阁集团、六部尚书集团、言官集团及同乡官僚集团等在政治舞台上顽强表演，争权夺利，互不相让；北方少数民族进扰、农民起义、倭寇骚扰，使明代社会无一宁日，考验着官员和民众的政治忠诚。在经济上，虽然自然经济仍然占主体地位，但是，商品经济的发展却冲破了奠基于自然经济的经济关系和生活方式，对明代社会生活的各个方面产生了广泛而深刻的影响，使越来越多的明代人从对土地的依赖中解放出来，使原来的以农民对地主的人身依附关系为主要的经济关系变成了商人获得了相对的自由，使农业人口与非农业人口的比例和地区之间的关系发生了明显的变化，同时也改变了明代人的生活方式，使明代人的生活更加依赖于市场，使一些人离开了熟悉的生活环境，进入了陌生人的世界，使城市和市民都较以往朝代有所增加。在思想文化上，儒家思想、道家思想和佛教思想仍然影响着明代社会，启蒙思想开始产生，市民文化高歌猛进，以天主教思想道德观念为主要内容的西方文化也传入中国。

以上这些因素共同构成了明代社会道德生活的图景，不过，明代前期与中后期的道德生活是存在着明显的不同的。之所以会有如此不同，其原因是多方面的，一言以蔽之，在于明代社会的转型。这种社会转型，首先在于明朝政治由明代前期严刑峻法的高压政治转变为明代中后期相对宽松的政治，其次在于明代经济由前期的自然经济占主体地位转变为中后期人们对商品经济的重视和参与，再次在于明代思想文化由前期的理学占主导地位转变为中后期心学和市民文化共领风骚，使理学所树立的道德权威不复存在，道德价值标准和道德生活走向多样化。明代的社会转型虽然引发了社会关系的深刻变化，但是，这种变化万变不离其宗，最终都集中在利益关系上。可以这样说，明代错综复杂的社会关系，最终都归结为人与人之间的利益关系。这种难以调节的利益关系通过明代社会生活的方方面面呈现出来，皇帝不理朝政、朝廷党派纷争、思想观念多样化、农民起义、少数民族的进扰都成为明代人利益纷争的方式。这些纷争的方式不仅影响着明代人的道德生活和思想道德观念，而且共同将明朝统治推向了穷途末路，所留下的只有明代遗民对明代道德生活乃至明朝政治的沉痛反思。

清代道德生活是以往朝代尤其是明代道德生活的继续，然而，这并不意味着它是以往朝代尤其是明代道德生活的重复，而是与之既有相同之处，又有着明显的不同。

它与以往封建朝代道德生活的“同”，在于它是建立在自然经济、专制制度和儒家文化的基础上的。这不仅决定了它同以往封建朝代道德生活一样具有宗法等级性质，存在着相同的主要道德关系，而且决定了它也会追求以往封建朝代道德生活中所追求的那些道德价值，即以“乐群”、“贵和”、“重忠孝”、“尚节义”和“成圣成贤”为道德价值目标，并以此作为评判人们一切行为的道德标准。

它与以往封建朝代道德生活的“不同”，是由清代社会所独具的社会结构因素或者社会历史条件所决定的。其特殊的社会历史条件主要有如下几个方面：

1. 满族成为了统治民族。它不仅改变了明代的民族关系和等级关系，而且引起了整个清代道德生活的深刻变化，如奉行“首崇满洲”观念，满族人享有独特的权利，满族力图保持其“国语骑射”的民族特色和民族意识，对汉族和其他少数民族采取既依靠又限制、既笼络又防范、“恩威并施”的两面手段等。

2. 封建专制制度进一步强化。这主要表现在皇帝独占全部的最高权力、皇帝将“话语权”与“统治权”牢牢地控制在自己的手中、废除以往朝代的宰相制、创立皇位传承中的秘密立储君制度、实行密奏制度、严禁宦官“犯法干政”、实行文化专制主义等方面，起到了将官员的所作所为处于皇帝的严密监视和有效控制之下与使知识分子丧失其独立人格和批判意识的作用。

3. 商品经济有所发展。它不仅加速了社会流动，增加了城市数量，扩大了城市规模，使人更多地与陌生人进行交往，影响了原有的社会结构和交往方式，丰富了人与人之间的关系，而且逐渐地改变了以往朝代的“重本轻末”观念，初步地形成了与商品经济相适应的某些道德观念（如商人与农民乃至知识分子平等的观念），也出现了拜金（如“婚姻重财”、不讳言利、不耻求富）、奢侈、好游乐、爱观戏、嗜赌博、尚纳妾、放纵性爱等一些与传统观念相冲突的社会风气。

4. 人口剧增。它不仅改变了各种人口结构和人们之间的利益关系，而且使清代人为了减轻其生存压力而做出某些越规、践踏道德的事情（如无视清朝政府对东北等地的封禁、溺女、卖妻子儿女、兄弟或者父子共妻、主动或者被逼卖淫、宗族械斗）。

5. 启蒙思潮和西方文化的影响。它们不仅挑战占统治地位的儒家道德观念，而且影响着人们对清朝政府的忠诚。

上述清代道德生活中所独具的“不同”，其中有些是满族和清朝政府有意为之的，有些却是与满族的根本利益和清朝的统治秩序背道而驰的。为了顺利地进行统治，维护自己的利益，清朝政府在其道德生活方面采取了诸如推行崇儒重道的基本国策、将封建社会的道德制度化推向极致、提倡一套主要道德规范、剥夺知识分子在伦理道德方面的话语权、向地方派遣观风整俗使、建立行之有效的道德教化机制和社会赏罚机制等措施，力图终结明代中后期所出现的道德思想分歧和清代社会中不符合清朝统治者所提倡的“理学”的道德生活。这种努力尽管取得了一定的效果，然而，最终难以与现实生活达成和解。其结果是契合商品经济内在要求的启蒙思潮和道德观念只是表面上被强势的“理学”和文化专制主义所淡化或者湮没，事实上，它们本身却有着坚实的社会基础和顽强的生命力，悄悄地然而却坚定地改变着清代社会和清代道德生活。

这就表明，清代的道德生活是充满着矛盾的，传统的与时代的、提倡的与践行的、“精英”的与大众的、“善”的与“恶”的道德观念和道德行为同时存在，难以整合。整个清代社会道德整合力的丧失，一方面意味着清代社会存在着二元格局，这种二元格局不只是汉族与满族之间关系上的满臣与汉臣二元政治体制格局、满城与汉城二元生活格局及满俗与汉俗二元文化格局，还存在着公共生活领域与私人生活领域、城市与乡村、商品经济较发达地区与不发达地区等二元格局；另一方面意味着清代道德生活存在着困境，这种困境是对“天理”与“人欲”之间矛盾的呈现，其解决方式不是“存天理”或者纵“人欲”，就是对“天理”与“人欲”之间矛盾的虚假解决，由于清代社会里“天理”与“人欲”的力量都很强大，因此，在空喊“天理”口号的人那里，这种虚假解决最终必定会表现为道德虚伪，以致道德制度化达到了极致的清代社会里出现了道德虚伪流行的盛况。

清代社会的二元格局和道德生活困境自始至终存在着，并随着清代社会历史条件的改变和主要社会矛盾的变化而不断地演化，大体上经历了从以民族关系（矛盾）处理为主的阶段到以经济关系（矛盾）处理为主的阶段再到以阶级关系（矛盾）处理为主的阶段。然而，后一阶段的开始，并不意味着前一阶段主要矛盾的解决或者消失，而是矛盾的不断积累。这些矛盾最终汇合到一起，导致了清代道德生活的裂变，出现了道德认同乃至整个社会认同的危机及人们行为上对清朝政府所提倡的道德规范的公开违背。而后者则主要在无可救药的腐败和愈趋严重的贫富差距的影响下降低清朝政府的统治能力，瓦解清代社会，也预示着清代社会的各种矛盾会在条件具备时全面爆发。

参考文献

1.《明实录》，台湾“中央研究院”历史语言研究所影印本 1962 年版。

2.《清实录》，中华书局 1985、1986 年版。

3. 中国第一历史档案馆整理：《康熙起居注》，中华书局 1984 年版。

4. 张廷玉著：《明史》，中华书局 1974 年版。

5. 赵尔巽等撰：《清史稿》，中华书局 1977 年版。

6. 章开沅编：《清通鉴》，岳麓书社 2000 年版。

7. 徐珂编撰：《清稗类钞》，中华书局 1984、1986 年版。

8. 郭成伟、田涛点校整理：《明清公牍秘本五种》，中国政法大学出版社 1999 年版。

9. 马建石、杨育棠主编：《大清律例通考校注》，中国政法大学出版社 1992 年版。

10.（光绪）《大清会典事例》，中华书局 1991 年版。

11. 李元度著：《国朝先正事略：清代 1108 人传记》（上、下），岳麓书社 1991 年版。

12. 中国人民大学清史研究所、中国人民大学档案系中国政治制度史教研室编：《康雍乾时期城乡人民反抗斗争资料》上册，中华书局 1979 年版。

13. 江苏省博物馆编：《江苏省明清以来碑刻资料选集》，三联书店 1959 年版。

14. 辽宁大学历史系编：《清初史料丛刊第八、九种》。

15. 张海鹏、王廷元主编：《明清徽商资料选编》，黄山书社 1985 年版。

16. 王先谦著：《荀子集解》，中华书局 1988 年版。

17. 吕不韦著：《吕氏春秋》，上海古籍出版社 1989 年版。

18. 程灏、程颐著：《二程集》，中华书局 1981 年版。

19. 朱熹著：《朱子语类》，中华书局 1986 年版。

20. 朱熹著：《四书章句集注》，中华书局 1983 年版。

21. 王阳明著：《王阳明全集》，浙江古籍出版社 2010 年版。

22. 丘濬著：《大学衍义补》，中州古籍出版社 1995 年版。

23. 何良俊著:《四友斋丛说》,中华书局 1959 年版。

24. 王夫之著:《读四书大全说》,中华书局 1975 年版。

25. 王夫之著:《尚书引义》,中华书局 1976 年版。

26. 王夫之著:《读通鉴论》,中华书局 1975 年版。

27. 王夫之著:《张子正蒙注》,中华书局 1975 年版。

28. 黄宗羲著:《明夷待访录》,中华书局 1981 年版。

29. 顾炎武著:《日知录集释》,岳麓书社 1994 年版。

30. 唐甄著:《潜书》,中华书局 1963 年版。

31. 张履祥著:《杨园先生全集》,中华书局 2002 年版。

32. 陈确著:《陈确集》上、下册,中华书局 1979 年版。

33. 戴震著:《孟子字义疏证》,中华书局 2008 年版。

34. 颜元著:《颜元集》上、下册,中华书局 1987 年版。

35. 魏象枢:《寒松堂全集》,中华书局 1996 年版。

36. 李颙著:《二曲集》,中华书局 1996 年版。

37. 朱舜水著:《朱舜水集》,中华书局 1981 年版。

38. 纪昀著:《纪晓岚文集》,河北教育出版社 1991 年版。

39. 纪昀著:《阅微草堂笔记》,上海古籍出版社 2005 年版。

40. 钱泳著:《履园丛话》上、下册,中华书局 1980 年版。

41. 曹雪芹著:《红楼梦》,人民文学出版社 1974 年版。

42. 吴敬梓著:《儒林外史》,人民文学出版社 1997 年版。

43. 刘大鹏著:《晋祠志》,山西人民出版社 1986 年版。

44. 叶桂著:《临证指南医案》,上海科学技术出版社 1959 年版。

45. 陈士铎著:《本草新编》,中国中医药出版社 1997 年版。

46. 王治民:《历代医德论述选译》,天津大学出版社 1990 年版。

47. 赵翼著:《檐曝杂记》,中华书局 1982 年版。

48. 曾国藩著:《曾国藩全集・家书二》,岳麓书社 1985 年版。

49. [美] 魏斐德著:《洪业——清朝开国史》,陈苏镇、薄小莹等译,江苏人民出版社 2003 年版。

50. 杜文凯编:《清代西人见闻录》,中国人民大学出版社 1985 年版。

51. 谢国桢著:《明清之际党社运动考》,山西古籍出版社 1998 年版。

52. 萧一山著:《清代史》,辽宁教育出版社 1997 年版。

53. 孟森著:《明史讲义》,中华书局 2006 年版。

54. 梁溪坐观老人著:《清代野记》,山西古籍出版社 1996 年版。

55. 黎东方著:《细说清朝》,上海人民出版社 1997 年版。

56. 葛虚存著:《清代名人轶事》,山西古籍出版社 1997 年版。

57. 葛兆光著:《中国思想史》第二卷《七世纪至十九世纪中国的知识、思想与信仰》,复旦大学出版社 2004 年版。

58. 龚书铎等主编:《中国社会通史》清前期卷,山西教育出版社 1996 年版。

59. 傅衣凌著:《明清农村社会经济　明清社会经济变迁论》,中华书局 2007 年版。

60. 吴存存著:《明清社会性爱风气》,人民文学出版社 2000 年版。

61. 郭松义著:《伦理与生活——清代的婚姻关系》,商务印书馆 2000 年版。

62. 刘大鹏著:《晋祠志》,山西人民出版社 1986 年版。

63. 定宜庄著:《满族的妇女生活与婚姻制度研究》,北京大学出版社 1999 年版。

64. 李向军著:《清代荒政研究》,中国农业出版社 1995 年版。

65. 袁啸波编:《民间劝善书》,上海古籍出版社 1995 年版。

66. 叶恩显著:《明清徽州农村社会与佃仆制》,安徽人民出版社 1983 年版。

67. 张晋藩著:《清律研究》,法律出版社 1992 年版。

68. 张研著:《清代族田与基层社会结构》,中国人民大学出版社 1991 年版。

69. 冯尔康、常建华著:《清人社会生活》,天津人民出版社 1990 年版。

70. 崇彝著:《道咸以来朝野杂记》,北京古籍出版社 1982 年版。

71. 张集馨著:《道咸宦海见闻录》,中华书局 1982 年版。

72. 张其勤原稿、吴丰培增辑:《清代藏事辑要》,西藏人民出版社 1983 年版。

73. 赵世瑜著:《腐朽与神奇——清代城市生活长卷》,湖南出版社 1996 年版。

74. 赵忠心编著:《古今名人教子家书》,湖北教育出版社 1997 年版。

75. 赵忠心编著:《古今家教文萃》,湖北教育出版社 1997 年版。

76.《藏外道书》,巴蜀书社 1992 年版。

77.《旧约全书》,中国基督教协会,1989 年版。

78.《新约全书》,中国基督教协会,1989 年版。

79. 钱穆著:《中国文化史导论》,商务印书馆 1994 年版。

80. 王锺翰著:《清史新考》,辽宁大学出版社 1997 年第 2 版。

81. 王锺翰著:《王钟翰学术论著自选集》,中央民族大学出版社 1999 年版。

82. 王锺翰主编:《中国民族史》,中国社会科学出版社 1994 年版。

83. 杨学琛著:《清代民族史》,四川民族出版社 1996 年版。

84. 从余选注:《中国历代名门家训》,东方出版中心 1997 年版。

85. 马戎编:《西方民族社会学的理论与方法》,天津人民出版社 1997 年版。

86. 林语堂著:《中国人》,郝志东、沈益洪译,浙江人民出版社 1988 年版。

87.《马克思恩格斯全集》第 46 卷上,人民出版社 1980 年版。

88.《毛泽东选集》第 5 卷,人民出版社 1977 年版。

89. [英] 亚当・斯密著:《道德情操论》,蒋自强等译,商务印书馆 1997 年版。

90. [德] 黑格尔著:《精神现象学》下卷,贺麟、王玖兴译,商务印书馆 1979 年版。

91. [法] 爱弥尔・涂尔干著:《道德教育》,陈光金等译,上海人民出版社 2001 年版。

92. [日] 滋贺秀三、寺田浩明、岸本美绪、夫马进著:《明清时期的民事审判与民间契约》,王亚新、范愉、陈少峰译,法律出版社 1998 年版。

93. [美] 彼得・贝格尔著:《神圣的帷幕——宗教社会学理论之要素》,高师宁译,上海人民出版社 1991 年版。

94. [美] 道格拉斯・C・诺斯著:《制度、制度变迁与经济绩效》,刘守英译,上海三联书店 1994 年版。

95. [美] 塞缪尔・亨廷顿著:《变革社会中的政治秩序》,李盛平、杨玉生译,华夏出版社 1988 年版。

96. [美] 弗兰克・J・古德诺著:《政治与行政》,王元、杨百朋译,华夏出版社 1987 年版。

97. [古希腊] 亚里士多德著:《政治学》,吴寿彭译,商务印书馆 1965 年版。

98. [意] 尼科洛・马基雅维里著:《君主论》,潘汉典译,商务印书馆 1985 年版。

99. [加拿大] 威尔・金里卡著:《少数的权利:民族主义、多元文化主义和公民》,邓红风译,上海译文出版社 2005 年版。

100. [英] 弗里德利希・冯・哈耶克著:《法律、立法与自由》第二、三卷,邓正来、张守东、李静冰译,中国大百科全书出版社 2000 年版。

101. [英] 埃里克・霍布斯鲍姆著:《民族与民族主义》,李金梅译,上海人民出版社 2000 年版。

102. [美] 菲利克斯・格罗斯著:《公民与国家——民族、部族与族属身份》,王建娥、魏强译,新华出版社 2003 年版。

103. [法] 吉尔・德拉诺瓦著:《民族与民族主义:理论基础与历史经验》,郑文彬、洪晖译,北京三联书店 2005 年版。

索　引

人名索引

D

E

F

H

J

K

L

M

N

P

Q

R

S

T

X

Y

文献索引

B

C

D

E

F

G

H

J

K

L

M

N

P

Q

R

S

T

U

V

W

X

Y

Z

图书在版编目(CIP)数据

中华民族道德生活史.明清卷/唐凯麟主编;彭定光著.—上海:东方出版中心,2015.1

ISBN 978-7-5473-0742-7

Ⅰ.①中… Ⅱ.①唐… ②彭… Ⅲ.①伦理思想—思想史—研究—中国—明清时代 Ⅳ.①B82-092

中国版本图书馆CIP数据核字(2014)第284665号

丛书策划:梁 惠

责任编辑:梁 惠

技术编辑:徐儒静

装帧设计:一步设计

中华民族道德生活史·明清卷

出版发行:东方出版中心

地　　址:上海市仙霞路345号

电　　话:62417400

邮政编码:200336

经　　销:全国新华书店

印　　刷:浙江新华数码印务有限公司

开　　本:710×1020毫米 1/16

字　　数:479千字

印　　张:31.5 插页2

版　　次:2015年1月第1版第1次印刷

ISBN 978-7-5473-0742-7

定　　价:78.00元(精装)

东方出版中心邮购部 电话:52069798

“十二五”国家重点图书出版规划项目
国家出版基金资助项目
国家社会科学基金重点项目
国家211工程重点学科建设项目
中国特色社会主义道德文化协同创新中心项目
教育部人文社会科学重点研究基地重大项目

国家出版基金项目
NATIONAL PUBLICATION FOUNDATION